Lecture Notes in Mathematics

Edited by A. Dold and B. Eckmann

Series: Institut de Mathématique, Université de Strasbourg
Adviser: P. A. Meyer

465

Séminaire de Probabilités IX Université de Strasbourg

Edited by P. A. Meyer

Springer-Verlag
Berlin · Heidelberg · New York 1975

Editor
Prof. P. A. Meyer
Départment de Mathématique
Université de Strasbourg
Rue René Descartes
67 Strasbourg/France

Library of Congress Cataloging in Publication Data (Revised)

Séminaire de probabilités, Université de Strasbourg.

(Lecture notes in mathematics, 39, 51, 88, 124, 191, 258, 321, 381, 465)
Includes bibliographies.
1. Probabilities--Congresses. I. Series: Lecture notes in mathematics (Berlin) 39 etc.
QA3.L28 no. 39 519.2 67-29618

AMS Subject Classifications (1970): 60XX, 28A65, 31XX, 60JXX, 60GXX

ISBN 3-540-07178-4 Springer-Verlag Berlin · Heidelberg · New York
ISBN 0-387-07178-4 Springer-Verlag New York · Heidelberg · Berlin

Printed in Germany
Offsetdruck: Julius Beltz, Hemsbach/Bergstr.

Première partie : QUESTIONS DE THEORIE DES FLOTS

SEMINAIRE 1972/73 (J. de SAM LAZARO et P.A. MEYER)

Seconde partie : EXPOSES 1973/74

+ These lectures were only available in the form of resumés without proofs. Such resumés being contrary to the policy of the series, they were rejected by the editors of the series.

Université de Strasbourg
Séminaire de Probabilités 1974/75

QUESTIONS DE THEORIE DES FLOTS

Nous présentons sous ce titre, d'une part sept exposés d'un séminaire consacré aux flots, qui a eu lieu pendant l'année universitaire 1972/73, et dont les conférenciers étaient J. de Sam Lazaro et P.A.Meyer, et l'auditeur J. Bretagnolle, et d'autre part un travail récent d'A.Benveniste.

Ces deux parties peuvent être lues indépendamment l'une de l'autre. En fait, elles se recouvrent partiellement. Le travail de Benveniste reprend certaines questions traitées dans les exposés, avec des améliorations techniques et une plus grande généralité, et d'autre part résout plusieurs problèmes laissés ouverts dans le séminaire.

Le lecteur pourra en outre se reporter à un article de J.Lazaro, " sur les hélices du flot spécial sous une fonction", à paraître dans le Z. fur W-theorie. Cet article est résumé, sans détails de démonstration, dans l'exposé VI.

Université de Strasbourg
Séminaire de Probabilités 1971/72

QUESTIONS DE THEORIE DES FLOTS (I)

par J. de SAM LAZARO et P.A.MEYER

Il y a beaucoup de livres et de séminaires de théorie ergodique. Mais la théorie ergodique qui s'y trouve est plus proche, dans bien des cas, de la théorie des groupes que de celle des processus stochastiques, car il y manque l'idée probabiliste essentielle : celle d'une évolution dans le temps. Si l'on regarde par exemple les admirables théorèmes récents sur les isomorphismes de flots de BERNOULLI, on constate que ces isomorphismes <u>semblent</u> détruire complètement la structure temporelle du processus (savoir s'il en est nécessairement ainsi, ou si cela tient à la démonstration, est un autre problème !).

Ce séminaire-ci, tenu à Strasbourg à partir de Mars 1972, avait pour objet l'étude de mémoires récents concernant les aspects probabilistes de la théorie des flots. Nous ne publions ici qu'une partie des exposés, la moitié environ. Les résultats nouveaux seront signalés au passage (on les trouvera surtout dans les derniers exposés, où l'on présente une partie de la thèse du premier auteur ; les spécialistes ont dégonflé nos illusions quant à l'originalité des premiers exposés).

1. DICTIONNAIRE

Malgré le titre, les définitions ci-dessous ne figurent pas dans l'ordre alphabétique. Nous avons cherché à indiquer un langage commode, et non à couvrir des situations très générales, ce qui explique que plusieurs termes soient pris en un sens plus restrictif que d'habitude.

DEFINITIONS 1

<u>Automorphisme</u> d'un espace mesurable $(\Omega,\underline{\underline{A}})$: bijection $s : \Omega \mapsto \Omega$, mesurable ainsi que son inverse.

<u>Automorphisme</u> d'un espace mesuré $(\Omega,\underline{\underline{A}},\mu)$: il préserve de plus la mesure.

<u>Flot discret</u> ou <u>cascade</u> : groupe $(\theta_n)_{n\in\mathbb{Z}}$ d'automorphismes . Cette notion se réduit en fait à celle d'automorphisme, car si l'on pose $\theta_1=s$, on a $\theta_n=s^n$ pour tout $n\in\mathbb{Z}$. Il n'en va pas de même dans le cas continu :

<u>Flot</u> sur $(\Omega,\underline{\underline{A}},\mu)$: groupe à un paramètre $(\theta_t)_{t\in\mathbb{R}}$ d'automorphismes de $(\Omega,\underline{\underline{A}},\mu)$. Cette définition est trop générale, et nous nous

intéresserons seulement, en principe, à la situation suivante :

- La mesure μ est bornée .
- Il existe une sous-tribu $\underline{\underline{A}}^{\circ}$ de $\underline{\underline{A}}$ telle que $\underline{\underline{A}}$ soit la tribu complétée de $\underline{\underline{A}}^{\circ}$ pour μ , et que l'application $(t,\omega)\longmapsto\theta_t\omega$ soit mesurable de la tribu produit $\underline{\underline{B}}(\mathbb{R})\times\underline{\underline{A}}^{\circ}$ dans $\underline{\underline{A}}^{\circ}$.
- Le flot est continu[1] dans L^1 (pour $f\in L^1(\mu)$, $\|f\circ\theta_t-f\|_1 \to 0$ avec t)
- Enfin, il nous arrivera de supposer que $\underline{\underline{A}}^{\circ}$ est une tribu de BLACKWELL. Pour ne pas surcharger l'exposé à cette place-ci, nous renverrons le lecteur à l'appendice sur les tribus de BLACKWELL, à la fin de l'exposé.

Sauf mention expresse du contraire, chaque fois que nous parlons d'un flot (en temps continu) dans la suite, nous supposons que les trois premières propriétés ci-dessus sont satisfaites. L'utilisation de la quatrième sera toujours explicitement signalée. Il faut également noter que la théorie en temps continu, avec une mesure μ bornée, nous amènera parfois à des situations discrètes sur des espaces mesurés σ-finis.

Isomorphisme de flots. Nous choisissons la définition la plus faible possible, à la manière de l'équivalence en loi des processus. A tout flot $(\Omega,\underline{\underline{A}},\mu,(\theta_t)_{t\in\mathbb{R}})$, on peut faire correspondre un objet algébrique $(\dot{\underline{\underline{A}}},\dot{\mu},\dot{\theta}_t)$ comme suit : soit $\underline{\underline{N}}$ la classe des ensembles μ-négligeables ; $\dot{\underline{\underline{A}}}$ sera l'algèbre de Boole $\underline{\underline{A}}/\underline{\underline{N}}$, munie de la mesure bornée $\dot{\mu}$ déduite de μ par passage au quotient ; d'autre part, les applications $A\mapsto\theta_t^{-1}(A)$ de $\underline{\underline{A}}$ dans $\underline{\underline{A}}$ passent au quotient suivant $\underline{\underline{N}}$, donnant un groupe d'automorphismes $\dot{\theta}_t$ de $(\dot{\underline{\underline{A}}},\dot{\mu})$. On dit alors que deux flots sont isomorphes si les objets algébriques $(\dot{\underline{\underline{A}}},\dot{\mu},\dot{\theta}_t)$ sont algébriquement isomorphes.

Il est clair que deux flots isomorphes au sens banal (existence d'une bijection ensembliste, bimesurable, préservant la mesure et commutant avec les flots) sont isomorphes en ce sens. Clair aussi qu'un flot est isomorphe à sa restriction à une partie Ω' de Ω , $\underline{\underline{A}}$-mesurable, stable par les θ_t et portant μ . Ce sont les deux procédés qui permettent, en pratique, de montrer que deux flots sont isomorphes. On peut prouver, en fait, que deux flots sur de bons espaces mesurés, isomorphes au sens précédent, admettent des restrictions isomorphes au sens banal. Mais nous n'aurons pas besoin de ce résultat.

DEFINITIONS 2

On se borne au cas continu.

Ensemble invariant par le flot : ensemble $A\in\underline{\underline{A}}$ tel que $\theta_t^{-1}(A)=A$ pour tout t. On a une notion de flot induit sur un ensemble invariant A.

1 Cette hypothèse est en fait une conséquence de la précédente.

Les ensembles invariants forment une tribu $\underline{\underline{I}}$: si cette tribu est μ-dégénérée, le flot est dit ergodique . Nous reviendrons sur cette question au paragraphe II.

Tribu invariante : tribu $\underline{\underline{G}}\subset\underline{\underline{A}}$ telle que $\theta_t^{-1}(\underline{\underline{G}})\subset\underline{\underline{G}}$ pour tout t - donc en fait $\theta_t^{-1}(\underline{\underline{G}})=\underline{\underline{G}}$. On a une notion de flot induit sur $\underline{\underline{G}}$ (les flots isomorphes à un tel flot induit sur une tribu invariante sont souvent appelés facteurs du flot donné). Noter que la mesurabilité de l'application $(t,\omega)\mapsto\theta_t\omega$ peut se perdre dans cette transformation, et consulter l'appendice.

Tribu filtrante : tribu $\underline{\underline{F}}\subset\underline{\underline{A}}$ telle que $\theta_t^{-1}(\underline{\underline{F}})\subset\underline{\underline{F}}$ pour $t\leq 0$. On pose alors pour tout t $\underline{\underline{F}}_t=\theta_t^{-1}(\underline{\underline{F}}_0)$ (donc $\underline{\underline{F}}_{s+t}=\theta_t^{-1}(\underline{\underline{F}}_s)$) : c'est une famille croissante de tribus telle que $\underline{\underline{F}}=\underline{\underline{F}}_0$, et l'on définit $\underline{\underline{F}}_{-\infty}=\bigcap_t \underline{\underline{F}}_t$, $\underline{\underline{F}}_{+\infty}=\bigvee_t \underline{\underline{F}}_t$, deux tribus invariantes.

La donnée d'une tribu filtrante $\underline{\underline{F}}$ est une filtration du flot. La filtration est dite exhaustive si $\underline{\underline{F}}_\infty=\underline{\underline{A}}$ aux ensembles μ-négligeables près.

On part souvent d'une tribu filtrante $\underline{\underline{F}}^o$ (non nécessairement contenue dans $\underline{\underline{A}}^o$!) et on prend pour $\underline{\underline{F}}$ la complétée de $\underline{\underline{F}}^o$ dans $\underline{\underline{A}}$, qui contient donc tous les ensembles μ-négligeables. Noter que dans ce cas $\underline{\underline{F}}_t=\underline{\underline{F}}_{t+}$ pour tout t, car si f est l'indicatrice d'un élément de $\underline{\underline{F}}_{t+}$, $f\circ\theta_{-\varepsilon}$ est $\underline{\underline{F}}_t$-mesurable pour tout $\varepsilon>0$, donc f l'est aussi par convergence dans L^1. En revanche, la famille $(\underline{\underline{F}}_t^o)$ n'est pas forcément continue à droite.

L'objet essentiel de ce séminaire est l'étude des flots filtrés , la donnée d'une filtration introduisant une notion de "passé à l'instant t" , qui fait que le temps n'est plus seulement un élément d'un groupe commutatif, mais bien un temps au sens "physique" du terme.

K-filtration : la tribu $\underline{\underline{F}}_{-\infty}$ est dégénérée pour μ .
K-flot : flot admettant une K-filtration exhaustive .

Noter la différence entre ces deux notions : dans le premier cas, on considère une propriété d'une filtration donnée , dans le second cas, une propriété d'un flot.

Au lieu de K- filtration, on dit parfois filtration purement stochastique, ou purement indéterministe ; une filtration est dite (purement) déterministe si $\underline{\underline{F}}_{-\infty}=\underline{\underline{F}}_{+\infty}$ aux ensembles de mesure nulle près . Par exemple, la filtration triviale : $\underline{\underline{F}}_t=\underline{\underline{A}}$ pour tout t .

Processus stationnaire dans un flot : processus $(X_t)_{t\in\mathbb{R}}$ à valeurs dans un espace d'états $(E,\underline{\underline{E}})$, tel que $X_s\circ\theta_t=X_{s+t}$ identiquement.

Un tel processus est stationnaire au sens usuel (en loi), mais il s'agit ici d'une notion beaucoup plus précise, puisqu'on se donne le flot sous-jacent. Chaque fois que l'on se donne un processus stationnaire, il lui correspond une <u>filtration</u> du flot, au moyen de la famille de tribus " naturelle" du processus

(1.1) $\underline{\underline{F}}_t = \underline{\underline{T}}(X_s , -\infty < s \leq t)$

Inversement, si $\underline{\underline{F}}$ est une tribu filtrante, ($\underline{\underline{F}}_t$) est la famille de tribus naturelle du processus stationnaire (X_t) ainsi défini

$X_t = \Theta_t$, considérée comme application de $(\Omega,\underline{\underline{A}})$ dans $(\Omega,\underline{\underline{F}})$.

Cependant, il existe des processus stationnaires, mettons réels, qui ne sont pas du tout triviaux et tels pourtant que $\mu\{X_t \neq 0\}=0$ pour tout t. La famille de tribus naturelle d'un tel processus est alors dégénérée. Nous en verrons des exemples très importants par la suite.

Processus à accroissements stationnaires, ou hélice : tout processus $(Z_t)_{t\in\mathbb{R}}$ à valeurs réelles finies, continu à droite, tel que $Z_0=0$ et satisfaisant à l'identité suivante

(1.2) $Z_{t+h}-Z_{s+h} = (Z_t-Z_s)\circ\Theta_h$ quels que soient s,t,h

Dans le cas d'un flot filtré, nous réserverons le nom d'hélice aux processus (Z_t) tels que Z_t soit $\underline{\underline{F}}_t$-mesurable pour tout $t\geq 0$.

Traditionnellement, les hélices ci-dessus sont appelées hélices <u>parfaites</u> , le mot hélice désignant des processus satisfaisant à (1.2) avec un ensemble exceptionnel négligeable (dépendant de h). Nous continuerons dans ces exposés à utiliser le mot "parfaite" de manière informelle.

2. THEOREME ERGODIQUE. APPLICATION AUX PROCESSUS PONCTUELS

La forme discrète du théorème ergodique est très bien connue, et nous cherchons surtout, dans ce paragraphe, à donner une démonstration rapide de la forme continue, et du théorème ergodique local. Nous en donnerons ensuite une application aux processus ponctuels discrets.

<u>Notations</u> . $(\Omega,\underline{\underline{A}},\mu)$ est un espace mesuré <u>fini</u> , s un automorphisme. Nous posons $Sf = f\circ s$, $C_k f = (f+Sf+\ldots+S^k f)/k+1$. De même, si (Θ_t) est un flot, on pose $T_t f= f\circ\Theta_t$ et $M_t f = \frac{1}{t}\int_0^t T_s f\, ds$ [si f est $\underline{\underline{A}}^o$-mesurable bornée, $s\mapsto f\circ\Theta_s\omega$ est borélienne pour tout ω, et $M_t f$ $\underline{\underline{A}}^o$-mesurable ; si f est $\underline{\underline{A}}$-mesurable bornée, $s\mapsto f\circ\Theta_s\omega$ est mesurable au sens de Lebesgue pour μ-presque tout ω, et $M_t f$, définie μ-p.p., est $\underline{\underline{A}}$-mesurable ; extension facile à f positive et à $f\in L^1$].

On rappelle le lemme de HOPF (dont il existe une démonstration très simple, due à GARSIA) : si $f \in L^1$, si A est invariant par s, on a pour tout $n \geqq 0$

$$\int_{A \cap \{ \sup_{k \leqq n} C_k f > 0 \}} f \, d\mu \geqq 0$$

remplaçant f par f-a , on trouve

$$\int_{A \cap \{ \sup_{k \leqq n} C_k f > a \}} f \, d\mu \geqq a.\mu(A \cap \{\dots\})$$

Passons au flot : prenons $h \in L^1$ et prenons $s = \theta_{2^{-n}t}$, A invariant par rapport au flot, donc aussi pour s, et $f = 2^{-n}t \int_0^{2^{-n}t} h \circ \theta_u \, du$, avec $h \in L^1$. La formule précédente s'écrit

$$\int_{A \cap \{ \sup_{k \leqq 2^n} M_{k2^{-n}t} h > a \}} f \, d\mu \geqq a\mu(A \cap \{\dots\})$$

Soit $\varepsilon > 0$; pour $n \geqq N$ suffisamment grand on a $\|f-h\|_1 < \varepsilon$, et alors

$$\int_{A \cap \{ \sup_{k \leqq 2^n} M_{k2^{-n}t} h > a \}} h \, d\mu \geqq a\mu(A \cap \{\dots\}) - \varepsilon$$

Faisons tendre n vers $+\infty$: la fonction $M_{\bullet} h(\omega)$ est continue pour pr. tout ω, et l'ensemble $\{\dots\}$ tend p.s. en croissant vers $\{ \sup_{s \leqq t} M_s h > a \}$ Comme ε est arbitraire, on a étendu le lemme de HOPF au cas continu :

L1 LEMME. <u>Si A est invariant pour le flot</u>, <u>et</u> $h \in L^1$, <u>on a</u>

(2.1) $$\int_{A \cap \{ \sup_{s \leqq t} M_s h > a \}} h \, d\mu \geqq a\mu(A \cap \{ \sup_{s \leqq t} M_s h > a \})$$

<u>et de même</u>

(2.2) $$\int_{A \cap \{ \inf_{s \leqq t} M_s h < b \}} h \, d\mu \leqq b\mu(A \cap \{ \inf_{s \leqq t} M_s h < b \})$$

On fait maintenant tendre t vers $+\infty$: les inégalités restent vraies. Puis on prend $A = \{ \liminf_{s \to \infty} M_s h < b < a < \limsup_{s \to \infty} M_s h \}$, et on voit que $\mu(A) = 0$, d'où l'on déduit que $M_s h$ converge μ-p.s. lorsque $s \to +\infty$. La convergence dans $L^1(\mu)$ vers $E[h|\underline{\underline{I}}]$, l'espérance conditionnelle de h par rapport à la tribu $\underline{\underline{I}}$ des ensembles invariants, peut se démontrer très rapidement : voir M.SMORODINSKY , <u>Ergodic theory, entropy</u>, p.10 (Lecture Notes in M. vol 214, 1971). On a ainsi étendu aux flots le théorème ergodique :

T1 THEOREME. <u>Si</u> $h \in L^1$, $M_s h$ <u>converge p.s. et dans</u> L^1 <u>vers</u> $E[h|\underline{\underline{I}}]$ <u>lorsque</u> $s \to +\infty$.

Il est aussi facile d'en déduire le <u>théorème ergodique local</u>

T2 THEOREME. <u>Si</u> $h \in L^1$, $M_t h$ <u>converge p.s. et dans</u> L^1 <u>vers</u> h <u>lorsque</u> $t \to 0$.

DEMONSTRATION. Soit $\underline{\underline{H}}$ le sous-espace de L^1 formé des h tels que $M_t h \to h$ p.s. lorsque $t \to 0$. On vérifie aussitôt que $\underline{\underline{H}}$ contient les fonctions de la forme

$$h = \lambda \int_0^\infty e^{-\lambda s} T_s f\, ds \quad (f \text{ bornée}, \lambda > 0)$$

car pour celles-ci $T_t h \to h$ partout lorsque $t \to 0$. On en déduit aisément que $\underline{\underline{H}}$ est dense dans L^1. Soit alors $h \in L^1$, et soient h_n des éléments de $\underline{\underline{H}}$ tels que $\|h-h_n\|_1 \leqq 4^{-n}$. Si nous appliquons le lemme de HOPF à $|h-h_n|$, nous obtenons

$$2^{-n} \mu \{ \sup_s |M_s h - M_s h_n| > 2^{-n} \} \leqq 4^{-n}$$

D'après le lemme de Borel-Cantelli, la fonction $M_. h_n$ converge p.s. <u>uniformément</u> vers $M_. h$, et la relation $M_{0+} h_n = h_n$ p.s. passe à la limite. Donc $\underline{\underline{H}} = L^1$. La convergence dans L^1 est immédiate d'après l'hypothèse de continuité du flot dans L^1.

PROCESSUS PONCTUELS DISCRETS

Nous revenons à un flot $(\Omega, \underline{\underline{A}}, P, (\theta_t))$, $\underline{\underline{A}}$ étant la P-complétion de $\underline{\underline{A}}^\circ$, les hypothèses du début étant satisfaites. Nous considérons un processus stationnaire (X_t) à valeurs dans un espace mesurable $(\overline{E}, \overline{\underline{\underline{E}}})$, dans lequel on distingue un point noté ∂ , l'ensemble $\{\partial\}$ étant mesurable. <u>La fonction</u> $(t,\omega) \mapsto X_t(\omega)$ <u>est supposée mesurable</u> (c'est toujours le cas si X_0 est $\underline{\underline{A}}^\circ$-mesurable). Nous supposons que (X_t) possède la propriété suivante

<u>pour tout</u> $\omega \in \Omega$, <u>l'ensemble</u> $P(\omega) = \{ t : X_t(\omega) \neq \partial \}$ <u>est sans point d'accumulation à distance finie</u>

Nous noterons E le complémentaire de ∂ : seules les " apparitions" du processus dans E nous intéressent (nous les appellerons <u>points</u> , ou <u>sauts</u>) ; le point ∂ n'est qu'un artifice pour travailler sur des trajectoires partout définies. Un tel processus est appelé un <u>processus ponctuel discret à valeurs dans</u> E.

L'ensemble H des ω tels que $P(\omega) = \emptyset$ est évidemment invariant. Le processus (X_t) étant supposé mesurable, l'ensemble

$$\{ \omega : \exists\, t ,\ X_t(\omega) \neq \partial \} = H^c$$

est projection sur Ω de l'ensemble $\underline{\underline{B}}(\mathbb{R}) \times \underline{\underline{A}}$-mesurable $\{(t,\omega) : X_t(\omega) \neq \partial\}$: il est donc $\underline{\underline{A}}$-mesurable. Nous pouvons donc <u>restreindre</u> le flot à H^c, qui est l'ensemble intéressant, et supposer que pour tout $\omega \in \Omega$ l'ensemble des sauts est non vide.

Soit $N_t(\omega)$ le nombre des "points" entre les instants 0 (exclu) et $t \geqq 0$ (inclus). Un argument de projection (mesurabilité des temps d'entrée) montre que la fonction

$$T_1(\omega) = \inf \{ t>0 : X_t(\omega)\neq\partial \}$$

est $\underline{\underline{A}}$-mesurable, et (par récurrence) que les fonctions

$$T_k(\omega) = \inf \{ t>T_{k-1}(\omega) : X_t(\omega)\neq\partial \}$$

sont $\underline{\underline{A}}$-mesurables. Il en résulte que N_t est $\underline{\underline{A}}$-mesurable (car $\{N_t \geq k\} = \{T_k \leq t\}$). Soit $r>0$; appliquons le théorème ergodique à l'automorphisme Θ_t et à $N_t \wedge r \in L^1$. Il vient

$$\liminf_{k\to\infty} \frac{N_{kt}}{k} \geq E[N_t\wedge r \mid \underline{\underline{I}}_t] \quad P\text{-p.s.} \text{ , donc } \geq E[N_t \mid \underline{\underline{I}}_t] \text{ P-p.s.}$$

où $\underline{\underline{I}}_t$ est la tribu des ensembles Θ_t-invariants. Sur l'ensemble où $N_t>0$, $E[N_t \mid \underline{\underline{I}}_t]$ est aussi P-p.s. >0 , et donc $N_{kt} \to +\infty$ avec k P-p.s.. Comme nous nous sommes restreints à H^c , nous avons $N_t>0$ pour t assez grand, et donc $N_t \to +\infty$ $(t\to\infty)$ P-p.s. , et l'ensemble des "points" n'est P-p.s. pas borné supérieurement. Un raisonnement semblable du côté négatif montre qu'il n'est pas non plus borné inférieurement. Nous avons établi le résultat suivant :

P1 PROPOSITION. <u>Si</u> (X_t) <u>est un processus ponctuel discret sur</u> Ω , Ω <u>peut être partagé en trois ensembles invariants</u> $\underline{\underline{A}}$-<u>mesurables</u>

1) <u>L'ensemble des</u> $\omega\in\Omega$ <u>pour lesquels</u> $P(\omega)$, <u>l'ensemble des points du processus ponctuel</u>, <u>est vide</u>

2) <u>L'ensemble des</u> ω <u>tels que</u> $P(\omega)$ <u>soit non vide</u>, <u>et borné soit supérieurement</u> , <u>soit inférieurement</u>

3) <u>L'ensemble des</u> ω <u>tels que</u> $P(\omega)$ <u>ne soit borné ni à droite</u>, <u>ni à gauche</u> .

<u>Le second ensemble est de mesure nulle</u>.

[On rappelle que la mesure P est <u>bornée</u>]

DESCRIPTION D'UN PROCESSUS PONCTUEL

Après cette application du théorème ergodique, nous reprenons un processus ponctuel discret (X_t) sur $(\Omega,\underline{\underline{A}},P,(\Theta_t))$, à valeurs dans E, et nous supposons que $P(\omega)$ est non-borné pour tout ω (ce qui revient à se restreindre au troisième ensemble invariant ci-dessus). Nous allons introduire diverses notations importantes pour la suite .

a) Pour t positif, nous avons déjà défini $N_t(\omega)$ comme le nombre d'éléments de $P(\omega)\cap]0,t]$; pour $t<0$, $-N_t(\omega)$ sera le nombre d'éléments de $P(\omega)\cap]t,0]$. Il est facile de voir que, dans ces conditions, (N_t) est une <u>hélice</u> du flot.

b) Pour tout $k>0$, nous avons défini $T_k(\omega)$ par

$$T_1(\omega) = \inf \{t>0,\ X_t(\omega)\neq\partial\} \text{ , } T_{k+1}(\omega) = \inf \{t>T_k(\omega),\ X_t(\omega)\neq\partial\}$$

Nous prolongeons ces définitions en posant du côté gauche

$T_0(\omega) = \sup \{ t \leqq 0 , X_t(\omega) \neq \partial \}$, $T_{k-1}(\omega) = \sup \{ t < T_k(\omega), X_t(\omega) \neq \partial \}$

Comme nous nous sommes restreints à un ensemble invariant convenable[1], les v.a. T_n sont toutes finies, et $T_n \to \pm\infty$ avec n.

c) Nous poserons $X^n(\omega) = X_{T_n(\omega)}(\omega)$, fonction à valeurs dans E. Le processus (X_t) étant mesurable , et chaque T_n étant égal P-p.s. à une v.a. $\underline{\underline{A}}^o$-mesurable, X^n est $\underline{\underline{A}}$-mesurable pour tout n .

d) Nous commençons par remarquer que la "famille de tribus naturelle" du processus (X_t), au sens usuel, est dégénérée. En effet, $P\{X_t \neq \partial\}$ est une constante c, égale aussi à $\int_0^1 P\{X_t \neq \partial\}dt$. Si c était >0, le théorème de Fubini nous donnerait que pour certains ω $\{ t : X_t(\omega) \neq \partial\}$ est de mesure de Lebesgue >0, alors que cet ensemble est dénombrable.

Néanmoins, un processus ponctuel discret donne lieu à une filtration intéressante : définissons $\underline{\underline{F}}^o$ comme la tribu engendrée par les v.a. T_n et X^n pour $n \leqq 0$. Soit $t \in \mathbb{R}$; on a pour tout m

$$(2.3) \qquad \begin{aligned} T_m(\theta_t\omega) &= T_{m+k}(\omega) - t \\ X^m(\theta_t\omega) &= X^{m+k}(\omega) \end{aligned}$$

où $k=k(\omega)$ est l'unique entier tel que $T_k(\omega) \leqq t < T_{k+1}(\omega)$. Lorsque $t \leqq 0$, $\omega \mapsto k(\omega)$ est $\underline{\underline{F}}^o$-mesurable, et k est $\leqq 0$. Il en résulte que $T_n \circ \theta_t$ et $X^n \circ \theta_t$ sont $\underline{\underline{F}}^o$-mesurables pour $n \leqq 0$, et cela signifie que $\underline{\underline{F}}^o$ est une tribu filtrante. Cette filtration est dite <u>associée</u> au processus ponctuel discret (X_t) .

On peut expliciter un peu les tribus $\underline{\underline{F}}^o_t$ pour $t \geqq 0$:

L2 LEMME. <u>Si</u> $t \geqq 0$, $\underline{\underline{F}}^o_t$ <u>est identique à la tribu</u> $\underline{\underline{G}}$ <u>engendrée par les v.a.</u>

$$(2.4) \qquad T'_m = T_m \wedge t \quad , \quad X'^m = X_{T'_m} \quad \underline{\text{pour}}\ m \in \mathbb{Z}$$

DEMONSTRATION (sommaire). Par définition, $\underline{\underline{F}}^o_t$ est engendrée par les v.a. $T_n \circ \theta_t$, $X^n \circ \theta_t$ $(n \leqq 0)$. Compte tenu de (2.3), l'entier $k(\omega)$ est positif, et peut être caractérisé par les inégalités $T_{-k}(\theta_t\omega) \leqq -t < T_{-k+1}(\theta_t\omega)$ (la seconde inégalité étant inutile si $T_0(\theta_t\omega) \leqq -t$, de sorte qu'on n'a pas besoin de T_1). L'application $\omega \mapsto k(\omega)$ est donc $\underline{\underline{F}}^o_t$-mesurable, et on en déduit sans peine, par (2.3), que les v.a. (2.4) sont $\underline{\underline{F}}^o_t$-mesurables.

Dans l'autre sens : soit j le plus petit entier tel que $T'_j(\omega) \geqq t$. On a $k(\omega)=j-1$ si $X'^j(\omega)=\partial$, $k(\omega)=j$ si $X'^j(\omega) \neq \partial$. Donc $\omega \mapsto k(\omega)$ est $\underline{\underline{G}}$-mesurable, et on déduit alors de (2.3) que les $T_n \circ \theta_t$, $X^n \circ \theta_t$ sont $\underline{\underline{G}}$-mesurables.

---

1 Sinon, certains T_n valent $+\infty$ (n>0) ou $-\infty$ $(n \leqq 0)$. On conviendra que les X^n correspondants sont égaux à ∂.

VERSION CANONIQUE D'UN PROCESSUS PONCTUEL DISCRET

Nous conservons les notations précédentes, et supposons toujours que l'ensemble $P(\omega)$ des " points" est non borné à droite et à gauche pour tout ω.

Désignons par $\tilde{\Omega}$ l'ensemble de toutes les applications $\tilde{\omega}$ de $\mathbb{R}$ dans $E\cup\{\partial\}$, qui ne prennent une valeur différente de ∂ qu'aux points d'un ensemble $P(\tilde{\omega})$, sans point d'accumulation à distance finie, non borné des deux côtés. Cet ensemble admet un groupe d'automorphismes (ensemblistes) évident : les translations $\tilde{\theta}_t$. Pour le munir d'une tribu, nous numérotons les "points" selon le procédé indiqué plus haut, ce qui nous donne des applications T_m de $\tilde{\Omega}$ dans $\mathbb{R}$, X^m de $\tilde{\Omega}$ dans E . Nous notons alors $\underline{\underline{\tilde{A}}}^o$ la tribu engendrée par toutes ces applications. Les formules (2.3) permettent de voir aisément que les $\tilde{\theta}_t$ sont mesurables, et même (par continuité à droite) que l'application $(t,\tilde{\omega})\mapsto \tilde{\theta}_t\tilde{\omega}$ est mesurable. Nous laisserons de côté les questions de filtration pour l'instant.

A tout $\omega\in\Omega$ associons sa trajectoire $t\mapsto X_t(\omega)$ pour le processus ponctuel discret (X_t), trajectoire que nous noterons $\varphi(\omega)\in\tilde{\Omega}$. L'application φ est mesurable de $(\Omega,\underline{\underline{A}})$ dans $(\tilde{\Omega},\underline{\underline{\tilde{A}}}^o)$, d'où une loi image $\tilde{P} = \varphi(P)$. Le système $(\tilde{\Omega},\underline{\underline{\tilde{A}}}^o,\tilde{P},(\tilde{\theta}_t))$ est un flot , pour lequel le processus $(\tilde{X}_t)_{t\in\mathbb{R}}$ des applications coordonnées sur $\tilde{\Omega}$ est un processus ponctuel discret : la <u>version canonique</u> du processus (X_t).

Soit H l'ensemble des suites $(t_n)_{n\in\mathbb{Z}}$ de nombres réels, telles que $t_n<t_{n+1}$ pour tout n , $\lim t_n = \pm\infty$ pour $n\to\pm\infty$, $t_0\leq 0<t_1$. Alors l'application $\tilde{\omega}\mapsto (T_m(\tilde{\omega}),X^m(\tilde{\omega}))_{m\in\mathbb{Z}}$ est une bijection de $\tilde{\Omega}$ sur $H\times E^{\mathbb{Z}}$. On peut écrire l'action des opérateurs de translation sur ce dernier espace, grâce aux formules (2.3), mais c'est un peu moins facile que sur $\tilde{\Omega}$. Toutes ces remarques sont bien connues, et ont par exemple été exposées par NEVEU dans ses notes sur les processus ponctuels (C.R. t.267, 1968, p.561) .

3. FLOT SOUS UNE FONCTION

Nous en arrivons maintenant à la troisième notion importante de cet exposé , celle de <u>flot sous une fonction</u>. Il s'agit d'une notion déjà ancienne , due à W.AMBROSE (Representation of ergodic flows, Ann. of M. 42, 1941, p.723-739), et sans doute même antérieure (il paraît que von NEUMANN s'y était intéressé) : AMBROSE montrait que tout flot <u>ergodique</u> était isomorphe à un flot sous une fonction, ce qui paraissait ramener une bonne partie de la théorie des flots à la théorie ergodique (discrète) ordinaire. Le théorème d'AMBROSE a été étendu par AMBROSE-KAKUTANI à des flots non ergodiques très généraux (Structure and continuity of measurable flows, Duke M.J. 9, 1952, p.25-42). Nous parlerons plus loin de ces théorèmes de représentation.

Dans ce paragraphe, nous allons décrire les flots sous une fonction, et d'abord montrer que ce sont effectivement des flots : la forme définitive de l'exposé doit beaucoup à une conversation avec NEVEU. Dans l'exposé suivant, nous présenterons les relations entre les flots sous une fonction et les processus ponctuels discrets, et les applications à la structure de ceux-ci.

NOTATIONS. $(\Omega,\underline{\underline{A}},\mu)$ est un espace mesuré σ-fini, muni d'un automorphisme s ; f est une fonction mesurable sur Ω , partout finie et partout >0 . Nous supposerons d'habitude que $\int fd\mu=1$, mais une bonne partie des résultats reste valable sans cette hypothèse. On définit les <u>itérées</u> de f par

(3.1)
$$f_0=0\ ,\ f_1=f\ ,\ f_n=f+f\circ s+\ldots+f\circ s^{n-1}$$
$$f_{-1}=-f\circ s^{-1}\quad f_{-n}=-f\circ s^{-1}\ldots-f\circ s^{-n}$$

et <u>nous supposerons que</u> $f_n\to\pm\infty$ <u>avec</u> n . L'ensemble où cette propriété est d'ailleurs un ensemble invariant pour s, auquel on peut restreindre le flot discret, et si la mesure μ est finie on peut être certain qu'il porte μ (car le théorème ergodique entraîne que $\underline{\lim}_n \frac{f_n}{n}>0$ μ-p.s. , donc $f_n\to+\infty$ p.s. pour $n\to\infty$, et de même à gauche).

Nous posons $\overline{\Omega}=\Omega\times\mathbb{R}$, avec $\overline{\underline{\underline{A}}}=\underline{\underline{A}}\times\underline{\underline{B}}(\mathbb{R})$, et la mesure $\overline{\mu}=\mu\otimes\ell$ (mesure de Lebesgue). Nous partageons $\overline{\Omega}$ en les ensembles $\overline{\Omega}_n=\{(y,u)\ :\ f_n(y)\leq u<f_{n+1}(y)\}$, parmi lesquels nous distinguons

(3.2)
$$\tilde{\Omega}=\overline{\Omega}_0=\{(y,u)\ :\ 0\leq u<f(y)\ \}$$

que nous munissons de la tribu induite $\tilde{\underline{\underline{A}}}$ et de la mesure induite $P=\overline{\mu}|_{\tilde{\Omega}}$, de masse $\int fd\mu$ (P sera d'habitude une loi de probabilité).

On construit sur $\overline{\Omega}$ les applications

(3.3)
$$\overline{\theta}_t(y,u)=(y,\ u+t)$$

(3.4)
$$\overline{s}(y,u)=(sy,\ u-f(y))$$

il est facile de calculer $\overline{s}^k(y,u)=(s^ky,\ u-f_k(y))$, pour $k\in\underline{\mathbb{Z}}$; ces applications forment un groupe discret d'automorphismes de $(\overline{\Omega},\overline{\underline{\underline{A}}})$. Du point de vue de la mesure, si h(y,u) est une fonction positive de la forme a(y)b(u), on a

$< \overline{\mu},\ h\circ\overline{s} > \ = \int a(sy)b(u-f(sy))\mu(dy)du = \int a(sy)\mu(dy).\int b(u)du$

et on en déduit que $\overline{s}$ <u>préserve</u> $\overline{\mu}$ <u>si et seulement si</u> s <u>préserve</u> μ .

Soit $(y,u)\in\overline{\Omega}_n$; on a $f_n(y)\leqq u\leqq f_{n+1}(y)$, donc $f_n(y)+f(s^{-1}y)\leqq u + f(s^{-1}y) < f_{n+1}(y)+f(s^{-1}y)$, ou $f_{n+1}(s^{-1}y) \leqq u+f(s^{-1}y)<f_{n+2}(s^{-1}y)$, et finalement $\overline{s}^{-1}(y,u)\in\overline{\Omega}_{n+1}$. L'application $\overline{s}^{-1}$ fait donc "monter d'un échelon" , l'application $\overline{s}$ descendre d'un échelon . Donc $\widetilde{\Omega}$ rencontre toute orbite du groupe $(\overline{s}^k)$ suivant un point unique. Si nous notons $\mathcal{R}$ la relation d'équivalence dont les classes sont les orbites du groupe, nous pouvons <u>identifier</u> $\overline{\Omega}/\mathcal{R}$ à $\widetilde{\Omega}$.

Remarquons maintenant que les applications $\overline{\theta}_t$ sont compatibles avec $\mathcal{R}$: si $(x,u) = (y,v)$ mod. $\mathcal{R}$, il existe un k tel que $x=s^ky$ et $u = v-f_k(y)$, et alors $u+t = v+t-f_k(y)$. D'où par passage au quotient un groupe d'automorphismes de l'ensemble $\overline{\Omega}/\mathcal{R} = \widetilde{\Omega}$, que l'on peut expliciter

(3.5) si $(y,u)\in\widetilde{\Omega}$, $\widetilde{\theta}_t(y,u) = (s^ky,\ u+t-f_k(y))$
k étant tel que $f_k(y) \leqq u+t < f_{k+1}(y)$

Voici le résultat principal de ce paragraphe.

P2 PROPOSITION. <u>Si</u> s <u>préserve</u> μ , <u>les</u> $\widetilde{\theta}_t$ <u>préservent</u> P . <u>Inversement, si</u> P <u>est une mesure bornée sur</u> $\widetilde{\Omega}$, <u>invariante par les</u> $\widetilde{\theta}_t$, <u>alors il existe une mesure</u> μ <u>σ-finie sur</u> Ω , <u>invariante par</u> s, <u>telle que</u> $P=\mu\otimes\ell|_{\widetilde{\Omega}}$.

[La condition que P soit bornée est trop forte : examiner la démonstration]

DEMONSTRATION. Soit $\overline{P}$ la périodifiée de la mesure P sur $\widetilde{\Omega}$, par rapport au groupe $(\overline{s}^k)$: $\overline{P} = \sum_{n\in\mathbb{Z}} \overline{s}^k(P)$

Si l'on part de μ , que l'on forme $\overline{\mu}$, puis P, puis $\overline{P}$, on a $\overline{P}=\overline{\mu}$ si et seulement si $\overline{s}$ préserve $\overline{\mu}$, i.e. si s préserve μ. Soit $A \subset \widetilde{\Omega}$; deux éléments de A ne sont pas congrus mod. $\mathcal{R}$, donc deux éléments de $B=\overline{\theta}_t^{-1}(A)$ non plus, et les ensembles $C_n=\overline{s}^{-n}(B\cap\overline{\Omega}_n)$ qu'on obtient en les ramenant dans $\widetilde{\Omega}$ sont disjoints . Leur réunion est $\widetilde{\theta}_t^{-1}(A)$. On a $P(A)=\overline{P}(A)$, tandis que

$$P(\widetilde{\theta}_t^{-1}(A)) = \sum P(C_n) = \sum < \overline{s}^{-n}(P),\ B\cap\overline{\Omega}_n> = \sum < \overline{s}^{-n}(P),B >$$
$$= \overline{P}(B) = \overline{P}(\overline{\theta}_t^{-1}(A))$$

Ainsi P est invariante par $(\widetilde{\theta}_t)$ si et seulement si $\overline{P}(A)=\overline{P}(\overline{\theta}_t^{-1}(A))$ pour $A\subset\widetilde{\Omega}$, mais $\overline{P}$ étant périodique cela équivaut simplement à l'invariance de $\overline{P}$ par $(\overline{\theta}_t)$.

Ces remarques étant faites , on peut conclure :

a) Si μ est invariante par s , on a $\overline{P}=\overline{\mu}$ invariante par les $\overline{\theta}_t$, et P est invariante par les $\tilde{\theta}_t$.

b) Si P est invariante par les $\tilde{\theta}_t$, $\overline{P}$ est invariante par les $\overline{\theta}_t$.

Soit μ la mesure sur Ω $A \mapsto \overline{P}(A\times[0,1])$; on a aussi $\mu(A)=\frac{1}{t}\overline{P}(A\times[0,t])$ pour tout t rationnel, puis réel. On en déduit que μ <u>est σ-finie</u> : en effet f est partout >0, donc la réunion des ensembles $F_n=\{f>1/n\}$ est Ω tout entier, et d'autre part $F_n\times[0,1/n] \subset \tilde{\Omega}$, donc $\mu(F_n) = n\overline{P}(F_n\times[0,1/n]) \leq n\|P\| < \infty$: c'est le seul point où intervient le caractère borné de P . Du fait que $\overline{P}$ est invariante par les $\overline{\theta}_t$, on déduit alors immédiatement que $\overline{P}=\mu\otimes\ell = \overline{\mu}$, et alors l'invariance de $\overline{P}$ par $\overline{s}$ signifie que μ est invariante par s .

DEFINITION. Si μ est invariante par s, le système $(\tilde{\Omega},\underline{\underline{\tilde{A}}},P,(\tilde{\theta}_t))$ est appelé le <u>flot bâti sous la fonction</u> f , au dessus du flot discret $(\Omega,\underline{\underline{A}},\mu,s)$.

Les notations seront légèrement modifiées par la suite, et on fera les rappels nécessaires : ne pas chercher à les retenir . Il faut signaler que la seconde partie de la proposition (existence de μ) est plus importante que la première.

On poursuit cette étude dans l'exposé II .

APPENDICE : ESPACES DE BLACKWELL

Les ergodiciens ont l'habitude de travailler sur une classe de "bons" espaces probabilisés, qu'ils appellent " Lebesgue spaces" (à vrai dire, il s'agit d'une terminologie russe). Il s'agit malheureusement d'une notion qui n'est guère utilisée hors de la théorie ergodique. Nous la remplacerons par la notion d'espace de BLACKWELL, qui couvre à peu près tous les espaces usuels des probabilités. Pour les détails, voir MEYER, Probabilités et Potentiels, chap.III.

Un espace mesurable $(\Omega,\underline{\underline{A}})$ est dit de BLACKWELL si la tribu $\underline{\underline{A}}$ est séparable, et si pour toute v.a. réelle X, l'image $X(\Omega)$ est une partie analytique (souslinienne) de $\mathbb{R}$. Une sous-tribu séparable d'une tribu de BLACKWELL est encore une tribu de BLACKWELL (c'est évident) ; un produit dénombrable de tribus de BLACKWELL est une tribu de BLACKWELL (c'est moins évident...) ; si $\underline{\underline{A}}$ est une tribu de BLACKWELL, la tribu induite par $\underline{\underline{A}}$ sur $\Omega'\in\underline{\underline{A}}$ est une tribu de BLACKWELL (évident). Enfin, si E est un espace polonais, sa tribu borélienne est de BLACKWELL.

Quelle est l'utilité des espaces de BLACKWELL ? Elle tient surtout au théorème suivant :

T3 THEOREME. Soient $(\Omega,\underline{\underline{A}})$ un espace de BLACKWELL, $\underline{\underline{B}}$ une sous-tribu séparable de $\underline{\underline{A}}$, X une v.a. réelle $\underline{\underline{A}}$-mesurable. Si X est constante sur chaque atome de $\underline{\underline{B}}$, X est $\underline{\underline{B}}$-mesurable.

Voici un exemple d'application. Donnons nous un flot $(\Omega,\underline{\underline{A}}^o,P,(\theta_t))$, $\underline{\underline{A}}^o$ étant une tribu de BLACKWELL. L'application $(t,\omega)\mapsto\theta_t\omega$ est mesurable de $\underline{\underline{B}}(\mathbb{R})\times\underline{\underline{A}}^o$ dans $\underline{\underline{A}}^o$, donc si $K\in\underline{\underline{A}}^o$, $X(t,\omega)=I_K\circ\theta_t\omega$ est mesurable par rapport à la tribu de BLACKWELL $\underline{\underline{B}}(\mathbb{R})\times\underline{\underline{A}}^o$. Soit $\underline{\underline{J}}$ une sous-tribu invariante séparable ; prenons $K\in\underline{\underline{J}}$. Deux points (t,ω) (t',ω') de $\mathbb{R}\times\Omega$ appartiennent au même atome de $\underline{\underline{B}}(\mathbb{R})\times\underline{\underline{J}}$ si et seulement si $t=t'$ et ω et ω' appartiennent au même atome de $\underline{\underline{J}}$, mais alors il en est de même de $\theta_t\omega$ et $\theta_{t'}\omega'$, et $I_K\circ\theta_t\omega=I_K\circ\theta_{t'}\omega'$, X est constante sur les atomes de $\underline{\underline{B}}(\mathbb{R})\times\underline{\underline{J}}$, et l'application $(t,\omega)\mapsto\theta_t\omega$ est mesurable lorsqu'on restreint la tribu sur Ω à $\underline{\underline{J}}$.

Si l'on considère un espace de BLACKWELL $(E,\underline{\underline{E}})$, et que l'on construit la version canonique d'un processus ponctuel discret à valeurs dans E, l'espace de base de cette version s'identifie à un sous-ensemble borélien de $\mathbb{R}^{\mathbb{Z}}\times E^{\mathbb{Z}}$: c'est donc un espace de BLACKWELL.

Université de Strasbourg
Séminaire de Probabilités 1971/72

QUESTIONS DE THEORIE DES FLOTS (II)

par J. de SAM LAZARO et P.A.MEYER

Nous continuons l'étude des flots sous une fonction et des processus ponctuels discrets, commencée dans l'exposé I. Nous commençons par montrer que ces deux notions sont, en fait, absolument équivalentes . La caractérisation des flots sous une fonction donnée dans l'exposé I, Prop.2, donne alors un résultat fondamental de la théorie des processus ponctuels discrets, par simple traduction : l'existence de la mesure de PALM d'un processus ponctuel. NEVEU nous a signalé que cette présentation de la théorie de la mesure de PALM, que nous croyions nouvelle, avait été développée par HANEN (Processus ponctuels stationnaires et flots spéciaux. Ann. Institut Henri Poincaré, 7, 1971, p.23-30).

Nous consacrons ensuite un paragraphe à la filtration du flot sous une fonction. Enfin, le paragraphe 3 est consacré au théorème de représentation d'AMBROSE-KAKUTANI : tout flot (filtré) raisonnable est isomorphe à un flot sous une fonction. Mais nous n'avons pas vraiment besoin de ce résultat, et le paragraphe est rédigé sous forme de bavardage mondain .

1. MESURE DE PALM D'UN PROCESSUS PONCTUEL DISCRET

PROCESSUS PONCTUELS DISCRETS = FLOTS SOUS UNE FONCTION

Nous n'insisterons pas ici sur le fait que le flot sous une fonction contient un processus ponctuel discret naturel (les " points" correspondant aux discontinuités de la composante temporelle) : nous verrons cela en détail plus loin. Nous nous occupons ici de la démarche inverse , consistant à interpréter le flot d'un processus ponctuel discret comme un flot sous une fonction.

Nous considérons un flot $(\Omega,\underline{\underline{A}}^{o},P,(\theta_t))$; l'application $(t,\omega) \mapsto \theta_t\omega$ est $\underline{\underline{B}}(\mathbb{R})\times\underline{\underline{A}}^{o}$-mesurable ; nous notons $\underline{\underline{A}}^{*}$ la complétion universelle de $\underline{\underline{A}}^{o}$, $\underline{\underline{A}}$ la complétion de $\underline{\underline{A}}^{o}$ pour P. Soit (X_t) un processus ponctuel discret, stationnaire, à valeurs dans $(E,\underline{\underline{E}})$. Plutôt que d'exiger la mesurabilité de $(t,\omega)\mapsto X_t(\omega)$, nous exigerons (ce qui est plus facile à vérifier, et se prête aussi bien aux démonstrations) que les v.a. T_n,X^n correspondantes soient $\underline{\underline{A}}^{*}$-mesurables.

Nous commencerons par supposer que pour tout ω l'ensemble $P(\omega)$ des sauts est non borné des deux côtés. Mais ce n'est pas indispensable, et nous lèverons cette hypothèse par la suite.

Désignons maintenant par W le sous-ensemble de Ω formé des $\omega\in\Omega$ tels que $T_0(\omega)=0$, i.e. des ω qui sautent à l'instant 0. C'est un ensemble de mesure nulle pour P. Nous le munirons de la tribu induite par $\underline{\underline{A}}^*$. Si $w\in W$, nous poserons $sw = \theta_{T_1(w)}w \in W$, de sorte que $T_n(sw) = T_{n+1}(w)-T_1(w)$, et que $X^n(sw) = X^{n+1}(w)$: s est mesurable de W dans W, et c'est en fait une bijection mesurable, toutes les puissances de s s'écrivant $s^n w = \theta_{T_n(w)}w$ $(n\in\underline{\underline{Z}})$. On pose aussi $f(w)= T_1(w)$, c'est une fonction partout >0 sur W, finie.

Formons $\overline{W} = W\times\mathbb{R}$, dans lequel nous distinguons comme dans l'exposé I les "boîtes" $\overline{W}_n$, $\widetilde{W} =\overline{W}_1$; introduisons les $\overline{\theta}_t$ sur $\overline{W}$, les $\widetilde{\theta}_t$ sur $\widetilde{W}$, l'application $\overline{s}$, la relation d'équivalence $\mathcal{R}$. Et maintenant, définissons une application de $\overline{W}$ dans Ω , mesurable d'après I.(2.3).

$$\overline{\varphi}\,(w,u\,) = \theta_u w$$

qui commute évidemment avec $\overline{\theta}_t$ et θ_t $(\overline{\varphi}\overline{\theta}_t=\theta_t\overline{\varphi})$. $\overline{\varphi}$ applique évidemment $\overline{W}$ sur Ω , car tout ω se ramène par translation(de n'importe quel $t=T_n(\omega)$) dans l'ensemble W. La relation d'équivalence $\overline{\varphi}(w,u)=\overline{\varphi}(w',u')$ est exactement $\mathcal{R}$, de sorte que $\varphi = \overline{\varphi}|_{\widetilde{W}}$ est une bijection[1] de $\widetilde{W}$ sur Ω . Elle commute avec $\widetilde{\theta}_t$ et θ_t par passage au quotient. La mesure obtenue en ramenant P sur $\widetilde{W}$ est donc invariante par les $\widetilde{\theta}_t$, et la proposition 2 nous dit qu'elle peut s'écrire $\mu\otimes\ell$, où μ <u>est une mesure positive σ-finie sur</u> W, <u>invariante par</u> s . On rappelle que W est muni de la tribu induite par $\underline{\underline{A}}^*$, non complétée pour P.

DEFINITION. <u>La mesure</u> μ <u>sur</u> $(W,\underline{\underline{A}}^*)$ <u>est la mesure de PALM du processus ponctuel discret</u>.

Il est agréable de considérer μ comme une mesure sur Ω portée par W . Lorsqu'on ne suppose pas que $P(\omega)$ est non borné des deux côtés pour tout ω , on se restreint simplement à l'ensemble Ω_0 des ω tels que $P(\omega)$ soit non borné, dans lequel on construit W_0 comme ci-dessus, et la mesure de PALM est considérée comme une mesure sur Ω portée par W_0 .

Le théorème suivant est une importante caractérisation de la mesure de PALM, due à MECKE (Stationäre zufällige Masze auf lokalkompakten Abelschen Gruppen, Z.W-th. 9, 1967, p.36.58). Rappelons

---

1 La bijection réciproque s'écrit $\omega\mapsto(\theta_{T_0}(\omega),-T_0(\omega))$, elle est donc aussi mesurable.

que (N_t) est l'hélice croissante qui compte les sauts du processus ponctuel (X_t) entre 0 et t (exposé I, § 2). Nous devons remercier NEVEU de nous avoir fait connaître l'article de MECKE.

Pour des raisons de simplicité, nous supposons à nouveau que $P(\omega)$ est non borné pour tout ω , mais les résultats s'étendent immédiatement au cas général .

T1 THEOREME. <u>Soit</u> h <u>une fonction sur</u> $\Omega\times\mathbb{R}$, $\underline{\underline{A}}^*\times\underline{\underline{B}}(\mathbb{R})$-<u>mesurable et positive</u>. <u>On a alors</u>

$$(1.1)\qquad E\left[\int_{-\infty}^{+\infty} h(\theta_t\omega,t)dN_t(\omega)\right] = \int_{W\times\mathbb{R}} h(w,t)\mu(dw)dt$$

DEMONSTRATION. Identifions Ω à $\tilde{W}$. Le membre de gauche est l'espérance d'une somme, correspondant aux différents sauts du processus ponctuel. Le premier terme est, par exemple

$$E[\ h(\theta_{T_1}\omega,T_1(\omega))\ ]\ ,\quad \text{sur } \tilde{W}\quad \int h(sw,f(w)-u)\mu(dw)du$$

de même
$$E[\ h(\theta_{T_0}\omega,T_0(\omega))\ ]\ ,\quad \text{sur } \tilde{W}\quad \int h(w,-u)\mu(dw)du$$

etc. On reconnaît dans le membre de gauche l'intégrale de la fonction $h'(w,u)=h(w,-u)$ sur $\overline{W}$, par rapport à la mesure périodifiée $\overline{P}$ de P. Mais celle-ci vaut $\mu\otimes\ell$. On change u en -u et on obtient le côté droit.

Cette formule a des corollaires importants. Le premier :

T2 THEOREME. <u>La masse totale de la mesure de</u> PALM μ <u>sur</u> W <u>est le paramètre</u> $p=E[N_1]$ <u>du processus ponctuel</u> (le nombre moyen de sauts par unité de temps).
DEMONSTRATION. La formule (1.1) avec $h(\omega,t) = I_{]0,1]}(t)$.

La supériorité de la formule (1.1) apparaît bien lorsqu'on essaie de démontrer directement ce théorème : on se place sur $\tilde{W}$ et on a

$$E[N_1] = \sum_1^{\infty} P\{N_1\geqq k\} = \sum_1^{\infty}\int_{\tilde{W}} I_{\{f_k(y)-u\leqq 1\}}\mu(dy)du$$
$$= \sum_1^{\infty}\int_0^{\infty}\mu(dy)\int_{f(y)\wedge(f_k(y)-1)}^{f(y)} du$$

Le premier terme de cette somme est l'intégrale par rapport à μ de $f-(f-1)^+ = f\wedge 1$. On démontre alors par récurrence que la somme des k premiers termes est $\int f_k\wedge 1\ d\mu$, et le théorème en résulte. C'est beaucoup plus compliqué que (1.1).

REMARQUE. La mesure de PALM n'est pas absolument continue par rapport à P (d'où nos précautions quant aux complétions). Cependant, si $H \in \underline{\underline{A}}^{o}$ est <u>P-polaire</u>, i.e. si le processus $(I_H \circ \Theta_t)$ est P-indistinguable de 0, alors $\mu(H)=0$: prendre dans la formule (1.1) $h(\omega,t)= I_H(\omega)$. Cela s'applique en particulier au cas où H est <u>invariant</u> et $P(H)=0$.

Ensuite, considérons un ensemble $H \in \underline{\underline{A}}^{o}$ (on peut étendre cela à $H \in \underline{\underline{A}}^{*}$, mais peu importe). Définissons un nouveau processus ponctuel X_t^H en posant

$$X_t^H(\omega) = X_t(\omega) \text{ si } \Theta_t\omega \in H \ , \quad X_t^H(\omega) = \partial \quad \text{sinon .}$$

On peut déterminer la mesure de PALM de ce processus ponctuel :

T3 THEOREME. <u>La mesure de PALM de</u> (X_t^H) <u>est</u> $I_H . \mu$

DEMONSTRATION. Construisons l'hélice N_t^H qui compte les sauts de (X_t^H) : on a $dN_t^H = I_H \circ \Theta_t dN_t$, et par conséquent, avec les notations de (1.1)

$$E[\int_{-\infty}^{+\infty} h(\Theta_t\omega,t)dN_t^H(\omega)] = E[\int_{-\infty}^{+\infty} h(\Theta_t\omega,t)I_H(\Theta_t\omega)dN_t(\omega) \ ]$$

$$= \int_{\Omega\times\mathbb{R}} h(w,t)I_H(w)\mu(dw)dt$$

et on voit apparaître à droite la mesure $I_H . \mu$

D'où la valeur de $\mu(H)$ elle même : c'est le paramètre du processus croissant X_t^H .

INTERPRETATION DE LA MESURE DE PALM

Identifions Ω à $\tilde{W}$. L'événement { il y a au moins un"point"entre $-\varepsilon$ et 0 } est représenté dans $\tilde{W}$ par la bande

$$B_\varepsilon = \{(w,t) \ : \ t < f(w) \wedge \varepsilon \ \}$$

Alors, pour tout $H \subset W$, $\underline{\underline{A}}^{*}$-mesurable

$$\frac{1}{\varepsilon}P(\{(w,t) \ : \ w \in H \ , \ t < f(w)\wedge\varepsilon\}) = \int_H \frac{f(w)\wedge\varepsilon}{\varepsilon}\ \mu(dw)$$

Si $\mu(H) < \infty$, on peut appliquer du côté droit le théorème de convergence dominée, et il vient

$$\mu(H) = \lim_{\varepsilon \to 0} \ \frac{1}{\varepsilon}P\{ \ w \in H \ , \ t < f(w)\wedge\varepsilon \ \}$$

En particulier, si le paramètre est fini, on peut appliquer ceci à $H=\Omega$, et diviser, de sorte que

$$\frac{\mu(H)}{p} = \lim_\varepsilon \ \frac{P\{w \in H, \ t < f(x)\wedge\varepsilon\}}{P\{t < f(x)\wedge\varepsilon \ \}}$$

Le second membre est la probabilité conditionnelle pour que $X^0 \in H$, sachant qu'il y a un saut entre $-\varepsilon$ et 0. D'où l'interprétation intuitive de $\mu(H)$: probabilité conditionnelle de H, sachant qu'il y a un " saut" à l'instant 0 .

2. FILTRATION DU FLOT SOUS UNE FONCTION

Nous revenons à la situation de l'exposé I : une " cascade" $(\Omega,\underline{\underline{A}},s,\mu)$, une fonction f , et nous construisons le flot bâti sous f

(2.1) $\quad \tilde{\Omega} = \{(y,u)\in\Omega\times\mathbb{R} \;:\; 0\leq u< f(y)\}$

(2.2) $\quad \tilde{\underline{\underline{A}}}{}^{o} = \underline{\underline{A}}\times\underline{\underline{B}}(\mathbb{R})|_{\tilde{\Omega}}$

La notation a été légèrement changée : cette tribu n'étant pas complétée, nous la munissons d'un ^{o} , et nous désignerons par $\tilde{\underline{\underline{A}}}$ sa complétée pour la mesure $P=\mu\otimes\ell|_{\tilde{\Omega}}$. De même, nous enlèverons les ~ au dessus des opérateurs de translation θ_t , les dangers de confusion ayant disparu.

Nous nous donnons maintenant une tribu $\underline{\underline{A}}_0$ sur Ω filtrant la cascade : $\underline{\underline{A}}_0\subset\underline{\underline{A}}$ et $s^{-1}(\underline{\underline{A}}_0)\subset\underline{\underline{A}}_0$, et nous posons comme d'habitude $\underline{\underline{A}}_n = s^n(\underline{\underline{A}})$, famille croissante de tribus. Nous supposerons que $\underline{\underline{A}}=\bigvee_n \underline{\underline{A}}_n$. Nous pouvons associer aux $\underline{\underline{A}}_n$ les tribus sur $\tilde{\Omega}$

(2.3) $\quad \tilde{\underline{\underline{A}}}{}^{o}_n = \underline{\underline{A}}_n\times\underline{\underline{B}}(\mathbb{R})|_{\tilde{\Omega}}$

Nous noterons X_t la v.a. $(y,u)\mapsto\theta_t(y,u)$ sur $(\tilde{\Omega},\tilde{\underline{\underline{A}}})$, <u>considérée comme prenant ses valeurs dans</u> $(\tilde{\Omega},\tilde{\underline{\underline{A}}}{}^{o}_0)$. La composante de $X_t(y,u)$ suivant Ω sera notée $Y_t(y,u)$ [par exemple, $Y_0(y,u)= y$], et la composante suivant $\mathbb{R}$, $\tau_t(y,u)$ [$\tau_0(y,u)=u$] .

On peut " dessiner" les trajectoires des deux processus τ_t, Y_t . Celles de (τ_t) sont des fonctions en dents de scie, dont les sauts successifs sont les valeurs

$$T_k(y,u) = f_k(y) - u$$

et celles de (Y_t) des fonctions en escalier continues à droite.

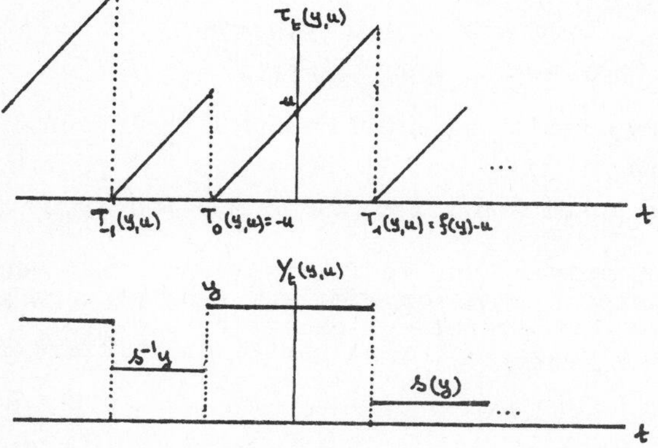

L'application $(t,\tilde{\omega}) \mapsto X_t(\tilde{\omega})$ est donc mesurable pour la tribu $\underline{\underline{B}}(\mathbb{R})\times\underline{\underline{A}}^o$: si $h(y,u)$ est une fonction $\tilde{\underline{\underline{A}}}_0^o$-mesurable de la forme $a(y)b(u)$, où a est continue sur $\mathbb{R}$, b bornée sur $(\Omega,\underline{\underline{A}}_0)$, le processus $h\circ X_t$ est continu à droite, donc mesurable. On passe de là au cas général par le raisonnement habituel.

Nous avons mentionné au §1 l'existence d'un processus ponctuel fondamental dans le flot sous f : c'est celui dont les instants de sauts sont les T_n , l'espace d'états étant $(E,\underline{\underline{E}})=(\Omega,\underline{\underline{A}}_0)$, et les positions aux instants de saut étant les v.a. $Y^n = Y_{T_n}$.

DEFINITION. <u>La tribu $\underline{\underline{A}}_0$ étant fixée sur Ω</u> , <u>on pose</u>

(2.4) $\underline{\underline{F}}_t^o = \underline{\underline{T}}(X_s \, , \, s\leq t)$

(famille naturelle du processus (X_t) à valeurs dans $(\tilde{\Omega},\tilde{\underline{\underline{A}}}_0^o)$). Cette filtration est appelée la <u>filtration naturelle</u> du flot sous f, associée à la filtration discrète $(\underline{\underline{A}}_n)$ sur Ω .

En fait, il est bon de distinguer les filtrations dues aux deux composantes :

(2.5) $\underline{\underline{G}}_t^o = \underline{\underline{T}}(Y_s \, , \, s\leq t)$

(2.6) $\underline{\underline{H}}_t^o = \underline{\underline{T}}(\tau_s \, , \, s\leq t)$

Ces filtrations ne sont vraiment utiles que si l'hypothèse suivante , introduite par GUREVIČ (Conditions pour l'existence d'une K-partition d'un flot spécial. Tr. Mosk. Mat. Obšč. 17. 89-116 (1967)) est satisfaite[1].

P1 PROPOSITION 1. <u>Si</u> f <u>est $\underline{\underline{A}}_1$-mesurable</u>, <u>on a</u> $\underline{\underline{F}}_0^o = \tilde{\underline{\underline{A}}}_0^o$. <u>La famille</u> $(\underline{\underline{F}}_t^o)$, <u>sans complétion</u>, <u>est continue à droite</u>, <u>et les</u> T_n $(n>0)$ <u>en sont des temps d'arrêt</u> . <u>On a</u> $\underline{\underline{F}}_\infty^o = \tilde{\underline{\underline{A}}}^o$.

<u>Si</u> f <u>est $\underline{\underline{A}}_0$-mesurable</u>, <u>on a</u> $\underline{\underline{F}}_{T_1-}^o = \tilde{\underline{\underline{A}}}_0^o$ <u>et</u> $\underline{\underline{F}}_{T_1}^o = \tilde{\underline{\underline{A}}}_1^o$, <u>et dans ce cas le temps d'arrêt</u> T_1 <u>est prévisible</u>.

DEMONSTRATION. 1) X_0 est $\underline{\underline{F}}_0^o$-mesurable par définition , donc ses deux coordonnées le sont . La première est $(y,u)\mapsto y$, à valeurs dans $(\Omega,\underline{\underline{A}}_0)$, la seconde $(y,u)\mapsto u$. Donc $\tilde{\underline{\underline{A}}}_0^o\subset\underline{\underline{F}}_0^o$.

Supposons f $\underline{\underline{A}}_1$-mesurable, et établissons l'inclusion inverse. Toutes les fonctions $(y,u)\mapsto -u$, $(y,u)\mapsto f(s^{-k}y)$ pour $k>0$, sont $\tilde{\underline{\underline{A}}}_0^o$-mesurables, donc aussi les fonctions $(y,u)\mapsto T_n(y,u)$ $(n\leq 0)$, et

---

1 Les résultats qui suivent sur la filtration du flot sous une fonction sont empruntés à l'un des mémoires (non encore publié) de la thèse de J. de Sam Lazaro, à l'exception bien sûr d'une ou deux remarques très simples, qui font partie du folklore des flots.

$Y^n(y,u) = f(s^{-n}y)$ $(n\leq 0)$. Il suffit alors d'écrire explicitement les fonctions $\tau_t(y,u)$, $Y_t(y,u)$ en fonction des T_n, Y^n pour vérifier que tous les X_t $(t\leq 0)$ sont $\tilde{\underline{\underline{A}}}^o_0$-mesurables, donc que $\underline{\underline{F}}^o_0 \subset \tilde{\underline{\underline{A}}}^o_0$.

[Il est agréable de savoir que la condition de mesurabilité ne peut être améliorée. En effet, si les τ_t $(t\leq 0)$ sont $\tilde{\underline{\underline{A}}}^o_0$-mesurables, un instant de réflexion (nécessaire à cause de l'absence de complétion des tribus) montrera que les T_n $(n\leq 0)$ le sont aussi, donc aussi $T_0 - T_{-1}$. Autrement dit , $(y,u) \mapsto f\circ s^{-1}(y)$ est $\underline{\underline{A}}_0 \times \underline{\underline{B}}(\mathbb{R})$-mes. sur $\tilde{\Omega}$. Sous des hypothèses très faibles (celles qu'on ajoutera ci-dessous) sur les tribus $\underline{\underline{A}}$, $\underline{\underline{A}}_0$ et sur f, cela entraîne que $f\circ s^{-1}$ est $\underline{\underline{A}}_0$-mesurable.]

2) Soit $(U,\underline{\underline{U}})$ l'espace d'états $(\Omega\times\mathbb{R}\ ,\ \underline{\underline{A}}_0\times B(\mathbb{R}))$, et soit (Z_t) le processus $(Y_t, \tau_t - t)$ à valeurs dans $(U,\underline{\underline{U}})$. La raison pour laquelle on a pris $\tau_t - t$ est que le processus (Z_t) est continu à droite pour la topologie <u>discrète</u> sur U, et on a encore $\underline{\underline{F}}^o_t = \underline{\underline{T}}(Z_s, s\leq t)$. On va montrer que $\underline{\underline{F}}^o_t = \underline{\underline{F}}^o_{t+}$. Le cas t=0 suffira.

Notons Z^n_t le processus $Z_{t\wedge 1/n}$ $(t\in\mathbb{R})$, et Z^∞_t le processus $Z_{t\wedge 0}$. Soit h une v.a. $\underline{\underline{F}}^o_{0+}$-mesurable, donc $\underline{\underline{F}}^o_{1/n}$-mesurable pour tout n . Il existe alors une fonction H_n sur $U^{\mathbb{R}}$ muni de la tribu produit $\underline{\underline{U}}^{\mathbb{R}}$, telle que

$$h(\omega) = H_n(\ Z^n_t(\omega),\ t\in\mathbb{R}\ )$$

Soit $H = \liminf H_n$. Pour tout ω on a pour n assez grand $Z^n_\cdot(\omega) = Z^\infty_\cdot(\omega)$, donc aussi $H_n(Z^n_t(\omega), t\in\mathbb{R}) = H_n(Z^\infty_t(\omega),\ t\in\mathbb{R}) = h(\omega)$ est indépendant de n, et vaut $H(Z^\infty_t(\omega),\ t\in\mathbb{R})$. La formule $h = H(Z^\infty_t\ ,\ t\in\mathbb{R})$ montre que h est $\underline{\underline{F}}^o_0$-mesurable.

3) Montrons que T_1 est un temps d'arrêt (les suivants se traitent de manière analogue). Soit T^ε l'inf des t rationnels > 0 tels que $\tau_t < \varepsilon$; T^ε est un temps d'arrêt de la famille $(\underline{\underline{F}}^o_{t+})$, et $T^\varepsilon \uparrow T_1$ lorsque $\varepsilon\downarrow 0$, donc T_1 est un temps d'arrêt de la famille $(\underline{\underline{F}}^o_{t+})$, et on conclut en remarquant que $\underline{\underline{F}}^o_{t+} = \underline{\underline{F}}^o_t$.

4) Y_{T_n} , v.a. à valeurs dans $\underline{\underline{A}}_0$, est $\underline{\underline{F}}^o_\infty$-mesurable pour tout n, autrement dit $(y,u) \mapsto s^n y$ à valeurs dans $(\Omega, \underline{\underline{A}}_0)$, ou encore $(y,u) \mapsto y$ à valeurs dans $(\Omega, \underline{\underline{A}}_n)$, est $\underline{\underline{F}}^o_\infty$-mesurable. Comme $\underline{\underline{A}} = \bigvee_n \underline{\underline{A}}_n$, on voit que $\underline{\underline{F}}^o_\infty$ contient la tribu $\tilde{\underline{\underline{A}}}$. L'inclusion inverse est évidente.

5) Supposons f $\underline{\underline{A}}_0$-mesurable. Dans ce cas T_1 est une v.a. $\underline{\underline{F}}^o_0$-mesurable >0 , on peut l'approcher par une suite croissante S^n de v.a. $\underline{\underline{F}}^o_0$-mesurables, partout > 0 et $< T_1$. Les S^n sont des t.d'a. annonçant

T_1 . On procède alors par récurrence pour les autres T_n $(n>0)$.

6) La tribu $\tilde{\underline{\underline{A}}}^o_0 = \underline{\underline{F}}^o_0$ est contenue dans $\underline{\underline{F}}^o_{T_1-}$ du fait que 0 et T_1 sont des temps d'arrêt avec $0<T_1$. Dans l'autre sens, la tribu $\underline{\underline{F}}^o_{T_1-}$ est engendrée, par définition, par les ensembles de la forme $H\cap\{t<T_1\}$, où $H\in\underline{\underline{F}}^o_t$. L'événement $\{t<T_1\} = \{(y,u) : t<f(y)-u\}$ appartient à $\tilde{\underline{\underline{A}}}^o_0$. D'autre part, il suffit de considérer des générateurs de $\underline{\underline{F}}^o_t$, et donc des ensembles H de la forme $\{Y_s\in U\}$, $\{\tau_s\in V\}$ avec $s\leq t$. Si $s\leq 0$ il n'y a rien à démontrer. Si $0<s\leq t$, on remarque que sur $\{t<T_1\}$ on a $Y_s=Y_0$, $\tau_s=\tau_0+s$. Plus généralement, $\underline{\underline{F}}^o_{T_2-} = \tilde{\underline{\underline{A}}}^o_1$ etc .

7) L'application $(y,u)\mapsto u$ est $\underline{\underline{F}}^o_0$-mesurable, donc $\underline{\underline{F}}^o_{T_1}$ -mesurable. L'application $(y,u)\mapsto sy$ à valeurs dans $(\Omega,\underline{\underline{A}}_0)$ l'est aussi , car c'est X_{T_1} . Donc $(y,u)\mapsto y$ à valeurs dans $(\Omega,\underline{\underline{A}}_1)$ est $\underline{\underline{F}}^o_{T_1}$ -mesurable, et on déduit de tout cela que $\underline{\underline{A}}_1\times\underline{\underline{B}}(\mathbb{R})= \tilde{\underline{\underline{A}}}^o_1$ est contenue dans $\underline{\underline{F}}^o_{T_1}$. Pour obtenir l'inclusion inverse, on remarque que $\underline{\underline{F}}^o_{T_1}\subset\underline{\underline{F}}^o_{T_2-}$ du fait que $T_1<T_2$, et $\underline{\underline{F}}^o_{T_2-} = \tilde{\underline{\underline{A}}}^o_1$. Plus généralement, $\underline{\underline{F}}^o_{T_2}=\tilde{\underline{\underline{A}}}^o_2$, etc.

UTILISATION DES ESPACES DE BLACKWELL

Nous allons maintenant faire l'hypothèse suivante : la tribu $\underline{\underline{A}}$ sur Ω est une tribu de BLACKWELL, la tribu $\underline{\underline{A}}_0$ qui filtre la " cascade" est séparable (donc aussi une tribu de BLACKWELL). Nous allons étudier des questions de mesurabilité un peu plus fines. On peut supposer, sans restreindre la généralité, que les atomes de $\underline{\underline{A}}$ sont les points de Ω .

Notre premier résultat concerne la comparaison entre les tribus $\underline{\underline{H}}^o_t$ et $\underline{\underline{G}}^o_t$ engendrées respectivement par les composantes spatiale (Y_t) et temporelle (τ_t) de (X_t).

P2 PROPOSITION. <u>Supposons que</u> $\{\omega : s\omega=\omega\}$ <u>soit</u> μ-<u>négligeable</u>. <u>Alors il existe un ensemble</u> s-<u>invariant</u> Ω_o <u>portant</u> μ , <u>tel que l'on ait pour tout</u> t $\underline{\underline{H}}^o_t|_{\tilde{\Omega}_o}\subset\underline{\underline{G}}^o_t|_{\tilde{\Omega}_o}$ ($\tilde{\Omega}_o=(\Omega_o\times\mathbb{R})\cap\tilde{\Omega}$, <u>ensemble invariant portant</u> P).

DEMONSTRATION. Soit (C_k) une suite d'ensembles engendrant $\underline{\underline{A}}_0$, et soit c la fonction $\sum 3^{-k}I_{C_k}$; la fonction réelle bornée c engendre $\underline{\underline{A}}_0$. Le processus $(c\circ Y_t)_{t\in\mathbb{R}}$ est un processus réel à trajectoires en escalier (continues à droite et pourvues de limites à gauche pour la topologie discrète sur $\mathbb{R}$), constant entre les sauts T_n . Notons T'_m ses sauts , numérotés à partir de 0 à la manière des sauts d'un processus ponctuel discret. Les T'_m figurent parmi les T_n, nous les appellerons les sauts <u>vus sur la composante spatiale</u>.

Le saut $T_n(\omega,u)$ est non vu si et seulement si $c(s^{n-1}\omega)= c(s^n\omega)$, i.e. si $s^{n-1}\omega$ et $s^n\omega$ sont dans le même atome de $\underline{\underline{A}}_0$. Mais alors, $c\circ s^{-1}$ étant $\underline{\underline{A}}_0$-mesurable, on a $c(s^{n-2}\omega)=c(s^{n-1}\omega)$ etc. Autrement dit, si $T_n(\omega,u)$ est non vu, tous les sauts $T_{n-i}(\omega,u)$ sont non vus, et l'ensemble des $T'_m(\omega,u)$ est borné inférieurement.

Soit Ω_0 l'ensemble des ω tels que pour tout $n\in Z$, on ait $c(s^{n+1}\omega) \neq c(s^n\omega)$. C'est évidemment un ensemble invariant, et tous les sauts $T_n(\omega,u)$ sont vus pour $\omega\in\Omega_0$. D'autre part, jetons une fois pour toutes l'ensemble des ω tels que $\omega=s\omega$ (invariant, μ-négligeable par hypothèse). Alors ω et $s\omega$ figurent dans des atomes différents de $\underline{\underline{A}}$, puisque $\underline{\underline{A}}$ sépare les points, donc dans des atomes différents de $\underline{\underline{A}}_n$ pour n assez grand, et $s^n\omega$ et $s^{n+1}\omega$ figurent alors dans des atomes différents de $\underline{\underline{A}}_0$. Donc pour tout ω, au moins un saut est vu.

Ainsi, si $\omega\notin\Omega_0$, l'ensemble des $T'_m(\omega,u)$ est non vide, et borné inférieurement. Mais nous savons que l'ensemble des (ω,u) possédant cette propriété est P-négligeable (exposé 1, prop.1). Cela entraîne que Ω_0^c est μ-négligeable.

Jetons Ω_0^c : pour tout ω, alors, tous les sauts T_n sont vus, et $T_0(\omega,u)=\sup \{ t \text{ rationnels} < 0,\ c\circ Y_t(\omega)\neq c(\omega)\}$ est $\underline{\underline{G}}^o_0$-mesurable. Par translation, il en est de même de $T_0(\Theta_s(\omega,u))$, $s\leq 0$. Mais $\tau_0(\omega,u) = u = -T_0(\omega,u)$, donc $\tau_s=\tau_0\circ\Theta_s= -T_0\circ\Theta_s$ est $\underline{\underline{G}}^o_0$-mesurable pour $s\leq 0$, et cela signifie $\underline{\underline{H}}^o_0\subset\underline{\underline{G}}^o_0$.

[Noter qu'on a pas utilisé seulement la séparabilité de $\underline{\underline{A}}_0$, non la propriété de BLACKWELL]

Pour le second résultat, quelques motivations sont utiles. Nous nous intéressons à un problème étudié par GUREVIČ et TOTOKI, consistant à rechercher à quelles conditions le flot sous f, au dessus d' un K-flot discret, est un K-flot. On se donne donc une K-filtration discrète $(\underline{\underline{A}}_n)$ sur Ω, et l'idée naturelle consiste à supposer f $\underline{\underline{A}}_1$-mesurable, et à étudier la filtration naturelle $(\underline{\underline{F}}^o_t)$. Mais si l'on remplace $\underline{\underline{A}}_0$ par $\underline{\underline{A}}^*_0=\underline{\underline{A}}_1$, on obtient une seconde filtration du flot discret, $\underline{\underline{A}}^*_n = \underline{\underline{A}}_{n+1}$, et cette fois f est $\underline{\underline{A}}^*_0$-mesurable, ce qui présente des avantages techniques. La filtration correspondante $\underline{\underline{F}}^*_t$ sur $\tilde{\Omega}$ satisfait à $\underline{\underline{F}}^*_0 \supset \underline{\underline{F}}^o_0$, donc $\underline{\underline{F}}^*_t\supset \underline{\underline{F}}^o_t$ pour tout t . Il est intéressant de savoir que (grâce aux propriétés de BLACKWELL)

P3 PROPOSITION . $F^*_{-\infty} = \underline{\underline{F}}^o_{-\infty}$

DEMONSTRATION. Soit $h(\omega,u)$ une fonction $\underline{\underline{F}}^*_{-\infty}$-mesurable, nous voulons montrer qu'elle est $\underline{\underline{F}}^o_{-\infty}$-mesurable.

Notre hypothèse signifie que pour tout $t\in\mathbb{R}$, $h\circ\theta_t$ est $\underline{\underline{F}}^*_0$-mesurable sur $\tilde{\Omega}$, ou encore que

$$h(\theta_t(\omega,u)) \text{ est } \underline{\underline{A}}^*_0\times\underline{\underline{B}}(\mathbb{R})=\underline{\underline{A}}_1\times\underline{\underline{B}}(\mathbb{R}) \text{ mesurable.}$$

Considérons la fonction $(t,(\omega,u))\mapsto h(\theta_t(\omega,u))$; elle est mesurable sur $\underline{\underline{B}}(\mathbb{R})\times(\underline{\underline{A}}\times\underline{\underline{B}}(\mathbb{R}))$, tribu de BLACKWELL, et la propriété précédente entraîne qu'elle est constante sur les atomes de $\underline{\underline{B}}(\mathbb{R})\times(\underline{\underline{A}}_1\times\underline{\underline{B}}(\mathbb{R}))$, tribu séparable. Le théorème de BLACKWELL entraîne l'existence d'une fonction $j(t,\omega,u)$, $\underline{\underline{B}}(\mathbb{R})\times\underline{\underline{A}}_1\times\underline{\underline{B}}(\mathbb{R})$-mesurable, telle qu'on ait identiquement

$$h(\theta_t(\omega,u)) = j(t,\omega,u)$$

Soit ε tel que $0<\varepsilon<f(s^{-1}\omega)$; nous avons $\theta_{-u-\varepsilon}(\omega,u)=(s^{-1}\omega,f(s^{-1}\omega))$, donc $\theta_t(\omega,u) = \theta_{t+u+\varepsilon}\theta_{-u-\varepsilon}(\omega,u)$ et

$$h(\theta_t(\omega,u)) = j(t+u+\varepsilon,\ s^{-1}\omega\ ,\ f(s^{-1}\omega)-\varepsilon\ )$$

ou

$$h(\theta_t(\omega,u)) = \lim_{\varepsilon\to\infty}\ j(t+u+\varepsilon,\ s^{-1}\omega,\ f(s^{-1}\omega)-\varepsilon)I_{\{\varepsilon<f(s^{-1}\omega)\}}$$

et le côté droit est, pour tout t, $\underline{\underline{B}}(\mathbb{R})\times\underline{\underline{A}}_0\times\underline{\underline{B}}(\mathbb{R})$-mesurable. Donc h est aussi $\underline{\underline{F}}^o_{-\infty}$-mesurable.

Autrement dit, <u>nous ne perdrons rien quant à</u> $\underline{\underline{F}}^o_{-\infty}$ en supposant, dans la suite, que f est $\underline{\underline{A}}_0$ mesurable au lieu de $\underline{\underline{A}}_1$-mesurable.

Nous reviendrons sur tout cela lorsque nous déterminerons les hélices du flot sous une fonction. Pour l'instant, on change un peu de sujet.

3. LE THEOREME D'AMBROSE-KAKUTANI

Le théorème d'AMBROSE - KAKUTANI se présente comme une condition (nécessaire et suffisante) pour qu'un flot soit isomorphe à un flot sous une fonction. A certains égards, ce n'est pas très intéressant, les flots sous une fonction n'étant absolument pas plus faciles à étudier que les autres. Mais, vu sous un autre angle, le théorème peut être considéré comme une construction de processus ponctuels discrets dans tout flot qui n'est pas absolument trivial. Dans certains cas, celui du mouvement brownien par exemple, c'est un résultat surprenant.

Nous ne donnerons pas d'énoncé formel du théorème, et nous nous bornerons essentiellement au cas ergodique, avec de brèves indications sur le passage au cas non ergodique.

Nous partons d'un flot $(\Omega,\underline{\underline{A}}^{\circ},P,\theta_t)$, filtré par une famille $(\underline{\underline{F}}_t^{\circ})_{t\in\mathbb{R}}$ de sous tribus de $\underline{\underline{A}}^{\circ}$ telle que $\underline{\underline{A}}^{\circ}=\underline{\underline{F}}_{\infty}^{\circ}$. Comme d'habitude, nous enlevons les ° pour indiquer l'adjonction de tous les ensembles P-négligeables. Nous supposons que $(t,\omega)\mapsto\theta_t\omega$ est mesurable de $\underline{\underline{B}}(\mathbb{R})\times\underline{\underline{A}}^{\circ}$ dans $\underline{\underline{A}}^{\circ}$, et de $\underline{\underline{B}}(]-\infty,0[)\times\underline{\underline{F}}_0^{\circ}$ dans $\underline{\underline{F}}_0^{\circ}$. Nous choisissons un ensemble $A\in\underline{\underline{F}}_0^{\circ}$ tel que pour un $r\in\mathbb{R}$ l'ensemble

(3.1) $\qquad A^c\cap\theta_r(A) = B$

ait une probabilité non nulle. De tels ensembles existent toujours dans les flots ergodiques, car si $A\in\underline{\underline{F}}_0^{\circ}$ est de probabilité >0 et <1

$$E[\frac{1}{t}\int_0^t I_A\circ\theta_r\, I_{A^c}\,dr] \longrightarrow E[I_{A^c}\, E[I_A|\underline{\underline{I}}]] = P(A^c)P(A) \neq 0$$

Mais l'existence de tels ensembles, et même d'un système "P-dense" de tels ensembles, est une propriété bien moins forte que l'ergodicité (voir l'article d'AMBROSE KAKUTANI, Duke M.J. 9, 1952). A étant choisi, quitte à l'échanger avec A^c, nous pouvons supposer que r est >0.

Nous posons maintenant $H=\lambda\int_{-1/\lambda}^{0} I_A\circ\theta_s\,ds$: c'est une fonction $\underline{\underline{F}}_0^{\circ}$ - mesurable, comprise entre 0 et 1, et la fonction $s\mapsto H\circ\theta_s(\omega)$ est, pour tout ω, lipschitzienne de rapport λ. D'autre part, d'après le théorème ergodique local, H converge p.s. vers I_A lorsque $\lambda\rightarrow\infty$, de sorte que si l'on pose

(3.2) $\qquad C=\{H<1/4\}\quad,\quad D=\{H>3/4\}$

ces ensembles diffèrent respectivement de A^c et de A par des ensembles de mesure petite pour λ grand. Donc pour λ assez grand,

(3.3) $\qquad M = C\cap\theta_r(D)$

a une mesure non nulle. Tous ces ensembles sont $\underline{\underline{A}}^{\circ}$-mesurables. Je dis que pour presque tout $\omega\in M$ on a $\theta_t\omega\in M$ pour des valeurs de t arbitrairement voisines de $\pm\infty$. En effet, si l'ensemble des $t\geq 0$ tels que $\theta_t\omega\in M$ est borné, par exemple, on a $\lim_{t\to\infty}\frac{1}{t}\int_0^t I_M(\theta_s\omega)ds = 0$, alors que cette limite vaut $E[I_M|\underline{\underline{I}}]$, fonction p.s. >0 sur M.

Nous noterons U l'ensemble invariant des ω tels que $\theta_t\omega\in M$ pour des valeurs de t arbitrairement voisines de $\pm\infty$. Il revient au même d'exiger la même propriété pour des valeurs rationnelles de t, donc $U\in\underline{\underline{A}}^{\circ}$. Nous venons de voir que U contient M p.s., donc U est de probabilité >0 : dans le cas ergodique, P(U) vaut alors 1.

---

1 Noter l'absence d'hypothèse de continuité à droite .

Nous avons aussi $U\in\underline{\underline{F}}_0$: c'est un résultat classique, que nous démontrons rapidement pour être complets :

L1 LEMME. $\underline{\underline{I}}\subset\underline{\underline{F}}_0$ (<u>donc</u> $\underline{\underline{I}}\subset\underline{\underline{F}}_{-\infty}$).

DEMONSTRATION. Soit φ bornée $\underline{\underline{I}}$-mesurable, et soit $\psi=E[\varphi|\underline{\underline{F}}_0]$. Par translation on a $\psi\circ\theta_t=E[\varphi|\underline{\underline{F}}_t]$, donc (d'après le théorème des martingales, et compte tenu du fait que la filtration est exhaustive) $\varphi = E[\varphi|\underline{\underline{F}}_\infty] = \lim_{+\infty} \psi\circ\theta_t$. Mais d'après le théorème ergodique, $\psi\circ\theta_t$ converge au sens de Cesaro vers $E[\psi|\underline{\underline{I}}]$, donc $\varphi=E[\varphi|\underline{\underline{F}}_0|\underline{\underline{I}}]$. Les deux membres ont donc la même norme dans L^2, et ceci entraîne que φ est $\underline{\underline{F}}_0$-mesurable.

Nous allons maintenant travailler sur le flot restreint à U, filtré par la famille $\underline{\underline{F}}^o_t|_U$. <u>Cela suffira complètement dans le cas ergodique</u>.[Pour traiter le cas non ergodique, il faudra recommencer la construction dans l'ensemble invariant U^c, extraire un nouveau flot sous une fonction de la manière décrite ci-dessous, itérer transfiniment ce procédé jusqu'à l'épuisement de Ω, possible si le flot est "propre" au sens d'AMBROSE-KAKUTANI : on renvoie à leur article pour plus de détails].

Ainsi <u>nous supposons désormais que Ω=U</u>.

Soit K l'ensemble

(3.4) $$\{ \omega : H(\omega)= 1/2 \ , \ H(\theta_s\omega) > 1/2 \text{ pour } s\in]-1/4\lambda,0[\ \}$$

Je dis d'abord que K est $\underline{\underline{F}}^o_0$-mesurable (dans Ω=U): pour écrire que $H\circ\theta_s > 1/2$ pour $s\in\ ]-1/4\lambda,0[$, écrire que pour tout ε de la forme 2^{-n} il existe un η de la forme 2^{-m} tel que $H\circ\theta_s > 1/2 + \eta$ pour tout s <u>rationnel</u> de l'intervalle $]-1/4\lambda+\varepsilon,-\varepsilon[$.

Ensuite, pour tout ω on a $\theta_t\omega\in K$ pour des valeurs de t arbitrairement voisines de $\pm\infty$. Nous savons en effet (du côté positif, par exemple) qu'il existe de très grands t pour lesquels $\theta_t\omega\in M$. Alors $\theta_t\omega\in C$, donc $H(\theta_t\omega)<1/4$, et $\theta_t\omega\in\theta_r D$, donc $\theta_{t-r}(\omega)\in D$ et $H(\theta_{t-r}\omega)>3/4$. Il existe donc entre t-r et t au moins un s tel que $H(\theta_s\omega)=1/2$, je dis que le plus petit de ces s satisfait à $\theta_s\omega\in K$. En effet, entre t-r et s, $H\circ\theta_.(\omega)$ est >1/2, et varie de 3/4 à 1/2, donc la longueur de cet intervalle est au moins $1/4\lambda$ puisque $H\circ\theta_.$ est lipschitzienne de rapport λ.

Notons enfin que deux t distincts tels que $\theta_t\omega\in K$ sont séparés par un intervalle de longueur au moins égale à $1/4\lambda$. On définit donc un processus ponctuel discret en posant

$$Y_t(\omega) = \theta_t\omega \text{ si } \theta_t\omega\in K \ , \ Y_t(\omega)=\partial \text{ sinon .}$$

Démontrons rapidement que T_0 est $\underline{\underline{F}}^o_0$-mesurable sur Ω=U, ce qui entraînera que toutes les v.a. T_n, Y^n de ce processus ponctuel sont $\underline{\underline{A}}^o$-mesurables.

Soit $\varepsilon>0$. Soit L_ε l'ensemble de tous les r rationnels <0 tels que $H\circ\Theta_s>1/2$ pour $s\in[r+2\varepsilon-1/4\lambda,r]$ et $H\circ\Theta_r-1/2 < \lambda\varepsilon$. Les rationnels de l'intervalle $]T_0-\varepsilon,T_0]$ appartiennent à L_ε , donc $S_\varepsilon=\sup L_\varepsilon$ est $\geqq T_0$. Lorsque $\varepsilon \to 0$, L_ε diminue, donc S_ε décroît vers une v.a. S. Comme S_ε est $\underline{\underline{F}}^o_0$-mesurable, il en est de même de S . Or on a $H\circ\Theta_S=1/2$, ce qui entraîne que $S_\varepsilon=S$ pour ε assez petit. Il en résulte aisément que $S=T_0$.

Prenons W=K, muni de la tribu induite par $\underline{\underline{A}}^o$. Prenons $s=\Theta_{T_1}$, automorphisme de W , et $f=T_1$ sur W, fonction partout >0 et finie, dont les itérés tendent vers $\pm\infty$. Formons $\widetilde{W}=\{(w,u)\in W\times\mathbb{R} : 0\leqq u<f(w)\}$. Pour $(w,u)\in W\times\mathbb{R}$, posons $\varphi(w,u)=\Theta_u w$. On vérifie comme au paragraphe 1 que φ applique $W\times\mathbb{R}$ sur Ω, induit sur $\widetilde{W}$ une bijection bimesurable de $(\widetilde{W} , \underline{\underline{A}}^o\times\underline{\underline{B}}(\mathbb{R})|_{\widetilde{W}})$ sur $(\Omega,\underline{\underline{A}}^o)$ qui commute avec les translations. D'où l'existence d'une mesure μ invariante par s comme au paragraphe 1, etc. Nous avons établi le théorème d'AMBROSE pour un flot ergodique : un tel flot est isomorphe à un flot sous une fonction f, et cette fonction peut même être choisie bornée inférieurement (ici, par $1/4\lambda$).

QUESTIONS DE FILTRATION

Si l'on identifie $\widetilde{W}$ et Ω au moyen de l'application $(w,u)\mapsto \Theta_u w$, et de l'application réciproque $\omega\mapsto(\Theta_{T_0}(\omega),-T_0(\omega))$, la filtration $(\underline{\underline{F}}^o_t)$ n'est en général pas du type envisagé au paragraphe précédent. En effet, dans une telle filtration " il ne se passe rien" entre les instants T_i et T_{i+1}. Ce que nous allons montrer ici, c'est que la filtration $(\underline{\underline{F}}^o_t)$ peut être bien <u>encadrée</u> entre deux telles filtrations.

Nous commençons par faire une hypothèse anodine : dans les calculs précédents, nous n'avons fait aucune hypothèse de continuité sur la famille $(\underline{\underline{F}}^o_t)$. <u>Nous supposons dans la suite que</u> $\underline{\underline{F}}^o_0=\underline{\underline{F}}^o_{0-}$, quitte à changer de notations si nécessaire. Alors W est $\underline{\underline{F}}^o_{0-}$-mesurable, ainsi que T_0 , et T_1 <u>est un temps d'arrêt de la famille</u> $(\underline{\underline{F}}^o_{t-})$, car $\{T_1\leqq t\} = \{T_0\circ\Theta_t \geqq -t\} \in \Theta_t^{-1}(\underline{\underline{F}}^o_{0-}) = \underline{\underline{F}}^o_{t-}$.

Nous faisons maintenant les hypothèses suivantes, qui ne sont pas déraisonnables, comme nous le verrons dans la suite :

- $\underline{\underline{A}}^o$ est une tribu de BLACKWELL
- $\underline{\underline{F}}^o_{0-}$ est séparable (donc une tribu de BLACKWELL)
- $\underline{\underline{F}}^o_{0-}$ est engendrée par des v.a. h telles que la fonction $h\circ\Theta_.$ soit <u>continue à gauche</u> sur $\mathbb{R}$

Nous verrons plus loin[1], par exemple, que tout flot muni d'une K-filtration est isomorphe à un flot de ce type.

Introduisons alors les tribus suivantes sur W et $\widetilde{W}=\Omega$

(3.5) $\quad \underline{\underline{C}}^o_0 = \underline{\underline{F}}^o_{0-}|_W \quad , \quad \widetilde{\underline{\underline{C}}}^o_0 = \underline{\underline{C}}^o_0 \times \underline{\underline{B}}(\mathbb{R})|_{\widetilde{W}}$

(3.6) $\quad \underline{\underline{C}}^*_0 = \underline{\underline{F}}^o_{T_1-}|_W \quad , \quad \widetilde{\underline{\underline{C}}}^*_0 = \underline{\underline{C}}^*_0 \times \underline{\underline{B}}(\mathbb{R})|_{\widetilde{W}}$

Toutes ces tribus sont séparables, et les tribus (3.5) sont contenues dans les tribus (3.6). Notre premier résultat entraîne que $\underline{\underline{C}}^o_0$ et $\underline{\underline{C}}^*_0$ filtrent le flot discret ; comme $f=T_1|_W$ est $\underline{\underline{C}}^*_0$-mesurab e, $\widetilde{\underline{\underline{C}}}^o_0$ et $\widetilde{\underline{\underline{C}}}^*_0$ filtrent le flot continu (prop.1).

L2 LEMME. <u>On a</u> $\underline{\underline{C}}^*_0 = s^{-1}(\underline{\underline{C}}^o_0)$ <u>sur</u> W .

DEMONSTRATION. Nous utilisons le théorème de BLACKWELL, en montrant que les deux tribus ont les mêmes atomes.

A quelle condition ω et $\omega' \in W$ appartiennent ils au même atome de $\underline{\underline{C}}^*_0$? On a d'abord $T_1(\omega)=T_1(\omega')$. Puis on écrit que ω et ω' appartiennent aux mêmes ensembles générateurs de la forme $A\cap\{t<T_1\}$, $A\in\underline{\underline{F}}^o_{t-}$. Ecrivant A sous la forme $\theta_t^{-1}(H)$, $H\in\underline{\underline{F}}^o_{0-}$, on voit que la condition est

$$T_1(\omega)=T_1(\omega'),\ \text{et pour tout } H\in\underline{\underline{F}}^o_{0-} \text{ on a } I_H(\theta_t\omega)=I_H(\theta_t\omega') \text{ pour tout } t<T(\omega)$$

Mais notre hypothèse sur l'existence de fonctions continues à gauche engendrant $\underline{\underline{F}}^o_{0-}$ entraîne alors que $I_H(\theta_t\omega)=I_H(\theta_t\omega')$ pour $t=T(\omega)$ aussi.

Raisonnons de même sur $s^{-1}(\underline{\underline{C}}^o_0)$. L'appartenance à un même atome signifie que pour tout $H\in\underline{\underline{F}}^o_{0-}$ on a $I_H(\theta_{T_1(\omega)}(\omega))=I_H(\theta_{T_1(\omega')}(\omega'))$. Comme T_{-1} est $\underline{\underline{F}}^o_{0-}$-mesurable, on a $T_{-1}(\theta_{T_1}\omega) = T_{-1}(\theta_{T_1}\omega')$, ce qui s'écrit aussi $T_1(\omega)-T_0(\omega)=T_1(\omega')-T_0(\omega')$, et comme ω et ω' sont dans W, $T_1(\omega)=T_1(\omega')$. D'autre part, notons u cette valeur commune. Si l'on a $I_H(\theta_u\omega)=I_H(\theta_u\omega')$ pour tout $H\in\underline{\underline{F}}^o_{0-}$, on peut appliquer cette égalité à $\theta_v^{-1}(H)\in\underline{\underline{F}}^o_{0-}$ pour tout $v<0$, et en déduire que $I_H(\theta_t\omega)= I_H(\theta_t\omega')$ pour tout $t\leqq u$.

Les deux tribus ont donc bien les mêmes atomes.

Voici l'encadrement cherché.

P4 PROPOSITION 4. <u>On a</u> $\widetilde{\underline{\underline{C}}}^o_0\subset\underline{\underline{F}}^o_{0-}\subset\widetilde{\underline{\underline{C}}}^*_0$.

Notons tout de suite deux conséquences. Considérons les filtrations $(\underline{\underline{G}}^o_t)$ et $(\underline{\underline{G}}^*_t)$ associées à $\widetilde{\underline{\underline{C}}}^o_0$ et $\widetilde{\underline{\underline{C}}}^*_0$. Le fait que la famille $(\underline{\underline{G}}^*_t)$ soit continue à droite (prop.1) entraîne que $\underline{\underline{F}}^o_{0+}\subset\widetilde{\underline{\underline{C}}}^o_0$. Le fait que $\underline{\underline{G}}^o_{-\infty} = \underline{\underline{G}}^*_{-\infty}$ (prop.3) entraîne que ces tribus sont égales à $\underline{\underline{F}}^o_{-\infty}$. Enfin, le fait que $\underline{\underline{G}}^o_{\infty}=\underline{\underline{G}}^*_{\infty}$ (prop.1) entraîne que les filtrations sont exhaustives.

1 Voir exposé VI, p.13, la remarque.

DEMONSTRATION. Ici encore, nous utiliserons le théorème de BLACKWELL. Deux points (ω,u) et (ω',u') de $\widetilde{W}$ appartiennent au même atome

- de $\underline{\underline{\widetilde{C}}}^{o}_{0}$ si $u=u'$, $I_H(\Theta_t\omega)=I_H(\Theta_t\omega')$ pour $H\in\underline{\underline{F}}^{o}_{0-}$, $t<0$

- de $\underline{\underline{F}}^{o}_{0-}$ si $I_H(\Theta_t(\omega,u))=I_H(\Theta_t(\omega',u'))$ pour $H\in\underline{\underline{F}}^{o}_{0-}$, $t<0$. Comme $T_0(\omega,u) = -u$ est $\underline{\underline{F}}^{o}_{0-}$-mesurable, cela entraîne $u=u'$. Ensuite, nous avons $\omega=(\omega,0) = \Theta_{-u}(\omega,u)$, donc la relation $I_H(\Theta_t(\omega,u))=I_H(\Theta_t(\omega',u))$ pour $t<0$ entraîne $I_H(\Theta_{t-u}(\omega,u))=I_H(\Theta_{t-u}(\omega',u))$, et enfin $I_H(\Theta_t\omega)=I_H(\Theta_t\omega')$ pour $t<0$

- de $\underline{\underline{\widetilde{C}}}^{*}_{0}$ si $u=u'$, $I_H(\Theta_t\omega)=I_H(\Theta_t\omega')$ pour $t<T_1(\omega,u)=T_1(\omega',u')=u$

Il est alors évident que les trois relations d'équivalence associées aux trois tribus sont de plus en plus fines, d'où les inclusions énoncées.

BIBLIOGRAPHIE COMPLEMENTAIRE

Les mesures de PALM, les processus ponctuels (stationnaires ou non) ont donné lieu à une bibliographie considérable. La présentation traditionnelle est celle de

KHINTCHINE (A.Ya.). Mathematical methods in the theory of queuing (traduction) Griffin, 1960

qui contenait la première démonstration rigoureuse (mais bien peu instructive) de l'existence de la mesure de PALM. Il faut citer ensuite

RYLL-NARDZEWSKI (C.). Remarks on processes of calls. Proc. 4-th Berkeley Symp. t.2, p.455-465 (1961)

et sur la réalisation canonique des processus ponctuels discrets, la Note aux C.R. de NEVEU , t.267, 1968, p.561-564.

Enfin, citons un article tout récent :

CHUNG (K.L.) . Crudely stationary stochastic processes. Amer. Math. Monthly 79, 1972, p.867-877 .

Nous avons traité à part la théorie des mesures de PALM des processus ponctuels discrets. Nous verrons dans l'exposé IV qu'elle entre dans la théorie beaucoup plus générale des mesures de PALM des hélices croissantes (théorème de MECKE).

Université de Strasbourg
Séminaire de Probabilités 1971/72

QUESTIONS DE THEORIE DES FLOTS (III)

par J. de SAM LAZARO et P.A. MEYER

Cet exposé-ci est presque entièrement consacré à des exemples de flots - en fait, à des exemples de K-flots. Nous considérons d'abord les flots des processus à accroissements indépendants (p.a.i.), et en particulier les deux " modèles" que nous considérerons sans cesse dans la suite : le flot brownien et le flot de Poisson. Puis nous étudions un flot lié aux processus de renouvellement en temps continu, et enfin un exemple "simple" de flot sous une fonction, traité par Totoki dans un article récent.

1. LE FLOT D'UN P.A.I.

Donnons nous sur $\mathbb{R}$ (la même théorie s'appliquerait à $\mathbb{R}^n$!) un semi-groupe de convolution $(\mu_t)_{t\geq 0}$ étroitement continu, et construisons les noyaux de convolution P_t associés aux μ_t , qui forment un semi-groupe de noyaux markoviens

(1) $$P_t(x,f) = \int f(x+y)\mu_t(dy)$$

Soit Ω l'ensemble de toutes les applications $\omega(t)$ de $\mathbb{R}$ dans $\mathbb{R}$, continues à droite et pourvues de limites à gauche (cadlag), telles que $\omega(0)=0$. Nous poserons $X_t(\omega)=\omega(t)$, et nous munirons Ω de la tribu $\underline{\underline{F}}^o$ engendrée par toutes les applications X_t, $t\in\mathbb{R}$, ainsi que de la famille de tribus $\underline{\underline{F}}^o_t$ ainsi définie

(2) $$\underline{\underline{F}}^o_t = \underline{\underline{T}}(X_u-X_v , u\leq t, v\leq t)$$

Nous définirons l'opérateur de translation θ_t sur Ω par la relation

(3) $$X_s(\theta_t\omega) = X_{s+t}(\omega)-X_t(\omega)$$

Il est très facile de vérifier que les θ_t forment un groupe d'automorphismes de l'espace mesurable $(\Omega,\underline{\underline{F}}^o)$, que l'application $(t,\omega)\longmapsto\theta_t\omega$ est mesurable, et enfin que $\underline{\underline{F}}^o_t=\theta_t^{-1}\underline{\underline{F}}^o_0$.

THEOREME 1. Il existe sur Ω une loi P et une seule telle que, pour tout $t\in\mathbb{R}$, le processus $(X_{s+t}-X_t)_{s\geq 0}$ soit un processus de Markov admettant (P_t) comme semi-groupe de transition, ε_0 comme loi initiale. On a pour tout t $\theta_t(P)=P$.

La condition précédente peut se dire autrement : si l'on a $t_1<t_2....<t_n$, les différences $X_{t_2}-X_{t_1}$, $X_{t_3}-X_{t_2}...X_{t_n}-X_{t_{n-1}}$ sont des v.a. indépendantes, admettant respectivement pour lois $\mu_{t_2-t_1}$, $...\mu_{t_n-t_{n-1}}$.

Il y a bien des manières de démontrer ce théorème. En voici une. Désignons par $\hat{\mu}_t$ la mesure symétrique de μ_t par rapport à 0, par $(\hat{P}_t)$ le semi-groupe de noyaux correspondant. Soit Ω^+ l'ensemble de toutes les applications ω^+ de $\mathbb{R}_+$ dans $\mathbb{R}$, nulles en 0, c.à.d. et pourvues de limites à gauche. Nous posons $X_t^+(\omega^+)=\omega^+(t)$ $(\omega^+\varepsilon\Omega^+)$, et nous désignons par $\underline{\underline{F}}^+$ la tribu engendrée par les applications X_t^+ , par P^+ l'unique mesure sur Ω^+ pour laquelle le processus (X_t^+) est markovien, avec mesure initiale ε_0 bien entendu, et (P_t) comme semi-groupe de transition. De même, soit Ω^- l'ensemble des applications ω^- de $]0,\infty[$ dans $\mathbb{R}$, continues à gauche, pourvues de limites à droite sur $[0,\infty[$; posons $X_t^-(\omega^-)= \omega^-(t)$, et notons $X_{t+}^-(\omega^-)$ la limite à droite en t . Définissons la tribu $\underline{\underline{F}}^-$ comme plus haut, et soit P^- l'unique mesure pour laquelle le processus X_{t+}^- (ou X_t^-) est markovien, avec $(\hat{P}_t)$ comme semi-groupe de transition et ε_0 comme loi initiale (loi de X_{0+}^-). Nous définissons maintenant une bijection de $\Omega^-\times\Omega^+$ sur Ω

$$(\omega^-,\omega^+)\longmapsto\omega=\varphi(\omega^-,\omega^+) \text{ défini par } X_t(\omega) = \begin{matrix} X_t^+(\omega^+) \text{ si } t\geqq 0 \\ X_{-t}^-(\omega^-) \text{ si } t<0 \end{matrix}$$

La loi P cherchée est alors la loi image $\varphi(P^-,P^+)$: la vérification de ce fait ne présente aucune difficulté, et nous laissons les détails au lecteur.

Deux exemples remarquables : si (μ_t) est le semi-groupe du mouvement brownien, on a défini le <u>flot brownien</u> : on restreint d'habitude Ω^+ à l'ensemble des applications <u>continues</u> de $\mathbb{R}_+$ dans $\mathbb{R}$, nulles en 0, on prend $\Omega^-=\Omega^+$, et Ω est réduit à l'ensemble des applications continues de $\mathbb{R}$ dans $\mathbb{R}$, nulles en 0 . Si (μ_t) est le semi-groupe de Poisson, on a défini le <u>flot de Poisson</u> : on restreint d'habitude Ω^+ à l'ensemble des applications de $\mathbb{R}_+$ dans $\mathbb{R}$, nulles en 0, croissantes, en escalier et à sauts unité (continues à droite) ; Ω^- à l'espace analogue d'applications continues à gauche, et on ne permet à X_{0+}^- que les valeurs 0 et -1, de telle sorte que $\omega=\varphi(\omega^-,\omega^+)$ présente aussi un saut en 0 égal à 0 ou 1.

Nous allons démontrer que les flots de p.a.i. sont des K-flots . Plus précisément

THEOREME 2 . La filtration $(\underline{\underline{F}}_t^o)$ est purement stochastique.

DEMONSTRATION. Il suffit de démontrer que pour toute v.a. $\underline{\underline{F}}^o$-mesurable bornée f , $E[f|\underline{\underline{F}}_t^o]$ tend vers $E[f]$ dans L^1 lorsque $t\to-\infty$ (cette espérance conditionnelle convergeant d'autre part vers $E[f|\underline{\underline{F}}_{-\infty}^o]$ dans L^1, d'après la théorie des martingales). L'espace des fonctions f possédant cette propriété étant fermé dans L^1, il suffit de vérifier cela pour des f formant un ensemble total dans L^1. On choisit des fonctions de la forme

$$f = f_1\circ(X_{t_1}-X_{t_1'}).f_2\circ(X_{t_2}-X_{t_2'})\dots f_n\circ(X_{t_n}-X_{t_n'})$$

où $f_1,\dots,f_n$ sont bornées sur $\mathbb{R}$, et $t_1\leqq t_1'\leqq t_2\leqq t_2'\dots\leqq t_n\leqq t_n'$. Mais alors f est indépendante de $\underline{\underline{F}}_t$ pour t assez près de $-\infty$, et $E[f|\underline{\underline{F}}_t^o]$ $=E[f]$ dans ce cas.

Nous étudierons ces flots plus tard, de manière plus approfondie.

2. LE FLOT D'UN PROCESSUS DE MARKOV

Considérons un espace d'états $(E,\underline{\underline{E}})$ - polonais par exemple - et sur cet espace un semi-groupe markovien $(P_t)_{t\geqq 0}$, admettant une réalisation sur l'espace des applications continues à droite et pourvues de limites à gauche de $\mathbb{R}_+$ dans E. Soit α une loi[1] de probabilité invariante : $\alpha P_t=\alpha$ pour tout t.

Soit Ω l'ensemble de toutes les applications de $\mathbb{R}$ dans E, continues à droite et pourvues de limites à gauche. Pour tout $t\in\mathbb{R}$ posons $X_t(\omega)=\omega(t)$ ($\omega\in\Omega$) ; munissons Ω de la tribu $\underline{\underline{F}}^o$ engendrée par toutes les applications $X_t(t\in\mathbb{R})$, et de la filtration $\underline{\underline{F}}_t^o$

(4) $$\underline{\underline{F}}_t^o = \underline{\underline{T}}(X_s \ , -\infty< s \leqq t)$$

Nous définissons l'opérateur de translation θ_t sur Ω par la relation $X_s(\theta_t\omega)=X_{s+t}(\omega)$ pour tout $s\in\mathbb{R}$. On a bien un groupe d'automorphismes, etc...

THEOREME 3. Il existe sur Ω une loi P et une seule telle que, pour tout $t\in\mathbb{R}$, le processus $(X_{t+s})_{s\geqq 0}$ soit markovien, admette (P_t) comme semi-groupe de transition et α comme loi initiale. Le système $(\Omega,\underline{\underline{F}}^o,P,\theta_t)$ est un flot, filtré par la famille $(\underline{\underline{F}}_t^o)$.

---

[1] Le cas plus général où α est seulement supposée σ-finie est aussi intéressant, mais nous le laisserons de côté.

Nous ne démontrerons pas ce théorème, qui est classique et facile : une méthode rapide consiste à construire le processus $(X_t)_{t\in\mathbb{Q}}$ au moyen du théorème de Kolmogorov, puis $X_t, t\in\mathbb{R}$ par limite à droite, et enfin à passer sur l'espace canonique Ω.

A quelle condition la filtration $(\underline{\underline{F}}^o_t)$ est elle purement stochastique ? Il s'agit d'exprimer que pour toute $f\in L^1(\underline{\underline{F}}^o)$, $E[f|\underline{\underline{F}}^o_t]$ converge dans L^1 vers $E[f]$ lorsque $t\to -\infty$, et comme d'habitude on peut se limiter à des f qui forment un ensemble total dans L^1. Par exemple des f de la forme

$$f_1\circ X_{t_1}\ldots\ldots f_n\circ X_{t_n} \qquad (f_i \text{ bornées sur } E,\ t_1\leq\ldots\leq t_n)$$

Mais si $t<t_1$, $E[f|\underline{\underline{F}}^o_t]=E[f|\underline{\underline{F}}^o_{t_1}|\underline{\underline{F}}^o_t]$ et cette dernière espérance, d'après la propriété de Markov, peut se mettre sous la forme $E[g\circ X_{t_1}|\underline{\underline{F}}^o_t]$, g étant bornée sur E. En définitive, tout revient à voir si, pour toute fonction g bornée sur E

$$(5) \qquad P_t g \longrightarrow \langle \alpha, g \rangle \text{ dans } L^1(\alpha) \text{ lorsque } t\to+\infty$$

et il suffit d'ailleurs de démontrer cela pour des g formant un ensemble total dans $L^1(\mu)$. Inversement, cette condition suffisante pour que $(\underline{\underline{F}}^o_t)$ soit une K-filtration est aussi nécessaire : écrire simplement que $E[g\circ X_0|\underline{\underline{F}}_t] \to E[g\circ X_0|\underline{\underline{F}}_{-\infty}]=E[g\circ X_t]$ dans L^1. Par exemple, ce critère est facile à appliquer aux chaînes de Markov à un nombre fini d'états ! On va en donner, d'après Totoki, une application plus intéressante.

PROCESSUS DE RENOUVELLEMENT

Le dessin suivant représente une "fonction en dents de scie" ω, continue à droite, affine de pente 1 par morceaux, ne présentant qu'un nombre fini de sauts sur tout intervalle compact. On pose $\tau_t(\omega)=\omega(t)$, on désigne par $S_i(\omega)$ les instants de sauts successifs, par $V_i(\omega)$ les intervalles successifs entre les sauts

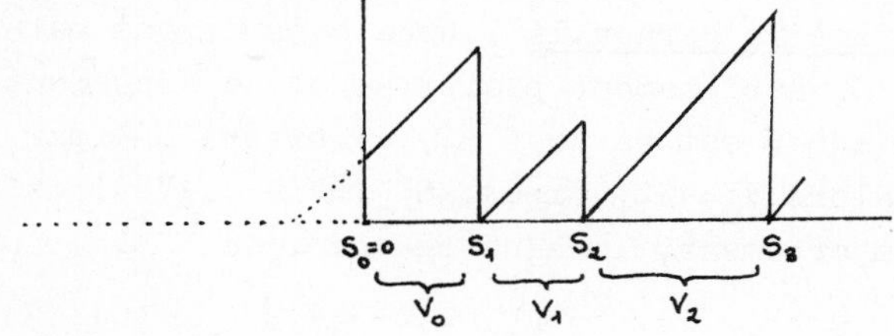

Soit W l'ensemble de toutes les applications en dents de scie, muni de la tribu engendrée par toutes les applications τ_t . Pour se donner une loi P sur W , il suffit de se donner la loi des v.a. V_i. Pour $x\in\mathbb{R}_+$, nous définissons la loi P^x sur W par les conditions suivantes

- toutes les v.a. V_i , $i\geqq 0$, sont indépendantes
- les v.a. V_i ont, pour $i\geqq 1$, une même loi λ portée par $\mathbb{R}_+$, de moyenne finie m, ne chargeant pas 0
- la v.a. V_0 a pour loi

$$P^x\{V_0>t\} = \frac{\lambda(]x+t,\infty[)}{\lambda(]x,\infty[)}$$

si le dénominateur n'est pas nul. S'il est nul, $V_0=+\infty$ P^x-p.s.. Posons $P_t(x,A)=P^x\{\tau_t\in A\}$. Il est alors classique que les noyaux P_t forment un semi-groupe, que pour tout x le processus (τ_t) est markovien pour la loi P^x, avec ε_x comme loi initiale et (P_t) comme semi-groupe de transition. Enfin, si la loi λ n'est pas arithmétique (i.e. n'est pas portée par l'ensemble des multiples d'un nombre réel d)

$$(6) \qquad \lim_{t\to\infty} P_t(x,[0,a]) = \frac{1}{m}\int_0^a \lambda([u,\infty[)\,du$$

On pourra consulter par exemple le volume 2 du traité de Feller, p. 354-357. La mesure α de densité $\lambda([u,\infty[)/m$ est la seule mesure invariante bornée pour le semi-groupe (P_t), et la condition (5) est satisfaite, d'après (6), pour suffisamment de fonctions g. Autrement dit, si λ n'est pas arithmétique, le flot du processus de Markov de semi-groupe (P_t) pour sa loi invariante α est un K-flot.

Nous aurons besoin pour la suite de quelques autres calculs sur cet exemple. Nous réaliserons un processus du type précédent de la manière suivante. Soit $(H,\underline{\underline{H}},\zeta)$ un espace probabilisé quelconque. Formons l'espace probabilisé $(\Omega,\underline{\underline{A}},\mu)$, où $\Omega=H^{\mathbb{Z}}$, muni de la tribu et de la mesure produit. Notons Z_n la coordonnée d'indice n, et s l'automorphisme de translation : $Z_n(s\omega)=Z_{n+1}(\omega)$. Un tel flot discret s'appelle un <u>flot de Bernoulli</u> . Nous considérons maintenant une fonction f sur Ω, strictement positive, et ne dépendant que de Z_0 : $f=\varphi\circ Z_0$, où φ sur H est partout >0, d'intégrale 1 par rapport à ζ . Nous posons alors $V_i=\varphi\circ Z_i$ $(i\geqq 0)$, $S_{i+1}=V_0+\ldots+V_i$, et nous voulons étudier le comportement, lorsque $t\to+\infty$, de

$$E[\sum_{k=0}^{\infty} I_{\{S_k\leqq t<S_{k+1}\}} g_1\circ Z_{k-1}\ldots g_n\circ Z_{k-n}\, h(t-S_k)\,] \qquad (7)$$

$g_1,\ldots,g_n$ étant bornées sur H, h sur $\mathbb{R}_+$, et n étant un entier fixe. On supposera pour fixer les idées que tous les $|g_i|$ et $|h|$ sont $\leqq 1$.

Nous commençons par remarquer que, t tendant vers $+\infty$, on ne change pas le comportement de cette expression en sommant de n à $+\infty$ au lieu de 0 à $+\infty$. Ensuite, conditionnons relativement à la tribu

$$\underline{\underline{T}} = \underline{\underline{T}}(S_k, S_{k+1}, S_{k+2} \ldots)$$

Nous avons par symétrie

$$E[g_1 \circ Z_{k-1} \ldots g_n \circ Z_{k-n} | \underline{\underline{T}}_k] = E[g_1 \circ Z_1 \ldots g_n \circ Z_n | \underline{\underline{T}}_k]$$

fonction que nous noterons G_k . Lorsque $k \to \infty$, il résulte du théorème de convergence des martingales que G_k converge p.s. et dans L^1 vers une v.a. G ; G est mesurable par rapport à $\bigcap_n \underline{\underline{T}}_n$, et elle est donc dégénérée (théorème de Hewitt et Savage : voir Meyer, probabilités et potentiel, VIII, T.5 (p.191)). Rétablissant (7) sous la forme

(8) $$E[\sum_{k=n}^{\infty} I_{\{S_k \leq t < S_{k+1}\}} G_k h(t-S_k)]$$

qui en diffère très peu pour t grand, et que l'on compare à

(9) $$E[\sum_{k=n}^{\infty} I_{\{S_k \leq t < S_{k+1}\}} G h(t-S_k)]$$

La différence entre (8) et (9) se coupe en deux : $\sum_n^N$ et $\sum_N^\infty$. Le premier terme se majore par $2P\{t < S_{N+1}\}$ qui tend vers 0 , le second par $E[\sup_{k>N} |G_k - G|]$, arbitrairement petit. Les expressions (7) et (9) ont donc le même comportement à l'infini. Quant à (9), G étant une constante, elle a été précédemment étudiée , et converge vers $G.\int h d\alpha$, où α est la mesure invariante pour le processus de renouvellement. Noter aussi que $G = E[g_1 \circ Z_1 \ldots g_n \circ Z_n]$.

UN EXEMPLE DE FLOT SOUS UNE FONCTION

Nous construisons maintenant le <u>flot sous f</u> , associé à la cascade de Bernoulli $(\Omega, \underline{\underline{A}}, s, \mu)$. Nous allons établir le théorème de Totoki

THEOREME 4. <u>Si la loi de</u> f (autrement dit la loi de φ pour ζ) <u>n'est pas arithmétique, le flot sous</u> f <u>est un K-flot</u>.

Nous reprenons les notations précédemment utilisées pour les flots sous une fonction : $\tilde{\Omega}$, $\tilde{\underline{\underline{A}}}$, θ_t , $\tilde{\mu}$; $\underline{\underline{A}}_0$ étant la tribu engendrée par les v.a. $Z_0, Z_{-1}, Z_{-2} \ldots$, qui filtre la cascade de Bernoulli, on note $\tilde{\underline{\underline{A}}}_0$ la tribu engendrée par les applications $(\omega,u) \mapsto Z_k(\omega)$ $(k \leq 0)$, et $\tau_0 : (\omega,u) \mapsto u$, tribu qui filtre le flot sous f .

On pourrait interpréter le processus $(X_t) = ((Y_t, \tau_t))$ à valeurs dans $(\tilde{\Omega}, \tilde{\underline{\underline{A}}}_0)$ comme un processus de Markov, auquel on appliquerait les raisonnements précédents. On préfére ne pas le faire, et recommencer en partie ces raisonnements. Il s'agit de montrer que pour suffisamment de fonctions g, $\tilde{\underline{\underline{A}}}$-mesurables et bornées, $E[g|\tilde{\underline{\underline{A}}}_t] \to \int g d\tilde{\mu}$ dans L^1 lorsque $t \to -\infty$. Cela revient à montrer que $E[g \circ \Theta_t | \tilde{\underline{\underline{A}}}_0] \to \int g d\tilde{\mu}$ lorsque $t \to +\infty$. Par un argument de densité on se ramène au cas où g est $\tilde{\underline{\underline{A}}}_r$-mesurable pour un r fini, puis par translation au cas où g est $\tilde{\underline{\underline{A}}}_0$-mesurable. Enfin, il suffit de traiter le cas où

$$g(\omega,u) = g_0 \circ Z_0(\omega)\ g_1 \circ Z_{-1}(\omega) \ldots g_n \circ Z_{-n}(\omega)\ h(u)$$

et il s'agit de calculer ($\tilde{E}$ désignant une espérance relative à $\tilde{\mu}$)

$$\lim_{t \to +\infty} \tilde{E}[g_0 \circ Z_0 \circ \Theta_t \ldots g_n \circ Z_{-n} \circ \Theta_t\ h \circ \tau_t \mid \tau_0, Z_0, \ldots, Z_{-k} \ldots]$$

La fonction sous le signe $\tilde{E}[\ |\ ]$ vaut, si $\tau_0 = u$

$$\sum_k I_{\{f_k \leqq t+u < f_{k+1}\}} g_0 \circ Z_k \ldots g_n \circ Z_{k-n}\ h(u+t-f_k)$$

et l'espérance en question vaut, E désignant cette fois une espérance relative à μ , et toujours si $\tau_0 = u$

$$\frac{\sum_k E[I_{\{f>u\}} I_{\{f_k \leqq t+u < f_{k+1}\}} g_0 \circ Z_k \ldots g_n \circ Z_{k-n} h(u+t-f_k) | Z_0 \ldots Z_{-i} \ldots]}{P\{f>u | Z_0, \ldots Z_{-i} \ldots\}}$$

nous commettons une très petite erreur, lorsque $t \to \infty$, en remplaçant la sommation de 0 à $+\infty$ par une sommation de n+1 à $+\infty$. Posons alors

$$Z'_0 = Z_1, \quad Z'_i = Z_{i+1} \quad ; \ V'_i = \varphi \circ Z'_i \quad , \ V_0 = \varphi \circ Z_0$$

$$S'_i = V'_0 + \ldots + V'_{i-1}$$

Regardons un terme du numérateur : comme $k \geqq n+1$, la quantité sous le signe $E[|]$ est indépendante de $Z_{-1}, Z_{-2} \ldots$ et le terme s'écrit simplement

$$\frac{E[I_{\{V_0>u\}} I_{\{S'_{k-1} \leqq t+u-V_0 < S'_k\}} g_0 \circ Z'_{k-1} \ldots g_n \circ Z'_{k-n-1} h(u+t-V_0-S'_{k-1}) | Z_0]}{P\{V_0>u | Z_0, \ldots, Z_{-i} \ldots\}}$$

L'indicatrice au numérateur sort du signe $E[\ |\ ]$ et disparaît avec le dénominateur les Z'_i sont indépendantes de Z_0, de sorte que l'espérance conditionnelle devient une espérance absolue, et il reste simplement, en notant s la variable aléatoire $t+u-V_0$

$$\sum_{n+1}^{\infty} E[I_{\{S'_{k-1} \leqq s < S'_k\}} g_0 \circ Z'_{k-1} \ldots g_n \circ Z'_{k-n-1} h(s-S'_{k-1})]$$

Mais ceci n'est autre que (7), avec des notations un peu différentes : lorsque $t \to +\infty$, $s \to +\infty$, et nous savons que cette expression tend vers une constante, indépendante de Z_0 aussi bien que de u. Autrement dit , $\tilde{E}[g \circ \Theta_t | \tilde{\underline{\underline{A}}}_0]$ converge p.s. vers une constante, qui ne saurait être égale qu'à $<\tilde{\mu}, g>$. Le théorème est établi.

REMARQUE. Si la répartition de f est arithmétique, toutes les valeurs de f sont multiples d'un nombre d>0. Considérons alors la fonction sur $\tilde{\Omega}$

$$j(\omega,u) = \exp[2\pi iu/d]$$

Nous avons alors $j\circ\theta_t = \exp[2\pi it/d].j$, de sorte que j est invariante par θ_d , par exemple. Mais si le flot continu $(\tilde{\Omega},\tilde{\underline{\underline{A}}},\tilde{\mu},(\theta_t))$ est un K-flot, il en est évidemment de même du flot discret $(\tilde{\Omega},\tilde{\underline{\underline{A}}},\tilde{\mu},\theta_d)$, et d'après le lemme 1 de l'exposé II (p.II.13) celui-ci ne peut admettre de fonctions invariantes non constantes.

BIBLIOGRAPHIE

Notre référence principale est ici l'article

TOTOKI (H.). On a class of special flows. Z.W-th. 15, 1970, p.157-167 .

Une autre référence intéressante est

GUREVIČ (B.M.). Some conditions for existence of a K-partition for special flows. Trudy Mosk. Mat. Obšč. 17, 1967.

Notre démonstration est assez différente de celle de Totoki. Le modèle de flots considéré par Totoki apparaît aussi dans les travaux (beaucoup plus difficiles !) d'Ornstein. Voir

ORNSTEIN (D.S.) . Imbedding Bernoulli shifts in flows. Contributions to ergodic theory and probability, p.178-218. Lecture Notes in Mathematics n°160, Springer 1970.

Université de Strasbourg
Séminaire de Probabilités 1971/72

QUESTIONS DE THEORIE DES FLOTS (IV)

par J. de SAM LAZARO et P.A.MEYER

Nous consacrons cet exposé à l'étude des hélices croissantes d'un flot. Nous reprenons des résultats contenus dans notre article [4], et dont il existe maintenant de bien meilleures démonstrations, et des résultats sur les mesures de PALM des hélices croissantes, empruntés à un article non publié de HOROWITZ et GEMAN, à qui nous devons beaucoup. L'histoire de ces résultats appelle des commentaires que l'on trouvera au début du § 2, et avec la bibliographie.

1. PERFECTION DES HELICES

Nous considérons un flot $(\Omega,\underline{\underline{A}}^\circ,P,(\theta_t))$ satisfaisant à nos conditions générales (en particulier, à la mesurabilité de $(t,\omega)\mapsto\theta_t\omega$). Nous notons $\underline{\underline{A}}$ la P-complétion de $\underline{\underline{A}}^\circ$, et nous supposons le flot filtré par une famille $(\underline{\underline{A}}_t)$ telle que $\underline{\underline{A}}_\infty=\underline{\underline{A}}$, et que $\underline{\underline{A}}_{-\infty}$ contienne tous les ensembles P-négligeables.

Notre premier travail va consister à donner une <u>meilleure version</u> d'une " hélice grossière" , c'est à dire d'un processus (Z_t) à trajectoires continues à droite, tel que $Z_0=0$, satisfaisant aux deux hypothèses

(1) quels que soient s,t,h on a $(Z_t-Z_s)\circ\theta_h = Z_{t+h}-Z_{s+h}$ P-p.s.
[l'ensemble de mesure nulle peut dépendre de s,t,h]

(2) pour tout $t\geq 0$, Z_t est $\underline{\underline{A}}_t$-mesurable.

Nous commençons par choisir, pour t rationnel, une v.a. Z_t' $\underline{\underline{A}}^\circ$-mesurable, p.s. égale à Z_t . Soit L l'ensemble des ω tels que $Z_t(\omega)=Z_t'(\omega)$ pour tout t rationnel : L est $\underline{\underline{A}}$-mesurable et de mesure 1, donc il contient M $\underline{\underline{A}}^\circ$-mesurable et de mesure 1. Le processus (Z_tI_M) est indistinguable de (Z_t), continu à droite, et il possède la propriété supplémentaire que <u>toutes ses v.a. sont $\underline{\underline{A}}^\circ$-mesurables</u> . Pour abréger les notations, c'est lui que nous désignerons désormais par (Z_t).

Nous laissons au lecteur le petit lemme suivant, qui tient à la mesurabilité du flot sur $\underline{\underline{A}}^\circ$:

LEMME 1. <u>Pour tout</u> t, <u>l'application</u> $(s,\omega)\mapsto Z_{t-s}(\theta_s\omega)$ <u>est</u> $\underline{\underline{B}}(\mathbb{R})\times\underline{\underline{A}}^\circ$-<u>mesurable</u>.

Nous utilisons maintenant les <u>limites essentielles droites</u> introduites par WALSH dans la question voisine des fonctionnelles additives. Nous renvoyons à l'article [8] de WALSH pour la définition.

Nous posons pour tout t

(3) $$\overline{Z}_t(\omega) = \limsup_{s\downarrow\downarrow 0} \text{ess } Z_{t-s}(\Theta_s\omega)$$

remplaçant t par t-u, ω par $\Theta_u\omega$, nous avons

(4) $$\overline{Z}_{t-u}(\Theta_u\omega) = \limsup_{s\downarrow\downarrow u} \text{ess } Z_{t-s}(\Theta_s\omega)$$

Mais ceci est une opération de régularisation scs pour la topologie essentielle droite, et on a donc aussi

(5) $$\overline{Z}_{t-u}(\Theta_u\omega) = \limsup_{s\downarrow\downarrow u} \text{ess } \overline{Z}_{t-s}(\Theta_s\omega)$$

Soit U_t l'ensemble des ω tels que pour <u>presque</u> tout $s\in\mathbb{R}$ on ait

(6) $$Z_t(\omega) = Z_s(\omega)+Z_{t-s}(\Theta_s\omega\ )$$

D'après le théorème de Fubini, U_t est $\underline{\underline{A}}^\circ$-mesurable, et la propriété (1) entraîne que $P(U_t)=1$. Soit U l'intersection des U_t pour t rationnel : on a encore P(U)=1, et par continuité à droite

(7) si $\omega\in U$, on a pour <u>tout</u> t et tout $s\in N^c$ $Z_t(\omega)=Z_s(\omega)+Z_{t-s}(\Theta_s\omega)$, où N est négligeable au sens de Lebesgue.

Soit enfin V l'ensemble des ω tels que $\Theta_r\omega\in U$ pour <u>presque</u> tout r. Comme U est $\underline{\underline{A}}^\circ$-mesurable, V est $\underline{\underline{A}}^\circ$-mesurable ; V est invariant et P(V)=1 .

Supposons que $\omega\in U$ et appliquons (7), en prenant une limite essentielle droite en s . Il vient

(8) $\omega\in U$: $Z_t(\omega) = Z_s(\omega) + \overline{Z}_{t-s}(\Theta_s\omega)$ pour tout t et tout s

Prenons maintenant $\omega\in V$, choisissons r tel que $\Theta_r\omega\in U$, et appliquons (8) en remplaçant ω par $\Theta_r\omega$, t par t-r, s par u-r :

$$Z_{t-r}(\Theta_r\omega) = Z_{u-r}(\Theta_r\omega) + \overline{Z}_{t-u}(\Theta_u\omega)$$

Cela entraîne d'abord que $\overline{Z}_{t-u}(\Theta_u\omega)$ est fini. Prenons ensuite une limite sup essentielle pour $r\downarrow\downarrow 0$, il vient d'après (5)

(9) $\omega\in V$: $\overline{Z}_t(\omega) = \overline{Z}_u(\omega)+\overline{Z}_{t-u}(\Theta_u\omega)$ identiquement .

Noter que $\overline{Z}_t$ est $\underline{\underline{A}}^\circ$-mesurable pour tout t. D'autre part, faisons tendre s vers 0 dans (8) et utilisons (5). Il vient que

(10) si $\omega\in U$, $Z_t(\omega)=\overline{Z}_t(\omega)$ identiquement

Les processus Z et $\overline{Z}$ sont donc indistinguables, donc $\overline{Z}_t$ est $\underline{\underline{A}}_t$-mesurable pour $t\geqq 0$.

Soit $\omega\in V$. Choisissons u tel que $\Theta_u\omega\in U$ et posons $\Theta_u\omega=w$. Nous avons $\overline{Z}_t(w) = \overline{Z}_{-u}(w)+\overline{Z}_{t+u}(\Theta_{-u}w) = \overline{Z}_{-u}(w)+\overline{Z}_{t+u}(\omega)$, ou encore $\overline{Z}_{t+u}(\omega) =$

$Z_t(w)-Z_{-u}(\omega)$. En faisant varier t on voit que $\overline{Z}_\cdot(\omega)$ est finie et continue à droite.

Hors de V nous ne savons pas ce qui se passe : nous y remplacerons $\overline{Z}_t$ par 0 (ou par t). La continuité à droite et l'additivité ont lieu partout après ce remplacement. Nous avons établi

THEOREME 1. <u>Si</u> (Z_t) <u>est une hélice grossière satisfaisant à</u> (1) <u>et</u> (2), <u>il existe un processus indistinguable</u> $(\overline{Z}_t)$ <u>continu à droite, nul pour</u> t=0, <u>tel que pour tout</u> t $\overline{Z}_t$ <u>soit</u> $\underline{\underline{A}}^\circ$<u>-mesurable</u> (<u>donc aussi</u> $\underline{\underline{A}}^\circ\cap\underline{\underline{A}}_t$<u>-mesurable pour</u> $t\geq 0$), <u>et satisfaisant identiquement à la relation des hélices</u> $(Z_t-Z_s)\circ\theta_h = Z_{t+h}-Z_{s+h}$.

C'est le <u>théorème de perfection</u> des hélices : nous l'avions établi dans [4] par une bien moins bonne méthode.

COMPLEMENTS

Nous supposons maintenant que notre hélice (Z_t) initiale était <u>croissante</u>, et nous allons construire des versions un peu meilleures de $\overline{Z}_t$.

Rappelons que la construction de $\overline{Z}_t$ a été faite sur une version intermédiaire de l'hélice, que nous avions notée Z_t^2 (l'indice ^{2} ayant simplement été omis dans la construction). Nous modifions maintenant Z_t^2 <u>pour t négatif</u> de la manière suivante : pour tout t rationnel négatif, soit ζ_t une v.a. $\underline{\underline{A}}^\circ$-mesurable, égale p.s. à Z_t. Puis soit pour t réel négatif $Z_t^3 = \inf \zeta_s$, s rationnel négatif >t. La fonction $Z_\cdot^3$ est croissante et continue à droite, mais non nécessairement finie : nous la remplaçons par 0 sur l'ensemble où elle prend la valeur $-\infty$, et nous gardons du côté positif la valeur Z_t^2 précédemment obtenue. Enfin, nous définissons $\overline{Z}_t = \limsup_{s\downarrow\downarrow 0} \text{ess}\ Z_{t-s}^3\circ\theta_s$ comme plus haut. Il est clair que $\overline{Z}_t$ est croissante du côté négatif. Sur l'ensemble invariant V, d'autre part, elle satisfait à l'identité des hélices, et elle est donc croissante sur tout $\mathbb{R}$. Sur V^c, nous l'avions remplacée par t, et il n'y a aucun problème quant à la croissance.

Cette construction un peu étrange a un autre intérêt, plus considérable. Il arrive fréquemment que la filtration s'obtienne ainsi : il existe une famille $(\underline{\underline{A}}_t^\circ)$ filtrant le flot, contenue dans $\underline{\underline{A}}^\circ$, telle que $\underline{\underline{A}}_\infty^\circ = \underline{\underline{A}}^\circ$, et que $\underline{\underline{A}}_t$ s'obtienne en adjoignant à $\underline{\underline{A}}_t^\circ$ tous les ensembles P-négligeables. Dans ce cas, on peut prendre les v.a. ζ_t , pour t négatif, $\underline{\underline{A}}_0^\circ$-mesurables, et les Z_t^3 , pour t négatif, le seront aussi. Alors $\overline{Z}_t$ sera $\underline{\underline{A}}_\varepsilon^\circ$-mesurable pour tout ε>0, donc $\underline{\underline{A}}_{0+}^\circ$-mesurable. <u>Sur V</u>, l'identité des hélices entraînera que pour t positif, $\overline{Z}_t$ est

$\underline{\underline{A}}^{\circ}_{t+}$ -mesurable, et non seulement $\underline{\underline{A}}^{\circ} \cap \underline{\underline{A}}_t$-mesurable. Cela nous servira plus tard.

D'autres petites remarques : si l'hélice grossière de départ (Z_t) était continue, l'ensemble W des ω tels que $\overline{Z}_{\bullet}(\omega)$ soit continue est invariant et porte P ; en remplaçant $\overline{Z}_t$ par t sur W^c, on réalise la continuité de $(\overline{Z}_t)$ partout. De même pour d'autres propriétés analogues. On sait aussi[1] que $\overline{Z}_t \to \pm\infty$ p.s. sur l'ensemble où $\overline{Z}_{\bullet}$ n'est pas identiquement nulle, lorsque $t \to \pm\infty$. L'ensemble des ω pour lesquels $\overline{Z}_{\bullet}(\omega)$ n'est pas identiquement nulle, mais $\overline{Z}_{\bullet}(\omega) \not\to \pm\infty$, est un ensemble invariant de mesure nulle, sur lequel on peut remplacer $\overline{Z}_t$ par t de manière à faire disparaître entièrement ces vices de l'hélice $(\overline{Z}_t)$.

En vue de références ultérieures, on résume les petits résultats complémentaires obtenus :

PROPOSITION 1 . <u>Supposons que</u> $(\underline{\underline{A}}^{\circ}_t)$ <u>soit une famille filtrante, avec</u> $\underline{\underline{A}}^{\circ}_{\infty} = \underline{\underline{A}}^{\circ}$, <u>et que</u> $\underline{\underline{A}}_t = \underline{\underline{A}}^{\circ}_t$ <u>aux ensembles</u> P-<u>négligeables près</u>. <u>Alors il existe une hélice parfaite</u> $(\overline{Z}_t)$ <u>indistinguable de</u> (Z_t), <u>croissante</u>, <u>continue si</u> (Z_t) <u>est continue</u>, <u>possédant les propriétés suivantes</u>

1) $\overline{Z}_{\pm\infty} = \pm\infty$ <u>ou</u> $\overline{Z}_{\bullet} \equiv 0$.

2) <u>Il existe un ensemble invariant</u> $\underline{\underline{A}}^{\circ}$<u>-mes</u>. P-<u>plein</u> V <u>tel que</u>, <u>sur</u> V, <u>le processus</u> $(\overline{Z}_t)_{t \geq 0}$ <u>soit adapté à la famille</u> $(\underline{\underline{A}}^{\circ}_{t+}|_V)$.

2. MESURE DE PALM D'UNE HELICE CROISSANTE

Les résultats de ce paragraphe sont dus en grande partie à MECKE [1]. Il se trouve seulement que l'article de MECKE, écrit dans le langage des groupes abéliens localement compacts, n'a pas été suffisamment lu par les probabilistes (c'est à NEVEU que nous avons dû de le connaître). La mesure de PALM introduite par MECKE figure par exemple dans le travail de TOTOKI sur les changements de temps, sans que le rapport soit signalé. Surtout, les résultats essentiels de MECKE ont été retrouvés , dans un langage beaucoup plus probabiliste, par HOROWITZ et GEMAN dans un article que nous avons beaucoup apprécié, mais qui ne sera pas publié sous sa forme primitive (seuls les résultats nouveaux par rapport à MECKE paraîtront).

La présentation des résultats doit beaucoup à une conversation avec NEVEU.

Nous désignons ci-dessous par (Z_t) une hélice croissante, parfaite, dont les v.a. sont $\underline{\underline{A}}^{\circ}$-mesurables. Nous ferons l'hypothèse auxiliaire

1 Si P est bornée.

que $Z_\infty = +\infty$, $Z_{-\infty} = -\infty$ *identiquement* : noter que $Z_t + \varepsilon t$ y satisfait pour tout $\varepsilon > 0$.

Nous commençons par un lemme très simple, dont la démonstration est laissée au lecteur .

LEMME 1. *Soit* λ *une mesure sur* $\Omega\times\mathbb{R}$ *telle que l'on ait pour toute fonction positive* f, $\underline{\underline{A}}^\circ\times\underline{\underline{B}}(\mathbb{R})$*-mesurable*

(11) $\int f(\omega,t)\lambda(d\omega,dt) = \int f(\omega,t-u)\lambda(d\omega,dt)$ *pour* $u\in\mathbb{R}$

Si la mesure sur Ω

(12) $\mu(A) = \lambda(A\times]0,1])$

est σ*- finie, on a* $\lambda(d\omega,dt) = \mu(d\omega)\otimes dt$.

Et inversement, bien entendu, si μ est σ-finie, la mesure $\mu(d\omega)\otimes dt$ satisfait à (11).

LEMME 2. *Soit* P *une mesure* σ*- finie sur* Ω. *Pour que la mesure sur* $\Omega\times\mathbb{R}$

(13) $\Gamma(A) = \int_\Omega P(d\omega)\int_{-\infty}^{+\infty} I_A(\omega,t)dZ_t(\omega) \quad (A\in\underline{\underline{A}}^\circ\times\underline{\underline{B}}(\mathbb{R}))$

satisfasse à la condition

(14) $\int f(\omega,t)\Gamma(d\omega,dt) = \int f(\Theta_u\omega,t-u)\Gamma(d\omega,dt)$

pour tout $u\in\mathbb{R}$, *toute* $f\geq 0$ $\underline{\underline{A}}^\circ\times\underline{\underline{B}}(\mathbb{R})$*-mesurable, il faut et il suffit que* P *soit invariante par les* Θ_t.

DEMONSTRATION. Soit $g(\omega) = \int_{-\infty}^{+\infty} f(\omega,t)dZ_t(\omega)$; on a du fait que Z est une hélice (identiquement)

$$\int f(\Theta_u\omega,t-u)dZ_t(\omega) = \int f(\Theta_u\omega,s)dZ_{s+u}(\omega) =$$
$$= \int f(\Theta_u\omega,s)dZ_s(\Theta_u\omega) = g(\Theta_u\omega)$$

La formule (13) s'écrit donc $\langle P,g\rangle = \langle P,g\circ\Theta_u\rangle$, elle est satisfaite si P est invariante. Inversement, soit h positive sur Ω, et soit $D(\omega)$ l'ensemble des $n\in Z$ tels que $Z_n(\omega)-Z_{n-1}(\omega)>0$. Posons

$$a_n(\omega) = 0 \text{ si } n\notin D(\omega)$$
$$a_n(\omega) = 2^{-|n|}/\sum_{k\in D(\omega)} 2^{-|k|} \quad \text{si } n\in D(\omega)$$
$$f(\omega,t) = h(\omega)\sum_{n\in D(\omega)} a_n(\omega)I_{]n-1,n]}(t)(Z_n(\omega)-Z_{n-1}(\omega))^{-1}$$

alors la fonction g correspondant à $f(\omega,t)$ est égale à h, grâce à l'hypothèse auxiliaire suivant laquelle $D(\omega)$ n'est jamais vide. La relation $\langle P,g\rangle = \langle P,g\circ\Theta_u\rangle$ entraîne alors, h étant arbitraire, l'invariance de P.

Nous arrivons au résultat principal de MECKE. Comme dans le lemme 2, la notation P ne désigne pas nécessairement une loi de probabilité

THEOREME 2. <u>Soit</u> P <u>une mesure invariante bornée sur</u> Ω. <u>Il existe alors une mesure</u> σ-<u>finie</u> μ <u>sur</u> $(\Omega,\underline{\underline{A}}^\circ)$ <u>telle que l'on ait, pour toute</u> f $\underline{\underline{A}}^\circ\times\underline{\underline{B}}(\mathbb{R})$-<u>mesurable positive</u>

$$(15)\quad \int P(d\omega)\int f(\theta_t\omega,t)dZ_t(\omega) = \int f(\omega,t)\mu(d\omega)dt$$

<u>Inversement, si</u> P <u>et</u> μ <u>sont</u> σ-<u>finies et liées par</u> (15), P <u>est invariante</u>, μ <u>est donnée en fonction de</u> P <u>par</u>

$$(16)\qquad \mu(A) = \int P(d\omega)\int_0^1 I_A(\theta_s\omega)dZ_s(\omega)$$

<u>et</u> P <u>en fonction de</u> μ <u>par</u>

$$(17)\qquad P(A) = \int I_A(\theta_{-t}\omega)h(\theta_{-t}\omega,t)\mu(d\omega)dt$$

<u>où</u> h <u>est positive mesurable, telle que</u> $\int_{-\infty}^{+\infty} h(\omega,s)dZ_s(\omega)=1$.

DEMONSTRATION. Introduisons les mesures sur $\Omega\times\mathbb{R}$

$$\Gamma(f) = \int P(d\omega)\int f(\omega,t)dZ_t(\omega)$$

$$\lambda(f) = \int P(d\omega)\int f(\theta_t\omega,t)dZ_t(\omega)$$

et définissons μ par (16) . <u>Supposons</u> d'abord que μ soit σ- finie. La relation (15) s'écrit $\lambda(d\omega,dt) = \mu(d\omega)\otimes dt$, et équivaut, d'après le lemme 1, à

$$(18)\quad \text{Pour tout } u\ ,\ \int f(\omega,t)\lambda(d\omega,dt) = \int f(\omega,t-u)\lambda(d\omega,dt)$$

λ est l'image de Γ par la bijection $(\omega,t)\mapsto(\theta_t\omega,t)$. On en déduit que (18) est équivalente à

$$(19)\quad \text{Pour tout } u\ ,\ \int f(\omega,t)\Gamma(d\omega,dt) = \int f(\theta_u\omega,t-u)\Gamma(d\omega,dt)$$

Noter que λ et Γ sont σ-finies. D'après le lemme 2, P étant aussi supposée σ-finie, (19) équivaut à l'invariance de P. Ainsi

P σ-finie invariante, μ σ -finie $\Rightarrow$ (19)$\Rightarrow$(18)$\Rightarrow$(15)

P σ-finie, μ σ-finie, (15) $\Rightarrow$ (18)$\Rightarrow$(19)$\Rightarrow$ P invariante .

Les formules (16) et (17) sont des cas particuliers de (15). Noter que l'existence d'une fonction h satisfaisant à (17) dépend de l'hypothèse auxiliaire faite sur Z .

Il reste une question : quand pouvons nous <u>affirmer</u> que μ est σ-finie ? Les v.a. Z_1 et Z_{-1} sont finies, donc Ω est réunion d'ensembles A contenus dans des ensembles de la forme $\{Z_1\leq a, Z_{-1}\geq -a\}$. Alors $\theta_s^{-1}(A)$ est contenu, pour $s\in[0,1]$, dans l'ensemble $\{Z_1\leq 2a\}$, et par conséquent

$$\mu(A) \leq \int_{\{Z_1\leq 2a\}} Z_1 dP$$

On peut donc affirmer que μ est σ-finie si P est bornée, et bien entendu si Z_1 est P-intégrable (alors μ est bornée).

DEFINITION. <u>Si</u> P <u>est σ-finie invariante</u>, μ <u>θ-finie</u>, <u>nous dirons que</u> μ <u>est la mesure de PALM de l'hélice</u> Z <u>par rapport à</u> P .

Cette définition appelle quelques remarques

1) Si Z ne satisfait pas à l'hypothèse auxiliaire, l'ensemble des ω tels que $Z_{\pm\infty}(\omega)=\pm\infty$ est un ensemble invariant W auquel on peut restreindre le flot . Z admet alors une mesure de PALM sur W, que nous considérerons comme une <u>mesure sur Ω portée par W</u>. Alors les formules (15) et (16) sont vraies sur Ω, tandis que (17) ne peut s'appliquer que sur W, et ne détermine P que sur W.

2) μ n'est pas absolument continue par rapport à P, et n'est qu'une mesure sur $\underline{\underline{A}}^{\circ}$. Cependant, on voit sur (16) que si A est un ensemble P-<u>polaire</u> , i.e. tel que le processus $(I_A\circ\theta_s)$ soit P-évanescent, alors μ(A)=0. Cela concerne d'abord les ensembles <u>invariants</u> P-négligeables.

3) Cette notion de mesure de PALM coïncide avec la notion de mesure de PALM d'un processus ponctuel discret, lorsque Z est l'hélice qui compte les sauts. Cela peut se voir de plusieurs manières. Par exemple, la formule (16) rapprochée du th.3 de l'exposé II.

4) Nous avons travaillé sur une hélice parfaite . Mais si maintenant nous partons d'une hélice croissante " grossière" Z , dont $\bar{Z}$ est une version parfaite, nous pouvons calculer la mesure de PALM de $\bar{Z}$ par la formule (16) appliquée à Z . En particulier, toutes les versions parfaites de Z ont la même mesure de PALM.

Nous appliquons la formule (15) à une jolie formule de HOROWITZ et GEMAN, qui joue un rôle important dans leur travail :

COROLLAIRE 1. <u>Si</u> h <u>est une variable aléatoire positive</u>, <u>et</u> s<t

(20) $$\int h.(Z_t-Z_s)dP = \int d\mu \int_s^t h\circ\theta_{-u}du$$

DEMONSTRATION. Prendre dans (15) $f(\omega,u)=h(\theta_{-u}\omega)I_{]s,t]}(u)$.

Le corollaire suivant sera perfectionné par la suite : la filtration n'y intervient pas encore .

COROLLAIRE 2. <u>Si deux hélices croissantes</u> Z <u>et</u> Z' <u>ont même mesure de PALM, elles sont indistinguables</u>.

DEMONSTRATION. $E[h.Z_t]=E[h.Z'_t]$ pour tout h et tout t>0 d'après (20), donc $Z_t=Z'_t$ p.s., et le résultat par continuité à droite.

MESURES DE PALM ET FLOTS FILTRES

Nous reprenons maintenant les hypothèses un peu plus fortes de la proposition 1 : nous avons non seulement $\underline{\underline{A}}^{\circ}$ et la filtration $\underline{\underline{A}}_t$, mais une filtration non complétée $\underline{\underline{A}}_t^{\circ}$. Nous utilisons alors une version de l'hélice Z satisfaisant à la prop.1. L'ensemble invariant V porte P, donc aussi la mesure de PALM μ .

LEMME 3. Soit $\underline{\underline{A}}_0^{\times}$ la tribu engendrée par $\underline{\underline{A}}_0^{\circ}$ et par les ensembles invariants P-négligeables. Si P est bornée, μ est σ-finie sur $\underline{\underline{A}}_0^{\times}$.

DEMONSTRATION. Nous prenons μ sous la forme

$$\mu(A) = \int P(d\omega)\int_{-1}^{0} I_A(\theta_s\omega)dZ_s(\omega)$$

Si A est contenu dans l'ensemble $\{Z_{-2}\geq -a\}$, la relation $\omega\in A$, $s\in]-1,0]$ entraîne $Z_{-1}(\theta_s\omega) = Z_{-1+s}(\omega)-Z_s(\omega) \geq Z_{-1+s}(\omega)\geq Z_{-2}(\omega) \geq -a$, donc $\theta_s^{-1}(A)$ est contenu dans $\{Z_{-1}\geq -a\}$, et $\mu(A) \leq aP(A)$ est fini. L'ensemble $\{Z_{-2}\geq -a\}$ appartenant à $\underline{\underline{A}}_0^{\times}$ (cf. prop.1), le lemme est démontré.

Nous faisons maintenant une remarque : soit f une fonction positive $\underline{\underline{A}}_0^{\circ}$-mesurable, telle que les v.a.

$$(f.Z)_t = \int_0^t f\circ\theta_s dZ_s \tag{21}$$

soient p.s. finies pour tout t. L'ensemble où elles sont effectivement finies pour tout t est alors invariant P-plein, et sur cet ensemble le processus f.Z est une hélice parfaite. Nous conviendrons de le prendre égal à 0 hors de cet ensemble.

LEMME 4 . Si μ est la mesure de PALM de Z, la mesure de PALM de f.Z est f.μ .

C'est évident sur la formule (15).

Le résultat suivant est dû à HOROWITZ et GEMAN (sauf la partie qui concerne les hélices prévisibles) : il améliore beaucoup le corollaire 2 du th.2 .

THEOREME 3. Soient Z et Z' deux hélices croissantes, dont les mesures de PALM μ et μ' (qui sont σ-finies sur $\underline{\underline{A}}_0^{\times}$, P étant supposée bornée) coïncident sur $\underline{\underline{A}}_{0+}^{\circ}$. Alors μ et μ' sont indistinguables. Il en est de même si les processus $(Z_t)_{t\geq 0}$ et $(Z'_t)_{t\geq 0}$ sont prévisibles par rapport à la famille $(\underline{\underline{A}}_t)_{t\geq 0}$, et si μ et μ' coïncident sur $\underline{\underline{A}}_{0-}^{\circ}$.

DEMONSTRATION. Aucune hypothèse de continuité n'étant faite sur la famille ($\underline{\underline{A}}_t^\circ$), nous supposerons pour simplifier les notations que celle-ci est continue à gauche : $\underline{\underline{A}}_0^\circ=\underline{\underline{A}}_{0-}^\circ$. Cela ne restreint pas la généralité.

Tout ensemble invariant P-négligeable et $\underline{\underline{A}}^\circ$-mesurable est négligeable pour μ et μ', donc ces mesures coïncident (dans les deux cas) sur $\underline{\underline{A}}_0^\times$. Comme elles sont σ-finies sur cette tribu, il existe une fonction f, $\underline{\underline{A}}_0^\times$-mesurable , partout >0 et bornée, intégrable pour μ et μ'. Les hélices f.Z et f.Z' ont des mesures de PALM f.μ et f.μ' qui coïncident sur $\underline{\underline{A}}_{0+}^\circ$(resp. $\underline{\underline{A}}_0^\circ$), et dans le second cas il est facile de voir qu'elles sont prévisibles. D'autre part, il nous suffit de montrer qu'elles sont indistinguables. Autrement dit, quitte à changer de notation, nous pouvons nous ramener au cas où les mesures de PALM sont bornées, i.e. où les v.a. Z_t et Z_t' sont intégrables.

Pour traiter le premier cas, désignons par $(X_t)_{t\geq 0}$ un processus borné, bien-mesurable par rapport à la famille $(\underline{\underline{A}}_{t+}^\circ)_{t\geqq 0}$. Nous avons pour tout t , d'après la formule (15)

$$E\left[\int_0^t X_s dZ_s\right] = \int \mu(d\omega)\int_0^t X_s(\Theta_{-s})ds$$

mais $X_s\circ\Theta_{-s}$ est $\underline{\underline{A}}_{0+}^\circ$-mesurable, ce qui permet de remplacer μ par μ', puis Z par Z'. C'est un résultat bien connu de théorie générale des processus que deux processus croissants adaptés qui déterminent la même mesure sur la tribu bien-mesurable sont indistinguables.

Le cas prévisible se traite de même, en prenant (X_t) prévisible.

Nous démontrons maintenant, d'après J.HOROWITZ, le théorème de Radon-Nikodym pour hélices dont nous avions donné dans [4] une démonstration plus compliquée. On dit qu'une fonction f$\geqq$0 est <u>Z-négligeable</u> si l'hélice f.Z est indistinguable de 0. P est toujours bornée.

PROPOSITION 2. <u>Soient</u> Z <u>et</u> Z' <u>deux hélices croissantes</u> , <u>telles que pour toute fonction</u> f $\geq$0 , $\underline{\underline{A}}_{0+}^\circ$<u>-mesurable et</u> Z'<u>-négligeable</u>, f <u>soit</u> Z <u>négligeable</u>. <u>Alors il existe une fonction</u> c$\geqq$0 , $\underline{\underline{A}}_{0+}^\circ$<u>-mesurable</u>, <u>telle que</u> Z <u>et</u> c.Z' <u>soient indistinguables</u>.

<u>Si</u> Z <u>et</u> Z' <u>sont prévisibles, il suffit de vérifier la condition précédente pour des</u> f $\underline{\underline{A}}_{0-}^\circ$<u>-mesurables</u>, <u>et la fonction</u> c <u>peut être prise</u> $\underline{\underline{A}}_{0-}^\circ$ <u>-mesurable</u> .

a) Soit $t>0$. Pour tout $s>0$, Z_s est la projection orthogonale de Z_t sur $L^2(\underline{\underline{A}}_s)$, donc Z_s tend dans L^2, lorsque $s\downarrow 0$, vers la projection orthogonale de Z_t sur $\underline{\underline{A}}_{0+}=\underline{\underline{A}}_0$, c'est à dire 0. On en déduit que l'hélice est continue à droite - même continue- dans L^2.

b) Pour t rationnel, choisissons Z^1_t $\underline{\underline{A}}°$-mesurable p.s. égal à Z_t. D'après la théorie des martingales , l'ensemble P-plein

$$H = \{ \omega : Z^1_{t+}(\omega) \text{ et } Z^1_{t-}(\omega) \text{ existent et sont finis pour tout } t \}$$

est $\underline{\underline{A}}°$-mesurable. Nous posons

$$Z^2_t(\omega) = Z^1_{t+}(\omega) \quad \text{pour tout } t \text{ si } \omega\in H$$
$$Z^2_t(\omega) = 0 \text{ sinon}$$

Sous les hypothèses précises quant à la filtration (famille $\underline{\underline{A}}^{\circ}_t$) on modifiera un peu le processus Z^2_t du côté négatif seulement, de manière que pour t négatif Z^2_t soit $\underline{\underline{A}}^{\circ}_0$-mesurable.

c) On pose $Z^3_t = \limsup_{s\downarrow 0} \text{ess } Z^2_{t-s}\circ\theta_s$. Il existe un ensemble invariant V $\underline{\underline{A}}°$-mesurable et P-plein sur lequel le processus Z^3_t est continu à droite,($\underline{\underline{A}}^{\circ}_{0+}$-mesurable pour t négatif,) satisfait identiquement à la relation des hélices . L'ensemble W des $\omega\in V$ pour lesquels $Z^3_{\cdot}(\omega)$ est pourvu de limites à gauche finies est $\underline{\underline{A}}°$-mesurable et P-plein. Notre version définitive s'obtient alors en remplaçant Z^3 par 0 sur W^c.

<u>Dans le reste de ce paragraphe</u>, <u>le mot HAO sert à désigner des HAO grossières</u>, <u>continues à droite et pourvues de limites à gauche finies</u>, <u>$\underline{\underline{A}}°$-mesurables</u>, <u>satisfaisant identiquement à la relation des hélices</u>. (sous les hypothèses précisées, nous supposerons de plus qu'il existe V invariant P-plein sur lequel Z_t , pour $t<0$, est $\underline{\underline{A}}^{\circ}_{0+}$-mesurable).

PROPRIETES ELEMENTAIRES DES HAO

Nous notons $\underline{\underline{H}}$ l'espace des HAO (ou plus exactement des classes de HAO indistinguables) muni de la forme bilinéaire

(1) $$(Z,Z') = E[Z_1 Z'_1]$$

<u>Nous avons le résultat simple suivant</u>

PROPOSITION 1. <u>$\underline{\underline{H}}$ est un espace de Hilbert et on a quels que soient s et t, s<t</u>

(2) $$E[(Z_t-Z_s)(Z'_t-Z'_s)] = (t-s).(Z,Z')$$

DEMONSTRATION. Cf. [2] p. 123. Pour établir (2), on commence par le cas où t=0, $t=2^{-n}$ par récurrence sur n, puis le cas où s et t sont de la forme $k2^{-n}$, et enfin le cas général par continuité. Le fait que $\underline{\underline{H}}$ soit complet est évident : la limite d'une suite de Cauchy dans $\underline{\underline{H}}$ est une HAO grossière, dont on prend une version parfaite.

Nous dirons que deux HAO Z et Z' sont <u>orthogonales</u> si (Z,Z')=0 . Les sous espaces D_Z et $D_{Z'}$ de L^2 engendrés par les différences Z_b-Z_a ($a,b \in \mathbb{R}$), resp. $Z'_b-Z'_a$, sont orthogonaux. Nous dirons que Z et Z' sont <u>strictement orthogonales</u> si pour s<t on a

(3) $$E[(Z_t-Z_s)(Z'_t-Z'_s)|\underline{\underline{A}}_s] = 0$$

ce qui revient à dire que les martingales $(Z_t)_{t\geq 0}$, $(Z'_t)_{t\geq 0}$ sont orthogonales au sens des martingales : leur produit est une martingale. Pour distinguer plus clairement ces deux notions, nous parlerons de la première comme de l'orthogonalité <u>faible</u>, ou <u>ordinaire</u>.

On sait que toute martingale M de carré intégrable admet deux processus croissants associés, notés $\langle M,M\rangle$ et $[M,M]$. Occupons nous d'abord du premier :

PROPOSITION 2. <u>Si</u> Z <u>est une HAO</u>, <u>il existe une hélice croissante</u> $\langle Z,Z\rangle$ <u>unique telle que le processus</u> $(\langle Z,Z\rangle_t)_{t\geq 0}$ <u>soit prévisible par rapport à la famille</u> $(\underline{\underline{A}}_t)_{t\geq 0}$, <u>et que le processus</u> $(Z_t^2-\langle Z,Z\rangle_t)_{t\geq 0}$ <u>soit une martingale</u>. <u>Autrement dit</u>, <u>si</u> s<t

(4) $$E[(Z_t-Z_s)^2|\underline{\underline{A}}_s] = E[\langle Z,Z\rangle_t-\langle Z,Z\rangle_s|\underline{\underline{A}}_s] .$$

DEMONSTRATION. Pour chaque s notons $\langle Z,Z\rangle_t^s$, $t\geq 0$ le processus croissant prévisible pour la famille $(\underline{\underline{A}}_{s+t})_{t\geq 0}$ associé à la martingale $(Z_{s+t}-Z_s)$. L'unicité de la décomposition des surmartingales nous dit que les processus $\langle Z,Z\rangle_t^s$ et $\langle Z,Z\rangle_t^0\circ\theta_s$ sont indistinguables, d'où la possibilité de recoller tous ces processus en une hélice croissante grossière, dont on prend enfin une version parfaite.

Pour l'autre processus [Z,Z], on note deux choses : d'abord, l'ensemble des ω tels que $\sum_{s<u\leq t} \Delta Z_u^2(\omega) < \infty$ quels que soient s,t finis est un ensemble invariant P-plein. Quitte à remplacer Z par 0 sur le complémentaire, on peut supposer que ces sommes de carrés de sauts sont finies pour tout ω. D'autre part, les " parties continues" des martingales $(Z_{s+t}-Z_s)_{t\geq 0}$ se laissent recoller en une HAO continue Z^c . On pose alors, comme d'habitude

(5) $$[Z,Z]_t = \langle Z^c,Z^c\rangle_t + \sum_{0<u\leq t} \Delta Z_u^2 \quad \text{pour } t\geq 0$$

et on prolonge du côté négatif grâce à l'identité des hélices.

On définit $\langle Z,Z'\rangle$ par polarisation, pour tout couple d'HAO. Z et Z' sont strictement orthogonales si et seulement si $\langle Z,Z'\rangle=0$.

Si Z est une HAO , et $(f_t)_{t\in\mathbb{R}}$ est un processus prévisible par rapport à la famille $(\underline{\underline{A}}_t)_{t\in\mathbb{R}}$, tel que $E[\int_{-\infty}^{+\infty} f_t^2 \, d\langle Z,Z\rangle_t] < \infty$, on peut définir sans aucune difficulté l'intégrale stochastique

$$\int_{-\infty}^{+\infty} f_t dZ_t \in L^2(\Omega)$$

dont la norme dans L^2 est $(E[\int_{-\infty}^{+\infty} f_t^2 d\langle Z,Z\rangle_t])^{1/2}$. Lorsque f ne dépend pas de ω , mais seulement de t, ces expressions se simplifient en $\int_{-\infty}^{+\infty} f^2(t)dt$.

Il arrive fréquemment que le processus prévisible (f_t) soit de la forme $(\varphi\circ\theta_t)$, où φ est $\underline{\underline{A}}_0$-mesurable : dans ce cas nous noterons $\varphi.Z$ l'HAO définie du côté positif par

(6) $$(\varphi.Z)_t = \int_0^t \varphi\circ\theta_s dZ_s$$

(du côté négatif, prendre $-\int_t^0$), ou plus exactement une version parfaite du processus ainsi défini.

BASES D'HELICES

Une HAO Z est dite <u>normalisée</u> si sa norme dans $\underline{\underline{H}}$ est égale à 1, autrement dit si $E[Z_1^2]=1$. Nous appelons <u>base d'hélices</u> une famille maximale d'hélices normalisées, deux a deux orthogonales au sens ordinaire (i.e. une base orthonormale de $\underline{\underline{H}}$). Si l'on remplace dans cette définition l'orthogonalité par l'orthogonalité stricte, on obtient la notion de <u>base stricte</u> d'hélices . Si $\underline{\underline{A}}^\circ$ est séparable - hypothese que nous ferons le plus souvent dans la suite - toute base d'hélices, a fortiori toute base stricte, est au plus dénombrable. Nous verrons dans la suite qu'une base stricte peut être finie, mais qu'une base (ordinaire) d'hélices non vide est toujours infinie.

Le résultat suivant a été établi par le premier auteur de ces exposés, à partir d'une idée de O.HANNER [1]. Nous nous sommes aperçus ensuite que le résultat était une conséquence immédiate - ou plutôt une autre formulation - du théorème de STONE-Von NEUMANN de la théorie de la représentation des groupes. Nous ne ferons ici qu'en esquisser la démonstration, en renvoyant le lecteur à [2], p.117-118, pour tous détails.

THEOREME 1. <u>Soit</u> $(Z^i)_{i\in I}$ <u>une base d'hélices normalisée, et soit</u> $f\in L^2(\Omega)$. <u>Il existe une famille unique</u> $(c^i)_{i\in I}$ <u>d'éléments de</u> $L^2(\mathbb{R})$ (qui ne sont $\neq 0$ que pour une infinité dénombrable d'indices i) <u>telle que</u>

(6) $$f = E[f|\underline{\underline{A}}_{-\infty}] + \sum_{i\in I} \int_{-\infty}^{+\infty} c^i(t)dZ^i(t)$$

la série étant convergente dans L^2. En particulier

(7) $$\|f\|_2^2 = \| E[f|\underline{\underline{A}}_{-\infty}]\|_2^2 + \sum_i \int_{-\infty}^{+\infty} c_i^2(t)dt$$

DEMONSTRATION. Elle se décompose en deux parties :

1) Si Z est une HAO non nulle, D_Z est le sous-espace fermé engendré par toutes les différences $Z_b - Z_a$ ($a,b\in\mathbb{R}$), alors D_Z est l'ensemble des intégrales stochastiques $g=\int_{-\infty}^{-\infty} c(t)dZ_t$, et l'application $c \to g$ de $L^2(\mathbb{R})$ sur D_Z est une bijection.

Cette partie est facile, et tout à fait classique.

2) L'espace $\underline{\underline{L}} = L^2(\underline{\underline{A}})$ est somme directe orthogonale de $\underline{\underline{L}}_{-\infty} = L^2(\underline{\underline{A}}_{-\infty})$ et des espaces D_{Z^i}. C'est la partie intéressante de la démonstration.

L'espace hilbertien $\underline{\underline{L}}$ est muni de la filtration par les $\underline{\underline{L}}_t = L^2(\underline{\underline{A}}_t)$ (nous noterons E_t les projecteurs correspondants), et du groupe unitaire $T_t : f \mapsto f\circ\theta_t$, compatible avec la filtration. Sous cette forme purement hilbertienne, la situation se laisse induire sur un sous-espace de $\underline{\underline{L}}$ invariant par les T_t. Prenant pour sous-espace l'orthogonal de tous les D_{Z^i}, on est ramené au problème suivant

montrer que si toute HAO est nulle, alors $\underline{\underline{L}} = \underline{\underline{L}}_{-\infty}$ (la filtration est triviale).

Introduisons le semi-groupe d'opérateurs $P_t = E_0 T_t$ ($t \geq 0$) sur $\underline{\underline{L}}_0$, prenons deux éléments f et g de $\underline{\underline{L}}_0$ et considérons pour t positif

(8) $$Z_t = T_t f - f - \int_0^t T_s g\, ds$$

qui se prolonge de manière évidente du côté négatif en une hélice au sens hilbertien du terme ($Z_{t+h} - Z_{s+h} = T_h(Z_t - Z_s)$). A quelle condition est elle nulle ? Si f appartient au domaine du générateur infinitésimal Γ du groupe (T_t), et $g=\Gamma f$. A quelle condition est elle une HAO[1]? Si f appartient au domaine du générateur infinitésimal G du semi-groupe (P_t), et $g=Gf$. La nullité de toutes les HAO exprime que ces deux conditions sont équivalentes pour $f\in\underline{\underline{L}}_0$. Un peu de calcul qu'on ne détaille pas ici, et on en déduit que $T_t(\underline{\underline{L}}_0) \subset \underline{\underline{L}}_0$ pour tout t, d'où l'égalité cherchée $\underline{\underline{L}}_0 = \underline{\underline{L}}$.

REMARQUE 1. Supposons que $\underline{\underline{L}}_{-\infty} = 0$. Alors, du point de vue hilbertien, la situation se décompose en somme directe des situations induites sur les D_{Z^i}, elles mêmes isomorphes à la situation suivante : $\underline{\underline{L}} = L^2(\mathbb{R})$, T_t est la translation par t sur $\mathbb{R}$, E_t est l'opérateur de

1 Au sens hilbertien : si $s<t$, $E_s(Z_t - Z_s) = 0$.

multiplication par l'indicatrice de $]-\infty,t]$. Appliquant ce résultat aux K-flots, on obtient un résultat de SINAI suivant lequel "un K-flot est à spectre de Lebesgue" - il est inutile de définir ici ce qu'est un spectre de Lebesgue, cela signifie exactement ce qu'on vient de dire quant aux D_{Z^i} , le cardinal de l'ensemble d'indices I étant appelé la multiplicité du spectre de Lebesgue. Nous démontrerons plus loin un autre résultat de SINAI, suivant lequel, pour un K-flot, I est toujours infini (plus précisément, pour un flot quelconque, I est nul ou infini).

REMARQUE 2 . Comment s'exprime toute cette théorie dans le cas discret ? Tout y est trivial. Donnons nous une base orthonormale de $L^2(\underline{\underline{A}}_1)\ominus L^2(\underline{\underline{A}}_0)$, $(z^i)_{i\in I}$. A chaque v.a. z^i associons une HAO discrète $(Z^i_n)_{n\in\mathbb{Z}}$ définie du côté positif par

(9) $Z^i_0=0$, $Z^i_1=z^i$,.... , $Z^i_n = z^i+z^i\circ\Theta + ..+z^i\circ\Theta^{n-1}$

Soit $f\in L^2(\underline{\underline{A}}_\infty)$. Nous écrivons

$$f = f_{-\infty} + \sum_{n\in\mathbb{Z}} f_n$$

où $f_{-\infty} = E[f|\underline{\underline{A}}_{-\infty}]$ et f_n est la projection orthogonale de f sur $L^2(\underline{\underline{A}}_n)\ominus L^2(\underline{\underline{A}}_{n-1})$. Ecrivons

$$f_1 = \sum_i c^i_1 z^i \qquad f_n= \sum_i c^i_n z^i\circ\Theta^{n-1}$$

Nous avons alors la représentation, forme discrète de (6)

$$f = f_{-\infty} + \sum_{i\in I}\sum_{n\in\mathbb{Z}} c^i_n(Z^i_n-Z^i_{n-1}) .$$

Dans le cas discret, toute HAO est du type (9) :

$$Z_0=0 \;,\; Z_1=h \;,\; \ldots \; Z_n=h+h\circ\Theta+\ldots+h\circ\Theta^{n-1} \text{ si } n\geq 0$$
$$Z_n=-h\circ\Theta^{-1}-\ldots-h\circ\Theta^{-n} \text{ si } n<0$$

avec une fonction $h\in L^2(\underline{\underline{A}}_1)\ominus L^2(\underline{\underline{A}}_0)$. L'orthogonalité ordinaire de deux hélices Z et Z' s'exprime sur les fonctions h et h' correspondantes par la relation $E[hh']=0$, et l'orthogonalité stricte par la relation $E[hh'|\underline{\underline{A}}_0]=0$.

REPRESENTATIONS COMME INTEGRALES STOCHASTIQUES

Nous nous plaçons ici dans la situation précisée, où l'on se donne une filtration $(\underline{\underline{A}}^\circ_t)$. Donnons nous une base stricte d'hélices $(Z^j)_{j\in J}$. Nous allons nous en servir pour représenter les autres HAO.

THEOREME 2. *Soit Z une HAO. Il existe des fonctions c^j (j∈J) $\underline{\underline{A}}^\circ_{0-}$-mesurables telles que l'on ait, pour $t>0$*

(10) $$Z_t = \sum_j \int_0^t c^j \circ \theta_s dZ_s^j$$

DEMONSTRATION. Nous utilisons des résultats classiques de théorie des martingales, dus à KUNITA-S.WATANABE. Tout d'abord, le processus (à variation bornée) prévisible $\langle Z,Z^j\rangle$ est tel, pour $t \geq 0$, que la mesure $d\langle Z,Z^j\rangle_t$ soit absolument continue par rapport à $d\langle Z^j,Z^j\rangle_t$. Soit $(C_t^j)_{t\geq 0}$ une version prévisible de la densité de Radon-Nikodym correspondante. Alors la série d'intégrales stochastiques

(11) pour $t \geq 0$ $$\zeta_t = \sum_j \int_0^t C_s^j dZ_s^j$$

est convergente, dans l'espace des martingales de carré intégrables de la famille $(\underline{\underline{A}}_t)_{t\geq 0}$, vers une martingale ζ telle que $Z-\zeta$ soit orthogonale à toutes les Z^j au sens des martingales.

Maintenant, nous utilisons le théorème de Radon-Nikodym pour hélices de l'exposé IV, prop. 2 : en fait, les versions (C_t^j) peuvent être prises de la forme $(c^j \circ \theta_t)$, où c^j est $\underline{\underline{A}}_{0-}^{\circ}$-mesurables [il est évident qu'un tel processus est prévisible, par classes monotones à partir des tribus $\underline{\underline{A}}_{\varepsilon}^{\circ}$, $\varepsilon<0$]. Dans ce cas, la série (11) est une série de HAO (vues du côté des $t \geq 0$) et ζ est une HAO. La définition des bases strictes entraîne que $Z=\zeta$ et le théorème est établi.

COROLLAIRE. <u>Soit</u> $f \in L^2(\underline{\underline{A}})$. f <u>admet une représentation</u>

(12) $$f = f_{-\infty} + \sum_j \int_{-\infty}^{+\infty} c_s^j dZ_s^j$$

<u>où</u> $f_{-\infty} = E[f|\underline{\underline{A}}_{-\infty}]$, <u>où les processus</u> (c_s^j) <u>sont prévisibles par rapport à la famille</u> $(\underline{\underline{A}}_s)$, <u>et où</u>

(13) $$\|f\|_2^2 = \|f_{-\infty}\|_2^2 + \sum_j E[\int_{-\infty}^{+\infty} c_s^{j2} d\langle Z,Z\rangle_s^j]$$

Nous ne démontrerons pas ce résultat, qui est une conséquence facile des théorèmes 1 et 2. Noter qu'il contient implicitement un résultat d'unicité : si f=0, l'expression (13) est nulle, donc $f_{-\infty}=0$ et les c^j sont nuls " presque partout" .

2. L'ANALOGIE MARKOVIENNE

Nous avons indiqué dans [2] une construction de"prédicteurs" pour des K-flots mis sous une forme particulière. Il se trouve que cette construction s'applique à des flots beaucoup plus généraux, c'est pourquoi nous la reprenons ici - sans toutefois donner tous les détails.

Dans tout ce paragraphe, nous supposerons que la tribu $\underline{\underline{A}}^{\circ}$ est <u>séparable</u> , et nous nous placerons sous les hypothèses " précisées" (famille $(\underline{\underline{A}}_t^{\circ})$) . Le moment venu, nous ajouterons des hypothèses du genre "espace de BLACKWELL".

LE PROBLEME DE LA PREDICTION

La prédiction au sens strict d'une v.a. $f \in L^1$ à l'instant t est a priori n'importe quelle version $E_t f$ de l'espérance conditionnelle $E[f|\underline{\underline{A}}_t]$. Nous appellerons <u>prédicteur</u> une version régulière (s'il en existe) de l'opérateur d'espérance conditionnelle E_0 sur $\underline{\underline{A}}^{\circ}$: pour qu'il existe, il suffit que $\underline{\underline{A}}^{\circ}$ soit raisonnablement bon du point de vue de la théorie de la mesure, la propriété de BLACKWELL étant plus que suffisante . On en déduit en principe la prédiction à l'instant t par la formule $E_t = T_t E_0 T_{-t}$, où $T_t f$ désigne comme d'habitude la v.a. $f \circ \theta_t$.

Cependant, il y a là une difficulté : si l'on considère deux prédicteurs différents E_0 et E_0' , les <u>processus de prédiction</u> $(E_t f)$ et $(E_t' f)$ d'une même variable aléatoire f sont des modifications l'un de l'autre, mais ne sont pas indistinguables. Le problème consiste donc à choisir des versions qui soient définies plus précisément qu'à des ensembles P-négligeables près. On pourra par exemple essayer de les définir à des ensembles <u>P-polaires</u> près (rappelons que A est dit P-polaire si le processus $(I_A \circ \theta_t)$ est P-indistinguable de 0).

On sait que des problèmes analogues ont été traités en théorie des processus de Markov, les versions de l'espérance conditionnelle calculées au moyen du semi-groupe étant de bonnes versions continues à droite. Nous nous laisserons alors guider par l'analogie suivante : soit F l'espace mesurable $(\Omega, \underline{\underline{A}}_0)$, et soit I_t l'application $\omega \mapsto \theta_t \omega$ de $(\Omega, \underline{\underline{A}}_t)$ dans $(\Omega, \underline{\underline{A}}_0) = F$. Si $s<t$, si h est $\underline{\underline{A}}_0$-mesurable, on a $E[h \circ I_t | \underline{\underline{A}}_s] = (E[h \circ \theta_{t-s} | \underline{\underline{A}}_0]) \circ \theta_s = P_{t-s} h \circ I_s$, où P_u désigne, pour tout $u \geq 0$, l'opérateur $E_0 T_u$ sur L^2. Formellement, donc, le processus $(I_t)_{t \in \mathbb{R}}$ est un processus de Markov à valeurs dans F, admettant (P_t) comme"semi-groupe de transition" . Tout notre travail dans ce paragraphe va consister à faire disparaître, dans la mesure du possible, l'adjectif "formellement" , et en même temps à bien choisir nos espérances conditionnelles.

Du point de vue des notations : nous désignerons par $E_0 f$ l'<u>opérateur</u> d'espérance conditionnelle (sa valeur est une classe de fonctions égales P-p.s.) et nous poserons

(14) pour $p>0$, f $\underline{\underline{A}}^{\circ}$-mesurable positive, $R_p f = \int_0^{\infty} e^{-ps} f\circ\theta_s ds$

R_p peut aussi être considéré comme un opérateur borné dans L^2.

Nous noterons $\underline{\underline{C}}$ la tribu engendrée par les fonctions h, $\underline{\underline{A}}^{\circ}$-mesurables, bornées, telles que $h\circ\theta_t \to h$ lorsque $t\downarrow 0$. Les fonctions $R_p f$ ($p>0$, f bornée) possèdent cette propriété, et inversement si h la possède on a $h = \lim_{p\to +\infty} pR_p h$: $\underline{\underline{C}}$ est donc aussi la tribu engendrée par les $R_p f$.

Nous reprenons rapidement les résultats de [2]. Nous dirons qu'une fonction $\underline{\underline{A}}^{\circ}$-mesurable bornée f <u>possède la propriété de projection bien-mesurable</u> s'il existe une fonction $\underline{\underline{A}}^{\circ}_{0+}$-mesurable $\bar{f}$ telle que le processus $(\bar{f}\circ\theta_t)_{t\geq 0}$ soit projection bien-mesurable du processus $(f\circ\theta_t)_{t\geq 0}$. On définit de même la propriété de projection prévisible , en remplaçant dans la phrase précédente $\underline{\underline{A}}^{\circ}_{0+}$ par $\underline{\underline{A}}^{\circ}_{0-}$, bien-mesurable par prévisible. Nous laisserons de côté ici ce qui touche à la projection prévisible [1].

THEOREME 3. <u>Toute fonction $\underline{\underline{C}}$-mesurable bornée possède la propriété de projection bien-mesurable</u> .

DEMONSTRATION. Les constantes possèdent la propriété de projection bien-mesurable. Grâce à un argument de classes monotones, il nous suffit de démontrer que les fonctions de la forme $R_{p_1} g_1 \wedge \ldots R_{p_n} g_n$ la possèdent, où $p_1 \ldots p_n$ sont >0, $g_1 \ldots g_n$ positives et bornées. Si $p= \sup_i p_i$, cette fonction est un inf de fonctions p-excessives pour le semi-groupe $(\theta_t)_{t\geq 0}$, donc (en raison du caractère "déterministe" de ce semi-groupe) une fonction p-excessive, donc une limite croissante de fonctions $R_p g_j$, où les g_j sont positives bornées. Il suffit donc de le montrer pour des fonctions de la forme $f= R_p g$.

LEMME 1. <u>Il existe un ensemble</u> D <u>total dans</u> $L^2(\underline{\underline{A}})$, <u>tel que pour</u> $g\in D$, $p>0$ <u>le processus</u> $(R_p g\circ\theta_t)_{t\geq 0}$ <u>admette une projection bien-mesurable p.s. continue à droite et pourvue de limites à gauche, de la forme</u> $(\bar{f}\circ\theta_t)_{t\geq 0}$, <u>où</u> f <u>est</u> $\underline{\underline{A}}^{\circ}_{0+}$<u>-mesurable</u>.

DEMONSTRATION. Nous prendrons pour D la réunion d'un ensemble $D_{-\infty}$ total dans $L^2(\underline{\underline{A}}^{\circ}_{-\infty})$, formé de fonctions bornées, et de l'ensemble

[1] Signalons une petite différence : si f est $\underline{\underline{A}}^{\circ}_{0+}$-mesurable, le processus $(f\circ\theta_t)_{t\geq 0}$ n'est pas forcément bien-mesurable. Il est toujours prévisible si f est $\underline{\underline{A}}^{\circ}_{0-}$ -mesurable.

de toutes les v.a. Z_u, où Z est une HAO et u est réel. Si $g \in D_{-\infty}$, $R_p g$ est $\underline{\underline{A}}^{\circ}_{-\infty}$-mesurable et on peut prendre pour f la fonction $R_p g$ elle même. Si $g=Z_u$, $u \geqq 0$, on peut prendre $\bar{f}=0$. Reste à traiter le cas de Z_u, $u<0$.

Nous commençons par des remarques qui vont être à nouveau utiles plus loin, en montrant que le processus $(R_p g \circ \theta_t)_{t \geqq 0}$ admet bien une projection bien-mesurable si $g \in L^2$. Nous écrivons

$$R_p g \leqq \int_0^{\infty} e^{-ps} |g \circ \theta_s| ds$$

variable aléatoire que nous noterons G, dont la norme dans L^2 est au plus $\|g\|_2/p$, et qui satisfait à $e^{-pt} G \circ \theta_t \leqq G$. Nous avons donc

$$\text{pour } 0 \leqq t \leqq A \quad R_p g \circ \theta_t \leqq e^{pA} G$$

d'où une projection bien-mesurable pour ce processus sur l'intervalle $[0,A]$, majorée par la martingale $e^{pA} E[G|\underline{\underline{A}}_t]$. En particulier, si nous savons que cette projection bien-mesurable est de la forme $(\bar{f} \circ \theta_t)$, nous avons d'après l'inégalité de DOOB

$$(15) \qquad \| \sup_{0 \leqq t \leqq A} |\bar{f} \circ \theta_t| \|_2 \leqq 2e^{pA} \| G \|_2 \leqq 2e^{pA} \|g\|_2/p$$

Revenons au cas de Z_u, $u<0$: les résultats précédents s'appliquent, et nous avons, avec $g=Z_u$

$$R_p g = \int_0^{\infty} e^{-ps} (Z_{u+s} - Z_s) ds$$

Comme $E[Z_t^2]=k|t|$, les deux intégrales correspondant aux termes de la différence existent séparément, et l'on obtient pour $E_0 R_p g$ l'expression

$$\int_0^{\infty} e^{-ps} Z_{(u+s) \wedge 0} \, ds = \int_0^{-u} e^{-ps} Z_{u+s} ds$$

Cette fonction est partout définie et appartient à L^2, nous la noterons $\bar{f}$. Nous avons pour tout t positif $E[R_p g \circ \theta_t | \underline{\underline{A}}_t] = \bar{f} \circ \theta_t$. Le premier processus $(R_p g \circ \theta_t)$ se trouve bien majoré sur l'intervalle $[0,A]$. Que dire du second ? pour $t \in [0,A]$

$$(16) \qquad \bar{f} \circ \theta_t = \int_0^{-u} e^{-ps} Z_{u+s} \circ \theta_t \, ds = \int_0^{-u} e^{-ps} (Z_{u+t+s} - Z_t) ds$$

$$|\bar{f} \circ \theta_t| \leqq 2|u| \sup_{u \leqq r \leqq A} |Z_r|$$

variable aléatoire qui appartient à L^2. On vérifie immédiatement sur l'expression (16) que le processus $(\bar{f} \circ \theta_t)$ est continu à droite et possède des limites à gauche (il n'est pas continu en général !) et on a $E[R_p g \circ \theta_T | \underline{\underline{A}}_T] = \bar{f} \circ \theta_T$ pour tout temps d'arrêt étagé T. La continuité à droite et les majorations établies plus haut permettent de passer au cas général.

Le lemme suivant conclut alors la démonstration du théorème 3.

LEMME 2. <u>L'énoncé du lemme</u> 1 <u>est vrai pour toute fonction</u> $g\in L^2(\underline{\underline{A}})$.

DEMONSTRATION. Soit $\underline{\underline{M}}$ l'espace vectoriel engendré par D, dense dans L^2. Soit $g\in L^2$, et soient g_n des éléments de $\underline{\underline{M}}$ tels que $\| g_n-g\|_2 \leqq 2^{-n}$. Soient $\overline{f}_n$ les fonctions $\underline{\underline{A}}^{\circ}_{0+}$-mesurables correspondantes. D'après (15) nous avons

$$\| \sup_{0\leqq t\leqq A} |\overline{f}_n\circ\Theta_t-\overline{f}_{n+1}\circ\Theta_t| \|_2 \leqq 4e^{pA}2^{-n}/p$$

d'après le lemme de Borel-Cantelli, les processus $(\overline{f}_n\circ\Theta_t)_{t\geqq 0}$ convergent p.s. uniformément sur tout intervalle $[0,A]$. Si l'on pose $\overline{f} = \liminf \overline{f}_n$, le processus $(\overline{f}\circ\Theta_t)$ est indistinguable d'un processus continu à droite et pourvu de limites à gauche, et c'est une version de la projection bien-mesurable de $(R_p g\circ\Theta_t)_{t\geqq 0}$ •

COMPLEMENTS AU THEOREME 3

Nous indiquons ici diverses petites propriétés, qui ne méritent pas un énoncé formel.

<u>Remarque 1</u>. La tribu $\underline{\underline{C}}$ est engendrée par les $R_p g$, où g est $\underline{\underline{A}}^{\circ}$-mesurable bornée. Elle est donc aussi engendrée par les fonctions h $\underline{\underline{A}}^{\circ}$--mesurables, telles que $t\mapsto h\circ\Theta_t(\omega)$ soit continue pour tout ω, et aussi par les $R'_p g$, où g est $\underline{\underline{A}}^{\circ}$-mesurable et R'_p est le noyau

$$R'_p f = \int_0^{\infty} e^{-ps} f\circ\Theta_{-s} ds \tag{17}$$

Posons $\underline{\underline{B}}^{\circ}=\underline{\underline{C}}$: c'est une sous-tribu de $\underline{\underline{A}}^{\circ}$, séparable si $\underline{\underline{A}}^{\circ}$ est séparable (donc de BLACKWELL si $\underline{\underline{A}}^{\circ}$ est de BLACKWELL) . L'application $(t,\omega)\mapsto \Theta_t\omega$ est mesurable de $\mathbb{R}\times\underline{\underline{B}}^{\circ}$ dans $\underline{\underline{B}}^{\circ}$, comme on le voit immédiatement grâce aux générateurs indiqués ci-dessus. Si f est $\underline{\underline{A}}^{\circ}$-mesurable, la fonction $f' = \liminf_n nR'_n f$ est $\underline{\underline{B}}^{\circ}$-mesurable, égale p.s. à f : donc on ne perd rien quant à la structure du flot en remplaçant $\underline{\underline{A}}^{\circ}$ par $\underline{\underline{B}}^{\circ}$.

Il y a plus : soit $\underline{\underline{B}}^{\circ}_0$ la tribu engendrée par les $R'_p f$, f $\underline{\underline{A}}^{\circ}_0$-mesurable : c'est une sous-tribu de $\underline{\underline{A}}^{\circ}_{0-}$, séparable si $\underline{\underline{A}}^{\circ}_0$ est séparable, stable par les Θ_t ($t<0$). On peut donc définir la famille croissante de tribus $(\underline{\underline{B}}^{\circ}_t)$: explicitement, $\underline{\underline{B}}^{\circ}_t$ est engendrée par les $R'_p f$, f $\underline{\underline{A}}^{\circ}_t$-mesurable. La tribu $\underline{\underline{B}}^{\circ}_{\infty}$ est égale à $\underline{\underline{B}}^{\circ}$. Toute v.a. $\underline{\underline{A}}^{\circ}_0$-mesurable est égale p.s. à une v.a. $\underline{\underline{B}}^{\circ}_0$-mesurable.

Tout ceci montre qu'on ne perd pratiquement aucune généralité en supposant que $\underline{\underline{C}}=\underline{\underline{A}}^{\circ}$, et que $\underline{\underline{A}}^{\circ}_0$ est engendrée par des h tels que $h\circ\Theta_{.}$ soit une fonction continue.

REMARQUE 2. Soient f $\underline{\underline{A}}^\circ$-mesurable bornée, $\bar{f}$ $\underline{\underline{A}}^\circ_{0+}$-mesurable bornée, telles que $(\bar{f}\circ\theta_t)_{t\geq 0}$ soit projection bien-mesurable de $(f\circ\theta_t)_{t\geq 0}$ pour la mesure $\underline{\underline{P}}$. Soit $\bar{f}'$ une seconde fonction possédant les mêmes propriétés, et soit N l'ensemble $\{\bar{f}\neq\bar{f}'\}$: d'après les propriétés d'unicité de la projection bien-mesurable, le processus $(I_N\circ\theta_t)$ pour t positif est P-indistinguable de 0. Mais ceci vaut aussi pour toutes les mesures $\theta_n P=P$, donc le processus $(I_N\circ\theta_{t-n})_{t\geq 0}$ est P-indistinguable de 0 pour tout n. Autrement dit, N est P-polaire.

Travaillons maintenant par transport de structure : il existe une fonction $\underline{\underline{A}}^\circ_{-n+}$-mesurable φ, telle que le processus $(\varphi\circ\theta_t)_{t\geq 0}$ soit projection bien-mesurable pour la famille $(\underline{\underline{A}}_{-n+t})_{t\geq 0}$ du processus $(f\circ\theta_{-n+t})_{t\geq 0}$. Alors $(\varphi\circ\theta_n\circ\theta_t)_{t\geq 0}$ est projection bien-mesurable (pour $(\underline{\underline{A}}_t)_{t\geq 0}$) de $(f\circ\theta_t)_{t\geq 0}$. Donc $\varphi\circ\theta_n=\bar{f}$ sauf sur un ensemble polaire près, $\varphi=\bar{f}\circ\theta_{-n}$ à un ensemble polaire près, et nous avons montré :

<u>Le processus</u> $(\bar{f}\circ\theta_t)_{t\in\mathbb{R}}$ <u>est projection bien-mesurable de</u> $(f\circ\theta_t)_{t\in\mathbb{R}}$. <u>La fonction</u> $\bar{f}$ <u>est définie aux ensembles P-polaires près</u>.

(nous dirons aussi : <u>P-quasi-partout</u>, en abrégé P-q.p.).

CONSTRUCTION DE VRAIS NOYAUX

Nous allons faire maintenant quelques hypothèses supplémentaires. Nous supposons l'existence d'une famille $(\underline{\underline{A}}^\circ_t)$ et nous demandons
1) <u>que</u> $\underline{\underline{A}}^\circ$ <u>soit une tribu de BLACKWELL</u> , <u>et que</u> $\underline{\underline{A}}^\circ$ <u>soit égale à</u> $\underline{\underline{C}}$,
2) <u>que</u> $\underline{\underline{A}}^\circ_0$ <u>soit séparable</u> (donc de BLACKWELL).

De ces trois hypothèses, seule la première ($\underline{\underline{A}}^\circ$ de BLACKWELL) est essentielle[1], mais les choses sont déjà assez compliquées comme çà : nous ne chercherons pas à les affaiblir.

Nous allons nous permettre dans cette section une seule opération, consistant à enlever à Ω un ensemble invariant U, P-négligeable et $\underline{\underline{A}}^\circ$-mesurable, et à nous restreindre à l'ensemble Ω' restant. Les résultats que l'on peut obtenir par ce procédé seront groupés en deux énoncés, dont voici le premier.

THEOREME 4. <u>Si U a été convenablement choisi, il existe sur</u> Ω' <u>un noyau markovien</u> E_0 <u>appliquant</u> $\underline{\underline{A}}^\circ$ <u>dans</u> $\underline{\underline{A}}^\circ_{0+}$ <u>et possédant les propriétés suivantes</u>

1) <u>Pour toute</u> f <u>bornée</u> $\underline{\underline{A}}^\circ$<u>-mesurable, la fonction</u> $\bar{f}=E_0 f$ <u>est une version de l'espérance conditionnelle</u> $E[f|\underline{\underline{A}}_0]$, <u>et le processus</u> $(\bar{f}\circ\theta_t)_{t\in\mathbb{R}}$ <u>une version de la projection bien-mesurable de</u> $(f\circ\theta_t)_{t\in\mathbb{R}}$.

1 Nous supposons dans toute la suite que les atomes de $\underline{\underline{A}}^\circ$ sont les points de Ω. Cette hypothèse est anodine (passage au quotient).

2) <u>Posons</u> $T_t f = f\circ\theta_t$, $E_t = T_t E_0 T_{-t}$ <u>pour</u> $t\in\mathbb{R}$. <u>Alors on a identiquement</u> $E_s E_t = E_{s\wedge t}$ <u>pour</u> $s,t \in \mathbb{R}$ <u>et pour toute</u> f $\underline{\underline{A}}^\circ$<u>-mesurable bornée sur</u> Ω', <u>le processus</u> $(E_t f)_{t\in\mathbb{R}}$ <u>est une version de la martingale</u> $(\mathbb{E}[f|\underline{\underline{A}}_t])$ <u>dont les trajectoires sont</u> P-<u>p.s. c.à.d.l.à.g</u>..

Le second énoncé contiendra les résultats proprement " markoviens" Pour l'instant, démontrons celui-ci. C'est extrêmement ennuyeux, et répète des arguments déjà donnés des dizaines de fois dans d'autres articles ennuyeux. Nous aurons besoin de deux remarques

<u>Remarque 1</u> . Les T_t pour $t\geq 0$ forment un semi-groupe markovien de résolvante (R_p). Cette résolvante sépare Ω , puisque $\underline{\underline{A}}^\circ = \underline{\underline{C}}$ et que les atomes de $\underline{\underline{A}}^\circ$ sont les points de Ω. Nous pouvons donc plonger Ω dans un compactifié de RAY $\overline{\Omega}$. Rappelons brièvement en quoi cela consiste.

Soit $\underline{\underline{J}}$ un ensemble de fonctions $\underline{\underline{A}}^\circ$-mesurables bornées. Nous notons $\underline{\underline{R}}(\underline{\underline{J}})$ le plus petit espace vectoriel $\wedge$-stable, fermé pour la convergence uniforme , stable pour la résolvante (R_p), contenant $\underline{\underline{J}}$ et les constantes ; le lemme de KNIGHT affirme que si $\underline{\underline{J}}$ est <u>séparable</u> pour la convergence uniforme, il en est de même de $\underline{\underline{R}}(\underline{\underline{J}})$.

Le compactifié de RAY se construit ainsi : nous prenons pour $\underline{\underline{J}}$ un ensemble de fonctions j bornées $\underline{\underline{A}}^\circ$-mesurables, telles que pour tout ω l'application $t\mapsto j\circ\theta_t(\omega)$ soit c.à.d.l.à.g. sur $\mathbb{R}$. Nous supposons $\underline{\underline{J}}$ séparable pour la convergence uniforme, et nous supposons que $\underline{\underline{J}}$ engendre $\underline{\underline{A}}^\circ$. C'est possible, car $\underline{\underline{A}}^\circ = \underline{\underline{C}}$ est une tribu séparable. Nous poserons alors $\underline{\underline{R}}(\underline{\underline{J}}) = \Phi$. $\overline{\Omega}$ est le compactifié de Ω relativement à Φ, et le théorème de Stone-Weierstrass entraîne que Φ est la trace de $\underline{\underline{C}}(\overline{\Omega})$ sur Ω . Les mots ouvert, compact, borélien... seront relatifs à la topologie induite par $\overline{\Omega}$ sur Ω ;"borélien"équivaut à " $\underline{\underline{A}}^\circ$-mesurable".

Une remarque : si Ω' est un ensemble <u>invariant</u> $\underline{\underline{A}}^\circ$-mesurable, soit $\underline{\underline{J}}'$ l'ensemble des traces sur Ω' des fonctions de $\underline{\underline{J}}$; alors $\underline{\underline{R}}'(\underline{\underline{J}}')$ construit sur Ω' est exactement l'ensemble des traces sur Ω' des fonctions de $\underline{\underline{R}}(\underline{\underline{J}})$.

<u>Remarque 2</u> . Pour toute loi μ sur Ω, le processus constitué par les variables aléatoires θ_t $(\Omega,\underline{\underline{A}}^\circ,\mu)\mapsto(\Omega,\underline{\underline{A}}^\circ)$ pour $t\geq 0$ est un processus de Markov (déterministe) admettant $(T_t)_{t\geq 0}$ comme semi-groupe de transition, μ comme loi initiale. Ce processus est continu à droite dans la topologie précédente, fortement markovien . Son semi-groupe est borélien. On peut alors lui appliquer le théorème d'approximation des temps d'entrée dans le compactifié de RAY :

Si H est un ensemble $\underline{\underline{A}}^{\circ}$-mesurable, ou même seulement $\underline{\underline{A}}^{\circ}$-analytique, il existe une suite décroissante (G_n) d'ouverts contenant H, telle que le " début" $D_n(\omega) = \inf \{t \geqq 0 : \theta_t \omega \in G_n\}$ croisse μ-p.s. vers le début D de H.

Le point important ici est que les v.a. D_n soient $\underline{\underline{A}}^{\circ}$-mesurables, alors que D ne l'est pas . Prenons μ=P, et supposons que H soit P-polaire , de sorte que D=+∞ P-p.s.. H est contenu dans $\{D=0\}$, contenu dans l'ensemble $V=\{\lim_n D_n<+\infty\}$ qui est P-négligeable, $\underline{\underline{A}}^{\circ}$-mesurable, stable par les θ_r, r<0. Il est alors contenu dans l'ensemble invariant P-négligeable et $\underline{\underline{A}}^{\circ}$-mesurable $U = \bigcup_n \theta_n V$. Nous avons obtenu notre procédé de construction de tels ensembles invariants, qui nous servira constamment :

LEMME 3. Un ensemble P-polaire $\underline{\underline{A}}^{\circ}$-analytique est contenu dans un ensemble invariant P-négligeable (donc P-polaire) A°-mesurable.

Première étape : construction du noyau $E=E_0$

Nous en construisons une forme "grossière" que nous améliorerons par la suite.

A) Soit $f \in \Phi$. Nous savons qu'il existe $\overline{f}$ $\underline{\underline{A}}^{\circ}_{0+}$-mesurable telle que le processus $(\overline{f}\circ\theta_t)$ soit indistinguable d'un processus c.à.d.l.à.g. projection bien-mesurable de $(f\circ\theta_t)$. L'ensemble N des ω tels que $\overline{f}\circ\theta_.(\omega)$ ne soit pas c.à.d.l.à.g. est réunion de deux ensembles N_1 et N_2 :

a) N_1, ensemble des ω tels que $\overline{f}\circ\theta_.(\omega)$ sur les rationnels ne soit pas prolongeable en une application c.à.d.l.à.g. sur $\mathbb{R}$. Il est connu que N_1 est $\underline{\underline{A}}^{\circ}$-mesurable (utiliser les "upcrossings" sur les rationnels).

b) Si $\omega \notin N_1$, notons $F_.(\omega)$ le prolongement en question. Alors N_2 est $\{\omega \notin N_1 \ , \ \exists t \in \mathbb{R}, \ F_t(\omega) \neq \overline{f}\circ\theta_t\omega\}$: celui-ci est une projection de borélien, il est analytique.

Donc N lui même est analytique polaire, il se laisse enfermer dans un invariant borélien P-négligeable, U_f .

B) Soit Φ_0 un sous-espace de Φ sur les rationnels , dénombrable, contenant la fonction 1, dense dans Φ . Pour $f \in \Phi_0$, soit $\overline{f}$ comme ci-dessus. Considérons les ensembles suivants

pour $f,g \in \Phi_0$: $\{\omega : \overline{f}+\overline{g} \neq \overline{f+g}\}$

pour $f \in \Phi_0$, t rationnel : $\{ t\overline{f} \neq \overline{tf}\}$

pour $f,g \in \Phi_0$, $f \leqq g$: $\{\overline{f} > \overline{g}\}$

et enfin l'ensemble $\{T\neq 1\}$. Tous ces ensembles sont boréliens P-polaires, en infinité dénombrable. Nous les enfermons tous, ainsi que tous ceux de A) pour $f\in\Phi_0$, dans un unique ensemble borélien P-polaire invariant U_1, et nous posons $\Omega_1=U_1^c$.

C) L'application $f\mapsto\bar{f}|_{\Omega_1}$ sur Φ_0 se prolonge par continuité à Φ.

Mais Φ est l'ensemble des restrictions à Ω des éléments de $\underline{C}(\bar{\Omega})$, et l'application apparaît alors comme un noyau markovien de Ω_1 muni de la tribu induite par $\underline{\underline{A}}^{\circ}_{0+}$, dans $\bar{\Omega}$. Nous le noterons provisoirement E.

Un raisonnement de classes monotones nous donne alors : si g est borélienne bornée sur $\bar{\Omega}$ et $f = g|_{\Omega}$, si $\bar{f}$=Eg, alors $\bar{f}$ est $\underline{\underline{A}}^{\circ}_{0+}$-mesurable sur Ω_1, et le processus $(\bar{f}\circ\theta_t)$ est une projection bien-mesurable du processus $(f\circ\theta_t)$.

D) Appliquons ceci en prenant pour g l'indicatrice de Ω_1^c dans $\bar{\Omega}$: $(f\circ\theta_t)$ est indistinguable de 0, donc $(\bar{f}\circ\theta_t)$ aussi. L'ensemble borélien $N_1=\{\omega\in\Omega_1 : E(\omega, .) \text{ charge } \Omega_1^c\}$ est donc polaire. Nous l'enfermons dans un ensemble invariant borélien P-polaire I_1, et nous posons $\Omega_2=\Omega_1\setminus I_1$. Soit alors $N_2=\{\omega\in\Omega_1 : E(\omega,.) \text{ charge } \Omega_2^c\}$, P-polaire que nous enfermons dans I_2 invariant, et soit $\Omega_3=\Omega_2\setminus I_2$... Continuons indéfiniment, et posons $\Omega^{\times}=\bigcap\Omega_n$: c'est un ensemble invariant borélien P-plein, E est un noyau de $\Omega^{\times}$ dans $\Omega^{\times}$.

Nous changeons de notation, en écrivant Ω au lieu de $\Omega^{\times}$, et nous énonçons de manière plus formelle les résultats de la première étape

LEMME 4 . <u>Après réduction à un ensemble invariant P-plein borélien, on peut construire un noyau markovien</u> E <u>sur</u> $(\Omega,\underline{\underline{A}}^{\circ})$ <u>tel que</u>

1) <u>Si</u> f <u>est</u> $\underline{\underline{A}}^{\circ}$-<u>mesurable bornée</u>, $\bar{f}$=Ef <u>est</u> $\underline{\underline{A}}^{\circ}_{0+}$-<u>mesurable, et le processus</u> $(\bar{f}\circ\theta_t)_{t\in\mathbb{R}}$ <u>est projection bien-mesurable du processus</u> $(f\circ\theta_t)_{t\in\mathbb{R}}$.

2) <u>Si</u> $f\in\Phi$, <u>la fonction</u> $t\mapsto\bar{f}\circ\theta_t\omega$ <u>est c.à.d.l.à.g. sur</u> $\mathbb{R}$ <u>pour tout</u> ω.

Nous définissons $E_t=T_tET_{-t}$. Nous écrirons indifféremment E ou E_0. Enfin, nous poserons $P_t=E_0T_t$, $S_p=E_0R_p$.

Avant d'aller plus loin, montrons que le noyau E résout le problème de la prédiction :

PROPOSITION 3. <u>Pour toute</u> $f\in L^1$, <u>le processus</u> $(E_tf)_{t\in\mathbb{R}}$ <u>est une version p.s. continue à droite de la martingale</u> $(E[f|\underline{\underline{A}}_t])$.

DEMONSTRATION. Par encadrement on se ramène au cas où f est $\underline{\underline{A}}^\circ$-mesurable, puis par des arguments standard de théorie des martingales au cas d'un ensemble total dans L^1, pour lequel nous prendrons les fonctions de la forme $R_p g$, $p>0$, $g\in\Phi$. Soit $f_s = T_{-s}R_p g$, et soit $\bar{f}_s=E_0 f_s$. Pour tout s <u>rationnel</u>, soit N_s un ensemble polaire hors duquel le processus $(\bar{f}_s\circ\theta_t)$ soit continu à droite, et soit N la réunion des N_s : par convergence uniforme, on voit que <u>tous</u> les processus $(\bar{f}_s\circ\theta_t)$ sont continus à droite hors de N.

Soit $\omega\notin N$. Nous avons pour $t\downarrow t_o$

$$E_t f(\omega)-E_{t_o} f(\omega) =(T_t E T_{-t} f(\omega)-T_t E T_{-t_o} f(\omega)) + (T_t E T_{-t_o} f(\omega)-T_{t_o} E T_{-t_o} f(\omega))$$

Comme f est de la forme $R_p g$, g bornée, $T_{-t}f$ converge uniformément vers $T_{-t_o} f$, et le premier terme converge donc uniformément vers 0 sur Ω . Le second s'écrit $\bar{f}_{-t}(\theta_t\omega)-\bar{f}_{-t}(\theta_{t_o}\omega)$, et il tend vers 0 en vertu de la propriété établie plus haut et du fait que $\omega\notin N$.

<u>Remarque</u> . L'espace Φ peut être choisi avec un certain arbitraire. On peut s'en servir pour établir la propriété suivante, qui est plus une curiosité qu'autre chose :

<u>Dans l'énoncé du lemme</u> 4, <u>on peut supposer de plus que</u> Φ <u>est stable par</u> E (donc par les $ER_p=S_p$)

DEMONSTRATION. Partons de la situation du lemme 4, et posons

$$A_1= E(\Phi) = \{Ef,\ f\in\Phi\}$$

$$B_1= \underline{\underline{R}}(A_1\cup\Phi)$$

Rappelons que $\underline{\underline{R}}$ est une opération de stabilisation pour les inf, la résolvante (R_p), etc. Maintenant, définissons par récurrence

$$A_{n+1} = E(B_n) \quad , \quad B_{n+1}= \underline{\underline{R}}(B_n\cup A_{n+1})$$

Les B_n croissent, soit B leur réunion : c'est un espace vectoriel $\wedge$-stable de fonctions $\underline{\underline{A}}^\circ$-mesurables, stable par E et par les R_p, contenant Φ et séparable pour la convergence uniforme. Le nouvel espace Φ' sera la fermeture de B.

Soit Ω_1 un ensemble invariant P-plein , tel que pour $\omega\in\Omega_1$, $f\in\Phi'$ la fonction $Ef\circ\theta_.(\omega)$ soit c.à.d.l.à.g.. Puis soit Ω_2 un ensemble invariant P-plein contenu dans Ω_1 tel que pour $\omega\in\Omega_2$ $E(\omega,.)$ soit portée par Ω_2 , comme dans la partie D) plus haut.On change alors de notation, en appelant Ω_2 Ω, et Φ', Φ .

Seconde étape : vérification des identités.

LEMME 5. Quitte à restreindre une nouvelle fois Ω à un ensemble invariant $\underline{\underline{A}}^{\circ}$-mesurable P-plein, on peut supposer les propriétés suivantes :

a) L'équation résolvante $S_p - S_q = (q-p) S_p S_q$ a lieu identiquement

b) On a identiquement $E_0 E_t = E_0 = E_t E_0$ pour $t \geq 0$.

c) Si f et g sont $\underline{\underline{A}}^{\circ}$-mesurables positives, on a $E_0(f.E_0 g) = E_0 f.E_0 g$.

d) Si f est $\underline{\underline{A}}^{\circ}_{0-}$-mesurable on a $E_0 f = f$.

DEMONSTRATION. Nous prenons f,g dans Φ , et nous vérifions les propriétés suivantes, hors d'ensembles polaires.

a) Pour tout couple (p,q), la fonction $d_{p,q} = S_p f - S_q f - (q-p) S_p S_q f$ est nulle P-p.s. : pour cela, on écrit que pour tout $t \geq 0$ on a $E_0 T_t E_0 f = E_0 T_t f$ P-p.s. (cela résulte de la relation $E_0 E_t = E_0$ aux ens. de mesure nulle près : transitivité des espérances conditionnelles). On en déduit en intégrant $E_0 R_p E_0 f = E_0 R_p f$ P-p.s., et en remplaçant f par $R_q f$ $S_p S_q f = E_0 R_p R_q f$, donc $(q-p) S_p S_q f = E_0(R_p f - R_q f) = S_p f - S_q f$.

Mais le processus $(d_{p,q} \circ \theta_t)$ est indistinguable d'un processus continu à droite : ce processus étant p.s. nul pour chaque t fixé est évanescent, et $d_{p,q}$ est nulle hors d'un ensemble polaire.

b) Soit $R'_q f = \int_0^{\infty} e^{-qt} f \circ \theta_{-t} dt$; le processus $(R'_q f \circ \theta_t)$ est indistinguable d'un processus continu, donc le processus $(E_0 R'_q f \circ \theta_t)$ qui en est la projection bien-mesurable est indistinguable d'un processus c.à.d.l.à.g.. De même, le processus $(R'_q E_0 f \circ \theta_t)$ est indistinguable d'un processus continu. D'autre part, ces deux processus sont p.s. égaux pour chaque t fixé : par homogénéité, il suffit de le voir pour t=0, et cela revient à $E_0 R'_q f = R'_q E_0 f$ P-p.s., qui s'obtient par intégration à partir de la relation $E_0 T_{-t} = T_{-t} E_0$ si $t \geq 0$ P-p.s. (transitivité des espérances conditionnelles). Finalement, on en déduit que $R'_q E_0 f = E_0 R'_q f$ hors d'un ensemble P-polaire.

c) Soit $\bar{g} = E_0 g$; le processus $(\bar{g} \circ \theta_t)$ est bien-mesurable, donc la projection bien-mesurable du processus $(f \circ \theta_t . \bar{g} \circ \theta_t)$ est le processus $(\bar{f}\bar{g} \circ \theta_t)$, où $\bar{f} = E_0 f$. Autrement dit, $E_0(f.E_0 g) = E_0 f.E_0 g$ P-quasi-partout.

Enfin, nous remarquons que si h est $\underline{\underline{A}}^{\circ}_{0-}$-mesurable, le processus $(h \circ \theta_t)$ est prévisible, donc bien-mesurable, donc $h = E_0 h$ P-q.p..

Maintenant, faisons parcourir à f,g un ensemble dénombrable Φ_0 dense dans Φ , à p et q l'ensemble des rationnels positifs, enfermons tous les ensembles P-polaires ci-dessus dans un ensemble invariant $\underline{\underline{A}}^{\circ}$-mesurable P-négligeable indépendant de f,g. De même, $\underline{\underline{A}}^{\circ}_{0-}$ étant supposée séparable (c'est le seul point où cette propriété , conséquence de la séparabilité de $\underline{\underline{A}}^{\circ}_{0}$, sera utilisée), nous pouvons faire parcourir à h un ensemble dénombrable de fonctions engendrant $\underline{\underline{A}}^{\circ}_{0-}$ par classes monotones, et enfermer aussi dans l'ensemble invariant tous les ensembles $\{h \neq E_0 h\}$. Et maintenant, nous jetons cet ensemble invariant comme dans la démonstration de la partie D) de la première étape. Ceci fait sans changer de notations, nous avons obtenu les propriétés

a) $S_p - S_q = (q-p)S_p S_q$ pour p et q rationnels positifs, donc pour p et q réels >0 , identiquement sur Ω .

b) $R'_q E_0 = E_0 R'_q$ pour q rationnel positif, donc pour q réel >0, partout.

c) $E_0(f.E_0 g) = E_0 f.E_0 g$ quelles que soient f,g $\underline{\underline{A}}^{\circ}$-mesurables $\geqq 0$

d) $E_0 f = f$ quelle que soit f $\underline{\underline{A}}^{\circ}_{0-}$-mesurable $\geqq 0$

Il ne nous reste à vérifier, dans l'énoncé, que la propriété b).

L'identité $E_0 E_t = E_0$ s'écrit $E_0 T_t E_0 T_{-t} = E_0$, ou $E_0 T_t E_0 = E_0 T_t$. De même, l'identité $E_t E_0 = E_0$ s'écrit $T_t E_0 T_{-t} E_0 = E_0$, ou $E_0 T_{-t} E_0 = T_{-t} E_0$. Comme il s'agit d'identités entre noyaux, nous pouvons nous borner à les vérifier sur des fonctions de Φ , ou même sur des fonctions de la forme $g = R_p f$, $f \in \Phi$. Mais alors l'application $t \mapsto T_t E_0 g$ est continue à droite (lemme 4, 2)), donc l'application $t \mapsto E_0 T_t E_0 g$ est continue à droite par convergence dominée. L'application $t \mapsto T_t g$ est continue, et $t \mapsto E_0 T_t g$ continue par convergence dominée. De même, $t \mapsto E_0 T_{-t} E_0 g$ est continue à gauche, et $t \mapsto T_{-t} E_0 g$ continue à gauche par le lemme 4, 2). Pour vérifier les égalités, on peut donc passer aux transformées de Laplace. Mais alors tout cela s'écrit

$$E_0 R_q E_0 g = E_0 R_q g$$

et

$$E_0 R'_q E_0 g = R'_q E_0 g$$

Pour la première relation, nous utilisons le fait que $g = R_p f$, et la relation à vérifier s'écrit $S_q S_p f = E_0 R_q R_p f$. Multiplions par q-p (il suffit de vérifier l'égalité pour $q \neq p$!), il vient à vérifier que $S_p - S_q = E_0(R_p - R_q)$, ce qui est évident.

La première relation entraîne en particulier que $E_0 E_0 = E_0$. La seconde relation s'écrit , E_0 et R'_q commutant, $R'_q E_0 E_0 = R'_q E_0$, qui est vraie. Le lemme est établi.

REMARQUE. La tribu séparable $\underline{\underline{A}}^{\circ}_{0}$ satisfait parfois à la propriété suivante : si f est $\underline{\underline{A}}^{\circ}_{0}$-mesurable, alors le processus $(f \circ \theta_t)$ est bien-mesurable. Dans ce cas les propriétés c) et d), établies pour $\underline{\underline{A}}^{\circ}_{0-}$, peuvent s'étendre à $\underline{\underline{A}}^{\circ}_{0}$.

LE CARACTERE MARKOVIEN

Nous avons complètement établi le théorème 4, et même un peu plus, notre espace Ω jouissant maintenant de quelques conforts supplémentaires énoncés dans les lemmes 4 et 5. Nous allons maintenant modifier très légèrement la filtration et faire quelques remarques, avant d'énoncer le théorème 5 qui exprime le caractère markovien du flot.

DEFINITION. On note $\underline{\underline{A}}_0^{\times}$ la tribu engendrée par les v.a. $E_0 f$, où f est $\underline{\underline{A}}^{\circ}$-mesurable bornée, et $\underline{\underline{A}}_t^{\times}$ la tribu $\theta_t^{-1}(\underline{\underline{A}}_0^{\times})$.

La tribu $\underline{\underline{A}}^{\circ}$ étant séparable, $\underline{\underline{A}}_0^{\times}$ est séparable (donc de BLACKWELL). On a $\underline{\underline{A}}_0^{\times} \subset \underline{\underline{A}}_{0+}^{\circ}$, puisque E_0 est un noyau de $\underline{\underline{A}}_{0+}^{\circ}$ dans $\underline{\underline{A}}^{\circ}$, et $\underline{\underline{A}}_0^{\times} \supset \underline{\underline{A}}_{0-}^{\circ}$ puisque E_0 est l'identité sur $\underline{\underline{A}}_{0-}^{\circ}$ (lemme 5, d)). On en déduit que la famille $(\underline{\underline{A}}_t^{\times})$ est croissante, engendre $\underline{\underline{A}}^{\circ}$, admet les mêmes familles complétées $\underline{\underline{A}}_t$ que la famille $(\underline{\underline{A}}_t^{\circ})$: elle est donc aussi bonne pour filtrer le flot que la famille initiale.

Si f est $\underline{\underline{A}}_0^{\times}$-mesurable, le processus $(f\circ\theta_t)$ est bien-mesurable. Utilisons la remarque suivant le lemme 5 : quitte à agrandir un peu l'ensemble invariant que nous jetons, nous pouvons supposer que E_0 est l'identité sur $\underline{\underline{A}}_0^{\times}$. Enonçons cela pour des références ultérieures :

LEMME 6. Quitte à réduire un peu plus Ω, on peut supposer que

a) Si f est $\underline{\underline{A}}_0^{\times}$-mesurable bornée, $E_0 f=f$. Inversement si f est $\underline{\underline{A}}^{\circ}$-mesurable bornée et $E_0 f=f$, f est $\underline{\underline{A}}_0^{\times}$-mesurable.

b) Si f est $\underline{\underline{A}}_0^{\times}$-mesurable bornée, g $\underline{\underline{A}}^{\circ}$-mesurable bornée, on a $E_0[fg] = f.E_0 g$.

DEMONSTRATION . Tout est évident.

COROLLAIRE. Soient f $\underline{\underline{A}}_0^{\times}$-mesurable bornée, g $\underline{\underline{A}}^{\circ}$-mesurable bornée, et $\overline{g}=E_0 g$. Alors $E_0[T_t f.T_t g]=E_0[T_t f.T_t \overline{g}]$.

DEMONSTRATION. Comme $E_0=E_0E_t$ il suffit de vérifier que $E_t[T_t f.T_t g]= E_t[T_t f.T_t\overline{g}]$. Mais Cela s'écrit aussi $E_tT_t[fg]=E_tT_t[f\overline{g}]$, et $E_tT_t= T_tE_0$, de sorte que l'identité se réduit à $E_0[fg]= fE_0[g]=f\overline{g} =E_0[f\overline{g}]$.

THEOREME 5. Soit $(\tilde{F},\tilde{\underline{\underline{F}}})$ l'espace mesurable $(\Omega,\underline{\underline{A}}_0^{\times})$, et soit I_t l'application mesurable θ_t de $(\Omega,\underline{\underline{A}}^{\circ})$ dans $(\tilde{F},\tilde{\underline{\underline{F}}})$: le processus $(I_t)_{t\in\mathbb{R}}$ est adapté à la famille $(\underline{\underline{A}}_t^{\times})$.

a) Les deux familles de noyaux sur $(\tilde{F},\tilde{\underline{\underline{F}}})$

(18) $\qquad P_t=E_0T_t \quad , \quad P_t^!=T_{-t}E_0 \quad (t\geq 0)$

sont deux semi-groupes markoviens, admettant tous deux P comme loi invariante, en dualité par rapport à P.[1]

---

1 Mais il manque l'hypothèse usuelle de continuité absolue p.r.à P!

b) <u>Pour tout</u> ω, <u>soit</u> P^{ω} <u>la mesure</u> $E_0(\omega,.)$ <u>sur</u> Ω . <u>Alors le processus</u> $(I_t)_{t\geq 0}$ <u>est pour</u> P^{ω} <u>un processus fortement markovien admettant</u> (P_t) <u>comme semi-groupe de transition</u>.

DEMONSTRATION. Les choses se comprennent mieux si l'on passe au quotient suivant la relation d'équivalence dont les classes sont les atomes de $\underline{\underline{A}}_0^{\times}$: notons F l'ensemble quotient, $\underline{\underline{F}}$ la tribu quotient. $(F,\underline{\underline{F}})$ est un espace de BLACKWELL.

Soit $\Phi^{\times}$ l'ensemble des fonctions $E_0 f$, $f\in\Phi$: c'est une <u>algèbre</u> de fonctions bornées, qui contient les constantes. Ces fonctions étant $\underline{\underline{A}}_0^{\times}$-mesurables, nous pouvons aussi passer au quotient suivant la relation d'équivalence précédente, et considérer $\Phi^{\times}$ comme un ensemble de fonctions sur F . $\Phi^{\times}$ étant évidemment séparable pour la convergence uniforme, nous pouvons compactifier F par rapport à $\Phi^{\times}$, ce qui nous donne un compact métrisable $\overline{F}$; d'après le théorème de Weierstrass-Stone, $\Phi^{\times}$ est <u>dense</u> dans $\underline{C}(\overline{F})|_F$. Nous munirons F de la topologie induite par $\overline{F}$. Nous noterons aussi (X_t) le processus à valeurs dans F déduit de (I_t) à valeurs dans $\overline{F}$ par passage au quotient.

Nous remarquons alors (lemme 4, 2) que le processus (X_t) est continu à droite dans F et admet des limites à gauche dans $\overline{F}$.

Nous ne vérifierons pas les propriétés a), qui sont des conséquences immédiates des identités $T_tE_0=E_tT_t$, $E_0E_t=E_tE_0=E_{t\wedge 0}$.

Pour vérifier la propriété b), il nous faut d'abord examiner si l'on a, pour tout $t\geq 0$, tout $s\geq 0$, toute h $\underline{\underline{A}}_0^{\times}$-mesurable positive , toute g $\underline{\underline{A}}_t^{\times}$-mesurable positive, tout $\omega\in\Omega$

(19) $\quad E^{\omega}[\, g.h\circ I_{s+t}] = E^{\omega}[\, g.P_s(I_t,h)]$ (propriété de Markov)

Soit $k=h\circ I_s$; alors $P_sh = E_0T_sh = E_0k$, et $P_s(I_t,h)= T_tE_0k$. D'autre part, g s'écrit $f\circ\Theta_t$, où f est $\underline{\underline{A}}_0^{\times}$-mesurable. La formule (19) s'écrit donc

(20) $\quad E(T_tf.T_tk) = E(T_tf.T_t\overline{k})$, où $\overline{k}=E_0k$

et on reconnaît le corollaire suivant le lemme 6. Reste à vérifier la propriété de Markov forte. Celle ci se ramène de manière classique à la propriété suivante : la résolvante (S_p) transforme " suffisamment " de fonctions boréliennes bornées en fonctions continues à droite sur les trajectoires des processus. Ici il nous suffira de démontrer que si $h\in\Phi^{\times}$, le processus $(S_ph\circ I_t)$ est continu à droite. Or $h=E_0f$, $f\in\Phi$, et $S_ph= E_0R_pE_0f=E_0R_pf$ (on rappelle l'identité $E_0T_tE_0 =E_0T_t$ pour $t\geq 0$) . Mais on peut poser $R_pf=g\in\Phi$, et alors la propriété cherchée résulte du lemme 4, 2).

REMARQUE. Nous avons vu (remarque suivant la prop.3) que l'on peut supposer, si on le désire, que Φ est stable par E_0 , donc par les

S_p. Cela rend diverses choses plus jolies. Par exemple, $\Phi^{\times}$ est alors exactement l'ensemble des éléments $\underline{\underline{A}}_0^{\times}$-mesurables de Φ ; il est donc fermé pour la convergence uniforme, et identique à $\underline{\underline{C}}(\overline{F})|_F$. D'autre part, $\Phi^{\times}$ est stable par les S_p, de sorte que la résolvante (S_p) nous apparaît comme une résolvante de RAY.

Nous reprendrons l'étude des HAO dans l'exposé suivant

BIBLIOGRAPHIE

[1]. O.HANNER. Deterministic and non-deterministic processes. Ark. Math. 1, 161-177 (1950).

[2]. J. de Sam LAZARO et P.A.MEYER. Méthodes de martingales et théorie des flots. Z.W-theorie 18, 116-140 (1971).

Les résultats sur la construction de vrais noyaux sont rédigés ici pour la première fois, mais ils ne sont pas vraiment originaux : ce sont des variations sur les thèmes de

[3]. J.B.WALSH et P.A.MEYER. Quelques applications des résolvantes de RAY. Invent.Math. 14, 143-166 (1971)

[4]. P.A.MEYER. Le retournement du temps d'après CHUNG et WALSH. Séminaire de Prob. Strasbourg. Lecture Notes in M. vol. 191, Springer 1971.

L'article [1] de HANNER concernait les processus faiblement stationnaires en temps discret. L'extension des méthodes de HANNER au cas continu, c'est à dire le "théorème de Stone-Von Neumann" du paragraphe 1, a été faite bien avant nous dans deux articles de KALLIANPUR et MANDREKAR :

[5]. Multiplicity and representation theory of purely non-deterministic stochastic processes. Teor. Veroiatn. 10, 1965 (p.553-580 de la traduction anglaise).

[6]. Semi-groups of isometries and the representation and multiplicity of weakly stationary stochastic processes. Arkiv för Mat. 6, 1965, p.319-335.

Nous regrettons de ne pas avoir cité ces articles dans la bibliographie de notre travail (exposé IV, [4]) de 1971. Le langage de KALLIANPUR-MANDREKAR nous a empêchés de voir alors que leur extension couvrait le cas des flots filtrés (et les a d'ailleurs empêchés eux mêmes de s'en apercevoir).

Université de Strasbourg
Séminaire de Probabilités 1973/74

QUESTIONS DE THEORIE DES FLOTS (VI)

par J. de SAM LAZARO et P.A.MEYER

Le but de cet exposé est la démonstration du théorème (dû au premier auteur) sur le nombre des HAO contenues dans un flot filtré : s'il n'est pas nul, il existe une infinité de HAO deux à deux orthogonales. Ce théorème est une forme plus précise du résultat de SINAI sur le type spectral d'un K-flot.

Pour des raisons pédagogiques, le § 1 regroupe les notions sur la théorie de la multiplicité dont nous avons besoin : il ne semble pas exister, en effet, d'exposé de ces notions sous la forme nécessaire aux probabilistes, i.e. à la fois valable pour des espaces de Hilbert réels, et indépendant de la théorie des opérateurs hermitiens non bornés.

1 . MULTIPLICITE SPECTRALE

I. MULTIPLICITE DANS UNE FILTRATION

Nous nous occupons ici de la structure de base des applications probabilistes : $\underline{\underline{H}}$ est un espace de Hilbert - supposé réel pour fixer les idées - muni d'une famille croissante de sous-espaces fermés (H_t) $(t\in\mathbb{R})$, telle que $\underline{\underline{H}}_{+\infty}=\underline{\underline{H}}$. Nous ne supposons pas que $\underline{\underline{H}}_{-\infty}=\{0\}$. Nous notons E_t le projecteur sur $\underline{\underline{H}}_t$: il est bien connu qu'on sait associer à toute fonction borélienne bornée f sur $\mathbb{R}$ un opérateur E_f , de telle sorte que $E_fE_g = E_{fg}$, $E_{af+bg}=aE_f+bE_g$, et que $E_{I_{]-\infty,t]}}$ soit le projecteur $E_t-E_{-\infty}$. Nous appellerons sous-espaces stables les sous-espaces fermés stables par les E_t. On désigne par S(x) le sous-espace stable engendré par un élément x de $\underline{\underline{H}}$. Deux éléments x et y de $\underline{\underline{H}}$ sont dits strictement orthogonaux (s.o.) si les sous-espaces S(x) et S(y) sont orthogonaux.

On peut donner une représentation explicite de l'espace S(x) : considérons la " martingale" $x_t=E_tx$, et la mesure ρ_x sur $\mathbb{R}$ qui attribue à l'intervalle $]s,t]$ la masse $\|x_t-x_s\|^2$. Alors tout élément y de S(x) s'écrit de manière unique sous la forme $a.x_{-\infty}+\int_{-\infty}^{+\infty}f(t)dx_t$, où[1] $a\in\mathbb{R}$, $f\in L^2(\rho_x)$, et la mesure ρ_y vaut $|f|^2.\rho_x$. En particulier, l'espace de Hilbert S(x) muni de la filtration induite par $(\underline{\underline{H}}_t)$ est

1 L'intégrale $\int_{-\infty}^{\infty}f(t)dx_t$ sera notée simplement f.x dans la suite.

isomorphe, si $x_{-\infty}=0$, à l'espace $L^2(\rho_x)$ muni de la filtration dont les projecteurs sont les opérateurs $M_t f = I_{]-\infty,t]}.f$.

Nous appelons <u>types</u> les classes d'équivalence de mesures positives sur $\mathbb{R}_+$. L'ensemble des types est ordonné par la relation dite de <u>domination</u> (un type absolument continu par rapport à un autre est dit dominé par celui-ci). Le <u>type de</u> $x\in\underline{\underline{H}}$ est par définition le type de ρ_x.

Voici maintenant les trois modèles "élémentaires" d'espaces de Hilbert filtrés réels

1 : $\underline{\underline{H}}=\mathbb{R}$, muni de la filtration triviale ($\underline{\underline{H}}_t=\underline{\underline{H}}$ pour tout t).

2_a: $\underline{\underline{H}}=\mathbb{R}$, muni de la filtration $\underline{\underline{H}}_t=\{0\}$ pour $t<a$, $\underline{\underline{H}}_t=\underline{\underline{H}}$ pour $t\geq a$.

3_ρ: ρ est une mesure <u>diffuse</u> sur $\mathbb{R}$, $\underline{\underline{H}}=L^2(\rho)$, muni de la filtration $\underline{\underline{H}}_t=\{\ f\in L^2$ à support dans $]-\infty,t]\ \}$.

Noter que si ρ et ρ' sont équivalentes, les espaces filtrés $L^2(\rho)$ et $L^2(\rho')$ sont isomorphes ; nous verrons plus loin que la réciproque est vraie. Les modèles du type 3 sont donc indexés en réalité par les <u>types</u> de mesures.

Voici le théorème de multiplicité spectrale. Il exprime en gros qu'on peut tout construire avec les trois briques précédentes. Etant donnée l'importance que revêt en calcul des probabilités la notion d'espace de Hilbert (réel) filtré, il est très regrettable que ce théorème <u>facile</u> ne soit jamais présenté que dans le cas complexe, tout au fin fond de la théorie des opérateurs normaux non bornés.

THEOREME 1. <u>Tout espace de Hilbert[1] filtré</u> $(\underline{\underline{H}},\underline{\underline{H}}_t)$ <u>se décompose en somme directe de sous-espaces stables</u>

$$\underline{\underline{H}} = \underline{\underline{J}} \oplus \Big(\bigoplus_{a\in D} \underline{\underline{K}}_a \Big) \oplus \Big(\bigoplus_{0\leq i<N} \underline{\underline{L}}_{\rho_i} \Big)$$

<u>où</u>

1) <u>La filtration induite sur</u> $\underline{\underline{J}}$ <u>est triviale</u> : $\underline{\underline{J}}$ <u>est donc somme directe de</u> j <u>copies du modèle</u> 1 , j (<u>entier ou</u> $+\infty$) <u>étant la dimension de</u> $\underline{\underline{J}}$.

2) D <u>est un ensemble fini ou dénombrable</u>. <u>Pour tout</u> $a\in D$, <u>la filtration induite sur</u> $\underline{\underline{K}}_a$ <u>est</u> $\{0\}$ <u>pour</u> $t<a$, $\underline{\underline{K}}_a$ <u>pour</u> $t\geq a$: $\underline{\underline{K}}_a$ <u>est donc somme directe de</u> k_a <u>copies du type</u> 2_a , k_a <u>étant la dimension de</u> $\underline{\underline{K}}_a$.

3) N <u>est fini ou</u> $+\infty$. <u>Les</u> ρ_i <u>sont des mesures diffuses de la forme</u> $\rho_i=I_{C_i}.\rho_0$, <u>où les</u> C_i <u>décroissent et</u> $C_0=\mathbb{R}$. <u>Enfin</u>, $\underline{\underline{L}}_{\rho_i}$ <u>est isomorphe au modèle</u> 3_{ρ_i} .

---

1 séparable (le cas non séparable est laissé au lecteur).

Cette décomposition n'est pas unique : les éléments uniquement déterminés sont

- L'espace $\underline{\underline{J}}=\underline{\underline{H}}_{-\infty}$, et donc sa dimension j
- Les espaces $\underline{\underline{K}}_a=\underline{\underline{H}}_a \ominus \underline{\underline{H}}_{a-}$, et donc leurs dimensions k_a
- Les types $\dot{\rho}_i$ des ρ_i .

(Inversement, il est clair que la donnée de j, des k_a, et des $\dot{\rho}_i$ détermine l'espace de Hilbert filtré à isomorphisme près).

DEMONSTRATION SOMMAIRE

La première remarque est celle-ci : on a toujours $\rho_{x+y} \leqq 2(\rho_x+\rho_y)$, $\rho_{x+y}=\rho_x+\rho_y$ si x et y sont s.o..

Dans la décomposition du théorème, $\underline{\underline{H}}$ s'écrit $\underline{\underline{J}} \oplus \underline{\underline{J}}'$, où $\underline{\underline{J}}' = J^{\perp}$.
Il est clair que tout élément de $\underline{\underline{J}}$ a le type 0, tandis que tout élément de $\underline{\underline{J}}'$est de type non nul. Donc $\underline{\underline{J}}$ est exactement l'ensemble des éléments de type nul, soit $\underline{\underline{H}}_{-\infty}$. Et en effet, la filtration induite sur $\underline{\underline{H}}_{-\infty}$ est triviale ! Cela nous donne l'existence et l'unicité du premier terme de la décomposition.

Nous supposons désormais, quitte à nous restreindre à $\underline{\underline{H}} \ominus \underline{\underline{H}}_{-\infty}$, que $\underline{\underline{H}}_{-\infty}=\{0\}$. Alors pour tout x $S(x)=\overline{\{E_f x,\ f \text{ bornée}\}}=\{f.x,\ f\in L^2(\rho_x)\}$.

LEMME 1. Si les types de x et y sont étrangers, x et y sont s.o.

DEM. Il existe deux ensembles boréliens disjoints A et B portant ρ_x et ρ_y . Introduisons les projecteurs correspondants E_A et E_B . On a $E_Ax=x$, $E_By=y$, $E_AE_B=E_{A\cap B}=0$. D'où l'orthogonalité de S(x) et S(y).

LEMME 2. Si α est un type, l'ensemble des x de type dominé par α est un sous-espace stable $\underline{\underline{H}}(\alpha)$, dont l'orthogonal est formé des $y\in\underline{\underline{H}}$ de type étranger à α.

DEM. Il est clair que $H(\alpha)$ est un sous-espace, stable par les E_t du fait que $\rho_{E_tx} = I_{]-\infty,t]}\rho(x)$. Nous n'avons pas envie de montrer qu'il est fermé, bien que ce soit facile. Tout y de type étranger à α est orthogonal à $\underline{\underline{H}}(\alpha)$ (lemme 1). Inversement, si ρ_y n'est pas étranger à α, il existe f borélienne comprise entre 0 et 1 telle que $f.\rho_y$ soit non nulle et dominée par α , et alors $f.y\in H(\alpha)$ n'est pas orthogonale à y .

Ce lemme nous permet d'obtenir la 2e partie de la décomposition : nous regardons pour $a\in\mathbb{R}$ les espaces $\underline{\underline{H}}(\varepsilon_a)$: ils sont deux à deux orthogonaux, donc l'ensemble $D=\{a:\underline{\underline{H}}(\varepsilon_a)\neq\{0\}\}$ est dénombrable. Il est clair que $\underline{\underline{H}}(\varepsilon_a)$ est l'espace $\underline{\underline{K}}_a$ de la décomposition. C'est aussi $\underline{\underline{H}}_a \ominus \underline{\underline{H}}_{a-}$.

Nous nous plaçons maintenant sur l'orthogonal de $\oplus_a \underline{\underline{H}}(\varepsilon_a)$, c'est à dire sur l'espace des éléments de type diffus . Pour simplifier le langage, nous pouvons supposer que $\underline{\underline{H}}$ désigne cet espace, i.e. que $\underline{\underline{H}}_{-\infty} = \{0\}$ et que tout $x \in \underline{\underline{H}}$ est de type diffus .

LEMME 3. Il existe dans $\underline{\underline{H}}$ un élément de type maximum. Plus précisément, pour tout $x \in \underline{\underline{H}}$ il existe un élément y de type maximum tel que $x \in S(y)$.

DEM. 1) Construction d'un élément z de type maximum : considérons un système maximal $(z_i)_{i \in I}$ d'éléments de norme 1, deux à deux s.o.. Le caractère maximal et le fait que $\underline{\underline{H}}_{-\infty} = \{0\}$ entraînent que $\underline{\underline{H}} = \oplus_i S(z_i)$. Comme $\underline{\underline{H}}$ est séparable, I est dénombrable, et il suffit de prendre $z = \sum a_i z_i$, où les a_i sont tous $\neq 0$ et tels que $\sum a_i^2 < \infty$.

2) Soit f une densité de ρ_x par rapport à ρ_z , et soit $A = \{f \neq 0\}$, $B = \{f = 0\}$. Posons $y = x + E_B z$; on a $\rho_y = (f + I_B)\rho_z$, donc y est de type maximum. On a $x = E_A y$, donc $x \in S(y)$.

Il est maintenant facile d'achever la démonstration d'existence.

Nous prenons une base orthonormale (e_n) de $\underline{\underline{H}}$, et nous construisons un élément x_o de type maximum tel que $e_0 \in S(x_0)$. Nous posons $\underline{\underline{M}}_0 = S(x_o)$ et $\underline{\underline{H}}_1 = M_0^{\perp}$.

Soit f_1 la projection de e_1 sur $\underline{\underline{H}}_1$; nous choisissons un élément x_1 de type maximum dans $\underline{\underline{H}}_1$ tel que $f_1 \in S(x_1)$, nous posons $\underline{\underline{M}}_1 = S(x_1)$, et $\underline{\underline{H}}_2 = \underline{\underline{H}}_1 - \underline{\underline{M}}_1$. Noter que e_1 est la somme de ses projections sur $\underline{\underline{M}}_0$ et $\underline{\underline{H}}_1$, donc $e_1 \in \underline{\underline{M}}_0 + \underline{\underline{M}}_1$.

Soit f_2 la projection de e_2 sur $\underline{\underline{H}}_2$, etc.

Comme $e_n \in \underline{\underline{M}}_0 + .. + \underline{\underline{M}}_n$ pour tout n, on a $\underline{\underline{H}} = \oplus_n \underline{\underline{M}}_n$ (somme finie ou infinie). Comme à chaque fois on prend un élément de type maximum, les types des mesures ρ_{x_n} décroissent. Il est clair qu'on peut remplacer les ρ_{x_n} par des mesures équivalentes de la forme indiquée dans l'énoncé, et que $\underline{\underline{M}}_n = S(x_n)$ est isomorphe au modèle 3_{ρ_n} .

THEORIE DE LA MULTIPLICITE

Avant de démontrer l'unicité des types ρ_i dans la décomposition précédente, nous démontrerons le théorème suivant.

THEOREME 2. Soient α un type , et $(y_i)_{i \leq 0 < m}$ un système maximal d'éléments de $\underline{\underline{H}}$ de type α, deux à deux s.o.. Le nombre m[1] ne dépend que de α : on l'appelle la multiplicité du type α dans $\underline{\underline{H}}$.

---

1 Entier ou $+\infty$.

DEMONSTRATION. Quitte à se placer dans $\underline{\underline{H}}(\alpha)$ (lemme 2) on peut supposer que α est le type maximum . On peut supposer que $\underline{\underline{H}}_{-\infty}=\{0\}$. Considérons un système $(y_i')_{0\leq i<m'}$ d'éléments de $\underline{\underline{H}}$, deux à deux s.o. et s.o. aux y_i , tel que $\underline{\underline{H}}=\underline{\underline{V}}\oplus\underline{\underline{V}}'$, où $\underline{\underline{V}}=\oplus_i S(y_i)$ et $\underline{\underline{V}}'=\oplus_i S(y_i')$. Etant donné que le système (y_i) est maximal, le type maximum de $\underline{\underline{V}}'$ ne saurait être α . Il existe donc un ensemble A de complémentaire non α-négligeable, tel que le type de tout élément de $\underline{\underline{V}}'$ soit dominé par $I_A.\alpha$.

D'autre part (suivant une idée de KALLIANPUR et MANDREKAR) nous choisissons une mesure bornée σ du type α , et nous remplaçons si nécessaire (sans changer de notations) y_i par un $f_i.y_i$ tel que $\rho_{f_i.y_i}=\sigma$.

Soit alors $(x_k)_{0\leq k<n}$ un système d'éléments de type α , deux à deux s.o.. Nous allons montrer que $n\leq m$, et cela suffira. Nous pouvons supposer que $m<\infty$, sans quoi tout est trivial. Quitte à changer de représentants comme ci-dessus, nous pouvons supposer aussi que les ρ_{x_i} sont égales à σ .

Développons alors les x_k :

$$x_k = \sum_{0\leq i<m} f_{ki}.y_i + \sum_{0\leq i<m'} f'_{ki}.y'_i$$

Ecrivons que $\sigma=\rho_{x_k}$: il vient, en posant $\rho_{y'_i} = g'_i.\sigma$ ($g'_i=0$ sur A^c)

$$\sigma\text{-p.p.} \quad 1 = \sum_i f_{ki}^2 + \sum_{i'} f'^2_{ki}.g'_i$$

Donc

$$\sigma\text{-p.p. sur } A^c \quad 1 = \sum_i f_{ki}^2$$

De même, écrivons que x_k et x_ℓ sont s.o. pour $k\neq\ell$

$$\sigma\text{-p.p.} \quad 0 = \sum_i f_{ki}f_{\ell i} + \sum_i f'_{ki}f'_{\ell i}g'_i$$

donc

$$\sigma\text{-p.p. sur } A^c \quad 0= \sum_i f_{ki}f_{\ell i}$$

Prenons un point t de A^c où ces égalités aient lieu simultanément, les n vecteurs $(f_{k0}(t),\dots f_{k,n-1}(t))$ forment un système orthonormé dans $\mathbb{R}^m$, donc $n\leq m$.

Rien n'est plus facile maintenant[1] que de démontrer l'unicité des types des ρ_i dans le théorème 1. Le type de ρ_0 est le type maximum, et on le rencontre un nombre de fois égal à sa multiplicité m_0 . Ensuite, ρ_{m_0} est le plus grand des types dont la multiplicité est $> m_0$, etc. Nous ne donnons pas de détails.

---

1 Ce n'est pas l'avis de tout le monde. Voir donc les détails à la fin de l'exposé.

II. HELICES DANS UN FLOT

Nous considérons maintenant un espace de Hilbert réel $\underline{\underline{H}}$, séparable, muni d'un groupe à un paramètre $(T_t)_{t\in\mathbb{R}}$, fortement continu, d'automorphismes de $\underline{\underline{H}}$[1]. Nous appelons sous-espaces stables les sous-espaces fermés stables par les opérateurs T_t. Le sous-espace stable engendré par $x\in\underline{\underline{H}}$ est noté $S(x)$. Deux éléments x et y de $\underline{\underline{H}}$ sont dits strictement orthogonaux (s.o.) si $S(x)$ et $S(y)$ sont orthogonaux.

Nous appelons hélice une application continue $Z : t \mapsto z_t$ de $\mathbb{R}$ dans $\underline{\underline{H}}$ possédant les propriétés suivantes : $z_o=0$; quels que soient s,t,h, $z_{t+h}-z_{s+h}=T_h(z_t-z_s)$; quels que soient $s,t \in \mathbb{R}_+$, z_t-z_s est orthogonal à tous les z_r , $r\leq 0$; enfin, Z n'est pas identiquement nulle, ce qui entraîne que $\|z_t\| = kt$, $k>0$. L'hélice est dite normalisée si $k=1$.

Nous notons $\underline{\underline{H}}(Z)$ l'espace fermé engendré par les différences z_t-z_s, qui est évidemment stable. Deux hélices Z et Z' sont dites orthogonales si les espaces $\underline{\underline{H}}(Z)$ et $\underline{\underline{H}}(Z')$ sont orthogonaux .

Notre but est de démontrer le théorème suivant :

THEOREME 3. Tous les systèmes maximaux $(Z_j)_{0\leq j<n}$ d'hélices deux à deux orthogonales ont le même nombre d'éléments n (entier ou $+\infty$).

QUELQUES RESULTATS REELS

Nous allons ramener le théorème 3 à la théorie de la multiplicité. Mais celle ci devra être appliquée dans le complexifié de $\underline{\underline{H}}$, et auparavant il faudra démontrer quelques résultats en prenant grand soin de rester dans le domaine réel.

La mesure spectrale ρ_x de $x\in\underline{\underline{H}}$ est l'unique mesure sur $\mathbb{R}$, positive et bornée, telle que

$$< x, T_t x > = \int e^{-itu}\rho_x(du)$$

On a $<x,T_t x> = < T_{-t}x,x > = < x,T_{-t}x >$, donc ρ_x est symétrique par rapport à 0 . Nous appellerons type de x , comme plus haut, le type de ρ_x .

Il est clair que si x et y sont s.o., on a $\rho_{x+y}=\rho_x+\rho_y$.

Connaissant la mesure ρ_x , on peut construire " explicitement " l'espace $S(x)$ de la manière suivante : soit λ n'importe quelle mesure positive du type ρ_x , symétrique par rapport à 0 . Construisons un flot

---

1 Nous appellerons flot cette structure.

$(\underline{\underline{F}},\tau_t)$, $\underline{\underline{F}}$ étant l'espace de Hilbert <u>réel</u> des fonctions complexes $f \in L^2_{\mathbb{C}}(\lambda)$ telles que $f(-u)=\overline{f(u)}$, muni du produit scalaire (réel) $\langle f,g \rangle = \int f(u)\overline{g}(u)\lambda(du)$, et du groupe d'automorphismes τ_t : $\tau_t f(u) = e^{-itu}f(u)$. Soit $\xi=\sqrt{j}$: la définition de la mesure spectrale signifie que $\langle T_s x,T_t x\rangle = \langle \tau_s \xi,\tau_t \xi\rangle$, de sorte qu'il existe un isomorphisme φ unique de $S(x)$ dans $\underline{\underline{F}}$ telle que $\varphi(T_s x)=\tau_s \xi$ pour tout s , i.e., φ commute avec les flots. L'image de φ est un sous-espace fermé. Si $f \in \underline{\underline{F}}$ est orthogonale à cette image, la mesure bornée $f\sqrt{j}\lambda$ a une transformée de Fourier nulle, elle est donc nulle , et comme $\sqrt{j}>0$ λ-p.p., f est nulle. Autrement dit, $S(x)$ <u>est isomorphe à</u> $\underline{\underline{F}}$ <u>muni du flot</u> (τ_t).

Nous avons alors le lemme suivant :

LEMME 4 . 1) <u>Si</u> $y \in S(x)$, <u>le type de</u> y <u>est dominé par le type de</u> x .

2) <u>Si</u> σ <u>est une mesure bornée symétrique dominée par</u> ρ_x , <u>il existe dans</u> $S(x)$ <u>un élément</u> y <u>tel que</u> $\rho_y= \sigma$.

3) <u>Si</u> α <u>est un type, l'ensemble</u> $\underline{\underline{H}}(\alpha)$ <u>des</u> $x \in \underline{\underline{H}}$ <u>de type dominé par</u> α <u>est un sous-espace stable, dont l'orthogonal est constitué par les</u> y <u>de type étranger à</u> α.

4) <u>Il existe dans</u> $\underline{\underline{H}}$ <u>un élément de type maximum.</u>

DEMONSTRATION. Pour 1) et 2) , qui concernent uniquement $S(x)$, on peut se placer dans la situation isomorphe sur $\underline{\underline{F}}$. Pour 1), il suffit de remarquer que la mesure spectrale de $f \in \underline{\underline{F}}$ est $|f|^2.\lambda$. Pour 2), il suffit de prendre l'élément y correspondant à $f=\sqrt{d\sigma/d\lambda}$.

Pour 2) : si $x \in \underline{\underline{H}}(\alpha)$, $y \in \underline{\underline{H}}(\alpha)$, x+y appartient à $\underline{\underline{H}}(\alpha)$: écrire y=u+v, où $u \in S(x)$ et $v \in S(x)^{\perp}$; on a $\rho_{x+y}= \rho_{x+u}+\rho_v$, $\rho_{x+u} \ll \rho_x \ll \alpha$, $\rho_x \leq \rho_y \ll \alpha$. Comme x et $T_t x$ ont même mesure spectrale, $\underline{\underline{H}}(\alpha)$ est stable.

Pour voir que $\underline{\underline{H}}(\alpha)$ est fermé, prenons un système maximal (x_i) (nécessairement fini ou dénombrable - d'éléments de $\underline{\underline{H}}(\alpha)$ de norme 1, deux à deux s.o. . La somme directe hilbertienne $\bigoplus_i S(x_i)$ est contenue dans $\underline{\underline{H}}(\alpha)$, et on voit sans peine que ces deux espaces sont égaux.

Un y de type étranger à $\underline{\underline{H}}(\alpha)$ a une projection nulle sur tous les $S(x_i)$ d'après 1), donc est orthogonal à $\underline{\underline{H}}(\alpha)$. Si ρ_y n'est pas étranger à α , un regard à la situation isomorphe à $S(y)$ $(\underline{\underline{F}},\tau_t)$ permet de construire un élément de type α non orthogonal à y.

Enfin, 4) est presque évident : prendre un système maximal de x_i deux à deux s.o. et $x=\sum a_i x_i$ avec des coefficients convenables.

Nous traduisons maintenant l'existence d'hélices en langage spectral :

LEMME 5 . <u>Soit $\underline{\underline{K}}$ un sous-espace. Il existe une hélice</u> Z <u>tel que</u> $\underline{\underline{K}}=\underline{\underline{H}}(Z)$ <u>si et seulement s'il existe un</u> $x\in\underline{\underline{H}}$ <u>du type de Lebesgue tel que</u> $\underline{\underline{K}}=S(x)$.

DEMONSTRATION. Etant donnée une hélice Z, que nous pouvons supposer normalisée, nous avons un isomorphisme unique de $L^2(\mathbb{R})$ sur $\underline{\underline{H}}(Z)$ qui associe à $f\in L^2(\mathbb{R})$ l'"intégrale stochastique" $\int_{-\infty}^{+\infty} f(t)dz_t$. Cet isomorphisme commute avec le flot (T_t) sur $\underline{\underline{H}}(Z)$, le flot de translation sur $L^2(\mathbb{R})$. Il suffit donc de trouver dans $L^2(\mathbb{R})$ un élément f dont les translatés forment un ensemble total, et la mesure spectrale est du type de Lebesgue . La mesure spectrale de f est $|\hat{f}(x)|^2dx$ (à une constante près) où $\hat{f}$ est la transformée de Fourier de f : il suffit de prendre une f telle que $\hat{f}$ ne s'annule jamais, cette condition suffisant à assurer que les translatés de f sont totaux.

Inversement, si $\underline{\underline{K}}=S(x)$, reprenons la construction de l'espace $\underline{\underline{F}}$ donnée plus haut : ρ_x étant du type de Lebesgue, nous pouvons prendre pour λ la mesure de Lebesgue. Mais alors $\underline{\underline{F}}$ muni du flot indiqué est isomorphe - par Plancherel - à $L^2(\mathbb{R})$ muni du flot de translation, et $L^2(\mathbb{R})$ est engendré par l'hélice $z_t=I_{]0,t]}$ pour $t\geq 0$, $z_t=-I_{]t,0]}$ si $t<0$.

DEMONSTRATION DU THEOREME 3

Considérons un système maximal $(Z_j)_{0\leq j<n}$ d'hélices deux à deux orthogonales. D'après le lemme 5 , les espaces $\underline{\underline{H}}(Z_j)$ sont aussi des espaces $S(x_j)$, où les x_j forment un système maximal d'éléments de $\underline{\underline{H}}$ deux à deux s.o. et du type de Lebesgue. Soit $\underline{\underline{V}}$ l'orthogonal de $\bigoplus_j S(x_j)$, et soit (x'_k) un système maximal d'éléments de $\underline{\underline{V}}$, deux à deux s.o..

Le type maximum de $\underline{\underline{V}}$ ne peut dominer le type de Lebesgue, d'après le lemme 4, 2). Donc il existe un ensemble A , non négligeable au sens de Lebesgue, mais négligeable pour tous les ρ_x, $x\in\underline{\underline{V}}$.

Maintenant, complexifions : $\overset{\circ}{\underline{\underline{H}}} = \underline{\underline{H}}+i\underline{\underline{H}}$ est muni du produit hermitien $<x+iy, x'+iy'> = (<x,x'>+<y,y'>)+i(<x,y'>-<y,x'>)$, les T_t sont prolongés en des opérateurs unitaires $\overset{\circ}{T}_t$. Posons $\overset{\circ}{\underline{\underline{V}}} = \underline{\underline{V}}+i\underline{\underline{V}}$, $\overset{\circ}{\underline{\underline{S}}}(x_j)=S(x_j)+iS(x_j)$: $\overset{\circ}{\underline{\underline{S}}}(x_j)$ est le sous-espace complexe stable engendré par x_j . D'autre part, le nouvel espace $\overset{\circ}{\underline{\underline{S}}}(x'_k)$ est isomorphe à $L^2_{\mathbb{C}}(\rho_{x'_k})$, il ne contient donc aucun élément dont la mesure spectrale charge A, et il en résulte que $\overset{\circ}{\underline{\underline{V}}}$ ne contient aucun élément du type de Lebesgue. Ainsi, les (x_j) forment encore, dans l'espace complexifié, un système maximal d'éléments deux à deux s.o., du type de Lebesgue.

Dans le cas complexe, le théorème de Stone nous dit qu'il existe une filtration $(\underline{\underline{H}}_t)$ telle que 1) Les sous-espaces stables pour (T_t)

soient exactement les sous-espaces stables pour les projecteurs E_t , 2) La mesure spectrale ρ_x d'un élément soit donnée par $\rho_x(]s,t]) = \|(E_t-E_s)x\|^2$. Dans cette filtration, les x_j forment un système maximal d'éléments deux à deux s.o. du type de Lebesgue, le nombre n est donc la multiplicité du type de Lebesgue, et il ne dépend pas de la décomposition choisie.

2 . LE NOMBRE D'HAO DANS UN FLOT

Les résultats de J.LAZARO sur ce point seront publiés indépendamment de ce séminaire, dans l'article [ ]. Nous allons donner ici le plan de la démonstration, qui se trouve décomposée en une succession de lemmes. Pour ceux-ci, nous renverrons souvent à [ ] pour tous les détails techniques, en nous bornant à une "idée de la démonstration" plus ou moins sommaire.

Nous partons d'un flot $(\Omega,\underline{\underline{F}},P,\theta_t)$ filtré par une famille $(\underline{\underline{F}}_t)$ de tribus, et nous supposons la filtration non triviale. Il existe donc une HAO non nulle. Nous prenons alors une base de HAO $(Z^i)_{i\in I}$. Le fait que tout élément de $L^2(\underline{\underline{F}})\ominus L^2(\underline{\underline{F}}_{-\infty})$ se développe en une somme d'intégrales stochastiques par rapport aux Z^i signifie que les Z^i forment un système maximal d'hélices - au sens hilbertien du § 1 - pour le groupe (θ_t) d'automorphismes de $L^2(\underline{\underline{F}})\ominus L^2(\underline{\underline{F}}_{-\infty})$. Le nombre d'éléments de I ne dépend donc pas de la base choisie, et ne dépend même de la filtration $(\underline{\underline{F}}_t)$ que par l'intermédiaire de $\underline{\underline{F}}_{-\infty}$. Nous allons démontrer , en suivant [ ], que

THEOREME 4. I (<u>supposé non vide</u>) <u>est toujours infini</u>.

Notre méthode consiste à supposer que I a un nombre fini k d'éléments, et à en déduire une contradiction. Mais en fait de larges portions de la démonstration ont leur intérêt propre, car elles n'utilisent que dans une très faible mesure l'hypothèse absurde que I est fini.

PREMIERE ETAPE. Nous choisissons pour les hélices Z^i des versions c.à.d.l.à.g. (il n'est pas nécessaire qu'elles satisfassent identiquement à la propriété des hélices), et nous désignons par $\underline{\underline{G}}$ la tribu engendrée par toutes les différences $Z^i_u-Z^i_v$, et par les ensembles P-négligeables : c'est une tribu invariante par le flot. Nous posons $\underline{\underline{G}}_t = \underline{\underline{G}}\cap\underline{\underline{F}}_t$. Si $X\in L^2(\underline{\underline{F}})$, X a une représentation de la forme

$$X = E[X|\underline{\underline{F}}_t] + \sum_i \int_t^\infty f^i(s)dZ^i_s$$

Il en résulte que si $X\in L^2(\underline{\underline{G}})$, $E[X|\underline{\underline{F}}_t]$ est $\underline{\underline{G}}$-mesurable, donc $\underline{\underline{G}}_t$-mesurable, et que l'on a donc aussi

$$X = E[X|\underline{\underline{G}}_t] + \sum_i \int_t^\infty f^i dZ^i$$

En faisant tendre t vers $-\infty$, on voit que les Z^i forment une base de HAO de la filtration $(\underline{\underline{G}}_t)$, pour le flot $(\Omega,\underline{\underline{G}},P,\theta_t)$. Autrement dit, <u>on peut supposer</u> - quitte à changer de notations - <u>que la tribu $\underline{\underline{F}}$ est engendrée par les différences</u> $Z^i_u - Z^i_v$, <u>à des ensembles</u> P-<u>négligeables près</u>.

SECONDE ETAPE. Soit W l'ensemble de toutes les applications c.à.d.l.à.g. de $\mathbb{R}$ dans $\mathbb{R}^I$, nulles à l'instant 0. Notons ζ^i_t les applications coordonnées, $\underline{\underline{H}}^o$ la tribu engendrée par toutes les différences $\zeta^i_u-\zeta^i_v$, θ_t l'opérateur de translation défini par

$$\zeta^i_u(\theta_t w) = \zeta^i_{t+u}(w)-\zeta^i_t(w)$$

Pour tout $\omega\in\Omega$, soit $j(\omega)$ l'élément de W défini par $\zeta^i_t(j(\omega))=Z^i_t(\omega)$, et soit Q la loi image de P par j. Alors $(W,\underline{\underline{H}}^o,Q,\theta_t)$ est un flot <u>isomorphe</u> à $(\Omega,\underline{\underline{F}},P,\theta_t)$. Comme I est fini, $\underline{\underline{H}}^o$ est une tribu de BLACKWELL (noter qu'il suffit pour cela que I soit <u>dénombrable</u>).

Soit $\underline{\underline{H}}$ la tribu complétée de $\underline{\underline{H}}^o$, et soit $\underline{\underline{H}}_0$ la tribu (contenant les ensembles Q-négligeables) qui correspond à $\underline{\underline{F}}_0$ dans l'isomorphisme précédent. Comme $L^2(\underline{\underline{H}}_0)\subset L^2(\underline{\underline{H}})$ est séparable, il existe une suite (h_n) de fonctions $\underline{\underline{H}}^o$-mesurables bornées qui engendre $\underline{\underline{H}}_0$ aux ensembles Q-négligeables près. Posons $h_{nm} = m\int_0^\infty e^{-mt}h_n\circ\theta_{-t}dt$: la suite (h_{nm}) engendre aussi $\underline{\underline{H}}_0$ aux ensembles Q-négligeables près. Soit alors $\underline{\underline{H}}^o_{0-}$ la tribu engendrée par les v.a. $h_{nm}\circ\theta_{-s}$ $(s<0)$ d'une part, et d'autre part par les v.a. $\zeta^i_u-\zeta^i_v$ ($u,v, < 0$), nous avons les propriétés suivantes

- Si X est une v.a. $\underline{\underline{H}}^o_{0-}$-mesurable, et $s>0$, $X\circ\theta_{-s}$ est $\underline{\underline{H}}^o_{0-}$-mesurable.

La famille de tribus $\underline{\underline{H}}^o_{t-} = \theta^{-1}_t(\underline{\underline{H}}^o_{0-})$ est donc croissante.

- La famille $\underline{\underline{H}}^o_{t-}$ est continue à gauche, et $\underline{\underline{H}}^o = \bigvee_t \underline{\underline{H}}^o_{t-}$.
- L'application $(t,w)\longmapsto\theta_t w$ est mesurable de $\mathbb{R}\times W,\underline{\underline{B}}(\mathbb{R})\times\underline{\underline{H}}^o$ dans $\underline{\underline{H}}^o$, et de $]-\infty,0[\times W$, $\underline{\underline{B}}(]-\infty,0[)\times\underline{\underline{H}}^o_{0-}$ dans $\underline{\underline{H}}^o_{0-}$ dans $\underline{\underline{H}}^o_{0-}$.
- La tribu $\underline{\underline{H}}^o_{0-}$ est séparable, donc est une tribu de Blackwell.
- Les hélices ζ^i forment une base de HAO relativement à la filtration $(\underline{\underline{H}}_t)$ obtenue en complétant $(\underline{\underline{H}}^o_{t-})$.

Ces points étant acquis, nous revenons aux notations standard : $\Omega,\underline{\underline{F}}^o,P,\underline{\underline{F}},\underline{\underline{F}}^o_t$, $\underline{\underline{F}}_t$, Z^i au lieu de $W,\underline{\underline{H}}^o,Q,\underline{\underline{H}},\underline{\underline{H}}^o_{t-},\underline{\underline{H}}_t,\zeta^i$.

TROISIEME ETAPE. Nous appliquons le théorème d'AMBROSE-KAKUTANI de l'exposé II : nous isolons un ensemble invariant U, $\underline{\underline{F}}^o$-mesurable, sur lequel le flot est isomorphe à un flot sous une fonction f $\underline{\underline{F}}^o_{0-}$-mesurable. La filtration sur U n'est pas triviale. En effet, supposons qu'elle le soit . Les HAO Z^i sont toutes indistinguables de 0 sur U, donc U est lui même égal, à un ensemble P-négligeable près, à l'ensemble $\{\underline{0}\}$, en notant $\underline{0}$ la trajectoire dont toutes les coordonnées sont constamment nulles. L'ensemble $\{\underline{0}\}$ n'est donc pas négligeable, et la trajectoire $\underline{0}$ doit appartenir à U, ce qui est absurde si l'on revient à la démonstration du théorème d'AMBROSE-KAKUTANI (U est un ensemble de trajectoires ayant un certain comportement oscillatoire au voisinage de $\pm\infty$, donc U ne contient aucune trajectoire constante).

Naturellement, certaines des hélices Z^i peuvent être nulles sur U, mais le flot induit sur U admet toujours une base d'hélices finie, ayant éventuellement moins d'éléments que la base initiale.

Noter aussi que le théorème d'AMBROSE-KAKUTANI nous permet de choisir une fonction f bornée inférieurement.

QUATRIEME ETAPE. Nous passons maintenant aux notations de l'exposé II. Nous avons un flot discret

$(\Omega,\underline{\underline{A}},s,\mu)$, filtré par une famille $(\underline{\underline{A}}_n)$ de tribus de BLACKWELL ; une fonction f $\underline{\underline{A}}_0$-mesurable bornée inférieurement, notre flot induit sur U étant isomorphe au flot sous f, noté $(\tilde{\Omega},\tilde{A}^o,\tilde{\theta}_t,\tilde{P})$. Comme f est bornée inférieurement, et $\tilde{P}$ est une loi de probabilité, μ est bornée.

Du point de vue des filtrations, nous avons <u>trois</u> familles filtrant le flot. La première est celle qui nous est donnée, induite sur U. Nous la noterons encore $\underline{\underline{F}}^o_t$. La seconde, $\underline{\underline{E}}^o_t$ est telle que

$$\underline{\underline{E}}^o_0 = \tilde{\underline{\underline{A}}}_0 = \underline{\underline{A}}_0\times\underline{\underline{B}}(\mathbb{R})|_{\tilde{\Omega}}$$

et la troisième $\underline{\underline{G}}^o_t$ telle que $\underline{\underline{G}}^o_0 = \tilde{\underline{\underline{A}}}_{-1} = \underline{\underline{A}}_{-1}\times\underline{\underline{B}}(\mathbb{R})|_{\tilde{\Omega}}$. Nous savons d'après l'exposé II, proposition 3 , que les tribus $\underline{\underline{E}}^o_{-\infty}$ et $\underline{\underline{G}}^o_{-\infty}$ sont égales , d'après la prop.4, que les $\underline{\underline{E}}^o_t$ et $\underline{\underline{G}}^o_t$ encadrent $\underline{\underline{F}}^o_t$. Donc les tribus $\underline{\underline{E}}^o_{-\infty}, \underline{\underline{F}}^o_{-\infty}, \underline{\underline{G}}^o_{-\infty}$ <u>sont toutes trois égales</u>.

Maintenant, une base de HAO pour $(\underline{\underline{F}}^o_t)$ n'est pas une base de HAO pour $(\underline{\underline{E}}^o_t)$, mais l'interprétation du nombre d'éléments d'une base de HAO comme multiplicité du type de Lebesgue dans l'orthogonal de $\underline{\underline{E}}^o_{-\infty}=\underline{\underline{F}}^o_{-\infty}$ montre que

<u>Dans le flot sous</u> f $(\tilde{\Omega},\tilde{A},\tilde{P},\tilde{\theta}_t)$ <u>filtré par la famille</u> $(\underline{\underline{E}}^o_t)$, <u>il existe une base d'hélices non vide et finie</u> .

Nous changeons à nouveau de notation, en écrivant $\underline{\underline{F}}_t^o$ au lieu de $\underline{\underline{E}}_t^o$. L'ancienne filtration $\underline{\underline{F}}_t^o$ ne nous intéresse plus !

CINQUIEME ETAPE. Nous verrons un peu plus tard le théorème suivant, qui a son intérêt propre :

THEOREME 5. <u>Dans la filtration</u> $(\underline{\underline{F}}_t^o)$ <u>du flot sous</u> f <u>telle que</u>

$$\underline{\underline{F}}_0^o = \underline{\underline{A}}_0 \times \underline{\underline{B}}(\mathbb{R})|_{\tilde{\Omega}}$$

<u>l'espace des HAO est isomorphe à l'orthogonal</u> (<u>pour la mesure</u> μ) <u>de</u> $L^2(\underline{\underline{A}}_0)$ <u>dans</u> $L^2(\underline{\underline{A}}_1)$.

Nous verrons cela un peu plus tard. Il nous reste alors seulement

SIXIEME ETAPE . Dans un flot discret $(\Omega,\underline{\underline{A}},s,\mu)$ muni d'une filtration non triviale $\underline{\underline{A}}_n$, l'espace $L^2(\underline{\underline{A}}_1)\ominus L^2(\underline{\underline{A}}_0)$ est toujours de dimension infinie.

Soit en effet h une v.a. non nulle appartenant à cet espace (il en existe puisque la filtration n'est pas triviale). Quitte à diviser h par $(E[h^2|\underline{\underline{A}}_0])^{1/2}$, nous pouvons supposer que $E[h^2|\underline{\underline{A}}_0]$ est une indicatrice d'ensemble I_C , $C\in\underline{\underline{A}}_0$, non négligeable.

Lorsque $C=\Omega$, la démonstration est extrêmement simple : soit $k_n = h\circ s^{-n}$ pour $n\geq 1$, et soit $j_n=k_n.h$. Nous avons $E[j_n^2]=E[k_n^2h^2]= E[k_n^2E[h^2|\underline{\underline{A}}_0]]=E[k_n^2]=1$, $E[j_n|\underline{\underline{A}}_0]=0$, et $E[j_nj_m]=0$ pour $n\neq m$ par le même raisonnement. Nous avons donc construit une infinité d'éléments de $L^2(\underline{\underline{A}}_1)\ominus L^2(\underline{\underline{A}}_0)$ deux à deux orthogonaux.

Lorsque $C\neq\Omega$, on voit que le problème est de construire une infinité de v.a. $\underline{\underline{A}}_0$-mesurables k_n , telles que $E[k_n^2I_C]=1$, $E[k_nk_mI_C]=0$, après quoi on posera comme ci-dessus $j_n=k_n.h$.

Pour voir cela, nous utiliserons la notion de <u>flot induit</u> sur C . D'après le théorème de récurrence de Poincaré, pour presque tout $\omega\in C$ on a $s^n\omega\in C$ pour des n arbitrairement voisins de $+\infty$ et de $-\infty$. Quitte à modifier C d'un ensemble de mesure nulle, on peut supposer que cette propriété a lieu pour <u>tout</u> $\omega\in C$. Soit alors pour $\omega\in C$ $T(\omega)= \inf\{n>0 : s^n\omega\in C\}$, et pour $k\geq 0$ par récurrence , $T_0(\omega)=T(\omega)$, $T_k(\omega) = \inf\{n>T_k(\omega)\ \ s^n\omega\ C\}$. On pose ensuite

$$\overline{\Omega} = C \ ; \ \overline{\underline{\underline{A}}} = \underline{\underline{A}}|_C \ ; \ \overline{\underline{\underline{A}}}_0=\underline{\underline{A}}_0|_C \ ; \ \overline{P} = P|_C \ ; \ \overline{s}(\omega)=s^{T(\omega)}(\omega)$$

et on montre que $(\overline{\Omega},\overline{\underline{\underline{A}}},\overline{P},\overline{s})$ est un flot discret, que $\overline{\underline{\underline{A}}}_0$ filtre. Et cette filtration n'est pas triviale dans le cas particulier qui nous occupe : en effet, introduisons l'HAO discrète (Z_n) telle que

$Z_1=h$, et posons $\bar{h}=Z_T I_C$. D'après un raffinement du théorème de POINCARE, dû à KAC[1] , on a $\int_C T < \infty$. Le théorème d'arrêt de DOOB, aussi sous une forme un peu plus raffinée, nous donne alors $E[\bar{h}^2] = E[TI_C]<\infty$, et $E[\bar{h}|\underline{\underline{A}}_0]=0$. Considérant alors $\bar{h}$ comme une v.a. sur $C=\bar{\Omega}$, nous remarquons que $\bar{h}$ est $\bar{\underline{\underline{A}}}_1$-mesurable ; la filtration n'est pas triviale, et la démonstration est achevée.

Avant de donner la démonstration de la 5e étape, indiquons une remarque, qui répond à une question posée dans un exposé antérieur.

REMARQUE. Nous avons expliqué dans la deuxième étape de la démonstration comment on peut construire un espace canonique permettant de représenter le flot sur la tribu engendrée par une famille dénombrable d'HAO. Mais la tribu d'un K-flot séparable est ainsi engendrée. On voit donc que les restrictions de mesurabilité, ou concernant la propriété de BLACKWELL des tribus, ne sont pas des restrictions sérieuses en théorie des K-flots, puisque tout K-flot séparable est isomorphe à un K-flot possédant ces propriétés.

LA 5e ETAPE : HAO D'UN FLOT SOUS UNE FONCTION

Nous considérons donc un flot discret $(\Omega,\underline{\underline{A}},s,P)$ filtré par une famille $(\underline{\underline{A}}_n)$, et le flot sous f $\underline{\underline{A}}_0$-mesurable : $(\tilde{\Omega},\tilde{\underline{\underline{A}}},\theta_t,\tilde{P})$, filtré par la famille $(\underline{\underline{F}}_t)$ telle que $\underline{\underline{F}}_0=\underline{\underline{A}}_0\times\underline{\underline{B}}(\mathbb{R})|_{\tilde{\Omega}}$. Nous notons T_n , comme dans l'exposé II, p.5, les instants de saut successifs de la projection sur $\mathbb{R}$: nous travaillerons uniquement du côté des temps ≥ 0 . Comme f est $\underline{\underline{A}}_0$-mesurable, T_1 est une v.a. strictement positive et $\underline{\underline{F}}_0$-mesurable : c'est donc un temps d'arrêt <u>prévisible</u>.

Nous donnons maintenant trois énoncés, empruntés au travail de J.LAZARO cité plus haut ; quant aux démonstrations, nous nous bornerons à de brefs commentaires.

PROPOSITION 1. <u>Soit</u> h <u>une v.a.</u> $\underline{\underline{A}}_1$<u>-mesurable</u>. <u>Le processus défini du côté positif par</u>

(A1) $$H_t^h = \sum_{k\geq 1} h\circ s^{k-1} I_{\{T_k\leq t\}}$$

<u>est une hélice</u> . <u>Si</u> h <u>est positive</u>, <u>c'est une hélice croissante dont</u>

---

1 Voir JACOBS. Lectures on ergodic theory, vol.I p.50 (Aarhus 1963).

<u>la mesure de PALM est h.P , et on a</u>

(A2) $\quad \widetilde{E}[H_t^h] = E[h].t$

(La formule (A2) reste vraie si $h \in L^1$).

DEMONSTRATION. P est la mesure de PALM de l'hélice fondamentale H_t^1, qui compte les sauts de la composante temporelle. Le fait que la mesure de PALM de H^h soit h.P revient au lemme 4 de l'exposé IV, p. 8 , ou au théorème 3 de l'exposé II, p.4 (lorsque h est une indicatrice : on passe ensuite au cas général par convergence monotone). La formule (A2) tient à l'interprétation de la masse totale de la mesure de PALM (par exemple, th.2 de l'exposé II, mais c'est trivial lorsque l'exposé IV est connu).

PROPOSITION 2. <u>Si</u> $h \in L^2(\underline{\underline{A}}_1) \ominus L^2(\underline{\underline{A}}_0)$ (pour la mesure P !), <u>l'hélice</u> (H_t^h) <u>est une</u> HAO. <u>On a si</u> h <u>et</u> k <u>appartiennent à cet espace</u>

(A3) $\quad [H^h,H^k]_t = H_t^{hk}$

(A4) $\quad \langle H^h,H^k\rangle_t = H_t^j$, <u>où</u> $j= E[hk|\underline{\underline{A}}_0]$ (espérance pour P)

DEMONSTRATION. Prenons d'abord $h \in L^1(\underline{\underline{A}}_1)$, orthogonale à $\underline{\underline{A}}_0$. Alors un calcul direct fondé sur le fait que T_1 est prévisible et que $\underline{\underline{F}}_{T_1-} = \underline{\underline{F}}_0$ (exposé II prop.1, p.6) montre que H^h est une martingale. Il est clair qu'elle n'a pas de partie continue, donc le processus croissant $[H^h,H^h]$ est donné simplement par la somme des carrés des sauts de H^h, ce qui revient à la formule (A3) lorsque h=k, et à (A3) en général par polarisation. En particulier lorsque $h \in L^1$, $[H^h,H^h]_t$ est intégrable pour tout t, et donc (H^h) est de carré intégrable, i.e. est une HAO. Enfin, H^j est une hélice prévisible, et la différence $H^{hk}-H^j$ est une martingale puisque hk-j est orthogonale à $\underline{\underline{A}}_0$.

PROPOSITION 3. <u>Toute</u> HAO <u>est de la forme précédente</u>.

DEMONSTRATION. Il suffit de démontrer qu'une HAO est constante sur $[0,T_1[$: cela résulte de ce que T_1 est prévisible et $\underline{\underline{F}}_{T_1-} = \underline{\underline{F}}_0$. Nous ne donnerons pas plus de détails.

Nous avons alors, sans même avoir besoin de la prop.3, tout ce qu'il faut pour démontrer le théorème 4 . Etant donnés deux éléments de $L^2(\underline{\underline{A}}_1)\ominus L^2(\underline{\underline{A}}_0)$ orthogonaux , h et k , les hélices H^h et H^k satisfont à $\tilde{E}[H_t^h H_t^k] = \tilde{E}[[H^h,H^k]_t]=E[H_t^{hk}] = t.E[hk]=0$: elles sont donc orthogonales, et comme nous savons qu'on peut construire des h_n deux à deux orthogonaux en infinité dénombrable, nous avons aussi une infinité de HAO orthogonales.

Mais la prop.3 nous permet aussi de construire explicitement des bases larges et des bases strictes de HAO, ce qui est agréable dans une théorie qui manque un peu d'exemples explicites.

APPENDICE

Nous donnons ici les détails promis sur la fin de la démonstration du théorème de décomposition spectrale, un lecteur - peut être notre seul lecteur, il a droit à tous nos égards - ayant été incapable de les trouver tout seul.

Reprenons donc l'énoncé du théorème 1, page 2 de l'exposé. Nous savons que la décomposition <u>existe</u>, nous voulons montrer qu'elle est <u>unique</u>. Nous avons vu au début de la démonstration que l'on peut se ramener au cas où $\underline{\underline{H}}_{-\infty}=0$, et où tous les éléments de $\underline{\underline{H}}$ sont de type diffus.

Nous comparons donc deux décompositions

$$\underline{\underline{H}} = \bigoplus_n S(x_n) = \bigoplus_n S(x'_n)$$

où les types des mesures spectrales $\rho_n=\rho_{x_n}$ décroissent, de même que ceux des mesures $\rho'_n = \rho_{x'_n}$.

Tout d'abord, le type de x_o domine les types de tous les x_i, donc ceux de tous les éléments de $\underline{\underline{H}}$: donc c'est <u>le</u> type maximum de $\underline{\underline{H}}$. Le même raisonnement valant pour la seconde décomposition, $\dot{\rho}_0 =\dot{\rho}'_0$.

Soit m_0 le nombre de ρ_i de type $\dot{\rho}_0$, et soit $V=\bigoplus_0^{m_0-1} S(x_i)$; $V^\perp$ est la somme des $S(x_i)$ restants, tout élément de $V^\perp$ a donc un type strictement majoré par $\dot{\rho}_0$, et le système $(x_i)_{0\leq i<m_0}$ est un système maximal d'éléments de type $\dot{\rho}_0$, deux à deux orthogonaux. Donc (théorème 2) m_0 est la multiplicité du type $\dot{\rho}_0$. En conséquence, m_0 est égal au nombre analogue m'_0 de la seconde décomposition.

Si $m_0=+\infty$, les deux décompositions sont alors équivalentes. Supposons donc $m_0<\infty$.

Conservons les notations V et $V^{\perp}$ introduites plus haut, et soit α un type majoré par celui de ρ_0, <u>mais non par celui de</u> ρ_{m_0}. Pour tout $i<m_0$, soit $y_i=g_i.x_i$ un élément de $S(x_i)$ de type α. Soit y un élément de type α s.o. aux y_i, $0\leqq i<m_0$; développons y sous la forme $y=\sum_n f_n.x_n$; alors pour $i<m_0$ $f_i.x_i$ est s.o. à $g_i.x_i$, donc $f_i.g_i=0$ ρ_0-p.p., et comme le type de $f_i.x_i$ est dominé par α, qui est le type de $g_i.\rho_0$, on a $f_i.x_i=0$, donc $y\in V^{\perp}$. Mais le type de tout élément de $V^{\perp}$ est dominé par celui de ρ_{m_0}, ce qui est absurde. Donc (y_i) est un système <u>maximal</u> d'éléments de type α deux à deux s.o., et la multiplicité de α est égale à m_0.

Un raisonnement tout analogue montre que, si m_1 est le nombre de ρ_i de la première décomposition de type $\dot{\rho}_{m_0}$, la multiplicité de $\dot{\rho}_{m_0}$ est m_0+m_1 exactement.

Alors : <u>parmi tous les types de multiplicité</u> $>m_0$, $\dot{\rho}_{m_0}$ <u>est le type maximum</u>. Comme m_0 ne dépend pas de la décomposition choisie, cela entraîne que ρ_{m_0} et ρ'_{m_0} sont équivalentes. De plus, m_0+m_1 <u>est la multiplicité de ce type</u>, et cela entraîne que $m_1=m'_1$.

Si $m'_1=+\infty$, la démonstration est achevée. Sinon, on continue...

Université de Strasbourg
Séminaire de Probabilités 1972/73

QUESTIONS DE THEORIE DES FLOTS (VII)

par J. de SAM LAZARO et P.A.MEYER

Cet exposé est un peu une digression : il présente le théorème de M.NISIO (on polynomial approximation for strictly stationary processes , J. Math. Soc. of Japan 12, 1960, 207-226) suivant lequel on peut approcher "en loi " un processus stationnaire ergodique par des processus stationnaires construits sur le flot brownien. Après cela, nous donnerons quelques indications sur le cas des processus non ergodiques.

Le travail de NISIO repose sur une idée de WIENER (Homogeneous Chaos, Amer. J. Math. 60, 1938, 897-936).

L'exposé ne diffère de celui de NISIO que par la présentation. Mais là, il nous semble que la topologie que nous introduisons (et qui n'est peut être pas la même que celle de NISIO) présente un certain intérêt pour le maniement des lois de processus mesurables assez irréguliers. Elle repose sur une vieille idée de CARTIER.

1. TOPOLOGIE ET HEURISTIQUE

Nous partons d'un flot $(\Omega,\underline{\underline{F}},P,\theta_t)$, que nous ne supposons pas filtré. L'application $(t,\omega)\mapsto\theta_t\omega$ est seulement supposée mesurable de $\underline{\underline{B}}(\mathbb{R})\times\underline{\underline{F}}$ <u>complétée</u> pour le produit de la mesure de Lebesgue λ par la loi P, dans l'espace mesurable $(\Omega,\underline{\underline{F}})$. Nous considérons un processus stationnaire $(X_t)_{t\in\mathbb{R}}$ à valeurs dans un espace métrique compact K (cela s'applique aux processus réels : prendre $K=\overline{\mathbb{R}}$). Comme $X_t=X_0\circ\theta_t$, le théorème de Fubini entraîne que l'ensemble invariant des ω tels que $X_{\bullet}(\omega)$ soit mesurable au sens de Lebesgue est plein pour la loi P . quitte à modifier un peu le processus, on peut supposer que c'est Ω tout entier.

Nous désignons maintenant par W l'ensemble des mesures de Radon sur l'espace localement compact $K\times\mathbb{R}$, dont la projection sur $\mathbb{R}$ est la mesure de Lebesgue. Muni de la topologie de la convergence vague, W est un espace compact métrisable. Soit $\underline{\underline{G}}^o$ sa tribu borélienne, Si $w\in W$, soit $\theta_t w$ la mesure image de w par l'application $(x,s)\mapsto(x,s+t)$ de $K\times\mathbb{R}$ dans lui même. Il est clair que (θ_t) est un groupe mesurable d'automorphismes de $(W,\underline{\underline{G}}^o)$ (il est même bien mieux que mesurable).

Nous avons dit plus haut que pour tout $\omega\in\Omega$, la trajectoire $X_{\bullet}(\omega)$ est mesurable au sens de Lebesgue. L'application $t\mapsto(X_t(\omega),t)$ est donc aussi mesurable de $\mathbb{R}$ dans $K\times\mathbb{R}$, et l'on peut donc définir la mesure $\tau(\omega)$ de λ par cette application. Il est clair que $\tau(\omega)\in W$, et que τ est mesurable de Ω dans W. La mesure image de P par τ est invariante par translation : nous l'appellerons la <u>loi</u> du processus (X_t), et nous la noterons $\underline{\underline{L}}_X$. Le système $(W,\underline{\underline{G}},\theta_t,\underline{\underline{L}}_X)$ est un flot.

La loi $\underline{\underline{L}}_X$ contient toute l'information sur le processus (X_t) que l'on exige d'habitude d'une " loi" de processus. Montrons par exemple qu'elle permet de calculer la loi jointe du couple (X_u,X_v) , où u et v sont deux instants. Il nous suffit de savoir calculer $E[f(X_u)g(X_v)]$ où f et g sont continues sur K. D'après le théorème ergodique local, $f(X_u) = \lim_{h\downarrow 0} \frac{1}{h}\int_{u-h}^{u} f(X_s)ds$, $g(X_v) = \lim_{h\downarrow 0} \frac{1}{h}\int_{v-h}^{v} g(X_s)ds$, les deux limites étant prises au sens de L^2et p.s.. Ainsi

$$E[f(X_u)g(X_v)] = \lim_{h\downarrow 0} \frac{1}{h^2} \int_W \langle w,f\otimes I_{[u-h,u[}\rangle\langle w,g\otimes I_{[v-h,v[}\rangle \underline{\underline{L}}_X(dw)$$

Plus précisément encore, notons $\nu_h(w)$ la loi de probabilité sur K

$$\langle\nu_h(w),f\rangle = \frac{1}{h} \langle w, f\otimes I_{[-h,0[}\rangle$$

adjoignons à K un point isolé ∂ , et définissons une fonction ξ_0 sur W

- si $\nu_{1/n}(w)$ converge étroitement sur K vers une mesure ε_x , $\xi_0(w)=x$
- sinon, $\xi_0(w)=\partial$

D'après le théorème ergodique local, si l'on pose $\xi_t=\xi_0\circ\theta_t$, le processus $(\xi_t(\tau(\omega)))_{t\in\mathbb{R}}$ sur Ω est une <u>modification</u> du processus (X_t).

Dans ces conditions, ce que nous appellerons la <u>convergence en loi</u> des processus stationnaires à valeurs dans K, ce sera la convergence étroite de leurs lois $\underline{\underline{L}}_X$ sur l'espace compact W.

Reprenons maintenant le processus stationnaire (X_t) sur Ω. Nous allons nous livrer à quelques considérations heuristiques.
Considérons le " flot des physiciens" : son espace de base est $\Omega^! = \mathbb{R}$ muni de la tribu borélienne $\underline{\underline{F}}^!$ et de l'opérateur de translation θ_t usuel. La loi de probabilité est la loi uniformément répartie sur $\mathbb{R}$

$$E^![f] = \lim_{N\to\infty} \frac{1}{2N}\int_{-N}^{+N} f(u)du$$

(on comprend pourquoi les !). A tout $\omega\in\Omega$, associons un <u>processus</u> sur $\Omega^!$ ainsi défini : rappelons qu'un élément $\omega^!$ de $\Omega^!$ est un nombre.

$$Z_t^{\omega}(\omega^!) = X_{t+\omega^!}(\omega)$$

Quelle est la loi du "processus" Z^{ω} ? Si φ est une fonction bornée sur W , nous avons d'après la définition de la"mesure"

$$E^{!}[\varphi(Z^{\omega}_{\cdot}(.)] = \lim_{N\to\infty} \frac{1}{2N}\int_{-N}^{+N} \varphi(\Theta_s(\tau\omega))\, ds$$

Si le processus (X_t) est ergodique, cela vaut $E[\varphi(\tau\omega)]$ pour presque tout ω . Ici, l'ensemble de mesure nulle dépend de φ, mais comme W est un espace métrique compact, il suffit de considérer une infinité dénombrable de fonctions φ pour avoir le

PSEUDOTHEOREME. Soit J l'application identique de $\Omega^{!}$ dans $\mathbb{R}$, qui satisfait aux conditions suivantes

1) $J(\Theta_s\omega^{!}) = J(\omega^{!})-s$ identiquement

2) J est "uniformément répartie sur $\mathbb{R}$"

Pour tout $\omega\in\Omega$, soit Z^{ω} le processus stationnaire sur $\Omega^{!}$

$$Z^{\omega}_t(\omega^{!}) = X_{J(\Theta_t\omega^{!})}(\omega)$$

Alors, si (X_t) est ergodique, les processus (X_t) et (Z^{ω}_t) ont même loi pour presque tout ω.

Nous allons rendre ce raisonnement rigoureux, en approchant le "flot des physiciens" lui même. Nous remplacerons cependant la"répartition uniforme sur $\mathbb{R}$" par la "mesure" unilatérale un peu moins intuitive

$$E^{!}[f] = \lim_{N\to\infty} \frac{1}{N}\int_0^N f(s)ds$$

qui bien que"répartie sur $\mathbb{R}_+$" est invariante par translation ! Assez de bêtises.

2. LE THEOREME DE NISIO

Nous nous donnons un flot ergodique $(\tilde\Omega ,\tilde{\underline{\underline{F}}} ,\tilde P ,\Theta_t)$ (sur le rôle de l'ergodicité, cf. Remarque à la fin du §) . Nous cherchons à construire une v.a. J à valeurs positives telle que

1) Pour tous les $\tilde\omega$ appartenant à un ensemble de probabilité voisine de 1, on a pour tout s appartenant à un intervalle [0,A] - où A est grand - $J(\Theta_s\tilde\omega)=J(\tilde\omega)-s$.

2) La loi de J est "bien étalée" sur $\mathbb{R}_+$

Notre méthode va consister à construire des processus ponctuels discrets ayant de moins en moins de sauts, et de prendre pour J le premier saut après 0. Pour commencer, construisons ces processus.

D'après le théorème d'AMBROSE, nous pouvons identifier notre flot $(\tilde\Omega,\ldots,\tilde\Theta_t)$ à un flot sous une fonction f bornée inférieurement , au dessus d'un flot discret $(\Omega^{\bullet},\underline{\underline{F}}^{\bullet},P^{\bullet},s)$. Comme f est bornée inférieurement, la mesure $P^\bullet$ est bornée. D'autre part, un ensemble s-invariant non $P^\bullet$-négligeable donne évidemment lieu à un ensemble invariant non négligeable dans le flot sous f : celui-ci étant ergodique, l'automorphisme s est ergodique. Mais un espace mesuré fini admettant un automorphisme ergodique est sans atomes[1]: il existe donc une suite décroissante A_n d'éléments de $\underline{\underline{F}}^\bullet$ tels que $A_1=\Omega^\bullet$, $P(A_n)>0$ pour tout n , $A_n \downarrow \emptyset$. Dans ces conditions, notre n-ième processus ponctuel sera le processus dont les sauts seront les rencontres de $A_n \times \{0\}$, et nous noterons J_n le premier saut après 0 du n-ième processus ponctuel . Noter les propriétés :

1) J_n est p.s. fini pour tout n, et $J_n \uparrow \infty$ p.s.

2) Si $0 \leqq s < J_n$, on a $J_n(\theta_s\omega)=J_n(\omega)-s$.

Nous aurons besoin du lemme suivant sur les lois μ_n des v.a. J_n

LEMME 1. <u>Il existe des lois de probabilité</u> λ_n <u>sur</u> $\mathbb{R}_+^*$, <u>telles que</u> $\lim_{n\to\infty} \lambda_n(]A,\infty[) = 1$ <u>pour tout</u> A , <u>et que l'on ait</u>

$$\mu_n = \int_{]0,\infty[} \upsilon_t \lambda_n(dt)$$

<u>où</u> υ_t <u>désigne la loi uniforme sur l'intervalle</u> $]0,t[$.

DEMONSTRATION. Omettons d'abord l'indice n : soit J le premier saut >0 d'un processus ponctuel discret, dont l'ensemble de sauts soit p.s. non borné. Soit μ la loi de J. Nous savons d'abord (exposé 1) que $\mu(\{t\})=0$ pour tout $t \geqq 0$. Ensuite, si s>0

$$P\{ J\in(a,b)\} = P(\{\text{au moins un saut entre a et b}\}\cap\{\text{pas de saut entre 0 et a}\})$$
$$= P(\{\text{au moins un saut entre a+s et b+s}\}\cap\{\text{pas de saut entre s et a+s}\})$$

tandis que

$$P\{ J\in(a+s,b+s)\} = P(\{\text{au moins un saut entre a+s et b+s}\}\cap\{\text{pas de saut entre 0 et a+s}\})$$

Ainsi, $\mu(a,b) \geqq \mu(a+s,b+s)$. On laisse au lecteur le soin de vérifier que cela entraîne que μ est absolument continue avec une densité décroissante h, que l'on peut supposer continue à droite. Alors on a

$$\mu = \int_{]0,\infty[} \upsilon_t \lambda(dt) \quad \text{avec } \lambda(dt)= -tdh(t).$$

Il est clair maintenant que si des mesures μ_n "partent vers $+\infty$" il en est de même des mesures λ_n correspondantes.

---

1 **C'est faux, mais pas trop faux. Rectification à la fin de l'exposé.**

Revenons maintenant à notre problème initial : flot $(\Omega,\ldots,)$, processus stationnaire ergodique (X_t). Choisissons un ω "typique" dans ω , c'est à dire tel que pour toute fonction continue φ sur l'espace compact métrisable W, on ait

(i) $$E[\varphi(\tau.)] = \lim_{N\to\infty} \frac{1}{N}\int_{-N}^{0}\varphi(\Theta_s\tau\omega)ds = \lim_{N\to\infty} \int\varphi(\Theta_{-s}\tau\omega)\upsilon_N(ds)$$

Construisons des processus stationnaires Z^n sur le flot $(\tilde\Omega,\ldots)$ en posant
$$Z_t^n(\tilde\omega) = X_{-J_n(\Theta_t\tilde\omega)}(\omega)$$

Soit $\underline{\underline{L}}_n$ la loi de (Z_t^n) sur W : je dis que $\underline{\underline{L}}_n$ converge vers $\underline{\underline{L}}_X$. Il suffit de vérifier que $\underline{\underline{L}}_n(\varphi)$ converge vers $\underline{\underline{L}}_X(\varphi)$ pour une fonction continue φ sur W, comprise entre 0 et 1, qui ne dépend que des valeurs prises par w sur un intervalle compact I (ces fonctions forment un ensemble total pour la convergence uniforme : th. de Stone). Par la stationnarité, on peut supposer que I est un intervalle $[0,a]$. Notons w la"trajectoire" $\tau\omega$, et $\tilde w_n$ la"trajectoire"correspondant à $Z_\cdot^n(\tilde\omega)$. Si $J_n(\tilde\omega) > a$, on a $Z_t^n(\tilde\omega) = X_{t-J_n(\tilde\omega)}(\omega)$ pour $t\in[0,a]$, de sorte que $\tilde w_n=\Theta_{-J_n(\tilde\omega)}w$ pour $t\in[0,a]$, et que $\varphi(\tilde w_n) = \varphi(\Theta_{-J_n(\tilde\omega)}w)$.

Choisissons $\varepsilon>0$, puis $A>a/\varepsilon$ assez grand pour que
$$|\underline{\underline{L}}_X(\varphi) - \int\varphi(\Theta_{-s}w)\upsilon_N(ds)| < \varepsilon \quad \text{pour tout } N\geqq A$$
puis n_o assez grand pour que $\lambda_n([0,A])< \varepsilon$ si $n\geqq n_o$. On a alors aussi
$$|\underline{\underline{L}}_X(\varphi) - \int\varphi(\Theta_{-s}w)\mu_n(ds)| < 2\varepsilon \quad \text{si } n\geqq n_0$$
Mais aussi $P\{J_n\leqq a\} = \mu_n([0,a]) \leqq \varepsilon+ \frac{a}{A}\leqq 2\varepsilon$. Ainsi
$$|\underline{\underline{L}}_X(\varphi)-\int_{]a,\infty[}\varphi(\Theta_{-s}w)\mu_n(ds)|=|\underline{\underline{L}}_X(\varphi)-E[\varphi(\Theta_{-J_n(\tilde\omega)}w)I_{\{J_n(\tilde\omega)>a\}}|\leqq 4\varepsilon$$
Nous remplaçons $\varphi(\Theta_{-J_n(\tilde\omega)}w)$ par $\varphi(\tilde w_n)$, puis nous faisons à nouveau disparaître l'indicatrice $I_{\{J_n>a\}}$, et il vient
$$|\underline{\underline{L}}_X(\varphi) - E[\varphi(\tilde w_n)]| \leqq 6\varepsilon$$
Ceci vaut $|\underline{\underline{L}}_X(\varphi)-\underline{\underline{L}}_n(\varphi)|$, et nous avons prouvé[1]:

THEOREME 1. <u>Etant donné un processus stationnaire ergodique</u> (X_t) <u>à valeurs dans</u> K, <u>on peut trouver sur</u> tout[1] <u>flot ergodique</u> $(\tilde\Omega,\tilde{\underline{\underline{F}}},\tilde P,\Theta_t)$ <u>une suite de processus stationnaires</u> (Z_t^n) <u>dont les lois convergent vers celle de</u> X.

On voit donc que cette propriété d'approximation n'est pas, comme on pourrait le croire, propre au flot brownien. Seule la construction explicite par NISIO des temps J_n utilise des propriétés quelque peu spéciales à ce flot.

1 C'est faux. Voir rectification à la fin de l'exposé.

REMARQUE. Un examen de la démonstration montre que le point essentiel est la possibilité de construire des processus ponctuels discrets ayant de très grands intervalles entre leurs sauts, et dont l'ensemble des sauts est p.s. non borné. C'est une hypothèse certainement bien moins forte que l'ergodicité : par exemple, elle est trivialement satisfaite pour un mélange fini de flots ergodiques[1] : l'espace est décomposé en un nombre fini d'ensembles invariants, sur chacun desquels le flot induit est ergodique : on construit alors sur chacun d'eux les processus ponctuels nécessaires. Cet exemple est troublant, car on aurait envie de passer des mélanges finis aux mélanges continus, et d'en conclure que le théorème 1 vaut pour "n'importe quel" espace $\tilde{\Omega}$. Cela vaudrait la peine d'être examiné.

3. QUELQUES REMARQUES SUR LES FLOTS NON ERGODIQUES

Notre but est ici d'esquisser une démonstration du second théorème de NISIO, suivant lequel toute loi de processus stationnaire peut être approchée par des lois de processus stationnaires ergodiques (et donc, d'après le th.1, approchée par des lois de processus stationnaires construits sur un flot ergodique arbitraire[1]).

Nous allons montrer d'abord que la topologie introduite dans l'ensemble des lois de processus stationnaires se prête bien à la théorie de la décomposition ergodique. A cet effet, considérons d'abord l'ensemble W des mesures sur $K\times\mathbb{R}$ dont la projection sur $\mathbb{R}$ est la mesure de Lebesgue, muni de la topologie vague qui en fait un compact métrisable. Cet ensemble est trop gros pour nos besoins : les mesures qui nous intéressent sont les mesures images de la mesure de Lebesgue sur $\mathbb{R}$ par une application $t\mapsto(f(t),t)$ de $\mathbb{R}$ dans $K\times\mathbb{R}$, i.e. les éléments de W portés par un graphe. Nous noterons par W_0 l'ensemble des éléments de W possédant cette propriété : on peut montrer que W_0 est l'ensemble des éléments extrémaux du convexe compact métrisable W, c'est donc (th. de CHOQUET) un $\underline{\underline{G}}_\delta$ de W, donc un espace polonais .

La loi d'un processus stationnaire est une loi sur W, portée par W_0 et invariante par translation. Inversement, toute loi μ sur W_0 invariante par translation est la loi d'un processus stationnaire à valeurs dans K. Pour voir cela, nous supposerons que K est une partie de l'intervalle $I=[0,1]$ (le cas général exige de procéder de la même manière avec le cube $[0,1]^{\mathbb{N}}$: seules les notations sont plus compliquées).

---

1 Toutes ces assertions doivent être un peu tempérées par la rectification de la dernière page : il y a des flots ergodiques bêtes sur lesquels le théorème de Nisio n'est pas vrai.

Fixons $k_o \in K$ et posons

$$X_0(w) = \limsup_{h\to 0} \frac{1}{h} w(I\times[-h,0]) \text{ si cette quantité appartient à } K$$
$$= k_o \text{ sinon}$$

et $X_t(w)=X_0(\theta_t w)$. La fonction $(t,w)\longmapsto X_t(w)$ est borélienne sur $\mathbb{R}\times W$, et le théorème de dérivation de Lebesgue entraîne que w est bien l'image de la mesure de Lebesgue par $t\longmapsto (X_t(w),t))$. Toute loi μ sur W_0 est donc la loi d'un processus (le processus (X_t) sur W_0 muni de μ) et toute loi μ invariante par translation est la loi d'un processus stationnaire.

L'ensemble des lois sur W invariantes par translation est un ensemble convexe fermé dans l'ensemble de toutes les lois sur W : il est donc convexe compact métrisable, et d'après le théorème de CHOQUET toute loi μ invariante par translation admet une représentation intégrale

$$\mu = \int \nu\lambda(d\nu)$$

où λ est portée par l'ensemble des lois invariantes par translation extrémales. Si μ est portée par W_0 , la loi ν est portée par W_0 pour λ-presque tout ν , et μ est bien un mélange de lois de processus stationnaires extrémales. Il est trivial qu'une loi extrémale est ergodique (car une décomposition de W en deux ensembles invariants non triviaux donne lieu à une décomposition non triviale de la loi). Nous ne nous occuperons ici ni de la réciproque, ni de l'unicité : tout cela est classique (la seule chose qui ne le soit peut être pas est le choix de l'espace topologique W).

Une conséquence est alors la suivante : la loi μ sur W_0 est limite de lois de la forme $t_1\mu_1+\ldots+t_n\mu_n$, où $\mu_1,\ldots,\mu_n$ sont ergodiques, et les t_i sont tous >0 de somme 1. Pour approcher μ par des lois de processus stationnaires ergodiques, il suffit donc d'approcher une telle combinaison convexe.

Voici quelle est l'idée de l'approximation. Nous fabriquons n copies de l'espace W, que nous appelons $W_1,\ldots W_n$, et que nous munissons respectivement des mesures $\mu_1,\ldots,\mu_n$. Nous notons d'autre part Ω l'ensemble des applications continues à droite et pourvues de limites à gauche de $\mathbb{R}$ dans l'espace discret $\{1,2..,n\}$, muni d'une mesure π pour laquelle les applications coordonnées forment une chaîne de Markov stationnaire, de mesure invariante $t_1\varepsilon_1+\ldots+t_n\varepsilon_n$, et ergodique . Formons l'espace probabilisé produit $\Omega\times W_1\times\ldots\times W_n$, et définissons une application g de cet espace dans W, qui associe à $(\omega,w_1,..,w_n)$ l'unique mesure w qui coincide avec w_i sur tout intervalle ouvert où ω est dans l'état i , pour tout $i=1,\ldots,n$. Alors la loi image $g(\pi\otimes\mu_1\otimes..\otimes\mu_n)$ est une loi de processus stationnaire etgodique. Mais par ailleurs elle est très proche de $t_1\mu_1+\dots+t_n\mu_n$ en loi si la chaîne de Markov est " presque constante", i.e. à évolution très lente. Dire que nous avons démontré ceci serait exagéré : c'est tout juste intuitivement évident. Mais de toute façon il s'agit d'un résultat connu, et il n'est sans doute pas utile de passer beaucoup de temps à le redémontrer sans l'améliorer.

RECTIFICATION

Tous nos remerciements vont à A.Benveniste pour les remarques suivantes.

Il est dit dans la démonstration du théorème de Nisio que "tout espace mesuré fini $(\dot{\Omega},\dot{\underline{\underline{F}}},\mu)$ admettant un automorphisme ergodique s est sans atomes" . C'est faux, mais les conséquences de cette erreur ne sont pas graves.

Regardons les choses de plus près. Soit A un atome ; les ensembles $s^k(A)$, $k\in Z$, ont tous la même mesure (strictement positive), et leur réunion est un ensemble invariant. Comme s est ergodique, leur réunion est l'espace entier. Comme la mesure est finie, ils ne peuvent être tous disjoints. Comme ce sont des atomes, ils sont deux à deux ou disjoints, ou égaux. De tout cela résulte qu'il existe un plus petit entier $n>0$ tel que $s^n(A)=A$, et que les ensembles $A,s(A),\dots,s^{n-1}(A)$ forment une partition de l'espace. Autrement dit, le flot est isomorphe au flot discret suivant :

$\dot{\Omega} = \{0,1,\dots,n-1\}$ avec la tribu de tous les sous-ensembles

$\mu(\{0\})=\mu(\{1\})\dots=\mu(\{n-1\})= c$

$s(0)=1,\ s(1)=2,\dots,s(n-1)=0$

Ces flots discrets sont évidemment ergodiques, et deux à deux non isomorphes pour des valeurs différentes de n et de c. Mais ce qui nous intéresse, c'est le flot bâti sur $(\dot{\Omega},s,\mu)$, sous une fonction f partout >0 , telle que $c(f(0)+f(1)+\dots+f(n-1))=1$, et un instant de réflexion montrera que ce flot admet des trajectoires périodiques de période $f(0)+f(1)+\dots+f(n-1)=1/c$, et qu'il est en fait <u>isomorphe au flot de translation uniforme sur le tore de longueur</u> $1/c$, muni de sa loi uniforme.

Il est bien clair qu'on ne peut approcher en loi un processus stationnaire quelconque par des processus stationnaires périodiques de période fixée. Donc ce flot ne vérifie effectivement pas le résultat de Nisio.

Enfin, nous devons montrer que le flot du mouvement brownien vérifie le th. de Nisio, autrement dit n'est pas isomorphe à une translation uniforme sur un tore. C'est immédiat, le mouvement brownien étant un K-flot, et la translation uniforme n'étant pas faiblement mélangeante.

PROCESSUS STATIONNAIRES ET MESURES DE PALM DU FLOT SPECIAL SOUS UNE FONCTION

par A. BENVENISTE (avec J.JACOD pour le §6)

Soit $(\Omega,\underline{\underline{F}},\underline{\underline{F}}_t,\theta_t,P)$ un flot filtré. Le §2 de ce travail est consacré à l'exposition du théorème de représentation des flots propres, dû à Ambrose et Kakutani (cf. AMBROSE(1), AMBROSE-KAKUTANI(2)), comme flots spéciaux sous une fonction; on sait, depuis HANEN(10), que cette notion est étroitement liée à celle de processus ponctuel discret stationnaire; nous apportons à cette occasion une légère modification à la notion classique de flot sous une fonction, qui permet d'en améliorer les propriétés.

Le §3, à côté d'un ou deux résultats nouveaux (qui figurent d'ailleurs indépendamment dans (9)), est essentiellement consacrée à une exposition raccourcie du chapitre V de LAZARO-MEYER(14), et des résultats obtenus par GEMAN-HOROWITZ(8,9). On montre que les projections prévisible et bien-mesurable d'un processus stationnaire sont stationnaires; on montre de même que les projections duales prévisible et bien-mesurable d'une hélice croissante (on dit aussi "fonctionnelle additive") sont des hélices croissantes; nous rappelons à cette occasion comment LAZARO et MEYER en déduisent que l'on peut considérer le flot (θ_t) comme processus de Markov à valeurs dans $(\Omega,\underline{\underline{F}}_0)$. Nous utilisons la notion de mesure de Palm d'une hélice croissante (notion dûe à MECKE(15)) telle qu'elle est introduite dans GEMAN-HOROWITZ(8): si Z est une hélice croissante, sa mesure de Palm est définie par $\mu(f)=E\int_0^1 f\circ\theta_u dZ_u$; cette notion est l'analogue des mesures associées aux fonctionnelles additives par AZEMA(3) en théorie des processus de Markov. Nous montrons qu'une mesure positive bornée sur $(\Omega,\underline{\underline{F}})$ est la mesure de Palm d'une hélice croissante si et seulement si elle ne charge pas les ensembles polaires (un ensemble est polaire s'il n'est p.s. jamais rencontré par les trajectoires du flot). Ce résultat est prouvé indépendamment dans GEMAN-HOROWITZ(9) à l'aide d'une tout autre méthode que celle exposée ici; Geman et Horowitz introduisent pour cela la notion de fonction excessive: f est excessive sur Ω si le processus $(e^{-t}f\circ\theta_t)$ est un potentiel sur $(\Omega,\underline{\underline{F}}_t,P)$; cette notion est évidemment intéressante en soi. Geman et Horowitz associent à toute fonction excessive f sa mesure de Revuz Q^f définie par $Q^f(g) = \lim_{t\downarrow 0} \frac{1}{t} E(g;f-e^{-t}f\circ\theta_t)$, où g est $\underline{\underline{F}}_0$-mesurable sur Ω; ils montrent que la mesure de Revuz de f donne à l'aide d'une formule simple la mesure de Föllmer du potentiel $(e^{-t}f\circ\theta_t)$, et que ce potentiel est de la classe (D) si et seulement si la mesure Q^f ne charge pas les ensembles polaires. Par rapport au travail de Genan et Horowitz, nous apportons une présentation différente, et une

CONStruction directe de la mesure de Revuz qui ne fait pas appel aux résultats difficiles de FÖLLMER(7).

Le reste du travail, qui comporte l'essentiel des résultats nouveaux, est consacré à l'étude des processus ponctuels discrets stationnaires $N=(\Omega,\underline{\underline{F}}_t,\theta_t,N_t,P)$, où $(\underline{\underline{F}}_t)$ est une filtration dont on exige seulement qu'elle rende le processus ponctuel N adapté; nous utilisons la représentation de N comme flot sous une fonction, comme décrit au §2, voici brièvement de quoi il s'agit. Soit $(X,\underline{\underline{X}},\mu)$ un espace mesuré fini, S un automorphisme de cet espace, et V une fonction >0 sur X, telle que $\mu(V)=1$; l'espace probabilisé $(\Omega,\underline{\underline{F}},P)$ est alors défini comme suit: on prend pour Ω: $\Omega=(\ (x,u)\in X\times\mathbb{R}, 0<u\leq V(x)\ )$ (on prend d'habitude $0\leq u<V(x)$), $\underline{\underline{F}}$ et P sont les restrictions respectives à Ω de la tribu $\underline{\underline{X}}\otimes\underline{\underline{B}}(\mathbb{R})$ et de la mesure $\mu\otimes dt$ (dt: mesure de Lebesgue). Le flot (θ_t) est défini de la façon suivante: pour $0\leq t\leq V(x)$, $\theta_t(x,u)=(x,t+u)$, puis $\theta_{V(x)-u+\varepsilon}(x,u)=(Sx,\varepsilon)$, et ainsi de suite; le processus N est alors le processus qui compte les passages de la trajectoire $t\longrightarrow\theta_t\omega$ sur le graphe $[\![V]\!]$ de V. On munit X de la famille de tribus croissante $(\underline{\underline{X}}_t)$ qui est à peu de choses près la restriction à X de la filtration $(\underline{\underline{F}}_t)$ définie sur Ω. Heuristiquement, l'objet des §4 et 5 est de montrer que l'étude des phénomènes stationnaires sur $(\Omega,\underline{\underline{F}}_t,\theta_t,P)$ se ramène à la théorie générale des processus sur $(X,\underline{\underline{X}}_t,\mu)$, ce qui fait de cet espace une sorte de "générateur infinitésimal" du flot.

Ainsi, à toute fonction f définie sur Ω, on associe le processus (f_u) sur X par la formule $f_u(x)=f(x,u)$ si $0<u\leq V(x)$, $=0$ si $u>V(x)$; on montre alors que le processus stationnaire $(f\circ\theta.)$ est prévisible (resp. bien-mesurable) sur Ω, si et seulement si le processus (f_u) l'est sur X. De la même façon, à toute hélice croissante Z définie sur Ω, on associe un processus croissant A^Z sur X qui"engendre" Z; on a alors les mêmes résultats de mesurabilité que pour les processus stationnaires. Le résultat principal, qui est la clé de toute la suite, est le théorème (4.5), qui affirme que la mesure de Palm de Z n'est autre que la mesure associée au processus croissant A^Z.

De ces résultats, et du théorème d'Ambrose-Kakutani, on déduit pour les flots propres un théorème de section des ensembles aléatoires stationnaires par les processus ponctuels. On en déduit ensuite une caractérisation des ensembles polaires pour un flot quelconque: un ensemble est polaire si et seulement s'il n'est chargé par aucune mesure de Palm (ce dernier résultat est obtenu beaucoup plus élégamment par GEMAN-HOROWITZ(9), qui n'obtiennent pas en revanche la section par les processus ponctuels car ils ne s'occupent pas des flots propres).

Le §5 débute par un résultat qui affirme que la projection prévisible (resp. bien-mesurable) du processus stationnaire $(f\circ\theta.)$ est le processus $({}^3f\circ\theta.)$ (resp. $({}^1f\circ\theta.)$), le processus $({}^3f_u)$ (resp. $({}^1f_u)$) étant la projection prévisible (resp. bien-mesurable) du processus (f_u) sur $(X,\underline{\underline{X}}_t,\mu)$; on a un résultat analogue pour les hélices croissantes Z et les processus croissants A^Z qui les engendrent. Le reste du §5 est une variation sur ce thème; on montre les liens qui existent entre les fonctions excessives et leur mesure de Revuz d'une part, et les surmartingales sur X et leur mesure de Föllmer d'autre part; puis, on relie les hélices-martingales sur Ω, et les martingales sur $(X,\underline{\underline{X}}_t,\mu)$ qui sont nulles à l'origine.

Le §6 est une application des résultats précédents à l'étude des processus ponctuels stationnaires munis de la filtration qu'ils engendrent sur Ω. Les résultats de CHOU-MEYER(4) et JACOD(12), joints à l'étude faite aux paragraphes précédents, donnent les résultats suivants: une forme explicite de l'intensité stochastique du processus ponctuel (obtenue pour la première fois, semble-t-il, par PAPANGELOU(19)), et un théorème de représentation des hélices-martingales du processus ponctuel.

Le reste du paragraphe est consacré à l'étude du problème inverse: peut-on reconstruire le processus ponctuel à partir de son intensité stochastique? Contrairement à ce qui se passe pour les processus ponctuels non stationnaires sur $\mathbb{R}_+$ (cf.JACOD(12)) la réponse n'est pas affirmative en général. Les difficultés que l'on rencontre sont de deux types. Le premier est bien connu pour les processus de renouvellement: la loi qui définit le processus doit être de moyenne finie; dans le cas général, on obtient une condition analogue. La "vraie" difficulté est en fait tout autre: à toute intensité stochastique, on associe un noyau markovien sur $\mathbb{R}_+^{\mathbb{N}}$, et l'on montre que cette seconde difficulté peut être surmontée si et seulement si ce noyau admet une mesure invariante. Finalement, il ressort que le problème de la reconstruction d'un processus ponctuel stationnaire à partir de son intensité stochastique est l'analogue de la recherche des mesures invariantes d'une chaîne de Markov à temps discret. Les résultats de ce paragraphe ont été obtenus conjointement avec J.Jacod.

Pour terminer, disons que, malgré la vogue certaine dont jouissent ces espaces, nous nous sommes interdit l'usage des espaces de BLACKWELL, ce qui ne rend pas les démonstrations plus compliquées pour autant.

§1: Notations et généralités.

Considérons un flot filtré $(\Omega,\underline{\underline{A}},\underline{\underline{A}}_t,\theta_t,P)$, où

(i) $(\theta_t)_{t\in\mathbb{R}}$ est un groupe d'automorphismes de l'espace probabilisé $(\Omega,\underline{\underline{A}},P)$, tel que l'application $(t,\omega)\to\theta_t\omega$ soit mesurable de $\underline{\underline{B}}(\mathbb{R})\otimes\underline{\underline{A}}$ dans $\underline{\underline{A}}$;

(ii) le flot (θ_t) filtre la famille croissante de tribus $(\underline{\underline{A}}_t)_{t\in\mathbb{R}}$, ce qui signifie que l'on a $\underline{\underline{A}}_{t+s}=\theta_t^{-1}\underline{\underline{A}}_s$.

Malgré ce qu'elles laissent supposer, ces notations désignent des tribus non complétées en général, tandis que la P-complétée de $\underline{\underline{A}}$ sera notée $\overline{\underline{\underline{A}}}$, etc... Les hypothèses faites confèrent au flot considéré les propriétés suivantes:

(iii) le flot est "continu dans L^1": pour tout $f\in L^1(P)$, $\|f\circ\theta_t-f\|_{L^1}\to 0$ lorsque $t\to 0$; en conséquence, la famille complétée $(\overline{\underline{\underline{A}}}_t)_{t\in\mathbb{R}}$ est continue à droite;

(iv) le flot satisfait aux théorèmes ergodiques "local" et "global": si $h\in L^1$, $\frac{1}{t}\int_0^t h\circ\theta_u du$ converge p.s. et dans L^1 vers h lorsque $t\to 0$, et vers $E(h|\underline{\underline{I}})$ lorsque $t\to+\infty$, où $\underline{\underline{I}}$ désigne la tribu formée des éléments de $\underline{\underline{A}}$ qui sont invariants par le groupe (θ_t).

Nous dirons qu'un processus $\underline{\underline{B}}(\mathbb{R})\otimes\underline{\underline{A}}$-mesurable Y est stationnaire s'il satisfait identiquement à la relation $Y_{t+s}=Y_t\circ\theta_s$ pour tout couple de réels (s,t). Nous dirons qu'un processus $\underline{\underline{B}}(\mathbb{R})\otimes\overline{\underline{\underline{A}}}$-mesurable $\overline{Y}$ est grossièrement stationnaire si l'on a, pour tout couple de réels (s,t), $P(\overline{Y}_{t+s}\neq\overline{Y}_t\circ\theta_s)=0$.

On appelle hélice tout processus Z, $\underline{\underline{B}}(\mathbb{R})\otimes\underline{\underline{A}}$-mesurable, nul en 0, dont les trajectoires sont continues à droite, et qui satisfait identiquement à la relation $Z_{t+u}-Z_{s+u}=(Z_t-Z_s)\circ\theta_u$ pour tous $s,t,u\in\mathbb{R}$. Nous dirons qu'une hélice N est un compteur si elle est croissante, purement discontinue à sauts unité, et si, pour tout ω, l'ensemble des réels t tels que $N_{t-}(\omega)\neq N_t(\omega)$ est sans point d'accumulation sur $\mathbb{R}$. Toutes les hélices croissantes satisfont au théorème ergodique: $\frac{1}{t}Z_t$ converge p.s. vers $E(Z_1|\underline{\underline{I}})$ lorsque $t\to+\infty$; on peut en déduire le résultat suivant:

(v) si N est un compteur, soit Ω^N l'ensemble des ω tels que l'on ait $N_{t-}(\omega)\neq N_t(\omega)$ pour des t arbitrairement voisins de $\pm\infty$; Ω^N est clairement invariant par le flot, et nous verrons plus tard que $\Omega^N\in\underline{\underline{A}}$, d'où $\Omega^N\in\underline{\underline{I}}$; le théorème ergodique permet alors d'affirmer que, pour p.s. tout $\omega\notin\Omega^N$, on a $N_t(\omega)=0$ pour tout t.

Enfin, on appelle hélice grossière tout processus $\overline{Z}$, $\underline{\underline{B}}(\mathbb{R})\otimes\overline{\underline{\underline{A}}}$-mesurable, p.s. nul en 0 et continu à droite, satisfaisant à $P(\overline{Z}_{t+u}-\overline{Z}_{s+u}\neq(\overline{Z}_t-\overline{Z}_s)\circ\theta_u)=0$ $\forall s,t,u\in\mathbb{R}$.

Voici un premier résultat technique, dû à LAZARO-MEYER(14):

(1.1) LEMME: (a) Toute hélice grossière est indistinguable d'une hélice; de plus, si $\overline{Z}$ est une hélice grossière p.s. croissante et adaptée à la famille complétée $(\underline{\underline{A}}_t)$, on peut la remplacer par une hélice croissante Z satisfaisant à: il existe un ensemble H, $\underline{\underline{A}}_{\infty}$-mesurable et invariant, tel que la restriction à H de Z satisfasse à $Z_t - Z_{t-u} \in \underline{\underline{A}}_{t+}$ $\forall t, \forall u \geq 0$.

(b) Tout processus grossièrement stationnaire et p.s. continu à droite (ou à gauche) est indistinguable d'un processus stationnaire; si, de plus, le processus grossièrement stationnaire considéré est adapté à la famille complétée $(\overline{\underline{\underline{A}}}_t)$, on peut en choisir une version de la forme $(f \circ \theta .)$, où f appartient à $\underline{\underline{A}}_{0+}$ si le processus initial était continu à droite, et à $\underline{\underline{A}}_0$ s'il était continu à gauche.

DEMONSTRATION: (a) figure explicitement avec une démonstration simple dans LAZARO-MEYER(14); (b) y figure de façon assez cachée, et nous allons donc en donner une démonstration directe; nous traiterons en fait seulement le cas "continu à gauche et adapté", en donnant quelques indications pour les autres cas. L'auteur remercie ici P. A. MEYER de lui avoir signalé une grave erreur dans la première rédaction.

Soit donc X un processus grossièrement stationnaire p.s. continu à gauche, et adapté à la famille $(\overline{\underline{\underline{A}}}_t)$; nous commençons par remplacer X par un processus p.s. continu à gauche, $\underline{\underline{A}} \otimes \underline{\underline{B}}(\mathbb{R})$-mesurable et adapté à la famille non complétée $(\underline{\underline{A}}_{t+})$ (je ne connais pas de moyen simple pour démontrer cela, mais c'est classique: X est prévisible relativement à la famille complétée $(\overline{\underline{\underline{A}}}_t)$, et est donc indistinguable d'un processus "algébriquement" prévisible par rapport à la famille non complétée, qui satisfait par conséquent aux meilleures propriétés de mesurabilité ci-dessus). Nous notons encore X le nouveau processus ainsi obtenu, qui est évidemment encore grossièrement stationnaire. L'ensemble des ω tels que $t \longrightarrow X_t(\omega)$ ne soit pas continu à gauche est P-plein, il existe donc un ensemble $M \in \underline{\underline{A}}$ tel que $P(M)=1$, et que, pour tout $\omega \in M$, la trajectoire $t \longrightarrow X_t(\omega)$ soit continue à gauche. Posons alors, pour $s > 0$

$$X_t^s(\omega) = \frac{1}{s}\int_{-s}^{0} X_t(\theta_u \omega)\, du \;;$$

le processus X^s ainsi défini est adapté à la famille $(\underline{\underline{A}}_t)$, et l'on a

$$X_{t+v}^s(\omega) = \frac{1}{s}\int_{-s}^{0} X_{t+v}(\theta_u \omega)\, du, \qquad X_t^s(\theta_v \omega) = \frac{1}{s}\int_{-s+v}^{v} X_t(\theta_u \omega)\, du \;.$$

LEMME: X^s est stationnaire en dehors d'un ensemble invariant P-négligeable.
Pour tout couple de réels (u,v), on a $X_{t+u} = X_t \circ \theta_u$ P-p.s.; grâce à la bimesurabilité du flot et du processus X, il vient par Fubini que

$$\exists\, U \in \underline{\underline{A}},\ P(U)=1, \text{ tel que } \forall \omega \in U,\ (\ (t,u), X_{t+u}(\omega) \neq X_t \circ \theta_u(\omega)\ ) \text{ soit Lebesgue-négligeable.}$$

Soit donc $\omega \in U$, il existe $T_\omega \in \underline{\underline{B}}(\mathbb{R})$, plein pour la mesure de Lebesgue, tel que $\forall t \in T_\omega$,

(vi) $X_{t+u}(\omega)=X_t(\theta_u\omega)$ p.p.u, d'où $\int_s^{s'} X_{t+u}(\omega)du = \int_s^{s'} X_t(\theta_u\omega)du \quad \forall s,s'$;

soit donc $\omega\in U$, et soient t et $t+v$ appartenant à T_ω; on a

$$\text{(vii)} \quad X_t^s(\theta_v\omega) = \frac{1}{s}\int_{-s+v}^{v} X_t(\theta_u\omega)du = \frac{1}{s}\int_{-s+v}^{v} X_{t+u}(\omega)du$$
$$= \frac{1}{s}\int_{-s}^{0} X_{t+v+u}(\omega)du = \frac{1}{s}\int_{-s}^{0} X_{t+v}(\theta_u\omega)du = X_{t+v}^s(\omega) ,$$

où les égalités 2 et 4 résultent de (vi). L'ensemble $((v,\omega),\theta_v\omega\in M)$ est $\underline{\underline{A}}\otimes\underline{\underline{B}}(\mathbb{R})$-mesurable et plein pour la mesure produit $dt\otimes P$ (dt: mesure de Lebesgue), une application de Fubini donne alors:

soit $V=(\omega,\theta_v\omega\in M$ p.p.v); alors, $P(V)=1$; par ailleurs, V est invariant.

On a alors

$\forall\omega,\forall t$, $v \longrightarrow X_t^s(\theta_v\omega)$ est continu; $\forall\omega\in V,\forall t$, $v \longrightarrow X_{t+v}^s(\omega)$ est continu à gauche.

Soit $\omega\in U\cap V$, $t\in T_\omega$; (vii) donne par continuité à gauche $X_t^s(\theta_v\omega)=X_{t+v}^s(\omega)$ $\forall v$; puis, fixant v, on obtient, toujours par continuité à gauche,

pour tout $\omega\in U\cap V$, $X_t^s(\theta_v\omega)=X_{t+v}^s(\omega)$ $\forall t,v$.

Mais, $U\cap V$ n'est pas invariant, et il nous faut travailler un peu plus. POsons alors $V'=(\omega,\theta_u\omega\in U$ p.p.u), V' est invariant, et $P(V')=1$ par Fubini. Soit $\omega\in V\cap V'$, et soit u tel que $\theta_u\omega\in U\cap V$; appliquons la formule ci-dessus en remplaçant ω par $\theta_u\omega$, v par $v-u$; il vient $X_t^s(\theta_v\omega)=X_{t+v-u}^s(\theta_u\omega)$ $\forall v,t$; mais, cette relation est vraie p.p. u, et l'on peut faire tendre u vers 0 en décroissant, grâce à la bicontinuité à droite de $(v,v') \longrightarrow X_{t-v}^s(\theta_{v'}\omega)$ pour $\omega\in V$; on obtient finalement

pour tout $\omega\in V\cap V'$, $X_t^s(\theta_v\omega) = X_{t+v}^s(\omega)$ $\forall v,t$;

le lemme est donc montré: si nous posons $H^s=V\cap V'$, la restriction de X^s à H^s est stationnaire. Posons $H=\bigcap_{s\in\mathbb{Q}_+} H^s$, H est invariant et P-plein, et, pour tout s, la restriction de X^s à H est stationnaire. Posons alors

$$\overline{X}_t(\omega) = \limsup_{s\downarrow 0} X_t^s(\omega) ,$$

le processus $\overline{X}$ est adapté à la famille $(\underline{\underline{A}}_t)$, et sa restriction à H est stationnaire; pour $\omega\in U\cap V\cap M$, on a, par (vi) et continuité à gauche, $X_t^s(\omega)=\frac{1}{s}\int_{-s}^{0}X_{t+u}(\omega)du$; grâce à la continuité à gauche de X, il vient par passage à la limite en s, que les processus X et $\overline{X}$ sont égaux sur $U\cap V\cap M$, donc indistinguables. Il reste à poser $f=\overline{X}_0$, alors $f\in\underline{\underline{A}}_0$, et les processus $(f\circ\theta.)$ et $\overline{X}$ sont indistinguables, puisqu'égaux sur H; le théorème est montré.

Lorsque X est continu à droite, on définit X^s par $\frac{1}{s}\int_0^s X_t(\theta_u\omega)du$, puis on remplace la gauche par la droite. Enfin, pour le cas général, on considère la filtration triviale $\underline{\underline{A}}_t'=\underline{\underline{A}}$, à laquelle on applique les résultats précédents.

REMARQUE: nous ne sommes assurés de la continuité à gauche de $(f\circ\theta.)$ que sur H, et non pas partout; par ailleurs, le lecteur vérifiera que, dans le cas "continu à droite et adapté", le processus obtenu est en fait "algébriquement" bien-mesurable par rapport à $(\underline{\underline{A}}_t)$ (cette notion sera précisée plus loin).

Donnons maintenant la dernière définition qui nous sera utile par la suite: un ensemble $\underline{\underline{A}}$-mesurable B est dit polaire si le processus stationnaire $(1_B\circ\theta.)$ est P-évanescent.

Nous munirons par la suite le flot d'une autre filtration, dont les propriétés sont bien meilleures que celles de la filtration originelle dont elle est peu différente; cette filtration a été introduite par LAZARO-MEYER(14):

(viii) On désignera par $\underline{\underline{F}}$ la sous-tribu de $\underline{\underline{A}}$ engendrée par les fonctions g, $\underline{\underline{A}}$-mesurables, bornées, et continues sur les trajectoires du flot (cela signifie que le processus $(g\circ\theta.)$ est continu); on désignera par $\underline{\underline{F}}_0$ la tribu engendrée par les fonctions $\underline{\underline{A}}_0$-mesurables bornées et continues sur les trajectoires du flot; enfin, nous poserons $\underline{\underline{F}}_t=\theta_t^{-1}\underline{\underline{F}}_0$, définissant ainsi une nouvelle filtration du flot (θ_t).

REMARQUES 1): si h est $\underline{\underline{A}}$-mesurable et continue à droite (ou à gauche) sur les trajectoires du flot, alors, H appartient à $\underline{\underline{F}}$; si h est $\underline{\underline{A}}_0$-mesurable et continue à gauche (resp. à droite) sur les trajectoires du flot, h appartient à $\underline{\underline{F}}_0$ (resp. à $\underline{\underline{F}}_{0+}$).

2): la tribu $\underline{\underline{F}}_0$ est également engendrée par une famille de fonctions h satisfaisant à la propriété de continuité uniforme suivante: $\forall\omega, |h(\theta_t\omega)-h(\omega)|\leq(1-e^{-t})+(1-e^t)$: il suffit pour cela de remarquer que $\underline{\underline{F}}_0$ est engendrée par les fonctions $h=\int_0^\infty e^{-u}g\circ\theta_{-u}du$, où g est $\underline{\underline{F}}_0$-mesurable, continue sur les trajectoires du flot, et bornée par 1. La même remarque vaut évidemment pour la tribu $\underline{\underline{F}}$.

Comment peut-on justifier l'introduction de ces tribus autrement que par leurs bonnes propriétés? Je ne vois pas d'autre moyen que de se référer aux travaux d'AZEMA (3) sur le retournement du temps dans les processus de Markov: si $X=(\Omega,\underline{\underline{F}}_t,X_t,\theta_t,P^x)$

désigne un processus de Markov d'espace d'états $(E,\underline{\underline{E}})$, Azema introduit les tribus des ensembles aléatoires coprévisibles et cooptionnels sur $\Omega\times\mathbb{R}_+$ engendrées respectivement par les processus Y, homogènes $(Y_{t+s}=Y_t\circ\theta_s)$ continus à droite, ou continus à gauche et réglés; ces tribus sont respectivement les tribus "duales" des tribus prévisible et bien-mesurable, et jouissent de propriétés intéressantes. Dans notre situation, ces deux tribus se confondent pour donner la tribu des ensembles aléatoires stationnaires engendrée par ceux d'entre eux qui sont continus, autrement dit des ensembles aléatoires de la forme $(f\circ\theta.)$, où $f\in\underline{\underline{F}}$.

Voici, concernant ces tribus, un résultat dû à LAZARO-MEYER(14), qui illustre le fait que celles-ci sont peu différentes des tribus initiales:

(1.2) LEMME: <u>on a</u> $\overline{\underline{\underline{F}}}=\overline{\underline{\underline{A}}}$, $\overline{\underline{\underline{F}}}_0=\overline{\underline{\underline{A}}}_0$; <u>l'application</u> $(t,\omega)\longrightarrow\theta_t\omega$ <u>est mesurable de</u> $\underline{\underline{B}}(\mathbb{R})\otimes\underline{\underline{F}}$ <u>dans</u> $\underline{\underline{F}}$; <u>enfin, si</u> $\underline{\underline{A}}$ (<u>resp</u>. $\underline{\underline{A}}_0$) <u>est séparable</u>, $\underline{\underline{F}}$ (<u>resp</u>. $\underline{\underline{F}}_0$) <u>l'est aussi</u>.

En conséquence, le flot $(\Omega,\underline{\underline{F}},\underline{\underline{F}}_t,\theta_t,P)$ muni de sa nouvelle filtration satisfait aux propriétés (i,ii,iii,iv) du début.

DEMONSTRATION: la famille de fonctions définies par la formule $M_t g=\frac{1}{t}\int_0^t g\circ\theta_{-u}du$, où g parcourt l'ensemble des fonctions $\underline{\underline{A}}$-mesurables bornées, engendre la tribu $\underline{\underline{F}}$; il suffit d'ailleurs de faire parcourir à g un système de générateurs de $\underline{\underline{A}}$. Mais alors si g est $\underline{\underline{A}}$-mesurable et bornée, la fonction $g'=\liminf M_t g$, $t\to 0$, est $\underline{\underline{F}}$-mesurable et p.s. égale à g d'après le théorème ergodique local, d'où la première assertion. Il est par ailleurs clair que $\underline{\underline{F}}$ est séparable si $\underline{\underline{A}}$ l'est. Dans les deux cas, on a les mêmes résultats en remplaçant $\underline{\underline{A}}$ par $\underline{\underline{A}}_0$, $\underline{\underline{F}}$ par $\underline{\underline{F}}_0$. Enfin, la bimesurabilité de $(t,\omega)\longrightarrow\theta_t\omega$ résulte de ce que, pour s fixé, l'application $(t,\omega)\longrightarrow M_s g(\theta_t\omega)$ est $\underline{\underline{B}}(\mathbb{R})\otimes\underline{\underline{F}}$-mesurable. Le lemme est montré.

REMARQUE: il ressort de ce lemme que le remplacement des tribus $\underline{\underline{A}}$ et $\underline{\underline{A}}_t$ par $\underline{\underline{F}}$ et $\underline{\underline{F}}_t$ n'affecte pas la structure hilbertienne du flot; en revanche, ce remplacement <u>ne préserve pas les processus stationnaires</u>: un processus $\underline{\underline{B}}(\mathbb{R})\otimes\underline{\underline{A}}$-mesurable et stationnaire n'est pas nécessairement indistinguable d'un processus stationnaire $\underline{\underline{B}}(\mathbb{R})\otimes\underline{\underline{F}}$-mesurable. Nous verrons néanmoins que cette propriété est réalisée pour les flots non triviaux.

Voici une première propriété de cette nouvelle filtration:

(1.3) LEMME: <u>si</u> H <u>est une variable aléatoire</u> $\underline{\underline{F}}_0$<u>-mesurable et</u> ≤ 0, θ_H <u>est mesurable de</u> $\underline{\underline{F}}_0$ <u>dans</u> $\underline{\underline{F}}_0$.

DEMONSTRATION: il sufffit de montrer que, pour toute fonction $\underline{\underline{F}}_0$-mesurable f continue sur les trajectoires du flot, $f\circ\theta_H$ est $\underline{\underline{F}}_0$-mesurable; mais H est limite croissante d'une suite (H^n), où les H^n sont $\underline{\underline{F}}_0$-mesurables et constantes par morceaux, et il suffit donc de montrer la $\underline{\underline{F}}_0$-mesurabilité de $f\circ\theta_H$ lorsque H est de cette forme; mais alors, on a $f\circ\theta_H=\sum_m 1_{D_m}.f\circ\theta_{t_m}$, $D_m\in\underline{\underline{F}}_0$, $t_m\leq 0$, d'où le résultat.

§2: Le théorème d'Ambrose-Kakutani.

AMBROSE(1), puis AMBROSE-KAKUTANI(2) ont montré un théorème de représentation des flots "non triviaux" comme flots sous une fonction; on connait plusieurs formes de ce théorème, et nous allons simplement en exposer ici une nouvelle; pour tenter d'excuser cette indélicatesse, disons que c'est de cette forme que dépend la suite. Pour le début, nous nous sommes contenté de recopier très exactement la démonstration donnée dans LAZARO-MEYER(14), ou mieux dans LAZARO(13); les résultats énoncés ici sans démonstration y figurent explicitement, et démontrés.

REMARQUE: considérons la tribu $\underline{\underline{F}}'_t = \underline{\underline{F}}_t \vee (\underline{\underline{I}} \cap \underline{\underline{F}}_{+\infty})$; on définit ainsi une nouvelle filtration du flot satisfaisant à $\underline{\underline{F}}'_{+\infty} = \underline{\underline{F}}_{+\infty}$; par ailleurs, on a $\overline{\underline{\underline{F}}}'_t = \overline{\underline{\underline{F}}}_t$, car il est connu que tout élément de $\underline{\underline{I}} \cap \underline{\underline{F}}_{+\infty}$ appartient à $\overline{\underline{\underline{F}}}_0$, et donc aussi à $\overline{\underline{\underline{F}}}_{-\infty}$. Il nous arrivera d'utiliser la filtration $(\underline{\underline{F}}'_t)$ au lieu de $(\underline{\underline{F}}_t)$.

La démonstration du théorème d'Ambrose se décompose en deux parties: nous allons commencer par partager le flot $(\Omega, \underline{\underline{A}}, \underline{\underline{A}}_t, \theta_t, P)$ en une partie triviale, et une qui ne l'est pas.

(2.1) THEOREME: <u>il existe un ensemble</u> I, <u>appartenant à</u> $\underline{\underline{I}} \cap \underline{\underline{F}}_{+\infty}$, <u>tel que</u>
<u>(a) la restriction du flot à</u> I^c <u>soit triviale en ce sens que</u>, $\forall A \in \underline{\underline{A}}_0|_{I^c}$, <u>on a</u> $P(A^c \cap \theta_r A) = 0$ <u>pour tout réel r;</u>
<u>(b) la restriction du flot à</u> I <u>soit propre en ce sens qu'il existe</u> $X \subset I$, $X \in \underline{\underline{F}}'_0$, <u>tel que la formule</u> $N_t = \sum_{0<s\leq t} 1_X \circ \theta_s$ <u>pour</u> $t \geq 0$, $= -\sum_{t<s\leq 0} 1_X \circ \theta_s$ <u>pour</u> $t<0$ <u>définisse un compteur avec</u> $\Omega^N = I$.

DEMONSTRATION: soit $A \in \underline{\underline{A}}_0$ tel qu'il existe $r \in \mathbb{R}$ satisfaisant à $P(A^c \cap \theta_r A) > 0$ (s'il n'existe pas de tels ensembles A, on pose $I = \emptyset$, et le théorème est montré); quitte à échanger A et A^c, nous pouvons supposer que l'on a $r>0$. Soit alors λ un réel >0, et posons

$$F_\lambda(\omega) = \lambda \int_{-\frac{1}{\lambda}}^{0} 1_A \circ \theta_u(\omega)\, du, \quad C_\lambda = (F_\lambda < 1/4), \quad D_\lambda = (F_\lambda > 3/4).$$

La fonction F_λ satisfait aux propriétés suivantes:

(i) $\forall \omega \in \Omega$, $\forall s,s'$, $|F_\lambda(\theta_s \omega) - F_\lambda(\theta_{s'} \omega)| \leq \lambda |s-s'|$:

(ii) F_λ est $\underline{\underline{F}}_0$-mesurable pour tout réel λ, et $F_\lambda \to 1_A$ p.s. et dans L^1 lorsque $\lambda \to +\infty$ (en vertu du théorème ergodique local).

En vertu de (ii) et du choix particulier de A, il existe un réel λ assez grand pour que l'on ait $0 < P(C_\lambda \cap \theta_r D_\lambda) < 1$, et nous fixons dorénavant un tel λ. Posons

(iii) $M_1 = C_\lambda \cap \theta_r D_\lambda$;

$X_1' = (\omega\in\Omega;\ F_\lambda(\omega)=1/2,\ F_\lambda(\theta_s\omega)>1/2\ \ \forall s\in]-1/4\lambda,0[)$;

$I_1 = (\omega\in\Omega;\ \theta_t\omega\in X_1'$ pour des t arbitrairement voisins de $\pm\infty)$.

Ces ensembles satisfont aux propriétés suivantes:

(iv) — $X_1' \in \underline{\underline{F}}_0$;

— pour p.s. tout $\omega\in M_1$, $\theta_t\omega\in M_1$ pour des t arbitrairement voisins de $\pm\infty$;

— pour p.s. tout $\omega\in M_1$, $\theta_t\omega\in X_1'$ pour des t arbitrairement voisins de $\pm\infty$;

— $I_1\in \underline{\underline{I}}\cap\underline{\underline{F}}_{+\infty}$, I_1 contient p.s. M_1 et X_1' ;

— $\forall\omega$, deux rencontres successives de X_1' par la trajectoire $t\rightarrow\theta_t\omega$ sont séparées par un intervalle de longueur $\geq 1/4\lambda$.

Ces propriétés sont montrées en détail dans (13); disons rapidement que la première est élémentaire, que les deuxième et troisième sont une application du théorème ergodique global, et que la dernière résulte du caractère lipschitzien de F_λ. Posons

$X_1 = X_1'\cap I_1 \in \underline{\underline{F}}_0'$; $N_t^1 = \sum_{0<s\leq t} 1_{X_1}\circ\theta_s$ pour $t\geq 0$, $= -\sum_{t<s\leq 0} 1_{X_1}\circ\theta_s$ pour $t<0$.

Nous définissons ainsi un compteur N^1: deux sauts consécutifs de N^1 sont séparés par un intervalle de longueur $\geq 1/4\lambda$ grâce à la dernière propriété de (iv); il est par ailleurs montré dans (13) (c'est long, mais relativement aisé à vérifier) que

N^1 est adapté à la famille $(\underline{\underline{F}}_t')$: $\forall t\in\mathbb{R}$, $\forall s\geq 0$, $N_t^1-N_{t-s}^1$ est $\underline{\underline{F}}_t'$-mesurable.

REMARQUE: si le flot considéré est ergodique, $P(I_1)>0$ entraine $P(I_1)=1$, et le théorème est montré dans ce cas avec $I=\Omega$, $I^c=\emptyset$.

Dans le cas général, soit (I) l'ensemble des ensembles $I\in\underline{\underline{I}}\cap\underline{\underline{F}}_\infty$ satisfaisant à:

$\exists X\in\underline{\underline{F}}_0'$ tel que la formule $N_t^X = \sum(1_X\circ\theta_s, 0<s\leq t)$ pour $t\geq 0$, $=-\sum(1_X\circ\theta_s, t<s\leq 0)$ pour $t<0$, définisse un compteur adapté à la famille $(\underline{\underline{F}}_t')$ tel que I contienne $\Omega(N^X)$ et lui soit p.s. égal.

L'ensemble (I) n'est pas vide, puisqu'il contient I_1 précédemment défini; (I) est stable par union et intersection finies, et fermé pour les réunions croissantes dénombrables; enfin, si $I\in$(I), et si $I'\in\underline{\underline{I}}\cap\underline{\underline{F}}_\infty$ est p.s. égal à I, I' appartient aussi à (I): il suffit de considérer $X'=X\cap I'$. Il existe donc un élément I de

(I) qui soit un représentant de ess sup (I), c'est l'ensemble annoncé dans le théorème. En effet, quitte à enlever de I l'ensemble invariant négligeable $I - \Omega^{(N^X)}$, et à noter encore I l'élément de (I) ainsi obtenu, le compteur N^X a bien les propriétés cherchées: $X \in \underline{\underline{F}}'_0$, N^X est adapté à la famille $(\underline{\underline{F}}'_t)$, et $\Omega^{(N^X)} = I$; le théorème est montré.

Ceci constituait la première partie du théorème d'Ambrose-Kakutani, la seconde donnant une représentation de la partie propre du flot. Nous allons auparavant étudier la partie triviale du flot, et justifier par là même sa dénomination.

(2.2) THEOREME: <u>pour tout élément</u> A <u>de</u> $\underline{\underline{F}}_\infty$ <u>contenu dans</u> I^c, <u>il existe un ensemble invariant négligeable</u> U^c <u>tel que</u> $A \cap U$ <u>soit invariant; en particulier, l'implication</u> (A <u>négligeable</u>) $\Longrightarrow$ (A <u>polaire</u>) <u>est vraie sur la restriction à</u> I^c <u>de</u> $\underline{\underline{F}}_\infty$.

DEMONSTRATION: d'après Fubini et la bimesurabilité de θ, il vient que, pour tout A appartenant à la restriction à I^c de la tribu $\underline{\underline{A}}_0$, il existe H négligeable appartenant à $\underline{\underline{A}}$ tel que, $\forall \omega \notin H$, $1_A(\omega) = 1_A(\theta_r\omega)$ p.p.r, soit encore

$$\forall \omega \notin H, \quad 1_A(\omega) = \int_t^{t+1} 1_A(\theta_u\omega)\,du \quad \text{pour } \underline{\text{tout}}\ t \in \mathbb{R}.$$

Posons alors

$$g_A = \int_{-1}^{0} 1_A \circ \theta_u\,du\ , \quad U = (\omega \in \Omega;\ g_A(\omega) = g_A(\theta_t\omega)\ \ \forall t \in \mathbb{R})\ ;$$

l'ensemble U appartient à $\underline{\underline{F}}$, contient H^c, d'où $P(U)=1$. Par ailleurs, U est invariant: soit $\theta_u\omega \in U$, on a $g_A(\theta_u\omega) = g_A(\theta_{u+t}\omega)$ $\forall t$, et, prenant $t=-u$, il vient $g_A(\omega) = g_A(\theta_u\omega)$ $= g_A(\theta_v\omega)$ $\forall v$, ce qui donne bien $\omega \in U$. Finalement, il existe U, invariant et P-plein tel que g_A soit invariante sur U. Mais, cette propriété est vraie pour tout A appartenant à $\underline{\underline{A}}_t$ (sinon, on aurait considéré $\theta_t^{-1}A$), et la tribu engendrée par les g_A, où A parcourt la réunion des tribus $\underline{\underline{A}}_t$, n'est autre que $\underline{\underline{F}}_{+\infty}$; un raisonnement de classes monotones permet alors de conclure.

REMARQUE: dans le cas où la tribu $\underline{\underline{F}}_0$ est de type dénombrable, quitte à jeter un ensemble invariant P-négligeable, on peut supposer que l'on a $A = \theta_t A$ pour tout $A \in \underline{\underline{F}}_\infty$ ce qui justifie amplement le terme de "trivial".

Nous allons consacrer la reste de ce paragraphe à l'étude de la partie propre du flot. Plus précisément, nous jetons I^c, et conservons les mêmes notations pour le flot ainsi restreint. Quitte à remplacer la filtration $(\underline{\underline{F}}_t)$ par $(\underline{\underline{F}}'_t)$, et à continuer à noter $(\underline{\underline{F}}_t)$ la nouvelle filtration ainsi obtenue, cela revient à faire l'hypothèse suivante:

(2.3) HYPOTHESE: il existe un compteur N adapté à la famille $(\underline{\underline{F}}_{t+})$, tel que $\Omega^N = \Omega$.

COMMENTAIRE: nous avons remplacé $(\underline{\underline{F}}_t)$ par $(\underline{\underline{F}}_{t+})$ parce que nous avons en vue des applications de ce qui vient, non seulement au flot obtenu par Ambrose-Kakutani, mais aussi au flot canonique des processus ponctuels stationnaires, où le compteur fondamental N est imposé, et seulement adapté à la famille $(\underline{\underline{F}}_{t+})$.

Dans la suite de ce paragraphe, nous considérons le compteur N comme fixé, et nous l'appellerons compteur fondamental. Voici maintenant quelques résultats supplémentaires de mesurabilité. Posons

(v) $X = (N_{0-} = -1) \in \underline{\underline{F}}_0$;

$V_0(\omega) = \sup(t<0,\ \theta_t\omega \in X)$, $V_n(\omega) = \sup(t<V_{n+1}(\omega),\ \theta_t\omega \in X)$ pour $n<0$;

$V_1(\omega) = \inf(t\geq 0,\ \theta_t\omega \in X)$, $V_n(\omega) = \inf(t>V_{n-1}(\omega),\ \theta_t\omega \in X)$ pour $n>1$.

La suite $(V_n)_{n\in\mathbb{Z}}$ est partout définie, et l'on a $\lim V_n = \pm\infty$ lorsque $n \to \pm\infty$. On a de plus les résultats de mesurabilité suivants:

(2.4) LEMME: (a): $\forall n\geq 1$, V_n est un temps d'arrêt de la famille $(\underline{\underline{F}}_{t+})_{t\geq 0}$;
(b): $\forall n\leq 0$, V_n est $\underline{\underline{F}}_0$-mesurable.

DEMONSTRATION (a): on a $(V_1>t) = X^c \cap (N_t=0) \in \underline{\underline{F}}_{t+}$, ce qui montre déjà que V_1 est un temps d'arrêt de $(\underline{\underline{F}}_{t+})$. Pour $n\geq 1$, on a $V_{n+1}(\omega) = \inf(t>V_n(\omega), \theta_t\omega \in X) = V_n(\omega) + \inf(t>0,\ \theta_t(\theta_{V_n}\omega) \in X) = V_n(\omega) + V'_1\circ\theta_{V_n}(\omega)$, avec $V'_1(\omega) = \inf(t>0, \theta_t\omega \in X)$; il suffit donc de montrer que V'_1 est un temps d'arrêt pour obtenir (a) par récurrence: on a $(V'_1>t) = (N_t=0) \in \underline{\underline{F}}_{t+}$.

(b): commençons par montrer que V_0 est $\underline{\underline{F}}_0$-mesurable. On a $V_0 = \lim V_\varepsilon$ lorsque $\varepsilon \downarrow 0$, avec $V_\varepsilon(\omega) = \sup(t\leq -\varepsilon, \theta_t\omega \in X)$, et il suffit de montrer que V_ε est $\underline{\underline{F}}_{-\varepsilon+}$-mesurable pour tout $\varepsilon>0$. Or, on a $(V_\varepsilon \leq t) = (N_{-\varepsilon} - N_t = 0) \in \underline{\underline{F}}_{-\varepsilon+}$ avec $t\leq -\varepsilon$, et finalement, V est bien $\underline{\underline{F}}_0$-mesurable. Par ailleurs, on a, pour $n\leq 0$,

$$V_{n-1}(\omega) = \sup(t<V_n(\omega), \theta_t\omega\in X) = V_n(\omega)+\sup(s<0, \theta_s(\theta_{V_n}\omega)\in X) = V_n(\omega) + V_0\circ\theta_{V_n}(\omega),$$

et le résultat provient alors par récurrence du lemme (1.3).

Commençons à introduire le flot spécial qui a été annoncé; encore une fois, il s'agit d'une modifications très mineure de la méthode de HANEN(10) qui montre l'équivalence entre processus ponctuel stationnaire et flot sous une fonction; nous reprenons succintement les démonstrations par acquit de conscience, et, pour cela, nous recopions à peu de choses près l'exposé fait dans LAZARO-MEYER(14) aux chapîtres I et II, auxquels nous renvoyons le lecteur pour de plus amples détails. Posons

(vi) $\underline{\underline{X}} = \underline{\underline{A}}_{|X}$, $V = V_{2|X}$, $W = ((x,u)\in X\times\mathbb{R}, 0<u\leq V(x))$.

REMARQUE: d'habitude, on pose $W=((x,u)\in X\times\mathbb{R}, 0\leq u<V(x))$, c'est d'ailleurs ce que nous avions fait dans une première rédaction, mais cette méthode nous empêchait d'obtenir des résultats intéressants pour les processus ponctuels, cas où X n'appartient pas à $\underline{\underline{F}}_0$. Si l'on excepte la modification qui vient d'être expliquée, ce qui suit est tout à fait classique, ce qui justifie peut-être la rapidité de la rédaction.

Munissons $(X,\underline{\underline{X}})$ de l'automorphisme S défini par $Sx=\theta_V x$, on a $S^n x=\theta_{V_{n+1}}(x)$ pour $n\in\mathbb{Z}$ (on rappelle que x est un point de Ω, ces écritures ont donc un sens). Posons également

$$\overline{W}=X\times\mathbb{R};\quad \overline{W}_n= ((x,u)\in X\times\mathbb{R}, V_{n+1}(x)<u\leq V_{n+2}(x));$$

on a en particulier $W=\overline{W}_0$; nous munissons W de la tribu $\hat{\underline{\underline{A}}} = \underline{\underline{X}}\otimes\underline{\underline{B}}(\mathbb{R})_{|W}$. Nous introduisons sur $\overline{W}$

$$\overline{\theta}_t(x,u) = (x,u+t);\quad \overline{S}(x,u) = (Sx,u-V(x));$$

on a $\overline{S}^k(x,u)=(S^k x,u-V_{k+1}(x))$ pour $k\in\mathbb{Z}$. Introduisons la relation d'équivalence $(\mathcal{R})$ sur $\overline{W}$ définie par

$$(x,u)\sim(x',u') \mod(\mathcal{R}) \iff \exists\, k\in\mathbb{Z} \text{ tel que } (x',u') = \overline{S}^k(x,u);$$

on montre alors que toute classe d'équivalence de la relation $(\mathcal{R})$ admet un et un seul représentant dans W, que l'on peut par conséquent identifier à $\overline{W}/\mathcal{R}$. De la même façon, les applications $\overline{\theta}_t$ sont compatibles avec la relation $(\mathcal{R})$, d'où par passage au quotient un groupe d'automorphismes $(\hat{\theta}_t)$ de W donné par la formule

(vii) $\hat{\theta}_t(x,u) = \sum_{k\in Z} (S^{k-1}x, t+u-V_k(x)).1_{(V_k(x)<t+u\leq V_{k+1}(x))}$.

Définissons une application $\overline{\Phi}$ de $\overline{W}$ sur Ω par la formule $\overline{\Phi}(x,u)=\theta_u x$, application mesurable de $(\overline{W},\underline{\underline{X}}\otimes\underline{\underline{B}}(\mathbb{R}))$ dans $(\Omega,\underline{\underline{A}})$; cette application satisfait à $\overline{\Phi}\circ\overline{\theta}_t=\theta_t\circ\overline{\Phi}$, et la relation d'équivalence $\overline{\Phi}(x,u)=\overline{\Phi}(x',u')$ n'est autre que $(\mathcal{R})$, de sorte que $\Phi = \overline{\Phi}_{|W}$ est une bijection de W sur Ω, qui commute avec θ_t et $\hat{\theta}_t$ par passage au quotient. Nous avons donc un isomorphisme entre $(\Omega,\underline{\underline{A}},\theta_t)$ et $(W,\hat{\underline{\underline{A}}},\hat{\theta}_t)$ par

(viii) Φ: $(x,u) \longrightarrow \theta_u x$, mesurable de $(W,\hat{\underline{\underline{A}}})$ dans $(\Omega,\underline{\underline{A}})$;

Φ^{-1}: $\omega \longrightarrow (\theta_{V_0}\omega, -V_0(\omega))$, mesurable de $(\Omega,\underline{\underline{A}})$ dans $(W,\hat{\underline{\underline{A}}})$.

Notons $\hat{P}$ la mesure obtenue en transportant sur W la loi P; cette loi est invariante par les $\hat{\theta}_t$, et nous allons montrer que

(ix) $\hat{P} = \mu\otimes dt_{|W}$, où μ est une mesure positive σ-finie sur W, et S-invariante.

Nous dirons que μ est la <u>mesure fondamentale</u>. En effet, soit $\overline{P}$ la mesure positive définie sur $\overline{W}$ par la formule $\overline{P}(B) = \sum \hat{P}(\overline{S}^k(B\cap\overline{W}_k))$, $k\in\mathbb{Z}$; on vérifie que $\overline{P}$ est invariante par $\overline{\theta}_t$ si et seulement si $\hat{P}$ est invariante par $\hat{\theta}_t$; définissons alors la mesure μ par $\mu(A) = \overline{P}(A\times[0,1])$, la mesure $\hat{P}$ étant bornée, il vient que μ est σ-finie, et l'on voit aisément que $\overline{P}=\mu\otimes dt$, soit encore $\hat{P}=\mu\otimes dt_{|W}$. Il nous reste à montrer que μ est S-invariante: d'après la construction même de $\overline{P}$, cette mesure est invariante par $\overline{S}$; si nous appliquons cette propriété avec une fonction de la forme $f = g\otimes 1_{[0,1]}$, il vient $\mu(g)=\overline{P}(f)=\overline{P}(f\circ\overline{S})=\mu(g\circ S)$, ce qui achève la démonstration de (ix)

Toujours suivant LAZARO-MEYER(14), donnons une caractérisation de la mesure fondamentale μ, qui exprime que celle-ci est la mesure de Palm du compteur N (nous reviendrons ultérieurement sur cette notion, dont nous donnerons la définition):

(2.5) LEMME: <u>nous considérons</u> μ <u>comme une mesure sur</u> $(\Omega,\underline{\underline{A}})$ <u>portée par</u> X; <u>soit</u> f <u>une fonction</u> $\underline{\underline{A}}\otimes\underline{\underline{B}}(\mathbb{R})$<u>-mesurable et positive sur</u> $\Omega\times\mathbb{R}$, <u>on a</u>

$$E\int_{\mathbb{R}} f(\theta_t\cdot,u)\, dN_u = \mu\otimes du(f) .$$

DEMONSTRATION: le premier membre de l'égalité est égal à $\sum E(f(\theta_{V_n}\omega, V_n(\omega)))$, $n\in\mathbb{Z}$; mais, si l'on pose $\overline{f}(\omega,u)=f(\omega,-u)$, l'isomorphisme entre Ω et W dit que la somme est égale à $\sum \hat{E}((\overline{f}.1_{\overline{W}_n})\circ\overline{S}^{-n}) = \overline{P}(\overline{f}) = \overline{P}(f)$ qui est bien le membre de droite.

REMARQUE: dans notre situation, on ne peut pas considérer μ comme la mesure de Palm du compteur fondamental transporté sur W, puisque cette mesure n'est pas portée par W; nous reviendrons ultérieurement sur ce point, en calculant la mesure de Palm de ce compteur.

La fin du paragraphe sera consacrée à quelques questions de mesurabilité. Voici une notation qui sera très importante par la suite:

(2.6) NOTATION: à toute fonction $\hat{f}$ définie sur $(W,\underline{\underline{\hat{A}}})$, nous associons le processus $(f_u)_{u>0}$ défini sur $(X,\underline{\underline{X}})$ par la formule $f_u(x) = \hat{f}(x,u)$ si $u \leq V(x)$, $=0$ sinon. Réciproquement, tout processus $(f_u)_{u>0}$ sur $(X,\underline{\underline{X}})$, à support dans $]\!]0,V]\!]$, définit évidemment une fonction $\hat{f}$, $\underline{\underline{\hat{A}}}$-mesurable sur W.

Ces conventions étant faites, on a le résultat suivant:

(2.7) LEMME: ((f_u) continu à gauche) $\Longleftrightarrow$ ($(\hat{f}\circ\hat{\theta}.)$ continu à gauche);
((f_u) réglé) $\Longleftrightarrow$ ($(\hat{f}\circ\hat{\theta}.)$ réglé).

DEMONSTRATION: d'après (vii), on a, pour $-u<t\leq V(x)-u$, $\hat{f}\circ\hat{\theta}_t(x,u)=\hat{f}(x,t+u)$. Les deux implications de la droite vers le gauche en résultent déjà. Réciproquement, si le processus (f_u) est continu à gauche, il vient que $t \longrightarrow \hat{f}\circ\hat{\theta}_t$ est continu à gauche en $t=0$, donc partout puisque $(\hat{\theta}_t)$ est un groupe. Le même raisonnement est valide si l'on remplace "continu à gauche" par "réglé". Mais, attention, on n'a aucun renseignement concernant la continuité à droite!

Notons $\underline{\underline{H}}$ l'algèbre de Boole sur W engendrée par les ensembles B de la forme $B = (A \times]s,t]) \cap W$, où $A \in \underline{\underline{X}}$.

(2.8) LEMME: tout élément de $\underline{\underline{H}}$ est continu à gauche; en conséquence, $\underline{\underline{H}}$ engendrant la tribu $\underline{\underline{\hat{A}}}$, il vient $\underline{\underline{\hat{F}}}=\underline{\underline{\hat{A}}}$, et par isomorphisme $\underline{\underline{F}}=\underline{\underline{A}}$.

DEMONSTRATION: $\underline{\underline{H}}$ est aussi constituée par les réunions finies d'ensembles de la forme B, disjoints deux à deux:

$$B^c = (A^c \times \mathbb{R} + A \times]0,s] + A \times]t,\infty]) \cap W ,$$
$$B_1 \cup B_2 = (A_1 \setminus A_2 \times]s_1,t_1] + A_2 \setminus A_1 \times]s_2,t_2] + A_1 \cap A_2 \times]s_1 \wedge s_2, t_1 \vee t_2]) \cap W.$$

Par ailleurs, tout ensemble de la forme B est fermé à gauche, il en est donc de même pour B^c; autrement dit, la fonction 1_B est continue à gauche, ce qui montre le lemme grâce à (2.7).

REMARQUE: ce résultat précise le lemme (1.2) et la remarque qui la suit: si l'on a affaire à un flot propre, on peut, quitte à jeter un ensemble invariant négligeable, supposer que $\underline{\underline{A}}=\underline{\underline{F}}$; nous n'avons pas de résultat analogue pour les tribus $\underline{\underline{A}}_0$ et $\underline{\underline{F}}_0$, mais nous verrons par la suite que l'étude des phénomènes stationnaires est inchangée si l'on remplace la filtration $(\underline{\underline{A}}_t)$ par $(\underline{\underline{F}}_t)$. Vu, enfin, le peu d'intérêt des flots triviaux, nous espérons avoir justifié l'introduction de l'hypothèse supplémentaire que voici, <u>laquelle sera en vigueur dans tout le reste de ce travail:</u>

(2.9) HYPOTHESE: <u>nous oublions la filtration</u> $(\underline{\underline{A}}_t)$, <u>en travaillant donc dorénavant sur le flot</u> $(\Omega,\underline{\underline{F}},\underline{\underline{F}}_t,\theta_t,P)$.

S'il est vrai que quelques uns des résultats à venir ne nécessitent pas cette hypothèse, ce sera le cas pour les plus importants d'entre eux; nous avons donc renoncé à distinguer les cas où (2.9) est nécessaire de ceux où elle ne l'est pas.

§3: Quelques résultats de théorie générale des processus sur $(\Omega,\underline{\underline{F}}_t,\theta_t,P)$.

Nous commençons par quelques rappels concernant la théorie générale des processus Outre la théorie générale "classique", telle qu'on peut la trouver exposée dans DELLACHERIE(6), nous aurons à utiliser: 1/ les notions de prévisibilité etc... sur des espaces non probabilisés, 2/ une théorie générale des processus admettant non plus $\mathbb{R}_+$, mais $\mathbb{R}$ comme ensemble des temps. Ce sont là des modifications mineures, et nous nous contenterons de préciser quelques points.

Dans les quelques lignes qui suivent, $\underline{T}$ désignera l'ensemble des temps qui sera soit $\mathbb{R}_+$, soit $\mathbb{R}$ (dans tout ce travail, $\mathbb{R}_+$ désignera $]0,+\infty[$). Soit donc $(E,\underline{\underline{E}}_t)_{t\in\underline{T}}$ un espace muni d'une famille croissante de tribus. Nous appellerons tribus des ensembles aléatoires algébriquement prévisibles sur $(E,\underline{\underline{E}}_t)_{t\in\underline{T}}$ (notée $\underline{\underline{P}}(E,\underline{\underline{E}}_t)_{t\in\underline{T}}$, ou $\underline{\underline{P}}$ s'il n'y a pas d'ambigüité possible), la tribu sur $E\times\underline{T}$ engendrée par les processus Y définis sur E, continus, et adaptés à la famille $(\underline{\underline{E}}_{t+})_{t\in\underline{T}}$; cette tribu est également engendrée par les ensembles de la forme $B^t\times]t,\infty[$, avec $B^t\in\underline{\underline{E}}_t$. Nous appelerons tribu des ensembles aléatoires algébriquement optionnels (ou bien-mesurables) sur $(E,\underline{\underline{E}}_t)$ (notée $\underline{\underline{O}}(E,\underline{\underline{E}}_t)_{t\in\underline{T}}$, ou $\underline{\underline{O}}$) la tribu sur $E\times\underline{T}$ engendrée par les processus Y continus à droite et réglés, adaptés à la famille $(\underline{\underline{E}}_{t+})_{t\in\underline{T}}$. Ainsi, une v.a. T à valeurs dans $]-\infty,+\infty]$ est un temps d'arrêt de la famille $(\underline{\underline{E}}_{t+})$ si et seulement si $[\![T,\infty[\![$ est un ensemble aléatoire algébriquement optionnel; si, de plus, cet ensemble aléatoire est algébriquement prévisible, nous dirons que T est un temps algébriquement prévisible.

Si, dans le cas où $\underline{T}=\mathbb{R}_+$, il n'y a pas lieu de donner de définition particulière pour les processus croissants, nous devons le faire dans le cas où $\underline{T}=\mathbb{R}$; dans ce cas, nous dirons qu'un processus croissant A est un processus croissant algébriquement prévisible sur $(E,\underline{\underline{E}}_t)_{t\in\mathbb{R}}$ si, pour tout $s\in\mathbb{R}$, le processus $(A_{t+s}-A_s)_{t\geq 0}$ appartient à $\underline{\underline{P}}(E,\underline{\underline{E}}_t)_{t\in\mathbb{R}_+}$; on a évidemment une définition analogue pour les processus croissants algébriquement optionnels.

Revenant à $(\Omega,\underline{\underline{F}}_t,\theta_t)$, nous traiterons les hélices comme des processus croissants pour ce qui concerne les questions de mesurabilité; grâce à la propriété d'additivité des hélices, il vient que Z est algébriquement prévisible sur $(\Omega,\underline{\underline{F}}_t)_{t\in\mathbb{R}}$ si et seulement si le processus $(Z_t)_{t\geq 0}$ appartient à $\underline{\underline{P}}(\Omega,\underline{\underline{F}}_t)_{t\geq 0}$, et qu'elle est algébriquement optionnelle si et seulement si $(Z_t)_{t\geq 0}$ est un processus adapté à la famille $(\underline{\underline{F}}_{t+})_{t\geq 0}$.

L'introduction de ces notions se justifie par le fait que, si l'on munit $(E,\underline{\underline{E}}_t)$ d'une loi P, et que l'on complète dûment la famille $(\underline{\underline{E}}_{t+})$, tout processus prévisible au sens habituel est indistinguable d'un processus algébriquement prévisible, etc... (voir COURREGE-PRIOURET(5)). De plus, tout temps algébriquement prévisible est indistinguable d'un temps d'arrêt prévisible au sens habituel (c'est-à-dire annoncé par une suite de temps d'arrêts), et, réciproquement, tout temps d'arrêt prévisible est indistinguable d'un temps algébriquement prévisible.

QUESTION DE VOCABULAIRE: lorsque nous dirons d'un processus qu'il est "prévisible" , etc..., cela s'entendra relativement à une famille de tribus complétée, tandis que nous réserverons la notation "algébriquement prévisible" etc... lorsqu'il s'agira d'une notion définie sur une famille de tribus non complétée.

Voici une caractérisation de la tribu $\underline{\underline{P}}(\Omega,\underline{\underline{F}}_t)$, dûe à HOROWITZ-GEMAN(9); nous en donnons une démonstration débarassée des espaces de BLACKWELL: définissons sur $\Omega\times\mathbb{R}$ les applications suivantes, mesurables de $\underline{\underline{F}}\otimes\underline{\underline{B}}(\mathbb{R})$ dans elle-même:

(i) $\theta^+(\omega,s) = (\theta_s\omega,s)$, $\theta^-(\omega,s) = (\theta_{-s}\omega,s)$;

on a $\theta^+\circ\theta^-=\theta^-\circ\theta^+=$ identité; voici la caractérisation de Geman et Horowitz:

(3.1) THEOREME: $\underline{\underline{P}}(\Omega,\underline{\underline{F}}_t)_{t\in\mathbb{R}} = \theta^-(\underline{\underline{F}}_0\otimes\underline{\underline{B}}(\mathbb{R}))$; $\underline{\underline{P}}(\Omega,\underline{\underline{F}}_t)_{t\geq 0} = \theta^-(\underline{\underline{F}}_0\otimes\underline{\underline{B}}(\mathbb{R}_+))$.

DEMONSTRATION: bien entendu, $\theta^-(\ldots)$ signifie $(\theta^+)^{-1}(\ldots)$.
$\supset$: soit $f = 1_A\otimes 1_{]t,\infty[}$, $A\in\underline{\underline{F}}_0$; on a $f\circ\theta^+(\omega,u)=1_A(\theta_u\omega).1_{(u\geq t)}$, d'où $f\circ\theta^+\in\underline{\underline{P}}$.
$\subset$: la tribu $\underline{\underline{P}}$ est engendrée par les processus de la forme $Y = 1_A\circ\theta_t\otimes 1_{]t,\infty[}$, $A\in\underline{\underline{F}}_0$, $t\in\mathbb{R}$; on a donc $Y\circ\theta^-(\omega,u) = 1_A(\theta_{t-u}\omega).1_{(t-u\leq 0)}$, et il nous faut montrer que ce processus est $\underline{\underline{F}}_0\otimes\underline{\underline{B}}(\mathbb{R})$-mesurable; mais il suffit pour cela de vérifier que, si g est $\underline{\underline{F}}_0$-mesurable sur Ω, la formule $f(\omega,u)=g(\theta_u\omega),u\leq 0$, définit un processus $\underline{\underline{F}}_0\otimes\underline{\underline{B}}(\mathbb{R}_-)$-mesurable; mais cette propriété est satisfaite si g est continue sur les trajectoires du flot, la $\underline{\underline{F}}_0$-mesurabilité de $g\circ\theta_u$ pour $u\leq 0$ suffisant à assurer la bimesurabilité dans ce cas. La première assertion du théorème est montrée, la seconde se montrant de la même façon.

Nous reprenons maintenant les résultats du §5 de LAZARO-MEYER(14) avec une autre méthode, sans doute plus directe: il s'agit de calculer les projections bien-mesurable et prévisible des processus stationnaires et des hélices croissantes.

(3.2) THEOREME: la projection duale prévisible (resp. bien-mesurable) d'une hélice croissante est une hélice croissante.

DEMONSTRATION: nous traitons le cas prévisible. Soit Z une hélice croissante, et soit Z^3 une version de la projection duale prévisible de Z; désignons par C et B les processus croissants définis par $C_u=Z^3_{t+u}-Z^3_t$, $B_u=Z^3_u\circ\theta_t$, t réel fixé; ces deux processus croissants sont prévisibles relativement à la famille complétée $(\theta_t^{-1}\underline{\underline{F}}_u)=(\overline{\underline{\underline{F}}}_{t+u})$, et nous allons montrer qu'ils ont même projection duale prévisible sur cette famille de tribus; cela montrera que Z^3 est une hélice grossière, et il restera à invoquer le théorème (1.1) pour obtenir le résultat. Soient donc U et V deux temps d'arrêt prévisibles de la famille considérée, tels que $U\leq V$; il existe alors deux temps d'arrêt de la famille originelle $(\underline{\underline{F}}_t)$, soient S et T, tels que $S\leq T$, $U=S\circ\theta_t$, $V=T\circ\theta_t$. On a alors

$$E\int_{[U,V[}dC_u = E\int_{[t+S\circ\theta_t,t+T\circ\theta_t[}dZ^3_u = E\int_{[t+S\circ\theta_t,t+T\circ\theta_t[}dZ_u = E(\int_{[S,T[}dZ_u)\circ\theta_t$$

$$= E\int_{[S,T[}dZ_u = E\int_{[S,T[}dZ^3_u = E(\int_{[S,T[}dZ^3_u)\circ\theta_t = E\int_{[U,V[}dB_u ,$$

où les égalités 2 et 5 résultent des propriétés des projections duales, les égalités 4 et 6 de l'invariance de P par θ_t, et l'égalité 3 du fait que Z est une hélice. Le théorème est montré dans le cas prévisible; le cas bien-mesurable se traite en considérant tous les temps d'arrêt.

Un raisonnement en tous points analogue permet de montrer que la projection (prévisible ou optionnelle) d'un processus stationnaire est grossièrement stationnaire. Mais, grâce à la propriété particulière de la filtration $(\underline{\underline{F}}_t)$ et de la tribu $\underline{\underline{F}}$, il nous suffit d'étudier ces projections pour un processus stationnaire continu. Or, les projections prévisible et optionnelle d'un processus continu sont respectivement p.s. continues à gauche et à droite (cf. DELLACHERIE(6)). Une application du théorème (1.1) donne alors:

(3.3) THEOREME: soit f une fonction $\underline{\underline{F}}$-mesurable et positive; il existe une fonction ^3f, $\underline{\underline{F}}_0$-mesurable, (resp. ^1f, $\underline{\underline{F}}_{0+}$-mesurable) telle que le processus stationnaire $(^3f\circ\theta.)$ (resp. $(^1f\circ\theta.)$) soit une version de la projection prévisible (resp. optionnelle) de $(f\circ\theta.)$.

REMARQUE: voici la remarque annoncée au § précédent: dans un flot propre, tout processus stationnaire est $\underline{\underline{F}}\times\underline{\underline{B}}(\mathbb{R})$-mesurable, et, pour de tels processus, les $(\underline{\underline{A}}_t)$-projections coïncident avec les $(\underline{\underline{F}}_t)$-projections; ceci était la justification annoncée du remplacement de la filtration $(\underline{\underline{A}}_t)$ (que nous oublions définitivement, cette fois!) par la filtration $(\underline{\underline{F}}_t)$.

Toujours suivant le §V de LAZARO-MEYER(14), nous allons expliquer (succintement) comment le théorème (3.3) permet de considérer le flot comme un processus de Markov.

(3.4) COROLLAIRE: supposons que $(\Omega,\underline{\underline{F}})$ soit Lusinien métrisable (c'est-à-dire isomorphe à un borélien d'un espace métrique compact). Il existe alors un noyau positif $\mathbb{E}$ sur Ω transformant les fonctions $\underline{\underline{F}}$-mesurables en fonctions $\underline{\underline{F}}_0$-mesurables, et tel que, pour toute fonction $\underline{\underline{F}}$-mesurable positive f, le processus stationnaire $(\mathbb{E}(\theta_t\cdot,f))_{t\in\mathbb{R}}$ soit une version de la projection prévisible de $(f\circ\theta.)$. On a le même résultat concernant les projections bien-mesurables à l'aide d'un noyau positif $\mathbb{E}_+$ de $(\Omega,\underline{\underline{F}})$ dans $(\Omega,\underline{\underline{F}}_{0+})$.

DEMONSTRATION: si (f_n) est une suite de fonctions $\underline{\underline{F}}$-mesurables convergeant simplement vers une fonction f, on a $\lim {}^3f_n = {}^3f$ sauf sur un ensemble polaire; de même, on a ${}^3(f+f') = {}^3f+{}^3f'$ sauf sur un ensemble polaire; enfin, si $|f|\leq K$ (K constante ≥ 0), on a $|{}^3f|\leq K$ sauf sur un ensemble polaire, et nous pouvons commencer par choisir pour toute fonction f une version de ${}^3f$ qui satisfasse à cette inégalité partout. Soit alors $(E,\underline{\underline{E}})$ l'espace métrique compact muni de sa tribu borélienne dans lequel est plongé $(\Omega,\underline{\underline{F}})$. Soit $(\overline{f}_n)$ un ensemble dénombrable linéairement indépendant de fonctions de $\mathscr{C}(E)$, total dans $\mathscr{C}(E)$, et soit f_n la restriction $\underline{\underline{F}}$-mesurable à Ω de $\overline{f}_n$. Pour chaque n, choisissons une version ${}^3f_n$ donnée par le théorème (3.3), et posons $\mathbb{E}\overline{f}_n = {}^3f_n.1_\Omega$, formule qui permet d'étendre la définition de l'opérateur $\mathbb{E}$ à l'espace vectoriel $\underline{\mathscr{L}}$ engendré par la suite $(\overline{f}_n)$. On vérifie que, pour tout point $e\in E$, l'application $\overline{f} \rightarrow \mathbb{E}\overline{f}(e)$ de $\underline{\mathscr{L}}$ dans $\mathbb{R}$ est une intégrale de Daniell; comme $\underline{\mathscr{L}}$ engendre la tribu borélienne de E, il vient que, pour tout $e\in E$, cette application se prolonge de façon unique en une probablilité (qui est en fait nulle pour $e\notin\Omega$) portée par Ω. Un raisonnement de classes monotones permet d'obtenir la $\underline{\underline{F}}_0$-mesurabilité de $\mathbb{E}f$ pour toute fonction $\underline{\underline{F}}$-mesurable positive f, ce qui achève la démonstration.

Pour être complet, rappelons comment ce résultat, dû à LAZARO-MEYER(14), leur permet d'interpréter le flot filtré comme processus de Markov: disons ce qui se passe par exemple dans le cas prévisible. Nous notons X l'application mesurable de $(\mathbb{R}_+\times\Omega,\underline{\underline{B}}(\mathbb{R}_+)\otimes\underline{\underline{F}})$ dans $(\Omega,\underline{\underline{F}}_0)$ définie par $(t,\omega) \rightarrow \theta_t\omega$; nous disons que

(3.5) COROLLAIRE: <u>le terme</u> $X = (\Omega,\underline{\underline{F}},\underline{\underline{F}}_t,X_t,P)_{t\geq 0}$ <u>est un processus modérément Markovien</u> (au sens de DOOB, cf. J.B.WALSH(22)) <u>à valeurs dans</u> $(\Omega,\underline{\underline{F}}_0)$, <u>dont une fonction de transition est donnée par la formule</u> $P_t(.,f) = \mathbb{E}(.,f\circ\theta_t)$ <u>pour</u> $t\geq 0$.

DEMONSTRATION: il s'agit de vérifier que, pour tout temps d'arrêt $T\geq 0$ prévisible, on a $E(f\circ X_{T+t}|\underline{\underline{F}}_{T-})=P_t(X_T,f)$, ce qui est une simple interprétation du fait que le processus stationnaire $(f\circ\theta_t\circ\theta.)$ a pour projection prévisible $\mathbb{E}(\theta.,f\circ\theta_t)$; le résultat est montré.

Il reste alors à appliquer un théorème difficile de J.B.WALSH(22) qui modifie les choses de façon à obtenir un"vrai" processus modérément Markovien "au sens de DYNKIN"; LAZARO et MEYER font explicitement ce travail au §5 de (14) dans le cas bien-mesurable où ils obtiennent un processus droit; il est probable que leur méthode directe préserve un peu plus Ω que la méthode générale de WALSH.

REMARQUE: concernant l'hypothèse "$(\Omega,\underline{\underline{F}})$ lusinien métrisable", disons qu'elle est réalisée pour les versions canoniques des flots les plus habituels.

Nous allons consacrer la fin de ce paragraphe à l'étude de notions ayant un rapport avec les hélices croissantes. Voici un théorème emprunté à GEMAN-HOROWITZ(8):

(3.6) THEOREME: soit Z une hélice croissante; la formule $\mu^Z(f) = E\int_0^1 f\circ\theta_u \, dZ_u$, où f est $\underline{\underline{F}}$-mesurable et positive, définit une mesure positive σ-finie sur $(\Omega,\underline{\underline{F}})$, qui ne charge pas les ensembles polaires; pour tout processus Y, $\underline{\underline{B}}(\mathbb{R})\otimes\underline{\underline{F}}$-mesurable et positif,

$$\mu^Z\otimes du(Y) = E\int_{\mathbb{R}} Y(\theta_u\cdot,u)\, dZ_u$$

(du: mesure de Lebesgue); de plus, si Z est bien-mesurable (resp. prévisible), elle est entièrement déterminée par la restriction à $\underline{\underline{F}}_{0+}$ (resp. $\underline{\underline{F}}_0$) de la mesure μ^Z. Nous dirons que μ^Z est la mesure de Palm de l'hélice croissante Z.

REMARQUE: ce théorème et le lemme (2.5) montrent qu'il y a identité entre la mesure de Palm d'un processus ponctuel stationnaire telle qu'elle est définie en (2.5), et la mesure de Palm du compteur qui compte les apparitions du processus, suivant la définition ci-dessus; cette définition, dûe à MECKE(15), constitue donc une extension de la notion de mesure de Palm d'un processus ponctuel stationnaire.

De ce théorème, et du théorème (3.2) (qu'ils montrent indépendamment dans (9)), GEMAN et HOROWITZ déduisent le corollaire suivant, dont la démonstration est si simple que nous la reproduisons:

(3.7) COROLLAIRE: soit Z une hélice croissante de mesure de Palm μ^Z; les formules

$$\mu^{Z^3}(f) = \mu^Z({}^3f), \quad \mu^{Z^1}(f) = \mu^Z({}^1f), \quad f \geq 0 \text{ et } \underline{\underline{F}}\text{-mesurable},$$

caractérisent respectivement les projections duales prévisible et bien-mesurable de Z.

DEMONSTRATION: prenons le cas prévisible; d'après (3.2), la projection duale prévisible de Z est une hélice croissante Z^3 qui satisfait à la première relation du corollaire d'après les propriétés des projections duales prévisibles; si Z' est une hélice croissante prévisible satisfaisant à $\mu^{Z'}(f)=\mu^Z({}^3f)$, les mesures de Palm de Z^3 et de Z' coïncident, ce qui assure l'égalité de ces deux hélices croissantes.

CONSEQUENCE IMPORTANTE: soit Z une hélice croissante bien-mesurable, et soit (A_n) une suite d'éléments de $\underline{\underline{F}}$ croissant vers Ω, telle que $\mu^Z(A_n)<\infty$ pour tout n; posons $f_n = 1_{A_n}$, on a $\mu^Z({}^3f_n)= \mu^Z(A_n)<\infty$, et $\lim({}^3f_n)=1_\Omega$; autrement dit, la mesure de Palm μ^Z est en fait σ-finie sur $(\Omega,\underline{\underline{F}}_{0+})$. De même, si Z est prévisible, sa mesure de Palm est σ-finie sur $(\Omega,\underline{\underline{F}}_0)$.

Voici maintenant une caractérisation des mesures de Palm bornées, qui est montrée indépendamment dans (9) d'une autre façon:

(3.8) THEOREME: <u>soit μ une mesure positive bornée sur $(\Omega,\underline{\underline{F}})$ qui ne charge pas les ensembles polaires; alors, μ est la mesure de Palm d'une hélice croissante</u> Z.

DEMONSTRATION: elle va reposer sur la formule que voici, qui s'obtient à partir de celle du théorème (3.6) avec $Y(\omega,u) = f(\theta_{-u}\omega).1_{]0,t]}(u)$:

(ii) $$E(f.Z_t) = \mu^Z\int_0^t f\circ\theta_{-u}\,du ,$$

où $t\in\mathbb{R}$, et où Z est une hélice croissante de mesure de Palm μ^Z. Soit alors f une fonction $\underline{\underline{F}}$-mesurable et P-négligeable; la loi P étant invariante, $f\circ\theta_u$ est également négligeable pour tout $u\in\mathbb{R}$; Fubini nous apprend alors que

pour P-presque tout ω , la fonction $u \longrightarrow f(\theta_u\omega)$ est Lebesgue-négligeable.

Donc, en dehors d'un ensemble P-négligeable, on a $\int_s^t f\circ\theta_{-u}du=0$ $\forall s,t\in\mathbb{R}$; donc,

$\forall t\in\mathbb{R}$, la fonction $\int_0^t f\circ\theta_{-u}\,du$ est polaire sur $(\Omega,\underline{\underline{F}})$.

En conséquence, si μ est une mesure positive bornée ne chargeant pas les ensembles polaires, le formule $\mu^t(f) =\mu\int_0^t f\circ\theta_{-u}du$ définit une mesure positive bornée absolument continue par rapport à P; pour $t\in\mathbb{Q}$, soit Z''_t une version de la densité $d\mu^t/dP$; si l'on pose $Z'_t=\inf(Z''_s;s>t,s\in\mathbb{Q})$, on obtient une hélice grossière que l'on peut remplacer par une hélice croissante Z grâce à (1.1). La formule (ii) montre alors que Z admet comme mesure de Palm, le théorème est montré.

REMARQUES 1/ il y a donc identité entre les mesures bornées ne chargeant pas les ensembles polaires, et les hélices croissantes intégrables Z (c'est-à-dire telles que $E(Z_1)<\infty$). En revanche, il n'est pas possible d'obtenir les mêmes résultats pour les mesures qui sont seulement σ-finies: si μ est une telle mesure, $\mu=\sum\mu_n$, où les μ_n sont deux à deux étrangères et bornées, donc associées à une hélice croissante Z^n; il se peut alors (les contrexemples sont aisés à construire) que l'on ait $\sum Z_1^n=+\infty$, auquel cas il n'existe pas d'hélice croissante associée à μ !

2/ finalement, pour les hélices croissantes intégrables, les formules du théorème (3.7) permettent de <u>construire</u> leurs projections duales.

Nous dirons qu'une hélice H est une <u>hélice à accroissements orthogonaux</u> (nous dirons aussi <u>HAO</u>) si elle satisfait à

(iii) $H_t\in L^1(P)$ $\forall t\in\mathbb{R}$; $E(H_{t+s}|\underline{\underline{F}}_t) = H_t$ $\forall t\in\mathbb{R},\forall s\geq 0$.

Nous dirons que H appartient à L^2_{loc} si elle satisfait en outre à $E(H_t^2)<\infty$ $\forall t\in\mathbb{R}$. Autrement dit, toute HAO appartenant à L^2_{loc} définit sur $\mathbb{R}_+$ une martingale localement de carré intégrable sur $(\Omega,\underline{\underline{F}}_t,P)_{t\geq 0}$. On montre dans LAZARO-MEYER(14) que

(3.9) THEOREME: si H est une HAO appartenant à L^2_{loc}, il existe une hélice croissante intégrable unique notée $\langle H,H\rangle$, prévisible sur $(\Omega,\underline{\underline{F}}_t,P)_{t\in\mathbb{R}}$, telle que $E(H^2_{t+s}-H^2_t|\underline{\underline{F}}_t) = E(\langle H,H\rangle_{t+s} - \langle H,H\rangle_t|\underline{\underline{F}}_t)$ $\forall t\in\mathbb{R},\forall s\geq 0$.

Les notions dont nous allons parler maintenant sont introduites dans GEMAN-HOROWITZ(9) afin de montrer le théorème (3.8), mais elles ont leur intérêt propre. Nous dirons qu'une fonction $\underline{\underline{F}}_{0+}$-mesurable et positive f est excessive (il faudrait plutôt dire 1-excessive) si le processus $(e^{-t}f\circ\theta_t)_{t\geq 0}$ est une surmartingale, et, par voie de conséquence un potentiel. Nous dirons que f est excessive de la classe (D) si ce potentiel est de la classe (D). Donnons un premier résultat élémentaire:

(3.10) THEOREME; soit f une fonction excessive de la classe (D); il existe une hélice croissante intégrable Z^f unique, telle que $dA_u = e^{-u}dZ^f_u$ soit le processus croissant associé au potentiel $(e^{-t}f\circ\theta_t)$. Réciproquement, toute hélice croissante intégrable engendre de cette manière une fonction excessive de la classe (D), unique à un ensemble polaire près.

DEMONSTRATION: nous commençons par la seconde assertion, qui est la plus aisée. Soit Z une hélice croissante intégrable; le processus croissant défini par $dA_u=e^{-u}dZ_u$ satisfait à $E(A_\infty)<\infty$, nous pouvons donc considérer le potentiel qu'il engendre, soit $Y_t=E(A_\infty-A_t|\underline{\underline{F}}_t)$ ce potentiel. Le processus (e^tY_t) est donc une version de la projection bien-mesurable du processus $(e^t\int_t^\infty dA_u)_{t\geq 0} = (e^t\int_t^\infty e^{-u}dZ_u) = (\int_0^\infty dA_u\circ\theta_t)$; autrement dit, ce processus est la projection bien-mesurable d'un processus stationnaire et est de la forme $(f\circ\theta.)$, f $\underline{\underline{F}}_{0+}$-mesurable, d'après le théorème (3.3).

Voyons la réciproque, qui est un peu plus délicate. Soit f une fonction excessive de la classe (D), et soit A le processus croissant intégrable associé au potentiel $(e^{-t}f\circ\theta_t)$. La formule

$$\text{(iv)} \quad \int_{\Omega\times\mathbb{R}_+} Y(\omega,s)\ e^{-s}\ d\hat{Q}(\omega,s) = E\int_0^\infty Y(\theta_s\cdot,s)\ dA_s\ ,$$

où Y est $\underline{\underline{F}}_0\otimes\underline{\underline{B}}(\mathbb{R}_+)$-mesurable et positif, définit, en vertu de (3.1), une mesure positive bornée sur $(\Omega\times\mathbb{R}_+,\underline{\underline{F}}_0\otimes\underline{\underline{B}}(\mathbb{R}_+))$. La loi $\hat{Q}$ satisfait à

$$\text{(v)} \quad \int_{\Omega\times\mathbb{R}_+} Y(\omega,s)\ e^{-s}\ d\hat{Q}(\omega,s) = \int_{\Omega\times\mathbb{R}_+} Y(\omega,s)\ e^{-s}\ d\hat{Q}(\omega,s+t)\ ,\ \forall t\geq 0.$$

Montrons cette formule; prenant $Y(\omega,s) = g(\theta_{-s}\omega).1_{]v,\infty]}(s)$, où g est une fonction

$\underline{\underline{F}}_v$-mesurable, le premier membre est égal à $E(g;A_\infty - A_v) = E(g;e^{-v}f\circ\theta_v)$, tandis que le second est égal à $E(g\circ\theta_t;e^t(A_\infty - A_{v+t})) = e^t E(g\circ\theta_t;e^{-v-t}f\circ\theta_{v+t}) = E(g;f\circ\theta_v)$, ce qui montre l'égalité lorsque Y est de cette forme; mais les processus de la forme $g \otimes 1_{]v,\infty]}$, où g est $\underline{\underline{F}}_v$-mesurable, constituent une semi-algèbre de Boole qui engendre la tribu $\underline{\underline{F}}_0 \otimes \underline{\underline{B}}(\mathbb{R}_+)$, la formule (v) est donc montrée. Mais cette formule, jointe à un raisonnement classique, permet d'affirmer que la mesure $\hat{Q}$ est en fait une mesure produit de la forme $Q^f \otimes du$, où Q^f est une mesure sur $(\Omega,\underline{\underline{F}}_0)$; d'après (iv), cette mesure ne charge pas les ensembles polaires (prendre $Y=g\circ\theta.$). Les théorèmes (3.8) et (3.7) permettent alors d'affirmer l'existence d'une hélice croissante prévisible Z^f dont la mesure de Palm restreinte à $\underline{\underline{F}}_0$ coïncide avec Q^f. Le fait que $e^{-u}dZ^f_u$ engendre le potentiel $(e^{-t}f\circ\theta_t)$ provient alors de la formule (iv) et de la formule du théorème (3.6), le théorème est démontré.

En fait, toujours suivant (9), on peut aller plus loin, en utilisant les mesures de Föllmer lorsque la fonction excessive f n'est plus de la classe (D); rappelons ce qu'est la mesure de Föllmer d'un potentiel Y défini sur $(\Omega,\underline{\underline{F}}_t,P)$: c'est (lorsqu'elle existe) l'unique mesure définie sur $\underline{\underline{P}}(\Omega,\underline{\underline{F}}_t)_{t\geq 0}$ satisfaisant à $Q^Y(B^v \times]v,\infty[) = E(B^v;Y_v)$, pour $B^v \in \underline{\underline{F}}_v$; lorsque Y est de la classe (D), cette mesure existe toujours: c'est la mesure engendrée par le processus croissant associé à Y; lorsque Y n'est pas de la classe (D), cette mesure n'existe que si l'espace Ω est suffisamment "gros", elle peut alors charger des ensembles évanescents (cf. FÖLLMER(7)). Dans le cas qui nous occupe, il est possible, partant de la mesure de Föllmer associée au potentiel $(e^{-t}f\circ\theta_t)$, de recopier la démonstration précédente jusqu'à l'obtention de la mesure Q^f qui n'est plus alors une mesure de Palm; c'est donc vers la caractérisation de Q^f que va se tourner notre généralisation. Mais, plutôt que d'utiliser cette méthode, comme le font Geman et Horowitz dans (9), nous allons remplacer la référence aux résultats difficiles de Föllmer par une construction simple et directe de la mesure Q^f.

(3.11) THEOREME (GEMAN-HOROWITZ(9)): <u>soit</u> f <u>une fonction excessive quelconque, et soit</u> $\tilde{Q}^f$ <u>la mesure de Föllmer du potentiel</u> $(e^{-t}f\circ\theta_t)$; <u>on a</u>

$$\tilde{Q}^f(Y\circ\theta^+) = \int_{\Omega\times\mathbb{R}_+} Y(\omega,s)\, e^{-s}ds\, Q^f(d\omega), \quad Y \in \underline{\underline{F}}_0 \otimes \underline{\underline{B}}(\mathbb{R}_+) ,$$

<u>où</u> Q^f <u>est une mesure positive bornée sur</u> $(\Omega,\underline{\underline{F}}_0)$, <u>que nous appellerons mesure de Revuz associée à</u> f. <u>Réciproquement, si</u> Q <u>est une mesure positive bornée sur</u> $(\Omega,\underline{\underline{F}}_0)$ <u>telle que la mesure sur</u> $(\Omega,\underline{\underline{F}}_0)$ <u>définie par</u> $B \to Q\int_0^\infty B\circ\theta_{-s}e^{-s}ds$ <u>soit absolument continue par rapport à</u> P, Q <u>est alors la mesure de Revuz d'une fonction excessive unique à un ensemble polaire près. Enfin,</u> f <u>est de la classe (D) si et seulement si</u> Q^f <u>ne charge pas les ensembles polaires.</u>

REMARQUE: l'existence de la mesure Q^f n'est pas toujours assurée; elle l'est si $(\Omega,\underline{\underline{F}}_t)$ satisfait à la propriété suivante:

(vi) toute famille $(Q^t)_{t<0}$ de mesures positives bornées définies respectivement sur $(\Omega,\underline{\underline{F}}_t)_{t<0}$, telle que la restriction à $\underline{\underline{F}}_s$ de Q^t pour $s\leq t$ coïncide avec Q^s, définit une mesure positive bornée unique Q sur $(\Omega,\underline{\underline{F}}_0)$ par la formule $Q(B^s)=Q^s(B^s)$ pour $B^s\in\underline{\underline{F}}_s, s<0$.

Il est montré dans PARTHASARATHY(20) que $(\Omega,\underline{\underline{F}}_t)$ satisfait à cette propriété si cet espace filtré est un <u>système standard</u>, ce qui signifie que

(vii) — $\forall t\in\mathbb{R}$ $(\Omega,\underline{\underline{F}}_t)$ est isomorphe à un borélien d'un espace Polonais;
— pour toute suite croissante de réels (t_n), et toute suite décroissante (A_n) d'atomes de la tribu $\underline{\underline{F}}_{t_n}$, on a $\bigcap_n A_n \neq \emptyset$.

Nous montrons en annexe le résultat suivant:

(3.12) LEMME: <u>si la tribu $\underline{\underline{F}}_0$ est à base dénombrable, on peut transporter le flot $(\Omega,\underline{\underline{F}}_{\infty},\underline{\underline{F}}_t,\theta_t,P)$ sur une réalisation qui satisfasse à (vii)</u>.

DEMONSTRATION DE (3.11): la dernière assertion résulte de (3.10); la réciproque de la première assertion se montre comme la première assertion de (3.10). Nous allons donc construire la mesure Q^f, sous hypothèse (vi), naturellement. Posons $f_t=f\circ\theta_t.e^{-t}$; ne connaissant pas l'existence d'une mesure analogue à celle définie au membre de droite de (iv), nous ne pouvons définir commme en (iv) la mesure $\hat{Q}$ sur $\underline{\underline{F}}_0\otimes\underline{\underline{B}}(\mathbb{R}_+)$; nous allons néanmoins, en imitant cette procédure, obtenir cette mesure $\hat{Q}$ sur une tribu plus petite. Désignons par par $\theta^+(\underline{\underline{F}}_0\otimes\underline{\underline{B}}(\mathbb{R}_+))$ la tribu constituée des processus de la forme $Y(\theta_{-t}\omega,t)$, $Y\in\underline{\underline{F}}_0\otimes\underline{\underline{B}}(\mathbb{R}_+)$, et définissons sur cette tribu la mesure $\hat{Q}$ par la formule

(viii) $$\int_{\Omega\times\mathbb{R}_+} Y(\theta_{-s}\omega,s)\, e^{-s}\, d\hat{Q}(\omega,s) = E(B;f_t), \quad \text{avec } Y = 1_B\otimes 1_{]t,\infty[},\ B\in\underline{\underline{F}}_0,\ t\geq 0.$$

On montre encore que la mesure $\hat{Q}$ satisfait à (v) pour $Y\in\theta^+(\underline{\underline{F}}_0\otimes\underline{\underline{B}}(\mathbb{R}_+))$. D'autre part, il est aisé de voir que les processus $Y^t= B\circ\theta_{-t}\times]0,t]$, $t\geq 0$, $B\in\underline{\underline{F}}_0$, engendrent cette dernière tribu; il en résulte en particulier que la trace de cette tribu sur $\Omega\times]0,t]$ contient la tribu produit $\underline{\underline{F}}_{-t}\otimes\underline{\underline{B}}(]0,t])$; une nouvelle fois, (v) permet d'affirmer que, sur $(\Omega\times]0,t],\underline{\underline{F}}_{-t}\otimes\underline{\underline{B}}(]0,t]))$, la mesure $\hat{Q}$ est une mesure produit de la forme $Q^t\otimes du$, où Q^t est une mesure positive bornée sur $(\Omega,\underline{\underline{F}}_{-t})$; pour $s\geq t$, la restriction à $\underline{\underline{F}}_{-s}$ de Q^t coïncide avec Q^s, ce qui, grâce à (vi), définit par prolongement une mesure sur $\underline{\underline{F}}_0$. Il reste à montrer que Q est bien la mesure Q^f cherchée, ce qui revient à montrer que la formule du théorème (3.11) définit bien la mesure de Föllmer du potentiel (f_t). Or, par construction de Q, les mesures $\hat{Q}$ et $Q\otimes du$ coïncident sur les ensembles de la forme $B\circ\theta_{-t}\times]0,t]$, $t\geq 0$, $B\in\underline{\underline{F}}_0$, donc aussi sur la tribu $\theta^+(\underline{\underline{F}}_0\otimes\underline{\underline{B}}(\mathbb{R}_+))$; cela permet en particulier d'écrire $Q\int_0^{\infty}B\circ\theta_{-t}e^{-t}dt = E(B;f)$, $B\in\underline{\underline{F}}_0$, d'où par stationnarité $B\int_t^{\infty}B\circ\theta_{-s}e^{-s}ds = E(B;f_t)$, $B\in\underline{\underline{F}}_t$, ce qui est le résultat cherché.

Annexe: une réalisation standard du flot $(\Omega,\underline{\underline{F}}_{\infty},\underline{\underline{F}}_t,\theta_t,P)$ dans le cas où la tribu $\underline{\underline{F}}_0$ est à base dénombrable.

Tout au long de cette annexe, nous supposerons que $\underline{\underline{F}}_0$ est à base dénombrable. Notre méthode va consister simplement à "grossir" convenablement Ω, de façon à le rendre assez riche pour que les mesures de Revuz soient portées par lui. Il est clair qu'une hypothèse du type "système standard" est nécessaire: si Q^f est la mesure de Revuz d'une fonction excessive, portée par un ensemble polaire, nous pouvons jeter cet ensemble polaire, cela donnera encore une réalisation convenable du flot, à ceci près que, sur celle-ci, f ne possèdera plus de mesure de Revuz!

D'après la remarque 2 suivant (§1,viii), nous pouvons supposer que

(ix) $\underline{\underline{F}}_0$ est engendrée par une famille dénombrable (g^n) de fonctions satisfaisant à: $0\leq g\leq 1$, $|g\circ\theta_t-g|\leq(1-e^{-t})+(1-e^t)$.

Nous allons compactifier Ω à l'aide de la famille dénombrable $(g^n\circ\theta_t)_{n\in\mathbb{N},t\in\mathbb{Q}}$; puisque nous ne nous intéressons qu'à la famille $(\underline{\underline{F}}_t)$ sur Ω, nous pouvons supposer que la famille $(g^n\circ\theta_t)$ sépare les points de Ω. Considérons l'injection i de Ω dans $[0,1]^{\mathbb{N}}$:

$$i:\ \omega \longrightarrow (g^n\circ\theta_t(\omega))_{n\in\mathbb{N},t\in\mathbb{Q}},$$

et notons $\overline{\Omega}$ la fermeture de $i(\Omega)$ dans $[0,1]^{\mathbb{N}}$; si nous identifions Ω et $i(\Omega)$, Ω n'est pas en général borélien dans $\overline{\Omega}$, mais toute fonction $\underline{\underline{F}}_{\infty}$-mesurable sur Ω admet un prolongement borélien à $\overline{\Omega}$; autrement dit, si nous notons $\underline{\underline{F}}'$ la tribu borélienne sur $\overline{\Omega}$, $\underline{\underline{F}}_{\infty}$ est la restriction à Ω de $\underline{\underline{F}}'$; de la même façon, si nous notons $\overline{g}^n$ le prolongement continu unique de g^n à $\overline{\Omega}$, et $\underline{\underline{F}}'_0$ la tribu engendrée par la famille $(\overline{g}^n)$, $\underline{\underline{F}}_0$ est la restriction à Ω de la tribu $\underline{\underline{F}}'_0$. Munissons Ω de la topologie trace de $\overline{\Omega}$; pour tout $\omega\in\Omega$, $t\longrightarrow\theta_t\omega$ est continu de $\mathbb{R}$ dans Ω d'après le choix de la famille compactifiante; si (ω_n) est une suite de points de Ω convergeant vers $\omega'\in\overline{\Omega}$, $(\theta_t\omega_n)$ est une suite convergente dans $\overline{\Omega}$, dont nous noterons $\theta_t\omega'$ la limite, qui ne dépend pas du choix de la suite (ω_n) convergeant vers ω'. Grâce à la propriété d'équicontinuité (ix), le prolongement de θ_t à $\overline{\Omega}$ ainsi obtenu satisfait à

$$\forall\omega\in\overline{\Omega},\quad t\longrightarrow\theta_t\omega \quad \text{est continu de } \mathbb{R} \text{ dans } \overline{\Omega};$$

en particulier, il vient que $(t,\omega)\longrightarrow\theta_t\omega$ est $\underline{\underline{B}}(\mathbb{R})\otimes\underline{\underline{F}}'$-mesurable. Il est clair que $\overline{\Omega}-\Omega$ est invariant par le groupe (θ_t) ainsi prolongé, et nous pouvons étendre la loi P à $\overline{\Omega}$ en posant $P(\overline{\Omega}-\Omega)=0$. Finalement, si nous posons $\underline{\underline{F}}'_t=\theta_t^{-1}\underline{\underline{F}}'_0$, nous avons

(x) un flot $(\overline{\Omega},\underline{\underline{F}}',\underline{\underline{F}}'_t,\theta_t,P)$ isomorphe au flot initial, tel que (a): $(\overline{\Omega},\underline{\underline{F}}')$ soit un espace métrique compact séparable muni de sa tribu borélienne, (b): $\underline{\underline{F}}'_0$ soit engendrée par une famille dénombrable $(\overline{g}^n)$ de fonctions continues, (c): $\forall\omega\in\overline{\Omega}$, $t\longrightarrow\theta_t\omega$ soit continue de $\mathbb{R}$ dans $\overline{\Omega}$.

Ceci n'était que la première étape, la filtration ainsi obtenue n'étant pas en général standard. Désignons par X l'application $(t,\omega) \longrightarrow \theta_t\omega$ de $(\mathbb{R}\times\overline{\Omega},\underline{\underline{B}}(\mathbb{R})\otimes\underline{\underline{F}}')$ dans $(\overline{\Omega},\underline{\underline{F}}'_0)$; on a $\underline{\underline{F}}'_t = \sigma(X_s,s\leq t)$, et ceci suggère de considérer $(\overline{\Omega},\underline{\underline{F}}'_0)$ comme un espace d'états, et d'associer à tout point ω sa trajectoire $t \longrightarrow X_t(\omega)$ de $\mathbb{R}$ dans $(\overline{\Omega},\underline{\underline{F}}'_0)$; malheureusement, la tribu $\underline{\underline{F}}'_0$ ne sépare pas les points de $\overline{\Omega}$, nous désirons donc passer au quotient par rapport à la relation d'équivalence dont les classes sont les atomes de $\underline{\underline{F}}'_0$; pour cela, il nous faut montrer que, si ω et ω' sont tels que $X_t(\omega)$ et $X_t(\omega')$ appartiennent au même atome de $\underline{\underline{F}}'_0$ pour tout $t\in\mathbb{R}$, alors $\omega=\omega'$; mais, revenant à la définition de $\underline{\underline{F}}'_0$, cela signifie que, pour tout $n\in\mathbb{N}$ et tout $t\in\mathbb{R}$, on a $\overline{g}^n(\theta_t\omega)=\overline{g}^n(\theta_t\omega')$, et cela implique bien $\omega=\omega'$, puisque les fonctions $(\overline{g}^n\circ\theta_t)$ séparent les points de $\overline{\Omega}$.
Nous noterons $(E,\underline{\underline{E}})$ l'espace obtenu à partir de $(\overline{\Omega},\underline{\underline{F}}'_0)$ en confondant les points appartenant à un même atome: c'est un espace métrique compact muni de sa tribu borélienne, puisque nous pouvons aussi l'obtenir en munissant $\overline{\Omega}$ de la topologie non séparée engendrée par la famille $(\overline{g}^n)$ puis en passant au quotient. Nous allons maintenant décrire la réalisation annoncée. Adjoignons à E un point isolé δ, et soit W l'ensemble des applications w de $\mathbb{R}\cup\{\infty\}$ dans $E\cup\{\delta\}$ telles que

(xi) (a): l'ensemble $(t\in\mathbb{R}\cup\{\infty\},w(t)=\delta)$ soit un intervalle de la forme $[s,\infty[$; (b): la trajectoire w soit continue sur $]-\infty,s[$, et limitée à gauche en s; on pose alors $\zeta(w)=s$ $(\leq+\infty)$.

Définissons l'application X de $(\mathbb{R}\cup\{+\infty\})\times W$ dans E par $X_t(w)=w(t)$; nous munissons W des tribus $\underline{\underline{G}}_t=\sigma(X_s,s\leq t)$, $\underline{\underline{G}}=\underline{\underline{G}}_\infty$; définissons le groupe (Θ_t) des translations sur W par $\Theta_t w(s)=w(s+t)$, on a $\underline{\underline{G}}_t=\Theta_t^{-1}\underline{\underline{G}}_0$. Si nous considérons l'injection de $\overline{\Omega}$ dans W qui à tout point ω associe sa trajectoire, nous pouvons transporter la loi $\mathbb{P}$ sur W: la nouvelle loi P ainsi obtenue est invariante par Θ_t et portée par l'ensemble $(\zeta=+\infty)$. Finalement,

(xii) les flots $(\Omega,\underline{\underline{F}}_\infty,\underline{\underline{F}}_t,\theta_t,P)$ et $(W,\underline{\underline{G}},\underline{\underline{G}}_t,\Theta_t,P)$ sont isomorphes,

et nous avons rempli notre contrat, puisqu'il est connu que la filtration $(W,\underline{\underline{G}}_t)$ est standard (cf. FÖLLMER(7), P.A.MEYER(17)).

§4: Premiers résultats relatifs au flot spécial sous une fonction, application aux flots propres.

Dans tout ce paragraphe, nous supposerons que le flot $(\Omega,\underline{\underline{F}},\underline{\underline{F}}_t,\theta_t,P)$ satisfait à l'hypothèse (2.3); nous travaillerons également sur le flot $(W,\hat{\underline{\underline{F}}},\hat{\underline{\underline{F}}}_t,\hat{\theta}_t,\hat{P})$ tel qu'il est décrit au §2; pour la commodité, nous rassemblons les notations concernant ce flot

On rappelle que $(V_n)_{n\in\mathbb{Z}}$ désigne la suite des temps de saut du compteur fondamental, avec la convention $V_0=\sup(t<0,N_t-N_{t-}=1)$, et que $X=(V_1=0)$. Nous posons $V=V_{2|X}$, et W est alors défini par $W=((x,u)\in X\times\mathbb{R},0<u\leq V(x))$. Nous notons $\underline{\underline{X}}$ la trace sur X de la tribu $\underline{\underline{F}}$, et $\hat{\underline{\underline{F}}}$ est alors la trace sur W de $\underline{\underline{X}}\otimes\underline{\underline{B}}(\mathbb{R})$. L'espace $(W,\hat{\underline{\underline{F}}})$ est muni de la loi $\hat{P}$ qui est la restriction à W de la mesure produit $\mu\otimes du$, où μ est la mesure de Palm du compteur fondamental N, dite mesure fondamentale. La formule $Sx=\theta_V(x)$ définit un automorphisme S sur $(X,\underline{\underline{X}},\mu)$. Si nous transportons le compteur fondamental sur W, en notant $\hat{N}$ le compteur ainsi obtenu, les temps de saut de $\hat{N}$ sont donnés par

$$\hat{V}_0(x,u)=-u;\qquad \hat{V}_k(x,u)\begin{cases}=\sum_{0\leq m<k}V(S^m x)-u & \text{pour } k>0,\\ =-\sum_{k\leq m<0}V(S^m x)-u & \text{pour } k<0\,.\end{cases}$$

Les formules définissant le flot $(\hat{\theta}_t)$ sur $(W,\hat{\underline{\underline{F}}}_t,\hat{P})$ sont alors

$$\hat{\theta}_t(x,u) = \sum_{k\in\mathbb{Z}}(S^k x,t-\hat{V}_k(x,u)).1_{(\hat{V}_k<t\leq\hat{V}_{k+1})}(x,u)\;.$$

Nous avons vu que les flots $(\Omega,\underline{\underline{F}},\theta_t,P)$ et $(W,\hat{\underline{\underline{F}}},\hat{\theta}_t,\hat{P})$ sont isomorphes, l'isomorphisme étant donné par

Φ: $(x,u)\longrightarrow\theta_u x$, mesurable de $(W,\hat{\underline{\underline{F}}})$ dans $(\Omega,\underline{\underline{F}})$;

Φ^{-1}: $\omega\longrightarrow(\theta_{V_0}\omega,-V_0(\omega))$, mesurable de $(\Omega,\underline{\underline{F}})$ dans $(W,\hat{\underline{\underline{F}}})$.

Au §2, nous n'avions pas introduit de filtration sur le nouveau flot: nous allons simplement le munir de la filtration $(\hat{\underline{\underline{F}}}_t)$ obtenue en transportant sur W la filtration $(\underline{\underline{F}}_t)$ à l'aide de Φ. Enfin, nous munissons X de la famille croissante de tribus définie par

(i) $\underline{\underline{X}}_t=\underline{\underline{F}}_{t|X}$, pour $t\geq 0$.

Nous avons indiqué en (2.6) comment les fonctions $\hat{f}$ définies sur $(W,\hat{\underline{\underline{F}}})$ correspondent aux processus $(f_u)_{u\geq 0}$ définis sur X, et à support dans l'intervalle stochastique $]\!]0,V]\!]$. En reprenant les notations de (2.6) on a (nous renvoyons au §3 pour les notations de théorie générale des processus)

(4.1) THEOREME: (a) $W \in \underline{\underline{P}}(X,\underline{\underline{X}}_t)_{t\geq 0}$;

(b) $((f_u) \in \underline{\underline{O}}(X,\underline{\underline{X}}_t)_{t\geq 0}) \Longleftrightarrow ((\hat{f}\circ\hat{\theta}.) \in \underline{\underline{O}}(W,\hat{\underline{\underline{F}}}_t)_{t\in\mathbb{R}})$;

(c) $((f_u) \in \underline{\underline{P}}(X,\underline{\underline{X}}_t)_{t\geq 0}) \Longleftrightarrow ((\hat{f}\circ\hat{\theta}.) \in \underline{\underline{P}}(W,\hat{\underline{\underline{F}}}_t)_{t\in\mathbb{R}})$.

DEMONSTRATION: (a) cette assertion a bien un sens, moyennant la convention qui a été faite; si nous considérons W comme sous-ensemble de $\Omega\times\mathbb{R}$, on a $W = (X\times\mathbb{R})\cap]\!]0,V_2]\!]$, qui appartient à $\underline{\underline{P}}(\Omega,\underline{\underline{F}}_t)$; par ailleurs, un processus algébriquement prévisible sur $(\Omega,\underline{\underline{F}}_t)$ et à support dans $X\times\mathbb{R}_+$ est encore algébriquement prévisible sur $(X,\underline{\underline{X}}_t)$, d'où le résultat.

(c): nous notons $\underline{\underline{P}}$ pour $\underline{\underline{P}}(X,\underline{\underline{X}}_t)$; il revient au même de montrer (c) et

(c') $\hat{\underline{\underline{F}}}_0 = \underline{\underline{P}}_{|W}$,

puisqu'un processus stationnaire est algébriquement prévisible sur $(W,\hat{\underline{\underline{F}}}_t)$ si et seulement si il est de la forme $(\hat{f}\circ\hat{\theta}.)$, $\hat{f}\in\hat{\underline{\underline{F}}}_0$.

Montrons $\underline{\underline{P}}_{|W}\subset\hat{\underline{\underline{F}}}_0$; il suffit de montrer que tout processus sur X de la forme $\hat{B}^s = A^s\times]s,\infty[$, $A^s\in\underline{\underline{X}}_s$, est tel que $\hat{B}^s\cap W\in\hat{\underline{\underline{F}}}_0$; en utilisant l'isomorphisme entre W et Ω, cela revient à montrer que $\Phi(\hat{B}^s\cap W)\in\underline{\underline{F}}_0$. Or, on a

$$1_{\Phi(\hat{B}^s\cap W)}\circ\Phi^{-1}(\omega) = 1_{\hat{B}^s\cap W}(\theta_{V_0}\omega,-V_0(\omega)) = 1_{A^s}\circ\theta_{V_0}(\omega).1_{(s<-V_0)}(\omega)$$

$$= 1_{A^o}\circ\theta_{s+V_0}(\omega).1_{(s+V_0<0)}(\omega),$$

où $A^o = A^s\circ\theta_{-s} \in \underline{\underline{F}}_0$; il reste alors à appliquer le lemme (1.3).

Montrons $\hat{\underline{\underline{F}}}_0\subset\underline{\underline{P}}_{|W}$. Soit $\hat{f}\in\hat{\underline{\underline{F}}}_0$, continue sur les trajectoires du flot, et soit $f = \hat{f}\circ\Phi^{-1}\in\underline{\underline{F}}_0$. Le processus stationnaire $(f\circ\theta.)$ étant algébriquement prévisible sur $(\Omega,\underline{\underline{F}}_t)$, la relation $f_u(x)=f(\theta_u x)$, $u\geq 0$, $x\in X$, définit un processus algébriquement prévisible sur $(X,\underline{\underline{X}}_t)$. Le résultat provient alors de ce que l'on a $\hat{f}(x,u)=f_u(x)$ pour $0<u\leq V(x)$.

(b) $\Longleftarrow$: le raisonnement est en tout point identique à celui que nous venons de faire dans le cas prévisible.

$\Longrightarrow$: soit (f_u) un processus continu à droite et réglé, algébriquement optionnel sur $(X,\underline{\underline{X}}_t)$ (nous noterons $\underline{\underline{O}}$ pour $\underline{\underline{O}}(X,\underline{\underline{X}}_t)$). Nous procéderons en deux étapes.

Commençons par supposer que le processus stationnaire $(\hat{f}\circ\hat{\theta}.)$ soit continu à droite et réglé (il est toujours réglé d'après (2.7), mais n'est pas obligatoirement continu à droite), et que (f_u) appartienne à $\underline{\underline{O}}$. Dans ce cas, il suffit de montrer que $\hat{f}$ est $\hat{\underline{\underline{F}}}_{0+}$-mesurable pour pouvoir affirmer que $(\hat{f}\circ\hat{\theta}.)$ appartient à $\underline{\underline{O}}(W,\hat{\underline{\underline{F}}}_t)$. A cet effet, nous munissons le flot de la filtration en avance $(\hat{\underline{\underline{F}}}_{t+\varepsilon})_{t\in\mathbb{R}}$, où ε est un réel >0; le processus (f_u) appartient alors à $\underline{\underline{P}}(X,\underline{\underline{X}}_{t+\varepsilon})_{t>0}$, et (c) permet donc d'affirmer que $\hat{f}$ est $\hat{\underline{\underline{F}}}_{\varepsilon}$-mesurable pour tout $\varepsilon>0$, d'où le résultat dans ce cas.

Dans le cas général, il suffira de montrer que, si (f_u) est $\underline{\underline{Q}}$-mesurable, continu à droite et réglé, et à support dans $]\!]0,V]\!]$, il peut être approché par une suite (f_u^n) de processus $\underline{\underline{Q}}$-mesurables tels que $\hat{f}^n$ soit continue à droite et réglée sur les trajectoires du flot $(\hat{\theta}_t)$ pour tout n. Fixons $\varepsilon>0$, et définissons le processus (f_u^ε) par

$$f_u^\varepsilon(x)\begin{cases} = f_u(x) \quad \text{pour } \varepsilon\leq u\ , \\ = f_V\circ S^{-1}(x) \quad \text{pour } 0<u<\varepsilon \text{ si } \varepsilon\leq V(x)\text{, pour } 0<u\leq V(x) \text{ sinon.}\end{cases}$$

Pour tout ε, (f_u^ε) est continu à droite et réglé, et $\lim(f_u^\varepsilon) = f_u$ lorsque $\varepsilon\to 0$. Montrons que $\hat{f}^\varepsilon$ est continue à droite sur les trajectoires du flot; la continuité à droite en $t=0$ de $t \longrightarrow \hat{f}^\varepsilon(\theta_t w)$ est évidente pour les points de W qui sont situés en dehors du graphe $[\![V]\!]$; soit donc $w=(x,V(x))\in[\![V]\!]$, on a, pour t assez petit, $\hat{f}^\varepsilon\circ\hat{\theta}_t(x,V(x)) = \hat{f}^\varepsilon(Sx,t) = \hat{f}(x,V(x)) = \hat{f}^\varepsilon(x,V(x))$, d'où la continuité à droite en $t=0$ pour ces points, et, finalement, la continuité à droite partout. Pour être complet, il nous reste à montrer que le processus (f_u^ε) appartient à $\underline{\underline{Q}}$ pour tout $\varepsilon>0$; il suffit clairement de montrer que f_{0+}^ε appartient à $\underline{\underline{X}}_{0+}$. Fixons $\eta>0$, et munissons X de la famille en avance $(\underline{\underline{X}}_{t+\eta})_{t>0}$, par rapport à laquelle (f_u^ε) est algébriquement prévisible. Nous devons montrer que $f_V\circ S^{-1}=\underline{\underline{X}}_{0+}$; on a déjà $f_V\in\underline{\underline{X}}_{V-}^\eta$, où $\underline{\underline{X}}_{V-}^\eta$ désigne la tribu des ensembles η-strictement antérieurs à V, engendrée par les ensembles de la forme $B_t^\eta= A_t^\eta\cap(V>t)$, $A_t^\eta \in \underline{\underline{X}}_{t+\eta}$. Comme S^{-1} est la restriction à X de θ_{V_0}, il suffit de montrer que $B_t^\eta\circ\theta_{V_0}$ appartient à $\underline{\underline{F}}_\eta$ pour conclure; or, on a

$$B_t^\eta\circ\theta_{V_0} = A_0\circ\theta_{t+\eta}\circ\theta_{V_0}\cap(V\circ\theta_{V_0}<t) = A_0\circ\theta_{t+\eta+V_0}\cap(t+V_0<0),\quad \text{avec } A_0\in\underline{\underline{F}}_0\ ,$$

car $V\circ\theta_{V_0} = -V_0$. Le lemme (1.3) appliqué à la filtration en avance $(\underline{\underline{F}}_{t+\eta})_{t\in\mathbb{R}}$ permet alors d'affirmer que $B_t^\eta\circ S^{-1}$ appartient à $\underline{\underline{F}}_\eta$, donc à $\underline{\underline{X}}_\eta$, ce qui achève la démonstration du théorème.

REMARQUE: nous voyons ici pour la première fois la raison pour laquelle nous avons choisi la forme inhabituelle pour le flot sous la fonction V, en excluant $[\![0]\!]$,et en incluant au contraire $[\![V]\!]$; si nous avions pris les conventions habituelles, les assertions (a) et (c) auraient nécessité que X fût $\underline{\underline{F}}_0$-mesurable, et non pas seulement $\underline{\underline{F}}_{0+}$-mesurable.

Nous allons donner les résultats analogues pour les hélices. Soit Z une hélice sur Ω, nous noterons $\hat{Z} = Z\circ\Phi$ cette même hélice transportée sur W. A toute hélice Z, on associe le processus A^Z défini sur X par

$$\text{(ii)}\quad A_u^Z(x)\begin{cases} = Z_u(x) \quad \text{pour } 0\leq u\leq V(x) \\ = Z_V(x) \quad \text{pour } u>V(x).\end{cases}$$

Autrement dit, A^Z est la restriction à X du processus arrêté $(Z_{u\wedge V_2})_{u\geq 0}$. Voici un résultat qui n'est pas nouveau: il a son analogue dans LAZARO(13) pour les flots sous une fonction définis de façon classique:

(4.2) THEOREME: A^Z détermine Z; nous dirons que A^Z engendre l'hélice Z.

DEMONSTRATION: il s'agit de montrer que Z_t peut être calculé en fonction de A^Z pour $t\geq 0$. Soit donc $\omega\in\Omega$, et $t\in]V_m(\omega),V_{m+1}(\omega)]$, $m\geq 0$; on a

$$Z_t(\omega) = Z_t(\omega)-Z_{V_m(\omega)}(\omega)+Z_{V_m(\omega)}(\omega)-Z_{V_{m-1}(\omega)}(\omega)+\ldots+Z_{V_1(\omega)}(\omega)$$

$$= Z_{t-V_m(\omega)}(\theta_{V_m}\omega) + \sum_{1\leq k<m} Z_{(V_{k+1}-V_k)(\omega)}(\theta_{V_k}\omega) + Z_{V_1(\omega)}(\omega).$$

En transportant cette formule sur W, on obtient

(iii) $\hat{Z}_t(x,u) = A^Z_{t-\hat{V}_m(x,u)}(S^m x) + \sum_{0\leq k<m} A^Z_V\circ S^k(x) - A^Z_u(x)$, où $t\in]\hat{V}_m(x,u),\hat{V}_{m+1}(x,u)]$.

Voici maintenant pour les hélices l'analogue du théorème (4.1):

(4.3) THEOREME: (a) l'hélice Z est algébriquement optionnelle sur $(\Omega,\underline{\underline{F}}_t)_{t\in\mathbb{R}}$ si et seulement si le processus A^Z l'est sur $(X,\underline{\underline{X}}_t)_{t\geq 0}$;

(b) l'hélice Z est algébriquement prévisible sur $(\Omega,\underline{\underline{F}}_t)_{t\in\mathbb{R}}$ si et seulement si le processus A^Z l'est sur $(X,\underline{\underline{X}}_t)_{t\geq 0}$.

DEMONSTRATION: la prévisibilité (resp. la bien-mesurabilité) de Z entraine clairement, par restriction à X, celle de A^Z, nous laissons cela au lecteur, et montrons les réciproques.

(b): soit $A^Z\in\underline{\underline{P}}$ (pour $\underline{\underline{P}}(X,\underline{\underline{X}}_t)$). Dans une première étape, nous supposerons l'existence d'un $\ddot{t}\geq 0$ tel que $A^Z_t=0$ pour tout $t\leq\ddot{t}$; calculons le processus arrêté $(Z_{t\wedge\ddot{t}})_{t\geq 0}$. Transportons-nous sur W, on a

$$\hat{Z}_{t\wedge\ddot{t}}(x,u) = \hat{Z}_{t\wedge\ddot{t}\wedge\hat{V}_1}(x,u) = A^Z_{t+u}(x)-A^Z_u(x) ,$$

ce qui donne, en revenant sur Ω,

$$Z_{t\wedge\ddot{t}}(\omega) = A^Z_{t-V_0(\omega)}(\theta_{V_0}\omega) - A^Z_{-V_0(\omega)}(\theta_{V_0}\omega).$$

Mais, il est clair que le processus $(A^Z_t(\omega))_{t\geq 0}$, prolongé par 0 en dehors de X, est algébriquement prévisible sur $(\Omega,\underline{\underline{F}}_t)_{t\geq 0}$; le lemme suivant nous permet alors d'affirmer que $(Z_{t\wedge\ddot{t}})_{t\geq 0}$ est algébriquement prévisible sur $(\Omega,\underline{\underline{F}}_t)_{t\geq 0}$:

(4.4) LEMME: soit $Y \in \underline{\underline{P}}(\Omega,\underline{\underline{F}}_t)_{t\geq 0}$, et soit T une variable aléatoire $\underline{\underline{F}}_0$-mesurable et ≤ 0; le processus Y^T défini par $Y^T_u(\omega) = Y_{u-T(\omega)}(\theta_T\omega)$, $u\geq 0$, appartient à $\underline{\underline{P}}(\Omega,\underline{\underline{F}}_t)_{t\geq 0}$.

DEMONSTRATION: d'après (3.1), il s'agit de montrer que $Y^T\circ\theta^-$ est $\underline{\underline{F}}_0\otimes\underline{\underline{B}}(\mathbb{R}_+)$-mesurable; or, si l'on pose $Y'(u,\omega) = Y\circ\theta^-(u-T\circ\theta_{-u}(\omega),\omega)$, on a $Y^T=Y'\circ\theta^+$; le lemme provient alors de (3.1) et de ce que $Y'\in\underline{\underline{F}}_0\otimes\underline{\underline{B}}(\mathbb{R}_+)$.

Revenons à la démonstration de (4.3). On a, pour $t\geq 0$ quelconque

$$Z_t = \sum_{k\geq 0}(Z_{t\wedge(k+1)\varepsilon} - Z_{t\wedge k\varepsilon}) = \sum_{k\geq 0}(Z_{t\wedge(k+1)\varepsilon - t\wedge k\varepsilon})\circ\theta_{t\wedge k\varepsilon}\ .$$

Finalement, Z est la somme des processus de la forme

$$Z'^k_t = Z_\varepsilon\circ\theta_{k\varepsilon}.1_{((k+1)\varepsilon<t)}\ ,$$

et

$$Z''^k_t = (Z_{t-k\varepsilon})\circ\theta_{k\varepsilon}\ .1_{(0<t-k\varepsilon\leq\varepsilon)}\ .$$

Les processus de la forme Z'^k appartiennent clairement à $\underline{\underline{P}}(\Omega,\underline{\underline{F}}_t)$, tandis que la première partie de la démonstration montre que les Z''^k appartiennent aussi à $\underline{\underline{P}}(\Omega,\underline{\underline{F}}_t)$. De tout cela, il résulte que $(Z_t)_{t\geq 0}\in\underline{\underline{P}}(\Omega,\underline{\underline{F}}_t)_{t\geq 0}$, ce qui est le résultat cherché, puisque Z est une hélice (cf. la remarque du début du §3).

Il reste à nous affranchir de l'existence préliminaire de ε: dans le cas général le processus A^Z est la limite lorsque $\varepsilon\to 0$, du processus défini par $(A^Z_t-A^Z_\varepsilon).1_{(t\geq\varepsilon)}$, auquel on peut appliquer le résultat précédent.

(a): supposons que $A^Z\in\underline{\underline{O}}$. Pour tout $\varepsilon>0$, on a $A^Z\in\underline{\underline{P}}(X,\underline{\underline{X}}_{t+\varepsilon})_{t\geq 0}$, d'où il vient, grâce au résultat précédent, que Z appartient à $\underline{\underline{P}}(\Omega,\underline{\underline{F}}_{t+\varepsilon})$ pour tout $\varepsilon>0$, donc aussi à $\underline{\underline{O}}(\Omega,\underline{\underline{F}}_t)$. Le théorème est montré.

Nous n'avons pas encore fait intervenir de mesure sur les espaces considérés, c'est ce que nous allons faire maintenant. Rappelons que, si A est un processus croissant défini sur $(X,\underline{\underline{X}}_t,\mu)$, la formule $\mu^A(f) = \mu\int_0^\infty f_u dA_u$, où f est $\underline{\underline{X}}\otimes\underline{\underline{B}}(\mathbb{R}_+)$-mesurable et positive, définit une mesure positive sur $(X\times\mathbb{R}_+,\underline{\underline{X}}\otimes\underline{\underline{B}}(\mathbb{R}_+))$, que l'on appelle la mesure associée au processus croissant A.

(4.5) THEOREME: soit $\hat{Z}$ une hélice croissante sur $(W,\hat{\underline{\underline{F}}},\hat{\theta}_t,\hat{P})$, et soit A^Z le processus croissant qui engendre $\hat{Z}$; la mesure de Palm de Z est alors la mesure associée au processus croissant A^Z.

REMARQUE: il résulte en particulier de ce théorème que tout processus croissant arrêté à V définit une mesure σ-finie sur $X\times\mathbb{R}_+$, puisque toutes les mesures de Palm sont σ-finies (cette propriété est satisfaite par tous les processus croissants lorsque μ est bornée, mais pas lorsque μ est seulement σ-finie).

DEMONSTRATION: comme au théorème précédent, on se ramène d'abord au cas où il existe un réel $\bar{t}>0$ tel que $A^Z_{\bar{t}}=0$. Soit alors $\hat{f}$ une fonction $\hat{\underline{\underline{F}}}$-mesurable et ≥ 0 sur W, et nous notons (f_u) le processus sur X associé à $\hat{f}$. L'existence de $\bar{t}$ permet d'affirmer que $\hat{E}\int_{V_1}^{\bar{t}} \hat{f}\circ\hat{\theta}_s\, d\hat{Z}_s = 0$. On a alors

$$\hat{\mu}^Z(\hat{f}) = \hat{E}\,\frac{1}{\bar{t}}\int_0^{\bar{t}} \hat{f}\circ\hat{\theta}_s d\hat{Z}_s = \hat{E}\,\frac{1}{\bar{t}}\int_0^{\bar{t}\wedge\hat{V}_1} \hat{f}\circ\hat{\theta}_s d\hat{Z}_s = \int_X d\mu(x)\int_0^{V(x)} du\,\frac{1}{\bar{t}}\int_0^{\bar{t}} f_{s+u}(x)\,dA^Z_{s+u}(x)$$

$$= \int_X d\mu(x)\int_0^{V(x)} du\,\frac{1}{\bar{t}}\int_u^{\bar{t}+u} f_s(x)\,dA^Z_s(x) = \int_X d\mu(x)\int_0^{V(x)} du\,\frac{1}{\bar{t}}\int_{u\vee\bar{t}}^{(u+\bar{t})\wedge V(x)} f_s(x)\,dA^Z_s(x)$$

$$\text{(Fubini)} = \int_X d\mu(x)\int_{\bar{t}}^{V(x)} f_s(x)\,dA^Z_s(x)\,\frac{1}{\bar{t}}\int_{s-\bar{t}}^{s} du = \int_X d\mu(x)\int_0^{+\infty} f_s(x)\,dA^Z_s(x)\ ,$$

ce qui est le résultat cherché.

REMARQUE: en particulier, la mesure de Palm du compteur fondamental $\hat{N}$ est la mesure $\hat{f} \to \int_X f_V(x)\,d\mu(x)$.

Donnons une autre forme de ce résultat, qui suggère une autre méthode pour l'obtenir, analogue à celle employée en (2.5) pour caractériser la mesure de Palm des processus ponctuels stationnaires:

(4.6) COROLLAIRE: <u>soit</u> Z <u>une hélice croissante sur</u> $(\Omega,\underline{\underline{F}},\theta_t,P)$; <u>à toute fonction</u> f, <u>$\underline{\underline{F}}$-mesurable et ≥ 0, nous associons la fonction $\underline{\underline{F}}$-mesurable</u> f^Z <u>définie par</u> $f^Z = 1_X.\int_{V_1}^{V_2} f\circ\theta_u dZ_u$; <u>on a alors</u> $E\int_0^1 f\circ\theta_u dZ_u = E\int_0^1 f^Z\circ\theta_u dN_u$, <u>où l'on rappelle que</u> N <u>désigne le compteur fondamental.</u>

Voici un autre résultat:

(4.7) THEOREME: <u>soit</u> ν <u>la probabilité définie sur</u> $(X,\underline{\underline{X}})$ <u>par</u> $g \to \mu(g.V)$, <u>qui est équivalente à la mesure σ-finie</u> μ; <u>on a la relation suivante</u>:

$$\forall\, \hat{B}\in\hat{\underline{\underline{F}}},\quad \hat{P}(\,\pi_W(\hat{B}\circ\hat{\theta}.)\,) = \nu(\bigcup_{k\in\mathbb{Z}} S^k(\pi_X\hat{B})\,)\ ,$$

<u>où</u> π_W <u>et</u> π_X <u>désignent respectivement les projections sur</u> W <u>et sur</u> X.

DEMONSTRATION: l'ensemble aléatoire $(\hat{B}\circ\hat{\theta}.)$ étant $\hat{\underline{\underline{F}}}\otimes\underline{\underline{B}}(\mathbb{R})$-mesurable, sa projection sur W est $\hat{\underline{\underline{F}}}$-mesurable. D'autre part, il est clair que

$$\pi_W(\hat{B}\circ\hat{\theta}.) = (\bigcup_{k\in\mathbb{Z}} S^k(\pi_X\hat{B}) \times \mathbb{R}_+)\cap W \ ;$$

or, $\hat{B}$ étant $\underline{\underline{X}}\otimes\underline{\underline{B}}(\mathbb{R})$-mesurable, $\pi_X\hat{B}$ est $\overline{\underline{\underline{X}}}$-mesurable sur X. Comme S est un automorphisme de $(X,\underline{\underline{X}},\mu)$, il vient que $S(\pi_X\hat{B})$ est également $\overline{\underline{\underline{X}}}$-mesurable: on a $A'\subset\pi_X\hat{B}\subset A''$, avec $A',A''\in\underline{\underline{X}}$, $\mu(A''-A')=0$, ce qui donne $S(A')\subset S(\pi_X\hat{B})\subset S(A'')$, avec $\mu(S(A''-A')) = \mu(A''-A')=0$. Finalement, il vient que $\bigcup_{k\in\mathbb{Z}} S^k(\pi_X\hat{B})$ est également $\overline{\underline{\underline{X}}}$-mesurable sur X. Autrement dit, il nous reste à montrer que, pour $\hat{B}$ invariant de la forme

$\hat{B} = (A\times\mathbb{R})\cap W$, où A est S-invariant et $\overline{\underline{\underline{X}}}$-mesurable,

on a $\hat{P}(\hat{B}) = \nu(A)$. Mais, cela résulte de Fubini: $\hat{P}(\hat{B}) = \int_A d\mu(x)\int_0^{V(x)} du = \nu(A)$.

CONSEQUENCES FONDAMENTALES: 1/ (4.7) implique en particulier que deux processus stationnaires $(f\circ\theta.)$ et $(f'\circ\theta.)$ sont P-indistinguables si et seulement si (f_u) et (f'_u) sont μ-indistinguables. Soit alors (f_u) un processus prévisible sur $(X,\underline{\underline{X}}_t,\mu)$; ce processus est indistinguable d'un processus algébriquement prévisible sur $(X,\underline{\underline{X}}_t)$; (4.1) et (4.7) nous permettent alors d'affirmer que le processus stationnaire $(f\circ\theta.)$ est prévisible sur $(\Omega,\underline{\underline{F}}_t,P)_{t\in\mathbb{R}}$. Réciproquement, soit $(f\circ\theta.)$ un processus stationnaire prévisible sur $(\Omega,\underline{\underline{F}}_t,P)$; d'après (3.3), ce processus est indistinguable d'un processus stationnaire de la forme $(f'\circ\theta.)$, où $f'\in\underline{\underline{F}}_0$; grâce à (4.1) et (4.7), (f_u), étant μ-indistinguable de (f'_u), est prévisible sur $(X,\underline{\underline{X}}_t,\mu)$. On a les mêmes résultats pour le cas optionnel. <u>On peut donc étendre (4.1) au cas où les mesurabilités sont prises au sens habituel, et non plus seulement au sens algébrique.</u>

2/ passons aux hélices croissantes. Si A est un processus croissant prévisible sur $(X,\underline{\underline{X}}_t,\mu)$, il est indistinguable d'un processus croissant appartenant à $\underline{\underline{P}}$; (4.3) et (4.7) impliquent alors que A engendre une hélice prévisible sur $(\Omega,\underline{\underline{F}}_t,P)$. Réciproquement, si Z est une hélice croissante prévisible sur $(\Omega,\underline{\underline{F}}_t,P)$, elle est entièrement définie par la restriction à $\underline{\underline{F}}_0$ de sa mesure de Palm; mais alors, cette dernière est la mesure associée à un processus croissant de $\underline{\underline{P}}$; (4.7) nous apprend alors que Z est engendrée par un processus croissant prévisible sur $(X,\underline{\underline{X}}_t,\mu)$. On a les mêmes résultats dans le cas optionnel. <u>On peut donc étendre (4.3) pour les hélices croissantes au cas où les mesurabilités sont prises au sens habituel.</u>

3/ dans le cas général pour les hélices, il est clair qu'un processus prévisible sur $(X,\underline{\underline{X}}_t,\mu)$ engendre un hélice prévisible. Malheureusement nous ne savons pas montrer la réciproque en général, car <u>nous n'avons pas montré</u> que toute hélice prévisible est indistinguable d'une hélice algébriquement prévisible. Nous allons simplement traiter un cas moins général, et qui nous suffira par la suite. Soit Z une hélice bien-mesurable, et p.s. continue à droite et réglée; nous pouvons recopier la démonstration de (1.1) pour les processus stationnaires continus à droites (mais, pas pour ceux qui sont continus à gauche, là est la difficulté dans le cas prévisible), et remplacer Z par un processus Z', algébriquement optionnel sur $(\Omega,\underline{\underline{F}}_t)$, satisfaisant identiquement à la relation des hélices, mais dont on peut seulement affirmer qu'il est p.s. continu à droite et réglé; par contre, cette dernière propriété a lieu sur un ensemble invariant et plein, dont nous jetons momentanémént le complémentaire. Sur le reste, Z' est une hélice algébriquement optionnelle qui est donc engendrée par un processus A', algébriquement optionnel sur $(X,\underline{\underline{X}}_t)$; si l'on rajoute alors le morceau enlevé, il vient que A' est optionnel sur $(X,\underline{\underline{X}}_t,\mu)$, et il en est de même, par μ-indistinguabilité, pour A. Finalement, une hélice p.s. réglée est bien-mesurable sur $(\Omega,\underline{\underline{F}}_t,P)$ si et seulement si elle est engendrée par un processus bien-mesurable sur $(X,\underline{\underline{X}}_t,\mu)$.

Il faudrait bien entendu prendre certaines précautions pour ces énoncés dans le cas où μ est seulement σ-finie, et non pas bornée, nous reviendrons là dessus ultérieurement.

(4.8) THEOREME DE SECTION PAR LES COMPTEURS: pour tout $\hat{B}\in\hat{\underline{\underline{F}}}$, et tout $\varepsilon>0$, il existe un compteur $\hat{N}^B$ porté par $\hat{B}$, tel que

$$\hat{P}(\ \pi_W(\hat{B}\circ\hat{\theta}.)\ ) < \hat{P}(\ W^{(\hat{N}^B)}\ ) + \varepsilon;$$

si, de plus, le processus $(1_{\hat{B}}\circ\hat{\theta}.)$ est prévisible (resp. bien-mesurable), on peut choisir pour $\hat{N}^B$ un compteur prévisible (resp. bien-mesurable).

Pour la définition de $W^{(\hat{N}^B)}$, nous renvoyons le lecteur à (§1,v). Par ailleurs, on rappelle que, si Z est une hélice croissante,, et f une fonction $\underline{\underline{F}}$-mesurable et ≥ 0, on désigne par f.Z l'hélice croissante définie par $(f.Z)_t = \int_0^t f\circ\theta_u dZ_u$. Enfin, on dit qu'une hélice croissante Z est portée par $A\in\underline{\underline{F}}$ si l'on a $Z = 1_A.Z$.

DEMONSTRATION: il suffit de traiter les cas prévisible et bien-mesurable, le cas général s'en déduisant par application de l'un ou l'autre avec la filtration triviale $\underline{\underline{F}}'_t=\underline{\underline{F}}$. Grâce à la remarque 1/ suivant (4.7), nous commençons par nous ramener aux mesurabilités algébriques: nous supposons donc que $\hat{B}$ appartient à $\underline{\underline{P}}$ (resp. à $\underline{\underline{O}}$). D'après (4.7) il existe $m\in\mathbb{Z}$ et $p\in\mathbb{N}$ tels que

$$\text{(iv)}\qquad \nu(\bigcup_{m\leq n<m+p} S^n(\pi_X\hat{B})\ ) > \hat{P}(\ \pi_W(\hat{B}\circ\hat{\theta}.)\ ) - \varepsilon/2.$$

Nous désirons maintenant appliquer le théorème de section (ordinaire) à $\hat{B}$, considéré comme ensemble aléatoire sur $(X,\underline{\underline{X}}_t,\mu)$; malheureusement, il y a là une difficulté dûe au fait que μ est σ-finie, et non pas bornée. Mais, d'après la conséquence importante du théorème (3.7), X est réunion d'une suite (X_p) d'éléments de $\underline{\underline{X}}_{0+}$ deux à deux disjoints, tels que $\mu(X_p)<\infty$ pour tout p. Le théorème (4.7) implique alors l'existence d'un ensemble X' appartenant à $\underline{\underline{X}}_{0+}$, tel que

(v) $\quad \nu(\bigcup_{k\in\mathbb{Z}} S^k X') \geq 1-\varepsilon/4$,

et nous pouvons appliquer les théorèmes de section en nous restreignant à X'. Il existe un temps d'arrêt D, algébriquement prévisible (resp. optionnel), satisfaisant à

(vi) $\quad [\![D]\!] \subset \hat{B}\cap(X'\times\mathbb{R})$; $\mu(\pi_X[\![D]\!]) \geq \mu(\pi_X\hat{B}\cap X') - \eta$,

où η est choisi tel que $\mu(A) < p\eta \Longrightarrow \nu(A) < \varepsilon/4$ pour tout $A \subset \bigcup_{m\leq n<m+p} S^n X'$, ce qui est possible parce que μ et ν sont, restreintes à $\bigcup_{m\leq n<m+p} S^n X'$, deux mesures <u>bornées</u> équivalentes (MEYER(18,VIII,9.2)).

Revenons à W tout entier, sur lequel nous considérons le compteur N^D engendré par le processus croissant $A_t = 1_{(D\leq t)}$; d'après (4.3) ce compteur satisfait aux conditions de mesurabilité requises, et il reste à vérifier l'inégalité du théorème. D'une part, N^D est clairement porté par $\hat{B}$. D'autre part, on a

(vii) $\quad W^{(N^D)} = (\bigcup_{k\in\mathbb{Z}} S^k(\pi_X[\![D]\!]) \times\mathbb{R})\cap W$;

mais, μ étant S-invariante, (vi) implique

$$\mu(\bigcup_{m\leq n<m+p} S^n(\pi_X[\![D]\!])) \geq \mu(\bigcup_{m\leq n<m+p} S^n(\pi_X\hat{B}\cap X')) - p\eta ,$$

soit encore, d'après le choix de η,

(viii) $\quad \nu(\bigcup_{m\leq n<m+p} S^n(\pi_X[\![D]\!])) \geq \nu(\bigcup_{m\leq n<m+p} S^n(\pi_X\hat{B}\cap X')) - \varepsilon/4.$

Finalement, en combinant (iv),(v),(viii), il vient

$$\nu(\bigcup_{k\in\mathbb{Z}} S^k(\pi_X[\![D]\!])) \geq \hat{P}(\pi_W(\hat{B}\circ\hat{\theta}.)) - \varepsilon,$$

ce qui est exactement l'inégalité du théorème, grâce à (vii) et (4.7).

Nous allons consacrer la fin de ce paragraphe aux conséquences de (4.8) pour les flots généraux en utilisant le théorème d'Ambrose-Kakutani du §2. Nous rappelons (cf. (2.1)) qu'un flot filtré $(\Omega,\underline{\underline{F}},\underline{\underline{F}}_t,\theta_t,P)$ est propre si, pour tout ensemble B, invariant et $\underline{\underline{F}}$-mesurable, il existe $A \in \underline{\underline{F}}_0|_B$ tel que $P(A^c\cap A\circ\theta_r)>0$ pour un réel r. Nous dirons qu'un flot filtré $(\Omega,\underline{\underline{F}},\underline{\underline{F}}_t,\theta_t,P)$ <u>satisfait au théorème de section par les compteurs</u> si, pour tout ensemble aléatoire stationnaire $Y = A\circ\theta.$ et tout $\varepsilon>0$, il existe un compteur N^A (prévisible resp. bien-mesurable si Y l'est) porté par A, et satisfaisant à l'inégalité du théorème (4.8): $P(\pi_\Omega Y) < P(\Omega^{N^A}) + \varepsilon$. Le théorème (4.8), joint au travail effectué au §2, donne le résultat suivant:

(4.9) THEOREME: <u>le flot filtré</u> $(\Omega,\underline{\underline{F}},\underline{\underline{F}}_t,\theta_t,P)$ <u>est propre si et seulement s'il satisfait au théorème de section par les compteurs.</u>

Voici un autre résultat que GEMAN-HOROWITZ obtiennent dans (9) directement, à l'aide d'une méthode beaucoup plus simple que la nôtre; bien entendu, ne s'intéressant pas aux flots propres, ils n'obtiennent pas la section par les compteurs.

(4.10) THEOREME: <u>soit</u> $(\Omega,\underline{\underline{F}},\theta_t,P)$ <u>un flot quelconque; un ensemble</u> $\underline{\underline{F}}$<u>-mesurable est alors polaire si et seulement s'il n'est chargé par aucune mesure de Palm bornée.</u>

DEMONSTRATION: nous munissons ce flot de la filtration triviale $\underline{\underline{F}}_t=\underline{\underline{F}}$; puis, nous le partageons en sa partie propre et sa partie triviale, comme au §2. Sur la partie triviale, le résultat provient de (2.2). Sur la partie propre, c'est une conséquence de (4.9) (il n'y a aucunue difficulté à obtenir la section à l'aide d'un compteur de mesure de Palm bornée).

§5: Où l'on continue à ramener l'étude des phénomènes stationnaires à la théorie générale des processus sur X.

Nous travaillons dans ce paragraphe sur un flot propre (satisfaisant donc à (2.3)) en utilisant les notations exposées au début du §4. Commençons par une remarque qui utilise les notations du corollaire (3.7):

REMARQUE IMPORTANTE: soit Z une hélice croissante, de mesure de Palm μ^Z; nous supposons que la mesure que Z définit sur $\Omega\times\mathbb{R}_+$ est σ-finie sur la tribu des prévisibles; on peut alors définir sans ambigüité (même si Z n'est pas intégrable) la projection duale prévisible Z^3 de Z, dont on montre exactement comme en (3.2), que c'est aussi une hélice, dont la mesure de Palm est σ-finie sur la tribu $\underline{\underline{F}}_0$ d'après la remarque qui suit le corollaire (3.7). Autrement dit, toute hélice croissante définissant une mesure σ-finie sur les prévisibles a une mesure de Palm σ-finie sur la tribu $\underline{\underline{F}}_0$. C'est en particulier vrai pour le compteur fondamental N, pour lequel on peut même exhiber les ensembles sur lesquels μ est finie: on a $\mu(V\geq t)<\infty$, d'où $\mu(V\circ S^{-1}\geq t)<\infty$, or, $V\circ S^{-1}=-V_0$ est $\underline{\underline{X}}_0$-mesurable.

Chaque fois que nous aurons besoin de l'hypothèse suivante, nous le préciserons:

(5.1) HYPOTHESE: la mesure fondamentale μ est bornée.

Sous hypothèse (5.1), on peut faire de la théorie générale des processus sur $(X,\underline{\underline{X}}_t,\mu)$: on se ramène aux "conditions habituelles" de DELLACHERIE(6) par la considération de la famille $(\overline{\underline{\underline{X}}}_t)$ obtenue en complétant dans $\overline{\underline{\underline{X}}}$ relativement à μ la famille $(\underline{\underline{X}}_{t+})$. Soit alors $\hat{f}$ une fonction $\hat{\underline{\underline{F}}}$-mesurable, bornée ou positive sur W, et soit (f_u) le processus qu'elle définit sur X; les processus $({}^3f_u)$ et $({}^1f_u)$, respectivement projections prévisible et optionnelle de (f_u) sur $(X,\underline{\underline{X}}_t,\mu)$, sont encore portées par $]0,V]$, et définissent donc deux fonctions sur W, que nous noterons ${}^3\hat{f}$ et ${}^1\hat{f}$ respectivement.

Dans le cas général, où l'on ne fait plus l'hypothèse (5.1), soit $\underline{\underline{B}}(\mu)$ la famille des éléments B de $\underline{\underline{X}}_0$ tels que la mesure $1_B.\mu$ soit bornée. D'après la remarque ci-dessus, X est réunion dénombrable d'éléments de $\underline{\underline{B}}(\mu)$ deux à deux disjoints. Soit alors (f_u) un processus sur X; on peut définir sans ambigüité un processus $({}^3f_u)$ appartenant à $\underline{\underline{P}}(X,\underline{\underline{X}}_t)$ tel que, pour tout $B\in\underline{\underline{B}}(\mu)$, le processus $(1_B.{}^3f_u)$ soit une version de la projection prévisible de $(1_B.f_u)$ sur $(B,\underline{\underline{X}}_{u|B},1_B.\mu)$ (nous utilisons là le fait que $B\times\mathbb{R}_+\in\underline{\underline{P}}$).

Moyennant cette convention, et la convention analogue pour les hélices croissantes, nous pouvons énoncer sans hypothèse (5.1) le résultat ci-dessous, où ${}^3(\hat{f}\circ\hat{\theta}.)$ et ${}^1(\hat{f}\circ\hat{\theta}.)$ désignent comme à l'accoutumée les projections prévisible et optionnelle du processus stationnaire $(\hat{f}\circ\hat{\theta}.)$ sur $(W,\hat{\underline{\underline{F}}}_t,\hat{P})$:

(5.2) THEOREME: (a) $^1(\hat{f}\circ\hat{\theta}.) = (^1\hat{f}\circ\hat{\theta}.)$; $^3(\hat{f}\circ\hat{\theta}.) = (^3\hat{f}\circ\hat{\theta}.)$.

(b) $(Z^A)^1 = Z^{(A^1)}$; $(Z^A)^3 = Z^{(A^3)}$.

(Les notations sont celles du §4, et Z^A désigne l'hélice engendrée par A).

DEMONSTRATION: nous commençons par supposer que l'hypothèse (5.1) est satisfaite. La fonction $^1\hat{f}$ (resp. $^3\hat{f}$) est caractérisée par l'égalité $\mu\int_0^\infty {}^1f_u dA_u = \mu\int_0^\infty f_u dA_u$ (resp. $\mu\int_0^\infty {}^3f_u dA_u = \ldots$), où A parcourt l'ensemble des processus croissants optionnels (resp. prévisibles); il suffit en fait de se restreindre à ceux d'entre eux qui sont portés par l'intervalle stochastique $]\!]0,V]\!]$. De même, A^1 (resp. A^3) est caractérisé par l'égalité $\mu\int_0^\infty f_u dA_u^1 = \mu\int_0^\infty f_u dA_u$ (resp. $\mu\int_0^\infty f_u dA_u^3 = \ldots$) , où (f_u) parcourt l'ensemble des processus optionnels (resp. prévisibles) à support dans $]\!]0,V]\!]$. Dans ce cas, le théorème provient alors de (4.1,3,5), de la remarque suivant (4.7), et de (3.2,3,7). L'extension au cas général est immédiate, moyennant les remarques faites au début du paragraphe.

Nous allons maintenant nous intéresser aux hélices à accroissements orthogonaux; nous allons en fait modifier la terminologie introduite au §3, qui était employée dans une rédaction antérieure (et fausse) du §5. Nous appellerons HAO toute hélice H telle que le processus $(H_t)_{t\geq 0}$ soit une martingale localement de carré intégrable; nous notons $\underline{\underline{H}}$ l'espace de Hilbert obtenu en munissant l'ensembles des HAO du produit scalaire $(H,H') \longrightarrow E(H_1H_1')$. Il est alors clair que l'on a (cf.(14)), pour tous $s,t\in\mathbb{R}$, $s\leq t$, $E((H_t-H_s)(H_t'-H_s')) = (t-s)\,E(H_1H_1')$. Si H est un élément de $\underline{\underline{H}}$, le processus croissant $\langle H,H\rangle$ associé à la martingale H est intégrable, et c'est une hélice croissante; la masse totale de la mesure de Palm de $\langle H,H\rangle$ est égale à $\|H\|^2$ ($\|H\|$ désigne la norme de l'élément H de $\underline{\underline{H}}$). D'autre part, nous appellerons HAO locale toute hélice telle que le processus $(H_t)_{t\geq 0}$ soit une martingale locale; pour tout $s\in\mathbb{R}$, le processus $(H_{t+s}-H_s)_{t\geq 0}$ est encore une martingale locale relativement à la famille de tribus $(\theta_s^{-1}\underline{\underline{F}}_t)_{t\geq 0}$, et ceci permet de décomposer l'hélice H en H^c+H^d, où H^c et H^d sont deux HAO locales telles que $H_t=H_t^c+H_t^d$ donne, pour $t\geq 0$, la décomposition habituelle des martingales locales en leur partie continue et leur partie somme compensée de sauts; comme l'ensemble des ω tels que $\sum (\Delta H_u^2(\omega), s<u\leq t)<\infty$ $\forall s,t\in\mathbb{R}$ est invariant et P-plein, nous pouvons définir, comme d'habitude l'hélice croissante $[H,H]$ par $[H,H]_t = [H^c,H^c]_t + \sum (\Delta H_u^2, 0<u\leq t)$ pour $t\geq 0$, et le processus $H^2-[H,H]$ est aussi une HAO locale.

On a alors le théorème suivant, où H désigne une hélice engendrée par A^H:

(5.3) THEOREME: (a) supposons satisfaite l'hypothèse (5.1). Alors, H appartient à $\underline{\underline{H}}$ si et seulement si A^H est une martingale sur $(X,\underline{\underline{X}}_t,\mu)$, bornée dans L^2. Dans ce cas, l'hélice croissante $\langle H,H\rangle$ (resp. $[H,H]$) est engendrée par le processus croissant $\langle A^H,A^H\rangle$ (resp. $[A^H,A^H]$).

(b): dans le cas général, l'espace de Hilbert $\underline{\underline{H}}$ est isomorphe à l'espace de Hilbert $L^2(\underline{\underline{X}}_V,\mu)\ominus L^2(\underline{\underline{X}}_0,\mu)$.

La partie (b) du théorème a été montrée par LAZARO(13) dans le cas particulier où l'on a $\underline{\underline{X}}_{V-}=\underline{\underline{X}}_0$, ce qui implique en particulier que le compteur fondamental est prévisible. Nous ferons la démonstration en plusieurs étapes.

DEMONSTRATION (a): A^H martingale bornée dans $L^2 \Longrightarrow H\in\underline{\underline{H}}$.

Commençons par supposer l'existence d'un $t°>0$ tel que $A^H_t=0$ pour $t<t°$. Grâce à la propriété d'additivité des hélices, il nous suffit, pour montrer que H appartient à $\underline{\underline{H}}$, de montrer que, pour tout $t\in[0,t°[$, on a

(i) $E(H_t^2)<+\infty$; (ii) $E(H_t|\underline{\underline{F}}_0)=0$.

Transportons nous sur W, il vient que $\hat{H}_t=\hat{H}_{t\wedge\hat{V}_1}$ pour $t<t°$; montrons (i): on a, pour $t<t°$

$$\hat{E}(\hat{H}_t^2)=\hat{E}(\hat{H}^2_{t\wedge\hat{V}_1})=\mu\int_0^\infty(A^H_{t+u}-A^H_u)^2\,du=\mu\int_0^\infty du\int_u^{u+t}d\langle A^H,A^H\rangle_s$$

$$=\mu\int_0^\infty d\langle A^H,A^H\rangle_s\int_{(s-t)_+}^s du=\mu\int_{t°}^\infty d\langle A^H,A^H\rangle_s\int_{s-t}^s du=t\,\|A^H_\infty\|^2_{L^2}.$$

Montrons (ii): soit $\hat{B}$ l'intersection avec W de $A^s\times]s,\infty[$, où $A^s\in\underline{\underline{X}}_{s+}$, $\hat{B}\in\hat{\underline{\underline{F}}}_0$. Alors une application de Fubini (légitime, puisque $H_t\in L^1(P)$) donne pour $t<t°$

$$\hat{E}(\hat{H}_t;\hat{B})=\int_s^\infty du\int_{A^s}(A^H_{t+u}-A^H_u)\,d\mu=0,$$

ce qui suffit pour obtenir (ii).

Passons au cas général: soit $\hat{B}^{t°}=X\times]t°,\infty[$, où $t°>0$, c'est un élément de $\underline{\underline{P}}(X,\underline{\underline{X}}_t)$; nous pouvons donc définir l'intégrale stochastique $A^{H,t°}=1_{\hat{B}^{t°}}.A^H$, qui est une martingale bornée dans L^2, nulle avant $t°$. D'après ce qui vient d'être montré, $A^{H,t°}$ engendre une HAO que nous notons $H^{t°}$. Soit maintenant une suite (t^n) de réels >0 décroissant vers 0, nous allons montrer que (H^{t^n}) est une suite de Cauchy dans $\underline{\underline{H}}$; cette suite convergera donc vers une HAO H', mais, comme (H^{t^n}) converge simplement vers H, on aura $H=H'$, et nous aurons montré (a). Pour $m\geq0$, $H^{t^{m+n}}-H^{t^n}$ est une HAO engendrée par $A^{H,t^{m+n}}-A^{H,t^n}=1_{X\times]t^{m+n},t^n]}.A^H$. Pour $t<t^{m+n}$, on a

$$\|H^{t^{n+m}} - H^{t^n}\|^2 = \frac{1}{t}\hat{E}(\hat{H}_t^{t^{n+m}} - \hat{H}_t^{t^n})^2 = \frac{1}{t}\mu\int_0^{\infty} du \int_{u\vee t^{m+n}}^{u+t\wedge t^n} d\langle A^H,A^H\rangle_s$$

$$= \frac{1}{t}\mu\int_{t^{m+n}}^{t^n} d\langle A^H,A^H\rangle_s \int_{s-t}^{s} du \leq \|A^H_{t^n}\|^2_{L^2} \longrightarrow 0 ,$$

d'où le résultat.

A^H martingale locale $\Longrightarrow$ H HAO locale.

Si A^H est une martingale locale, il existe, d'après DOLEANS-MEYER(23), une suite (R_n) de temps d'arrêt de la famille $(\underline{\underline{X}}_t)$, croissant μ-p.s. vers $+\infty$, et telle que, pour tout n, on ait $A^H_{t\wedge R_n} = A^n_t + V^n_t$, où A^n et V^n sont deux martingales uniformément intégrables arrêtées à R_n, A^n étant bornée dans L^2, et V^n bornée dans L^1 et à variation intégrable $(\mu\int_0^{\infty}|dV^n_s| < +\infty)$. D'après (a), A^n engendre une HAO que nous notons H^n. Par ailleurs, on a $V^n = V^n_+ - V^n_-$, où V^n_+ et V^n_- sont seux processus croissants intégrables adaptés, admettant même projection duale prévisible. D'après (5.2), V^n_+ et V^n_- engendrent respectivement les hélices croissantes intégrables Z^n_+ et Z^n_- qui admettent même projection duale prévisible; par différence, il vient que V^n engendre une hélice qui est une martingale. Finalement, pour tout n, le processus $A^H_{t\wedge R_n}$ engendre une hélice qui est aussi une martingale; si noue désignons par $T_n(\omega)$ le premier temps d'entrée de la trajectoire $t \rightarrow \theta_t\omega$ dans l'intervalle stochastique $\underline{\underline{F}}_0$-mesurable $]\!]R_n,V]\!]$, cette hélice coïncide avec H jusqu'à l'instant T_n, et le résultat provient alors de ce que $T_n \longrightarrow +\infty$ P-p.s.

Si A^H est une martingale bornée dans L^2, alors, $\langle A^H,A^H\rangle$ engendre $\langle H,H\rangle$.

En effet, $(A^H)^2 - \langle A^H,A^H\rangle$ est une martingale , qui engendre donc une HAO locale de la forme $H^2 - H^{\langle A^H,A^H\rangle}$. Or, $H^2 - \langle H,H\rangle$ est aussi une HAO locale; il vient que les deux hélices croissantes $H^{\langle A^H,A^H\rangle}$ et $\langle H,H\rangle$ ont même projection duale prévisible, et, comme elles sont toutes deux prévisibles, elles sont égales.

Pour toute HAO locale H, il existe une suite (B_n) d'éléments de $\underline{\underline{F}}_0$, deux à deux disjoints et de réunion Ω, telle que $1_{B_n}.H$ soit, pour tout n, une HAO.

Cela résulte simplement de ce que l'hélice croissante $[H,H]$ admet une mesure de Palm σ-finie sur $\underline{\underline{F}}_0$.

Si A^H est une martingale locale, alors $[A^H,A^H]$ engendre $[H,H]$.

L'assertion ci-dessus permet d'affirmer que la décomposition $A^H = (A^H)^c + (A^H)^d$ engendre la décomposition $H = H^c + H^d$. On montre alors comme plus haut que $\langle (A^H)^c,(A^H)^c\rangle$ engendre $\langle H^c,H^c\rangle$, et il est par ailleurs clair que $\sum(\Delta A^H_s)^2$ engendre $\sum \Delta H^2_s$, d'où le résultat.

<u>Si</u> H <u>appartient à</u> $\underline{\underline{H}}$, A^H <u>est une martingale bornée dans</u> L^2.

Posons

$$R_n(x) = \inf(u \geq 0, |A_u^H| \geq n) .$$

On définit ainsi une suite croissante (R_n) de temps d'arrêt de la famille $(\underline{\underline{X}}_t)$ tendant μ-p.s. vers $+\infty$. On a donc

(iii) $|A_{u \wedge R_n}^H| \leq |A_{(u \wedge R_n)-}^H| + 1_{(u \leq R_n)} . |\Delta A_{R_n}^H| \leq n + |\Delta A_{R_n}^H|$.

Nous allons montrer que

(iv) $\Delta A_{R_n}^H \in L^2(\mu) \subset L^1(\mu)$,

ce qui montrera d'une part que $A_{u \wedge R_n}^H$ est majoré en module par une fonction de $L^1(\mu)$ pour tout u, et d'autre part, que cette famille de fonction est bornée dans L^2. Considérons le processus croissant purement discontinu sur X qui admet à l'instant R_n un saut unique d'amplitude $(\Delta A_{R_n}^H)^2$; il engendre une hélice croissante qui est fortement majorée par $[H,H]$, hélice dont la mesure de Palm est bornée par hypothèse; la mesure associée à ce processus croissant est donc bornée, or, sa masse totale est $\mu(\Delta A_{R_n}^H)^2$, et nous avons montré (iv).

D'après la conséquence 3/ suivant (4.7), A^H est optionnel sur $(X, \underline{\underline{X}}_t, \mu)$. Soit T_n' le premier temps d'entrée de la trajectoire $t \longrightarrow \theta_t \omega$ dans l'intervalle stochastique $]\!]R_n, V]\!]$, et soit $T_n = T_n' \wedge V_1$. Grâce au théorème d'arrêt, on a, pour tout $t \geq 0$, $E(H_{t \wedge T_n} | \underline{\underline{F}}_0) = 0$. Transportons nous sur W, et appliquons cette égalité en prenant pour $\hat{B} \in \hat{\underline{\underline{F}}}_0$ l'intersection avec W de $1_{A^s}(x).1_{(s \leq u)}.pe^{-p(u-s)}$, où $A^s \in \underline{\underline{X}}_{s+}$. On obtient

(v) $$0 = \hat{E}(\hat{H}_{t \wedge T_n}; \hat{B}) = \int_{A^s} d\mu(x) \int_s^{V(x)} \hat{H}_{t \wedge T_n}(x,u)\ pe^{-p(u-s)} du.$$

Par ailleurs, $\hat{H}_{t \wedge T_n}(x,u) = A_{t+u \wedge R_n}^H(x) - A_{u \wedge R_n}^H(x)$. Grâce à (iii), (iv), et à la continuité à droite de A^H, on peut passer à la limite en p dans (v), pour obtenir

$$0 = \int_{(V \geq s) \cap A^s} (A_{t+s \wedge R_n}^H(x) - A_{s \wedge R_n}^H(x))\ d\mu(x) = \int_{A^s} (A_{t+s \wedge R_n}^H - A_{s \wedge R_n}^H)\ d\mu ,$$

la dernière égalité résultant de ce que $A_{t+s}^H - A_s^H = 0$ sur l'ensemble $(V \leq s)$. Nous avons donc montré que le processus $(A_{t \wedge R_n}^H)_{t \geq 0}$ est, pour tout n, une martingale bornée dans L^2. Posons $\hat{B}_n =]\!]R_n, V]\!] \in \hat{\underline{\underline{F}}}_0$. La martingale $(A_{t \wedge R_n}^H)$ engendre une HAO qui n'est autre que l'intégrale stochastique $1_{B_n^c}.H$; on a donc, pour tout n,

$$\mu(A_{R_n}^H)^2 = E(\ (1_{B_n^c}.H)_1)^2 \leq E(H_1)^2 ,$$

et le lemme de Fatou entraine alors que $\mu(A_\infty^H)^2 \leq E(H_1)^2$, et A^H est bien une martingale bornée dans L^2.

(b): $\underline{\underline{H}}$ <u>est isomorphe à</u> $L^2(\underline{\underline{X}}_V,\mu)\ominus L^2(\underline{\underline{X}}_0,\mu)$.

Dans le cas où μ est bornée, nous avons montré en (a) que $\underline{\underline{H}}$ est isomorphe à l'espace de Hilbert obtenu en munissant l'espace des martingales bornées dans $L^2(\mu)$, nulles à l'origine et arrêtées à l'instant V, du produit scalaire $(A,A')\longrightarrow\mu(A_{oo},A'_{oo}) = \mu(A_V,A'_V)$. Ce dernier espace est isomorphe au sous-espace de $L^2(\underline{\underline{X}}_V)$ constitué des v.a. A_V telles que $\mu(A_V|\underline{\underline{X}}_0)=0$, autrement dit, isomorphe à $L^2(\underline{\underline{X}}_V)\ominus L^2(\underline{\underline{X}}_0)$: on a donc déjà (b) lorsque μ est bornée.

Dans le cas général, μ est σ-finie sur $\underline{\underline{X}}_0$: il existe donc une suite (X_n) d'éléments de $\underline{\underline{X}}_0$, deux à deux disjoints, de réunion X, et telle que la mesure $1_{X_n}.\mu$ soit bornée pour tout n; nous posons $W_n = X_n x\mathbb{R}\cap W$. Soit $\underline{\underline{H}}_n$ le sous-espace de $\underline{\underline{H}}$ constitué des HAO portées par W_n. On peut recopier la démonstration faite en (a) (l'invariance de X_n par l'automorphisme S n'est pas nécessaire) pour obtenir que $\underline{\underline{H}}_n$ est isomorphe à $L^2(X_n,\underline{\underline{X}}_V)\ominus L^2(X_n,\underline{\underline{X}}_0)$. Le résultat provient alors de ce que l'espace $L^2(\underline{\underline{X}}_V)\ominus L^2(\underline{\underline{X}}_0)$ est somme Hilbertienne de ces derniers sous-espaces, tandis que $\underline{\underline{H}}$ est somme Hilbertienne des $\underline{\underline{H}}_n$. Ceci achève la démonstration du théorème.

REMARQUES 1/: dans le cas où l'on suppose que les tribus $\underline{\underline{X}}_{V-}$ et $\underline{\underline{X}}_0$ sont égales, les martingales sur X sont constantes sur l'intervalle stochastique $[\![0,V]\!]$; et sont donc simplement de la forme $A_u(x) = h(x).1_{(V\leq u)}$, où $h\in L^2(\underline{\underline{X}}_V)\ominus L^2(\underline{\underline{X}}_0)$, c'est exactement le résultat obtenu par LAZARO dans (13).

2/: au cours de la démonstration de (5.3), nous avons montré en supplément que <u>toute martingale locale sur</u> X <u>engendre une HAO locale</u>. Il est raisonnable de Penser que la réciproque est vraie, mais je n'ai pas su la montrer dans le cas général. Par exemple, il est facile de montrer que <u>toute HAO locale à variation finie est engendrée par une martingale locale</u> (c'est une conséquence facile de (5.2)). De la même façon, on peut montrer que <u>toute HAO locale continue est engendrée par une martingale locale sur</u> X: on introduit les temps $R_n=\inf(u\geq 0,|A^H_u|\geq n)$, et l'on désigne par T_n le premier temps d'entrée du flot dans $]\!]R_n,V]\!]$; on remarque alors que la martingale locale $(H_{t\wedge T_n\wedge V_1})_{t\geq 0}$ est bornée par n, et la méthode de dérivation maintenant habituelle permet de montrer que $(A^H_{u\wedge R_n})_{u\geq 0}$ est une martingale uniformément intégrable. Dans le cas général, la difficulté provient de ce que l'on n'a aucunue définition explicite des temps d'arrêt qui réduisent la martingale locale H.

Passons aux fonctions excessives de HOROWITZ-GEMAN, les notations sont celles du §3. Dans ce qui suit, le mot martingale (resp. surmartingale) <u>positive</u> désigne un processus positif, non nécessairement intégrable, et qui satisfait à l'égalité des martingales (resp. à l'inégalité des surmartingales).

(5.4) THEOREME: l'hypothèse (5.1) est en vigueur. Soit f une fonction excessive de la classe (D); soient Z^f l'hélice croissante intégrable associée à f, et A^f la processus croissant sur X qui engendre Z^f. Soient

$(e^{-u}f^p_u)$ le potentiel de la classe (D) engendré sur X par le processus croissant $(e^{-u}dA^f_u)$, et,

$(e^{-u}f^m_u)$ une version continue à droite de la martingale positive $\mu(\int_V^\infty e^{-s}dZ^f_s(x) | \underline{\underline{X}}_u)$.

On a alors (a) $f_u(x) = f^p_u(x) + f^m_u(x)$ pour $(x,u) \in W$ (b) $f_u . 1_{(u<V)} \in L^1(\mu)$ $\forall u$.

Réciproquement, tout processus croissant intégrable A^f sur X définit de cette manière une fonction excessive f, unique à un ensemble polaire près.

DEMONSTRATION: dire que f est une fonction excessive de la classe (D) associée à Z^f signifie que le processus $(e^{-t}f\circ\theta_t)$ est la P-projection bien-mesurable du processus $(\int_0^\infty e^{-s}dZ^f_s)_{t\in\mathbb{R}}$. Autrement dit, le processus stationnaire $(f\circ\theta.)$ est la projection bien-mesurable du processus stationnaire $(e^t\int_t^\infty e^{-s}dZ^f_s)_{t\in\mathbb{R}} = ((\int_0^\infty e^{-s}dZ^f_s)\circ\theta_t)_{t\in\mathbb{R}}$. Si nous posons alors $\hat{g} = \int_0^\infty e^{-s}d\hat{Z}^f_s$, le théorème (5.2) nous permet d'affirmer que $\hat{f} = {}^1\hat{g}$. Précisons la forme de $\hat{g}$: on a $\hat{g}(x,u) = \int_0^\infty e^{-s}d\hat{Z}^f_s(x,u)$ = (isomorphisme entre Ω et W) $= \int_0^\infty e^{-s}dZ^f_s(\theta_u x) = e^u\int_u^\infty e^{-s}dZ^f_s(x)$. En se rappelant que $(x,u)\in W$, on a

$$e^{-u}g_u(x) = \int_u^{V(x)} e^{-s}dZ^f_s(x) + \int_{V(x)}^\infty e^{-s}dZ^f_s(x) = \int_u^\infty e^{-s}dA^f_s(x) + \int_{V(x)}^\infty e^{-s}dZ^f_s(x) ,$$

d'où (a). Pour obtenir (b), remarquons que la condition "$f\in L^1(P)$" signifie que la fonction $u \to \mu(V>u; f_u)$ est intégrable pour la mesure de Lebesgue, donc finie presque partout; mais, $(e^{-u}f_{u\wedge V})_{u>0}$ étant une surmartingale positive, il vient que la fonction $u \to \mu(V>u; e^{-u}f_u)$ est décroissante, elle est donc finie sur $\mathbb{R}_+$ puisqu'elle est p.s. finie. L'assertion réciproque étant immédiate, le théorème est montré.

On rappelle que, si Q^f désigne la mesure de Revuz associée à la fonction excessive f, cette mesure est la mesure de Palm de l'hélice croissante Z^f, donc aussi la mesure associée au processus croissant A^f. Finalement, le théorème (5.4) exprime que la mesure $e^{-u}.Q^f(dx,du)$ est la restriction à W de la mesure de Föllmer de la surmartingale positive $(e^{-u}f_{u\wedge V})$ sur X (cela a bien un sens, grâce à l'assertion (b) du théorème). Nous allons généraliser ce résultat aux fonctions excessives quelconques:

(5.5) THEOREME: l'hypothèse (5.1) est en vigueur. Soient f une fonction excessive quelconque, et Q^f la mesure de Revuz qui lui est associée. Alors, $(e^{-(u\wedge V)}f_{u\wedge V})$ est une surmartingale positive sur X, $f_u . 1_{(u<V)}$ appartient à L^1 pour tout u, et la restriction à W de la mesure de Föllmer de cette surmartingale est la mesure $e^{-u}.Q^f(dx,du)$.

DEMONSTRATION: la première assertion s'obtient en appliquant le théorème précédent à la fonction excessive bornée $f\wedge n$, puis en passant à la limite en n. La deuxième assertion s'obtient alors exactement comme au théorème précédent. Passons à la dernière. Si $\hat{B}\in\hat{\underline{\underline{F}}}_0$ est continue à gauche sur les trajectoires du flot, on a

$$\text{(vi)}\qquad Q^f(\hat{B}) = \lim_{t\downarrow 0}\frac{1}{t}\,Q^f\int_0^t 1_{\hat{B}}\circ\hat{\theta}_{-s}\,e^{-s}ds = \lim_{t\downarrow 0}\frac{1}{t}\,\hat{E}(\hat{f};\hat{B}-e^{-t}\hat{B}\circ\hat{\theta}_t)\ .$$

Prenons pour $\hat{B}$ la restriction à W de $1_{A^v}(x).1_{(v<u)}.e^{-u}$, où $A^v\in\underline{\underline{X}}_{v+}$, et calculons le dernier membre de (vi); il vient

$$\text{(vii)}\qquad \int_X d\mu(x)\int_0^{V(x)}\hat{f}(x,u)\,\frac{1}{t}\,(1_{\hat{B}}(x,u) - e^{-t}1_{\hat{B}}\circ\hat{\theta}_{-t}(x,u))\,du.$$

Pour (x,u) fixé, et $t<u$, on a $\hat{\theta}_{-t}(x,u) = (x,u-t)$, ce qui donne dans ce cas $1_{\hat{B}}(x,u) - e^{-t}1_{\hat{B}}\circ\hat{\theta}_{-t}(x,u) = 1_{A^v}(x).1_{(v<u\leq v+t)}e^{-u}$; pour t assez petit, (vii) est donc équivalent à

$$\int_{A^v} d\mu(x)\,\frac{1}{t}\int_{t\vee v}^{(t+v)\wedge V(x)} e^{-u}f_u(x)\,du = \frac{1}{t}\int_{t\vee v}^{t+v}\mu(V>u;e^{-u}f_u,A)\,du.$$

Grâce à ce qui a été montré, on peut passer à la limite en t dans cette expression, pour obtenir $\mu(A^v;V>v;e^{-v}f_v)$; or, ceci est bien égal à $Q'(A^v\times]v,\infty[\,\cap\,]\!]0,V]\!])$, en désignant par Q' la mesure de Föllmer de la surmartingale $(e^{-v}f_v)$. Le théorème est montré.

ATTENTION! il est faux, en revanche, que toute surmartingale sur X de la forme $(e^{-u}f_u)$ définisse sur W une fonction excessive $\hat{f}$: le cas où f est de la classe (D) montre qu'une condition de "recollement" est nécessaire entre $f_{0+}(Sx)$, et $f_V(x)$.

§6: Intensité stochastique et martingales des processus ponctuels stationnaires, et le problème inverse.

Les résultats de ce paragraphe ont été obtenus conjointement avec Jean JACOD.

Nous reprenons les notations du § précédent: nous travaillons sur un flot filtré $(\Omega,\underline{\underline{F}},\underline{\underline{F}}_t,\theta_t,P)$ dont N désigne un compteur fondamental: on rappelle que cela signifie que N est algébriquement optionnel sur $(\Omega,\underline{\underline{F}}_t)$, et que $\Omega^N=\Omega$. Commme au §5, nous utiliserons le flot spécial sous une fonction associé. Dans tout ce §, l'hypothèse suivante sera en vigueur:

(6.1) HYPOTHESE: $(\underline{\underline{F}}_t)$ <u>est la famille minimale rendant le compteur</u> N <u>algébriquement optionnel, et</u> $\underline{\underline{F}}=\underline{\underline{F}}_{+\infty}$.

On vérifie que l'on a $\quad \underline{\underline{F}}_0 = \sigma(N_t-N_s;s,t\leq 0)$.

Bien entendu, la filtration ainsi obtenue n'est pas continue à droite, mais cela n'a pas d'importance, puisque les notions de prévisibilité, etc... sont définies relativement à la famille $(\underline{\underline{F}}_{t+})$. Il est d'ailleurs connu (cf. LAZARO(13), JACOD(12)) que

$$\underline{\underline{F}}_{0+}= \sigma(N_t-N_s;s,t\leq 0).$$

C'est néanmoins la filtration $(\underline{\underline{F}}_t)$ qui satisfait aux conditions spéciales du §1:

(6.2) LEMME: <u>la tribu</u> $\underline{\underline{F}}_0$ <u>ainsi définie est engendrée par une famille dénombrable de fonctions bornées et continues sur les trajectoires du flot.</u>

DEMONSTRATION: soient s et t deux réels ≤ 0; on a $N_t-N_s = \lim \frac{1}{u}\int_0^u N_{t-s}\circ\theta_{s+v}dv$ lorsque $u\downarrow 0$; N_t-N_s est donc limite d'une suite de fonctions sur Ω, continues sur les trajectoires du flot, et $\underline{\underline{F}}_0$-mesurables pour $u \leq -(s\vee t)$; le lemme est donc montré dans le cas où N_1 (et donc aussi N_t pour tout réel t) est borné. Dans le cas général, Ω est limite croissante des ensembles $B_n = (V_0\leq -1/n)$, qui appartiennent à $\underline{\underline{F}}_0$, et l'on vérifie que le compteur $N^n = 1_{B_n}.N$ satisfait à $N^n_{-1/n} \geq -1$; il reste donc à appliquer à N^n le procédé de régularisation exposé plus haut. Enfin, le fait que l'on puisse choisir une famille génératrice dénombrable est alors une évidence.

Par ailleurs, la filtration $(\underline{\underline{F}}_t)$ satisfait à la condition suivante:

(i) $$\underline{\underline{F}}_{t+} = \underline{\underline{F}}_{0+}\vee\sigma(N_s;s\leq t) \quad \text{pour } t\geq 0.$$

Il en résulte que la famille $(\underline{\underline{X}}_t)$ satisfait à $\underline{\underline{X}}_{t+}= \underline{\underline{X}}_{0+}\vee\sigma(N_s|_X;s\leq t)$ pour $t\geq 0$. Mais, les résultats obtenus aux § précédents ne concernent que les restrictions à $]\!]0,V]\!]$ des processus définis sur X; ils restent donc entièrement valides si nous remplaçons la famille $(\underline{\underline{X}}_t)$ par cette même famille arrêtée à V. C'est ce que nous faisons dans le reste de ce paragraphe, tout en continuant à noter $(\underline{\underline{X}}_t)$ la famille ainsi obtenue; on a donc

(ii) $$\underline{\underline{X}}_{t+} = \underline{\underline{X}}_{0+} \vee \sigma(1_{(V\leq s)} ; s\leq t) ,$$

où l'on rappelle que V est le premier temps de saut >0 de la restriction à X de N. Voici un résultat technique bien connu (LAZARO(13),JACOD(12)); les démonstrations classiques en sont pénibles, et nous en donnons une qui est particulièrement simple:

(6.3) LEMME: les tribus $\underline{\underline{P}}(X,\underline{\underline{X}}_t)$ et $\underline{\underline{X}}_{0+}\otimes\underline{\underline{B}}(\mathbb{R}_+)$ ont même trace sur $]\!]0,V]\!]$; autrement dit on a $\underline{\underline{F}}_0 = \underline{\underline{X}}_{0+}\otimes\underline{\underline{B}}(\mathbb{R}_+)\big|_{]\!]0,V]\!]}$.

DEMONSTRATION: il suffit de montrer que tout élément de $\underline{\underline{P}}$ coïncide sur $]\!]0,V]\!]$ avec un élément de $\underline{\underline{X}}_{0+}\otimes\underline{\underline{B}}(\mathbb{R}_+)$, la réciproque étant évidente. Cela revient à montrer que, pour tout $A\in\underline{\underline{X}}_{t+}$, l'ensemble $(A\times]t,\infty[)\cap]\!]0,V]\!]$ appartient à la restriction à $]\!]0,V]\!]$ de la tribu $\underline{\underline{X}}_{0+}\otimes\underline{\underline{B}}(\mathbb{R}_+)$. D'après (ii), il suffit de vérifier cette propriété pour $A=(V\leq s)$, où $s\leq t$, auquel cas l'on a $(A\times]t,\infty[)\cap]\!]0,V]\!] =\emptyset$. Le lemme est montré.

Dans tout ce §, nous dirons que la projection duale prévisible du compteur fondamental N est l'intensité stochastique de N; nous la désignerons par Z, et nous désignerons par A le processus croissant sur X qui engendre Z; enfin, nous noterons $\underline{V}$ le processus croissant sur X qui engendre N: $\underline{V}_t=1_{(V\leq t)}$.

(6.4) THEOREME: soit F(.,t) une version régulière $\underline{\underline{X}}_{0+}$-mesurable de $\mu(V>t|\underline{\underline{X}}_{0+})$; l'intensité stochastique de N est alors engendrée par le processus croissant A, algébriquement prévisible sur $(X,\underline{\underline{X}}_t)$, défini par

$$A_t(x) = \int_0^{t\wedge V(x)} \frac{-F(x,du)}{F(x,u_-)}$$

DEMONSTRATION: (ce résultat est, semble-t-il, dû à PAPANGELOU(19)) le résultat est une conséquence immédiate de (5.2), et d'un théorème maintenant bien connu (DELLACHERIE(6, étude d'un exemple), CHOU-MEYER(4), JACOD(12)) selon lequel on a $\underline{V}^3=A$.

Rappelons que l'on désigne par HAO les hélices qui sont aussi des martingales sur $(\Omega,\underline{\underline{F}}_t,P)$. Nous dirons qu'une hélice est une HAO locale si elle est une martingale locale sur $(\Omega,\underline{\underline{F}}_t,P)$. On a alors le théorème de représentation suivant:

(6.5) THEOREME: soit H une HAO locale; il existe alors une fonction $\underline{\underline{F}}_0$-mesurable f telle que

$$\text{(iii)}\quad H_t = \int_0^t f\circ\theta_s\,(dN_s - dZ_s),\qquad \text{(iv)}\quad \int_0^t |f_u(x)|\,(d\underline{V}_u(x)+dA_u(x)) < +\infty \quad \mu\text{-p.s. } x.$$

Réciproquement,, pour toute fonction $\underline{\underline{F}}_0$-mesurable f satisfaisant à (iv), la formule (iii) définit une HAO locale.

DEMONSTRATION: commençons par la réciproque: si f satisfait à (iv), le processus $(f\circ\theta.)$ satisfait à $\int_0^t |f\circ\theta_s|\,(dN_u+dZ_u) < +\infty$ P-p.s., et il est montré dans CHOU-MEYER (4) et JACOD(12) que le processus $f.(N-Z)$ est une martingale locale.

Toujours d'après (4) et (12), si H est une HAO locale, H est un processus à variation finie, donc de la forme $H = H^+ - H^-$. Nous montrons en annexe le résultat suivant, intéressant en soi:

LEMME: les hélices croissantes H^+ et H^- définissent des mesures σ-finies sur les prévisibles.

Ceci étant admis, dire que H est une martingale locale revient à dire que H^+ et H^- admettent même projection duale prévisible; en particulier, il existe une fonction g, $\underline{\underline{F}}_0$-mesurable et >0 sur Ω, telle que l'hélice croissante $g.(H^+ + H^-)$ soit intégrable, ce qui revient à dire que le processus croissant $\int_0^t g_u(dA_u^{H^+} + dA_u^{H^-})$ est intégrable sur X. De plus, (5.2) affirme que les processus croissants A^{H^+} et A^{H^-} admettent même projection duale prévisible sur X. Choisissons une fonction $h(x)>0$ et $\underline{\underline{X}}_0$-mesurable sur X telle que la mesure $h.\mu$ soit bornée, il vient que le processus $\int_0^t g_u dA_u^H$ est une martingale uniformément intégrable sur $(X, \underline{\underline{X}}_t, h.\mu)$; le théorème de représentation de CHOU-MEYER-JACOD(4,12) nous donne alors que cette martingale est de la forme $\int_0^t f'_u(d\underline{V}_u - dA_u)$, où f' est un processus prévisible sur X. Mais, cette égalité est une égalité presque sûre entre processus à variation finie, et reste encore vraie si l'on revient à la mesure μ. Par ailleurs, on a $(1/g)|f'|.(N+Z) = H^+ + H^-$, qui est donc à valeurs finies. Il est alors clair que la fonction $f = f'/g$ satisfait aux conditions de l'énoncé.

UN EXEMPLE POUR LE THEOREME (6.4); plaçons-nous dans le cas où $(\Omega, \underline{\underline{F}}_t, \theta_t, P, N_t)$ est un processus de renouvellement: cela revient à dire que la fonction de répartition conditionnelle $F(.,t)$ introduite en (6.4) ne dépend pas de x. il vient alors que le processus croissant A qui engendre l'intensité stochastique de N est de la forme $A_t(x) = A(t \wedge V(x))$, où $A(t)$ est une fonction définie sur $\mathbb{R}_+$. en particulier, le cas du processus de Poisson correspond à $F(t)=1-e^{-t}$, ce qui donne $A(t)=t$, soit encore $Z_t = t$, résultat bien connu.

Le problème inverse.

Nous allons consacrer la fin de ce paragraphe à parcourir le chemin inverse de celui qui a été parcouru jusqu'à présent: peut-on reconstruire un compteur à partir de son intensité stochastique?

Ce problème a été résolu par J.JACOD(12) dans le cas non stationnaire, avec $\mathbb{R}_+$ comme ensemble des temps, la réponse étant alors affirmative. Dans le cas stationnaire la situation est beaucoup plus désagréable, comme nous allons le voir: on n'est assuré ni de l'existence, ni de l'unicité. Nous allons en fait nous contenter de ramener ce problème à un autre, mieux "connu": la recherche d'une mesure invariante pour une certaine chaîne de Markov à temps dicret. Bien entendu, cela ne fait que renvoyer la balle aux spécialistes des chaînes récurrentes! Mais cela a l'avantage de montrer que les deux problèmes sont en fait de même nature.

Revenons au théorème (6.4); le processus croissant qui y est introduit est caractérisé par les propriétés suivantes, où la notation ΔA_t désigne le saut $A_t - A_{t-}$:

(A,i) $\Delta A_t(x) \leq 1$ pour tout x et tout $t \geq 0$; si $\Delta A_t(x) = 1$, alors $A_s(x) = A_t(x)$ pour tout $s \geq t$; A est arrêté en V.

(A,ii) le processus croissant A est algébriquement prévisible sur $(X, \underline{\underline{X}}_t)$.

(A,iii) $\mu(A_T) = \mu(V \leq T)$ pour tout temps d'arrêt T prévisible sur $(X, \underline{\underline{X}}_t)$.

Enonçons le problème inverse. Nous nous donnons, sur le système $(\Omega, \underline{\underline{F}}_t, \theta_t, N_t)$ non probabilisé, une hélice croissante Z satisfaisant aux conditions suivantes, issues des conditions (A,i et ii):

(Z,i) $\Delta Z_t(\omega) \leq 1$ $\forall \omega \in \Omega$, $\forall t \in \mathbb{R}$; si $t \in]V_n(\omega), V_{n+1}(\omega)]$ est tel que $\Delta Z_t(\omega) = 1$, alors, $Z.(\omega)$ est constant sur $[t, V_{n+1}(\omega)[$.

(Z,ii) Z est algébriquement prévisible sur $(\Omega, \underline{\underline{F}}_t)$.

QUESTION: existe-t-il sur $(\Omega, \underline{\underline{F}}_t, \theta_t)$ une loi P invariante, telle que Z soit l'intensité stochastique de N lorsque $(\Omega, \underline{\underline{F}}_t)$ est muni de la loi P? Dans l'affirmative, la loi P est-elle unique?

Bien entendu, cette question ne peut être étudiée que sur l'espace canonique des processus ponctuels stationnaires, que nous allons maintenant décrire. Nous prenons pour Ω l'ensemble des fonctions ω de $\mathbb{R}$ dans $\mathbb{R}$ (à valeurs <u>finies</u>) purement discontinues, continues à droite, à sauts unité, nulles à l'origine, et telles que $\omega(t) \to \pm\infty$ lorsque $t \to \pm\infty$. On prend pour compteur fondamental la famille N des applications coordonnées définie par $N_t(\omega)=\omega(t)$. On munit Ω du groupe des translations $(\theta_t)_{t\in\mathbb{R}}$ défini par $N_t\circ\theta_s=N_{t+s}-N_s$, qui fait de N un compteur. On pose $\underline{\underline{F}}_t=\sigma(N_s-N_u;s,u\leq t)$, définissant ainsi une filtration du flot (θ_t) qui satisfait aux conditions habituelles en vertu de (6.2); cette filtration est la plus petite qui rende N algébriquement optionnel. Enfin, nous posons $\underline{\underline{F}}=\underline{\underline{F}}_{+\infty}$.

Passons maintenant à l'étude de l'ensemble X. Posons $\ddot{X} = \mathbb{R}_+^{\mathbb{Z}}$, et désignons par $(\ddot{X}_n)_{n\in\mathbb{Z}}$ la suite des applications coordonnées. Introduisons sur $\ddot{X}$ la famille croissante de tribus définie par $\ddot{\underline{\underline{X}}}_n = \sigma(\ddot{X}_m,m\leq n)$, $\ddot{\underline{\underline{X}}}=\ddot{\underline{\underline{X}}}_{+\infty}$. Nous munissons $(\ddot{X},\ddot{\underline{\underline{X}}})$ de l'automorphisme $\ddot{S}$ défini par $\ddot{X}_n\circ\ddot{S} = \ddot{X}_{n+1}$, qui fait de la famille de tribus $(\ddot{\underline{\underline{X}}}_n)$ une cascade: $\ddot{\underline{\underline{X}}}_{n+1}= \ddot{S}^{-1}\ddot{\underline{\underline{X}}}_n$.

Il est alors clair que le sous-ensemble X de Ω, constitué des trajectoires admettant un saut à l'instant 0, s'identifie au sous-ensemble de $\ddot{X}$ constitué des points $\ddot{x}$ tels que $\sum(\ddot{X}_m(\ddot{x}),0\leq m\leq n) \to \pm\infty$ lorsque $n \to \pm\infty$. L'automorphisme S défini sur $(X,\underline{\underline{X}})$ est la restriction à X de l'automorphisme $\ddot{S}$ défini sur $(\ddot{X},\ddot{\underline{\underline{X}}})$. Enfin, la trace sur X de la tribu $\ddot{\underline{\underline{X}}}_0$ n'est autre que $\underline{\underline{X}}_{0+}$ (et non pas $\underline{\underline{X}}_0$!).

De même, la suite $(V_n)_{n\in\mathbb{Z}}$ définie sur X, se prolonge à $\ddot{X}$ par les formules

$$\ddot{V}_{n+1} = \sum_{0<m\leq n}\ddot{X}_m \quad \text{pour } n\geq 0, \quad =-\sum_{n\leq m<0}\ddot{X}_m \quad \text{pour } n<0$$

(le décalage provient de ce que nous avons convenu que $V_1|_X=0$, $V_2|_X=V$, cf.§2); en particulier, on a $V = \ddot{X}_1|_X$.

Enfin, toute mesure positive σ-finie invariante sur $(\ddot{X},\ddot{\underline{\underline{X}}},\ddot{S})$ est portée par X.

Voici une précision du lemme (6.3), suivant une idée de JACOD(12):

(6.6) LEMME: <u>tout élément de $\underline{\underline{P}}(X,\underline{\underline{X}}_t)$ coïncide sur $]\!]0,V]\!]$ avec un élément unique de la tribu</u> $\ddot{\underline{\underline{X}}}_0\otimes\underline{\underline{B}}(\mathbb{R}_+)$.

DEMONSTRATION: il s'agit de montrer l'unicité, le remplacement de $\underline{\underline{X}}_{0+}$ par $\ddot{\underline{\underline{X}}}_0$ n'affectant pas l'existence. Il nous faut donc montrer que le seul élément de $\ddot{\underline{\underline{X}}}_0\otimes\underline{\underline{B}}(\mathbb{R}_+)$ contenu dans $]\!]0,V]\!]$ est $\emptyset$. Soit donc $\ddot{f}$ une fonction mesurable sur $(\ddot{X}\times\mathbb{R}_+,\ddot{\underline{\underline{X}}}_0\otimes\underline{\underline{B}}(\mathbb{R}_+))$; il existe alors une fonction ψ, mesurable de $\mathbb{R}^N$ dans $\mathbb{R}$, telle que $\ddot{f}(\ddot{x},t) = \psi(\ddot{X}_i(\ddot{x}),t)$, où i parcourt l'ensemble $(0,-1,-2,\dots)$. D'autre part, V est la restriction à X de la coordonnée $\ddot{X}_1$ sur $\ddot{X}$. Il est alors clair que la condition "$\ddot{f}(x,t)=0$ pour $t<V(x)$" exige $\ddot{f}(\ddot{x},t)=0$ partout.

Soit maintenant $\underline{\underline{A}}$ la classe de toutes les fonctions croissantes et continues à droite définies sur $\mathbb{R}_+$, satisfaisant à: a/ $A_0=0$, b/ $\Delta A_t \leq 1$ $\forall t$, c/ $(\Delta A_s=1) \Rightarrow (A_t=A_s, \forall s \geq t)$.

Soit d'autre part Z une hélice croissante sur $(\Omega, \underline{\underline{F}}_t, \theta_t)$ satisfaisant à (Z,i et ii). Cette hélice est engendrée par un processus croissant A qui satisfait à (A,i et ii). Le lemme (6.6) nous permet de prolonger A sans ambigüité en un processus $\ddot{\underline{\underline{X}}}_0 \otimes \underline{\underline{B}}(\mathbb{R}_+)$-mesurable $\ddot{A}$ sur $\ddot{X} \times \mathbb{R}_+$. J'affirme que toutes les trajectoires $t \longrightarrow \ddot{A}_t(\ddot{x})$ de $\ddot{A}$ appartiennent à la classe $\underline{\underline{A}}$ définie ci-dessus: en effet (brièvement), soit B l'ensemble aléatoire formé des couples $(\ddot{x},t)$ tels que l'une des propriétés désirées ne soit pas satisfaite; B appartient à $\ddot{\underline{\underline{X}}}_0 \otimes \underline{\underline{B}}(\mathbb{R}_+)$, et le processus $\ddot{A}' = 1_{B^c}.\ddot{A}$ est alors également un prolongement convenable de A; un tel prolongement étant unique, il vient bien $B=\emptyset$.

Voici un lemme technique, dont on peut trouver une démonstration dans JACOD(11):

(6.7) LEMME: <u>les formules</u>

$$F(t) = \exp(-A_t).\prod_{s \leq t}\left((1-\Delta A_s).\exp(\Delta A_s)\right), \quad A_t = \int_0^t \frac{-dF(s)}{F(s_-)} ,$$

<u>définissent une bijection entre la classe</u> $\underline{\underline{A}}$ <u>et la classe des fonctions de répartition décroissantes sur</u> $\mathbb{R}_+$.

En vertu de (6.6) et (6.7) il vient que la donnée d'une hélice Z satisfaisant à (Z,i) et (Z,ii), équivaut à la donnée d'une fonction F sur $\ddot{X} \times \mathbb{R}_+$ satisfaisant à

(F,i) $\forall \ddot{x} \in \ddot{X}$, $F(\ddot{x},t)$ est une fonction de répartition décroissante sur $\mathbb{R}_+$.

(F,ii) $(\ddot{x},t) \longrightarrow F(\ddot{x},t)$ est $\ddot{\underline{\underline{X}}}_0 \otimes \underline{\underline{B}}(\mathbb{R}_+)$-mesurable.

D'autre part, le théorème (6.4) montre qu'il revient au même de chercher une mesure positive σ-finie μ, invariante sur $(X, \underline{\underline{X}}, S)$ et satisfaisant à (A,iii), ou une mesure positive σ-finie invariante μ sur $(\ddot{X}, \ddot{\underline{\underline{X}}}, \ddot{S})$, satisfaisant à

(F,iii) $F(.,t) = \mu(\ddot{X}_1 > t \mid \ddot{\underline{\underline{X}}}_0)$.

Finalement, nous avons décomposé notre problème en deux étapes distinctes:

ETAPE 1: trouver une mesure positive σ-finie μ, invariante sur $(\ddot{X}, \ddot{\underline{\underline{X}}}, \ddot{S})$, et satisfaisant à (F,iii); on sait alors qu'elle est portée par X.

ETAPE 2: "remonter" μ en une loi P invariante sur $(\Omega, \underline{\underline{F}}_t, \theta_t)$.

Etude de l'étape 2.

EXEMPLE: revenons au processus de renouvellement, qui correspond au cas où $F(.,t)$ ne dépend pas de $\ddot{x}$: $F(.,t)=F(t)$ définit donc dans ce cas une loi ν sur $\mathbb{R}_+$. La solution (unique) à l'étape 1 consiste alors à prendre $\mu=\nu^{\otimes Z}$. On peut alors remonter μ en une loi P invariante sur $(\Omega,\underline{\underline{F}}_t,\theta_t)$ si et seulement si la loi définie par F est de moyenne finie, autrement dit si $\ddot{X}_1\in L^1(\nu)$, ou, ce qui revient au même, $\ddot{X}_1\in L^1(\mu)$. Tout ceci est bien connu, voir par exemple LAZARO-MEYER(14) au § traitant des processus de renouvellement. Le résultat ci-dessous ne surprendra donc pas:

(6.8) THEOREME: <u>soit</u> μ <u>une mesure positive</u> σ<u>-finie sur</u> $\ddot{X}$, <u>obtenue au cours de l'étape 1. On peut remonter</u> μ <u>en une loi</u> P <u>invariante sur</u> $(\Omega,\underline{\underline{F}}_t,\theta_t)$ <u>si et seulement si</u> $\ddot{X}_1\in L^1(\mu)$. <u>Si cette condition est satisfaite, l'hélice croissante</u> Z <u>est l'intensité stochastique de</u> N <u>lorsque l'on munit</u> $(\Omega,\underline{\underline{F}}_t)$ <u>de la loi</u> P <u>ainsi obtenue.</u>

DEMONSTRATION: la seconde assertion est conséquence de ce qui a été déjà dit. La nécessité de "$\ddot{X}_1\in L^1(\mu)$" provient de ce que la loi P est, à un facteur constant près, la restriction à $]\!]0,V]\!]$ de la mesure produit $\mu\otimes dt$ sur $X\times\mathbb{R}_+$; cette restriction doit donc être une mesure bornée, ce qui revient à dire que $V\in L^1(\mu)$, soit encore $\ddot{X}_1\in L^1(\mu)$, puisque la mesure invariante μ est portée par X. Réciproquement, si $\ddot{X}_1$, ou,ce qui revient au même,V, appartient à $L^1(\mu)$, on peut supposer que $\mu(V)=1$; le flot sous la fonction V au dessus de la cascade $(X,\underline{\underline{X}},S,\mu)$ tel qu'il est décrit au §2 répond alors à la question.

Etude de l'étape 1.

Contrairement à ce qui se passe dans le cas des processus de renouvellement, c'est cette étape qui pose les plus graves problèmes dans le cas général. Tout au long de l'étude de cette étape, nous oublions Ω pour travailler sur $\ddot{X}=\mathbb{R}_+^Z$; en conséquence, nous omettrons les signes "¨" partout où ils se présentent, notant X pour $\ddot{X}$, S pour $\ddot{S}$, etc...

Pour toute fonction f, positive et $\underline{\underline{X}}_0$-mesurable sur X, et de la forme $f=\psi\circ X_0.f_0$, où f_0 est $\underline{\underline{X}}_{-1}$-mesurable, et où ψ est une fonction borélienne sur $\mathbb{R}_+$, nous posons

$$T(x,f)=f_0\circ S(x).\ F(x,\psi)\ ,$$

où le noyau $\psi\longrightarrow F(x,\psi)$ est défini par la formule $F(x,\psi)=\int_{\mathbb{R}_+}\psi(t)\,F(x,-dt)$. On définit ainsi un noyau de $(X,\underline{\underline{X}}_0)$ dans $(X,\underline{\underline{X}}_0)$.

(6.9) THEOREME (a): soit μ une mesure positive σ-finie invariante sur $(X,\underline{\underline{X}},S)$ et satisfaisant à (F,iii); la restriction de μ à $\underline{\underline{X}}_0$ est alors invariante par T.

(b): réciproquement, toute mesure positive σ-finie invariante sur $(X,\underline{\underline{X}}_0,T)$ se prolonge de manière unique en une mesure positive σ-finie et invariante sur $(X,\underline{\underline{X}},S)$, satisfaisant à (F,iii).

REMARQUE: comme $(X,\underline{\underline{X}}_0)$ s'identifie à $\mathbb{R}_+^N$, ce théorème exprime que l'étape 2 équivaut à la recherche des mesures invariantes d'une certaine chaîne de Markov d'espace d'états $\mathbb{R}_+^N$, et de probabilité de transition T. Le programme annoncé plus haut est bien rempli.

DEMONSTRATION: (a): soit f une fonction positive sur X, de la forme $f = f_0.\psi\circ X_0$, où f_0 est $\underline{\underline{X}}_{-1}$-mesurable, et ψ borélienne sur $\mathbb{R}_+$. On a

$$\mu(Tf) = \mu(f_0\circ S;\ F(.,\psi)) = \mu(f_0\circ S;\ \psi\circ X_1) = \mu(f_0;\ \psi\circ X_0) = \mu(f)\ ,$$

où la seconde égalité résulte de ce que μ satisfait à (F,iii), et la troisième de ce μ est S-invariante. Le résultat est démontré.

(b): soit μ^0 une mesure positive σ-finie invariante sur $(X,\underline{\underline{X}}_0,T)$. Soit f^n une fonction $\underline{\underline{X}}_n$-mesurable, donc de la forme $f^n = f\circ S^n$, où f est $\underline{\underline{X}}_0$-mesurable. Nous posons alors

(vii) $$\mu(f^n) = \mu^0(T^n f)\ .$$

Il nous faut montrer que cette définition a bien un sens, puisque l'on peut aussi écrire $f^n = (f\circ S^{-1})\circ S^{n+1}$, avec $f\circ S^{-1} \in \underline{\underline{X}}_{-1} \subset \underline{\underline{X}}_0$: mais alors, on a $T^{n+1}(f\circ S^{-1}) = T^n\circ T(f\circ S^{-1}) = T^n f$, puisque $Tg = g\circ S$ lorsque g est une fonction $\underline{\underline{X}}_{-1}$-mesurable. Admettons pour l'instant que la formule (vii) définisse une mesure positive σ-finie unique μ sur $(X,\underline{\underline{X}})$, il nous reste à montrer sue cette mesure satisfait aux conditions requises. Les égalités suivantes, où $f \in \underline{\underline{X}}_0$,

$$\mu(f\circ S^n) = \mu^0(T^n f) = \mu^0(T^{n+1} f) = \mu(f\circ S^{n+1})$$

(la seconde résultant de l'invariance de μ^0 par T) montrent que μ et $S\mu$ coïncident sur $\underline{\underline{X}}_n$ pour tout n, donc aussi sur $\underline{\underline{X}}$. Les égalités suivantes, où f_0 est $\underline{\underline{X}}_{-1}$-mesurable et où ψ est borélienne sur $\mathbb{R}_+$,

$$\mu(f_0\circ S;\ \psi\circ X_1) = \mu^0(T(f_0;\ \psi\circ X_0)) = \mu^0(f_0\circ S;\ F(X_0,\psi)) = \mu(f_0\circ S;\ F(X_0,\psi))$$

(la première résulte de la définition de μ, la seconde de la définition de T, et la troisième de ce que μ et μ^0 coïncident sur $\underline{\underline{X}}_0$) montrent que μ satisfait à (F,iii): il suffit de prendre pour ψ l'indicatrice de $]t,\infty[$.

Il nous reste donc à montrer que (vii) définit bien une mesure σ-finie unique sur $(X,\underline{\underline{X}})$. La formule (vii) définit en fait une suite (μ^n) de mesures positives σ-finies sur $(\underline{\underline{X}}_n)$, telles que la restriction à $\underline{\underline{X}}_m$ de μ^n coïncide avec μ^m pour $m\leq n$. Si la mesure initiale μ^0 était bornée, l'existence et l'unicité de μ résulterait alors simplement du théorème de Kolmogorov (se rappeler que $X\subset\mathbb{R}_+^Z$); malheureusement, nous ne pouvons pas appliquer ce théorème dans le cas d'une suite de mesures σ-finies. Comme μ^0 est σ-finie, il existe une fonction $h>0$ et $\underline{\underline{X}}_0$-mesurable sur X, telle que $\mu^0(h)=1$. On définit alors la suite de probabililités (μ'^n) sur $(\underline{\underline{X}}_n)$ par la formule $\mu'^n(f^n)=\mu^0(h.T^nf)$, où $f^n=f\circ S^n, f\in\underline{\underline{X}}_0$. Cette fois, le théorème de Kolmogorov nous permet d'affirmer l'existence et l'unicité d'une probabilité μ' sur $(X,\underline{\underline{X}})$ qui coïncide avec μ'^n sur $\underline{\underline{X}}_n$ pour tout n. Posons alors $\mu=(1/h).\mu'$: soit $f^n=f\circ S^n$, et $g=(1/h)\circ S^{-n}.f$, on a

$$\mu(f^n)=\mu'(1/h.f\circ S^n)=\mu^0(h.T^ng)=\mu^0(h.1/h.T^nf)=\mu^0(T^nf)$$

(la troisième égalité résulte de ce que $T^ng=(1/h).T^nf$). Autrement dit, la mesure μ ainsi définie satisfait à (vii), et le théorème est complètement montré.

REMARQUE: revenant le temps de cette remarque aux notations précédentes, expliquons l'agrandissement de X, remplacé par $\ddot{X}=\mathbb{R}_+^Z$: les systèmes projectifs de lois sur $(\ddot{X},\ddot{\underline{\underline{X}}}_n)$ admettent une limite projective sur $(\ddot{X},\ddot{\underline{\underline{X}}})$ (c'est le théorème de Kolmogorov), alors que ce n'est pas le cas à priori pour les systèmes de lois sur $(X,\underline{\underline{X}}_{V_n})$.

ETUDE D'UN CAS PARTICULIER: s'il est clair qu'un noyau markovien quelconque sur $\mathbb{R}_+^N$ n'admet pas nécessairement de mesure invariante, on peut se demander si la forme particulière du noyau T ne lui donne pas la possibilité de posséder toujours une mesure invariante. Pour fixer le lecteur à ce sujet, nous allons étudier un cas particulier simple: celui des intensités "à mémoire courte", où la fonction de répartition conditionnelle F(.,t) est $\sigma(X_0)$-mesurable: il existe donc un noyau markovien t sur $\mathbb{R}_+$, tel que $F(x,\psi)=t(X_0(x),\psi)$. Nous allons voir que, dans ce cas, T <u>admet une mesure invariante sur $\mathbb{R}_+^N$ si et seulement si</u> t <u>en admet une sur $\mathbb{R}_+$</u>. En effet, si μ^0 est une mesure T-invariante sur $(X,\underline{\underline{X}}_0)$, la restriction de μ^0 à $\sigma(X_0)$ est clairement t-invariante. Réciproquement, soit ν une mesure t-invariante sur $\mathbb{R}_+$; pour toute fonction $\underline{\underline{X}}_0$-mesurable f de la forme $f=\prod_{-n\leq m\leq 0}\psi\circ X_m$, T^nf est $\sigma(X_0)$-mesurable, et nous pouvons poser $\mu^0(f)=\nu(T^nf)$. On laisse au lecteur le soin de vérifier que l'on définit bien ainsi une mesure μ^0 qui est T-invariante. L'étude des intensités stochastiques "à mémoire courte" se ramène donc à l'étude des noyaux markoviens récurrents sur $\mathbb{R}_+$.

Recapitulation de la situation concernant le problème inverse.

Nous pouvons résumer la situation ainsi: nous partons d'une hélice croissante Z satisfaisant à des propriétés convenables, définie sur la réalisation canonique $N = (\Omega, \underline{\underline{F}}_t, \theta_t, N_t)$ des processus ponctuels stationnaires, et nous cherchons une loi invariante P sur $(\Omega, \underline{\underline{F}}_t, \theta_t)$ qui fasse de Z l'intensité stochastique de N.

Si nous négligeons la difficulté "mineure" examinée au théorème (6.8), nous avons montré que ce problème se ramène au problème de la reconstruction des cascades, que voici: nous diposons, sur une cascade $(X, \underline{\underline{X}}_n, S)$, d'un noyau $F(.,\psi)$, transformant les fonctions $\sigma(X_1)$-mesurables en fonctions $\underline{\underline{X}}_0$-mesurables. Existe-t-il une mesure μ invariante sur $(X, \underline{\underline{X}}_n, S)$ qui fasse de $F(., 1_{]t,\infty[})$ une version de la loi conditionnelle $\mu(X_1 > t | \underline{\underline{X}}_0)$? Si oui, celle-ci est-elle unique?

Nous avons étudié cette question au théorème (6.9) en associant à F un noyau markovien T sur $(X, \underline{\underline{X}}_0)$, et nous avons montré que le problème de la reconstruction de la cascade $(X, \underline{\underline{X}}_n, S, \mu)$ équivaut à la recherche des mesures invariantes pour le noyau T sur $(X, \underline{\underline{X}}_0)$.

La philosophie de tout cela est donc que les notions d'intensité stochastique d'un processus ponctuel stationnaire d'une part, et de noyau markovien récurrent d'autre part, sont de même nature.

Annexe.

Nous nous plaçons ici dans les conditions habituelles de théorie générale des processus: un espace filtré complet $(\Omega, \underline{\underline{F}}_t, P)_{t \in \mathbb{R}_+}$ satisfaisant aux "conditions habituelles". Voici le résultat annoncé:

LEMME: <u>soit une martingale locale à variation finie, de la forme</u> $M = M^+ - M^-$, <u>où</u> M^+ <u>et</u> M^- <u>sont donc deux processus croissants bien-mesurables (non intégrables). On peut alors réduire cette martingale locale par une suite de temps d'arrêt</u> (T_n) <u>telle que, pour tout n, les processus croissants arrêtés</u> $(M^+_{t \wedge T_n})$ <u>et</u> $(M^-_{t \wedge T_n})$ <u>soient intégrables.</u>

DEMONSTRATION: d'après DOLEANS-MEYER(Intégrales stochastiques, Sém. Proba.IV), il existe une suite de temps d'arrêts (R_n) réduisant fortement M en ce sens que, pour tout n, on peut écrire $M_{t\wedge R_n} = N_t + M_{R_n}.1_{(t\geq R_n)} - (M_{R_n}.1_{(t\geq R_n)})^3$, où les deux derniers termes du membre de droite définissent une martingale à variation intégrable, et où N est une martingale arrêtée à R_n et bornée dans tout L^p pour $1\leq p<\infty$. Il nous suffit donc de nous intéresser à N, qui est aussi, par différence, un processus à variation finie de la forme $N = N^+ - N^-$. Posons $S_k = \inf(t: N^+_t \geq k$ ou $N^-_t \geq k)$. On a $\Delta N^+_{S_k} + \Delta N^-_{S_k} = |\Delta N_{S_k}| \in L^2 \subset L^1$, et il vient bien que les processus arrêtés $(N^+_{t\wedge S_k})$ et $(N^-_{t\wedge S_k})$ sont intégrables. La suite de temps d'arrêt $T_n = R_n \wedge S_n$ répond alors à la question.

REMARQUE: ce résultat permet de montrer le résultat annoncé sans démonstration à la remarque 2/ suivant le théorème (5.3) concernant les HAO locales à variation finie.

REFERENCES

(1) W.AMBROSE: Representations of ergodics flows; Ann. of Math. 42,1941, pp.723-739.

(2) W.AMBROSE-S.KAKUTANI: Structure and continuity of ergodics flows; Duke Math. J. 9,1942, pp.25-42.

(3) J.AZEMA: Théorie générale des processus et retournement du temps; Ann. Sc. Ecole Normale Sup., série 4, t.6, fasc.4, 1973, pp.459-519.

(5) PH.COURREGE-P.PRIOURET: Temps d'arrêt d'une fonction aléatoire; Pub. Inst. Stat. Univ. Paris, XIV 3, 1965, pp.245-377.

(4) C.S.CHOU-P.A.MEYER: Sur le représentation des martingales comme intégrales stochastiques dans les processus pontuels, 1974, à paraitre.

(6) C.DELLACHERIE: Capacités et processus stochastiques; Ergeb. der Math.& Grenzgeb. Springer V., 1972.

(7) H.FÖLLMER: The exit measure of a supermartingale; Z. Wahrsch., 21, 1972, pp.154-166.

(8) D.GEMAN-J.HOROWITZ: Remarks on Palm measures; Ann. I. H. P., 9,1973, pp.215-232.

(9) D.GEMAN-J.HOROWITZ: Polars sets and Palm measures in the theory of flows, 1974, à paraitre.

(10) A.HANEN: Processus ponctuels stationnaires et flots spéciaux; Ann.I.H.P.,7,1971, pp. 23-30.

(11) J.JACOD: On the stochastic intensity of a random point process over the half line, 1973, à paraitre.

(12) J.JACOD: Multivariate point processes: predictable projection, Radon-Nikodym derivatives, representations of martingales; 1974, à paraitre.

(13) J. de Sam LAZARO: Sur les hélices du flot spécial sous une fonction, Thèse Paris VI, 1973.

(14) J. de Sam LAZARO-P.A.MEYER: Questions de théorie des flots; Univ. Strasbourg, Sém. Probabilités 1972-1973-1974.

(15) J.MECKE: Stationäre zufällige Masse auf lokalkompakten Abelschen Gruppen; Z. Wahrsch., 9,1967, pp.36-58.

(16) P.A.MEYER: Processus de Markov; Lect. Notes in M., 26, Springer V., 1967.

(17) P.A.MEYER: la mesure de Föllmer en théorie des surmartingales; Sém. Prob. VI de Strasbourg, Lect. Notes in M. 258, Springer V., pp.118-129, 1972.

(18) P.A.MEYER: Probabilités et potentiels; Herrmann, Paris, 1966.

(19) F.PAPANGELOU: Integrability of expected increments of point processes and a related change of scale; Trans. Amer. Math. Soc., 165,1972, pp.483-506.

(20) K.PARTHASARATHY: Probability measures on metric spaces; Academic Press, New York 1967.

(21) J.B.WALSH: Some topologies connected with Lebesgue measure; Sém. Prob. V Univ. Strasbourg, Lect. Notes in M., 191, Springer V., 1971.

(22) J.B.WALSH: Transition functions of Markov Processes, Sém. Prob. VI Univ. Strasbourg, Lect. Notes in M., 258, Springer V., 1972.

Université de Strasbourg 1973/74

Séminaire de Probabilités

MESURES D'INFORMATION ET REPRESENTATION DE SEMI-GROUPES ASSOCIES

par F. NANOPOULOS

INTRODUCTION

Les travaux récents de Joseph Kampé de Fériet et Bruno Forte [4,5,6] constituent la première tentative pour définir la notion de "mesure d'information associée à un évènement" (en abrégé "information") d'une manière indépendante de la notion de probabilité. Ainsi l'information est définie sur un espace mesurable $(\Omega,\mathcal{E})$ comme une application $J : \mathcal{E} \to \overline{\mathbb{R}}_+$ vérifiant essentiellement une propriété fondamentale appelée "composition". On suppose l'existence d'une loi de composition interne T sur $\overline{\mathbb{R}}_+$ telle que :

$$\forall\, A, B \in \mathcal{E}\ ,\ A \cap B = \emptyset \quad \text{on a} \quad J(A \cap B) = J(A)\ T\ J(B)$$

et l'on dit que J admet T comme fonction de composition.

Le cadre naturel de l'étude des fonctions de composition sur $\overline{\mathbb{R}}_+$ est celui des semi-groupes de composition. Un semi-groupe de composition est un couple (A,T) où A est un intervalle fermé $A = [a,b] \subset \overline{\mathbb{R}}$ et T une loi de composition interne sur A vérifiant :

$$(1.2)\quad \begin{cases} (p_1) & T \text{ est associative} \\ (p_2) & T \text{ est continue} \\ (p_3) & b \text{ est élément neutre à droite} \\ (p_4) & \text{Les sections de } T \text{ sont croissantes.} \end{cases}$$

De tels semi-groupes ont été étudiés par FAUCETT [3], MOSTER et SHIELDS [9] et plus récemment par Mme LIGNY [8] .

L'étude du comportement de divers types d'information vis-à-vis de l'indépendance ensembliste ($\mathbb{M}$-indépendance de D. KAPPOS [14]) a conduit J.K. de FERIET et B. FORTE [6] à introduire le concept de "fonction de composition universelle". Ce sont des fonctions de composition sur $\overline{\mathbb{R}}_+$ par rapport auxquelles l'addition est distributive.

RESUMES DES RESULTATS

Après une présentation rapide des concepts de "fonction de composition" et de "mesure d'information", nous passons à l'étude de semi-groupes de composition avec la démonstration du théorème (II.1) sur l'existence de suites T-denses. Nous montrons que si $([a,b],T)$ est un semi-groupe de composition sans idempotents intérieurs alors il existe une suite $\{r_n\}_{n\geq 0}$ d'éléments de $[a,b[$ telle que

1) $r_o = a$ et $\forall\, n \geq 0$, $r_n < r_{n+1}$
2) $\forall\, n \geq 1$, $r_n \, T r_n = r_{n-1}$
3) $\lim\limits_{n\to\infty} r_n = b$
4) pour tout $x \in [a,b]$ il existe $I_x \subset \mathbb{N}$ unique telle que

$$x = \underset{i\in I_x}{T} r_i \; .$$

Ce résultat s'est avéré un outil efficace pour l'étude des semi-groupes de composition. Il nous a permis de fournir des démonstrations nouvelles des théorèmes de L. MOSTERT et A. SHIELDS [9] et W. FAUCETT [5] , théorèmes de caractérisation de semi-groupes du type $\mathbb{P}$ (théorème II.3) et $\mathbb{M}$ (théorème II.4). D'autre part, grâce à ces résultats nous avons pu fournir une démonstration élégante du théorème de caractérisation des fonctions de composition universelles.

CHAPITRE I : MESURES D'INFORMATION

1. FONCTIONS DE COMPOSITION SUR $\overline{R}_+$.

Notations : Notre propos étant de définir une mesure d'information comme une fonctionnelle sur les évènements associés à une expérience, on se placera dans un espace mesurable $\{\Omega,\mathcal{E}\}$.

On notera $\overline{R}_+ = [0,+\infty]$.

Etant donnée une loi de composition interne T sur $\overline{\mathbf{R}}_+$ et un élément $z \in \mathbf{R}_+$, on appellera "support de T en z " et l'on notera D_T^z l'adhérence de l'ensemble $\{(x,y) \in \overline{R}_+ \times \overline{R}_+ | xTy > z\}$. Ainsi D_T^o désigne le support (au sens courant du terme) de T .

D'autre part, on dira que T est "croissante" (resp. strictement croissante sur son support D_T^o) si toutes les applications, sections de T , sont croissantes (resp. strictement croissantes sur leurs supports).

Des applications $F : \overline{R}_+ \times \overline{R}_+ \to \overline{R}_+$ seront utilisées pour exprimer la mesure d'information J de l'union de deux évènements disjoints $A,B \in \mathcal{E}$ en fonction de l'information de chacun d'eux : $J(A \cup B) = F(J(A),J(B))$.

Une telle fonction doit par conséquent "respecter" d'une part, les propriétés de l'union de deux ensembles et d'autre part, les propriétés que l'on imposera à une mesure d'information.

Les propriétés fondamentales d'une telle fonction sont données dans la définition suivante :

Définition I-1 . - Fonctions de composition sur $\overline{R}_+$.

On appelle fonction de composition sur $\overline{R}_+$, toute loi de composition interne T sur $\overline{R}_+$, vérifiant les conditions suivantes :

(C-1) : $\forall\ x,y,z \in \overline{R}_+$ $\quad xT(yTz) = (xTy)Tz$: Associativité

(C-2) : $\forall\ x,y \in \overline{R}_+$ $\quad xTy = yTx$: Commutativité

(C-3) : $\forall\ x \in \overline{R}_+$ $\quad xT(+\infty)=x$: $+\infty$ élément neutre

(C-4) : L'application $F : \overline{R}_+ \times \overline{R}_+ \to \overline{R}_+$ définie par $F(x,y) = xTy$ est continue

(C-5) : T est croissante. i.e. $(\forall\ (x,y),(x,y') \in \overline{R}_+ \times \overline{R}_+ : y < y' \Rightarrow xTy \leq xTy')$.

On notera Λ_T l'ensemble des idempotents de la loi T i.e. :

$$\Lambda_T = \{x \in \overline{R}_+ \mid xTx = x\} .$$

L'ensemble $\overline{R}_+$, muni d'une fonction de composition T , apparaît alors comme un semi-groupe topologique commutatif, muni d'un élément neutre $(+\infty)$ et qui est croissant.

Donnons quelques exemples de fonctions de composition, exemples qui nous seront utiles par la suite.

<u>Exemple</u> 1 . - Fonction de composition du type INF .

Pour $(x,y) \in \overline{R}_+ \times \overline{R}_+$ on pose $xTy = \inf\{x,y\}$.

Il est évident que $T : \overline{R}_+ \times \overline{R}_+ \to \overline{R}_+$ vérifie les conditions (c-i) $i = 1,\ldots,5$; T est donc une fonction de composition sur $\overline{R}_+$.

<u>Exemple</u> 2 . - Fonction de composition de Shannon.

Pour $(x,y) \in \overline{R}_+ \times \overline{R}_+$ et $c \in]0,+\infty[$, on pose

$$xT_c y = -c \operatorname{Log}[e^{-\frac{x}{c}} \dotplus e^{-\frac{y}{c}}]$$

où l'on convient que :

a) Log x désigne le logarithme néperien du nombre x .

b) $\operatorname{Log} 0 = -\infty$, $e^{-\infty} = 0$.

c) Pour $(x,y) \in [0,1] \times [0,1]$, $x \dotplus y = \inf(1, x+y)$.

Comme on le verra c'est la fonction de composition associée à l'information de Shannon. Elle est liée à la fonction de composition du type INF par la relation suivante :

$$\lim_{c \to 0} xT_c y = \mathrm{INF}(x,y) .$$

<u>Exemple</u> 3 . - Généralisation de l'exemple 2 .

La fonction de composition de Shannon est définie à partir d'une fonction d'une variable réelle ; ceci nous suggère la généralisation suivante :

Considérons un intervalle fermé $[0,a]$, où $0 < a \leq +\infty$, et une application $h : \overline{\mathbb{R}}_+ \to [0,a]$ bijective, décroissante.

Définissons "l'addition contractée" sur $[0,a]$ en posant

(1) $$\forall (x,y) \in [0,a] \times [0,a] \qquad x \dotplus y = \inf(x+y,a) .$$

La loi de composition $\dotplus$ sur $[0,a]$ est continue, associative, commutative, croissante et admet a comme élément neutre, de plus :

(2) $$x+y \leq a \Leftrightarrow x+y = x \dotplus y .$$

On déduit alors une loi de composition T_h sur $\overline{\mathbb{R}}_+$ en posant

$$\forall (x,y) \in \overline{\mathbb{R}}_+ \times \overline{\mathbb{R}}_+ \qquad xT_h y = h^{-1}[h(x) \dotplus h(y)]$$

où h^{-1} désigne l'application inverse de h . Il est facile de voir que T_h est une fonction de composition sur $\overline{\mathbb{R}}_+$. De plus, on a

$$\forall z \geq 0 \qquad D^z_{T_h} = \{(x,y) \in \overline{\mathbb{R}}_+ \times \overline{\mathbb{R}}_+ | h(x) + h(y) \leq h(z)\} .$$

Nous sommes maintenant en mesure de présenter le concept de mesure d'information.

2. DEFINITION I-2 . - MESURE D'INFORMATION.

Considérons un espace mesurable $\{\Omega,\mathcal{E}\}$. On appellera mesure d'information (ou information) sur $\{\Omega,\mathcal{E}\}$ une application J définie sur $\mathcal{E}$ à valeurs dans $\overline{R}$ vérifiant les propriétés suivantes :

PROPRIETE I. - *Valeurs universelles*: $J(\Omega) = 0$, $J(\emptyset) = +\infty$;

ces valeurs sont universelles en ce sens qu'on les impose à J quel que soit Ω (fini ou infini) et quelle que soit la definition particulière de J sur $\mathcal{E}$.

PROPRIETE II. - J *est monotone* . Autrement dit :

$\forall A \in \mathcal{E}$ et $\forall B \in \mathcal{E}$ tels que $A \subset B$ on a :$J(B) \leq J(A)$.

PROPRIETE III. - J *est* σ*-composable.*

Pour définir la σ-composition de J posons :

$$\Delta_J^z = \{(x,y) \in \overline{R}_+ \times \overline{R}_+ | \exists\, A,B \in \mathcal{E} \text{ , } A \cap B = \emptyset \text{ , } x = J(A) \text{ , } y = J(B), J(A \cup B) \geq z\} \text{ .}$$

On dira alors que J est composable (resp. σ-composable) s'il existe une fonction de composition T sur $\overline{R}_+$ telle que :

i) $\forall z \in R_+ \quad \Delta_J^z \subset D_T^z$

ii) Pour toute famille disjointe $\{A_i\}_{i \in I}$, I fini (resp. dénombrable), d'éléments de $\mathcal{E}$ on a :

$$J(\bigcup_{i \in I} A_i) = \underset{i \in I}{T}\, J(A_i) \text{ .}$$

Remarque 1 : Les propriétés que nous imposons à une mesure d'information diffèrent des postulats utilisés par J. KAMPE de FERIET [5] essentiellement sur deux points :

a) Le postulat de J.K.F. sur l'indépendance au sens de l'information d'une famille $\mathcal{K}$ de sous-tribus de $\mathcal{E}$, M-indépendantes, ne figure pas parmi les propriétés I , II et III . En fait nous l'envisageons au chapitre III .

b) Le postulat de σ-composition de J.K.F. ne contient pas la condition i) de la Propriété III . En fait, la condition i) est une condition de régularité qui nous permet d'avoir une équivalence parfaite entre les types d'une information et le type de sa fonction de composition (Propositions I-4, I-6).

Remarque 2 : Il serait plus précis de dire que J est T-composable (resp. T-σ-composable) au lieu de composable (resp. σ-composable) en spécifiant ainsi la fonction de composition sur $\overline{R}_+$.

En effet, on peut remarquer qu'une information J peut admettre plusieurs fonctions de composition mais qui coïncident sur Δ_J^o . Pour s'en convaincre, il suffit de prendre $\mathcal{E} = \{\Omega,\emptyset\}$; alors J est T-σ-composable quelle que soit la fonction de composition T sur $\overline{R}_+$. Par la suite on utilisera l'expression :"J admet T comme fonction de composition" dans le sens "J est T-σ-composable".

Remarque 3 : On impose à une mesure d'information J la propriété d'être σ-composable au lieu de composable, et ceci pour s'assurer de la continuité séquentielle ascendante de J .

En effet, on a la proposition suivante :

PROPOSITION I-1 .

Pour qu'une application $J : \mathcal{E} \to \overline{R}_+$, T-composable, soit T-σ-composable, il faut et il suffit qu'elle possède la continuité séquentielle ascendante.

3. LES DIVERS TYPES D'INFORMATIONS.

3.1. - Informations du type $\mathbb{P}$.

L'exemple le plus connu de mesure d'information est celui de Wiener-Shannon où la mesure d'information est définie sur un espace probabilisé $(\Omega,\mathcal{E},P)$.

Pour tout $A \in \mathcal{E}$, on pose :

(3.1.1) $$J_c(A) = -c \operatorname{Log}(P(A))$$

où c est une constante réelle strictement positive qui dépend du choix de l'unité d'information (habituellement on choisit $c = 1/\operatorname{Log} 2$).

On peut facilement généraliser cette manière de construire des mesures d'information sur des espaces probabilisés.

PROPOSITION I-2 .

> Considérons une application $g : \overline{R}_+ \to [0,1]$ bijective, décroissante, et posons pour $x,y \in \overline{R}_+$ $xT_g y = g^{-1}[g(x) \dotplus g(y)]$. Alors pour tout espace probabilisé $(\Omega,\mathcal{E},P)$ l'application
>
> (3.1.2) $$J : \mathcal{E} \to \overline{R}_+ \text{ telle que } \forall A \in \mathcal{E} \quad J(A) = g^{-1}(P(A))$$
>
> est une mesure d'information sur $(\Omega,\mathcal{E})$ admettant T_g comme fonction de composition.

La proposition I-2 nous conduit à poser les deux définitions qui suivent :

DEFINITION I-3 . - Informations du type $\mathbb{P}$.

On dira qu'une information J définie sur $(\Omega,\mathcal{E})$ est du type $\mathbb{P}$ s'il existe une mesure de probabilité P sur $(\Omega,\mathcal{E})$ et une application $g : \overline{R}_+ \to [0,1]$ bijective, décroissante, telles que :

(3.1.3) $$\forall A \in \mathcal{E} \quad J(A) = g^{-1}(P(A)) .$$

DEFINITION I-4 . - Fonctions de composition du type $\mathbb{P}$.

On dira qu'une fonction de composition T sur $\overline{R}_+$ est du type $\mathbb{P}$ s'il existe une application $g : \overline{R}_+ \to [0,1]$ bijective, décroissante, telle que :

(3.1.4) $$\forall (x,y) \in \overline{R}_+ \times \overline{R}_+ \quad xTy = g^{-1}[g(x) \dot{+} g(y)]$$

où $\dot{+}$ désigne l'addition contractée sur $[0,1]$.

La proposition suivante met en évidence la relation existant entre les informations et les fonctions de composition du type $\mathbb{P}$.

PROPOSITION I-3 .

a) Toute information du type $\mathbb{P}$ admet une fonction de composition du type $\mathbb{P}$.

b) Toute information admettant une fonction de composition du type $\mathbb{P}$, est du type $\mathbb{P}$.

3.2. - Informations du type $\mathbb{M}$.

La proposition I-2 se généralise facilement dans le cas des mesures dans le sens suivant :

PROPOSITION I-4 .

Considérons $\ell \in \overline{R}_+$, $\ell > 0$ et une application $f : \overline{R}_+ \to [0,\ell]$ bijective décroissante. Alors pour tout espace mesuré $(\Omega,\mathcal{E},\mu)$ tel que $\mu(\Omega) = \ell$ l'application $J : \mathcal{E} \to \overline{R}_+$ telle que à $A \in \mathcal{E} \to J(A) = f^{-1}(\mu(A))$ est une mesure d'information sur $(\Omega,\mathcal{E})$ admettant T_f comme fonction de composition.

Néanmoins, on peut remarquer que si $\ell < +\infty$ alors l'information $J = f^{-1} \circ \mu$ est du type $\mathbb{P}$. Seul le cas $\ell = +\infty$ présente un intérêt nouveau.

DEFINITION I-5 . - Informations du type $\mathbb{M}$.

Une information J sur $(\Omega,\mathcal{E})$ est du type $\mathbb{M}$ s'il existe une mesure μ , non finie, sur $(\Omega,\mathcal{E})$ et une application $f : \overline{R}_+ \to \overline{R}_+$ bijective décroissante telle que :

$$\forall A \in \mathcal{E} \qquad J(A) = f^{-1}[\mu(A)] .$$

Dans ce cas J admet une fonction de composition qui est du type suivant :

DEFINITION I-6 . - Fonctions de composition du type $\mathbb{M}$.

On dira qu'une fonction de composition T sur $\overline{R}_+$ est du type $\mathbb{M}$, s'il existe une application $f : \overline{R}_+ \to \overline{R}_+$ bijective décroissante telle que :

$$\forall (x,y) \in \overline{R}_+ \times \overline{R}_+ \qquad xTy = f^{-1}[f(x) + f(y)] .$$

On a une proposition analogue à I-3 pour les mesures d'information et les fonctions de composition de type $\mathbb{M}$.

PROPOSITION I-5 .

Une information J sur $(\Omega,\mathcal{E})$ est du type $\mathbb{M}$ si et seulement si elle admet une fonction de composition du type $\mathbb{M}$.

On a remarqué au début de ce chapitre qu'une information peut admettre plusieurs fonctions de composition, et l'on peut penser qu'une information peut être à la fois du type $\mathbb{P}$ et $\mathbb{M}$, mais ceci n'est possible que dans un cas très particulier.

PROPOSITION I-6 .

Si une information J sur $(\Omega,\mathcal{E})$ est à la fois du type $\mathbb{P}$ et $\mathbb{M}$, alors elle ne prend que les valeurs universelles.

<u>Preuve</u> : Supposons que J est à la fois du type $\mathbb{P}$ et $\mathbb{M}$, alors il existe : deux applications $f : \overline{R}_+ \to \overline{R}_+$ et $g : \overline{R}_+ \to [0,1]$, bijectives, décroissantes ; une mesure μ , non finie et une probabilité P sur $(\Omega,\mathcal{E})$ telles que :

$$J = f^{-1} \circ \mu = g^{-1} \circ P .$$

Soit $A \in \mathcal{E}$ et posons $x = J(A)$. Montrons que si $x < +\infty$, alors $x = 0$.

On a $x < +\infty \Rightarrow \mu(A) = f(x) < +\infty$ d'où $\mu(A^c) = +\infty$ et par conséquent

$$J(A^c) = f^{-1}(\mu(A^c)) = f^{-1}(+\infty) = +\infty .$$

D'autre part, $J(A^c) = g^{-1}(P(A^c)) = g^{-1}[1 - P(A)] = g^{-1}[1 - g(x)] = +\infty$.

D'où $g(x) = 1 \Rightarrow x = 0$.

3.3. - <u>Informations du type</u> INF .

Comme on a vu dans l'exemple 1 , au début de ce chapitre, la loi $xTy = \inf(x,y)$ est une fonction de composition sur $\overline{R}_+$.

<u>DEFINITION</u> I-7 . - <u>Mesures d'information du type</u> INF .

<u>Nous dirons qu'une mesure d'information</u> J <u>sur</u> $(\Omega,\mathcal{E})$ <u>est du type</u> INF , <u>si elle admet comme fonction de composition la loi</u> $xTy = \inf(x,y)$.

Une classe remarquable d'information du type INF est formée par des informations dérivantsd'une "fonction génératrice" ([4]) , où l'on appelle ainsi toute application

$$\Phi : \Omega \to \overline{R}_+ \quad \text{telle que} \quad \inf_{\omega \in \Omega} \Phi(\omega) = 0 .$$

En effet, étant donnée une fonction génératrice Φ sur Ω l'application $J : \mathcal{P}(\Omega) \to \overline{R}_+$ définie par :

(3.3.1) $$J(A) = \begin{cases} \inf\limits_{\omega \in A} \Phi(\omega) & \text{si} \quad A \neq \emptyset \\ + \infty & \text{si} \quad A = \emptyset \end{cases}$$

est une mesure d'information du type INF sur $(\Omega,\mathcal{P}(\Omega))$.

On remarquera que si J est du type INF alors la relation $J(A \cup B) = \inf(J(A),J(B))$ reste vraie même quand A et B ne sont pas disjoints.

En fait, cette propriété caractérise les informations du type INF .

3.4. - Informations du type MIXTE .

Nous verrons lors de l'étude des semi-groupes de composition que toute fonction de composition sur $\overline{R}_+$ peut être exprimée à l'aide d'une famille au plus dénombrable de semi-groupes de trois types IP , IM et INF . Ceci nous suggèrel d'appeler les mesures d'information (resp. fonctions de composition) n'appartenant pas à l'un des trois types cités informations (resp. fonctions de composition) du type MIXTE .

CHAPITRE II : CARACTERISATION DES DIVERS TYPES DES FONCTIONS DE COMPOSITION

1. SEMI GROUPES DE COMPOSITION (S.G.C).

Dans le premier chapitre, on a présenté divers types d'informations et de fonctions de composition. On peut donc se poser le problème de savoir, pour une information donnée, si elle est de tel ou tel type.

Or d'après les propositions I-3 , I-5 et I-6 , une réponse à ce problème peut être apportée par l'étude du type de la fonction de composition T de cette information.

L'ensemble Λ_T , ensemble des idempotents de T , joue un rôle fondamental dans cette étude car il est évident que si T admet un idempotent $c \in]0,+\infty[$, alors T n'est pas du type $\mathbb{P}$ ni du type $\mathbb{M}$.

Toutefois, on peut remarquer que si $a,b \in \Lambda_T$ tels que $a < b$ alors la restriction de T à $[a,b] \times [a,b]$ est une loi de composition interne sur $[a,b]$ vérifiant toutes les conditions imposées à une fonction de composition, à cela près que 0 est remplacé par a et $+\infty$ par b .

Ceci nous conduit à généraliser le concept de fonction de composition en nous plaçant dans un intervalle fermé $[a,b] \subset \overline{\mathbb{R}}$ au lieu de $[0,+\infty]$ et d'affaiblir les conditions imposées, car comme on le verra, elles ne sont pas indépendantes.

DEFINITION II-1 . - Semi-groupes de composition (S.G.C.).

Considérons un intervalle fermé $A = [a,b] \subset \overline{\mathbb{R}}$, et une loi de composition T , interne sur A . On dira que le couple (A,T) est un "semi-groupe de composition" s'il vérifie les conditions suivantes :

(p_1) T est associative

(p_2) $T : A \times A \rightarrow A$ est continue

(p_3) b est un élément neutre à droite

(p_4) T est croissante.

On constate qu'une fonction de composition est un S.G.C. tel que $A = \overline{\mathbb{R}}_+$.

<u>Remarque</u> : "La condition (p_3) peut être remplacée par la condition plus faible

$$(p_3')\ aTb = a\ ;\ bTb = b\ .$$

En effet, si (A,T) vérifie (p_1,p_2,p_3,p_4) alors l'application $\varphi : A \to A$ telle que $x \rightsquigarrow \varphi(x) = xTb$ est continue $-(p_2)$ - et il résulte de (p_3') : $\varphi(a) = a$; $\varphi(b) = b$. Par conséquent, $\forall\, x \in A$, $\exists\, y \in A : x = yTb$ d'où : $xTb = (yTb)Tb = yT(bTb) = yTb = x$. Autrement dit (A,T) vérifie (p_3) ."

Le problème que l'on se pose est de trouver des conditions nécessaires et suffisantes pour qu'un S.G.C. (A,T) soit isomorphe au semi-groupe $([0,1],\dot{+})$ ou à $(\overline{R}_+,+)$.

<u>DEFINITION</u> II-2 .

- <u>On dira qu'un semi-groupe de composition</u> (A,T) <u>est du type</u> $\mathbb{P}$ <u>s'il est isomorphe à</u> $([0,1],\dot{+})$ <u>i.e.</u>

  <u>il existe</u> $g : [a,b] \to [0,1]$ <u>bijective décroissante telle que</u>

  $$\forall\,(x,y) \in A \times A \qquad xTy = g^{-1}[g(x) \dot{+} g(y)]\ )\ .$$

- <u>On dira qu'un semi-groupe de composition</u> (A,T) <u>est du type</u> M <u>s'il est isomorphe à</u> $(\overline{R}_+,+)$ <u>i.e.</u>

  <u>Il existe</u> $f : [a,b] \to \overline{R}_+$ <u>bijective décroissante telle que</u> :

  $$\forall\,(x,y) \in A \times A \qquad xTy = f^{-1}[f(x) + f(y)]\ .$$

L'ensemble des idempotents $\Lambda_T = \{x \in [a,b] : xTx = x\}$ joue un rôle fondamental dans l'étude des semi-groupes. Il est facile de voir que Λ_T est une partie <u>fermée</u> de $[a,b]$ contenant les points a et b .

2. SEMI-GROUPES DE COMPOSITION SANS IDEMPOTENTS INTERIEURS.

On suppose dans ce paragraphe que le semi-groupe (A,T) vérifie en plus la condition :

$$(P_5) \qquad \forall\, x \in \,]a,b[\qquad xTx \neq x .$$

On en déduit les propriétés suivantes (voir [8]) :

PROPRIETE 1.

Pour tout $x \in [a,b[$ la suite $(x^n)_{n\geq 1}$ définie par :

$$x^1 = x$$

$$x^{n+1} = x^n\,Tx \qquad \text{pour} \qquad n \geq 1$$

tend vers a quand $n \to +\infty$.

PROPRIETE 2.

Pour tout $x \in [a,b]$ on a $xTa = aTx = a$.

(On interprète ceci en disant que a est un zéro de (A,T).)

PROPRIETE 3.

Le point b est un élément neutre.

PROPRIETE 4.

i) Pour tout $(x,y) \in A \times A$ on a : $xTy \leq \inf(x,y)$

ii) Si $x \leq y < b$ et $xTy = x$ alors $x = a$

iii) Si pour $x \in A$ il existe $y_1, y_2 \in A$ tels que $y_1 < y_2$ et $xTy_1 = xTy_2$ alors $xTy_1 = xTy_2 = a$.

iv) Pour tout $(x,y) \in A \times A$ tel que $a < x < y$ il existe u (resp. v) unique tel que $x = yTu$ (resp. $x = vTy$).

PROPRIETE 5.

Si $x_0 \in]a,b[$ est tel que $x_0 T x_0 = a$ et $\forall x > x_0$ $xTx > a$ alors $\forall y > x_0$ $x_0 T y > a$.

3. THEOREME FONDAMENTAL. SUITES T-DENSES

Le théorème qui suit est essentiel pour la suite.

THEOREME II-1.

Soit (A,T) un semi-groupe de composition sans idempotents intérieurs, vérifiant la condition :

(p_6) : Il existe $x_0 \in]a,b]$ tel que $x_0 T x_0 = a$.

Alors il existe une suite $(r_n)_{n \geq 0}$ dans $[a,b[$ vérifiant :

i) $\{r_n\}_{n \geq 0}$ est strictement croissante et tend vers b.

ii) $r_0 = a$ et $\forall n \geq 0$ $r_{n+1} T r_{n+1} = r_n$

iii) Pour tout $x \in [a,b[$ il existe une sous-suite $(r_{n_k})_{k \geq 1}$ unique, extraite de $\{r_n\}_{n \geq 1}$, strictement croissante, telle que :

$$x = \lim_{m \to \infty} \mathop{T}_{k=1}^{m} r_{n_k} = \mathop{T}_{k=1}^{\infty} r_{n_k} .$$

La sous-suite correspondant à un $x \in [a,b[$ sera appelée développement de x, et on dira que la suite $\{r_n\}_{n \geq 1}$ est T-dense.

LEMME 1.

Considérons l'application $\varphi : [a,b] \to [a,b]$

$$x \to \varphi(x) = xTx .$$

Sous les conditions du théorème II-1, l'application φ vérifie :

1) φ est continue et $\varphi(a) = a$, $\varphi(b) = b$.

2) $\forall\ x \in]a,b[\quad \varphi(x) < x$.

3) Il existe $\xi \in]a,b[$ tel que φ est strictement croissante sur $[\xi,b]$ et φ est constante, égale à a , sur $[a,\xi]$.

<u>Preuve du lemme</u> :

1) $\varphi(a) = a$, et $\varphi(b) = b$ car $a,b \in \Lambda_T$. D'autre part, φ est continue croissante car T l'est.

2) C'est évident car : $\varphi(x) = xTx \leq \inf(x,x) = x$ (propriété 4-i)) et d'autre part, $\varphi(x) = xTx \neq x$ (condition p_5) .

3) Posons $\xi = \sup\{x \in A | \varphi(x) = a\}$, alors de (p_6) on déduit que $\xi \geq x_o > a$. D'autre part, comme φ est continue croissante on a :

$$\varphi(\xi) = a \quad ; \quad \forall\ x \in [a,\xi] \quad \varphi(x) = a .$$

Montrons que φ est strictement croissante sur $[\xi,b]$.

Sinon il existerait $y_1,y_2 \in [\xi,b]$, $y_1 < y_2$ tels que

$$\varphi(y_1) = \varphi(y_2) = c .$$

On en déduit que :

$$c = \varphi(y_1) = y_1Ty_1 \leq y_1Ty_2 \leq y_2Ty_2 = c ,$$

d'où $c = y_1Ty_1 = y_1Ty_2$ et comme $y_1 < y_2$, on déduit de la propriété (4-iii) que $c = a$. D'où $\varphi(y_2) = a$; or ceci est impossible car $y_2 > \xi = \sup\{x \in A | \varphi(x) = a\}$.

<u>Démonstration du théorème</u> II-1 : D'après le lemme précédent, l'application $\varphi : [\xi,b] \to [a,b]$ est bijective strictement croissante.

Posons alors $\boxed{r_o = a \text{ ; pour } n \geq 0 \quad r_{n+1} = \varphi^{-1}(r_n) .}$

. Montrons que la suite $(r_n)_{n \geq 0}$ ainsi définie vérifie i) , ii) , iii).

(i) D'après le lemme on a :

$$r_n = \varphi(r_{n+1}) < r_{n+1}$$

d'où $(r_n)_{n\geq 0}$ est strictement croissante, par conséquent, elle converge dans $[a,b]$. Posons $c = \lim\limits_{n\to\infty} r_n$. On a :

$$c = \lim_n r_n = \lim_n \varphi(r_{n+1}) = \varphi(\lim_n r_{n+1}) = \varphi(c) = cTc$$

d'où $c \in \Lambda_T$ et comme $c > \xi > a$ et (A,T) est sans idempotents interieures on a,

(ii) Ce point est trivial de par la définition de la suite $(r_n)_{n\geq 0}$.

(iii) Il s'agit de montrer que tout $x \in [a,b[$ admet un développement unique.

. <u>Existence</u> : Considérons $x \in]a,b[$, il existe alors un entier n_1 , unique, tel que :

$$r_{n_1-1} \leq x < r_{n_1}$$

et d'après la propriété 4-iv) il existe x_1 <u>unique</u> tel que $x = r_{n_1}Tx_1$.

Par récurrence on définit alors deux suites $(r_{n_k})_{k\geq 1}$ et $(x_k)_{k\geq 1}$ en posant pour $k \geq 1$:

$$(*)\begin{cases} r_{n_{k+1}} = \text{l'unique terme de la suite } (r_n)_{n\geq 1} \text{ tel que : } r_{n_k-1} \leq x_k < r_{n_{k+1}} \\ \\ x_{k+1} = \text{l'unique élément de } A \text{ tel que : } x_k = r_{n_{k+1}}Tx_{k+1} \text{ .} \end{cases}$$

Ces deux suites vérifient la relation suivante :

$$(**) \qquad \forall\, k \geq 0 \quad x_k < r_{n_{k+1}} \leq x_{k+1} \qquad (\text{où } x_o = x) \text{ .}$$

En effet, d'après (*) on a :

$$r_{n_{k+1}} Tr_{n_{k+1}} = r_{n_{k+1}-1} \leq x_k = r_{n_{k+1}} Tx_{k+1}$$

et comme T est croissante on en déduit que :

$$x_k < r_{n_{k+1}} \leq x_{k+1} .$$

Il en résulte que $(r_{n_k})_{k\geq 1}$ est une sous-suite de $(r_n)_{n\geq 1}$ strictement croissante et que $(x_k)_{k\geq 1}$ est une suite strictement croissante et $\lim\limits_{k\to\infty} x_k = b$.

On a alors :

$$(***) \qquad x = r_{n_1} Tx_1 = r_{n_1} Tr_{n_2} Tx_2 = \ldots = (\mathop{T}_{i=1}^{k} r_{n_i}) Tx_k \qquad \text{pour tout } k \geq 1 ,$$

et en passant à la limite :

$$x = [\lim_{k\to\infty} \mathop{T}_{i=1}^{k} r_{n_i}] T [\lim_{k\to\infty} x_k] = [\mathop{T}_{i=1}^{\infty} r_{n_i}] Tb = \mathop{T}_{i=1}^{\infty} r_{n_i} ,$$

on a ainsi montré l'existence du développement de x .

. <u>Unicité</u> : Montrons maintenant que la suite $\{r_{n_k}\}_{k\geq 1}$ définie par (*) est l'unique sous-suite de $\{r_n\}_{n\geq 1}$ développement de x .

Pour cela, montrons d'abord que si $x \in]a,b[$ admet deux développements : $(r_{n_k})_{k\geq 1}$ défini par (*) et un autre $(r_{n'_k})_{k\geq 1}$, alors nécessairement $r_{n_1} = r_{n'_1}$.

En effet, $x = r_{n'_1} T(\mathop{T}_{k=2}^{\infty} r_{n'_k}) < r_{n'_1} \Rightarrow r_{n_1} \leq r_{n'_1}$.

Supposons $r_{n_1} < r_{n'_1}$.

On en déduit que :

$$\forall\, k \geq 1 \quad r_{n_1+k} \leq r_{n'_k} .$$

Or $r_{n_1} = r_{n_1+1} T r_{n_1+1} = r_{n_1+1} T(r_{n_1+2} T r_{n_1+2}) = (r_{n_1+1} T r_{n_1+2}) T r_{n_1+2}) \ldots$ $(\overset{p}{\underset{k=1}{T}} r_{n_1+k}) T r_{n_1+p}$ et ceci pour tout $p \geq 1$. D'où :

$$r_{n_1} = \lim_{p\to\infty} \overset{p}{\underset{k=1}{T}} r_{n_1+k} \leq \lim_{p\to\infty} \overset{p}{\underset{k=1}{T}} r_{n'_k} = x \ ,$$

mais ceci est impossible car $x < r_{n_1}$. D'où $r_{n_1} = r_{n'_1}$.

Nous montrons alors, par récurrence que $\forall\, k \geq 1 \quad r_{n'_k} = r_{n_k}$.

Supposons $r_{n'_i} = r_{n_i}$ pour $i = 1,\ldots,m \quad m \geq 1$. On a :

$$x = (\overset{m}{\underset{i=1}{T}} r_{n_i}) T (\underset{i>m}{T} r_{n_i}) = (\overset{m}{\underset{i=1}{T}} r_{n_i}) T (\underset{i>m}{T} r_{n'_i}) \ .$$

De la propriété 4-iii) et de (***) on déduit que :

$$x_m = \overset{\infty}{\underset{i=1}{T}} r_{n_{m+i}} = \overset{\infty}{\underset{i=1}{T}} r_{n'_{m+i}}$$

et d'après ce qui précède : $r_{n_{m+1}} = r_{n'_{m+1}}$, car $r_{n_{m+1}}$ et $r_{n'_{m+1}}$ sont les premiers termes de deux développements de x_m .

La récurrence étant ainsi établie on en conclut l'unicité du développement de $x \in\,]a,b[$.

Remarquons que le développement d'un terme r_p , de la suite $(r_n)_{n\geq 1}$ est $\{r_{p+i}\}_{i\geq 1}$. D'où comme $a = r_1 T r_1$ on a :

$$a = \overset{\infty}{\underset{n=1}{T}} r_n \ .$$

a admet donc un développement. Montrons qu'il est unique.

Si $(r_{n_k})_{k\geq 1}$ est une sous-suite extraite de $(r_n)_{n\geq 1}$ non identique à $(r_n)_{n\geq 1}$ alors il existe k tel que

$$r_i \le r_{n_i} \qquad i = 1,\dots,k$$

$$r_{i+1} < r_{n_i} \qquad \text{pour } i \ge k .$$

D'où :

$$a = \overset{\infty}{\underset{i=1}{T}} r_i < \overset{k+1}{\underset{i=1}{T}} r_i \qquad \text{(propriété 5) d'où :}$$

$$a < (\overset{k}{\underset{i=1}{T}} r_i) T r_{k+1} = (\overset{k}{\underset{i=1}{T}} r_i) T (\overset{\infty}{\underset{i=k+2}{T}} r_i) \le (\overset{k}{\underset{i=1}{T}} r_{n_i}) T (\overset{\infty}{\underset{i=k+1}{T}} r_{n_i}) = \overset{\infty}{\underset{i=1}{T}} r_{n_i} .$$

<u>Remarque</u> : La suite $(r_n)_{n\ge 1}$ construite précédemment n'est pas l'unique suite répondant au théorème II-1 . Cette suite vérifie

(1) $$r_1 = \sup\{x \mid \varphi(x) = a\} \qquad \forall\, n \ge 1 \quad r_{n+1} = \varphi^{-1}(r_n) .$$

Or si l'on choisit $r'_1 \in]a, r_1[$ et si l'on pose pour $n \ge 1$ $r'_{n+1} = \varphi^{-1}(r'_n)$ alors la suite $(r'_n)_{n\ge 1}$ est T-dense. Toutefois, on a :

$$\forall\, n \ge 1 \quad r'_n < r_n < r'_{n+1} .$$

Ce qui, à notre sens caractérise la suite $(r_n)_{n\ge 1}$ parmi les suites T-denses, est que $(r_1, r_1) \in D_T^a$, et cette propriété nous sera fort utile pour la démonstration du théorème III-1 .

4. CARACTERISATION DES S.G.C. DU TYPE $\mathbb{P}$ et $\mathbb{M}$.

Considérons maintenant un semi-groupe de composition $([a,b],T)$ sans idempotents intérieurs, et ne vérifiant pas la condition (p_6) : i.e.

(4.1) $$\forall\, x \in \,]a,b] \quad a < xTx \ .$$

Montrons alors que le semi-groupe $([a,b],T)$ est limite d'une suite $\{(A_n,T_n)\}_{n\geq 1}$ des semi-groupes vérifiant les conditions p_i : $i = 1,\ldots,6$, c'est-à-dire les conditions du théorème II-4.

Pour cela considérons l'application $\varphi : [a,b] \to [a,b]$

$$x \rightsquigarrow \varphi(x) = xTx \ .$$

Par des raisonnements analogues à ceux du lemme 1 on montre que :

(4.2) $$\begin{cases} \text{i) } \varphi \text{ est continue strictement croissante} \\ \text{ii) } \forall\, x \in \,]a,b[\quad a < \varphi(x) < x \ . \end{cases}$$

A l'aide de φ on construit deux suites $(a_n)_{n\geq 0}$ et $(d_n)_{n\geq 0}$ de la manière suivante :

On choisit $a_o \in \,]a,b[$ et on pose : $d_o = a_o$

On définit alors, par récurrence, les deux suites en posant :

(4.3) $$\left.\begin{aligned} a_n &= \varphi(a_{n-1}) \\ d_n &= \varphi^{-1}(d_{n-1}) \end{aligned}\right\} \text{ pour } n \geq 1 \ .$$

On a :

(4.4) $$\begin{cases} \text{La suite } (a_n)_{n\geq 0} \text{ est strictement décroissante et } \lim\limits_n a_n = a \ . \\ \text{La suite } (d_n)_{n\geq 0} \text{ est strictement croissante et } \lim\limits_n d_n = b \ . \\ \text{De plus : } \forall\, n \geq 1 \quad a_n = a_{n-1}Ta_{n-1} \text{ et } d_{n-1} = d_nTd_n \ . \end{cases}$$

En effet,

$$\forall\, n \geq 1 \qquad a < a_n = \varphi(a_{n-1}) = a_{n-1} T a_{n-1} < a_{n-1} \leq x_o$$

d'où $\lim\limits_n a_n = c$ existe et vérifie $cTc = c \leq x_o \Rightarrow c = a$.

De même,

$$\forall\, n \geq 1 \qquad x_o \leq d_{n-1} = \varphi(d_n) = d_n T d_n < d_n \,.$$

D'où $\lim\limits_n d_n = c'$ existe et vérifie $x_o \leq c'Tc' = c' \Rightarrow c' = b$.

On pose alors pour $n \geq 1$:

. $A_n = [a_n, b]$; et pour $(x,y) \in A_n \times A_n$

. $xT_n y = \max\{a_n, xTy\}$.

<u>LEMME</u> 2 .

a) Pour tout n , (A_n, T_n) est un S.G.C. vérifiant les conditions P_i , $i = 1,\dots,6$.

b) La suite $\{(A_n, T_n)_{n\geq 1}$ tend vers (A,T) , en ce sens que :

1. $\lim\limits_{n\to\infty} [a_n, b] =]a,b]$

2. $\forall\, (x,y) \in\,]a,b] \times]a,b]$ il existe $n_0 \in \mathbb{N}$ tel que $\forall_n \geq n_0$, on a $xT_n y = xTy$.

<u>Preuve</u> : Le point a) découle sans peine de la définition de (A_n, T_n) . Le 1. de b) est évident car $\{a_n\}_{n\geq 1}$ tend vers a en décroissant.

Montrons le 2) : Soit $(x,y) \in\,]a,b] \times]a,b]$, alors, comme $a < \min(x,y)$ et $\lim\limits_{n\to\infty} a_n = a$, il existe $n_o \in \mathbb{N}$ tel que $\forall\, n \geq n_o \quad a_n < \min(x,y)$. Alors pour $n \geq n_o + 1$ on a :

$$.\ a_n < a_{n_o} < \min(x,y) \Rightarrow (x,y) \in\,]a_n, b] \times]a_n, b]$$

$$..\ xTy > a_{n_o} T a_{n_o} = a_{n_o+1} \geq a_n \Rightarrow xT_n y = xTy \,.$$

D'où $\lim_{n\to\infty} (xT_n y) = xTy$.

<u>Remarque</u> : Les semi-groupes $\{(A_n,T_n)\}_{n\geq 1}$ vérifient les conditions p_i $i=1,\ldots,6$ et d'après le théorème II-1 chacun d'eux admet une suite dense. Pour n fixé, notons $\{r_k^n\}_{k\geq 0}$ la suite T_n-dense du semi-groupe (A_n,T_n) construite dans le théorème II-1 . On a les relations :

$$(4.5) \quad \begin{cases} r_k^n = a_{n-k} & \text{pour} \quad k = 0,1,\ldots,n \\ r_{n+k}^n = d_k & \text{pour} \quad k \geq 0 . \end{cases}$$

En effet, le zéro de $([a_n,b]),T_n)$ étant a_n on a_n: $r_o^n = a_n$ d'autre part $a_{n-1} = \sup \{y \in [a_n,b] \mid yT_n y = a_n\}$ d'où : $r_1^n = a_{n-1}$ et le reste découle de la définition des suites $(a_n)_{n\geq 1}$ et $(d_n)_{n\geq 1}$.

On est en mesure maintenant d'énoncer les théorèmes de caractérisation des S.G.C. du type $\mathbb{P}$ et $\mathbb{M}$.

<u>THEOREME</u> II-2 . (voir aussi [9])

> Un semi-groupe de composition $([a,b],T)$ est du type $\mathbb{P}$ si et seulement si il vérifie les conditions :
>
> (p_5) $\Lambda_T = \{a,b\}$
>
> (p_6) $\exists\ x_o \in\ ]a,b[$ tel que $x_o T x_o = a$.

<u>Preuve</u> : - Montrons d'abord que les conditions (p_5) et (p_6) sont nécessaires. Supposons donc $([a,b],T)$ du type $\mathbb{P}$; il existe alors $g : [a,b] \to [0,1]$ bijective décroissante telle que

$$\forall\ (x,y) \in [a,b] \times [a,b] \qquad xTy = g^{-1}[g(x) \dotplus g(y)] .$$

Les seuls idempotents du semi-groupe $([0,1],\dot{+})$ étant 0 et 1 ; on en déduit que les seuls idempotents de $([a,b],T)$ sont :

$$g^{-1}(0) = b \quad \text{et} \quad g^{-1}(1) = a \quad \text{d'où } (p_5) .$$

D'autre part, il existe $x_o \in \,]a,b[$ tel que $g(x_o) = \frac{1}{2}$, alors on a :

$$x_o T x_o = g^{-1}[g(x_o) \dot{+} g(x_o)] = g^{-1}(1) = a \quad \text{d'où } (p_6) .$$

- Montrons maintenant que les conditions sont suffisantes.

Si le S.G.C. $([a,b],T)$ vérifie les conditions (p_5) et (p_6) alors du théorème II-1 on déduit l'existence d'une suite $(r_n)_{n\geq 0}$, T-dense. On définit alors l'application $g : [a,b] \to [0,1]$ par :

$$g(x) = \begin{cases} 0 & \text{si} \quad x = b \\ \sum_{i=1}^{\infty} \frac{1}{2^{n_i}} & \text{si} \quad x < b \quad \text{et} \quad D(x) = \{r_{n_i}\}_{i\geq 1} \end{cases}$$

où $D(x)$ désigne le développement de x dans $\{r_n\}_{n\geq 1}$.

On a :

1) g <u>est strictement décroissante</u> :

Considérons $x,y \in [a,b[$ tels que $x < y$, et notons $\{r_{n_i}\}_{i\geq 1}$ (resp. $\{r_{n'_i}\}_{i\geq 1}$) le développement de x (resp. y) .

Alors il existe un plus petit indice k_o tel que :

$$n_{k_o} < n'_{k_o} \quad \text{et} \quad \forall\, i < k_o \quad n_i = n'_i .$$

On a :

$$g(y) = \sum_{i=1}^{k_o-1} \frac{1}{2^{n_i}} + \sum_{i\geqslant k_o} \frac{1}{2^{n'_i}} \leq \sum_{i=1}^{k_o-1} \frac{1}{2^{n_i}} + \frac{1}{2^{n'_{k_o}-1}} \quad \text{d'où :}$$

$$g(y) \leq \sum_{i=0}^{k_o-1} \frac{1}{2^{n_i}} + \frac{1}{2^{n_{k_o}}} < \sum_{i=0}^{\infty} \frac{1}{2^{n_i}} = g(x) .$$

2) g <u>est bijective</u> :

L'application g étant strictement décroissante elle est injective. Il suffit donc de montrer que g est surjective. Pour cela $t \in]0,1]$ étant donné, on considère le développement en base 2 de t .

Soit $(\frac{1}{2^{n_k}})_{k \geq 1}$ ce développement, on pose alors :

$$x_t = \overset{\infty}{\underset{k=1}{\mathrm{T}}} r_{n_k} .$$

D'après le théorème II-1(iii) , $\{r_{n_k}\}_{k \geq 1}$ est le développement de x_t et par conséquent on a $g(x_t) = \sum_{k=1}^{\infty} \frac{1}{2^{n_k}} = t$.

3) <u>$\forall$ (x,y) $\in$ [a,b] x [a,b] on a : $g(xTy) = g(x) \dotplus g(y)$</u>

Montrons d'abord que :

$$\forall\ n \geq 0 \quad \text{et} \quad \forall\ k \geq 0 \qquad g(r_n T r_k) = g(r_n) \dotplus g(r_k) .$$

En effet, le développement de r_n étant $\{r_{n+k}\}_{k \geq 1}$ on a :

$$\forall\ n \geq 0 \qquad g(r_n) = \sum_{k=1}^{\infty} \frac{1}{2^{n+k}} = \frac{1}{2^n}$$

$$g(r_{n+1} T r_{n+1}) = g(r_n) = \frac{1}{2^n} = \frac{1}{2^{n+1}} \dotplus \frac{1}{2^{n+1}} = g(r_{n+1}) \dotplus g(r_{n+1}) .$$

Supposons $n < k$ et posons $x = r_n T r_k$, alors le développement de x est $\{r_n, r_{k+i} \quad i \geq 1\}$ d'où :

$$g(x) = g(r_n T r_k) = \frac{1}{2^n} + \sum_{i=1}^{\infty} \frac{1}{2^{k+i}} = g(r_n) + \frac{1}{2^k} = g(r_n) \dotplus (g(r_k) .$$

Or l'application g étant bijective décroissante elle est <u>bi-continue</u> .

D'autre part, elle échange les "bases" $\{r_n\}_{n\geq 1}$ et $\{\frac{1}{2^n}\}_{n\geq 1}$ des semi-groupes $([a,b],.T)$ et $([0,1],\dot{+})$ et vérifie :

$$\forall\ n,k \geq 0 \qquad g(r_n T r_k) = g(r_n) \dot{+} g(r_k)\ .$$

C'est donc un isomorphisme.

Remarque : L'application g construite précédemment n'est pas unique car d'après la remarque (2.1) la suite $(r_n)_{n\geq 1}$ ne l'est pas.

THEOREME II-3 . (voir aussi [3])

> Un semi-groupe de composition $([a,b],T)$ est de type $\mathbb{M}$, si, et seulement si il vérifie les conditions :
>
> (p_5) $\Lambda_T = \{a,b\}$
>
> (p_6') $\forall\ x \in\ ]a,b] \qquad a < xTx$.

Preuve : a) les conditions sont nécessaires car s'il existe $f : [a,b] \to \overline{\mathbb{R}}_+$ bijective décroissante telle que :

$$\forall\ (x,y) \in [a,b]^2 \qquad xTy = f^{-1}[f(x) + f(y)]$$

alors on a :

$$\forall\ x \in\ ]a,b[\qquad f(x) \in\ ]0,+\infty[\qquad \text{d'où} \qquad 0 < f(x) < f(x) + f(x) < +\infty$$

et par conséquent :

$$a = f^{-1}(+\infty) < f^{-1}[f(x) + f(x)] = xTx < f^{-1}[f(x)] = x < f(0) = b\ .$$

Cette relation montre que (p_5) et (p_6') sont vérifiées.

b) <u>les conditions sont suffisantes</u>.

Si (p_5) et (p'_6) sont vérifiées alors, on considère l'application $\varphi : [a,b] \to [a,b]$, $x \rightsquigarrow xTx$ et un point $x_o \in]a,b[$ qui reste fixé pour tout ce qui suit.

Posons, $a_o = d_o = x_o$ et

$$\text{pour } n \geq 0 \text{ , } a_{n+1} = \varphi(a_n)$$
$$d_{n+1} = \varphi^{-1}(d_n) \text{ .}$$

Alors du lemme 2, on déduit que la suite des semi-groupes $\{[a_n,b],T_n\}_{n\geq 1}$ converge vers $([a,b],T)$ et que pour tout $n \geq 1$, le S.G.C. $([a_n,b],T_n)$ vérifie les conditions du théorème II-2 , où la suite T_n-dense est :

$$r_k^n = a_{n-k} \qquad k = 0,\dots,n$$

$$r_{n+k}^n = d_k \qquad k \geq 0 \text{ .}$$

Notons g_n l'isomorphisme entre $([a_n,b],T_n)$ et $([0,1],\dot{+})$ associé à la suite $(r_k^n)_{k\geq 0}$.

Pour tout $n \geq 1$, on a :

1° $g_n(a_{n-k}) = \frac{1}{2^k}$ pour $k = 0,1,\dots,n$

$g_n(d_k) = \frac{1}{2^{n+k}}$ pour $k \geq 0$.

2° $\forall\ (x,y) \in [a_{n-1},b]^2$ et $\forall\ m \geq n$.

$$xTy = xT_my = g_m^{-1}[g_m(x) + g_m(y)] \text{ .}$$

3° Si l'on pose, pour $x \in [a_n,b]$, $f_n(x) = 2^n.g_n(x)$ alors $f_n : [a_n,b] \to [0,2^n]$ est bijective strictement décroissante telle que :

$$\forall\ (x,y) \in [a_n,b]^2 \qquad xT_ny = f_n^{-1}[f_n(x) \dot{+} f_n(y)]$$

($\dot{+}$ étant ici l'addition contractée sur $[0,2^n]$)

$$\forall\ (x,y) \in [a_{n-1},b]^2 \qquad xT_ny = xTy = f_n^{-1}[f_n(x) + f_n(y)] \ .$$

De 1°) on déduit que :

$$\text{Pour} \quad k = 0,\ldots,n \qquad f_n(a_k) = 2^k$$

$$\text{Pour} \quad k \geq 0 \qquad f_n(d_k) = \frac{1}{2^k} \ .$$

On en déduit que pour tout $x \in [a_n,b]$ la suite $\{f_m(x)\}_{m \geq n}$ est constante.

Posons alors pour $x \in]a,b]$: $f(x) = \lim\limits_{n\to\infty} f_n(x)$.

Alors de 2°), on a :

$\forall\ (x,y) \in]a,b] \times]a,b]$, il existe n tel que $a_n < \inf (x,y)$ et par conséquent, pour tout $m > n$

$$f(xTy) = f_m(xTy) = 2^m(g_m(xTy)) = 2^m[g_m(x) + g_m(y)]$$

$$= f_m(x) + f_m(y) = f(x) + f(y) \ .$$

D'où :

$$\forall\ (x,y) \in]a,b] \times]a,b] \qquad xTy = f^{-1}[f(x) + f(y)] \ .$$

D'autre part, $f :]a,b] \to]0,+\infty]$ est continue strictement décroissante car pour tout $n \geq 1$ la restriction de f sur $[a_n,b]$ est égale à f_n et $f_n : [a_n,b] \to [0,2^n]$ est bijective décroissante.

De plus, on a :

$$\lim_{n\to\infty} f(a_n) = \lim_{n\to\infty} f_n(a_n) = \lim_{n\to\infty} 2^n = +\infty \ .$$

On prolonge alors f sur $[a,b]$ en posant $f(a) = +\infty$.

Ainsi $f : [a,b] \to [0,+\infty]$ est continue, bijective, strictement décroissante. On définit un S.G.C. du type $\mathbb{M}$ sur $[a,b]$, en posant pour $(x,y) \in [a,b]^2$

$$xT_f y = f^{-1}[f(x) + f(y)] .$$

Or d'après (4), T et T_f coïncident sur le pavé semi-ouvert $]a,b] \times]a,b]$ et comme elles sont continues, elles coïncident sur le fermé $[a,b] \times [a,b]$ d'où $T \equiv T_f$. C.Q.F.D.

Jusqu'à présent on a vu que les S.G.C. sans idempotents intérieurs sont ou bien du type $\mathbb{P}$ ou bien du type $\mathbb{M}$.

Le théorème qui suit montre que tout semi-groupe de composition peut être décrit à l'aide d'une famille au plus dénombrable de semi-groupes de composition, chacun appartenant à l'un des trois types $\mathbb{P}$, $\mathbb{M}$, INF.

<u>THEOREME</u> II-4.

Pour tout S.G.C. (A,T), il existe une famille unique, au plus dénombrable de S.G.C., soit $([a_i,b_i],T_i)_{i\in I}$ telle que :

a) Les intervalles $(]a_i,b_i[)_{i\in I}$ sont deux à deux disjoints et leur réunion est contenue dans A.

b) Pour tout $i \in I$, le S.G.C. $([a_i,b_i],T_i)$ est du type $\mathbb{P}$ ou $\mathbb{M}$.

c) Pour tout couple $(x,y) \in A \times A$, on a

$$xTy = \begin{cases} xTy & \text{s'il existe } i \in I : x,y \in [a_i,b_i] \\ \inf(x,y) & \text{sinon.} \end{cases}$$

<u>Preuve</u> : L'ensemble des idempotents Λ_T de (A,T) est fermé, par conséquent $\overline{\Lambda}_T = A - \Lambda_T$ est un ouvert d'un $\mathbb{R}$ contenu dans A. Il existe donc une famille unique, au plus dénombrable, d'intervalles ouverts deux à deux disjoints, soit $\{]a_i,b_i[\}_{i\in I}$ telle que

$$\overline{\Lambda}_T = \bigcup_{i \in I}]a_i, b_i[\ .$$

On en déduit que pour tout $i \in I$, $a_i \in \Lambda_T$ et $b_i \in \Lambda_T$, et si l'on note par T_i la restriction de T à $[a_i, b_i]$ alors il est évident que $([a_i, b_i], T_i)$ est un S.G.C. sans idempotents intérieurs. Il est donc, ou bien du type $\mathbb{P}$, ou bien du type $\mathbb{M}$, ce qui prouve a) et b). Pour montrer c), considérons $(x,y) \in A \times A$. S'il existe $i \in I$ tel que $(x,y) \in [a_i, b_i] \times [a_i, b_i]$ alors $xTy = xT_iy$. Si pour tout $i \in I$, $(x,y) \notin [a_i, b_i] \times [a_i, b_i]$, alors en supposant que $x \leq y$, on en conclut que l'intervalle $[x,y]$ n'est pas contenu dans $\overline{\Lambda}_T$. Il en résulte qu'il existe $c \in [x,y] \cap \Lambda_T$ et par conséquent :

$$x = xTc \leq xTy \leq \inf(x,y) = x$$

d'où $xTy = \inf(x,y)$.

C.Q.F.D.

5. CARACTERISATION DES DIVERS TYPES DE FONCTIONS DE COMPOSITIONS SUR $\overline{R}_+$.

Les résultats obtenus dans les paragraphes précédents nous permettent de caractériser les divers types des fonctions de composition sur $\overline{R}_+$.

Ce qui est remarquable c'est que la restriction de T à la diagonale de $\overline{R}_+ \times \overline{R}_+$ détermine parfaitement le type de T .

En effet, considérons une fonction de composition T sur $\overline{R}_+$ et notons $\varphi_T : \overline{R}_+ \to \overline{R}_+$ telle que $x \rightsquigarrow \varphi_T(x) = xTx$, alors :

$$\Lambda_T = \{0, +\infty\} \Leftrightarrow (\forall\ x \in]0, +\infty[\quad \varphi_T(x) < x) \ .$$

Ainsi des théorèmes II-2 et II-3 , on en déduit :

PROPOSITION II - 2.

> T est du type $\mathbb{M}$ si et seulement si :
>
> $$\forall\ x \in]0, +\infty[\quad 0 < \varphi_T(x) < x \ .$$

PROPOSITION II - 3.

T est du type $\mathbb{P}$ si et seulement si :

$$\begin{cases} a) \ \forall\, x \in\,]0,+\infty[& 0 \leq \varphi_T(x) < x \\ b) \ \exists\, c \in\,]0,+\infty[& \varphi_T(c) = 0 \ . \end{cases}$$

PROPOSITION II - 4.

T est du type INF si et seulement si :

$$\forall\, x \in \overline{\mathbb{R}}_+ \quad \varphi_T(x) = x \ .$$

L'ensemble des fonctions de composition des types $\mathbb{P}$ et $\mathbb{M}$ est caractérisé par l'absence d'idempotents dans $]0,+\infty[$. Or, d'après la propriété 4 du chapitre II, on a :

$$\Lambda_T = \{0,+\infty\}$$

$$\Updownarrow$$

(T est strictement croissante à l'intérieur de son support D_T^o) .

Si T est du type $\mathbb{M}$ alors $D_T^o = \overline{\mathbb{R}}_+ \times \overline{\mathbb{R}}_+$ et T est strictement croissante à l'intérieur de D_T^o mais non sur la frontière de D_T^o car $\forall\, x \in \overline{\mathbb{R}}_+ \quad 0Tx = 0$.

Par contre, si T est du type $\mathbb{P}$, alors il existe $g : \overline{\mathbb{R}}_+ \to [0,1]$ bijective décroissante telle que :

$$\forall\, (x,y) \in \overline{\mathbb{R}}_+^2 \qquad xTy = g^{-1}[g(x) \dotplus g(y)] \ ,$$

On en déduit que :

$$D_T^o = \{(x,y) \in \overline{\mathbb{R}}_+^2 \,|\, g(x) + g(y) \leq 1\}$$

ce qui entraine que T est strictement croissante sur D_T^o .

D'autre part, si T est strictement croissante sur D_T^o alors $(0,0) \notin D_T^o$ ce qui implique qu'il existe $x_o > 0$ tel que $x_o T x_o = 0$ et de la proposition 4.2., on tire que T est du type $\mathbb{P}$. D'où :

PROPOSITION II - 2'.

> T est du type $\mathbb{M}$ si et seulement si :
>
> α) $(0,0) \in D_T^o$
>
> β) T est strictement croissante à l'intérieur de son support.

PROPOSITION II - 3'.

> T est du type $\mathbb{P}$ si et seulement si :
>
> T est strictement croissante sur son support.

D'autre part, T étant associative, continue, croissante, entraine que T_i l'est aussi et comme $b_i \in \Lambda_T$, alors on a pour tout $x \leq b_i$ $xTb_i = x$ (propriété 2.4, Chapitre I) d'où :

$$\forall\ x \in [a_i,b_i] \quad xT_ib_i = x .$$

On en déduit que $([a_i,b_i],T_i)$ est un semi-groupe de composition ; de plus il est sans idempotents intérieurs car $]a_i,b_i[\subset \Lambda_T^c$.

On en déduit donc que les S.G.C. $\{[a_i,b_i],T_i\}_{i\in I}$ sont du type $\mathbb{P}$ ou $\mathbb{M}$.

PROPOSITION II - 6.

> Pour tout couple $(x,y) \in \overline{\mathbb{R}}_+ \times \overline{\mathbb{R}}_+$, on a :
>
> $$xTy = \begin{cases} xT_iy & \text{s'il existe } i \in I : x,y \in [a_i,b_i] \\ \inf(x,y) & \text{sinon.} \end{cases}$$

Preuve : S'il existe $i \in I$ tel que $x,y \in [a_i,b_i]$ alors d'après la définition de T_i , on a $xTy = xT_iy$.

Si $\forall\, i \in I \quad (x,y) \notin [a_i,b_i] \times [a_i,b_i]$ alors en supposant que $x = \inf(x,y)$, on a :

L'intervalle $[x,y] \not\subset \Lambda_T^c$ ce qui implique qu'il existe $c \in [x,y] \cap \Lambda_T$ et par conséquent :

$$x = xTc \leq xTy \leq \inf(x,y) = x \quad \text{d'où} \quad xTy = \inf(x,y) .$$

C.Q.F.D.

On conclut donc que toute fonction de composition sur $\overline{R}_+$ peut être définie "par morceaux" à l'aide des S.G.C. des types $\mathbb{P}$, $\mathbb{M}$ et INF .

Le théorème II-4 nous permet d'établir la proposition suivante :

PROPOSITION II-7.

> Pour toute fonction de composition T sur $\overline{R}_+$, il existe un espace mesurable $\{\Omega,\mathcal{E}\}$ et une information J sur $\mathcal{E}$ tel que :
>
> a) J admet T comme fonction de composition ;
>
> b) $\forall\, z \in \mathbf{R}_+$ et $\forall\, (x,y) \in \Gamma_T^z$, il existe $A,B \in \mathcal{E}$ tels que
>
> $$A \cap B = \emptyset \ ; \ x = J(A) \ ; \ y = J(B) .$$

Preuve : Considérons la décomposition de Λ_T^c en intervalles ouverts :

$$\Lambda_T^c = \bigcup_{i\in I}]a_i,b_i[\ ; \ I \subset \mathbb{N}^* .$$

Posons $A_o = \Lambda_T$; $A_i =]a_i,b_i[$ pour $i \in I$; $I_o = \{0\} \cup I$ ainsi $\bigcup_{i\in I} A_i = \Lambda_T \cup \Lambda_T^c = \overline{R}_+$ c'est-à-dire $\{A_i\}_{i\in I_o}$ est une partition de $\overline{R}_+$.

Notons par $\mathcal{B}$ la tribu des boréliens de $\overline{R}_+$ et posons pour tout $i \in I_o$

$$\mathcal{B}_i = A_i \cap \mathcal{B}$$

de sorte que $\forall\ i \in I_o$ $\{A_i, \mathcal{B}_i\}$ est un espace mesurable.

On sait que $\forall\ i \in I$ le semi-groupe $\{\overline{A}_i, T_i\}$ est du type $\mathbb{P}$ ou $\mathbb{M}$ et par conséquent on peut considérer une famille d'applications $\{h_i\}_{i \in I}$ et une famille de mesures $\{\mu_i\}_{i \in I}$ telles que :

1) <u>Si</u> $(\overline{A}_i, T_i)$ <u>est du type</u> $\mathbb{P}$ <u>alors</u> :

. $h_i : [a_i, b_i] \to [0,1]$ bijective décroissante telle que $T_i = T_{h_i}$

.. μ_i est une probabilité non atomique sur $(A_i, \mathcal{E}_i)$. (Par exemple si $b_i < +\infty$ alors μ_i est la loi uniforme sur $]a_i, b_i[$ et si $b_i = +\infty$ alors μ_i est définie par une densité strictement positive) .

2) <u>Si</u> $(\overline{A}_i, T_i)$ <u>est du type</u> $\mathbb{M}$ <u>alors</u> :

. $h_i : [a_i, b_i] \to \overline{R}_+$ bijective décroissante telle que $T_i \equiv T_{h_i}$

.. μ_i est une mesure infinie sur $\{]a_i, b_i[, \mathcal{E}_i\}$ telle que

$\forall\ x,y \in \overline{R}_+$ il existe $A,B \in \mathcal{E}_i$ tels que $A \cap B = \emptyset$, $x = \mu_i(A)$, $y = \mu_i(B)$.

(On peut par exemple choisir μ_i définie par une densité $f_i :]a_i, b_i[\to R_+$ telle que l'intégrale de f_i diverge au voisinage de a_i et de b_i.)

Considérons d'autre part l'application $\Phi : \Lambda_T \to \Lambda_T$ telle que $\Phi(x) = x$. Comme $0 \in \Lambda_T$ et $\Phi(0) = 0$, Φ est une "fonction génératrice" .

Pour tout $i \in I$ et tout $A \in \mathcal{B}_i$ on pose :

$$J_i(A) = \begin{cases} h_i^{-1}(\mu_i(A)) & \text{si} \quad A \neq 0 \\ +\infty & \text{si} \quad A = 0 . \end{cases}$$

Pour tout $A \in \mathcal{E}_o$ on pose :

$$J_o(A) = \begin{cases} \inf\limits_{x \in A} \Phi(x) & \text{si} \quad A \neq \emptyset \\ +\infty & \text{si} \quad A = \emptyset \end{cases}.$$

Ainsi $\forall\, i \in J_o$, $J_i : \mathcal{B}_i \to A_i \cup \{+\infty\}$ et pour tout $A, B \in \mathcal{E}_i$ tels que $A \cap B = \emptyset$ on a : $J_i(A \cup B) = J_i(A) T_o J_i(B)$, d'autre part, de nos hypothèses sur les (μ_i) découle que J_i est surjective.

Considérons maintenant un élément $B \in \mathcal{B}$ et posons $\forall\, i \in J_o \quad B_i = B \cap A_i$. On définit alors :

$$J : \mathcal{B} \to \overline{R}_+$$
$$B \to J(B) = \underset{i \in I_o}{T}\, J_i(B_i) \, .$$

Il en découle que pour tout $i \in I_o$ la restriction de J à $\{A_i, \mathcal{B}_i\}$ est identique à J_i , ceci parce que $J_i(\emptyset) = +\infty$ élément neutre de T .

- Montrons que J est T-σ-composable :

Soit $\{B_k\}_{k \geq 1}$ une suite disjointe d'éléments de $\mathcal{B}$; posons pour tout $k \geq 1$ et tout $i \in I_o$ $\quad B_{k,i} = B_k \cap A_i$ alors on a :

$$J(\bigcup_{k \geq 1} B_k) = \underset{i \in I_o}{T}\, J_i[(\bigcup_{k \geq 1} B_k) \cap A_i] = \underset{i \in I_o}{T}\, [J_i(\bigcup_{k \geq 1} (B_k \cap A_i))]$$

$$= \underset{i \in I_o}{T}\, [\underset{k \geq 1}{T}\, J_i(B_k \cap A_i)]$$

$$= \underset{k \geq 1}{T}\, [\underset{i \in I_o}{T}\, J_i(B_k \cap A_i)] = \underset{k \geq 1}{T}\, [J(B_k)] \, .$$

D'autre part, il est évident que J prend les valeurs universelles et est monotone. Par conséquent J est une information sur $(\Omega, \mathcal{E})$ admettant T comme fonction de composition.

- Montrons maintenant le point b) .

Soit $z \in \mathbb{R}_+$ et $(x,y) \in \Gamma_T^z$, alors il existe $i \in I_o$ (resp. $j \in I_o$) tel que $x \in A_i$ (resp. $y \in A_j$) . D'où :

<u>Si $i \neq j$</u> : alors il existe $B_i \in \mathcal{B}_i$ et $B_j \in \mathcal{B}_j$ tels que

$$x = J_i(B_i) = J(B_i) \ ; \ y = J_j(B_j) = J(B_j)$$

et comme $i \neq j$ alors $B_i \cap B_j = \emptyset$.

<u>Si $i = j$</u> : alors de nos hypothèses sur les $(\mu_i)_{i \in I}$ et Φ découle qu'il existe $B,C \in \mathcal{B}_i$ tels $x = J_i(B)$, $y = J_i(C)$ et $B \cap C = \emptyset$.

C.Q.F.D.

CHAPITRE III : INFORMATIONS CONDITIONNELLES - INDEPENDANCE

1. INFORMATIONS CONDITIONNELLES.

Considérons un espace probabilisé $(\Omega, \mathcal{E}, P)$ et la mesure d'information de Shannon : $J(A) = -\mathrm{Log}_2(P(A))$ définie sur $(\Omega, \mathcal{E})$.

Donnons nous un évènement fixé $E \in \mathcal{E}$ tel que $P(E) > 0$ et considérons la mesure de probabilité P' définie sur $(\Omega, \mathcal{E})$ comme étant la probabilité conditionnelle par rapport à E .

Notons J' l'information de Shannon associée à $(\Omega, \mathcal{E}, P')$.

On se trouve alors en présence de deux mesures d'information sur $(\Omega, \mathcal{E})$ liées par la relation :

$$\forall A \in \mathcal{E} \qquad J'(A) = J(A \cap E) - J(E) .$$

La quantité $J'(A)$ est interprétée comme l'information conditionnelle de A par rapport à E .

Ceci nous suggère de définir l'information conditionnelle dans le cas général de la manière suivante :

DEFINITION III-1 . Information conditionnelle.

Soit J une mesure d'information sur $(\Omega, \mathcal{E})$ et soit $E \in \mathcal{E}$ tel que $J(E) < +\infty$. Alors pour $A \in \mathcal{E}$ on définit l'information conditionnelle de A par rapport à E , et l'on note $J(A/E)$, par :

$$J(A/E) = J(A \cap E) - J(E) .$$

L'application $J' : \mathcal{E} \to \overline{\mathbb{R}}_+$ définie par $J'(A) = J(A/E)$ vérifie :

1) $J'(\Omega) = J(E) - J(E) = 0$

2) $J'(\emptyset) = J(\emptyset) - J(E) = +\infty$

3) Si $A, B \in \mathcal{E}$ tels que $A \subset B$ alors

$$J'(B) = J(B \cap E) - J(E) \leq J(A \cap E) - J(E) = J'(A)$$

i.e. J' est monotone.

4) Si $(A_n)_{n\geq 1}$ est une suite croissante d'éléments de $\mathcal{E}$ telle que $A = \bigcup_n A_n$ alors on a :

$$J'(A) = J(A \cap E) - J(E) = \lim_{n\to\infty} [J(A_n \cap E) - J(E)] = \lim_n J'(A_n)$$

autrement dit J' possède la continuité séquentielle ascendante.

Il suffit donc de montrer que J' est composable pour en conclure que J' est une mesure d'information sur $(\Omega,\mathcal{E})$. A cet effet, on montre le lemme suivant :

<u>LEMME</u> 1 .

Soit T une fonction de composition sur $\overline{\mathbb{R}}_+$. Pour tout $z \in \mathbb{R}_+$ la loi T_z définie sur $\overline{\mathbb{R}}_+ \times \overline{\mathbb{R}}_+$ par :

$$xT_z y = \max\{(x+z)T(y+z) - z, 0\}$$

est une fonction de composition sur $\overline{\mathbb{R}}_+$ telle que :

$$\forall\ h \geq 0 \qquad D^h_{T_z} = D^{h+z}_T - z\ .$$

La démonstration de ce lemme étant triviale, nous la négligerons.

<u>PROPOSITION</u> III-1 .

> Si J est une mesure d'information sur $(\Omega,\mathcal{E})$, T-composable, alors pour tout $E \in \mathcal{E}$ tel que $J(E) < +\infty$, l'information conditionnelle $J(./E)$, est une mesure d'information sur $(\Omega,\mathcal{E})$, $T_{J(E)}$-composable.

Preuve : Soit $E \in \mathcal{E}$ tel que $J(E) < +\infty$, alors en vertu du lemme 1 , on peut considérer la loi de composition T_z définie par $xT_zy = \max\{(x+z)T(y+z) - z, 0\}$.

Montrons que $J' = J(./E)$ est T_z composable.

En effet, considérons $A, B \in \mathcal{E}$ tels que $A \cap B = \emptyset$ et posons

$$u = J'(A) \ , \ v = J'(B) \ , \ h = J'(A \cup B)$$

alors on a :

$$h = J'(A \cup B) = J((A \cup B) \cap E) - J(E) = J((A \cap E) \cup (B \cap E)) - z$$

$$= (J(A \cap E))T(J(B \cap E)) - z = [J'(A)+J(E)]T[J'(B)+J(E)] - J(E) \ .$$

Or comme $J((A \cup B) \cap E) \geq J(E)$ on a :

. $h = J'(A \cup B) = J'(A)T_zJ'(B)$

. $(u+z, v+z) \in D_z^{h+z} \Rightarrow (u,v) \in D_{T_z}^h$.

C.Q.F.D.

Examinons maintenant les relations qui peuvent exister entre le type de J et le type de $J(./E)$.

A cet effet, montrons le lemme suivant :

LEMME 2 .

Soit T une fonction de composition sur $\overline{\mathbb{R}}_+$ telle que $\Lambda_T = \{0, +\infty\}$.
Alors pour tout $z \in]0, +\infty[$ la fonction de composition T_z définie par :

$$xT_zy = \max\{(x+z)T(y+z) - z, 0\}$$

est du type $\mathbb{P}$.

Preuve : D'après la proposition II-3 chapitre II, il suffit de montrer que :

1) $\forall\, x \in]0, +\infty[\quad \varphi_{T_z}(x) = xT_zx < x$

2) Il existe $x_o \in]0,+\infty[$ tel que $\varphi_{T_z}(x_o) = 0$.

Or comme $\Lambda_T = \{0,+\infty\}$ on en déduit que :

$$\forall\, x \in]0,+\infty[\quad \varphi_T(x) = xTx < x$$

d'où

$$\forall\, x \in]0,+\infty[\quad \varphi_T(x+z) - z < x \;.$$

On a alors :

$$\varphi_{T_z}(x) = xT_zx = \max\{(x+z)T(x+z) - z,0\}$$

$$= \max\,\{\varphi_T(x+z) - z,0\} < x \;.$$

D'où

$$\forall\, x \in]0,+\infty[\quad \varphi_{T_z}(x) < x \;.$$

D'autre part, l'application φ_T étant continue croissante et $\varphi_T(z) < z < +\infty$ on en déduit qu'il existe $z_o \in]z,+\infty[$ tel que $\varphi_T(z_o) = z$.
Posons alors $x_o = z_o - z$ on a :

i) $x_o \in]0,+\infty[$

ii) $\varphi_{T_z} = \max\{\varphi_T(x_o+z) - z,0\} = 0$.

C.Q.F.D.

De la proposition III-1 et du lemme 4 on déduit facilement la :

PROPOSITION III-2 .

Soit J une mesure d'information sur un espace mesurable $(\Omega,\mathcal{E})$.

1) Si J est du type $\mathbb{P}$ ou $\mathbb{M}$ alors pour tout $E \in \mathcal{E}$ tel que $J(E) \in]0,+\infty[$, l'information conditionnelle $J(./E)$ est du type $\mathbb{P}$.

2) Si J est du type INF alors $J(./E)$ est du type INF .

<u>Remarque</u> : Si $J(E) = 0$ alors on a toujours $T_{J(E)} = T_o = T$ c'est-à-dire J et $J(./E)$ ont la même fonction de composition mais en général $J(./E) \neq J$. D'une manière générale on a $J(A/E) = J(A \cap E) - J(E) = J(A \cap E) \geq J(A)$. Un cas où l'égalité a lieu est celui où J est du type $\mathbb{P}$, en effet, dans ce cas $J(E) = 0 \Rightarrow J(E^c) = +\infty \Rightarrow J(A \cap E^c) = +\infty$ d'où

$$\forall A \in \mathcal{E} \qquad J(A/E) = J(A \cap E) = J(A \cap E) T J(A \cap E^c) = J(A) .$$

2. INDEPENDANCE AU SENS DE L'INFORMATION.

Soit J une mesure d'information sur $(\Omega,\mathcal{E})$ T-composable. Il est naturel de dire qu'un évènement $A \in \mathcal{E}$ est indépendant d'un autre évènement $B \in \mathcal{E}$, si la connaissance de la réalisation de B ne modifie pas l'information contenue dans A , c'est-à-dire $J(A/B) = J(A)$.

Or si $J(B) = +\infty$ la quantité $J(A/B)$ n'est pas définie, néanmoins chaque fois qu'elle a un sens la relation $J(A/B) = J(A)$ est équivalente à $J(A \cap B) = J(A) + J(B)$, et cette dernière garde un sens même si l'un des deux évènements est d'information infinie. Ceci nous conduit à la définition suivante :

<u>DEFINITION</u> III-2 .

<u>On dira que deux évènements</u> $A,B \in \mathcal{E}$ <u>sont J-indépendants. si</u> :

$$J(A \cap B) = J(A) + J(B) .$$

Ainsi Ω et $\emptyset$ sont toujours indépendants de tout autre évènement et ceci quelle que soit la mesure d'information J , considérée sur $(\Omega,\mathcal{E})$.

On remarquera aussi que pour l'information de Shannon $J_c(A) = -c \log(P(A))$ sur un espace probabilisé $(\Omega,\mathcal{E},P)$ on a : deux évènement $A,B \in \mathcal{E}$ sont J-indépendants si et seulement s'ils sont P-indépendants.

Toutefois on peut constater que la notion d'indépendance au sens de l'information n'est pas la même que celle au sens des probabilités. En effet, l'indépendance probabiliste vérifie la :

PROPRIETE $\mathcal{C}$: - Si $A,B \in \mathcal{E}$ sont "indépendants" alors leurs tribus engendrées $\sigma(A) = \{\Omega, A, A^c, \emptyset\}$ et $\sigma(B) = \{\Omega, B, B^c, \emptyset\}$ sont "indépendantes."

Cette propriété n'est pas toujours vraie pour l'indépendance au sens de l'information. En effet, considérons l'information du type mixte, J définie sur un espace probabilisé $(\Omega, \mathcal{E}, P)$:

$$J(A) = \begin{cases} +\infty & \text{si } P(A) = 0 \\ 1 - P(A) & \text{si } P(A) > 0 \,. \end{cases}$$

Considérons alors deux évènements $A,B \in \mathcal{E}$ tels que :

$$0 < P(A) < 1 \; ; \; 0 < P(B) < 1 \; ; \; 0 < P(A \cap B) < 1 \; ; \; A \cup B = \Omega \; ;$$

alors on a :

$$J(A \cap B) = 1 - P(A \cap B) = 1 + P(A \cup B) - P(A) - P(B) = J(A) + J(B)$$

autrement dit A et B sont J-indépendants. Montrons que $\sigma(A)$ et $\sigma(B)$ ne sont pas J-indépendants. En effet :

$$A \cup B = \Omega \Rightarrow A^c \subset B$$

d'où

$$J(A^c \cap B) = J(A^c) = 1 - P(A^c) \quad \text{car} \quad P(A^c) \in \,]0,1] \quad \text{d'où :}$$

$$J(A^c \cap B) < 1 - P(A^c) + 1 - P(B) = J(A^c) + J(B)$$

on en déduit que A^c et B ne sont pas J-indépendantes.

Par conséquent, on peut se poser le problème de rechercher les mesures d'information pour lesquelles la propriété $\mathcal{C}$ est vérifiée.

<u>Remarque</u> : Pour une information J sur $(\Omega,\mathcal{E})$, vérifiant $\mathcal{C}$, on aurait :

(i) $$J(A \cap B) = J(A) + J(B)$$

$$\Updownarrow$$

(ii) $$J(A^c \cap B) = J(A^c) + J(B)$$

Or si (i) et (ii) ont lieu simultanément et si T est une fon ction de composition admise par J alors on a :

$$J(B) = J((A \cap B) \cup (A^c \cap B)) = J(A \cap B) T J(A^c \cap B) = (J(A) + J(B)) T (J(A^c) + J(B)) .$$

Par conséquent, T doit vérifier la relation

(iii) $$[J(A) + J(B)] T [J(A^c) + J(B)] = J(B) .$$

Remarquons que le couple $(J(A),J(A^c)) \in \Gamma_T^o$ où Γ_T^o désigne la frontière du support D_T^o de T.

On constate donc que la fonction de composition T, admise par J, joue un rô e fondamental dans le comportement de J vis à vis de la propriété $\mathcal{C}$. En effet, pour que J vérifie la propriété $\mathcal{C}$, il faut que T vérifie (iii) pour les valeurs $J(A)$, $J(A^c)$, $J(B)$ où A et B sont J-indépendants.

3. <u>FONCTIONS DE COMPOSITION UNIVERSELLES</u>.

DEFINITION III-3 . [5]

<u>Nous dirons qu'une fonction de composition</u> T <u>est universelle si, étant donnés</u> :

1) <u>Un ensemble</u> Ω <u>et deux parties</u> A <u>et</u> B <u>de</u> Ω <u>telles que</u> $A \cap B \neq \emptyset$, $A^c \cap B \neq \emptyset$.

2) <u>Deux couples</u> (x,x'), $(y,y') \in \Gamma_T^o$; <u>on peut définir une information</u> J <u>sur l'algèbre engendrée par</u> $\{A,B\}$ <u>telle que</u> :

α) J est T-composable ;

β) $J(A) = x$; $J(B) = y$; $J(A^c) = x'$; $J(B^c) = y'$;

γ) Les algèbres $\sigma(A)$ et $\sigma(B)$ sont J-indépendantes ;

et ceci quel que soient les choix de Ω , A , B , (x,x') , (y,y') .

De la remarque précédente, on déduit facilement la

PROPOSITION III-3 .

Une fonction de composition T est universelle si et seulement si :

(*) $$\forall\ (x,x') \in \Gamma^o_T \text{ et } \forall\ z \in \mathbb{R}_+ \quad (x+z)T(x'+z) = z .$$

Le concept de fonction de composition universelle a été introduit par J. KAMPE de FERIET dans [6] , où il énonce le résultat suivant :

PROPOSITION III-4 .

Les seules fonctions de composition universelles sont :

1) La fonction de composition de Shannon :

$$xT_c y = -c \operatorname{Log}[e^{-\frac{x}{c}} + e^{-\frac{y}{c}}] .$$

2) La fonction de composition INF :

$$xTy = \inf(x,y) .$$

Nous donnons une nouvelle démonstration de cette proposition, que nous avons obtenue à partir du théorème II-1 .

Démonstration de la proposition III-4 :

A) Il est facile de vérifier que les fonctions de composition 1) et 2) vérifient la condition (*) de la proposition III-3 . En effet, on a :

$$(x,x') \in \Gamma^o_{T_c} \Leftrightarrow e^{-\frac{x}{c}} + e^{-\frac{x'}{c}} = 1 .$$

D'où $\forall\ z \in R_+$ on a :

$$(x+z,x'+z) \in D^o_{T_c} \Rightarrow (x+z)T_c(x'+z) = -c\ \mathrm{Log}[e^{-\frac{x+z}{c}} + e^{-\frac{x'+z}{c}}]$$

$$= -c\ \mathrm{Log}[e^{-\frac{z}{c}}(e^{-\frac{x}{c}} + e^{-\frac{x'}{c}})] = z\ .$$

De même $(x,x') \in \Gamma^o_{INF} \Leftrightarrow \inf(x,x') = 0$, d'où

$$\forall\ z \in \overline{R}_+ \quad \inf(x+z,x'+z) = \inf(x,x') + z = z\ .$$

B) Montrons maintenant que 1) et 2) sont les seules fonctions de composition universelles.

D'après la proposition III-3 , si T est universelle, elle vérifie (*) . Alors :

a) <u>Si $(0,0) \in D^o_T$</u> :

Choisissons $(x,x') = (0,0)$ alors, de (*) , on a :

$$\forall\ z \in \overline{R}_+ \quad \varphi_T(z) = zTz = z$$

et de la proposition II.4. , on en déduit que $T \equiv INF$.

b) <u>Si $(0,0) \notin D^o_T$</u> :

Alors il existe $x_o > 0$ tel que $(x_o,x_o) \in \Gamma^o_T$ et de (*) , on déduit que :

$$\forall\ z \in \overline{R}_+ \quad (x_o+z)T(x_o+z) = z\ .$$

Considérons l'application $\varphi_T : x \rightsquigarrow xTx$, on a :

. $\forall\ x \in]0,x_o] \quad \varphi_T(x) = 0 < x$

.. $\forall\ x \in]x_o,+\infty[\quad \varphi_T(x) = \varphi_T(x_o+(x-x_o)) = (x_o+(x-x_o))T(x_o+(x-x_o))$

$$= x - x_o < x\ .$$

On en déduit donc que T vérifie les conditions du théorème II-1 et et par conséquent, il existe dans $\overline{\mathbb{R}}_+$ une suite $\{r_n\}_{n\geq 1}$ T-dense. Rappelons que cette suite vérifie entre autres :

. $r_1 = \sup\{x \in \overline{\mathbb{R}}_+ | \varphi_T(x) = 0\}$

. $\forall\ n \geq 1 \quad r_n = \varphi_T(r_{n+1})$

. $\varphi_T : [r_1,+\infty] \to [0,+\infty]$ est bijective strictement croissante.

Or $(r_1,r_1) \in \Gamma_T^o$ et de (*), on déduit que :

$$\forall\ n \geq 1 \quad \varphi_T(r_1+r_n) = (r_1+r_n)T(r_1+r_n) = r_n = \varphi_T(r_{n+1}) .$$

D'où :

$$\forall\ n \geq 1 \quad r_{n+1} = r_n + r_1 \Leftrightarrow \boxed{\forall\ n \quad r_n = n.r_1} .$$

Considérons maintenant l'application g construite dans le théorème II-2 à partir de la suite $\{r_n\}_{n\geq 1}$. On rappelle que g vérifie :

. $g : \overline{\mathbb{R}}_+ \to [0,1]$ est bijective décroissante

.. $\forall\ n \geq 1 \quad g(r_n) = \frac{1}{2^n}$

... $\forall\ (x,y) \in \overline{\mathbb{R}}_+ \times \overline{\mathbb{R}}_+ \quad g(xTy) = g(x) \dot{+} g(y)$

.... $\forall\ (x,y) \in D_T^o \quad g(xTy) = g(x) + g(y)$.

Il en découle que :

(i) $$\forall\ n \geq 0 \quad g(n.r_1) = \frac{1}{2^n} = [g(r_1)]^n$$

(ii) $\forall\ (x,x') \in \Gamma_T^o$ et $\forall\ z \in \overline{\mathbb{R}}_+ \quad (x+z,x'+z) \in D_T^o$ et $g(x+z) + g(x'+z) = g(z)$

(iii) $$\forall\ x \in \overline{\mathbb{R}}_+ \quad x' = g^{-1}[1-g(x)]$$

est l'unique point de $\overline{R}_+$ tel que $(x,x') \in \Gamma_T^o$.

Faisons maintenant intervenir les faits que $(r_1,r_1) \in \Gamma_T^o$ et $g(r_1) = \frac{1}{2}$.

On a :

$$\forall\ z \in \overline{R}_+ \qquad g(z) = 2g(z+r_1) \Rightarrow g(z+r_1) = \tfrac{1}{2}g(z) = g(z).g(r_1)\ .$$

D'autre part, comme $\forall\ n \geq 1 \quad r_n = n.r_1$, on en déduit que :

$$\forall\ z \in \overline{R}_+ \qquad g(z+r_n) = g(z+n.r_1) = g(z).[g(r_1)]^n = g(z).g(r_n)$$

d'où

(iv) $$\forall\ n \geq 1 \text{ et } \forall\ z \in \overline{R}_+ \qquad g(z+r_n) = g(z).g(r_n)\ .$$

Les deux lemmes qui suivent nous permettront de conclure.

<u>LEMME</u> 1 .

Pour tout partie finie $E \subset \mathbb{N}^*$ et pour tout $p \in \mathbb{N}^*$, on a :

$$r_p + \mathop{T}_{i\in E} r_i = \mathop{T}_{i\in E} r_{i+p} = \mathop{T}_{i\in E+p} r_i$$

où l'on pose $E + p = \{n+p | n \in E\}$.

<u>Preuve</u> : En effet, E étant fixé, de (iv) on déduit que :

$$\forall\ p \geq 1 \qquad g(\mathop{T}_{i\in E} r_i + r_p) = g(r_p).g(\mathop{T}_{i\in E} r_i) = g(r_p).\sum_{i\in E} \frac{1}{2^i}$$

$$= \frac{1}{2^p} \sum_{i\in E} \frac{1}{2^i} = \sum_{i\in E} \frac{1}{2^{i+p}} = g(\mathop{T}_{i\in E} r_{i+p})\ .$$

ce qui prouve le lemme, car g est bijective.

LEMME 2 .

Pour toute partie finie $E \subset \mathbb{N}^*$ et pour tout $z \in \overline{\mathbb{R}}_+$, on a :

$$g(z + \mathop{T}_{i\in E} r_i) = g(z).g(\mathop{T}_{i\in E} r_i) .$$

Preuve : On opèrera par récurrence sur $m(E) = \max_{k \in E}(k)$.

D'après (iv), le lemme est vrai pour $m(E) = 1$. Supposons le lemme vrai pour $m(E) \leq n$ et montrons qu'il est aussi vrai pour $m(E) = n+1$.

Soit $E \subset \mathbb{N}^*$ tel que $m(E) = n+1$ $(\Rightarrow n+1 \in E)$. Posons $x = \mathop{T}_{i\in E} r_i$ $E' = \{1,\ldots,n+1\}\backslash E$. On distingue deux cas :

α) Si $1 \notin E$:

Alors $x = \mathop{T}_{i\in E} r_i = r_1 + \mathop{T}_{i\in E-1} r_i$ .en vertu du lemme 1 . D'où

$$\forall\ z \in \overline{\mathbb{R}}_+ \quad g(z+x) = g(z+r_1 + \mathop{T}_{i\in E-1} r_i)$$

et d'après (iv)

$$= g(z + \mathop{T}_{i\in E-1} r_i).g(r_1)$$

et comme $m(E-1) = n$

$$= g(z).g(\mathop{T}_{i\in E-1} r_i)g(r_1)$$

$$= g(z).g(r_1 + \mathop{T}_{i\in E-1} r_i) = g(z).g(x) .$$

β) Si $1 \in E$:

Dans ce cas, l'ensemble, $E'' = E' \cup \{n+1\}$ ne contient pas 1 , et d'autre part, si $x = \mathop{T}_{i\in E} r_i$ alors $x' = \mathop{T}_{i\in E''} r_i$. Ainsi de (ii) on déduit que $\forall\ z \in \overline{\mathbb{R}}_+$, on a :

$$g(z+x) = g(z) - g(z + \underset{i\in E''}{\mathrm{T}} r_i) .$$

Or $1 \notin E''$ et d'après (α) , $g(z+ \underset{i\in E''}{\mathrm{T}} r_i) = g(z).g(\underset{i\in E''}{\mathrm{T}} r_i) = g(z).g(x)$ d'où

$$g(z+x) = g(z)[1-g(x')] = g(z).g(x) .$$

C.Q.F.D.

Montrons maintenant que :

(v) $\qquad \forall\ (x,y) \in \mathbb{R}_+ \times \mathbb{R}_+ \qquad g(x+y) = g(x).g(y) .$

Pour cela il suffit de considérer le développement de y , noté $\{r_{n_k}\}_{k\geq 1}$, dans la suite $(r_n)_{n\geq 1}$; et de poser $y_p = \overset{p}{\underset{k=1}{\mathrm{T}}} r_{n_k}$. On a :

. $\lim\limits_{p\to\infty} y_p = y$

.. $g(x+y_p) = g(x + \overset{p}{\underset{k=1}{\mathrm{T}}} r_{n_k}) = g(x).g(y_p)$ en vertu du lemme 2 .

... $g(x+y) = \lim\limits_{p\to\infty} g(x+y_p) = g(x).g(y)$ en vertu de (..) et de la continuité de g .

De la continuité de g et de (v) , on déduit que :

$$\forall\ x \in \overline{\mathbb{R}}_+ \qquad g(x) = e^{-\frac{x}{c}}$$

où $c = -\dfrac{1}{\mathrm{Log}\,[g(1)]} > 0$ car $g(1) \in]0,1[$, et par conséquent

$$\forall\ (x,y) \in \overline{\mathbb{R}}_+ \times \overline{\mathbb{R}}_+ \qquad x\mathrm{T}y = -c\ \mathrm{Log}[e^{-\frac{x}{c}} \dotplus e^{-\frac{y}{c}}] .$$

La proposition III-4 est ainsi établie.

BIBLIOGRAPHIE

[1] DAROCZY (Z.) "Uber eine Charakterisierung der Shannon'schen Entropie". Statistica 27, 1967, p.p. 199-205.

[2] FADEEV (D.K.) "Zum Begriff der Entropie eines endlichen Wahrscheinlich keitsschema". Uspehi Mat.

[3] FAUCETT (W.M.) "Compact semi-groups irreducibily connected betwenn two idempotents". Proc. Amer. Math. Soc., 6, 1955, p. 741.

[4] KAMPE de FERIET (J.) "Mesure d'information fournie par un évènement". Séminaire sur les questionnaires I.H.P. (1971).

[5] KAMPE de FERIET (J.)- FORTE (B.) "Information et Probabilité". C.R.A.S., Paris, 265 A (1969).

[6] KAMPE de FERIET (J.)- FORTE (B.)- BENVENUTI (A.) "Forme générale de l'opération de composition continue d'une information". C.R.A.S., Paris, 269 A (1969).

[7] KINTCHINE (A.I.) "Mathematical Foundations of information theory". Dover Publications, Inc., New-York (1957).

[8] LING (C.H.) "Representation of associative functions". Publicationes Math., 12, 1965, p. 189.

[9] MOSTERT (P.S.)- SHIELDS (A.L.) On the structure of semigroups on a compact manifold with boundary. Ann. of Math., 65, 1957, p. 117.

[10] PINTACUDA (N.) "Shannon Entropy. A more general derivation". Statistica n° 2 anno XXVI, 1966, p.p. 511-524.

[11] RENYI (A.) "Calcul des probabilités". Dunod, Paris, 1966.

[12] SHANNON (C.) "The mathematical theory of communications". Univ. of Illinois Press, Urbana (1948).

[13] WIENER (N.) "Cybernetics". Paris, Hermann, Act. Sc. 1053, (1948).

[14] KAPPOS (D.A.) Strukturtheorie der Wahrscheinlichkeits-Felder und Räume, Berlin, Springer (1960), p. 77.

Université de Strasbourg
Séminaire de Probabilités 1972/73

LES INEGALITES DES SURMARTINGALES D'APRES A.M. GARSIA

par CHOU Ching-Sung

Dans cet exposé, principalement, on va donner une inégalité de Garsia qui englobe plusieurs inégalités dans les surmartingales, qu'on peut trouver dans le livre de P.A. MEYER, "Martingales and Stochastic Integrals I", comme l'inégalité $E(A_\infty^p) \leq c\, p\, E(A_\infty^{p-1})$, l'inégalité de B-D-G, et les autres.

Tout d'abord. nous donnerons quelques notations.

Soient $(\Omega,\mathcal{F},p)$ un espace probabilisé complet, $\{\mathcal{F}_n\}$ une famille croissante de sous-tribus de $\mathcal{F}$ telle que $\mathcal{F}=\bigvee_n \mathcal{F}_n$, et $\{X_n\}_{n\geq 0}$ un potentiel. Par la décomposition de Doob, on a

$$X_n = E(A_\infty|\mathcal{F}_n) - A_n \ , \quad M_n = E(A_\infty \mathcal{F}_n)$$

où $A_n = \sum_{i=1}^{n} (X_{i-1} - E(X_i|\mathcal{F}_{i-1}))$ et $A_0 = 0$.

Soit φ une fonction croissante de R_+ dans R_+, posons

$$\Phi(u) = \int_0^u \varphi(s)\, ds \qquad (*)$$

alors $\Phi(u)$ est une fonction convexe croissante de R_+ dans R_+ telle que $\Phi(0)=0$.

THEOREME (Garsia). - <u>Supposons que le potentiel $\{X_n\}$ soit majoré par une martingale $\{Y_n=E(Y|\mathcal{F}_n)\}$, où Y est une variable aléatoire réelle positive. Alors</u>

$$E(\Phi(A_\infty)) \leq E(\varphi(A_\infty)Y) \ .$$

La démonstration de ce théorème sera faite après le théorème 2, tout de suite nous allons voir quelques applications de ce théorème.

THEOREME 1. - <u>Soit un potentiel</u> $\{X_n\}$ <u>dominé par une constante</u> c , <u>alors, pour tout</u> $p \geq 1$, <u>on a</u>

$$E(A_\infty^p) \leq c\,p\,E(A_\infty^{p-1}) \quad ,$$

et

$$E(e^{A_\infty}) \leq \frac{1}{1-c} \qquad \text{pour} \quad c < 1 \; .$$

<u>Démonstration</u>. - Posons $\varphi(s) = s^{p-1}$ $(p \geq 1)$ dans (*) , donc $\Phi(s) = \frac{s^p}{p}$, et puisque le potentiel $\{X_n\}$ est dominé par une constante c , nous pouvons prendre $Y = c$ dans le théorème de Garcia, alors, on a

$$\frac{1}{p}\,E(A_\infty^p) \leq c\,E(A_\infty^{p-1})$$

donc

$$E(A_\infty^p) \leq p\,c\,E(A_\infty^{p-1}) \; .$$

Si nous posons $\varphi(s) = e^s$, alors $\Phi(s) = e^s - 1$, et

$$E(e^{A_\infty} - 1) \leq c\,E(e^{A_\infty})$$

donc

$$E(e^{A_\infty}) \leq \frac{1}{1-c} \qquad \text{pour} \quad c < 1 \; .$$

THEOREME 2. - <u>Soient un potentiel</u> $\{X_n\}$ <u>engendré par le processus croissant prévisible</u> $\{A_n\}$, <u>et</u> $\{B_n\}$ <u>un autre processus croissant (non nécessairement adapté) tel que</u>

$$X_n = E(B_\infty - B_n | \mathcal{F}_n)$$

<u>où</u> $B_\infty \in L'$. <u>Alors, on a</u>

$$\int_{\{A_\infty > \lambda\}} (A_\infty - \lambda)\,dp \leq \int_{\{A_\infty > \lambda\}} X^*\,dp \quad , \quad X^* = \sup_n X_n \quad ,$$

<u>et</u>

$$\int_{\{A_\infty > \lambda\}} (A_\infty - \lambda)\, dp \le \int_{\{A_\infty > \lambda\}} B_\infty\, dp \quad .$$

Démonstration. - Si nous posons

$$\varphi(s) = \begin{cases} 1 & s \ge \lambda \\ 0 & s < \lambda \end{cases} ,$$

et $Y = X^*$ ou B_∞ , d'après le théorème de Gareia, on déduit immédiatement les résultats.

Maintenant on va démontrer le théorème de Gareia.

Démonstration. - Comme

$$\begin{aligned}
\Phi(A_\infty) = \int_0^{A_\infty} \varphi(s)ds &\le \sum_{i=1}^{\infty} \varphi(A_i)(A_i - A_{i-1}) \\
&= \varphi(A_1)A_1 + (\varphi(A_1) + [\varphi(A_2) - \varphi(A_1)])(A_2 - A_1) + \\
&\quad (\varphi(A_1) + [\varphi(A_2) - \varphi(A_1)] + [\varphi(A_3) - \varphi(A_2)])(A_3 - A_2) + \dots \\
&= \varphi(A_1)(A_1 + A_2 - A_1 + A_3 - A_2 + \dots) \\
&\quad + [\varphi(A_2) - \varphi(A_1)](A_2 - A_1 + A_3 - A_2 + \dots) \\
&\quad + [\varphi(A_3) - \varphi(A_2)](A_3 - A_2 + A_4 - A_3 + \dots) \\
&= \varphi(A_1)A_\infty + [\varphi(A_2) - \varphi(A_1)](A_\infty - A_1) + [\varphi(A_3) - \varphi(A_2)] \\
&\quad (A_\infty - A_2) + \dots
\end{aligned}$$

alors :

$$\begin{aligned}
E(\Phi(A_\infty)) &\le E(E(\varphi(A_1)(A_\infty - A_0)|\mathcal{F}_0)) + E(E(\varphi(A_2) - \varphi(A_1))(A_\infty - A_1)|\mathcal{F}_1)) \\
&\quad + E(E((\varphi(A_3) - \varphi(A_2))(A_\infty - A_2)|\mathcal{F}_2)) + \dots \\
&= E(\varphi(A_1)E(A_\infty - A_0|\mathcal{F}_0)) + E((\varphi(A_2) - \varphi(A_1))E(A_\infty - A_1|\mathcal{F}_1)) \\
&\quad + E((\varphi(A_3) - \varphi(A_2))E(A_\infty - A_2|\mathcal{F}_2)) + \dots \\
&= E(\varphi(A_1)X_0 + (\varphi(A_2) - \varphi(A_1))X_1 + (\varphi(A_3) - \varphi(A_2))X_2 + \dots) \\
&\le E(\varphi(A_1)Y_0 + (\varphi(A_2) - \varphi(A_1))Y_1 + (\varphi(A_3) - \varphi(A_2))Y_2 + \dots) \\
&\le E([\varphi(A_1) + \varphi(A_2) - \varphi(A_1) + \varphi(A_3) - \varphi(A_2) + \dots]Y) \\
&= E(\varphi(A_\infty)Y) .
\end{aligned}$$

Signaler que le résultat reste vrai pour une surmartingale positive qui n'est pas un potentiel, en remplaçant A_∞ par $\lim_n A_n + X_\infty$.

Avant de donner la démonstration du théorème de Burkholder - Davis-Gundy, on va étudier d'abord quelques inégalités dont on aura besoin.

Reprenons la fonction $\Phi(u) = \int_0^u \varphi(s)\,ds$ et supposons, pour simplifier, φ continue et strictement croissante. On peut associer à Φ une fonction Ψ, qui est également convexe croissante, la conjuguée de Φ au sens de Young, définie par

$$\Psi(v) = \int_0^v \psi(t)\,dt$$

où φ et ψ sont inverses l'une de l'autre. Alors, on a les inégalités suivantes :

1) $uv \leq \Phi(u) + \Psi(v)$ (l'inégalité de Young)

2) $\Phi(\frac{u}{\lambda}) \leq \frac{1}{\lambda}\Phi(u) \qquad \forall\, \lambda \geq 1$.

Si la fonction Φ vérifie la condition de la croissance modérée, i.e.

$$\Phi(2u) \leq c\,\Phi(u) \quad ,$$

posons

$$p = \sup_{u>0} \frac{u\,\varphi(u)}{\Phi(u)} \quad ,$$

on a

3) $1 < p \leq c-1 < \infty$,

et

4) $\Phi(\rho u) \leq \rho^p\,\Phi(u) \qquad \forall\, \rho > 1$

5) $\Psi(v) \leq (p-1)\,\Phi(\psi(v))$.

Démonstration.

1) C'est bien connu.

2) $\Phi(\frac{1}{\lambda}u + (1-\frac{1}{\lambda})v) \leq \frac{1}{\lambda}\Phi(u) + (1-\frac{1}{\lambda})\Phi(v)$,

posons $v=0$, $\Phi(v) = \Phi(0) = 0$, alors

$$\Phi(\frac{1}{\lambda} u) \leq \frac{1}{\lambda} \Phi(u) .$$

3) $\varphi(u) \leq \frac{1}{u} \int_u^{2u} \varphi(s)\, ds$

$u\varphi(u) \leq \Phi(2u) - \Phi(u) \leq c\,\Phi(u) - \Phi(u) = (c-1)\,\Phi(u)$

$$\frac{u\varphi(u)}{\Phi(u)} \leq c-1 \quad ,$$

donc

$$p = \sup_{u>0} \frac{u\varphi(u)}{\Phi(u)} \leq c-1 < \infty \quad .$$

On sait que

$$u\varphi(u) = \Phi(u) + \Psi(\varphi(u))$$

alors

$$p \geq \frac{u\varphi(u)}{\Phi(u)} = \frac{\Phi(u) + \Psi(\varphi(u))}{\Phi(u)} > 1 \quad .$$

4) Puisque

$$p = \sup_u \frac{u\varphi(u)}{\Phi(u)} \quad , \quad \frac{u\varphi(u)}{\Phi(u)} < p$$

$$\int_u^{\rho u} \frac{d\,\Phi(s)}{\Phi(s)} = \int_u^{\rho u} \frac{\varphi(s)}{\Phi(s)}\, ds < p \int_u^{\rho u} \frac{ds}{s}$$

$$\log \frac{\Phi(\rho u)}{\Phi(u)} < p \log \frac{\rho u}{u} = p \log \rho = \log \rho^p$$

$$\frac{\Phi(\rho u)}{\Phi(u)} < \rho^p$$

donc

$$\Phi(\rho u) \leq \rho^p\, \Phi(u) .$$

5) Comme $\int_0^{v} [\psi(t)\, dt + t\, d\psi(t)] = v\,\psi(v)$,

on a

$$\Psi(v) + \Phi(\psi,v)) = v\,\psi(v)$$

$$\Psi(v) = v\,\psi(v) - \Phi(\psi(v))$$

(Δ)

et puisque

$$\frac{u\varphi(u)}{\Phi(u)} \leq p$$

posons

$$u = \psi(v) ,$$

on a

$$\frac{\psi(v)\,\varphi(\psi(v))}{\Phi(\psi(v))} \leq p$$

i.e.

$$\frac{v\psi(v)}{\Phi(\psi(v))} \leq p$$

ou

$$v\psi(v) \leq p\,\Phi(\psi(v)) .$$

D'après (Δ) , on a

$$\Psi(v) \leq p\,\Phi(\psi(v)) - \Phi(\psi(v)) = (p-1)\,\Phi(\psi(v)) .$$

On est prêt à démontrer le théorème de Burkholder - Davis - Gundy.

THEOREME 3. - <u>Soient</u> $\{B_n\}$ <u>un processus croissant (non nécessairement adapté) avec</u> $B_\infty \in L^1$, <u>et</u> $\{A_n\}$ <u>un processus croissant prévisible associé à</u> $\{B_n\}$:

$$A_o = 0 = B_o , \quad A_{n+1} - A_n = E(B_{n+1} - B_n | \mathcal{F}_n) ,$$

alors

$$E(\Phi(A_\infty)) \leq p^{p+1}\,E(\Phi(B_\infty))$$

où Φ est une fonction convexe croissante sur R_+ qui satisfait à la condition de "croissance modérée" .

<u>Démonstration</u>. - Si nous prenons $Y = B_\infty$ dans le théorème de Garsia, on a

$$E(\Phi(A_\infty)) \leq E(B_\infty\,\varphi(A_\infty)) ,$$

et d'après l'inégalité de Young,

$$B_\infty \varphi(A_\infty) \le \Phi(pB_\infty) + \Psi\left(\frac{\varphi(A_\infty)}{p}\right)$$

où $\Phi(pB_\infty) \le p^p \Phi(B_\infty)$, et

$$\Psi\left(\frac{\varphi(A_\infty)}{p}\right) \le \frac{1}{p}\Psi(\varphi(A_\infty)) = \frac{p-1}{p}\Phi(A_\infty) \quad ,$$

donc

$$E(B_\infty \varphi(A_\infty)) \le p^p E(\Phi(B_\infty)) + \frac{p-1}{p} E(\Phi(A_\infty))$$

par suite

$$\left(1 - \frac{p-1}{p}\right) E(\Phi(A_\infty)) \le p^p E(\Phi(B_\infty))$$

i.e.

$$E(\Phi(A_\infty)) \le p^{p+1} E(\Phi(B_\infty)) \quad .$$

En signalant que le théorème ci-dessous peut être démontré de la même façon que le théorème précédent.

THEOREME 4. - Si $\{X_n\}$ est un potentiel, Φ vérifie les mêmes hypothèses que celles dans le théorème 3, alors

$$E(\Phi(A_\infty)) \le p^{p+1} E(\Phi(X^*)) \quad , \qquad X^* = \sup_n X_n \quad .$$

Université de Strasbourg
Séminaire de Probabilités 1972/73

LES METHODES D'A.GARSIA EN THEORIE DES MARTINGALES
EXTENSIONS AU CAS CONTINU

par CHOU Ching-Sung

A.GARSIA vient d'écrire un livre sur la théorie des martingales discrètes, dans lequel certains des résultats considérés comme les plus difficiles (les inégalités de BURKHOLDER, DAVIS et GUNDY, les résultats sur les espaces H^p) sont établis par de nouvelles méthodes, extrêmement rapides et élégantes. Nous nous proposons ici d'étendre les démonstrations de GARSIA au cas continu. La plupart du temps , il s'agit d'un simple exercice de traduction, mais on rencontre parfois une difficulté intéressante. Dans tous les cas, la comparaison entre le cas discret et le cas continu permet de mieux comprendre la signification des démonstrations, les notations étant plus compactes.

Les références au livre de GARSIA figurent sous le renvoi [G] à la bibliographie. Les autres références sont numérotées.

1. UN LEMME ELEMENTAIRE ET SES CONSEQUENCES

1. NOTATIONS

a) $(\Omega,\underline{\underline{F}},P)$ est un espace probabilisé complet, muni d'une famille croissante $(\underline{\underline{F}}_t)_{t\geq 0}$ de tribus satisfaisant aux conditions habituelles de continuité à droite et de complétion dans $\underline{\underline{F}}$.

Nous aurons besoin d'étendre un peu la théorie usuelle de la représentation des surmartingales, de la manière suivante : soit (X_t) une surmartingale positive continue à droite, qui appartient à la classe (D) mais n'est pas nécessairement un potentiel. Soit $X_t = X'_t + E[X_\infty|\underline{\underline{F}}_t]$ sa décomposition de Riesz, et soit (A'_t) le processus croissant intégrable prévisible engendrant (X'_t) au sens usuel. Nous posons

(1) $$A_t=A'_t \text{ pour } 0\leqq t<\infty \quad , \quad A_\infty = A'_\infty + X_\infty$$

et nous avons alors pour tout temps d'arrêt T

(2) $$X_T = E[A_\infty - A_T|\underline{\underline{F}}_T]$$

représentation de (X_t) au moyen d'un processus croissant prévisible qui présente un <u>saut à l'infini</u>. Il est très facile de voir que (A_t) est unique, et nous l'appellerons le processus croissant prévisible engendrant (X_t), comme lorsque (X_t) est un potentiel.

Une autre notion qui intervient dans cet exposé est la suivante. Considérons un processus croissant intégrable (B_t), continu à droite, non nécessairement adapté, ne satisfaisant pas nécessairement à la condition $B_0=0$ (nous conviendrons que $B_{0-}=0$, de sorte que dB_s peut présenter un saut en 0 égal à B_0) et pouvant aussi présenter un saut à l'infini. Considérons le processus (X_t), projection bien-mesurable du processus $(B_\infty - B_{t-})$: pour tout temps d'arrêt T

(3) $$X_T = E[B_\infty - B_{T-} | \underline{\underline{F}}_T]$$

Ce processus est une surmartingale forte (si $S \leq T$, $X_S \geq E[X_T | \underline{\underline{F}}_S]$), en général non continue à droite, appartenant à la classe (D), et <u>régulière</u> : pour tout temps d'arrêt T et toute suite $T_n \uparrow T$, $E[X_{T_n}] \downarrow E[X_T]$. Inversement on peut montrer que toute surmartingale forte régulière de la classe (D) est ainsi engendrée par un processus croissant (B_t) <u>adapté</u> unique. Ces résultats de représentation ne sont pas tout à fait classiques : ils sont dus à MERTENS dans le cas des surmartingales fortes quelconques, la notion de surmartingale forte régulière ayant été dégagée par AZEMA [1].

b) Nous désignerons par φ , dans tout l'exposé, une fonction positive croissante sur $\mathbb{R}_+$ (à valeurs finies), et par Φ la fonction croissante convexe

(4) $$\Phi(t) = \int_0^t \varphi(s)ds$$

Φ ne change pas si l'on remplace φ par sa limite à gauche : nous supposerons donc φ continue à gauche, en convenant que $\varphi(0)=0$. Nous aurons besoin de l'inégalité

(5) $$\Phi(tx) \leq t\Phi(x) \text{ si } t \leq 1$$

qui exprime simplement que Φ est convexe et que $\Phi(0)=0$.

Soit ψ la fonction inverse de φ

$$\psi(t) = \inf \{ s : \varphi(s) \geq t \}$$

croissante et continue à gauche, et soit Ψ la fonction convexe <u>conjuguée</u> de Φ

(6) $$\Psi(t) = \int_0^t \psi(s)ds$$

L'inégalité d'YOUNG est alors classique :

(7) $$uv \leq \Phi(u) + \Psi(v)$$

On dit que la fonction Φ est <u>à croissance modérée</u> si φ n'est pas bornée (i.e. si $\Phi(t)/t$ n'est pas bornée : le cas de $\Phi(t)=t$ demande toujours une étude spéciale) et s'il existe une constante c telle que $\Phi(2t) \leq c\Phi(t)$ - cela revient à exiger la même chose pour φ, avec une autre constante. Posons dans ce cas

(8) $\quad p = \sup_u \frac{u\varphi(u)}{\Phi(u)}$

On a alors les propriétés suivantes, si Φ est à croissance modérée

(9) $\quad 1<p\leqq c-1<\infty$

(10) $\quad \Phi(tu) \leqq t^p\Phi(u)$ si $t\geqq 1$ ([G], inégalités III.4.15)

(11) $\quad \Psi(v) \leqq (p-1)\Phi(\psi(v))$

A l'aide de ces inégalités, nous démontrerons un lemme[1]:

LEMME 1. <u>Soient</u> A <u>et</u> Y <u>deux v.a. positives telles que</u>

(12) $\quad E[\Phi(A)]<\infty \quad , \quad E[\Phi(A)]\leqq E[Y\varphi(A)]$

<u>On a alors si</u> Φ <u>est à croissance modérée</u>

(13) $\quad E[\Phi(A)] \leqq p^{p+1}E[\Phi(Y)]$

<u>Si</u> $\Phi(t)=t^p$ <u>- y compris pour</u> $p=1$ <u>- on a l'inégalité plus précise</u>

(13') $\quad E[A^p] \leqq p^pE[Y^p]$ ([G],cf. th.III.4.3, démonstration)

DEMONSTRATION. Nous appliquons l'inégalité d'YOUNG (7)

$$\varphi(A)Y \leqq \Phi(pY) + \Psi(\tfrac{1}{p}\varphi(A))$$

puis $\Phi(pY) \leqq p^p\Phi(Y)$ d'après (10), $\Psi(\frac{1}{p}(\varphi(A)) \leqq \frac{1}{p}\Psi(\varphi(A))$ d'après (5), et (11) nous donne

$$\varphi(A)Y \leqq p^p\Phi(Y)+ \frac{p-1}{p}\Phi(\psi(\varphi(A)) \leqq p^p\Phi(Y)+ \frac{p-1}{p}\Phi(A)$$

On intègre et on utilise (12), et on obtient

$$E[\Phi(A)] \leqq p^pE[\Phi(Y)] + \frac{p-1}{p} E[\Phi(A)]$$

d'où (13) puisque $E[\Phi(A)]<\infty$. Le cas $\Phi(t)=t^p$ est évident pour $p=1$ ($\varphi=1$), et sinon on fait un calcul direct en utilisant l'inégalité de HÖLDER

c) On utilise fréquemment la norme d'ORLICZ associée à Φ

$$\|f\|_\Phi \leqq 1 \text{ si et seulement si } E[\Phi\circ|f|]\leqq 1$$

Pour ces normes, consulter le livre de NEVEU [2], p.196-197.

2. LE LEMME DE GARSIA

La clef des méthodes de GARSIA est le lemme élémentaire suivant ([G], théorème III 4.2) , que nous appellerons simplement le " lemme de GARSIA" dans la suite. Il faut remarquer que, si l'on se borne à l'écrire pour une fonction φ de la forme $I_{]0,\lambda]}$, de sorte que $\Phi(t)=(t-\lambda)^+$ - ce qui suffit pour déduire le cas général - le lemme de GARSIA est un lemme maximal identique à celui de NEVEU ([2], p.174), aussi donné dans MEYER [3], p.53. La nouveauté consiste en l'emploi systématique de ce lemme, avec toutes sortes de martingales (Y_t) differentes. Il faut remarquer aussi la disparition des temps d'arrêt.

---

1 Ce lemme est complété plus loin. Voir prop.4, fin de la démonstr.

LEMME 2. <u>Soit</u> (X_t) <u>une surmartingale positive continue à droite, majorée par une martingale</u> $Y_t=E[Y|\underline{\underline{F}}_t]$, $Y\in L^1_+$. <u>Soit</u> (A_t) <u>le processus croissant prévisible engendrant</u> (X_t). <u>On a alors</u>

$$(14)\qquad E[\Phi(A_\infty)] \leqq E[\varphi(A_\infty)Y]$$

DEMONSTRATION. Nous pouvons supposer φ bornée, de sorte que toutes les intégrales envisagées sont finies. Soit $c_t=\inf\{s : A_s>t\}$. On sait que pour toute fonction positive f sur $\overline{\mathbb{R}}_+$

$$\int_{[0,\infty]} f(s)dA_s(\omega) = \int_0^{A_\infty(\omega)} f(c_s(\omega))ds$$

Appliquons cela avec $f(s)=\varphi(A_s(\omega))$. Comme φ est croissante et $A_{c_s} \geqq s$, on a

$$\Phi(A_\infty)=\int_0^{A_\infty} \varphi(s)ds \leqq \int_0^{A_\infty} \varphi(A_{c_s})ds = \int_{[0,\infty]} \varphi(A_s)dA_s$$

intégrons par parties en posant $B_t=\varphi(A_t)$, processus croissant prévisible admettant la masse $\varphi(0)$ en 0 :

$$E[\Phi(A_\infty)] \leqq E[\int_{[0,\infty]} (A_\infty-A_{s-})dB_s] = E[\int_{[0,\infty]} X_{s-}dB_s]$$

car le processus (B_t) est prévisible, et la projection prévisible du processus $(A_\infty-A_{s-})$ est le processus (X_{s-}), avec $X_{0-}=X_0$. Nous majorons X_{s-} par Y_{s-} , remarquons que (Y_{s-}) est projection prévisible du processus constant égal à Y, et que $E[\int_{[0,\infty]} YdB_s]=E[YB_\infty]=E[\varphi(A_\infty)Y]$. Le lemme est établi.

VARIANTE DU LEMME. (X_t) <u>est une surmartingale forte régulière, engendrée par le processus croissant continu à droite adapté</u> (A_t), <u>et majorée par</u> (Y_t). <u>On a alors la même conclusion</u> (14).

La démonstration est la même, la projection bien-mesurable remplaçant la projection prévisible.

COROLLAIRE. <u>Sous les mêmes hypothèses</u> (ou celles de la variante), <u>nous avons si</u> Φ <u>est à croissance modérée</u>

$$(15)\qquad E[\Phi(A_\infty)] \leqq p^{p+1}E[\Phi(Y)]$$

<u>et si</u> $\Phi(t)=t^p$ - <u>y compris pour</u> p=1

$$(15')\qquad E[A_\infty^p] \leqq p^pE[Y^p] .$$

DEMONSTRATION. On tronque le processus (A_t) à une constante n ; le "potentiel" correspondant reste majoré par Y, et on applique le lemme 2 et le lemme 1 - la condition d'intégrabilité (12) étant satisfaite. Puis on fait tendre n vers $+\infty$.

Ces résultats unifient plusieurs propositions établies indépendamment les unes des autres dans le fascicule [ ] de MEYER

PROPOSITION 1. <u>Avec les notations ci-dessus, supposons</u> (X_t) <u>majorée par une constante</u> c . <u>Alors</u> , <u>pour</u> $p \geq 1$

(16) $E[A_\infty^p] \leqq cpE[A_\infty^{p-1}]$ <u>et</u> $E[e^{A_\infty}] \leqq 1/(1-c)$ <u>si</u> $c<1$.

DEMONSTRATION. Pour la première formule, prendre $Y=c$, $\varphi(t)=t^{p-1}$. Pour la seconde prendre $Y=c$, $\varphi(t)=e^t$. Cf. [3], p.49, th.45-46

PROPOSITION 2. <u>Soit</u> (B_t) <u>un processus croissant intégrable non nécessairement adapté tel que</u> $B_0=0$, $X_t=E[B_\infty-B_t|\underline{\underline{F}}_t]$. <u>Alors</u> (A ayant le même sens que ci-dessus)

(17) $\int_{\{A_\infty>\lambda\}} (A_\infty-\lambda)\, dP \leqq \int_{\{A_\infty>\lambda\}} B_\infty\, dP$

<u>On a la même inégalité avec</u> X^* <u>au lieu de</u> B_∞ .

DEMONSTRATION. Dans le lemme de GARSIA, nous prenons $\varphi(s)=1$ si $s \geqq \lambda$, 0 si $s<\lambda$, de sorte que $\Phi(s)=(s-\lambda)^+$, et $Y=X^*$ ou B_∞. Cf. [ ], p.53, th.49.

Nous déduisons maintenant du lemme de GARSIA le théorème de BURKHOLDER, DAVIS et GUNDY sur les processus croissants . Cf. [ ], p.56-57.

PROPOSITION 3. <u>Supposons</u> Φ <u>à croissance modérée</u> .
<u>Soit</u> $(X_t) = (E[B_\infty-B_t|\underline{\underline{F}}_t])$, <u>où</u> (B_t) <u>est un processus croissant intégrable continu à droite non nécessairement adapté, et soit</u> (A_t) <u>le processus croissant prévisible engendrant</u> (X_t) ((A_t) est projection <u>duale prévisible de</u> (B_t)). <u>On a alors</u>

(18) $E[\Phi(A_\infty)] \leqq p^{p+1}E[\Phi(B_\infty)]$

<u>et aussi</u>

(19) $E[\Phi(A_\infty)] \leqq p^{p+1}E[\Phi(X^*)]$

<u>On a aussi des résultats analogues pour les projections duales bien-mesurables et les surmartingales fortes régulières</u>. ([G], th.III.4.3)

(On n'a pas écrit les formules (18'),(19') relatives à $\Phi(t)=t^p$).

DEMONSTRATION. Prendre $Y=B_\infty$ ou X^*, dans le corollaire du lemme de GARSIA.

2. APPLICATIONS A LA THEORIE DES MARTINGALES[1]

1. NOTATIONS. DEFINITION DES DIVERSES NORMES.

Soit (M_t) une martingale continue à droite. Contrairement à l'habitude, <u>nous ne supposerons pas que</u> $M_0=0$, et nous modifierons la définition usuelle du processus croissant associé à (M_t) de la manière suivante : soit $M'_t = M_t - M_0$. Alors

(20) $$[M,M]_t = M_0^2 + [M',M']_t \text{ pour } t \geqq 0 \ , \quad [M,M]_{0-} = 0$$

On rappelle que (cf. [4])

(21) $$\|M\|_{H^p} = \| [M,M]_\infty^{1/2} \|_{L^p} \quad \text{pour } 1 \leqq p < \infty$$

tandis que la norme $\|M\|_{BMO}$ est définie comme le plus petit nombre $c \leqq +\infty$ tel que c^2 majore la surmartingale forte régulière

(22) $$\pi_T^M = E[[M,M]_\infty - [M,M]_{T-} | \underline{\underline{F}}_T]$$

Nous n'aurons pas besoin dans cet exposé des résultats de [4] sur les normes H^p et BMO : nous définirons d'après GARSIA de nouvelles normes équivalentes à celles-ci, que nous étudierons directement.

GARSIA introduit en fait <u>deux</u> idées nouvelles et importantes

a) Un moyen d'étendre aux processus (X_t) une semi-norme - notons la n - sur l'espace $L^1(\Omega)$: on pose

(23) $$\| X \|_n = \inf_Y \ n(Y)$$

où Y parcourt l'ensemble des variables aléatoires intégrables positives telles que le processus (X_t) soit majoré par la martingale continue à droite $E[Y|\underline{\underline{F}}_t]$ (s'il n'existe pas de telles Y, on pose $\|X\|_n = +\infty$).

Cas particuliers : $\|X\|_p$ $(1 \leqq p \leqq \infty)$, $\|X\|_\Phi$.

b) Un moyen d'associer à n une seconde semi-norme, cette fois sur l'espace des martingales : soit M une martingale telle que $[M,M]_\infty^{1/2}$ soit intégrable (i.e., $M \in H^1$). On introduit la surmartingale forte régulière

(24) $$\xi_T^M = E[\sqrt{[M,M]_\infty - [M,M]_{T-}} | \underline{\underline{F}}_T]$$

(25) $$\|M\|_{(n)} = \|\xi^M\|_n$$

Il est facile de vérifier que $\xi^{tM} = |t|\,\xi^M$, $\xi^{M+N} \leqq \xi^M + \xi^N$, de sorte que $\| \ \|_{(n)}$ est bien une semi-norme sur H^1.

Le processus ξ^M est majoré par la martingale $E[[M,M]_\infty^{1/2} | \underline{\underline{F}}_t]$, d'où l'on déduit que

(26) $$\|M\|_{(n)} \leqq \|[M,M]_\infty^{1/2}\|_n$$

1 Plusieurs résultats de ce paragraphe ne figurent pas dans [G], et sont des 'private communications' de M. GARSIA.

Les cas particuliers les plus importants sont ceux des normes $\|M\|_{(\Phi)}$ correspondant à la norme d'ORLICZ $n = \|\ \|_{\Phi}$, et particulier les normes $\|M\|_{(p)}$, $1 \leqq p < \infty$, et d'autre part la norme $\|M\|_{(\infty)}$ correspondant à $n = \|\ \|_{\infty}$.

Nous démontrons d'abord deux résultats d'équivalence de normes : $\|M\|_{(\Phi)}$ est équivalente à la norme $\|[M,M]_{\infty}^{1/2}\|_{\Phi}$ si Φ est à croissance modérée, et en particulier $\|M\|_{(p)}$ est équivalente à $\|M\|_{H^p}$ pour p fini. En revanche, $\|M\|_{(\infty)}$ n'est pas équivalente à $\|[M,M]_{\infty}^{1/2}\|_{\infty}$, mais à $\|M\|_{BMO}$. Ceci suggère que les normes $\|M\|_{(\Phi)}$ méritent aussi d'être étudiées lorsque Φ n'est pas à croissance modérée - mais pour l'instant, on ne va donner de résultats que sur les normes $\|\ \|_{(p)}$ et $\|\ \|_{(\infty)}$.

PROPOSITION 4. <u>Si Φ est à croissance modérée, les normes $\|M\|_{(\Phi)}$ et $\|[M,M]_{\infty}^{1/2}\|_{\Phi}$ sont équivalentes. Cela vaut aussi pour $\Phi(t)=t$</u> .

DEMONSTRATION. (26) nous donne une inégalité dans un sens. Inversement, nous allons montrer que $\|M\|_{(\Phi)}<1$ entraîne $E[\Phi([M,M]_{\infty}^{1/2})] \leqq p^{p+1}$. Nous avons un résultat plus précis pour $\|\ \|_{(p)}$, $p \geqq 1$ fini, que nous n'énonçons pas.

Nous introduisons la troisième surmartingale forte régulière

(27) $$\zeta_T^M = E[\sqrt{[M,M]_{\infty}} - \sqrt{[M,M]_{T-}} \mid \underline{\underline{F}}_T]$$

qui est majorée par ξ^M . Dire que $\|M\|_{(\Phi)}<1$ revient à dire qu'il existe une martingale $Y_t = E[Y|\underline{\underline{F}}_t]$ majorant ξ^M, avec $E[\Phi(Y)]<1$. Elle majore alors ζ^M et la variante du lemme de GARSIA pour les surmartingales fortes nous dit que

(28) $$E[\Phi([M,M]_{\infty}^{1/2})] \leqq E[\varphi([M,M]_{\infty}^{1/2})Y]$$

mais nous ne pouvons pas appliquer directement le lemme 1, car nous ignorons si le premier membre est fini. Soit φ_n la fonction croissante $\varphi \wedge \varphi(n)$, soit Φ_n la fonction convexe correspondante, et soit J_n la v.a. $[M,M]_{\infty}^{1/2} \wedge n$. Appliquons (28) à φ_n et Φ_n

$$E[\Phi(J_n)] = E[\Phi_n(J_n)] \leqq E[\Phi_n([M,M]_{\infty}^{1/2})] \leqq E[\varphi_n([M,M]_{\infty}^{1/2})Y]$$
$$= E[\varphi(J_n)Y]$$

Nous appliquons le lemme 1 à Φ et à J_n bornée, obtenant que $E[\Phi(J_n)] \leqq p^{p+1}E[\Phi(Y)] \leqq p^{p+1}$, et enfin nous faisons tendre n vers $+\infty$.

Nous passons à $\|\ \|_{(\infty)}$, en comparant d'abord les processus ξ^M (24) et η^M (22) . Pour la simplicité des notations, nous posons $[M,M]_t = A_t$.

LEMME 3. Soit $(Y_t)=(E[Y|\underline{\underline{F}}_t])$ une martingale positive. Supposons que l'on ait pour tout temps d'arrêt T

(29) $$E[\sqrt{A_\infty - A_{T-}} \mid \underline{\underline{F}}_T] \leqq Y_T$$

On a alors aussi

(30) $$E[A_\infty - A_{T-}|\underline{\underline{F}}_T] \leqq 16E[Y^2|\underline{\underline{F}}_T]$$

(Si Y est une constante c , le second membre peut être remplacé par $2c^2$).

DEMONSTRATION. Supposons le résultat établi pour T=0. Soient T un temps d'arrêt , et $H\in\underline{\underline{F}}_T$; en appliquant le résultat pour 0 sur H muni de la loi $P'=P(.|H)$, de la famille de tribus $\underline{\underline{F}}'_t=\underline{\underline{F}}_{T+t}$, de la martingale $Y_{T+t}=E'[YI_H|\underline{\underline{F}}'_t]$, au processus $A'_t=A_{T+t}-A_{T-}$, on obtient la formule générale (30).

Il suffit donc de montrer que $E[A_\infty] \leqq 16E[Y^2]$. Notons (X_t) la projection bien-mesurable du processus $((A_\infty - A_{t-})^{1/2})$, (Z_t) celle du processus $((A_\infty - A_{t-})^{-1/2})$, qui est plus grande que $1/X_t$ (inégalité de JENSEN : $E[1/U] \geqq 1/E[U]$ si $U\geqq 0$). La relation (29) s'écrit $1\leqq Y_t/X_t$ et entraîne donc $1\leqq Y_t Z_t$ et

$$E[A_\infty] = E[\int_{[0,\infty[} dA_s] \leqq E[\int_{[0,\infty[} Z_s Y_s dA_s]$$

Le processus $Y_s Z_s$ est projection bien-mesurable de $Y_s(A_\infty - A_{s-})^{-1/2}$, et le dernier terme vaut donc

$$E[\int_{[0,\infty[} Y_s \frac{dA_s}{\sqrt{A_\infty - A_{s-}}}] \leqq 2E[-\int_{[0,\infty[} Y_s d\sqrt{A_\infty - A_s}]$$

Si (Y_t) est une constante c, on a fini : le dernier terme vaut $2E[c\sqrt{A_\infty}] \leqq 2c^2$.

Soit (B_s) le processus croissant $\sqrt{A_\infty} - \sqrt{A_\infty - A_s}$, et soit (C_s) sa projection duale bien-mesurable. Nous avons pour le dernier terme le calcul

$$2E[\int_{[0,\infty[} Y_s dB_s] = 2E[\int_{[0,\infty[} Y_s dC_s] = 2E[YC_\infty] \leqq 2E[Y^2]^{1/2} E[C_\infty^2]^{1/2}$$

D'après le lemme de GARSIA , $E[C_\infty^2] \leqq 4E[(\sqrt{A_\infty})^2] = 4E[A_\infty]$, d'où l'on déduit

$$E[A_\infty] \leqq 4E[Y^2]^{1/2} E[A_\infty]^{1/2}$$

d'où l'énoncé si $E[A_\infty]<\infty$. Pour obtenir le cas général, remplacer A_t par $A_t \wedge n$, appliquer ceci, puis faire tendre n vers $+\infty$.

COROLLAIRE. $\| M \|_{(\infty)} \leqq \|M\|_{BMO} \leqq \sqrt{2}\|M\|_{(\infty)}$

La première inégalité est facile, et la seconde résulte du lemme 2. Il faut remarquer que la norme BMO d'une martingale est plus facile à manier que la norme $\| \; \|_{(\infty)}$: en effet, la surmartingale forte engendrée par le processus $[M,M]_t$ est aussi projection de $((M_\infty - M_{t-})^2)$.

2. L'INEGALITE DE FEFFERMAN ET SES CONSEQUENCES

Nous rappelons d'abord, pour être complets, la démonstration de l'inégalité de FEFFERMAN dans [4]. Il est essentiel pour la suite de constater que cette inégalité est vraie pour des martingales qui ne sont pas nulles en 0.

PROPOSITION 5. <u>Soient</u> (M_t) <u>et</u> (N_t) <u>deux martingales uniformément intégrables</u>. <u>On a alors</u>

(31) $$E[\int_{[0,\infty[} |d[M,N]_s|] \leq c\|M\|_{H^1}\|N\|_{BMO} \qquad (c=\sqrt{2})$$

DEMONSTRATION. Nous écrivons l'inégalité ([5], p.85)

$$E[\int_{[0,\infty[} H_sK_s|d[M,N]|_s] \leq E[\int_{[0,\infty[} H_s^2 d[M,M]_s]^{1/2} E[\int_{[0,\infty[} K_s^2 d[N,N]_s]^{1/2}$$

où H_s, K_s sont deux processus bien-mesurables positifs. Nous prenons ici $H_s^2 = 1/([M,M]_{s-}^{1/2}+[M,M]_s^{1/2})$, $K_s^2 = 2[M,M]_s^{1/2}$. On vérifie que le membre de gauche majore $E[\int_{[0,\infty[} |d[M,N]_s|]$, le produit H_sK_s étant presque partout ≥ 1 pour la mesure $|d[M,N]|$. Le premier terme au second membre vaut $E[[M,M]_\infty^{1/2}]^{1/2}$. Le second terme peut s'écrire, après une intégration par parties

$$E^{1/2}[\int_{[0,\infty[} ([N,N]_\infty - [N,N]_{t-})dK_s^2]$$

On projette sur la tribu bien-mesurable , on utilise la définition de la norme BMO, et il reste simplement $\|N\|_{BMO}E[[M,M]_\infty^{1/2}]^{1/2}$. L'énoncé en résulte.

REMARQUE. Plus généralement, le premier membre de (31) est majoré par $c_p\|M\|_{(p)}\|N\|_{(q)}$, où p et q sont deux exposants conjugués quelconques. Ce résultat est , lui aussi, dû à GARSIA[1] - mais le cas où p>1 peut aussi se ramener aux inégalités de BURKHOLDER, et nous le laissons de côté.

COROLLAIRE. <u>Si</u> $\|N\|_{BMO} < \infty$, <u>on a pour tout temps d'arrêt</u> T

(32) $$E[\int_{[T,\infty[} |d[M,N]_s||\underline{\underline{F}}_T] \leq cE[\sqrt{[M,M]_\infty - [M,M]_{T-}}|\underline{\underline{F}}_T].\|N\|_{BMO}$$

DEMONSTRATION. Voir le début de la démonstration du lemme 3 : le procédé pour passer des espérances absolues aux espérances conditionnelles est le même.

Nous allons montrer maintenant, toujours en suivant GARSIA, comment l'inégalité de FEFFERMAN entraîne l'inégalité de DAVIS. Il faut pour cela deux lemmes :

1 [G], théorème I.3.1.

LEMME 4. <u>Soit</u> (A_t) <u>un processus</u> (<u>non nécessairement adapté</u>) <u>tel que</u> $A_{0-}=0$, <u>dont les trajectoires sont continues à droite à variation bornée, tel que</u>

(33) $$E[\int_{[T,\infty[}|dA_s|\,|\underline{\underline{F}}_T] \leq 1 \text{ pour tout temps d'arrêt } T .$$

<u>Soit</u> (B_t) <u>la projection duale bien-mesurable de</u> (A_t), <u>et soit</u> (N_t) <u>la martingale</u> $(E[B_\infty|\underline{\underline{F}}_t])$. <u>On a alors</u> $\|N\|_{BMO} \leq \sqrt{5}$. ([G], th.II.4.1).

DEMONSTRATION. Soit (X_t) la projection bien-mesurable du processus $(A_\infty - A_{t-})$. Nous commençons par faire un calcul d'espérances absolues :

$$E[B_\infty^2] = E[\int_{[0,\infty[}((B_\infty - B_s)+(B_\infty - B_{s-}))dB_s]$$

le processus B est adapté. Les processus $(B_\infty - B_{s-})$ et $(A_\infty - A_{s-})$ ont même projection bien-mesurable (X_t). On en déduit que les processus $(B_\infty - B_s)$ et $(A_\infty - A_s)$ ont même projection bien-mesurable (égale en fait à (X_{t+})). Par conséquent

$$E[B_\infty^2] = E[\int_{[0,\infty[}(X_s+X_{s+})dB_s] \leq 2E[\int_{[0,\infty[}|dB_s|] \leq 2$$

Pour passer au cas général, on procède comme dans le lemme 3 : T étant un temps d'arrêt, et H un élément de $\underline{\underline{F}}_T$, on pose $\Omega'=H$, $\underline{\underline{F}}'_t=\underline{\underline{F}}_{T+t}$, $A'_t=A_{T+t}-A_{T-}$, $B'_t = B_{T+t}-B_{T-}$ ... et il vient

$$E[(B_\infty - B_{T-})^2|\underline{\underline{F}}_T] \leq 2$$

D'autre part, on a identiquement[1] $X_t=N_t-B_{t-}$, donc $N_{t-}=X_{t-}+B_{t-}$, et

$$N_\infty - N_{T-} = (B_\infty - B_{T-}) - X_{T-}$$

Par conséquent, comme X est majoré par 1 en valeur absolue

$$E[(N_\infty - N_{T-})^2|\underline{\underline{F}}_T] \leq E[(B_\infty - B_{T-})^2|\underline{\underline{F}}_T]+X_{T-}^2+2|X_{T-}|E[|B_\infty - B_{T-}|\,|\underline{\underline{F}}_T]$$
$$\leq 2+1+2 = 5 .$$

LEMME 5. <u>Soient</u> (B_t) <u>un processus croissant adapté continu à droite</u> $(B_{0-}=0)$, (U_t) <u>un processus prévisible majoré[2] par</u> (B_{t-}) <u>pour</u> $t>0$, H <u>une v.a. positive intégrable majorée par</u> $1/B_\infty$, (H_t) <u>la martingale</u> $E[H|\underline{\underline{F}}_t]$, <u>et</u> (L_t) <u>la martingale locale</u> $\int_{]0,t]}U_s dH_s$. <u>Alors</u> (L_t) <u>est une vraie martingale et</u> $\|L\|_{BMO} \leq 1$.

DEMONSTRATION. L'inégalité BMO entraîne $E[[L,L]_\infty] \leq 1$, donc L sera nécessairement bornée dans L^2. Supposons d'abord B_∞ et H bornées. On peut alors écrire

$$[L,L]_t = \int_{]0}^{t]} U_s^2 d[H,H]_s$$

$$E[[L,L]_\infty - [L,L]_{T-}|\underline{\underline{F}}_T] = E[\int_{[T,\infty[}U_s^2 d[H,H]_s|\underline{\underline{F}}_T] \leq E[\int_{[T,\infty[}B_{s-}^2 d[H,H]_s|\underline{\underline{F}}_T]$$

---

1 Cette égalité a lieu p.s. pour tout temps d'arrêt T, et les deux membres sont des processus bien-mesurables.

2 en valeur absolue

le processus $H_t^2-[H,H]_t$ est une martingale, donc cette espérance s'écrit

$$E[\int_{[T,\infty[} B_{s-}^2 dH_s^2 \,|\underline{\underline{F}}_T]=E[B_\infty^2 H^2-B_{T-}^2 H_{T-}^2-\int_{[T,\infty[} H_s^2 dB_s^2 \,|\underline{\underline{F}}_T]$$

$$\leqq E[B_\infty^2 H^2|\underline{\underline{F}}_T] \leqq 1$$

Pour passer au cas général, remplacer B_t par $B_t \wedge n$, H par $H\wedge m$, faire tendre m vers l'infini, puis n vers l'infini.

Nous pouvons maintenant énoncer et démontrer l'inégalité de DAVIS. Nous la donnons pour des martingales M <u>non nécessairement nulles en</u> 0 , ce qui sera essentiel pour le conditionnement plus loin.

PROPOSITION 6. <u>Soit</u> M <u>une martingale</u>. <u>Il existe des constantes</u> c <u>et</u> c' <u>telles que</u>

(34) $$cE[M^*] \leqq E[[M,M]_\infty^{1/2}] \leqq c'E[M^*] .$$

(et les mêmes inégalités avec $E[\ |\underline{\underline{F}}_0]$ au lieu de E).

DEMONSTRATION. Les inégalités conditionnelles sont des conséquences immédiates des inégalités absolues.

Pour démontrer l'inégalité de gauche, commençons par supposer M bornée. Au moyen d'un théorème de section choisissons une v.a. S positive finie telle que $|M_S| \geqq M^*-\varepsilon$ (S n'est pas un temps d'arrêt), et posons $A_t = \mathrm{sgn}(M_S)I_{\{t\geq S\}}$, processus dont la variation totale est $\leqq 1$. Appliquons les notations et les résultats du lemme 4, et l'inégalité de FEFFERMAN :

$$E[M^*-\varepsilon] \leqq E[|M_S|]=E[\int_{[0,\infty[} M_s dA_s] = E[\int_{[0,\infty[} M_s dB_s] =E[M_\infty B_\infty]$$

$$=E[\int_{[0,\infty[} d[M,N]_s] \leqq c\|M\|_{H^1}\|N\|_{BMO} \leqq c\|M\|_{H^1}$$

(la constante c change de place en place). Pour étendre cela à tout H^1 , on remarque 1) que toute martingale $M\in H^1$ est uniformément intégrable , 2) qu'il existe des martingales bornées M^n qui convergent vers M dans H^1 , 3) qu'alors $E[|M_\infty-M_\infty^n|]\to 0$, ce qui entraîne que $(M-M^n)^*$ tend vers 0 en probabilité, et permet d'appliquer le lemme de FATOU. Pour tout cela, voir [4], p.138-140.

Passons à l'inégalité de droite. Supposons M bornée, appliquons l'inégalité de Schwarz :

(35) $$E[[M,M]_\infty^{1/2}] \leqq (E[M^*+\varepsilon])^{1/2} (E[\frac{[M,M]_\infty}{M^*+\varepsilon}])^{1/2}$$

pour évaluer le second terme, on utilise l'identité

$$[M,M]_t = M_t^2 - 2\int_{]0,t]} M_{s-}dM_s$$

où l'on peut faire tendre t vers $+\infty$. Multiplions par $H=\frac{1}{M^*+\varepsilon}$. Nous avons $M_\infty^2 H \leqq M^*$. Posons $H_t=E[H|\underline{\underline{F}}_t]$ et étudions le dernier terme.

On a d'abord

$$E[H\int_0^\infty M_{s-}dM_s] = E[\int_0^\infty [dH_s, M_{s-}dM_s]] = E[\int_0^\infty [dM_s, M_{s-}dH_s] = E[\int_0^\infty M_{s-}dH_s . M_\infty]$$

Appliquons le lemme 5 en prenant $U_t = M_{t-}$, $B_t = M_t^*$. La martingale $L_t = \int_0^t M_{s-}dH_s$ a une norme BMO ≤ 1, et par conséquent ((31))

$$E[L_\infty M_\infty] \leqq c\|M\|_{H^1}\|L\|_{BMO} \leqq c\|M\|_{H^1}$$

Revenons alors à (35) :

$$E[[M,M]_\infty^{1/2}] \leqq (E[M^* + \varepsilon])^{1/2}(E[M^* + c[M,M]_\infty^{1/2}])^{1/2}$$

d'où l'on déduit que

$$E[[M,M]_\infty^{1/2}] \leqq cE[M^*] \qquad \text{(c change de place en place)}$$

du moins lorsque M est bornée. Nous laissons de côté les détails du passage au cas non borné.

3. L'INEGALITE DE BURKHOLDER, DAVIS ET GUNDY

GARSIA a remarqué que l'inégalité de DAVIS se met sous forme "conditionnelle", et entraîne alors immédiatement la "grande" inégalité de BURKHOLDER, DAVIS et GUNDY sur la comparaison entre M^* et $[M,M]$, toujours grâce au lemme de GARSIA.

Nous donnons d'abord la forme conditionnelle de l'inégalité de DAVIS. Soit T un temps d'arrêt ; considérons la martingale $M'_t = M_{T+t} - M_{T-}$ (non nulle en 0) par rapport à la famille $(\underline{\underline{F}}'_t) = (\underline{\underline{F}}_{T+t})$. Nous avons $[M',M']_t = [M,M]_{T+t} - [M,M]_{T-}$, et d'autre part $M'^* \leqq 2M^*$ et $M^* \leqq M_{T-}^* + M'^*$. Appliquons les inégalités (34) sous la forme conditionnée par rapport à $\underline{\underline{F}}'_0$. Il vient (avec une constante c' modifiée)

COROLLAIRE. <u>On a pour tout temps d'arrêt</u> T

$$(36) \qquad cE[M_\infty^* - M_{T-}^* | \underline{\underline{F}}_T] \leqq E[\sqrt{[M,M]_\infty - [M,M]_{T-}} | \underline{\underline{F}}_T] \leqq E[\sqrt{[M,M]_\infty} | \underline{\underline{F}}_T]$$

$$(37) \qquad E[\sqrt{[M,M] - [M,M]_{T-}} | \underline{\underline{F}}_T] \leqq c'E[M^* | \underline{\underline{F}}_T]$$

Nous pouvons alors appliquer le lemme de GARSIA, et le lemme 1 (avec le supplément donné dans la démonstration de la proposition 4), pour obtenir directement le théorème de BURKHOLDER-DAVIS-GUNDY :

PROPOSITION 7. <u>Si</u> Φ <u>est à croissance modérée</u>, <u>on a</u> (avec des constantes c et c' dépendant de Φ)

$$(38) \qquad cE[\Phi(M^*)] \leqq E[\Phi(\sqrt{[M,M]_\infty})] \leqq c'E[\Phi(M^*)] \quad .$$

De la même manière, le lemme de GARSIA se prête très bien à la démonstration du théorème suivant :

PROPOSITION 8. <u>Soit</u> (D_t) <u>un processus croissant continu à droite adapté tel que</u> $|\Delta M_t| \leqq D_{t-}$ <u>pour tout</u> $t \geqq 0$. <u>Alors</u>

$$(39) \quad cE[\Phi(\langle M,M\rangle_\infty^{1/2})] < E[\Phi([M,M]_\infty^{1/2})] < c'E[\Phi(\langle M,M\rangle_\infty^{1/2} + D_\infty)] \,.$$

BIBLIOGRAPHIE

[G] . A.GARSIA. Recent progress in the theory of martingales. Seminar Notes (University of California, San Diego).

[1] . J.AZEMA. Le retournement du temps. A paraître aux Annales E.N.S.

[2] . J.NEVEU. Martingales à temps discret. Masson 1972 .

[3] . P.A.MEYER. Martingales and stochastic integrals I. Lecture Notes 284, Springer 1972.

[4] . P.A.MEYER. Le dual de H^1 est BMO (cas continu). Séminaire de Probabilités VII, Lecture Notes 321, Springer 1973.

[5] . P.A.MEYER. Intégrales stochastiques I. Séminaire de Probabilités I, Lecture Notes 39, 1967.

xxxxxxxxxxxxxxxxxxx

I.R.M.A.
Laboratoire associé au C.N.R.S
7 rue René Descartes
67084 STRASBOURG-Cedex

Université de Strasbourg
Séminaire de Probabilités 1973/74

SUR LA REPRESENTATION DES MARTINGALES COMME INTEGRALES STOCHASTIQUES DANS LES PROCESSUS PONCTUELS [1]

par CHOU Ching-Sung et P.A. MEYER

Il y a deux cas où l'on sait que toute martingale d'une famille de tribus $(\underline{\underline{F}}_t)$ peut se représenter comme intégrale stochastique par rapport à une martingale fondamentale (q_t) : celui de la famille de tribus naturelle du mouvement brownien (B_t) [où la martingale fondamentale est le mouvement brownien lui même] , et celui de la famille de tribus naturelle du processus de Poisson (P_t) [où la martingale fondamentale est le processus de Poisson compensé P_t-t] . Nous expliquerons à la fin de l'exposé pourquoi ces processus sont, parmi les processus à accroissements indépendants et stationnaires réels, les seuls à posséder cette propriété.

Nous allons étendre ce théorème de représentation dans une autre direction en considérant, non plus des processus à accroissements indépendants et stationnaires, mais des processus ponctuels. Plus précisément, nous allons étendre à cette situation un théorème récent de M.H.A. DAVIS, suivant lequel le théorème de représentation vaut en fait pour toute <u>martingale locale</u> .

1. LE CAS ELEMENTAIRE

Ce cas a déjà été étudié par DELLACHERIE [2]. Nous considérons un espace probabilisé $(\Omega,\underline{\underline{F}},P)$ et une v.a. S <u>strictement</u> positive, mais pouvant prendre la valeur $+\infty$. Nous munissons Ω de la plus petite famille croissante de tribus $(\underline{\underline{F}}^o_t)$, continue à droite, pour laquelle S est un temps d'arrêt : un ensemble A appartient à $\underline{\underline{F}}^o_t$ si et seulement si

$$\left|\begin{array}{l} A\cap\{S\leq t\} \text{ est de la forme } S^{-1}(B), \text{ où B est borélien dans }]0,t] \\ A\cap\{S>t\} \text{ est ou bien vide, ou bien } \{S>t\} \text{ tout entier} \end{array}\right.$$

La caractéristique fondamentale de la situation est la <u>loi</u> de S, que <u>nous définirons</u> par sa fonction de répartition (ou "fonction de queue")

1 Cet exposé avait été d'abord conçu comme une démonstration nouvelle du théorème de DAVIS sur le processus de Poisson. La contribution de CHOU Ching Sung est le passage du cas exponentiel au cas général, lorsque $c=+\infty$, $F(\infty-) = 0$.

(1) $$F(t) = P\{S>t\}$$

fonction décroissante, continue à droite, telle que $F(0)=1$, $F(\infty)=0$ (mais $F(\infty-)$ peut être >0). *Nous notons* c *le plus petit* t *tel que* $F(t)=0$. Quitte à remplacer S par $S\wedge c$, qui lui est p.s. égale, nous pouvons supposer que S est partout majorée par c. Nous aurons à distinguer trois cas

i) $c=+\infty$, ii) $c<+\infty$, $F(c-)=0$, iii) $c<+\infty$, $F(c-)>0$

La nécessité d'une telle distinction mérite d'être notée dès maintenant : il existe un "changement de temps" simple - déterministe - qui ramène les problèmes sur $]0,c]$ à des problèmes sur $]0,\infty]$, mais la notion de martingale locale n'est pas invariante par changement de temps.

On se ramène très facilement à une situation canonique, dans laquelle il est possible de faire de petits dessins : Ω y est l'intervalle $]0,c]$, muni de la tribu borélienne et de la mesure $-dF$; S y est l'application identique de Ω dans $\overline{\mathbb{R}}_+$. Le graphe tracé dans le dessin ci-dessous représente, d'après DELLACHERIE [2], le modèle le plus général de temps d'arrêt T de la famille $(\underline{\underline{F}}^o_t)$.

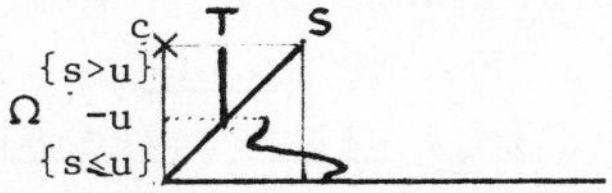

S'il existe *un* ω tel que $T(\omega)=u<S(\omega)$, alors $T = u$ sur l'ensemble $\{S>u\}$ tout entier , et $T\geqq S$ sur l'ensemble $\{S\leqq u\}$.

Nous pouvons écrire explicitement *toutes* les martingales uniformément intégrables de la famille $(\underline{\underline{F}}^o_t)$, de la manière suivante : tout élément de $L^1(\underline{\underline{F}}^o_\infty)$ peut s'écrire $H\circ S$, où H est une fonction borélienne finie sur $]0, c]$ satisfaisant à

(2) $$\int -|H(u)|dF(u) < \infty$$

La martingale $E[H\circ S|\underline{\underline{F}}^o_t]$ s'écrit alors

(3) $$M^H_t = I_{\{t<S\}}\frac{1}{F(t)}\int_{]t,\, c]} -H(u)dF(u) + I_{\{t\geqq S\}}H\circ S$$

Parmi ces martingales, nous nous intéressons particulièrement à celles qui sont nulles à l'origine. La fonction H correspondante satisfait alors, outre (2), la condition

(4) $$\int H(u)dF(u) = 0$$

et la martingale (3) s'écrit alors

(5) $$\overline{M}^H_t = I_{\{t<S\}}\frac{1}{F(t)}\int_{]0,t]} H(u)dF(u) + I_{\{t\geqq S\}}H\circ S$$

Le processus ainsi défini a un sens pour des fonctions H qui ne satisfont pas à (2), mais seulement à

(6) pour tout $t<c$, $\int_{]0,t]} |H(u)|dF(u) < +\infty$

Alors le processus $(\overline{M}^H_t)$ donné par (6) est bien défini pour tout t fini, arrêté à l'instant S, continu à droite. On peut écrire autrement la formule (6) . Sur l'espace des fonctions H satisfaisant à (6), introduisons les opérateurs $\mathcal{E}_t$ ainsi définis : si $t\geq c$, $\mathcal{E}_t H=H$. Si $0<t<c$

(7) $\mathcal{E}_t H(u) = H(u)$ pour $0<u\leq t$, $\mathcal{E}_t H(u)=\frac{1}{F(t)}\int_{]0,t]} H(u)dF(u)$ pour $u>t$

$\mathcal{E}_t H$ est, pour $t<c$, une fonction intégrable pour la mesure dF, d'intégrale nulle, constante sur l'intervalle $]t,\infty]$ et égale à H sur $]0,t]$. Cela la caractérise à une dF-équivalence près. On en déduit aussitôt que $\mathcal{E}_s\mathcal{E}_t=\mathcal{E}_{s\wedge t}$, et il est clair aussi que

(8) $$\overline{M}^H_t = \mathcal{E}_t H\circ S \ .$$

Nous pouvons maintenant énoncer notre premier résultat sur la structure des martingales locales, qui est très voisin de résultats de DELLACHERIE [2].

PROPOSITION 1. a) Toute martingale locale (M_t) telle que $M_0=0$ est une vraie martingale sur l'intervalle $[0,c[$; (M_t) est arrêtée à l'instant S , et on a p.s. $M_S=M_{S-}$ sur l'ensemble $\{S=c\}$ si $c<\infty$.

b) Dans les cas i) et ii) , toute martingale locale (M_t) telle que $M_0=0$ est de la forme $(\overline{M}^H_t)$, où H satisfait à (6), et inversement tout processus de cette forme est une martingale locale. Dans le cas iii), toute martingale locale (M_t) telle que $M_0=0$ est uniformément intégrable, et donc de la forme $(\overline{M}^H_t)$, où H satisfait à (2) et (4), et inversement ...

DEMONSTRATION. a) Nous commençons par remarquer que toute martingale uniformément intégrable (M_t) nulle en 0 est de la forme $(\overline{M}^H_t)$, avec une fonction H satisfaisant à (2) et à (4). Une telle martingale est arrêtée à l'instant S. Supposons que l'ensemble $\{S=c\}$ ait une probabilité >0, et que $c<\infty$. On a pour tout ω tel que $S(\omega)=c$

$$\overline{M}^H_{c-}(\omega) = \frac{1}{F(c-)}\int_{]0,c[} H(u)dF(u) \ , \ \overline{M}^H_c(\omega) = H(c)$$

et ces quantités sont égales d'après (4).

Dire que (M_t) est une martingale locale revient à dire qu'il existe des temps d'arrêt finis T_n de la famille $(\underline{\underline{F}}^o_t)$ tels que $T_n(\omega)\uparrow+\infty$ p.s.

et que les processus $(M_{t\wedge T_n})$ soient des martingales uniformément intégrables [la définition usuelle concerne plutôt des temps d'arrêt de la famille complétée tendant vers $+\infty$ partout, mais c'est équivalent]. D'après ce qui vient d'être dit des martingales uniformément intégrables, (M_t) est arrêtée à l'instant S, et continue à l'instant S sur l'ensemble $\{S=c\}$ si $c<+\infty$, $F(c-)>0$.

S'il existe un n tel que $T_n \geqq S$ p.s., on a $M_t=M_{t\wedge T_n}$, donc (M_t) est une martingale uniformément intégrable. Supposons donc que l'on ait pour tout n $P\{T_n<S\} > 0$. Il existe alors une constante t_n telle que $T_n\wedge S = t_n\wedge S$; comme $P\{S>t_n\}>0$, on a $t_n \leqq c$, et on a nécessairement $t_n<c$ (sans quoi on aurait $T_n \geqq S$, ce qui vient d'être exclu). Comme $T_n\uparrow\infty$, on a $\lim_n P\{S>t_n\} = 0$, donc $t_n\uparrow c$. Comme (M_t) est arrêtée à l'instant S, on a $M_{t\wedge T_n} = M_{t\wedge t_n}$, et le processus $(M_t)_{t \leqq t_n}$ est une martingale uniformément intégrable. Donc (M_t) est une vraie martingale sur $[0,c[$. Les propriétés a) sont établies.

Pour établir b), nous distinguerons les trois cas, en commençant par le plus simple.

Cas iii) : $c<+\infty$, $F(c-)>0$. L'ensemble des ω tels que $S(\omega)=c$ a une mesure >0 . Le fait que $T_n\uparrow+\infty$ p.s. entraîne donc qu'il existe un ω tel que $S(\omega)=c$, $T_n(\omega)>c$. Un regard au petit dessin de la 2e page montre qu'alors $T_n \geqq S$ partout. Le processus $(M_{t\wedge T_n})=(M_t)$ est alors une martingale uniformément intégrable.

Cas ii) : $c<+\infty$, $F(c-)=0$. Tout est évident si (M_t) est une martingale uniformément intégrable. Si elle ne l'est pas, nous avons vu qu'on peut écrire $T_n\wedge S = t_n\wedge S$, où $t_n<c$, $t_n\uparrow t$, et les martingales $(M_{t\wedge t_n})$ sont uniformément intégrables. Ecrivons $M_{t_n} = H_n\circ S$; H_n est intégrable par rapport à dF, d'intégrale nulle, et la propriété de martingale entraîne que $H_n= \mathcal{E}_{t_n} H_{n+1}$ p.p.. Revenant au calcul des $\mathcal{E}_t$ on voit que $H_n=H_{n+1}$ dF-p.p. sur $]0,t_n]$. Il existe donc une fonction H sur $]0,c[$, finie, telle que $H=H_n$ dF-p.p. sur $]0,t_n]$ pour tout n. Comme $F(c-)=0$, H est définie dF-p.p. ; si nous voulons qu'elle soit définie partout, nous n'avons qu'à poser $H(c)=0$. Comme $H=H_n$ sur $]0,t_n]$, (6) est satisfaite, et on a $M_t=\overline{M}_t^H$ pour $t<c$. Comme on a $S<c$ p.s., et les deux processus sont arrêtés à l'instant S, on a $M_t=\overline{M}_t^H$ pour tout t.

Cas iii) : $c=+\infty$. Le raisonnement est le même, mais plus simple, car les t_n tendent vers $+\infty$. Si $F(\infty-)>0$, la fonction H n'est pas complètement déterminée dF-p.p. par le fait que $H=H_n$ sur $]0,t_n]$, mais nous pouvons attribuer n'importe quelle valeur à $H(\infty)$ sans changer $\overline{M}_t^H$ pour t fini.

Il ne reste donc plus qu'une chose à établir : le fait que si H satisfait à l'énoncé, $(\overline{M}^H_t)$ est effectivement une martingale locale. Dans le cas iii), il s'agit d'une martingale uniformément intégrable et tout est évident. Dans le cas i), il s'agit d'une vraie martingale, et c'est aussi clair. Reste le cas ii) . Nous prenons des $t_n<c$, $t_n\uparrow c$, et nous posons

$$T_n=t_n \text{ sur } \{t_n<S\} \text{ , } T_n = nc \text{ sur } \{t_n\geq S\}$$

Les temps d'arrêt T_n tendent vers $+\infty$ p.s. du fait que $F(c-)=0$. D'autre part, le processus $(\overline{M}^H_{t\wedge t_n})=(\overline{M}^H_{t\wedge T_n})$ est une martingale uniformément intégrable, et il en résulte bien que $(\overline{M}^H_t)$ est une martingale locale.

REPRESENTATIONS COMME INTEGRALES STOCHASTIQUES

Nous introduisons la fonction sur $[0,c]$, croissante et continue à droite , nulle en 0

$$(9) \qquad \varphi(t) = \int_{]0,t]} \frac{-dF(u)}{F(u-)}$$

Si $F(c-)>0$ (que c soit fini ou non), on a $\varphi(c)<\infty$. Supposons que $F(c-)=0$, de sorte que nous pouvons nous placer sur $]0,c[$. On a $\varphi(c) =+\infty$, mais je dis que la mesure $d(\varphi F)$ sur $]0,c[$ est <u>bornée</u> et de <u>masse nulle</u> .

Nous remarquons d'abord que $\varphi(0)F(0)=0$, et $\lim_{t\uparrow c} \varphi(t)F(t)=0$. En effet si $s<t$, $\varphi(t)-\varphi(s) \leqq \frac{F(s)-F(t)}{F(t)}$, donc $\varphi(t)F(t) \leqq \varphi(s)F(t)+F(s)$, d'où ce qu'on cherche en faisant tendre t vers c, puis s vers c.

Ensuite, nous remarquons que la mesure $-\varphi dF$ est bornée : en effet $\int_0^t -\varphi dF = \varphi(t)F(t)+\int_0^t F(s-)d\varphi(s) = \varphi(t)F(t)+1-F(t)$, et donc $-\varphi dF$ est une loi de probabilité. De même, $F(s-)d\varphi(s) = -dF(s)$ est une loi de probabilité. Donc $|d(\varphi(s)F(s))| \leqq -\varphi(s)dF(s)+ F(s-)d\varphi(s)$ est une mesure bornée de norme au plus 2 et de masse nulle .

Nous démontrons rapidement, d'après DELLACHERIE [2], le lemme suivant

LEMME 1. <u>Le compensateur prévisible[1] du processus croissant</u>

$$(10) \qquad N_t = I_{\{t\geqq S\}}$$

<u>est le processus croissant</u> $\hat{N}_t=\varphi(t\wedge S)$.

(Noter que ces deux processus peuvent charger $+\infty$).

---

1 c.à.d. l'unique processus croissant prévisible $\hat{N}_t$ tel que $N_t-\hat{N}_t$ soit une martingale.

Tout d'abord, le processus croissant $\varphi(t)$ est prévisible, puisqu'il ne dépend pas de ω , donc $(\hat{N}_t)$ est aussi prévisible par arrêt. Ensuite, nous avons $\hat{N}_\infty = \varphi(S)$

$$E[\hat{N}_\infty] = \int_{]0,c]} -\varphi(u)dF(u)$$

Nous distinguons deux cas : si $F(c-)>0$, nous savons que φ est finie sur $]0,c]$ et nous avons

$$\int_{]0,c]} -\varphi(u)dF(u) = \underbrace{F(0)\varphi(0)}_{=0}-\underbrace{F(c)\varphi(c)}_{=0} + \int_{]0,c]} F(u-)d\varphi(u)$$

Mais par définition $F(u-)d\varphi(u) = -dF(u)$, et en fin de compte l'intégrale est égale à 1. Si $F(c-)=0$, on remplace l'intégrale par $\int_{]0,c[}$, et on fait le même raisonnement sur $]0,t[$, $t<c$. On obtient le même résultat en utilisant le fait que $\varphi(t)F(t) \to 0$ lorsque $t\uparrow c$, vu au début.

Le processus croissant $(\hat{N}_t)$ est donc intégrable. On calcule alors par un raisonnement tout analogue $E[\hat{N}_\infty|\underline{\underline{F}}^o_t]-\hat{N}_t$, et l'on trouve que cela vaut $X_t=I_{\{t<S\}}$; c'est aussi le potentiel engendré par (N_t), et le lemme est établi.

DEFINITION. <u>La martingale</u> $q_t=N_t-\hat{N}_t$ <u>est appelée</u> martingale fondamentale.

Il est facile d'expliciter (q_t) :

(11) $\quad q_t(\omega) = -\varphi(t)$ si $t<S(\omega)$, $q_t(\omega) = -\varphi(S(\omega))+1$ si $t\geqq S(\omega)$

C'est en fait la martingale M^H_t ou $\overline{M}^H_t$ relative à la fonction $H(t)= 1-\varphi(t)$, qui satisfait à (2) et (4).

Voici le principal résultat de cette première partie . Il faut noter que les intégrales stochastiques intervenant dans cette représentation sont des intégrales de Stieltjes ordinaires de processus prévisibles <u>non localement bornés</u>, et n'entrent donc pas dans la théorie générale des intégrales stochastiques. Ce qui est là dessous, c'est que dans la théorie générale les " variations totales " sont " localement L^1 " et on ne peut donc intégrer que des êtres " localement L^∞ ", tandis qu'ici la " variation totale" est " localement bornée" et on peut intégrer des êtres " localement L^1 " - mais il s'agit là, bien sûr , de considérations heuristiques.

PROPOSITION 2 . <u>Soit</u> (M_t) <u>une martingale locale telle que</u> $M_0=0$. <u>Il existe un processus prévisible</u> (h_t) <u>tel que l'on ait pour tout t fini</u>

(12) $\quad \int_0^t |h_s||dq_s| < \infty$ <u>p.s.</u> , $M_t = \int_0^t h_s dq_s$ <u>p.s.</u> .

DEMONSTRATION. Le processus h_t que nous utiliserons sera en fait un processus déterministe, dépendant de t seulement et non de ω . Nous traiterons en détail l'un des trois cas, et brièvement les autres.

Cas i) : $c=+\infty$. Nous choisissons H telle que $M_t=\overline{M}^H_t$ et posons sur $]0,\infty[$

(13) $$h(t) = H(t)-\frac{1}{F(t)}\int_{]0,t]} H(u)dF(u).$$

Noter que (M_t) détermine H dF-p.p. sur $]0,\infty[$, puisque $M_S=H\circ S$; donc la fonction h est aussi déterminée dF-p.p.

Calculons d'abord $\overline{M}^H_t$ sur l'intervalle $[0,S(\omega)[$: nous pouvons écrire $\overline{M}^H_t = A_tB_t$, où $A_t=1/F(t)$, $B_t=\int_{]0,t]} H(u)dF(u)$. Appliquons la formule $d(A_tB_t) = B_tdA_t + A_{t-}dB_t$, il vient

$$d\overline{M}^H_t(\omega)= \frac{-dF(t)}{F(t)F(t-)}\int_{]0,t]} H(u)dF(u) + \frac{H(t)}{F(t-)}\,dF(t)$$

$$= -\Big(-\int_{]0,t]} H(u)dF(u) + H(t) \Big)\, d\varphi(t)$$

$$= -h(t)d\varphi(t) \quad = h(t)dq_t(\omega) \quad .$$

La fonction $F(t-)$ est bornée inférieurement sur tout intervalle compact, $|H|$ est localement intégrable pour la mesure -dF, il n'y a aucune difficulté à vérifier que $\int_0^t|h(u)|d\varphi(u) < \infty$ pour tout t fini. Cela s'écrit $\int_{]0,t\wedge S[} |h(s)||dq_s| < \infty$. A l'instant S, supposé fini, h est finie, et q présente un saut fini ; on a donc la même propriété sur l'intervalle $]0,t\wedge S]$. Mais dq est nulle sur $]S,\infty[$, et on a donc $\int_{]0,t]} |h_s||dq_s| < \infty$ pour tout t fini.

Nous avons vérifié que $M_t(\omega)=\overline{M}^H_t(\omega)= \int_{]0,t]} h_sdq_s(\omega)$ pour $t<S(\omega)$.

Les deux membres étant constants sur $]S(\omega),\infty[$, il nous suffit de vérifier qu'ils présentent le même saut à l'instant S. Posons $S(\omega)=t$ et calculons :

Saut du premier membre

$$H(t) - \overline{M}^H_{t-}(\omega) = H(t) - \frac{1}{F(t-)}\int_{]0,t[} H(u)dF(u)$$

$$= H(t)+ \frac{H(t)(F(t)-F(t-))}{F(t-)} - \frac{1}{F(t-)}\int_{]0,t]} H(u)dF(u)$$

$$= \frac{F(t)}{F(t-)}\Big(H(t) - \frac{1}{F(t)}\int_{]0,t]} H(u)dF(u)\Big)$$

Saut du second membre : il vaut $h(t)(q(t)-q(t-))$, soit

$$h(t)(1-\varphi(t)+\varphi(t-)) = \Big(H(t)-\frac{1}{F(t)}\int_{]0,t]} H(u)dF(u)\Big)\Big(1+ \frac{F(t)-F(t-)}{F(t-)} \Big)$$

et il y a bien égalité.

Cas ii) : $c<\infty$, $F(c-)=0$. Tous les calculs que nous avons faits sur $]0,S(\omega)]$ restent vrais du fait que $S(\omega)<c$. On a donc $\int_{]0,t\wedge S]} |h_s||dq_s| < \infty$, et on peut à nouveau remplacer $]0,t\wedge S]$ par $]0,t]$. De même, on a $M_t = \int_{]0,t]} h_s dq_s$ pour $t\leqq S$, donc pour tout t puisque les deux membres sont des processus arrêtés à S. Il n'y a donc rien de nouveau.

Cas iii) : $c<\infty$, $F(c-)>0$. Comme $F(c-)>0$, la fonction $F(t-)$ est bornée inférieurement sur $[0,c]$, et H est intégrable par rapport à la mesure $-dF$. On peut alors vérifier directement que $\int_{]0,c]} |h(u)|d\varphi(u) < \infty$, et ainsi on a même $\int_{]0,\infty[} |h_s||dq_s| = \int_{]0,c]} |h_s||dq_s| < \infty$. Quant à l'égalité $M_t = \int_{]0,t]} h_s dq_s$, elle se vérifie sur $]0,S[$ comme plus haut, l'égalité des sauts se vérifie à l'instant S sur $\{S<c\}$ comme plus haut, et sur $\{S=c\}$ les deux membres ont un saut nul (prop.1). L'égalité sur $]0,S]$ s'étend à $]0,\infty[$ puisque les deux membres sont arrêtés à S.

GENERALISATIONS . 1) Sur $(\Omega,\underline{\underline{F}},P)$, donnons nous une tribu $\underline{\underline{F}}^o_0$ et une variable aléatoire $S>0$, et désignons par $\underline{\underline{F}}^o_t$ la tribu engendrée par $\underline{\underline{F}}^o_0$ et les ensembles $S^{-1}(B)$, où B est borélien dans $[0,t]$. On a alors des résultats tout à fait analogues aux précédents : on introduit la fonction de répartition conditionnelle

$$F(.,t) = P\{S>t|\underline{\underline{F}}_0\}$$

la " martingale fondamentale"

$$q_t = I_{\{t\geqq S\}} + \int_{]0,S\wedge t]} \frac{dF(.,s)}{F(.,s-)}$$

et toutes les martingales locales de cette famille sont des intégrales stochastiques par rapport à la martingale fondamentale. Les démonstrations sont les mêmes que ci-dessus, mais en conditionnant partout par $\underline{\underline{F}}_0$.

2) Sur $(\Omega,\underline{\underline{F}},P)$ donnons nous une famille croissante $(\underline{\underline{F}}_t)$ de tribus, et deux temps d'arrêt U,V tels que $V\geqq U$, et $V>U$ sur $\{U<\infty\}$. Introduisons la famille de tribus $\underline{\underline{G}}_t = \underline{\underline{F}}_{U+t}$, la v.a. $S=V-U$ qui est un temps d'arrêt de $(\underline{\underline{G}}_t)$ - avec la convention $\infty-\infty=\infty$ ici - et supposons que pour tout t $\underline{\underline{G}}_{t\wedge S}$ soit engendrée par $\underline{\underline{G}}_0 = \underline{\underline{F}}_U$, et par les ensembles $\{S\in B\}$, où B est borélien dans $[0,t]$. La quantité à introduire ici est

$$F(.,t) = P\{S>t|\underline{\underline{F}}_U\}$$

Recherchons la compensatrice prévisible $\hat{N}_t$ du processus croissant $N_t = I_{\{t\geqq V\}}$. Les ensembles prévisibles $]0,U]$ et $]V,\infty[$ étant dN-négligeables sont aussi $d\hat{N}$-négligeables, donc $\hat{N}_U=0$, et $\hat{N}_V=\hat{N}_\infty$. Il nous suffit donc de savoir calculer $\hat{N}_{(U+t)\wedge V}$ pour tout t, et cela se ramène à un calcul sur la famille ($\underline{\underline{G}}_{t\wedge S}$), qui est du type considéré en 1). On en déduit que si l'on pose

$$\varphi(.,t) = -\int_{]0,t]} \frac{dF(.,s)}{F(.,s-)}$$

on a $\hat{N}_t = 0$ si $t \leqq U$, $\varphi(.,t-U(.))$ si $U<t\leqq V$, et ensuite $\varphi(.,V(.)-U(.))$ pour $t \geqq V$. Toutes les martingales locales de la famille ($\underline{\underline{F}}_t$), nulles sur $]0,U]$ et arrêtées à V, sont des intégrales stochastiques par rapport à la martingale fondamentale $(N_t-\hat{N}_t)$. Les démonstrations se ramènent très facilement à celles de 1).

2. LE CAS DES PROCESSUS PONCTUELS

Nous considérons maintenant un espace $(\Omega,\underline{\underline{F}},P)$, et un <u>processus ponctuel</u> (N_t), c'est à dire un processus à valeurs dans $\mathbb{N}$, tel que $N_0=0$, dont les trajectoires sont croissantes et continues à droite, à sauts tous égaux à +1 . Nous désignerons par ($\underline{\underline{F}}_t^o$) la famille de tribus naturelle du processus (N_t) : il est facile de vérifier qu'elle est continue à droite . Nous notons $T_1,T_2,\dots$ les sauts successifs du processus (N_t), et nous posons

$$S_1=T_1 \ , \ S_n=T_n-T_{n-1} \text{ si } T_n<\infty \ , \ S_n=+\infty \text{ si } T_n=+\infty$$

La loi du processus est entièrement déterminée par les fonctions de répartition conditionnelles

(13) $\quad F_1(t)= P\{S_1>t\} \quad , \quad F_n(s_1,\dots,s_{n-1};\ t) = P\{S_n>t \mid S_1=s_1,\dots S_{n-1}=s_{n-1}\}$

ici, $s_1,\dots,s_{n-1}$ sont des éléments de $\overline{\mathbb{R}}_+$, et nous décidons que si l'un d'entre eux vaut $+\infty$, la loi dF_n correspondante est concentrée en $+\infty$.

Nous introduisons d'autre part les fonctions croissantes et continues à droite

(14) $$\varphi_n(s_1,\dots,s_{n-1}\ ;\ t) = \int_{]0,t]} \frac{-dF_n(s_1,\dots,s_{n-1}\ ;t\ )}{F_n(s_1,\dots,s_{n-1};t-)}$$

et aussi

(15) $$\hat{N}_t = \varphi_1(S_1) + \varphi_2(S_1;S_2)+\dots+\varphi_{n-1}(S_1\dots,S_{n-2};S_{n-1}) + \varphi_n(S_1,\dots,S_{n-1},t-T_n) \quad \text{sur } \{T_n \leqq t<T_{n+1}\}$$

PROPOSITION 3. <u>Le processus</u> $(N_t-\hat{N}_t)=(q_t)$ <u>est une martingale locale</u>.

On l'appelle la martingale (locale) fondamentale.

PROPOSITION 4. <u>Pour toute martingale locale</u> (M_t) <u>de la famille</u> ($\underline{\underline{F}}_t$), <u>nulle en</u> 0, <u>il existe un processus prévisible</u> (h_t) <u>tel que l'on ait</u>

$$\int_{]0,t]} |h_s|\,|dq_s|<\infty \ \underline{\text{p.s. pour tout } t \text{ fini}} \ , \ M_t= \int_{]0,t]} h_s dq_s$$

DEMONSTRATION. Par arrêt à l'instant T_n, on se ramène au cas où le processus ponctuel a au plus n sauts. Le processus (N_t) est alors la somme des processus croissants $I_{\{t \geq T_k\}}$, k=1,...,n , dont la compensatrice prévisible a été calculée plus haut, d'où le calcul de la martingale locale (ici martingale) fondamentale. Toute martingale locale se décompose en une somme finie de martingales, nulles sur $]0,T_{k-1}]$, arrêtées à T_k, et l'on a pour chacune d'elles une représentation comme intégrale stochastique d'après la généralisation 2).

APPENDICE : NOTE SUR LES PROCESSUS A ACCROISSEMENTS INDEPENDANTS

Considérons un processus $(X_t)_{t\geq 0}$, à accroissements indépendants et stationnaires, à trajectoires continues à droite, tel que $X_0=0$. Soit $(\underline{\underline{F}}_t)$ sa famille de tribus naturelle, rendue continue à droite et complétée. Nous allons montrer que si (X_t) n'est pas un mouvement brownien ou un processus de Poisson, alors il n'existe pas dans la famille $(\underline{\underline{F}}_t)$ de "martingale fondamentale" (q_t) telle que toute martingale de carré intégrable soit une intégrale stochastique de (q_t).

En effet, la mesure de Lévy du processus n'est pas réduite à une masse ponctuelle. Il existe donc deux intervalles compacts I_1 , I_2 disjoints, chargés tous deux par la mesure de Lévy. Donc il existe dans la famille $(\underline{\underline{F}}_t)$ deux martingales de carré intégrable et d'espérance nulle, les sommes compensées des sauts de (X_t) dont l'amplitude appartient à I_1 et I_2 , sans discontinuités communes. Nous les noterons (Y_t) et (Z_t) . Nous allons supposer que ce sont toutes deux des intégrales stochastiques par rapport à (q_t), et obtenir une contradiction.

L'une au moins des deux martingales (Y_t) et (Z_t) est purement discontinue . Supposons que ce soit le cas pour (Y_t), et notons A l'ensemble des t tels que $Y_t \neq Y_{t-}$. La formule $\Delta Y_s = y_s \Delta q_s$ montre que (q_t) saute sur A . La formule $\Delta Z_s = z_s \Delta q_s$ montre que $(z_t)=0$ sur A, et comme (Y_t) est purement discontinue, $E[\int_{\mathbb{R}} |z_s| d[Y,Y]_s] = 0$. Prenant une projection prévisible, il vient $E[\int |z_s| d\langle Y,Y\rangle_s]=0$. Mais $d\langle Y,Y\rangle_s = c.ds$, et $d\langle Z,Z\rangle_s = c'.ds$, donc cela entraîne $E[\int |z_s| d\langle Z,Z\rangle_s]=0$. Comme $d\langle Z,q\rangle_s$ est absolument continue par rapport à $d\langle Z,Z\rangle_s$, on a $E[\int z_s d\langle Z,q\rangle_s] = 0$. Or cela vaut $E[\int z_s^2 d\langle q,q\rangle_s] = E[\int d\langle Z,Z\rangle_s]$. Donc Z est nulle, ce qui est absurde.

BIBLIOGRAPHIE

[1]. M.H.A. DAVIS. Detection theory of Poisson processes. Preprint, preliminary version. Imperial College, London, 1973.

[2]. C.DELLACHERIE. Un exemple de la théorie générale des processus. Séminaire de Probabilités IV, Lecture Notes vol.124, 1970, p.60.

Sur les questions traitées dans le petit appendice, il faut rappeler l'existence d'un intéressant article (ancien) d'ITO : the spectral type of a process with independent increments , dont la référence me manque.

Enfin, une partie des résultats présentés ici ont quelque relation avec la théorie des processus ponctuels sous la forme de

[3]. F. PAPANGELOU. Integrability of expected increments of point processes and a related random change of scale. Tr. Amer. M. Soc. 165, 1972, p. 483-506.

Université de Strasbourg
Séminaire de Probabilités 1973/74

COMPLEMENT SUR LA DUALITE ENTRE H^1 ET BMO

par P.A.Meyer

Ce "complément" est en fait une correction : je me suis aperçu, en exposant la dualité entre H^1 et BMO au "Symposium on functional analysis and stochastic processes" de Durham, Juillet 1974, que la démonstration du dernier théorème de l'exposé du séminaire de probabilités VII, p.141, était incomplète. Je vais donc la reprendre ici.

Rappelons les notations : N est une martingale de carré intégrable, $\| \|_{(1)}$ est la norme H^1, $\| \|_{(\infty)}$ la norme BMO (aussi appelée P^{∞} dans l'exposé). On veut montrer que

(1) $$\|N\|_{(\infty)} \leqq \sqrt{5} \sup_M E[M_\infty N_\infty] = \sqrt{5} \sup_M E[[M,N]_\infty]$$

M parcourant l'ensemble des martingales de carré intégrable dont la norme H^1 est inférieure à 1. Noter que la constante n'est plus égale à 1...

Notons c le second membre de (1). La propriété cherchée résultera des deux inégalités suivantes : pour tout temps d'arrêt T

(2) $$E[N_\infty^2 | \underline{\underline{F}}_T]-N_T^2 \leqq c^2$$ (noter une faute de frappe p.142, ℓ.3)

(3) $$|\Delta N_T| \leqq 2c$$

La démonstration de l'exposé ne prouve en fait que (2), par suite d'une erreur. Rappelons la rapidement. Le premier membre de (2) est égal à $E[Z|\underline{\underline{F}}_T]$, où $Z=[N,N]_\infty-[N,N]_T$. Soit $A\in\underline{\underline{F}}_T$, soit (D_t) le processus prévisible $I_A I_{\{t>T\}}$, soit $Y_t=E[N_\infty-N_T|F_t]$ l'intégrale stochastique D.N. Alors

$$[Y,N]_t = \int_0^t D_s d[N,N]_s = \int_0^t D_s^2 d[N,N]_s = [Y,Y]_t$$

et en particulier $[Y,Y]_\infty=[Y,N]_\infty=I_A Z$, $\|Y\|_{(1)}=E[[Y,Y]_\infty^{1/2}]=E[I_A\sqrt{Z}]$. Il est peut être prétentieux d'utiliser les intégrales stochastiques pour établir un résultat si simple ! Utilisant alors la définition de c (1), nous avons

$$E[ZI_A] = E[[Y,N]_\infty] \leqq c\|Y\|_{(1)}= cE[\sqrt{ZI_A}\, I_A]$$

L'inégalité de SCHWARZ nous donne alors $E[ZI_A]\leqq c\sqrt{E[ZI_A]}\,\sqrt{P(A)}$, d'où l'on tire (2). L'erreur de l'exposé consistait ici à croire que ce calcul s'appliquait avec $Z=[N,N]_\infty-[N,N]_{T-}$, au lieu de $[N,N]_T$, comme dans le cas étudié par GETOOR.

Passons à (3). Il s'agit en fait de vérifier que les sauts de la martingale N sont tous majorés par 2c. Décomposant les instants de saut en leurs parties totalement inaccessible et accessible, puis en remarquant que tout graphe accessible est contenu dans la réunion d'une suite de graphes prévisibles, on se ramène à démontrer (3) lorsque T est, soit totalement inaccessible, soit prévisible.

Comme N est de carré intégrable, $\sup_t |N_t|$ appartient à L^2, et la v.a. $U = \Delta N_T$ appartient à $L^2(\underline{\underline{F}}_T)$. Soit $V = L^2(\underline{\underline{F}}_T)$, soit $A_t = VI_{\{t \geqq T\}}$, et soit $\tilde{A}_t$ l'unique processus prévisible à variation intégrable tel que $M_t = A_t - \tilde{A}_t$ soit une martingale. Nous allons écrire que $E[[M,N]_\infty] \leqq c\|M\|_{(1)}$.

<u>Cas totalement inaccessible</u> : On sait que $\tilde{A}$ est continu, $[M,M]_t = V^2 I_{\{t \geqq T\}}$, $[M,N]_t = UVI_{\{t \geqq T\}}$. Donc $\|M\|_{(1)} = \|V\|_1$ et

$$E[UV] \leqq c\|V\|_1$$

Comme V est arbitraire, on a $\|U\|_\infty \leqq c$, ce qui entraîne (3).

<u>Cas prévisible</u> : On a alors $E[U|\underline{\underline{F}}_{T-}]=0$, $\tilde{A}_t = E[V|\underline{\underline{F}}_{T-}]I_{\{t \geqq T\}}$, $[M,M]_t = (V-E[V|\underline{\underline{F}}_{T-}])^2 I_{\{t \geqq T\}}$, $[M,N]_t = U(V-E[V|\underline{\underline{F}}_{T-}])I_{\{t \geqq T\}}$, $\|M\|_{(1)} = \|V-E[V|\underline{\underline{F}}_{T-}]\|_1$. Ainsi

$$E[U(V-E[V|\underline{\underline{F}}_{T-}])] \leqq c\|V-E[V|\underline{\underline{F}}_{T-}]\|_1 \leqq 2c\|V\|_1$$

Le côté gauche vaut aussi $E[UV]$ puisque $E[U|\underline{\underline{F}}_{T-}]=0$, et on a $\|U\|_\infty \leqq 2c$. La démonstration est achevée.

Université de Strasbourg
Séminaire de Probabilités 1974/75

UN NOUVEAU THEOREME DE PROJECTION ET DE SECTION

par C. DELLACHERIE et P.A. MEYER

Considérons un espace probabilisé complet $(\Omega,\underline{\underline{F}},P)$, muni d'une famille croissante $(\underline{\underline{F}}_t)$ de sous-tribus de $\underline{\underline{F}}$. Jusqu'à maintenant, on n'a étudié en théorie générale des processus que le cas où la famille satisfait aux "conditions habituelles", ce qui signifie qu' avant de pouvoir appliquer les théorèmes généraux on doit rendre la famille $(\underline{\underline{F}}_t)$ continue à droite, et l'augmenter de tous les ensembles P-négligeables. Cela aboutit à faire disparaître la distinction, pourtant bien claire pour l'intuition, entre le <u>présent</u> $\underline{\underline{F}}_t$ et le <u>futur infinitésimal</u> $\underline{\underline{F}}_{t+}$.

Comme nous avons commencé ensemble à récrire le livre "probabilités et potentiel", nous nous sommes tout naturellement demandé dans quelle mesure les"conditions habituelles" étaient nécessaires en théorie générale des processus, et nous avons découvert (par un chemin tortueux) que celles-ci n'étaient absolument pas nécessaires pour la validité du théorème de section optionnel. Une fois ce point acquis, il était clair qu'elles ne devaient pas l'être non plus pour la validité du théorème de projection optionnel... Il ne s'agit là de rien de profond, et nous aurions pu établir ces théorèmes en toute généralité il y a dix ans au moins, si seulement nous y avions pensé - mais nous n'y croyions pas.

Nous exposons ici les deux théorèmes de manière assez schématique, en renvoyant pour beaucoup de détails au livre de Dellacherie " capacités et processus stochastiques". Le nouveau théorème de section paraîtra avec une démonstration complète dans la publication prochaine des chapitres I à IV de "probabilités et potentiel"(nouvelle édition) chez Hermann. Le théorème de projection paraîtra avec le chapitre VI , dans un avenir plus éloigné.

DEFINITIONS. THEOREME DE SECTION

Soulignons que la famille $(\underline{\underline{F}}_t)$ est croissante, mais qu'on ne lui impose aucune autre condition.

DEFINITION 1. $T : \Omega \longmapsto \overline{\mathbb{R}}_+$ est un temps d'arrêt si pour tout t on a

(1) $\{T\leq t\} \in \underline{\underline{F}}_t$

Pour bien préciser, il nous arrivera d'appeler temps d'arrêt <u>stricts</u> les vrais temps d'arrêt, et temps d'arrêt <u>larges</u> les temps d'arrêt de la famille $(\underline{\underline{F}}_{t+})$.

DEFINITION 2. *Soit* T *un temps d'arrêt strict. On note* $\underline{\underline{F}}_T$ *la tribu formée des* $A\in\underline{\underline{F}}_\infty$ ($=\bigvee_t \underline{\underline{F}}_t$) *tels que l'on ait pour tout* t

(2) $$A\cap\{T\leqq t\}\in\underline{\underline{F}}_t$$

Cela revient à dire que la variable aléatoire

(3) $$T_A = T.I_A + (+\infty)I_{A^c}$$

est un temps d'arrêt strict. On définit de manière analogue la tribu $\underline{\underline{F}}_{T+}$ associée à un temps d'arrêt large T .

DEFINITION 3. *On appelle tribu (strictement) optionnelle la tribu sur* $\mathbb{R}_+\times\Omega$ *engendrée par les processus adaptés à la famille* $(\underline{\underline{F}}_t)$*, dont les trajectoires sont càdlàg.* (continues à droite, avec des limites à gauche sur $]0,\infty[$).

On définit de même, en remplaçant $(\underline{\underline{F}}_t)$ par $(\underline{\underline{F}}_{t+})$, la tribu optionnelle au sens large.

Le mot optionnel est substitué ici, selon la terminologie de CHUNG et DOOB, à l'ancien mot "bien-mesurable".

Soient Y une v.a. $\underline{\underline{F}}_\infty$-mesurable, T un temps d'arrêt. On peut montrer sans aucune difficulté que Y est $\underline{\underline{F}}_T$-mesurable si et seulement s'il existe un processus optionnel (X_t) tel que $Y=X_T$ sur $\{T<\infty\}$.

Toute la nouveauté tient dans le lemme suivant, qui est très simple. Mais nous aurions honte de montrer nos premières démonstrations, qui utilisaient les résultats les plus profonds de la théorie des ensembles analytiques. A vrai dire, les temps d'arrêt que nous employons ici sont connus depuis des années (ils ont été utilisés par DYNKIN tout au début de la théorie des processus de Markov). Nous avions simplement oublié leur existence.

LEMME 1. *La tribu optionnelle sur* $\mathbb{R}_+\times\Omega$ *est engendrée par les intervalles stochastiques* $[\![S,T[\![$ *, où* S *et* T *sont des temps d'arrêt* (*stricts*) *tels que* $S\leqq T$.

DEMONSTRATION. L'indicatrice d'un tel intervalle $[\![S,T[\![$ est un processus adapté à trajectoires càdlàg., donc optionnel. Pour obtenir la réciproque, il nous suffit de savoir approcher tout processus (X_t), adapté et à trajectoires càdlàg., par des combinaisons linéaires d'indicatrices de tels intervalles stochastiques. Nous renvoyons maintenant le lecteur à la démonstration analogue dans Dellacherie CPS p.81 : il y trouvera qu'il suffit d'établir l'existence d'une suite (T_n) de temps d'arrêt (stricts !) tels que $T_0=0$, $\lim_n T_n = +\infty$, et que l'oscillation de la trajectoire $X_{\cdot}(\omega)$ sur chacun des intervalles $[T_n(\omega),T_{n+1}(\omega)[$ n'excède pas un nombre $\varepsilon>0$ donné. Ici nous construirons les T_n par récurrence : $T_0=0$ et

$$T_{n+1}(\omega) = \inf \{t>T_n(\omega) \ : \ |X_t(\omega)-X_{T_n}(\omega)|\geqq\varepsilon \text{ ou } |X_{t-}(\omega)-X_{T_n}(\omega)|\geqq\varepsilon \ \}$$

Il faut vérifier que les T_n sont des temps d'arrêt stricts. Nous raisonnerons sur $T_1=T$. Posons

$$A(\omega) = \{ \ s \ : \ |X_s(\omega)-X_0(\omega)|\geqq\varepsilon \text{ ou } |X_{s-}(\omega)-X_0(\omega)|\geqq\varepsilon\}$$

$$A_n(\omega)=\{ \ r \text{ rationnels } , \ |X_r(\omega)-X_0(\omega)|>\varepsilon-1/n \ \}$$

Alors le lecteur vérifiera aussitôt que $(T(\omega)\leqq t)\Leftrightarrow(A(\omega)\cap]0,t]\neq\emptyset)$ $\Leftrightarrow(\forall n,\ A_n(\omega)\cap]0,t[\ \neq\emptyset$ ou $|X_t(\omega)-X_0(\omega)|\geqq\varepsilon)$. Il en résulte que T est bien un temps d'arrêt.

Dans ces conditions, une très légère modification du théorème général de section de Dellacherie CPS p.71 (la classe de temps d'arrêt n'étant pas saturée pour l'égalité p.s.) entraîne le résultat suivant, où π désigne la projection de $\mathbb{R}_+\times\Omega$ sur Ω

THEOREME 1. <u>Soient</u> A <u>un ensemble optionnel</u>, ε <u>un nombre</u> >0. <u>Il existe un temps d'arrêt strict</u> T <u>tel que</u>

1) $T(\omega)<\infty \Rightarrow (T(\omega),\omega)\in A$

2) $P\{T<\infty\} \geqq P(\pi(A))-\varepsilon$. (Comme P est complète, on peut se passer ici de la probabilité extérieure P^*)

THEOREME DE PROJECTION

Il s'énonce ainsi :

THEOREME 2. <u>Soit</u> (X_t) <u>un processus mesurable borné sur</u> $\mathbb{R}_+\times\Omega$. <u>Il existe alors un processus optionnel</u> (Y_t) <u>possédant la propriété suivante : pour tout temps d'arrêt</u> T

(3) $$E[X_T I_{\{T<\infty\}}|\underline{\underline{F}}_T] = Y_T I_{\{T<\infty\}} \quad P\text{-}\underline{p.s.}$$

<u>Si</u> (Y'_t) <u>est un second processus satisfaisant à</u> (3), (Y_t) <u>et</u> (Y'_t) <u>sont indistinguables</u>.

DEMONSTRATION. Nous renvoyons le lecteur à Dellacherie, CPS p.98 pour les détails : l'unicité résulte du théorème 1, ainsi que l'argument de classes monotones qui permet de ramener le théorème 2 au cas particulier suivant

THEOREME 2'. <u>Soit</u> X <u>une variable aléatoire bornée</u>. <u>Il existe alors une version</u> (X_t) <u>de la martingale</u> $(E[X|\underline{\underline{F}}_t])$ <u>possédant les propriétés suivantes</u>

1) (X_t) <u>est optionnelle</u>

2) <u>Pour tout temps d'arrêt</u> T, $E[XI_{\{T<\infty\}}|\underline{\underline{F}}_T]=X_T I_{\{T<\infty\}}$ <u>p.s.</u>.

Cette version n'est en général, ni continue à droite, ni continue à gauche. Démontrons le théorème 2'.

Nous allons commencer par fixer quelques notations, en choisissant de bonnes versions continues à droite ou à gauche de la martingale. Pour chaque t rationnel, soit Z_t une v.a. $\underline{\underline{F}}_t$-mesurable (aucun ensemble de mesure nulle ici) telle que $Z_t = E[X|\underline{\underline{F}}_t]$ p.s.. Soit $S(\omega)$ la borne supérieure des nombres t rationnels tels que la fonction $Z_.(\omega)$, considérée sur les rationnels de $[0,t]$, soit la restriction d'une fonction càdlàg. sur $[0,t]$. Cela s'écrit au moyen de nombres de montées et de descentes[1] et il en résulte sans peine que S est un temps d'arrêt large. Modifions alors Z_t, en le remplaçant (sans changer de notations) par 0 si $t \geqq S$ (t rationnel). Le processus (Z_t) ainsi modifié admet partout des limites à droite Z_{t+} , qui forment une version continue à droite, adaptée (sans complétion) à la famille $(\underline{\underline{F}}_{t+})$, de la martingale $E[X|\underline{\underline{F}}_{t+}]$. Il admet aussi des limites à gauche Z_{t-} pour tout $t>0$, sauf peut être pour t=S - on a $S=+\infty$ p.s., mais on ne peut pas jeter cet ensemble de mesure nulle de manière "progressive" . Nous conviendrons que l'assertion "$Z_{t+}(\omega) \neq Z_{t-}(\omega)$" signifie :"$0<t<\infty$; ou bien $Z_{t-}(\omega)$ existe et est différent de $Z_{t+}(\omega)$, ou bien $Z_{t-}(\omega)$ n'existe pas ".

Nous représentons maintenant l'ensemble $\{(t,\omega) : Z_{t+}(\omega) \neq Z_{t-}(\omega)\}$ comme une réunion dénombrable de graphes de temps d'arrêt <u>larges</u>, de la manière suivante : introduisons les temps d'arrêt larges

$$U_\varepsilon^0 = 0 \ , \ U_\varepsilon^{n+1} = \inf \{ \ t > U^n \ , \ |Z_{t+} - Z_{U^n+}| > \varepsilon \ \}$$

les U^n ne peuvent s'accumuler qu'en un point où la limite Z_{t-} n'existe pas, c'est à dire en S. Un instant de réflexion montre que tous les (t,ω) où $Z_{t+}(\omega) \neq Z_{t-}(\omega)$ figurent parmi les points $S(\omega)$, $U_{1/m}^n(\omega)$ $(n \geqq 1, m \geqq 1)$. Nous énumérons ces temps d'arrêt larges en une suite unique (V_n), nous rendons leurs graphes disjoints, d'où une nouvelle suite (W_n), et finalement nous posons

(4) $\quad R_n = W_n$ si $Z_{W_n+} \neq Z_{W_n-}$, $R_n = +\infty$ sinon

Cela nous donne l'énumération cherchée.

Nous utilisons maintenant le lemme suivant, qui a son intérêt propre

LEMME 2. <u>Soit</u> R <u>un temps d'arrêt large</u>. <u>Il existe</u> $A \in \underline{\underline{F}}_{R+}$ <u>tel que</u>, <u>si l'on pose</u> $B = A^c$

1) <u>Le graphe de</u> R_A <u>soit contenu dans une réunion dénombrable de temps d'arrêt stricts</u>.

2) <u>On ait</u> $P\{R_B = H < \infty\} = 0$ <u>pour tout temps d'arrêt strict</u> H.

1 Il faut encore écrire la continuité à droite pour s rationnel.

La démonstration de ce lemme est immédiate : soit (H_n) une suite de temps d'arrêt stricts, telle que l'ensemble $A=\bigcup_n \{R=H_n<\infty\}$ soit une réunion essentielle de tous les ensembles $\{R=H<\infty\}$, où H est strict. Alors le graphe de R_A est contenu dans la réunion des graphes $[\![H_n]\!]$, etc.

Nous poserons $R_A=R'$. Reprenons alors les temps d'arrêt larges R_n de la formule (4), formons les R'_n correspondants. Les $[\![R'_n]\!]$ sont contenus chacun dans une réunion dénombrable de graphes de temps d'arrêt stricts H_{nm} , que nous rangeons en une suite unique encore notée H_n . Nous rendons ces graphes disjoints, sans changer de notation, et nous choisissons, pour tout n, une variable aléatoire $\underline{\underline{F}}_{H_n}$-mesurable X^n égale à $E[X|\underline{\underline{F}}_{H_n}]$ p.s. .

Construisons maintenant le processus cherché (X_t) de la manière suivante

$$\text{(5)}\qquad \begin{array}{l} \text{si } (t,\omega)\notin \bigcup_n [\![H_n]\!] \text{ , } X_t(\omega)=Z_{t-}(\omega)^1 \\ \text{si } (t,\omega)\in [\![H_n]\!] \text{ , } X_t(\omega)= X^n(\omega) \end{array}$$

Ce processus est optionnel : en effet, le processus $(Z_{t-})^1$ est prévisible, donc optionnel ; les ensembles $[\![H_n]\!] = [\![H_n,\infty [\![\setminus]\!] H_n,\infty [\![$ sont optionnels, et de même les processus $X^n I_{[\![H_n]\!]}$.

Soit T un temps d'arrêt strict. Pour vérifier que $E[XI_{\{T<\infty\}}|\underline{\underline{F}}_T] = X_T I_{\{T<\infty\}}$ il nous suffit en fait de vérifier que $E[XI_{\{T<\infty\}}] = E[X_T I_{\{T<\infty\}}]$, et d'appliquer ce résultat à tous les T_A, $A\in\underline{\underline{F}}_T$. Il nous suffit alors de vérifier que

$$\text{(6)}\qquad E[XI_{\{T=H_n<\infty\}}] = E[X_T I_{\{T=H_n<\infty\}}] \quad \text{pour tout } n$$

$$\text{(7)}\qquad E[XI_{\{T<\infty ,\forall n\ T\neq H_n\}}] = E[X_T I_{\{T<\infty ,\ \forall n\ T\neq H_n\}}]$$

Commençons par (6): T étant un temps d'arrêt strict, $\{T=H_n<\infty\}$ appartient à $\underline{\underline{F}}_{H_n}$, et (6) découle de la relation $X_{H_n}=X^n=E[X|\underline{\underline{F}}_{H_n}]$.

D'autre part, T étant un temps d'arrêt strict, la relation $T\neq H_n$ pour tout n entraîne $T\neq R_n$ pour tout n aux ensembles de mesure nulle près, donc $Z_{T-}=Z_{T+}$ p.s.. L'ensemble $\{\forall n,\ T\neq H_n\}$ appartient à $\underline{\underline{F}}_T$, donc à $\underline{\underline{F}}_{T+}$. Ainsi (7) découle de la formule $E[XI_{\{T<\infty\}}|\underline{\underline{F}}_{T+}] = Z_{T+}I_{\{T<\infty\}}$, qui est la forme classique du théorème d'arrêt pour les martingales continues à droite.

---

1 Pour que ce processus soit défini partout — même à l'instant S — nous conviendrons de définir Z_{t-} non comme une limite le long des rationnels de $]0,t[$, mais comme une lim sup.

UNE REMARQUE SUPPLEMENTAIRE

Revenons sur les temps d'arrêt T_n qui ont joué un rôle essentiel dans la démonstration du lemme 1. Nous voudrions leur donner une forme qui ne fasse plus apparaître les limites à gauche. A cet effet, nous désignons par $\alpha_t(\omega)$ l'ensemble des <u>valeurs d'adhérence</u> de la trajectoire $X_{\cdot}(\omega)$ au point t, et nous définissons

$$T_{n+1}(\omega) = \inf \{ t>T_n(\omega) : \exists\ x \in \alpha_t(\omega) \text{ tel que } |X_{T_n}(\omega)-x|\geq\varepsilon \}$$

Lorsque X est càdlàg., cela coïncide avec la définition précédente, mais maintenant cela a un sens lorsque X est simplement continu à droite, et la même démonstration montre que les T_n sont des temps d'arrêt de la famille $(\underline{\underline{F}}_t)$. Seulement, cette fois les T_n peuvent s'accumuler à distance finie, et il convient de définir, par récurrence transfinie, des temps d'arrêt T_α (avec la convention que si α est un ordinal limite, $T_\alpha = \sup_{\beta<\alpha} T_\beta$). Poursuivons alors la démonstration, en remplaçant partout n par α, et notons qu'il existe pour toute loi P un ordinal dénombrable γ tel que $T_\gamma =+\infty$ P-p.s.. Il vient que

<u>Tout processus adapté continu à droite</u> (X_t) <u>est indistinguable</u> (<u>pour la loi</u> P) <u>d'un processus optionnel</u>.

Ce résultat est établi en général sous les conditions habituelles, alors qu'il est vrai, comme le théorème de section et de projection, sans aucune hypothèse sur la famille $(\underline{\underline{F}}_t)$.

PROJECTIONS DUALES

Soit μ une mesure bornée sur $\mathbb{R}_+\times\Omega$, qui ne charge pas les ensembles évanescents, et commute avec la projection optionnelle que nous venons d'étudier (si X est un processus mesurable borné, Y sa projection optionnelle, on a $\mu(X)=\mu(Y)$). Alors μ peut s'écrire

$$\mu(X) = E[\int_{[0,\infty[} X_s dB_s]$$

où (B_t) est un processus croissant continu à droite construit de la manière suivante : pour tout r rationnel >0, soit B^1_r une densité de la mesure $A\longmapsto\mu([0,r]\times A)$ par rapport à P, densité que nous pouvons choisir $\underline{\underline{F}}_r$-mesurable du fait que μ commute avec la projection optionnelle. Puis soit $B^2_r = \sup B^1_s$, s parcourant l'ensemble des rationnels $\leqq r$. On pose enfin pour tout t réel $B_t=B^2_{t+}$, processus croissant continu à droite (non nul en 0 si μ charge $\{0\}\times\Omega$: on convient seulement que $B_{0-}=0$). Nous allons montrer que le processus croissant (B_t), qui a priori est seulement adapté à la famille $(\underline{\underline{F}}_{t+})$, est <u>indistinguable d'un processus croissant optionnel</u>. Le raisonnement étant classique en théorie générale des processus, nous n'allons pas le détailler.

Nous commençons par choisir une suite de temps d'arrêt larges R_n, portant tous les sauts du processus (B_t). Quitte à décomposer chaque R_n à la manière du lemme 2, nous construisons deux suites (R'_n),(R''_n), portant à elles deux tous les sauts de (B_t), et telles que

- les R'_n soient des temps d'arrêt stricts
- pour tout temps d'arrêt strict T, $P\{R''_n=T<\infty\}=0$ pour tout n

En utilisant le fait que μ commute avec la projection optionnelle, on montre alors que

- B ne charge aucun R''_n , de sorte que la suite R''_n est entièrement inutile,
- pour tout n, $B_{R'_n}$ (et donc aussi le saut $\Delta B_{R'_n}$) est égal p.s. à une v.a. $\underline{\underline{F}}_{R'_n}$-mesurable .

Soit (B^c_t) la partie continue du processus croissant (B_t) ; posons $T_n=R'_n$, et soit H_n une v.a. $\underline{\underline{F}}_{T_n}$-mesurable positive égale p.s. à ΔB_{T_n} . Alors (B_t) est indistinguable du processus croissant optionnel

$$A_t = B^c_t + \sum_n H_n I_{\{t\geq T_n\}}$$

(On notera cependant que ce processus optionnel n'est pas <u>identiquement</u> continu à droite : pour des ω qui forment un ensemble P-négligeable, il peut exister un t fini tel que $A_t(\omega)<\infty$, $A_{t+}(\omega)=+\infty$; si l'on cherche à faire disparaître cet ensemble, on perd l'optionalité stricte).

REMARQUES BIBLIOGRAPHIQUES

1. Le procédé de régularisation de martingales qui figure ici a une portée plus générale. Il est dû à Föllmer, <u>the exit measure of a supermartingale</u>, Z.f.W-theorie 21, 1972, p.154-166.

2. Le théorème de projection et de section de ce travail est, à une nuance près, un cas particulier du théorème général de projection figurant dans Dellacherie, <u>sur les théorèmes fondamentaux de la théorie générale des processus</u> , Séminaire de Prob. VII (L.N. n°321), 1973, p.28-47. Nous nous en sommes aperçus une fois l'article achevé ! Le lecteur décidera si, dans ces conditions, le titre de l'exposé est justifié. Le fait que nous le publions indique notre réponse à cette question.

PROCESSUS ET ESPACES DE BANACH INVARIANTS PAR REARRANGEMENT

par D. DACUNHA-CASTELLE

Les processus échangeables sont l'analogue en temps continu des suites de variables échangeables. L'étude de ces dernières est, comme chacun sait, une variation très simple sur le cas indépendant et équidistribué. Contrairement à l'idée que l'on pourrait se faire, il n'en est nullement ainsi pour le cas des processus, en particulier lorsque le temps varie dans un ensemble borné. Pour un temps dans $\mathbb{R}^+$, le problème a trouvé différentes solutions [2], [6]. Pour un temps dans [0, 1] on a une situation renversée. Les processus échangeables sont les objets simples et les processus à accroissements indépendants les objets compliqués. Le premier exposé complet sur les processus échangeables est récent [6]. L'idée de base, tirée d'un problème classique sur les sondages est due à Rosen.

Le but de cet exposé est d'étudier certains rapports entre processus et espaces de Banach invariants par réarrangement et notamment de résoudre un problème d'isomorphismes entre espaces d'Orlicz où les méthodes non probabilistes n'ont rien donné à ce jour. Donc nous n'avons fait que donner les définitions et quelques résultats essentiels, sur les processus échangeables, en insistant sur l'aspect points extrêmaux, qui n'est pas introduit dans [6] et que nous utilisons ensuite. Nous avons fait aussi une courte disgression sur les groupes amenables, car il nous semble y avoir là des voies de travail intéressantes.

I. PROCESSUS ECHANGEABLES. DEFINITIONS ET REMARQUES

Soit $\mathcal{D}$ l'ensemble des intervalles à extrémités dyadiques sur $[0, 1]$; $I_k^n =]\frac{k}{2^n}, \frac{k+1}{2^n}]$; un processus échangeable X_t, $t \in \{\text{dyadiques}\}$ est un processus tel que la loi des variables $\{X_k^n = X(\frac{k+1}{2^n}) - X(\frac{k}{2^n}),\ k = 1 \dots 2^n\}$ (avec $X(\frac{2^n+1}{2^n}) = X(0)$) soit une loi échangeable sur $\mathbb{R}^{2^n}$ c'est-à-dire invariante par permutation des coordonnées.

En identifiant ω et $(X_k^n(\omega))_{\substack{k=1 \dots 2^n \\ n \in \mathbb{N}}}$, on identifie le processus X avec une mesure sur $\mathbb{R}^{\mathcal{D}}$, invariante pour le groupe $H = \bigcup_n \sigma_{2^n}$; les groupes σ_{2^n} de permutations formant une famille croissante de groupes. Si f est une fonction bornée sur $\Omega = \mathbb{R}^{\mathcal{D}}$ on a $(\sigma f)(\omega) = f(\sigma \omega)$ pour $\sigma \in G$. Si on désigne par $(\mathcal{B}_n)_{n \in \mathbb{N}}$ la suite décroissante des σ-algèbres des événements σ_{2^n} invariants, $\mathcal{B}_n \downarrow \mathcal{B}_\infty$, σ-algèbre des événements H-invariants.

Pour ne pas étudier des problèmes de mesurabilité totalement disjoints de la suite de cet exposé, on admettra que les processus étudiés sont tels que les dyadiques forment une partie séparante, et on pourra alors considérer X_t défini pour tout $t \in (0, 1)$. [On pourra utiliser la méthode indiquée plus loin pour l'étude des points extrêmaux discrets pour montrer qu'un processus échangeable est nécessairement continu en probabilité]. Il est alors facile de montrer qu'un processus échangeable peut être réalisé sur D (0, 1) espace des fonctions cad-lag.

On a pour ces processus une loi des grands nombres, à savoir que si l'on pose

$$\theta_n = \frac{\sum_{\sigma \in \sigma_{2^n}} \sigma}{2^n!} \quad \text{et si} \quad f \in L^\infty(\Omega, P)$$

on a $\theta_n f = E^{\mathcal{B}_n} f \longrightarrow E^{\mathcal{B}_\infty} f$ la convergence ayant lieu dans $L^1(P)$ et P.ps (P étant la mesure invariante associée au processus). Ceci résulte simplement du théorème des martingales renversées [7].

<u>Exemple</u> : Soit g (x, y) une fonction de 2 variables. Alors

$$\theta_n f(\omega) = \frac{1}{\binom{n}{2}} \Sigma\, g\Big(\sum_{k \in A} X_k^n \,,\, \sum_{k' \in A^c} X_{k'}^n \Big)$$

$$A = \{\text{ensemble de } 2^{n-1} \text{ intervalles } I_k^n \text{ disjoints}\}$$

$$\xrightarrow{L_1 \text{ et ps}} E^{\mathcal{B}_\infty} g(X_1^2 \,,\, X_2^2)$$

Cette loi des grands nombres sera le point essentiel pour définir les points extrêmaux du convexe des processus échangeables. On peut faire à ce propos une disgression pour obtenir ce type de théorème limite. La situation naturelle paraît être la suivante : un espace mesuré $(\Omega, \mathcal{A})$, un groupe amenable dénombrable, (c'est-à-dire un groupe muni d'une moyenne invariante) une probabilité P sur $(\Omega, \mathcal{A})$ H-invariante.

C'est le cas d'une suite de variables échangeables, c'est aussi le cas d'une suite stationnaire de variables aléatoires, le groupe étant alors $\mathbb{Z}$ et le théorème, le théorème ergodique (en fait, comme il y a beaucoup de moyennes invariantes sur $\mathbb{Z}$ on devrait dire les théorèmes ergodiques). On peut démontrer tous ces théorèmes de convergence dans $L^1(P)$, pour cette structure $(\Omega, \mathcal{A}, P, H)$ en une seule fois en utilisant le théorème suivant (non publié, car la démonstration est beaucoup plus simple directement dans chaque cas particulier utilisé

Théorème : Si H est un groupe amenable discret (doté d'une moyenne invariante), si Y_k est une partie finie de G, $Y_k \uparrow G$ si θ_k est la moyenne des éléments de Y_k alors $\theta_k f \xrightarrow[L^1(P)]{} E^{\mathcal{B}_\infty} f$ où $\mathcal{B}_\infty$ est la σ-algèbre des événements invariants. La démonstration de ce théorème se fait à partir du théorème (difficile) de structure des groupes amenables en utilisant la méthode des algèbres archimèdiennes due à J.L. Krivine. De plus J.L. Krivine a aussi donné une méthode qui permet de montrer que la caractérisation des points extrêmaux que l'on verra au paragraphe suivant est encore valable dans le cadre général. Nous avons fait cette disgression pour inciter à des réflexions sur le problème suivant = y-a-t-il des méthodes unifiantes pour obtenir des théorèmes de convergence presque sûre ?

II. LE CONVEXE DES PROBABILITES INVARIANTES

Supposons $H = \cup G_n$, G_n famille croissante de groupes finis opérant sur $L^{\infty}(\Omega)$. Soit P une probabilité G invariante sur Ω élément du cône des mesures positives et soit $\mathcal{G}$ le convexe des probabilités invariantes.

Soit $\mathcal{B}_n$ la σ-algèbre des événements de $\mathcal{A}$, qui sont G_n-invariants. $\mathcal{B}_n$ décroît vers une σ-algèbre $\mathcal{B}_\infty$ dite σ-algèbre des événements H-invariants $(E^{\mathcal{B}_n} f)_{n \in \mathbb{N}}$ est pour tout $f \in L^{\infty}(\Omega)$ une martingale renversée et donc $E^{\mathcal{B}_n} f \to E^{\mathcal{B}_\infty} f$ ps et L_1 comme nous l'avons vu.

<u>Proposition 1</u> : Une condition nécessaire et suffisante pour que P soit un point extrêmal du convexe des probabilités invariantes sur Ω est que P soit $\mathcal{B}_\infty$-triviale c'est-à-dire qu'il existe ω_o tel que la restriction de P à $\mathcal{B}_\infty$ soit δ_{ω_o}.

<u>Démonstration</u> :

Si P n'est pas $\mathcal{B}^\infty$triviale, il existe $B \in \mathcal{B}^\infty$ telle que $0 < a = P(B) < 1$.

Il est alors clair que $P(./B)$ est H-invariante. En effet

$$P(gA/B) = \frac{P(gA.B)}{P(B)}, \quad g \in H$$

$$P(gA \cap B) = P(A \cap g^{-1}(B))$$

$$= P(A \cap B) \text{ puisque } B \in \mathcal{B}^\infty .$$

On a de même $P = a\,P(./B^c)$, H-invariante est donc

$$P = a\,P(./B) + (1-a)\,P(./B^c)$$

n'est pas extrêmale.

Soit maintenant $P = \frac{P_1 + P_2}{2}$; avec P, $\mathcal{B}^\infty$-triviale, donc P_1 et P_2 sont aussi $\mathcal{B}^\infty$ triviales.

Soit $f = \dfrac{dP_1}{dP}$.

On a $gf = f$ Ppp. pour tout $g \in H$

(invariance de P et P_1).

Posons $f^* = \inf_{g \in H} gf$. Comme H est dénombrable

$f = f^*$ Ppp et $gf^* = f^*$ pour tout $g \in G$ partout. Donc f^* est $\mathcal{B}^\infty$ mesurable.

Si $P_1 \neq P$, pour tout c, $P(f^* = c) \leq 1$ et il existe a tel que $0 < P(f^* < a) < 1$, or $(f^* < a) \in \mathcal{B}^\infty$ donc P n'est pas triviale.

On a dans la pratique de nombreux événements invariants par échangeabilité. Nous aurons à en utiliser certaines :

1 - $(X(1) - X(0) \leq a)$

2 - (le plus grand saut de X_t est $\leqq$ a)

3 - (la p-variation de X_t est $\leqq$ a).

Ces événements sont de probabilités 0 ou 1 pour un processus extrêmal.

Ceci montre en particulier que (sauf la translation) les processus à accroissements indépendants ne sont pas extrêmaux.

III. CARACTERISATION DES POINTS EXTREMAUX

Les résultats énoncés ci-dessous résultent aussi de [6]. Nous ne donnerons pas ici de démonstration complète renvoyant à [6] . Nous nous contenterons de donner une démonstration dans le cas très simple des processus croissants. Remarquons d'abord que X (1) - X (0) est constant car invariant par réarrangement. On peut donc considérer à un coefficient près X comme une probabilité aléatoire sur [0, 1] invariante par réarrangement. En identifiant alors ω à une probabilité, on peut décomposer ω en $\omega = \omega_{at} + \omega_d$ où ω_{at} est la partie atomique de ω et ω_d la partie diffuse.

L'espace des probabilités étant convenablement mesuré (par ses boréliens) l'application $A_t^{-1} : \omega \longrightarrow \omega_{at}$ est mesurable et l'image par A_t^{-1} de P est une probabilité A_t^{-1} P concentrée sur les probabilités atomiques.

Le groupe des réarrangements d'intervalles dyadiques opère (sans difficulté) sur Ω = {probabilités sur 0, 1} et si P est invariante, A_t^{-1} P l'est aussi (immédiat). De même pour la partie diffuse. S P est extrêmale dans $\mathcal{G}$ il en est de même des probabilités A_t^{-1} P et d^{-1} P (correspondant à la partie diffuse). On peut donc étudier séparément ces quantités.

<u>Proposition 2</u> : <u>le seul processus croissant extrêmal, diffus, est la translation</u>.

<u>Démonstration</u> : Notons

$$X_k^n(\omega) = \omega(I_k^n) \quad , \text{ et } v_n = \text{Var } X_k^n \quad , \quad C_n = \text{cov}(X_1^n , X_2^n) \ .$$

On a $$E\, X_k^n = 2^{-n}$$

Les trajectoires étant continues, sont uniformément continues. De plus $\eta(\omega)$ est le module de continuité uniforme $(\omega\ (\eta\ (\omega) < a)$ est invariant donc sa probabilité est 0 ou 1 pour un processus extrêmal. Par suite les trajectoires sont uniformément continues.

On a :

$$\sum_{i=1}^{2^n} |X_i^n - 2^{-n}|^2 \leq 2 \max_i (|X_i^n| + 2^{-n}) \longrightarrow 0$$

d'après la propriété d'uniformité ci-dessus.

De plus $\sum_{i=1}^{2^n} X_i^n - 1 = 0$, donc

$$v_n + (2^n - 1) c_n = 0$$

$2^n v_n = E \sum_i |X_i^n - 2^{-n}|^2 \longrightarrow 0$ d'après le théorème de Lebesgue. Soit $t = k_n/2^n$

$$E \left| \sum_{i=1}^{k_n} (X_i^n - 2^{-n}) \right|^2 = k_n v_n + k_n (k_n - 1) c_n \longrightarrow 0$$

d'où le résultat pour t dyadique et par continuité pour tout t, $X_t = t$.

Proposition 3 : Tout processus échangeable croissant de saut pur, est de la forme (en tant que probabilité aléatoire) $\sum_j \beta_j \delta U_j$ où (β_j) est une suite de constantes positives $\Sigma \beta_j < \infty$ et U_j une suite de variables indépendantes et uniformément distribuées sur $[0, 1]$.

Démonstration : La probabilité ω étant discrète, supposons qu'elle admette une plus grande masse (qui est constante puisque le processus est extrêmal). Au rang n considérons les applications $\Omega \to \Omega$ ainsi définies. T_m est la permutation qui échange les intervalles $]\frac{m}{2^n}, \frac{m+1}{2^n}]$ et $]\frac{S}{2^n}, \frac{S+1}{2^n}]$, ce dernier intervalle étant celui de pas 2^{-n} qui contient la plus grande masse. Choisissons une suite $m(n)$ telle que $\frac{m(n)}{2^n} \to t$.

Considérons les variables aléatoires (U_n) position des n-sauts tous classés par taille décroissante et supposés distincts. (Il est immédiat de voir que ces variables sont mesurables). On considère une fonction bornée $h(U_1 \ldots U_n)$. On a $E\, h(U_1 \ldots U_n) = E\, h(U_1 + S, \ldots, U_n + S)$ pour tout $s \in [0, 1]$. Ceci résulte du lemme suivant :

Lemme : Les processus $T_{m(n)} X$ et X ont même loi. La démonstration se fait en décomposant Ω suivant les valeurs possibles de S et en sommant après avoir utilisé à S

fixé l'invariance par réarrangement (S joue le rôle d'un temps d'arrêt).

Donc $$\int_0^1 E\, h(U_1 + s, U_2, \dots U_n)\, ds = E \int_0^1 h(s, U_2 \dots U_n)\, ds ,$$

donc U_1 est indépendant de $U_2 \dots U_n$, d'où la proposition par induction. Si les tailles des masses ne sont pas distinctes, on les rend distinctes par adjonction de petites masses et on utilise la convergence en loi des processus.

Le cas général [6] passe par l'étude de la variation quadratique. Sa finitude par un processus extrêmal est la seule partie difficile de l'étude de ces processus. (Si les processus de variation quadratique sont finis c'est nécessairement une translation pour la partie diffuse).

Le théorème général [6] est le suivant :

Théorème 1 : Tout processus échangeable extrêmal est du type suivant

$$X_t = \alpha + \beta\, t + \gamma \,.\, W_t + \Sigma\, \beta_j \left[1_{[0,1]}(U_j) - t \right]$$

où W_t est le pont brownien, c'est-à-dire le processus gaussien échangeable sur (0,1) (où le mouvement brownien "conditionné" par X (1) = 0) et les masses p_j vérifient $\sum_j \beta_j^2 < \infty$; les (U_j) et W sont des variables indépendantes ; les U_j de loi uniforme sur (0, 1).

(La démonstration montre de plus que les points extrêmaux forment un fermé).

Corollaire 1 [5] : Un processus échangeable est un processus de type précédent où $(\alpha , \beta , \gamma , (\beta_j))$ sont des variables aléatoires, les β_j devant alors être ordonnées au sens $\beta_1 \leq \beta_3 \leq \dots < 0 \dots \leq \beta_4 \leq \beta_2$.

Remarque importante :

1)- Les processus à accroissements indépendants (PAI) ne sont pas des éléments extrêmaux. Donc une trajectoire d'un (PAI) n'est jamais qu'une trajectoire du processus échangeable extrêmal "tirée au sort" suivant la mesure de représentation du PAI. Il est donc plus logique et plus facile d'étudier certaines propriétés invariantes par réarrangement comme les variations des trajectoires sur les processus échangeables, et d'en déduire les propriétés correspondantes pour les PAI. 2)- Il y a en général obstruction à l'extension d'un processus échangeable défini sur (0,1) en un processus échangeable défini sur (0, T). La forme des éléments extrêmaux fait pressentir la validité du théorème suivant [6].

Théorème : Si un processus échangeable sur (0,1) s'étend en un processus échangeable sur (0, T) pour tout T, c'est la trace d'un P.A.I. défini sur $\mathbb{R}^+$.

Nous aurons besoin de la notion de processus invariant par réarrangement.

Définition : Un processus échangeable est dit invariant par réarrangement si la loi de $(\epsilon_1 X^n_{\sigma(1)}, \dots \epsilon_{2^n} X^n_{\sigma(2^n)})$ est invariante pour tout choix de ϵ_i, $\epsilon_i^2 = 1$, $i = 1 \dots 2^n$ et pour tout choix de $\sigma \in \mathfrak{S}_{2^n}$.

Le passage des processus échangeables aux processus invariants par réarrangement n'est pas complètement trivial.

Les points extrêmaux du convexe des processus invariants par réarrangement ne sont pas des points extrêmaux du convexe des processus échangeables.

Théorème 2 : Tout processus invariant par réarrangement et extrêmal est du type :

$$X_t = \sigma W_t + \sum_j \epsilon_j \beta_j [1_{(0,t)}(U_j) - t]$$

où (ϵ_j) est une suite de variables de Bernouilli indépendantes et indépendantes des U_j, uniformément distribuées et β_j une suite de constantes, $\sum_j \beta_j^2 < \infty$.

Quoique la démonstration de ce théorème ne soit pas publiée, nous ne la donnerons pas ici mais nous utiliserons ce résultat (le groupe associé est le groupe produit (bilatère) des permutations et des multiplications par ± 1).

Lemme 3 : Si $E \sum_j (1 \cap \gamma_j^2 V_j^2) \leq \frac{1}{4}$ on a

$$E F(\sum_j \gamma_j \epsilon_j V_j) \sim \sum_j E F(\gamma_j V_j)$$

les constantes d'équivalence étant universelles pour $F \in K(2, 1)$ et (V_j) suite de variables indépendantes de $L_F(\Omega, \mathcal{A}, P)$. Posons $G(x) = \sum_j F(\gamma_j x)$, avec la convention fondamentale pour que G soit définie partout, que $F(x) \sim C x^2$ à l'origine (ce qui est toujours possible et ne restreint pas la généralité, en prenant par exemple

$F(x) = \int_0^1 (1 - \cos t x)\, dN(t)$, N mesure de Lévy (cf. [4] sur cette représentation).

On a alors, en choisissant θ tel que $E F(\sum \gamma_j \epsilon_j \theta f(U_j) \leq 1/4$ ce qui implique d'après la forme de F que

$$E(\sum_j 1 \cap \gamma_j^2 \theta^2 V_j^2) \leq 1/4$$

que

$$E F(\sum \gamma_j \epsilon_j \theta V_j) \sim \sum_j E F(\gamma_j \epsilon f(U_j)$$

$$= \sum \int_0^1 F(\gamma_j \epsilon_j f(x))$$

$$= \int_0^1 G(|g(x)|)\, dx$$

Remarques : 1 - Si le nombre des $\gamma_j \neq 0$ est fini, alors $G \sim F$. Autrement dit il existe une injection de $L_F(0, 1)$ dans $L_F(\Omega, P)$ réalisé par des processus quasi-triviaux dont l'équivalent n'existe ni pour des espaces de suites, ni pour des espaces de mesure non bornée.

2 - Le cas de L^o s'obtient de manière identique, avec les fonctions du type $G(x) = \sum_j 1 \wedge \gamma_j^2 x^2$. En particulier en prenant $\gamma_j = j^{-\alpha}$, $\alpha > 1/2$, on obtient $L_G = L^{2 - 1/\alpha}$, ce qui est une manière intéressante d'obtenir des isomorphismes de $L^p(0, 1)$ dans $L^o(\Omega, \mathcal{A}, P)$ sans passer par les processus stables.

3 - Le cas général pour F est traité dans un preprint. Le résultat valable pour tout F, ne fait plus jouer un rôle spécial à la fonction x^2.

Passons maintenant au cas général (supposons qu'il n'y a pas de partie brownienne).

$$E\,F(f(X)) = \underset{\omega}{E}\ \underset{\omega'}{E}\ \underset{\omega''}{E}\ F\,[\sum_j \lambda_j(\omega)\,\epsilon_j(\omega')\,f(U_j(\omega''))]$$

M étant fixé, posons

$$A_M = \{\omega\,,\ \sum_j \int_0^1 1 \wedge \gamma_j^2(\omega)\,M^{-1}\,f^2(x)\,dx < \frac{1}{4}\}$$

En appliquant le lemme 2, on voit que

$$\underset{\omega'}{E}\ \underset{\omega''}{E}\ F(\sum_j \lambda_j(\omega)\,\epsilon_j(\omega')f(U_j(\omega'')\,M^{-1})) \sim \sum_j \underset{\omega'}{E}\ \underset{\omega''}{E}\ F(\gamma_j(\omega')\,\epsilon_j(\omega')\,f(U_j(\omega'')M^{-1}))$$

les constantes d'équivalences étant indépendantes de γ_j et de M.

Posons maintenant :

$$\theta_M(\omega\,,\ f) = \inf\{\theta\,,\ \underset{\omega',\,\omega''}{E}\ F(\Sigma\ \gamma_j(\omega)\ \epsilon_j(\omega')\,f(U_j(\omega'')\ M^{-1}\ \theta^{-1})) \leqq 1\}$$

et posons $\qquad G(x,\omega) = \sum_j \int_0^1 F(|\gamma_j(\omega)\,x|)\,dx \qquad ;$

on a un isomorphisme (de bornes indépendantes de M) de L_G dans $L_F(\Omega' \times \Omega'')$ défini par $f \longrightarrow \sum_j \gamma_j(\omega)\,\epsilon_j(\omega')\,f(U_j(\omega''))$ avec comme normes respectives

$$\|f\|_{L_{G(\omega)}} \qquad \text{et} \qquad M\,\theta_M(\omega\,,\ f)$$

On a maintenant $A_M \uparrow \Omega$

On a donc la même expression en intégrant en ω sur A_M.

Posons $\qquad \theta_M(f) = \inf\{\theta\,,\ E\ \Sigma\,\gamma_j\,\epsilon_j\,f(U_j)\,M^{-1}\,\theta^{-1} \leqq 1\}$

et $\qquad G_M(x) = \sum_j E\,F\ (\gamma_j\ \epsilon_j\ f(U_j)\,1_{A_M})$

Alors on a un isomorphisme d'espaces de Banach de normes indépendantes de M (après le lemme 2) défini par $f \longrightarrow f(X)\,1_{A_M}$ de L_{G_M} dans L_F. On a

$$\|f\|_{G_M} \uparrow \|f\|_G \qquad \text{lorsque} \quad M \longrightarrow \infty$$

ou

$$G(x) = \lim \uparrow G_m(x) = \sum_j \int_o^1 \int_{\mathbb{R}^+} F(xy)\, d\nu_j(y)$$

où ν_j est la loi de γ_j.

En posant $dM(y) = \Sigma\, d\nu(y)$ et en remarquant que $\Sigma\, \gamma_j^2 < \infty$ implique $\int x^2\, dM(x) < \infty$ d'après le théorème des 3 séries, on obtient le théorème.

La réciproque est aisée car $\int F(xy)\, dM(y)$ représente la fonction déterminant la fermeture dans L_F de X (E) où X est le processus à accroissements indépendants définis par la mesure M.

Pour terminer, s'il y a une partie brownienne, comme elle est indépendante de la précédente, on peut appliquer les inégalités de Jenssen et $F(2x) < k\, F(x)$. Désignant par W la partie brownienne et U la partie non brownienne on a :

$$E\, F(W(f) + U(f)) \geqq E\, W(f)$$

$$E\, F(W(f) + U(f)) \geqq E\, U(f)$$

par Jenssen

et $$E\, F(W(f) + U(f)) \leqq k\, [\, E\, F(W(f)) + E\, F(U(f)]$$

et $$\|W(f)\|_F \sim \|W(f)\|_2$$

d'où le théorème suivant :

<u>Théorème 3 :</u> Soit X_t un processus invariant par réarrangement ayant une partie non brownienne.

Soit F (x) une fonction d'Orlicz telle que $\frac{F(x)}{x^2} \downarrow$. Alors l'espace [E , X, F] est isomorphe à un espace d'Orlicz $L_G(0, 1)$ où G admet la représentation (1) du lemme 2.

V. APPLICATIONS AUX ESPACES D'ORLICZ

Nous nous proposons d'étudier le problème suivant : étant donné un espace d'Orlicz L_F, à quelles conditions sur G a-t-on $L_G \to L_F$? Dans [2], ce problème est résolu si $F(x) = x^p$ $1 \leq p \leq 2$. Dans [1] des conditions nécessaires sont données et dans [3] des conditions suffisantes. On dire que $F \in K(p, q)$ si $\frac{F(x)}{x^p} \downarrow$ et $\frac{F(x)}{x^q} \uparrow$.

Supposons avoir un plongement X d'un espace d'Orlicz $L_G(0, 1)$ dans un espace d'Orlicz $L_F(0, 1)$.

On note $X(I_k^n) = X_k^n$, avec les notations précédentes.

Un élément de $\mathcal{D}$ ensemble des réunions finies d'éléments dyadiques est de pas 2^{-n} si 2^{-n} est la longueur du plus petit intervalle figurant dans l'élément.

$\mathcal{D}^a$ désignera l'ensemble des éléments de mesure de Lebesgue a, $\mathcal{D}^a$ est ordonné a) par pas décroissant, b) par l'indice du premier k ne figurant pas, puis du deuxième, etc... Notons D_n^a la suite ordonnée des éléments de $\mathcal{D}^a$ et supposons avoir un plongement $L_G(0, 1) \longrightarrow L_F(0, 1)$. Soit (U_n^a) l'image de D_n^a dans ce plongement.

<u>Lemme 4</u> : Si $\sum_{n \in \mathbb{N}} c_n^2 < \infty$ alors $E\left(\sum_{\mathbb{N}} c_n \epsilon_n 1_{D_n^a}\right) < \infty$, si (ϵ_n) est une suite des variables de Bernouilli indépendantes et indépendantes des $1_{D_n^a}$. Le lemme 4 résulte immédiatement du lemme 5, plus général ci-dessous.

<u>Lemme 5</u> : Soit $(X_i)_{i=1 \ldots n}$ une suite de v.a. telles que :

$$\|X_i\|_\infty \leq 1 \qquad i = 1 \ldots n.$$

$$\|X_i\|_2 \geq a > 0$$

Soit ϵ_i une suite de variables aléatoires de Bernouilli indépendante et indépendantes des X_i. Alors pour toute fonction $G \in \Delta_2$ (et plus généralement pour tout espace interpolable entre espaces L_G) on a :

$$E_\epsilon \int_0^1 G[\Sigma(\lambda_i \epsilon_i X_i)] \sim C(G, a)\, G(|\Sigma \lambda_i|^2)^{1/2}$$

Autrement dit les inégalités de Khintchine sont valables dans l'espace produit pour la suite $\epsilon_i . X_i$.

<u>Démonstration</u> : On a :

$$E_\epsilon \int_0^1 G\,\Sigma(\lambda_i \epsilon_i X_i) = \int_0^1 E_\epsilon\, G(\Sigma \lambda_i \epsilon_i X_i)$$

$$\leqq C_1(G) \int_0^1 G[(\Sigma \lambda_i^2 X_i^2)^{1/2}]$$

inégalité de Khintchine sous la forme Buckholder-Gundy)

$$\leqq C_1(G)\, G[(\Sigma \lambda_i^2)^{1/2}]$$

Supposons maintenant G tel que $H(x) = G(\sqrt{x})$ soit convexe (en fait il suffit de prendre $G(x) = x^{2p}$, $p > 1$).

On a :

$$\int_0^1 E_\epsilon\, G(|\Sigma \lambda_i \epsilon_i X_i|)$$

$$\geqq \int_0^1 G(E_\epsilon |\Sigma \lambda_i \epsilon_i X_i|) \qquad \text{(inégalité de Jessen)}$$

$$\geqq \int_0^1 G[(C_2(G)(\Sigma \lambda_i^2 X_i^2)^{1/2}]$$

$$\geqq H(C_2(G) \int_0^1 \Sigma \lambda_i^2 X_i^2) \qquad \text{(par convexité de H)}$$

$$\geqq H(C_2(G)\, a\, \Sigma \lambda_i^2)$$

Les topologies de L^2 et L_G coïncident donc sur le sous-espace de L^2 engendré par les $\epsilon_i X_i$ (pour l'espace produit). Donc toutes les topologies de L_G , $G(X)$ fonction d'Orlicz appartenant à Δ_2 coïncident sur L^2 et le résultat démontré pour $G(\sqrt{X})$ convexe est aussi valable pour $G(X)$ concave, ceci résultant soit du théorème d'Assouad (cf. [1]) soit simplement de la démarche suivante parallèle à la démonstration de l'inégalité de Khintchine :

a) le résultat est vrai pour $L_G = L^{2p}$, p entier > 1.

b) par des inégalités type Holder il est vrai pour tout L^p.

c) par interpolation, il est vrai pour tout espace interpolable par injection entre deux L^p donc en particulier pour tout Orlicz L_G , $G \in \Delta_2$ (les espaces invariants par réarrangement de ce type pourraient être appelés espaces de Khintchine).

<u>Lemme 6</u> : Si $E\,G\,(\Sigma\, c_n\, \epsilon_,\, 1_{D_n^a}) < \infty$, alors $E\,F\,(\Sigma\, c_n\, \epsilon_n\, U_n^a) < \infty$.

<u>Démonstration</u> : Il existe $b > 0$ tel que

$$P\, \|\, \Sigma\, \lambda_n\, \epsilon_n\, 1_{D_n^a}\, \|_G < b) > \frac{1}{2}$$

On a alors d'après l'inégalité (de Kahane) exponentielle classique sur les sommes $\sum_n \epsilon_n\, u_n$, u_n à valeurs dans un Banach que

$$P_\epsilon\, (\|\, \Sigma\, \lambda_n\, \epsilon_n\, 1_{D_n^a}\, \|_G > nb) \leq e^{-cn} \qquad c > 0$$

et donc si A est la constante d'isomorphisme $L_G \rightarrow L_F$

$$P_\epsilon\, (\|\, \Sigma\, \lambda_n\, \epsilon_n\, U_n^a\, \|_G > A\, nb) \leq e^{-cn}$$

Or il existe $p \geqq 1$ tel que pour toute variable aléatoire Z on a

$$E\,F\,(Z) \leqq \|Z\|^p \qquad , \text{(puisque F satisfait } F\,(2x) \leq k\,F\,(x)\,)$$

et donc de

$$P_\epsilon\, (\|\, \Sigma\, \lambda_n\, \epsilon_n\, U_a^n \|^p > (A\, n\, b)^p \leqq e^{-cn}$$

on tire

$$P_\epsilon\, (E\,F\,(\Sigma\, \lambda_n\, \epsilon_n\, U_a^n) < \infty$$

<u>Lemme 7</u> : Il y a deux cas possible :

a) La suite $F\,(U_a^n)$ est équi-intégrable.

b) Il existe un espace ℓ_{F_1} où $F_1\,(x) = \lim_\infty \frac{F\,(\lambda\, x)}{F\,(x)}$ tel que

$$EF\,(\Sigma\ c_n\ \epsilon_n\ U_a^n) < \infty \text{ implique } \Sigma\ F_1\ (c_n) < \infty$$

soit $$b = \sup\{\, c,\ \lim_{K\to\infty}\ \overline{\lim_{n}}\ EF\,(U_a^n)\ 1_{(U_n^a > K)} > c\}$$

On peut extraire une sous-suite $U^a_{n'}$ telle que U existe une suite d'entiers $K_{n'}$ avec :

$$U^a_{n'} = V^a_{n'} + W^a_{n'}\ ,\quad V^a_{n'}\ W^a_{n'}$$

$(V^a_{n'})$ étant équi-intégrable, $W^a_{n'} \to 0$ en posant simplement $V^a_{n'} = U^a_{n'}\ A_{U^a_{n'} < K(n')}$ et $W^a_{n'} \to 0$ en probabilité.

Supposons donc $b > 0$. On peut en utilisant un argument du type du lemme standard de Kadec et Pelczynski (cf. [4]), extraire une nouvelle sous-suite n'' telle que les $W^a_{n''}$ soient à support presque disjoints au sens suivant = il existe $Z^a_{n''}$, tel que $|Z^a_{n''}| < |W^a_{n''}|$ et tels que les espaces $[Z^a_{n''}]_F$ et $[W^a_{n''}]_F$ soient, pour tout $\epsilon > 0$, $(1+\epsilon)$ isomorphes, pour cela on choisit $Z^a_{n''}$ tel que son support soit inclus dans celui de $W^a_{n''}$ et $\|Z^a_{n''} - W^a_{n''}\| \leqq 2^{-n''}\ \eta$ et $E\ F\,(Z^a_{n''} - W^a_{n''}) < 2^{-n''}\ \eta$.

Notons pour simplifier U^a_n la sous-suite $U^a_{n''}$. On a

$$\begin{aligned}
E\ F\,(\sum_n c_n\ \epsilon_n\ U_n^a) &= E\ F\,(\sum_n c_n\ \epsilon_n\ (V_n^a + W_n^a))\\
&= E\ F\,[\sum_n c_n\ \epsilon_n\,(V_n^a + (W_n^a - Z_n^a) + Z_n^a)]\\
&\geqq E_\epsilon\ \sum_k\ E\ F\,[(\sum_{n\neq k} c_n\ \epsilon_n\ V_n^a + \epsilon_k\ Z_k^a)\ 1_{Z_k^a \neq 0}]\\
&\quad + E\ F\,[\,(\sum_n c_n\,\epsilon_n\ V_n^a)\ 1_{\cap_n (Z_n^a = 0)}\\
&\quad - E\ F\,[\,\Sigma\ c_n\ \epsilon_n\,(W_n^a - Z_n^a)]
\end{aligned}$$

où E_ϵ désigne l'espérance en ϵ. Supposons pour simplifier $\|(c_n)\|_\infty \leq 1$, et appliquons aux variables (ϵ_n) l'inégalité de Jenssen. Il vient

$$E\,F\,[(\sum_{n\neq k} c_n\,\epsilon_n\,V_n^a + \epsilon_k\,Z_k^a)\,1_{Z_k^a \neq 0}]$$

$$\geqq E\,F\,(c_k\,Z_k^a)\,,$$ et finalement par regroupement

$$E\,F\,(\Sigma\,c_n\,\epsilon_n\,U_n^a) \geqq \Sigma\,E\,F\,(c_n\,W_n^a) - \eta$$

Or si $\Sigma\,c_n^2 < \infty$, le premier membre converge donc aussi le 2ème et donc aussi $\sum_n E\,F\,(c_n\,W_n^a)$. Mais l'ensemble des fonctions convexes $F\,\{EF\,(\lambda\,W_n^a)]$ est relativement compact. On peut par une technique standard en extraire une sous-suite convergente (dans C (0, 1) muni de la convergence uniforme par exemple) vers une fonction F_1. Extrayant une nouvelle sous-suite U_n^a , on a alors $\Sigma\,c_n\,U_n^a$ converge si $\Sigma\,c_n^2$ et implique que $(c_n) \in \ell_{F_1}$.

Corollaire 2 : Si $F \in K\,(p,\,q)$, $p < 2$ alors (U_n^a) est équi-intégrable.

En effet on a alors $\ell_{F_1} \subset \ell^2$ avec inclusion stricte.

Nous allons maintenant, grâce au corollaire , étudier la forme de G en symétrisant le processus $(U_n^a)_{a \in \mathcal{D},\, n \in \mathbb{N}}$ pour en faire un processus échangeable.

Lemme 8 : Il existe un processus invariant par réarrangement X tel que

$(X\,(E)\,,\,F)$ et $[U_n^a\,,\,F]$ soient isomorphes.

Démonstration : Soit $a = 2^{-m}$, m fixé . Soit $\mu_{\sigma,\epsilon}^{a,n}$ la loi de $\epsilon_1\,U_{\sigma(1)}^a\,,\,\epsilon_n\,U_{\sigma(n)}^a$ où σ est une permutation de $(1,\,\dots,\,n)$, et (ϵ_i) une suite de ± 1, et posons

$$\mu_S^{a,n} = \frac{1}{2^n\,n!}\sum_{\sigma,\epsilon}\mu_{\sigma,\epsilon}^{a,n}$$

et soit $\mu_{S,K}^{a,n}$ la Kème marginale de $\mu_S^{a,n}$ c'est-à-dire l'image de $\mu_S^{a,n}$ dans l'application canonique $\mathbb{R}^n \to \mathbb{R}^K$ $(K \leqq n)$.

Soit $\mathcal{U}$ un ultrafiltre de voisinages de ∞ dans $\overline{\mathbb{N}}$. Supposons que les familles $\mu_{S,K}^{a,n}$ forment à K fixé une famille relativement compacte pour la convergence étroite sur $\mathbb{R}^K$.

Posons $$\mu_K^a = \lim_{n,\mathcal{U}} \mu_{S,K}^{a,n}$$

La famille $(\mu_K^a)_{K \in \mathbb{N}}$ est une famille projective sur $\mathbb{R}^{\vartheta}$ et définit un processus invariant par réarrangement, par la formule suivante : Si $\Delta_1 \dots \Delta_K$ sont K réunions d'intervalles, disjointes, de longueur $a = 2^{-m}$, la loi de $X(\Delta_1) \dots X(\Delta_k)$ est μ_K^a, la construction assure de la projectivité du système ainsi construit.

Il reste à montrer d'abord que les lois $(\mu_{S,K}^{a,n})$ forment une famille relativement compacte.

Or $\|U_n^a\|_F \geq C(a) > 0$, ce qui est suffisante pour assurer que $(\mu_K^{a,n})_{n \in \mathbb{N}}$ est relativement compact (a, K fixé).

Il faut maintenant montrer que les espaces $[U(E), F]$ et $[X(E), F]$ sont isomorphes, X étant le processus invariant par réarrangement défini par le système projectif, défini plus haut, (μ_K^a).

On sait que pour tout K fixé, les familles de variables aléatoires $F(\sum_{n=1}^{K} c_n \epsilon_n U_{j_n}^a)$ sont équi-intégrables comme somme d'un nombre fixe de variables équi-intégrables (K, c_1, c_K à fixer, $j_1 \neq j_2 \neq j_k$, $j_n \in \mathbb{N}$). Par ailleurs, il existe une constante A avec $A^{-1}\, E\, F(\sum_1^K c_n \epsilon_n U_{j_n}^a) \leq A\ E\, F(\sum_1^K c_n U_n^a)$.

Par sommation et passage à l'image sur $\mathbb{R}^K$ on a donc

$$A^{-1}\, EF(\sum_1^K c_n U_n^a) \leq \int F(\sum_1^K c_n x_n)\, d\mu_{S,K}^{a,n} \leq AEF(\sum_1^K c_n U_n^a)$$

Par suite de l'équi-intégrabilité, le même résultat vaut par passage à la limite en $\mathcal{U}$. D'où l'isomorphisme (car x $\Sigma\, c_k U_k^{a_k}$ est une combinaison finie, on peut toujours l'écrire sous la forme $\Sigma\, d_n U_n^a$). Le lemme est donc démontré.

Du corollaire (2) et du théorème (3), on déduit :

<u>Théorème 4</u> : Une condition nécessaire et suffisante pour que $L_G(0, 1) \longrightarrow L_F(0, 1)$ ou $F \in K(2,1)$ est que

$$G(x) = \int_o^1 F(\lambda x) \cap \lambda^2 x^2)\, dM(\lambda) \qquad (*)$$

où M est une mesure de Lévy.

On peut se demander à quelles conditions G vérifie cette relation.

Plus précisément nous avons vu dans [2] que dans le cas où $F(x) = x^p$ (*) équivaut à $\frac{G(x)}{F(x)} \uparrow$.

Dans [3] nous avons indiqué une méthode pour montrer ce résultat moyennant l'une des conditions supplémentaires $\frac{F(2x)}{F(x)} \uparrow$ ou $\frac{G(2x)}{G(x)} \uparrow$. L'énoncé donné dans [3] pour $F \in K(2, q)$ est incorrect. Comme nous l'a fait remarquer D.J.H. Garling [5] ce résultat ne vaut que si $K(p, q)$ avec $p < 2$. Le problème reste ouvert de savoir si cette condition $\frac{G}{F} \uparrow$ équivaut à la représentation (*).

BIBLIOGRAPHIE

[1] ASSOUAD,P.
Un résultat d'extrapolation pour des espaces d'Orlicz
C.R. Acad. Sc. Paris p. 275 (2.10.72) Série A, p. 651-653.

[2] J. BRETAGNOLLE et D. DACUNHA-CASTELLE
Application de l'étude de certaines formes linéaires aléatoires au plongement d'espaces de Banach dans des espaces L^p.
Ann. Scient Ec. Norm. Sup. 4° série t. 2 (1969), p. 473-480.

[3] D. DACUNHA-CASTELLE
Remarques sur les isomorphismes entre espaces d'Orlicz.
Ann. Inst. Henri Poincaré Sect. B, vol. IX n° 1 (1973) p. 59-75

[4] D. DACUNHA-CASTELLE et M. SCHREIBER
Annales IHP, 1974 (à paraître).

[5] D.J.H. GARLING
Random measures and in bedding theorems (Cours 3° cycle - Cambridge)

[6] KALLENBERG
Zeit. Wahrsch. Verw. Geb. 27. 23-36, 1973

[7] J. LINDENSTRAUSS et L. TZAFRIRI
On Orlicz sequence spaces,
Israel J. Math. I. vol. 10 (1971), p. 379-390 - II. vol. 11 (1972), p. 355-379 - III. Vol. 14 (1973), p. 368-389.

[8] NEVEU
Martingales à temps discret. Masson.

SOUS-ESPACES SYMETRIQUES DES ESPACES D'ORLICZ

par D. DACUNHA-CASTELLE

A) Introduction

La recherche des sous-espaces à base symétrique est un problème assez intéressant car directement lié à des problèmes plus importants concernant les espaces L^p, non abordés ici. Nous traitons ici du cas général des sous-espaces symétriques d'espaces d'Orlicz à valeurs dans certains Banach.

Nous donnons ici une solution complète de ce problème en utilisant l'inégalité très intéressante, assez récemment démontrée par Hoffmann-Jørgensen sur les sommes de variables indépendantes [1] .

En fait notre but, dans cet exposé, est aussi de montrer que ce type de problème sur les Banach se ramène pour l'essentiel à un certain nombre d'inégalités sur les variables de Bernouilli et qu'il s'agit bien de problèmes presque purement probabilistes.

Par rapport à nos résultats antérieurs [4] le point essentiel est que les résultats valent même si la fonction $\frac{F(x)}{x^2}$ n'a pas de comportement régulier.

B) Définitions et notations

E désigne un espace vectoriel mesuré. ρ un module tempéré sur E c'est-à-dire une application E $\longrightarrow \mathbb{R}^+$ telle que il existe C avec

$$\rho(x+y) \leq C[\rho(x)+\rho(y)] \quad \text{pour tout } x, y \in E, \tag{1}$$

$$\rho(\alpha x) \leq \rho(x) \qquad \text{pour } |\alpha| < 1$$

$$\rho(-x) = \rho(x)$$

Une fonction d'Orlicz F sur $\mathbb{R}$ est une fonction paire, strictement croissante F (0) = 0, telle que F définisse un module tempéré sur $\mathbb{R}$.

Une suite de variables aléatoires $(X_n)_{n \in \mathbb{N}}$ à valeurs dans E est dite ϵ-invariante (ou signe-invariante, d'après l'expression anglaise plus ou moins consacrée), si pour tout K, tout K-uplet $(n_1 \ldots n_K)$, la loi de $(\epsilon_1 X_{n_1}, \ldots, \epsilon_K X_{n_K})$ est indépendante du choix des ϵ_i, $\epsilon_i^2 = 1$. On notera, par convention $P^{|x_1|, \ldots, |x_k|}$ la probabilité conditionnelle régulière lorsque $X_1 \in \{x_1, -x_1\}, \ldots, X_k \in \{x_k, -x_k\}$, (dans le cas de $\mathbb{R}$, cela signifie simplement $|x_i|$ fixés).

Le lemme suivant est à peu près immédiat et bien connu.

Lemme 1 : Les conditions suivantes sont équivalentes :

1 - (X_n) est ϵ-invariante.

2 - Les loi $P^{|x_1| \ldots |x_k|}(dx_1 \ldots dx_k)$ de $X_1 \ldots X_k$ à $|X_1|, \ldots |X_k|$ fixés sont celles de k-variables de Bernouilli indépendantes.

3 - Les lois conditionnelles de $(\epsilon_{k+1} X_{k+1}, \ldots, \epsilon_{k+n} X_{k+n})$ lorsque $X_1 = \epsilon_1 x_1, \ldots, X_k = \epsilon_k x_k$ sont indépendantes de $\epsilon_1, \ldots \epsilon_k, \epsilon_{k+1}, \epsilon_{k+n}$.

De plus $S_n = X_1 + \ldots + X_n$ est une martingale.

C) Quelques inégalités

Conditionnellement à un choix $|X_i|$ de X_i (dans $\{x_i, -x_i\}$), les variables $X_1 \dots X_n$, se comportent donc comme des vecteurs de Bernouilli $|X_1|\,\epsilon_1, \dots |X_n|\,\epsilon_n$). Toutes les inégalités classiques valables pour de tels vecteurs, s'étendront donc au cas de variables ϵ-invariantes, dont un cas particulier est celui de variables (X_i) indépendantes et symétriques.

Inégalités des modules modérés.

Soit (X, Y) un couple ϵ-invariant. Alors

$$E\,\rho\,(X+Y) \geqq \frac{1}{2\,C}\; E\;\rho\;(X) \tag{2}$$

En effet, soit $x, y \in E$, ϵ_1, ϵ_2 deux variables de Bernouilli indépendantes. On a :

$$\rho\,\left(\frac{x+y}{2} + \frac{x-y}{2}\right) \leqq C\,\left(\rho\,\left(\frac{x+y}{2}\right) + \rho\,\left(\frac{x-y}{2}\right)\right)$$

donc

$$\rho\,(x) \leqq 2\,C\;E\,(x+\epsilon_2\,y)$$

d'où le résultat par intégrations successives. On en déduit

$$E^{|X|,\,|Y|}\;\rho\,(X, Y) \geqq \frac{1}{2\,C}\;E^{(X),\,(Y)}\;\rho\,(X)$$

et l'inégalité par intégration.

(Remarque : Si ρ est convexe, on a l'inégalité de Jessen, $E\;\rho\,(X+Y) \geqq \rho\;(X)$, qui provient de $\frac{1}{2}\;[\rho\,(x+y) + \rho\;(x-y)] \geqq \rho\,(x)$).

Inégalité de la médiane.

$$\rho\,(y+x) + \rho\;(y-x) \geqq \frac{1}{C}\;\rho\;(2\,y)$$

donc les événements

$$(\rho\,(y + x\,\epsilon_1) < \frac{\rho\,(2\,y)}{2\,C}) \cap (\epsilon_1 = 1)$$

et
$$\rho\,(y + x\,\epsilon_1) < \frac{\rho\,(2\,y)}{2\,C} \cap (\epsilon_1 = -1)$$

sont incompatibles et de probabilité $\leq \frac{1}{2}$ par suite

$$P\,[\,\rho\;(y + x\,\epsilon_1) \geq \frac{\rho\;(2\,y)}{2\,C}\,] \leq \frac{1}{2}$$

(c'est-à-dire que la médiane de la variable décentrée $\rho\,(y + x\,\epsilon_1)$ est supérieure à $\frac{\rho\,(2\,y)}{2\,C}$) . Par intégration on obtient donc

$$P\,(\rho\;(y + X) \geqq \frac{\rho\,(2\,y)}{2\,C}) \leq \frac{1}{2} \tag{3}$$

Inégalité de Paul Lévy.

On a, pour une suite de v.a. ϵ-invariantes

$$P\,(\max_{1 \leq k \leq n} \rho\;(S_k) \geq t) \leqq 2\,P\,(\rho\,(S_n) \geqq \frac{t}{2\,C}) \tag{4}$$

Démonstration : Il suffit de la faire pour des variables de la forme $X_i = x_i\,\epsilon_i$.

Posons $\quad \tau = \inf\,\{k\,,\ 1 \leq k \leqq n\,,\ \rho\,(S_k) > t\}$.

On a $\quad \{\rho\,(S_k + (S_n - S_k)) < \frac{t}{2\,C}\} \subset \{\rho\,(S_k + (S_n - S_k)) < \frac{\rho\,(2\,S_k)}{2\,C}\}$

Appliquant l'inégalité sur la médiane on a , si $(\tau = k)$,

$$P^{(S_1 \ldots S_k)}\quad (\rho\,(S_k + (S_n - S_k) < \frac{t}{2\,C}) < \frac{1}{2}$$

donc en intégrant et en sommant en k ,

$$P\,(\rho\,(S_n) < \frac{t}{2\,C}) < \frac{1}{2}\,P\,(\max_{1 \leq k \leq n} \rho\;(S_k) > t)$$

d'où le résultat, en utilisant

$$P\,(A) + P\,(B) - P\,(A \cap B) \leq 1.$$

Inégalité de Hoffmann-Jørgensen

Soit (X_n) une suite de variables aléatoires ϵ-invariantes. Alors si $S_n = \sum_1^n X_k$, et si

$$P(\rho(S_n) > \frac{1}{2C^3} \leq \frac{1}{48C^3} \qquad (5)$$

on a

$$E\,\rho(S_n) \leq 6\,E \max_{1 \leq k \leq n} \rho(X_k) + 24 \qquad (6)$$

Nous renvoyons à [1] ou [2] pour la démonstration de ce résultat important.

Il suffit évidemment de travailler avec $X_i = c_i\ \epsilon_i$.

D) Convergence de certaines séries de variables aléatoires

Nous supposons maintenant que (E, ρ) est un espace de Banach, modulaire au sens de Nakano, c'est-à-dire que la norme $\| \quad \|$ est définie par un module convexe et modéré ρ, à partir de $\|x\| = \inf \{\theta , \rho(\frac{x}{\theta}) \leq 1\}$.

Si $(\Omega, \mathcal{A}, P)$ est un espace de probabilité on notera $L_\rho(\Omega, \mathcal{A}, P, E)$ l'espace des classes de variables aléatoires X telles que

$$\int_\Omega \rho(X)\, dP < \infty$$

On supposera de plus que dans E le théorème suivant est vrai. Pour toute martingale S_n à valeurs dans E, convergeant p.S vers S_∞ et telle que $\sup_n E\,\rho(S_n) < \infty$, on a S_n converge vers S dans L_ρ $(\Omega, \mathcal{A}, P, E)$. Il n'est pas dans notre propos de détailler les conditions dans lesquelles ce théorème est vrai. En tout cas c'est vrai pour $E = \mathbb{R}$ (voir par exemple, [3], chap. V, pour des conditions larges de validité).

On en déduit

Lemme 2 : Soit $S_n = \sum_{k=1}^{n} X_k$ convergeant p.s, les X_k étant une suite de variables ϵ-invariantes.

Alors S_n converge dans L_ρ si et seulement si

$$\lim_n E \sup_{1 \leq k \leq n} \rho(X_k) < \infty .$$

En effet, d'après le théorème des martingales vu plus haut (qui est bien classique pour $E = \mathbb{R}$ et $\rho(x) = x^p$ mais qui s'étend sans difficultés majeures à des ρ modérés), si $S_n \longrightarrow S$ p.s et si $\sup_n E\,\rho(S_n) < \infty$ alors $S_n \longrightarrow S$ dans L_ρ.

D'après l'inégalité de Hoffmann-Jørgensen si

$$\sup_n E \sup_{1 \leq k \leq n} \rho(X_k) < \infty \qquad \text{alors}$$

$$\sup_n E \rho(S_n) < \infty \quad .$$

Inversement comme $\rho(X_k) \leqq C\ [\rho(S_k) + \rho(S_{k-1})]$

$$\sup_{1 \leqq k \leqq n} \rho(X_k) \leqq 2\,C \sup_{1 \leqq k \leqq n} \rho(S_k)$$

$$P(\sup_{1 \leqq k \leqq n} \rho(X_k) > t) \leqq P(\sup \rho(S_k) > \frac{t}{2\,C})$$

$$\leqq 2\,P(\rho(S_n) \geqq \frac{t}{4\,C^2})$$

d'après l'inégalité de Paul Lévy et donc

$$E \sup_{1 \leqq k \leqq n} \rho(X_k) \leqq 8\,C^2\ E\,\rho(S_n) \tag{7}$$

d'où le lemme 2, car on remarque que si $\sum_{k=1}^{N} c_k X_k$ converge p.S vers S, alors $\frac{S - S_N}{\theta} \longrightarrow 0$ p.S et donc, par l'inégalité triangulaire

$$P\ \rho\ (\sum_1^N \frac{c_k X_k}{\theta} \geqq \frac{1}{2\,C^3}) \leqq \frac{1}{48\,C^3}$$

dès que N est assez grand, pour un certain θ (ce qui justifie l'utilisation de l'inégalité (6).

Supposons maintenant les variables X_k indépendantes et symétriques dans L_ρ . Supposons $\Sigma\, c_k X_k$ convergeant p.s vers S. On a divisé éventuellement par θ les c_k de manière à être dans les conditions d'application de l'inégalité (6).

On a $\quad P(\sup_{1 \leqq k \leqq n} (\rho\ (X_k) < t) = \Pi_{i=1}^{n}\ P(\rho(X_k < t)$

soit

$$E \sup_{1 \leqq k \leqq n} \rho(X_k) = \int_0^\infty 1 - e^{-\sum_{i=1}^{n} \log[1 - P(\rho(X_k) \geqq t)]}\, dt \ .$$

Supposons que l'on ait pour tout n,

$$p_n(t) = \sum_{k=1}^{n} P(\rho(X_k) \geqq t) \leqq \frac{1}{4}$$

alors il existe des constantes C_1, C_2, C_3 indépendantes de n telles que

$$C_1 \int_1^{\infty} p_n(t)\, dt \leqq E \sup_{1 \leqq k \leqq n} \rho(X_k) \leqq C_2 \int_1^{\infty} p_n(t)\, dt + C_3 \qquad (8)$$

(puisque on a pour $u \leqq 1$, $1 - e^{-1} \leqq 1 - e^{-u} \leqq u$, et que $p_n(t)$ décroît vers 0 à l'∞).

Si on se donne une série $\sum_{i=1}^{\infty} c_k X_k$ convergeant p.s, on sait que en particulier (théorème des 2 séries),

$$\sum_{i=1}^{\infty} P\left(\|X_k\| > \frac{t}{|c_k|}\right) < \infty$$

et donc il existe θ tel que

$$\Sigma P\left(\|X_k\| > \frac{t}{\theta\, |c_k|}\right) \leqq a \quad , \text{ pour } a \text{ donné} .$$

Mais ρ étant modéré $\rho(c_k X_k) \leqq \|c_k X_k\|^q$ pour un certain $q \geqq 1$ et donc on a aussi

$$\sum_{k=1}^{\infty} P[\rho(\theta c_k X_k) > t] \leqq 1/4 \qquad \text{pour } \theta \text{ assez grand.}$$

Donc, puisque $\{(c_k), \sum_{i=1}^{\infty} c_k X_k$ converge dans $L_\rho\}$ est un espace vectoriel, on a

Lemme 3 : La condition nécessaire et suffisante pour que $\Sigma c_k X_k$ converge dans L_ρ, si X_k est une suite de variables indépendantes et symétriques est que $\Sigma c_k X_k$ converge p.s et que

$$\int_1^{\infty} \sum_{k=1}^{\infty} P(\rho(c_k X_k) > t)\, dt < \infty \qquad (9)$$

Dans le cas particulier où X_k est réelle, et $\rho = F$, on obtient, $\Sigma c_k X_k$ converge p.s et

$$\int_1^{\infty} \sum_{k=1}^{\infty} P\left(|X_k| > \frac{u}{|c_k|}\right) F'(u)\, du < \infty$$

soit après intégration par parties

$\Sigma c_k X_k$ converge p.s et

$$\sum_{k=1}^{\infty} \int_{1/c_k}^{\infty} F(c_k u)\, dP(X_k > u) < \infty$$

Donc, en appliquant de plus le théorème des 2 séries pour traduire la convergence p.s , on obtient dans le cas réel :

Lemme 4 : Si (X_k) est une suite de variables réelles et symétriques, indépendantes, alors $\Sigma\, c_k X_k$ converge dans L_F si et seulement si

$$\Sigma\, f_k(c_k) < \infty$$

où

$$f_k(\lambda) = \lambda^2 \int_o^{1/\lambda} u^2\, dP(X_k > u) + \int_{1/\lambda}^{\infty} F(\lambda u)\, dP(X_k > u) \qquad (10)$$

De plus, pour $\theta < \theta_o$ (θ_o défini par $\sum_{k=1}^{\infty} P(c_k X_k \theta_o > 1) < \frac{1}{4}$) des constantes D_1, D_2, D_3 telles que

$$D_1 \sum_{k=1}^{\infty} f_k(\theta c_k) \leqq E\, F(\Sigma\, \theta\, c_k X_k)$$

$$\leqq D_2 \sum_{k=1}^{\infty} f_k(\theta c_k) + D_3 \qquad (11)$$

cette dernière inégalité résultant de l'inégalité (8) et du lemme 2.

Nous allons maintenant terminer par le cas qui nous intéressera le plus par la suite.

Définition : Une suite de variables aléatoires (U_i) est dite invariante par réarrangement si elle est ϵ-invariante et échangeable c'est-à-dire si la loi de $(\epsilon_1 U_{i_1}, \ldots, \epsilon_n U_{i_n})$ est indépendante du choix des ϵ et des n entiers distincts $i_1 \ldots i_n$.

Lemme 5 : Les variables (U_i) sont conditionnellement indépendantes et symétriques, par rapport à la σ-algèbre $\mathcal{B}_\infty$ de queue (des événements symétriques).

D'après ce qui précède, les U_i étant ϵ-invariants $\Sigma\, c_k U_k$ converge dans L_ρ si et seulement si

$$\sup_n E \sup_{1 \leq k \leq n} \rho(c_k U_k) < \infty$$

soit

$$\sup_n E\, E^{\mathcal{B}_\infty} \sup_{1 \leqq k \leqq n} \rho\,(c_k\, U_k) < \infty \ .$$

Notant $P_{\mathcal{B}_\infty}$ la trace de P sur $\mathcal{B}_\infty$, on a $P\,(d\omega) = Q\,(d\omega\,,\,a)\,P_{\mathcal{B}_\infty}\,(da)$ et les variables (U_i) sont indépendantes pour les probabilités $Q\,(d\omega\,,\,a)$

Il est facile de vérifier que si $\Sigma\, c_k\, U_k$ converge P p.S, on a de même $\Sigma\, c_k\, U_k$ converge Q_a p.s., $P_{\mathcal{B}_\infty}$ p.s. ; posant Q_a pour $Q\,(d\omega\,,\,a)$.

Par suite, si l'on définit A_K par

$$A_K = \{\, a\,,\ \sum_k Q_a\,[\,\rho(\frac{c_k\,U_k}{K}) > 1\,] < \frac{1}{4}\,\}$$

on a $P_{\mathcal{B}}\,(\bigcup_{K=1}^{\infty} A_K) = 1$. On pose $B_{K,a} = \{\,(c_k)\,,\ a \in A_K$ pour la suite $(c_k)\}$.

Donc si $(c_k) \in B_{K,\,a}$, on a, d'après le lemme 4 que

$$D_1 \sum_{k=1}^{\infty} f^a\,(\,\frac{c_k}{K}\,) \leqq \int F\ \frac{(\Sigma\, c_k\, U_k)}{K}\ dQ_a \leqq D_2 \sum_{k=1}^{\infty} f^a\,(\,\frac{c_k}{K}\,) + D_3 \qquad (12)$$

en se limitant à partir de maintenant au cas de $E = \mathbb{R}$ et $\rho = F$, pour simplifier, ou

$$f^a\,(\lambda) = \lambda^2 \int_0^{1/\lambda} u^2\, dQ_a\,(U_k > u) + \int_{1/\lambda}^{\infty} F\,(\lambda\, u)\, dQ_a\,(U_k > u) \qquad (13)$$

Posons $f^K(\lambda) = \int_{A_K} f^a\,(\lambda)\ dP_{\mathcal{B}}\,(a)$

et $\qquad L_F^{\,K} = L_F\,(\Omega\ 1_{A_K}\ ,\ \mathcal{A} \cap A_K\,,\,P)$

Il résulte de l'inégalité (12) que les espaces de Banach ℓ_{f^K} et $[U_k]_{L_F^{\,K}}$ sont isomorphes, les constantes d'isomorphisme étant indépendantes de K.

Lorsque $K \uparrow \infty$, $f^K \uparrow f = \int f^a\,(\lambda)\ dP_{\mathcal{B}}\,(a) \qquad (14)$

et $\|(c_k)\|_{\ell_{f^K}} \longrightarrow \|(c_k)\|_{\ell_f}$ par continuité. De même $\|\Sigma\, c_k\, U_k\|_{L_F^{\,K}}$ tend vers

$\| \Sigma \, c_k \, U_k \|_{L_F}$, d'où :

<u>Théorème 1</u> : Si (U_k) est une suite de variables aléatoires réelles invariantes par réarrangement, $\Sigma \, c_k \, U_k$ converge dans L_F, si et seulement $\Sigma \, f\,(c_k) < \infty$ où f est donné par (13) et (14).

Un résultat du même type vaut pour des modules sur des Banach, la définition de f étant alors un peu plus compliquée.

E) Application aux sous-espaces symétriques d'un espace d'Orlicz

Soit $(X_n)_{n \in \mathbb{N}}$ une suite basique inconditionnelle dans un espace $L_\rho(\Omega, \mathcal{A}, P, E)$.

Considérons l'espace produit

$$(\Omega \times \{-1, 1\}^{\mathbb{N}} \quad \mathcal{A} \times \mathcal{B} \quad , P \otimes P_\epsilon)$$

où P_ϵ désigne la probabilité associée aux variables de Bernouilli indépendantes (ϵ_n). On notera E_ϵ (resp. E_ω) l'espérance à ω (resp. (ϵ_n)) fixé.

Soit $\sum_{n=1}^{\infty} c_n X_n$ une série convergente dans $L_\rho(\Omega, \mathcal{A}, P)$.

On a donc :

$$E_\omega \, \rho \, (\Sigma \, c_n \, \epsilon_n X_n) < \infty$$

pour toutes valeurs des ϵ_n, puisque (X_n) est inconditionnelle. En utilisant un argument classique de Kahane (voir [5] , p. 18), on voit que

$$E_\epsilon \quad E_\omega \, \rho \, (\Sigma \, c_n \epsilon_n \, X_n) < \infty$$

Supposons de plus que $E_\omega \, \rho(X_n) = 1$

Soit $b = \sup \{ a$, il existe une suite infinie i_n ,

$$A_n \subset \Omega \qquad , \; P(A_n) < 2^{-n} , \qquad \text{et} \int \rho \, (X_{i_n}) \, dP > a - 2^{-n}$$

Lemme 6 : Si $b > 0$, il existe une sous-suite $(X_{n_k})_{k \in \mathbb{N}}$ et une suite d'ensembles A_k telle que

$$1 - P(A_k) \longrightarrow 0$$

$$2 - \int_{A_k} \rho \, (X_{n_k}) \uparrow b$$

3 - $(\rho(X_{n_k})\, 1_{A_k^c})_{k \in \mathbb{N}}$ est une suite équi-intégrable.

Démonstration (cf. [4] , lemme 3.3.4)

Utiliser la maximalité de b et le procédé diagonal.

Lemme 7 : (Kadec-Pelczynski et [4], lemme 3.3.3) . Si $b > 0$, si (X_{n_k}) et (A_k) sont les suites introduites au lemme 6, il existe alors des sous-suites infinies

$$Y_m = X_{n_{k_m}} \quad , \qquad A'_m = A_{k_m}$$

et une suite (B_m) d'ensembles 2 à 2 disjoints tels que

1 - $B_m \subset A_m$

2 - les espaces engendrés par les variables $(Y_m\, 1_{A'_m})$ et $(Y_m\, 1_{B_m})$ sont $(1+\epsilon)$ isomorphes.

3 - les variables $(Y_m\, 1_{B_m^c})$ sont équi-intégrables.

Principe de la démonstration : On construit les ensembles B_m de proche en proche en utilisant le lemme classique de perturbation.

Lemme 8 : On a

$$(15)\ \frac{1}{2C} \max\left(\underset{\epsilon}{E}\, \underset{\omega}{E}\, \rho\left(\sum_{m=1}^{N} c_n \epsilon_m Y_m 1_{B_m^c}\right),\ \sum_{m=1}^{N} \underset{\epsilon}{E}\, \underset{\omega}{E}\, \rho\left(c_m Y_m 1_{B_m}\right)\right)$$

$$\leq \underset{\epsilon}{E}\, \underset{\omega}{E}\, \rho\left(\sum_{m=1}^{N} \epsilon_m c_m Y_m\right)$$

$$\leq C\left(\underset{\epsilon}{E}\, \underset{\omega}{E}\, \rho\left(\sum_{m=1}^{N} c_m \epsilon_m Y_m 1_{B_m^c}\right) + \sum_{m=1}^{N} \underset{\epsilon}{E}\, \underset{\omega}{E}\, \rho\left(c_m Y_m 1_{B_m}\right)\right)$$

Démonstration : Les 2 variables $c_k Y_k 1_{B_k} \epsilon_k$ et $\sum_{k \neq j} c_j Y_j 1_{B_j} \epsilon_j$ sont ϵ-invariantes.

On obtient l'inégalité de droite en appliquant (1). On obtient l'inégalité de gauche en appliquant (2), en intégrant sur B_k et en sommant en k .

On déduit du lemme 8 que si $\Sigma\, c_n Y_n$ converge dans L_ρ, alors $\Sigma c_n Y_n 1_{B_n}$ converge aussi dans L_ρ et donc que $\overline{\lim}\; \underset{\epsilon}{E}\; \underset{\omega}{E}\, (\Sigma\, c_n Y_n \epsilon_n 1_{B_n^c}) < \infty$.

Donc en utilisant le critère de Cauchy et le théorème de Fubini que $\Sigma\, c_n \epsilon_n Y_n 1_{B_n^c}$ converge dans $L_\rho (\Omega, \mathcal{A}, P)$ P_ϵ . p.s.

On suppose maintenant avoir un espace de Banach B à base symétrique, et un isomorphisme de B dans $L_\rho (\Omega, \mathcal{A}, P)$. Il existe donc A, $0 < A < \infty$ tel que pour toute suite finie (c_n) on ait

$$A^{-1} < \frac{E\,\rho\,(\sum_1^N \epsilon_n c_n X_{\sigma(n)})}{E\,\rho\,(\sum_1^N c_n X_n)} < A$$

pour tout choix de $\epsilon_1 \ldots \epsilon_n$ et de la permutation $\sigma \in \mathfrak{S}_N$ (car une inégalité est valable pour les normes correspondantes avec d'autres constantes).

Une telle suite (X_n) est dite presque invariante par réarrangement en norme (ou en module ρ).

<u>Lemme 9</u> : Si (X_n) est une suite presque invariante en norme par réarrangement, il existe une suite (B_k) d'ensembles 2 à 2 disjoints et une sous-suite (Y_k) de (X_n) tels que

1 - $P(B_k) \longrightarrow 0$

2 - $(Y_k 1_{B_k^c})$ est équi-intégrable.

3 - $[Y_n]_{L_\rho}$ est isomorphe à $[X_n]_{L_\rho}$.

4 - $\Sigma\, c_k Y_k$ converge si et seulement si $\Sigma\, c_k Y_k 1_{B_k^c}$ et $\Sigma\, c_k Y_k 1_{B_k}$ convergent dans L_ρ.

<u>Démonstration</u> : Cela résulte simplement de (15) et de la presque ϵ-invariance.

Nous pouvons maintenant démontrer le théorème que nous avions en vue.

Théorème 2 : La condition nécessaire et suffisante pour qu'un espace de Banach B à base symétrique se plonge dans $L_F(\Omega, \mathcal{A}, P)$ est que B soit isomorphe à un espace $\ell_{F_1+F_2}$ où

$$F_1(\lambda) = \lambda^2 \int_0^{1/\lambda} u^2 \, dM(u) + \int_{1/\lambda}^{\infty} F(\lambda u) \, dM(u)$$

$F_2(\lambda) \in$ convexe fermé engendré par l'ensemble des fonctions $\{ \lim_{\mathcal{U}} \frac{F(\lambda x)}{F(x)}$, où $\mathcal{U}$ est un ultrafiltre à l'∞ en x$\}$.

Démonstration : Si $b > 0$ pour la suite (X_n), on peut extraire de la suite

$$F_k(\lambda) = \int_{B_k} F(\lambda Y_k) \, dP$$

qui est relativement compacte dans l'ensemble des fonctions d'Orlicz sur (0,1) une sous-suite convergente vers $F_2(\lambda)$, en remarquant que pour tout ultrafiltre $\mathcal{U}$, $\lim \frac{F(\lambda Y_k)}{F(Y_k)}$ existe car $\frac{F(\lambda Y_k)}{F(Y_k)} \leq \Phi(\lambda)$ d'après (1) et donc que par le théorème de Lebesgue et un argument standard

$$\lim_{\mathcal{U}} \int \frac{F(\lambda Y_k)}{F(Y_k)} F(Y_k) \, dP$$

existe, on a F_2 sous la forme indiquée dans le lemme. La convergence de F_k vers F_2 étant uniforme, on peut alors choisir une sous-suite Y_{k_n} de Y_k telle que

$$|F_{k_n}(\lambda) - F(\lambda)| \leq 2^{-n}$$

pour tout $0 < \lambda \leq 1$ et donc $[Y_{k_n} 1_{B_{k_n}}]_{L_F}$ est isomorphe à ℓ_F d'après le lemme de perturbation.

Si l'on pose maintenant $Z_n = Y_{k_n} 1_{B^c_{k_n}}$ la suite Z_n est équi-intégrable et presque invariante par réarrangement en norme puisque Y_{k_n} et $Y_{k_n} 1_{B^c_{k_n}}$ le sont.

Lemme 11 : Si $(\hat{Y}_n)$ est une suite équi-intégrable et presque invariante par réarrangement en norme alors il existe une suite de variables aléatoires (U_n), invariante par réarrangement (en loi) telles que

$[U_n]_{L_F}(\Omega', \mathcal{A}', P')$ et $[\hat{Y}_n]_{L_F}(\Omega', \mathcal{A}, P)$ soit isomorphes.

La démonstration de ce lemme se trouve dans ([4], lemme 3.3.7) et est analogue à celle donnée dans [5].

Le théorème est alors démontré en utilisant les lemmes 9 et 11 et le théorème 1.

Dans le cas général d'un espace $L_\rho(\Omega, \mathcal{A}, P, E)$, où E est un espace de Banach convenable, on a un théorème analogue, l'espace d'Orlicz ayant seulement une forme un peu plus compliquée.

Bibliographie

[1] Hoffmann-Jørgensen
Preprint series 1972-73, n° 15 - Matematisk Institut Aarhus

[2] Kwapien
Séminaire Maurey-Schwartz 1972-73 - Ecole Polytechnique, Exposé VI.

[3] Neveu
Martingales à temps discret. Masson-Paris.

[4] Dacunha-Castelle et Schreiber
Annales IHP, octobre 1974 (à paraître).

[5] Dacunha-Castelle
Séminaire Strasbourg, même volume.

Université de Strasbourg
Séminaire de Probabilités 1973/74

QUELQUES RESULTATS DE DECOMPOSABILITE EN ALGEBRE LINEAIRE ET EN ALGEBRE QUADRATIQUE ALEATOIRES

par Ph. ARTZNER

Si un couple indépendant (X,Y) de sous-espaces vectoriels de $\mathbb{R}^4$, de dimension 2, admet une somme presque sûrement distincte de $\mathbb{R}^4$, alors celle-ci n'est pas distribuée de façon absolument continue. Application aux facteurs d'une forme quadratique positive aléatoire de rang presque sûrement constant, mais non maximum.

INTRODUCTION

La notion intrinsèque de forme quadratique positive aléatoire avait permis de montrer simplement la non-décomposabilité des lois de Wishart à un degré de liberté, dans $\mathbb{R}^k$, $k>1$ [1],[2] . Une étape dans l'étude des décompositions possibles des formes quadratiques positives aléatoires dans $\mathbb{R}^k$, de rang r presque sûr, mais non égal à k, consiste à étudier les rangs des éventuelles formes positives facteurs. Les noyaux de toutes ces formes étant des sous-espaces vectoriels, nous sommes conduits à étudier des intersections (ou, par dualité, des sommes) de sous-espaces vectoriels aléatoires indépendants.

ENONCE DES RESULTATS

Nous n'étudierons ici que le premier cas non trivial, celui de la dimension $k=4$.

Nous fixerons les notations et conventions suivantes :

- les droites, plans et hyperplans dont nous parlerons seront toujours des sous-espaces vectoriel de $\mathbb{R}^4$;

- les notions d'absolue continuité et d'ensembles de mesure nulle seront relatives à des mesures lebesguiennes normalisées, sur les grassmaniennes des droites, plans et hyperplans ci-dessus.

THEOREME 1. - Soit (X,Y) un couple indépendant de plans aléatoires de R^4 , tel que le sous-espace aléatoire $Z = X + Y$ soit presque sûrement un hyperplan. La loi de Z ne peut alors être absolument continue.

THEOREME 2. - Soit (Q_1, Q_2) un couple indépendant de formes quadratiques positives aléatoires dans R^4 , tel que la forme $Q = Q_1 + Q_2$ soit presque sûrement de rang 3 , et que sa loi soit absolument continue. Alors il existe deux entiers r_1, r_2 tels que :

$$r_1 + r_2 = 3 , \quad \text{rang } (Q_i) = r_i \quad 1 \le i \le 2 , \text{ presque sûrement} .$$

Première Partie

LE THEOREME 1 ETABLIT LE THEOREME 2

Désignons par R, R_1, R_2 les rangs, aléatoires, des formes Q_1+Q_2, Q_1, Q_2 ; en tout état de cause, nous avons la double inégalité :

$$\max(R_1,R_2) \leq R \;(= 3 \text{ p.s.}) \leq R_1+R_2 \;.$$

Nous allons montrer successivement ici :

(i) que les événements $(R_1 = 3,\ R_2 > 0)$ et $(R_2 = 3,\ R_1 > 0)$ sont de probabilité nulle.

(ii) que le Théorème 1 prouve que $P\{R_1 = R_2 = 2\} = 0$.

Il en résulte alors que $P\{R_1 + R_2 = 3\} = 1$, ce qui établit le Théorème 2 puisque R_1 et R_2 sont indépendants.

Preuve du point (i). - Supposons, par exemple, que $P\{R_2 = 3 , R_1 = 1\} > 0$. Par renormalisation de la restriction de la probabilité à l'événement $\{R_2 = 3 , R_1 = 1\}$ nous pouvons supposer que $P\{R_2 = 3 , R_1 = 1\} = 1$. Le noyau K de Q_1+Q_2 étant l'intersection des noyaux K_1 et K_2 de Q_1 et Q_2, nous trouverions que presque sûrement K_2 serait une droite, contenue dans l'hyperplan K_1 dont elle est cependant stochastiquement indépendante.

De façon précise, nous utilisons le :

LEMME 3. - Soit (X,Y) le couple aléatoire indépendant formé, soit d'une droite, soit d'un plan, soit d'un hyperplan X, et d'une droite Y de $\mathbb{R}^4$. Si presque sûrement $X \cap Y = Y$, il n'est pas possible que la loi de $X \cap Y$ soit absolument continue.

Si la loi de Y était absolument continue, pour tout x droite, plan ou hyperplan de R^4, on aurait $P\{x \supset Y\} = 0$, et, par intégration par rapport à la loi de X, on trouverait que $P\{X \supset Y\} = 0$.

Le lemme 1 établit ainsi le point i).

Preuve du point (ii). - Là encore, il suffit d'examiner le cas où $P\{R_1 = R_2 = 2\} = 1$. Les sous-espaces orthogonaux à K, K_1, K_2 vérifient alors les hypothèses du Théorème 1 :

$$K^{\perp} = K_1^{\perp} + K_2^{\perp} , \quad K^{\perp} \text{ presque sûrement de dimension 3 ;}$$

ce théorème établit que la loi de K ne peut être absolument continue, ce qui serait pourtant le cas si la loi de $Q_1 + Q_2$ était absolument continue, puisque nous allons montrer en effet que l'application $\varkappa$ associant à une forme quadratique positive de rang 3, son noyau, est une fibration sur l'espace projectif $P(R^4)$ des droites de R^4.

Soit q_o une forme de rang 3, de noyau k_o. L'application ψ :

$$q \mapsto (\text{noyau de } q , \text{ restriction de } q \text{ à } k_o^{\perp})$$

est un difféomorphisme d'un voisinage ouvert de q_o, sur le produit de $P(R^4 \cap \complement(k_o^{\perp}))$ par $\mathbb{S}$, $\mathbb{S}$ espace des formes quadratiques positives sur k_o^{+}, non dégénérées. Par l'application ψ, l'application $\varkappa$ est transformée en la projection sur le premier facteur.

Seconde Partie

PREUVE DU THEOREME 1

Nous aurons à utiliser plusieurs fois le

LEMME 4. - *Soit* (X,Y) *un couple indépendant de plans aléatoires de* $\mathbb{R}^4$ *, tel que* $X + Y$ *soit presque sûrement un hyperplan. Pour tout* a *appartenant au support de la loi de* X *, on a l'égalité* :

$$P\{\text{dimension de } a + Y \leq 3\} = 1 .$$

Soit en effet (V_n) une base décroissante de voisinages ouverts de a. Définissons la suite d'ensembles :

E_n = ensembles des plans y tels qu'il existe x dans V_n avec $x + y \neq \mathbb{R}^4$.

Nous allons montrer

. que pour tout n , $P\{Y \in E_n\} = 1$,

. que pour tout $b \in \bigcap_n E_n$, $a + b \neq \mathbb{R}^4$,

et le lemme 4 sera établi.

Les événements $\{X \in V_n$ et $Y \in E_n\}$ et $\{X \in V_n\}$ ont même probabilité puisque $X + Y$ est presque sûrement de dimension trois.

Puisque $P\{X \in V_n\} > 0$ et que (X,Y) est un couple indépendant, nous trouvons que

$$P\{Y \in E_n\} = P\{Y \in E_n | X \in V_n\} = 1 .$$

Si pour $b \in \bigcap_n E_n$ on avait $a + b = R^4$, il en serait de même en remplaçant a par a' assez voisin de a, ce qui est contraire à la définition de $\bigcap_n E_n$. Le lemme 4 est ainsi établi.

Nous noterons S_X et S_Y les supports respectifs des lois de X et de Y.

PROPOSITION 5. - <u>Avec les données et les hypothèses du Théorème 1 on peut affirmer, s'il existe</u> a <u>et</u> b <u>dans</u> S_X <u>tels que dimension de</u> $a + b = 3$,

- <u>soit que</u> $P\{Y \subset a+b\} = 1$
- <u>soit que la loi de</u> $X + Y$ <u>n'est pas absolument continue</u>.

Appliquons en effet le lemme 4 :

$$P\{a+Y \neq R^4\} = 1 \quad , \quad P\{b+Y \neq R^4\} = 1 \; .$$

Il résulte de là que

$$P\{Y \subset a+b \quad \text{ou} \quad Y \supset a \cap b\} = 1 \; .$$

Si donc $P\{Y \subset a+b\} \neq 1$, on peut affirmer que la loi de $Z = X + Y$ charge la sous-variété de dimension deux constituée par ceux des hyperplans de R^4 qui contiennent la droite $a \cap b$; cette loi ne peut donc être absolument continue.

PROPOSITION 6. - <u>Avec les données et les hypothèses du Théorème 1 on peut affirmer, s'il existe</u> a <u>et</u> b <u>dans</u> S_X <u>tels que dimension de</u> $a+b = 3$, <u>que la loi de</u> $X+Y$ <u>n'est pas absolument continue.</u>

Si en effet on a trouvé, à la suite de la proposition 5, que $P\{Y \subset a+b\} = 1$, on sait que pour tout couple c,d de points distincts de S_Y on a d'une part $c+d = a+b$ et d'autre part $P\{X \subset c+d\} = 1$. Il en résulte que $P\{X$ et Y inclus dans $a+b\} = 1$ et que Z est presque sûrement contenu dans $a+b$.

Pour établir le Théorème 1 , il suffit maintenant de démontrer la

PROPOSITION 7. - <u>Avec les données et les hypothèses du Théorème 1, on peut affirmer, si quels que soient</u> $a,b \in S_X$, $a \neq b$, $a+b = \mathbb{R}^4$, <u>que la loi de</u> $Z = X+Y$ <u>n'est pas absolument continue</u>.

<u>Démonstration</u>. -

A. - Il suffit d'examiner le cas où l'on peut trouver dans S_X au moins trois éléments a,b,c tels que

$$a+b = b+c = c+a = \mathbb{R}^4$$

$$P\{\text{dimension de } a+Y = 3\} = 1$$

$$P\{\text{dimension de } b+Y = 3\} = 1$$

$$P\{\text{dimension de } c+Y = 3\} = 1$$

puisque si par exemple $P\{Y=c\} > 0$, on aurait $P\{Z \supset c\} > 0$, et la loi de Z ne serait pas absolument continue.

B. - Soient alors

V l'ensemble des plans x tels que dimension de $x+a = 3$, dimension de $x+b = 3$.

W le sous-ensemble des éléments x de V tels que dimension de $x+c = 3$.

On trouve que V est une sous-variété de la grassmanienne des plans de $\mathbb{R}^4$, difféomorphe au produit de la droite projective par elle-même, dans l'application

$$x \mapsto (x \cap a \, , \, x \cap b) \, .$$

C. - Montrons que W est une sous-variété de dimension un de V . Soit (v,w) une base du plan c ; puisque $a+b = \mathbb{R}^4$ on peut écrire

$$v = e_1 + e_3 \qquad e_1 \in a,\ e_3 \in b$$

$$w = e_2 + e_4 \qquad e_2 \in a,\ e_4 \in b\ .$$

Si on avait $e_1 - \lambda e_2 = 0$, $\lambda \neq 0$, on trouverait que $v - \lambda w = e_3 - \lambda e_4$ ce qui est impossible ; ainsi (e_1, e_2, e_3, e_4) forme une base de $\mathbb{R}^4$. Dans l'ouvert A de V constitué par les plans $x_{\alpha,\gamma} = (\mathbb{R}.(\alpha e_1 + e_2)) \oplus (\mathbb{R}.(\gamma e_3 + e_4))$, les éléments qui appartiennent à W sont ceux pour lesquels le rang du système de vecteurs $(e_1 + e_3, e_2 + e_4, \alpha e_1 + e_2, \gamma e_3 + e_4)$ est trois, c'est-à-dire pour lesquels $\gamma - \alpha = 0$.

D. - Soit alors M la variété, de dimension 3, des hyperplans de $\mathbb{R}^4$ qui ne contiennent ni a ni b . Si la loi de Z est absolument continue, on doit avoir

$$P\{Z \in M\} = 1\ .$$

Définisson l'application π de M sur V par

$$\pi(z) = (z \cap a) \oplus (z \cap b)\ ,$$

et montrons que c'est une fibration de la variété M sur la variété V .

Considérons par exemple pour l'élément x_o de M repéré par le couple des vecteurs $(\alpha_o, 1) \in x_o \cap a$, $(\gamma_o, 1) \in x \cap b$, le voisinage ouvert U repéré par l'ensemble des couples de vecteurs $(\alpha, 1)$, $(\gamma, 1)$, $\alpha \in \mathbb{R}$, $\gamma \in \mathbb{R}$. L'image réciproque de U par π est l'ensemble des classes de quadruplets $(\alpha, \beta, \gamma, \delta)$ où $\beta\delta \neq 0$ (pour la relation d'équivalence définissant l'espace projectif associé à $\mathbb{R}^4$) .

On a l'égalité :

$$\pi(\text{classe de } (\alpha,\beta,\gamma,\delta)) = (\text{classe de } (\alpha/\beta, 1)\ , \text{classe de } (\gamma/\delta, 1))\ .$$

L'application

$$\text{classe de } (\alpha,\beta,\gamma,\delta) \to (\text{classe de } (\alpha/_\beta,1)\,,\ \text{classe de } (\gamma/_\delta,1),\ \beta/_\delta)$$

réalise un difféomorphisme de $\pi^{-1}(U)$ sur le produit $U \times \mathbb{R}^*$, qui transforme l'application π en la projection sur le facteur U .

E. - L'élément $\pi(Z)$ est presque sûrement défini, et nous allons montrer qu'il est presque sûrement égal à Y .

On sait en effet qu'avec probabilité 1 :

dimension de $Y \cap a = 1$ dimension de $Y \cap b = 1$

dimension de $Z \cap a = 1$ dimension de $Z \cap b = 1$,

tandis que l'on a toujours $Y \subset Z$.

F. - D'après le point A , nous savons que $P\{Y \in W\} = 1$, c'est-à-dire que $P\{\pi(Z) \in W\} = 1$.

G. - L'image réciproque de la sous-variété W de V par la fibration π est une sous-variété $\pi^{-1}(W)$, de codimension un , de M . Cette sous-variété porte la masse unité pour la loi de Z , ce qui établit que cette loi n'est pas absolument continue.

REFERENCES

[1] Ph. ARTZNER, Sur les formes quadratiques aléatoires et les variables du chi-deux généralisé. (Thèse Sciences Math., Strasbourg 1972) .

[2] P. LEVY, The arithmetical character of the Wishart distribution. Proc. Cambridge Phil. Soc., 44 , 1948, p. 295-297 .

Propriétés générales et exceptionnelles des états statistiques de systèmes dynamiques stables

par Karl Sigmund (Göttingen)

I. Introduction

Les systèmes considérés en physique classique sont donnés par l'espace X des états, des fonctions $f:X \longrightarrow \mathbb{R}$ appelés observables, et un groupe T_t ($t \in R$) de transformations de X gouvernant l'évolution du système.

En physique statistique ce cadre est modifié:

(a) Au lieu de X on considère l'espace M(X) des probabilités sur X. Les éléments de M(X) sont appelés les <u>états statistiques</u> : ils représentent ce que nous savons de la configuration du système. Les éléments de X , qu'on appelle <u>états purs</u>, forment un sous-ensemble de M(X), celui des mesures ponctuelles. L'évolution de M(X) est celle induite par T_t. On considère donc des systèmes ayant une dynamique déterministe et des configurations stochastiques.

(b) Le mesurement d'une observable macroscopique f dans un état pur x (ou dans un état statistique μ) n'est pas un processus instantané, mais demande un certain temps T. Ce que l'on mesure n'est donc pas f(x) (ou $\int f d\mu$), mais une moyenne temporelle $\frac{1}{T}\int_0^T f(T_t x)dt$ (ou $\frac{1}{T}\int_0^T(\int f dT_t\mu)dt$). On remplace ces quantités par leurs limites (pour $T \to \infty$), espérant qu'elles existent. Ceci veut dire qu'on considère les moyennes $\mu_T = \frac{1}{T}\int_0^T T_t\mu \, dt$, pour $\mu \in M(X)$, et leurs limites, qui, si elles existent, sont invariantes sous T_t. On appelle ces états invariants des <u>états d'équilibre</u>.

On s'interesse donc aux descriptions des états d'équilibre et à l'évolution asymptotique des moyennes temporelles μ_T . Dans cet article, on se concentrera sur quelques classes de transformations structurellement stables et essayera de décrire la situation générique.

Pour simplifier, on considèrera au lieu du groupe de transformations $\{T_t: t \in R\}$ le groupe $\{T^n : n \in \mathbb{Z}\}$. La moyenne temporelle $\frac{1}{T}\int_0^T T_t\mu \, dt$ sera donc remplacée par $\frac{1}{N}\sum_{n=0}^{N-1} T^n\mu$.

II. Préliminaires

Soit X un espace compact avec une métrique d. Dénotons par C(X) l'espace des fonctions continues sur X, par B(X) l'espace des sous-ensembles boréliens , et par M(X) l'espace des probabilités boréliennes sur X. Munissons M(X) de la <u>topologie faible</u>: μ_n converge vers μ si et seulement si $\int f d\mu_n \longrightarrow \int f d\mu$ pour tout $f \in C(X)$. Alors M(X) est compact et admet une metrique p (la <u>metrique de Prohorov</u>) définie par

$$p(\mu,\nu) = \inf\{\varepsilon>0\colon \mu(A) \leq \nu(A^{\varepsilon})+\varepsilon \text{ et } \nu(A) \leq \mu(A^{\varepsilon})+\varepsilon \text{ pour tout } A\in B(X)\},$$

où $A^{\varepsilon}=\{x\in X\colon d(x,A)<\varepsilon\}$. Pour $x\in X$ soit $\pi(x)$ la <u>mesure ponctuelle</u> définie par $\pi(x)(A)=1$ si $x\in A$, $=0$ si $x\notin A$. L'application $x \longrightarrow \pi(x)$ est un homéomorphisme de X dans M(X). M(X) est convexe et les mesures ponctuelles sont exactement les points extrêmaux de M(X). Il s'ensuit que les combinaisons convexes de mesures ponctuelles (c'est à dire les mesures à support fini) sont denses dans M(X).

Soit T un homéomorphisme de X sur soi-même. T induit un homéomorphisme de M(X) sur soi-même, que l'on denote encore par T , defini par $T\mu(A) = \mu(T^{-1}A)$ pour $A\in B(X)$. On a $T\pi(x)=\pi(Tx)$ pour $x\in X$.

Pour $\mu\in M(X)$ posons $\mu^N = \frac{1}{N}\sum_{n=0}^{N-1} T^n\mu$ et désignons par $V(\mu)$ l'ensemble des points d'accumulation de μ^N. Il est facile à voir que $V(\mu)$ est non-vide, fermé et connexe et que tout élément de $V(\mu)$ est T-invariant.

Soit $M_T(X)$ l'ensemble des probabilités T-invariantes. $M_T(X)$ est non-vide, compact et convexe. Si $T \neq Id$, $M_T(X)$ est rare dans M(X). Il est bien connu que les points extrêmaux de $M_T(X)$ sont exactement les <u>mesures ergodiques</u>, c'est à dire les $\mu\in M_T(X)$ telles que

$$\lim_{N\to\infty} \frac{1}{N}\sum_{n=0}^{N-1} \mu(T^{-n}A\cap B) = \mu(A)\mu(B)$$

pour $A,B\in B(X)$. On vérifie facilement que deux mesures ergodiques sont mutuellement singulières.

Si $\nu\in M(X)$ est absolument continue par rapport à $\mu\in M_T(X)$, et si μ est ergodique, alors $\nu^N \to \mu$. Si, par surcroit, μ est même <u>fortement mélangeante</u>, c'est à dire si

$$\lim_{n\to\infty} \mu(T^{-n}A\cap B) = \mu(A)\mu(B)$$

pour $A,B\in B(X)$, alors on a même $T^n\nu \longrightarrow \mu$.

Si $M_T(X)$ consiste en un seul element μ_o , on dit que T est <u>uniquement ergodique</u>. Dans ce cas μ_o est évidemment ergodique et l'on a $\mu^N \longrightarrow \mu_o$ pour tout $\mu\in M(X)$.

Mais il arrive souvent que T ne soit pas uniquement ergodique. Quelles sont, dans ce cas, les propriétés des mesures invariantes, et quel est le comportement des moyennes temporelles ? Nous allons essayer de donner une réponse partielle en décrivant les propriétés 'typiques' des éléments de $M_T(X)$, et le comportement 'typique' des moyennes temporelles μ^N.

Mais que veut dire typique? Si l'on connaissait une mesure 'raisonnable' sur M(X), ou sur $M_T(X)$, on dirait que c'est une propriété valide presque partout, par rapport à cette mesure. Mais on n'en connait pas. Cependant, M(X) et $M_T(X)$ sont compacts et metriques, donc des espaces de Baire. Il est donc raisonnable de dire qu'une propriété est typique si elle est <u>générique</u>, c'est à dire si elle est valide pour un ensemble ouvert dense, ou pour une intersection dénombrable de tels ensembles, donc pour un G_δ dense. De même, une propriété sera considérée comme exceptionnelle si elle n'est valide que pour un ensemble maigre , c'est à dire un ensemble contenu dans une union dénombrable de fermés rares.

III. Un example

Soit $X = \mathbb{R}^2/\mathbb{Z}^2$ le tore à deux dimensions et T la transformation définie par la matrice $\begin{pmatrix} 2 & 1 \\ 1 & 1 \end{pmatrix} \in SL(2,Z)$, qui transforme $(x_1,x_2)\in X$ dans $(2x_1+x_2 \pmod 1), x_1+x_2 \pmod 1))$. T est un homéomorphisme de X sur soi-même. On sait que les points périodiques de T sont exactement les points à coordonnées rationelles. Donc les points périodiques sont denses. Remarquons aussi que T est <u>topologiquement transitif</u> (il existe des orbites denses dans X) et même <u>topologiquement mélangeant</u>, c'est à dire telle que pour deux ouverts $U,V\subset X$ il existe un N avec $T^nU\cap V\neq\emptyset$ pour tout $n>N$.

Soit λ la mesure de Lebesgue sur X. Alors $\lambda\in M_T(X)$. Il y a bien d'autres mesures T-invariantes sur X. En particulier, soit $x\in X$ tel que $T^px = x$. Alors la mesure $\frac{1}{p}(\pi(x)+\pi(Tx)+\ldots +\pi(T^{p-1}x))$ est dans $M_T(X)$. C'est une mesure invariante concentrée sur une orbite périodique. Appelons une telle mesure une mesure o.p..Ces mesures sont évidemment ergodiques. $M_T(X)$ est un espace convexe à dimension infinie. Il est naturel de

Demandons donc quelles sont les propriétés typiques des éléments de $M(X)$ et de $M_T(X)$.Le résultat suivant est d'une grande utilité pour la recherche de ces propriétés génériques.

Th.1: Les mesures o.p. sont denses dans $M_T(X)$.

Remarquons que pour démontrer ce théorème, on a besoin de la propriété de spécification (voir section V). Il ne suffit certainement pas que les points périodiques soient denses d dans X.

Du théorème 1 s'ensuit que les mesures ergodiques sont denses. Puisque ces mesures sont les points extrémaux d'un convexe, elles forment aussi un G_δ . Donc

Th.2: Génériquement, les mesures invariantes sont ergodiques.

Les mesures o.p. sont peu intéressantes en elles-mêmes, pour plusieurs raisons. Elles ont des atomes, c'est à dire des points à masse strictement positive. Elles ne chargent pas tous les ouverts. Et elles ne sont pas fortement mélangeantes (sauf si elles se reduisent à des mesures ponctuelles). En tout ceci, elles se distinguent de la mesure λ . Quelle est la situation typique? On obtient:

Th.3: Génériquement, les mesures invariantes sont non-atomiques et chargent les ouverts.

Th.4: Génériquement, les mesures invariantes ne sont pas fortement mélangeantes.

Entre le mélange fort et l'ergodicité il y a la notion importante de mélange faible. $\mu\in M_T(X)$ est faiblement mélangeante si

$$\lim_{N\to\infty} \frac{1}{N} \sum_{n=0}^{N-1} |\mu(T^{-n}A\cap B) - \mu(A)\mu(B)| = 0$$

pour $A,B\in B(X)$.

Th.5: Génériquement, les mesures invariantes sont faiblement mélangeantes.

A tout $\mu\in M_T(X)$ est associé un nombre $h_\mu(T)$, l'entropie de μ, de la façon suivante. Soit $\alpha=\{A_1,\ldots,A_n\}$ une partition finie de X en boréliens. On définit:

$$H_\mu(\alpha) = -\sum_{i=1}^{n} \mu(A_i)\log \mu(A_i) \qquad \text{(avec } 0.\log 0=0).$$

Soit $\alpha \vee T^{-1}\alpha \vee \ldots \vee T^{-N+1}\alpha$ la partition dont les éléments sont de la forme $A_{i_0}\cap T^{-1}A_{i_1}\cap \ldots T^{-N+1}A_{i_{N-1}}$. On montre que

$$\lim \frac{1}{N} H_\mu(\alpha \vee T^{-1}\alpha \vee \ldots \vee T^{-N+1}\alpha)$$

éxiste. On dénote cette limite par $H_\mu(\alpha,T)$. Enfin on pose

$$h_\mu(T) = \sup\{H_\mu(\alpha,T) : \alpha \text{ est une partition finie en boréliens}\}.$$

On a toujours $h_\mu(T) \geq 0$. Si μ est une mesure o.p. alors $h_\mu(T) = 0$. D'autre part, $h_\lambda(T)$ est strictement positif: $h_\lambda(T)$ est égal au logarithme de la valeur absolue maximale des valeurs propres de la matrice $\begin{pmatrix} 2 & 1 \\ 1 & 1 \end{pmatrix}$ (qui servait à définir T). On obtient:

Th.6: Génériquement, les mesures invariantes ont entropie nulle.

Soit T_i un homéomorphisme de l'espace compact metrique X_i sur soi-même, et soit $\mu_i \in M_{T_i}(X_i)$ $(i=1,2)$. Alors μ_1 et μ_2 sont dits isomorphes s'il existe des $\bar{X}_i \in B(X_i)$ avec $\mu_i(\bar{X}_i)=1$ et une bijection bimesurable $\phi : \bar{X}_1 \longrightarrow \bar{X}_2$ qui transforme μ_1 en μ_2 et qui rend le diagramme suivant commutatif:

$$\begin{array}{ccc} \bar{X}_1 & \xrightarrow{T_1} & \bar{X}_1 \\ \phi \downarrow & & \downarrow \phi \\ \bar{X}_2 & \xrightarrow{T_2} & \bar{X}_2 \end{array}$$

Dans ce cas , on a $h_{\mu_1}(T_1) = h_{\mu_2}(T_2)$.

Soit $\mathcal{S} = \{1,2,\ldots,s\}$ un espace fini à topologie discrète et $\mathcal{S}^{\mathbb{Z}}$ l'espace produit dont les éléments sont les suites bilatérales $x = (x_i)$ $(-\infty < i < +\infty)$ à éléments dans $\mathcal{S}$. Soit σ le shift défini par $(\sigma x)_i = x_{i+1}$ pour $x \in \mathcal{S}^{\mathbb{Z}}$. σ est un homéomorphisme de l'espace compact metrique $\mathcal{S}^{\mathbb{Z}}$ sur soi-même.

Soit $\bar{p} = (p_1,\ldots,p_s)$ un vecteur de probabilité, c'est à dire une mesure sur $\mathcal{S}$. La mesure produit sur $\mathcal{S}^{\mathbb{Z}}$ est appelée mesure de Bernoulli au sens strict. Elle est invariante, c'est à dire dans $M_\sigma(\mathcal{S}^{\mathbb{Z}})$. Elle est fortement mélangeante et son entropie est $-\sum p_i \log p_i$.

Cette définition de la mesure de Bernoulli de laisse généraliser. $\mu \in M_T(X)$ est dite mesure de Bernoulli s'il existe une mesure de Bernoulli au sens strict qui lui est isomorphe.

Th.7: Les mesures de Bernoulli sont denses dans $M_T(X)$.

En particulier, les mesures fortement mélangeantes et les mesures à entropie positive forment des ensembles maigres, mais denses dans $M_T(X)$.

Considérons maintenant les moyennes temporelles μ^N et l'ensemble $V(\mu)$ de leurs points d'accumulation, pour $\mu \in M(X)$.

Th.8: Soit V un ensemble non vide, fermé et connexe de $M_T(X)$. Alors l'ensemble des $\mu \in M(X)$ telles que $V(\mu) = V$ est dense dans $M(X)$, et l'ensemble des $x \in X$ tels que $V(\pi(x)) = V$ est dense dans X.

Ceci montre que pour beaucoup de mesures μ, les moyennes temporelles μ^N ne convergent pas. On peut préciser ceci. Disons que la mesure $\mu \in M(X)$ est à oscillation maximale si $V(\mu) = M_T(X)$ et si pour tout $\nu \in M(X)$ il existe une suite $n_k \uparrow \infty$ telle que $T^{n_k}\mu \longrightarrow \nu$. Disons que le point $x \in X$ est à oscillation maximale si $V(\pi(x)) = M_T(X)$ et si pour tout $y \in X$ il existe une suite $n_k \uparrow \infty$ telle que $T^{n_k}x \longrightarrow y$.

Th.9: Génériquement, les points de X et les mesures sur X sont à oscillation maximale.

IV. Transformations structurellement stables

Les théorèmes précédants sont valides pour tous les automorphismes de tores à n dimensions définis par des matrices de SL(n,Z) qui sont hyperboliques, c'est à dire dont les valeurs propres ne sont pas sur le cercle unité. Ces resultats ne dependent pas de la structure linéaire de telles transformations. En effet, pour tout difféomorphisme T de cette forme, il existe un voisinage C^2 tel que tout difféomorphisme T' dans ce voisinage est topologiquement conjugé à T. Ceci veut dire que si les applications T et T' et leurs dérivées d'ordre premier et second sont suffisamment voisines, il existe un homéomorphisme ϕ du tore X sur-soi-même tel que le diagramme suivant soit commutatif:

$$\begin{array}{ccc} X & \xrightarrow{T} & X \\ \phi \downarrow & & \downarrow \phi \\ X & \xrightarrow{T'} & X \end{array}$$

On dit dans ce cas que T est stucturellement stable. Donc les théorèmes 1 à 9 sont valides pour un ensemble ouvert (dans la topologie C^2) de difféomorphismes du tore.

Une classe importante de transformations structurellement stables sont les difféomorphismes d'Anosov, dont les automorphismes hyperboliques du tore sont des examples.

Soit X une variété riemannienne compacte, $T:X \longrightarrow X$ un difféomorphisme de classe C^2 et T^* la différentielle de T. On dit que T est un <u>difféomorphisme d'Anosov</u> s'il existe des constantes $c>0$, $0<\ell<1$ et deux champs tangents continus C_x et D_x $(x\in X)$ invariants sous T^*, tels que $C_x \oplus D_x$ soit l'espace tangent en x et que l'on ait pour tout $n\in\mathbb{N}$

(a) $\|(T^n)^* v\| \leq c\ell^n \|v\|$ pour $v\in C_x$

(b) $\|(T^{-n})v\| \leq c\ell^n \|v\|$ pour $v\in D_x$.

($\|\cdot\|$ designe une metrique riemannienne). On dit que T est dilatant sur D_x et contractant sur C_x.

Dans le cas d'un automorphisme hyperbolique du tore donné par une matrice A, C_x est parallèle au vecteur propre de A qui correspond à la valeur propre à l'intérieur du cercle unité, et D_x est parallèle à l'autre vecteur propre.

Une classe de difféomorphismes bien plus large encore a été introduite par Smale dans [12] . Soit Ω l'ensemble des points <u>non-errants</u> de T, c'est à dire des points x tels que pour tout voisinage U de x il existe un $n\neq 0$ tel que $T^n U \cap U \neq \phi$. Ω est un ensemble non vide, fermé et invariant qui contient les points périodiques. On dit que T satisfait l'<u>axiome A</u> si

(1) les points périodiques sont denses dans Ω,

(2) l'espace tangent de X, restreint à Ω , peut être décomposé en somme continue de deux champs de vecteurs C_x et D_x, invariants par T^* , tels que T soit contractant sur C_x et dilatant sur D_x.

Sur toute variété compacte, il existe des difféomorphismes structurellement stables satisfaisant à l'axiome A.(Il n'en est pas de même pour les difféomorphismes d'Anosov.) On conjecture que tout difféomorphisme structurellement stable satisfait à l'axiome A.

Si T satisfait à l'axiome A, Ω peut être décomposé de manière unique en nombre fini d'ensembles fermés, disjoints et T-invariants Ω^j tels que T: $\Omega^j \to \Omega^j$ soit topologiquement transitif ($1 \leq j \leq s$). Chaque Ω^j à son tour peut être décomposé d'une manière unique en un nombre fini d'ensembles fermés et disjoints Ω^j_k ($1 \leq k \leq m_j$) tels que T envoie Ω^j_k sur Ω^j_{k+1} (et $\Omega^j_{m_j}$ sur Ω^j_1) et que T^{m_j}: $\Omega^j_1 \to \Omega^j_1$ soit topologiquement mélangeant ([12] et [2]).

Ω^j_1 peut se reduire à un point : dans ce cas Ω^j est une orbite périodique isolée dans Ω. Sinon, Ω^j_1 est infini. Posons $T^{m_j} = S$, $\Omega^j_1 = Y$, et appelons les systèmes dynamiques S: Y $\longrightarrow$ Y des <u>systèmes basiques</u>. On peut montrer que les théorèmes 1 à 9 sont valides pour les systèmes basiques ([6], [7] , [10]). L'information correspondante pour T:X $\to$ X en est facile à tirer. En effet, $M_T(X)$ est juste $M_T(\Omega)$, puisque toute mesure invariante sur X est concentrée sur la partie non-errante. Tout élément de $M_T(\Omega)$ est une combinaison convexe $a_1\mu_1 + \ldots + a_s\mu_s$, avec $\mu_j \in M_T(\Omega^j)$. Enfin, il y a un homéomorphisme évident entre $M_S(Y)$ et $M_T(\Omega^j)$: à $\mu \in M_S(Y)$ correspond $\bar{\mu} = \frac{1}{m_j}(\mu + T\mu \ldots + T^{m_j - 1}\mu) \in M_T(\Omega^j)$.

Revenons maintenant au cas d'un groupe de transformations à un paramètre réel. Toutes les notions utilisées dans ce qui précède ont un analogue continu. Les théorèmes 1,2,3,8 et 9 ont été étendus au cas de flots différentiables satisfaisant (l'analogue de) l'axiome A ([8] et [10]). (Les résultats correspondant aux théorèmes 4 et 6 semblent facile à démontrer, ceux des théorèmes 5 et 7 peut-être moins). En particulier, 1,2,3,8 et 9 sont valides pour les flots géodésiques sur des variétés compactes à courbure négative. Ce sont là des systèmes dynamiques déjà assez 'mécaniques'. Ainsi, Kolmogoroff a remarqué que l'on peut définir une surface fermée W (dans l'espace euclidien à 3 dimensions) et placer près de W un nombre fini de centres d'attraction et de répulsion tels que sous l'action de ce potentiel, le mouvement d'un point matériel sur W soit équivalent à un flot géodésique sur une surface à courbure négative (voir [4]). Ceci laisse espérer que l'on peut aborder les problèmes correspondants pour des modèles vraiment 'physiques' de la mécanique statistique, comme le modèle de Bohr ou le modèle de Boltzmann-Gibbs.

V. Quelques remarques sur les démonstrations

Pour démontrer les théorèmes 1 à 9 , on se sert avant tout d'une propriété topologique qui a été introduite par Bowen dans [2] . On dit que l'homéomorphisme T de l'espace compact metrique X sur soi-même satisfait la <u>propriété de spécification</u> si , pour tout $\varepsilon > 0$, il existe un entier $M(\varepsilon) > 0$ tel que si x_1 et x_2 sont des points de X et a_1, a_2, b_1, b_2, et p des entiers satisfaisant

(a) $a_1 \leq b_1 < a_2 \leq b_2$

(b) $a_2 - b_1 > M(\varepsilon)$

(c) $p-(b_2-a_1) > M(\varepsilon)$

il existe un $z \in X$ tel que $T^p z = z$ et

$d(T^j x_1, T^j z) < \varepsilon$ pour $a_1 \leq j \leq b_1$

$d(T^j x_2, T^j z) < \varepsilon$ pour $a_2 \leq j \leq b_2$.

Ceci veut dire que deux pièces d'orbite quelconques $\{T^j x_1 : a_1 \leq j \leq b_1\}$ et $\{T^j x_2 : a_2 \leq j \leq b_2\}$ peuvent être approchées, à ε près, par une orbite périodique $\{T^j z\}$, pourvu que les temps $a_2 - b_1$ (pour aller de la première pièce d'orbite à la seconde) et $p-(b_2-a_1)$ (pour retourner de la seconde pièce d'orbite à la première) soient supérieurs à $M(\varepsilon)$. L'uniformité de cette condition - $M(\varepsilon)$ ne dépend ni des x_i , ni des longueurs $b_i - a_i$ des pièces d'orbite - la semble rendre très sévère: mais elle est satisfaite pour bien de transformations. En premier lieu, les systèmes basiques $S: Y \to Y$ remplissent la condition de spécification, comme l'a montré Bowen dans [2]. Il en est de même pour les shifts, et pour de nombreux examples de sous-shifts (c'est à dire des restrictions d'un shift à un sous-ensemble fermé et invariant). Cette condition est aussi remplie pour bien de transformations non-invertibles, par example pour les expansions $x \to sx \pmod 1$ de l'intervalle unité ($s \in \mathbb{N}$, $s \geq 2$). Mentionnons enfin que la propriété de spécification est naturelle : elle est conservée par les homomorphismes et les produits de systèmes dynamiques. De plus si T:X ⟶ X remplit cette condition, il en est de même de T:M(X) ⟶ M(X) (voir [9] et [1]).

La condition de spécification suffit pour démontrer les théorèmes 1,2,3,4,8 et 9. Il semble possible qu'elle le soit aussi pour les théorèmes 5,6 et 7.

Jusqu'à présent on a besoin de la condition d'expansivité pour démontrer le théorème 6 : cette condition est remplie s'il existe une constante δ telle que $d(T^n x_1, T^n x_2) < \delta$ pour tout $n \in \mathbb{Z}$ implique $x_1 = x_2$. Ruelle a montré dans [5] que spécification et expansivité suffisent pour la démonstration.

Quant aux théorèmes 5 et 7 , on se sert de la théorie des partitions de Markoff, due à Sinai et Bowen. Cette théorie affirme que les systèmes basiques S:Y ⟶ Y se laissent représenter comme images homomorphes de certains sous-shifts de type particulier (voir [3]). On peut montrer que toute mesure o.p., pour ces sous-shifts, se laisse approcher par des mesures données par des chaines de Markoff apériodiques et irréducibles [7] . Ornstein a montré que de telles mesures sont des mesures de Bernoulli, et que les images homomorphes de mesures de Bernoulli sont encore des mesures de Bernoulli ([4]). Le théorème 7 en découle facilement. Il s'ensuit que les mesures faiblement mélangeantes sont denses. Comme d'autre part elles forment un G_δ , le théorème 5 en résulte.

Bibliographie

1 W.BAUER et K.SIGMUND, Topological dynamics of transformations induced on the space of probability measures, to appear in Monatshefte für Math.

2 R.BOWEN, Periodic points and invariant measures for Axiom A diffeomorphisms, Transactions AMS 154 (1971) 377-397

3 R.BOWEN Markov partitions for Axiom A diffeomorphisms, Amer.J.Math 92 (1970) 725-747

4 D.ORNSTEIN, Some new results in the Kolmogorov-Sinai theory on entropy and ergodic theory, Bulletin AMS 77 (1971) 878-890

5 D.RUELLE, Statistical mechanics on compact sets with Z^{ν} action satisfying expansiveness and specification, Bulletin AMS 78 (1972) 988–991

6 K.SIGMUND, Generic properties of invariant measures for Axiom A diffeomorphisms, Inventiones math. 11 (1970) 99-109

7 --- , Mixing measures for Axiom A diffeomorphisms, Proceedings AMS 36 (1972) 497-504

8 --- , On the space of invariant measures for hyperbolic flows, Amer. J.Math 94 (1972) 31-37

9 --- , On dynamical systems with the specification property, to appear in Transactions AMS

10 --- , On the time evolution of statistical states for hyperbolic flows, to appear

12 S.SMALE, Differentiable dynamical systems, Bulletin AMS 73 (1967) 747-817.

PHASE TRANSITION AND MARTIN BOUNDARY

by Hans Föllmer

The theory of stochastic fields, and in particular of Markov fields in the sense of DOBRUSHIN [1] and NELSON [10], has some close analogies to probabilistic potential theory. Our purpose here is to discuss the analogy between phase transition and the existence of non-constant harmonic functions of a Markov process. In particular we derive a general integral representation of stochastic fields as mixtures of phases using the Martin boundary technique. A similar approach based on the "harmonic" martingales of (1.7) below has already been suggested in [6]. But it turns out that DYNKIN's construction of the boundary in [4] is a much more convenient method. Moreover it allows to drop the Markov property, and this is desirable in Statistical Mechanics (example 2a below) and also of interest in Quantum field theory (cf. [13]).

Sections 1 and 2 introduce some basic notions and examples, and sections 3 and 4 are a straightforward modification of DYNKIN [4] adapted to stochastic fields. We refer to PRESTON [12] for a different approach based on Choquet simplex theory which leads to very similar results.

1. STOCHASTIC FIELDS

Let $(\Omega, \underline{\underline{F}})$ be a standard Borel space (cf. [11] p. 133), $\underline{\underline{V}}$ an index set ordered by a relation $\subseteq$, and $(\hat{\underline{\underline{F}}}_V)_{V \varepsilon V}$ a decreasing family of sub-σ-fields of $\underline{\underline{F}}$. For each $V \varepsilon \underline{\underline{V}}$ let π_V be a probability kernel on $(\Omega, \underline{\underline{F}})$ such that

$$(1.1) \qquad \pi_V(.,A) \text{ is } \hat{\underline{\underline{F}}}_V\text{-measurable } (A \varepsilon \underline{\underline{F}}),$$

and suppose that the collection $\Pi = (\pi_V)_{V \varepsilon \underline{\underline{V}}}$ satisfies the consistency condition

$$(1.2) \qquad \pi_W \pi_V = \pi_W \quad (V, W \varepsilon \underline{\underline{V}} \; ; \; V \subseteq W).$$

Any probability measure P on $(\Omega,\underline{\underline{F}})$ which is compatible with Π in the sense that

$$(1.3) \qquad E[I_A|\hat{\underline{\underline{F}}}_V] = \pi_V(.,A) \quad \text{P-a.s.} \quad (A\in\underline{\underline{F}})$$

will be called a <u>stochastic field</u> with <u>local characteristics</u> Π. The set $C = C(\Pi)$ of all such fields is obviously convex, and ist extreme points will be called the <u>phases</u> of Π. Let us assume $C \neq \emptyset$; a sufficient condition for the existence of some $P\in C$ will be given in (3.2) below. The case $|C| >1$, where the stochastic field is not uniquely determined by its local characteristics, is often called a <u>phase transition</u>.

In many applications, e.g. in lattice gas models of type (2.1) below, C is a metrizable simplex, and so the Choquet integral representation theory implies that each stochastic field is a mixture of phases. In our general context, without compactness assumptions,we will derive such an integral representation using the Martin boundary technique. There is in fact a close analogy between the stochastic fields of Π and the harmonic functions of a Markov process. To make it more explicit, let us first introduce the notion of a Markov field; cf. DOBRUSHIN [1] and NELSON [10].

Suppose we have, in addition to the decreasing family $(\hat{\underline{\underline{F}}}_V)_{V\in\underline{\underline{V}}}$, an increasing family $(\underline{\underline{F}}_V)_{V\in\underline{\underline{V}}}$ such that $\underline{\underline{F}} = \bigvee \underline{\underline{F}}_V$ and $\underline{\underline{F}}_V \vee \hat{\underline{\underline{F}}}_V = \underline{\underline{F}}$ $(V\in\underline{\underline{V}})$. Let us write $\partial\underline{\underline{F}}_V = \underline{\underline{F}}_V \cap \hat{\underline{\underline{F}}}_V$, and let us say that Π has the <u>Markov property</u> if

$$(1.4) \qquad \pi_V(.,A_V) \text{ is } \partial\underline{\underline{F}}_V \text{ - measurable} \quad (A_V \in \underline{\underline{F}}_V).$$

In that case, any $P \in C(\Pi)$ will be called a <u>Markov field</u>.

Let us now fix $P\in C$ and let us look at the class $C_P = C_P(\Pi)$ of all fields $Q\in C$ which are "locally absolutely continuous" with respect to P in the sense that

$$(1.5) \qquad Q_V << P_V \quad (V\in\underline{\underline{V}})$$

where Q_V denotes the restriction of Q to $\underline{\underline{F}}_V$. Clearly, any $Q\in C_P$ induces a non-negative martingale $X = (X_V)_{V\in\underline{\underline{V}}}$ over $(\Omega,F,(\underline{\underline{F}}_V),P)$ which is normalized to $E[X_V] = 1$: just take

$$(1.6) \qquad X_V = \frac{dQ_V}{dP_V} \quad (V \in \underline{\underline{V}}) .$$

The following proposition gives an intrinsic characterization of all those martingales which arise in that manner from a stochastic field in C_P. Here we assume that $(\underline{\underline{F}}_V)_{V\in\underline{\underline{V}}}$ is a "standard system" in the sense of [11] p. 143: each $(\Omega,\underline{\underline{F}}_V)$ is standard Borel, and any decreasing sequence of atoms $A_n \in \underline{\underline{F}}_{V_n}$ $(V_1 \subseteq V_2 \subseteq \dots)$ has a non-void intersection. Cf. [8] Theorem VII.2 for a similar result in Quantum field theory.

(1.7) PROPOSITION. - <u>Suppose that</u> Π <u>has the Markov property. Then (1.6) establishes a 1-1 correspondence between</u> $C_P(\Pi)$ <u>and the set of all those non-negative normalized martingales</u> $X = (X_V)_{V\in\underline{\underline{V}}}$ <u>over</u> $(\Omega,\underline{\underline{F}},(\underline{\underline{F}}_V)_{V\in\underline{\underline{V}}},P)$ <u>which are adapted to</u> $(\partial\underline{\underline{F}}_V)_{V\in\underline{\underline{V}}}$ <u>in the sense that</u>

(1.8) X_V <u>is</u> $\partial\underline{\underline{F}}_V$ - <u>measurable</u> P-a.s. $(V\in\underline{\underline{V}})$

PROOF. -

1) Let $X = (X_V)$ be the martingale associated to a field $P^X \in C_P$. For any F-measurable bounded function φ_V we have

$$E[X_V\varphi_V] = E^X[\varphi_V] = E^X[E^X[\varphi_V|\underline{\underline{F}}_{\partial V}]] = E^X[E[\varphi_V|\underline{\underline{F}}_{\partial V}]]$$

$$= E[X_V E[\varphi_V|\underline{\underline{F}}_{\partial V}]] = E[E[X_V|\underline{\underline{F}}_{\partial V}]\varphi_V]$$

and this implies (1.8).

2) Let $X = (X_V)$ be a non-negative martingale with $E[X_V] = 1$. Then $P^X[A_V] = E[X_V;A_V]$ $(A_V \in \underline{\underline{F}}_V)$ yields a consistent definition of P^X on $\bigcup\underline{\underline{F}}_V$, and since $(\underline{\underline{F}}_V)$ is a standard system we may view P^X as a probability measure on $\underline{\underline{F}}$; cf. [11] Th. 4.2. Now assume (1.8) and let us verify (1.3). Since $\underline{\underline{F}} = \underline{\underline{F}}_V \vee \hat{\underline{\underline{F}}}_V$ it is enough to consider the case $A\in\underline{\underline{F}}_V$. Take any $W \in \underline{\underline{V}}$ with $W \subseteq V$ and a $\hat{\underline{\underline{F}}}_V \cap \underline{\underline{F}}_W$ -measurable bounded φ . Since $\underline{\underline{F}} = \bigvee \underline{\underline{F}}_W$ and Π is Markovian, it is enough to check $E^X[I_A\varphi] = E^X[E[I_A \mid \partial\underline{\underline{F}}_V]\varphi]$. In fact we have

$$E^X[I_A\varphi] = E[X_W\, I_A\varphi] = E[E[X_W\, I_A|\hat{\underline{\underline{F}}}_V]\varphi] ,$$

and since $\partial\underline{\underline{F}}_W \subseteq \hat{\underline{\underline{F}}}_W \subseteq \hat{\underline{\underline{F}}}_V$, (1.8) allows to continue

$$= E[X_W\, E[I_A|\hat{\underline{\underline{F}}}_V]\varphi] = E^X[E[I_A|\partial\underline{\underline{F}}_V]\varphi] .$$

2. EXAMPLES

a) **LATTICE GAS MODELS.** - Let E be a countable set, $T = Z^d = \{t = (t_1,\dots,t_d)\,|\,t_i \text{ integer}\}$ with $d \geq 1$, and consider the space $\Omega = E^T$ of <u>configurations</u> ω: $T \longrightarrow E$. For any $V \subseteq T$ define $\hat{\underline{\underline{F}}}_V$ as the σ-field generated by the maps $\omega \longrightarrow \omega(t)$ $(t \notin V)$, and take $\underline{\underline{V}}$ = the finite subsets of T.

In the lattice gas models of Statistical Mechanics the local characteristics are given in terms of a <u>potential function</u> U , that is, a collection of maps

$$U_V : E^V \longrightarrow R \qquad (V \in \underline{\underline{V}}) .$$

If $U_V(.) = 0$ as soon as the diameter of A is greater than some fixed integer r then U is said to be of <u>finite range</u> r . If this is the case with r = 1 then U is called a <u>nearest neighbor potential</u>. The energy of a configuration $\xi \in \Omega$ on $V \in \underline{\underline{V}}$ is defined as

$$E_V(\xi) = \sum_{W \in \underline{\underline{V}}, W \cap V \neq \emptyset} U_W(\xi_W)$$

where ξ_W is the restriction of ξ to W , and where the assumptions on U are such that the right side is always absolutely convergent. For $\omega \in \Omega$ the measure $\pi_V(\omega,.)$ is concentrated on the finite set of all those $\xi \in \Omega$ which coincide with ω on T - V , and any such ξ carries the weight

(2.1) $$\pi_V(\omega, \{\xi\}) = Z_V^{-1}(\omega) \exp(-E_V(\xi))$$

with

$$Z_V(\omega) = \sum_{\xi: \xi=\omega \text{ on } T-V} \exp(-E_V(\xi)) .$$

$\Pi = (\pi_V)_{V \in \underline{\underline{V}}}$ is then consistent, and any $P \in C(\Pi)$ is called a <u>Gibbs field</u>.

If U is of finite range r then Π has the Markov property (1.4) if we define $\underline{\underline{F}}_V$ as the σ-field generated by all maps $\omega \longrightarrow \omega(t)$ with $t \in T$ and dist $(t,V) \leq r$.

Let us now consider the case where E is finite and where U is a potential function with range r = 1 . Then there is no phase transition for d = 1 (cf. [14]). For $d \geq 2$ the <u>Ising model</u> ($E = \{-1,1\}$, $U_V(\xi) = J\,\xi(s)\,\xi(t)$ if $V = \{s,t\}$ with $\|s-t\| = 1$ and $U_V(.) = 0$ else) yields examples of phase transition as soon as $|J|$ is large enough (cf. [14]). Let us however emphasize that even for d = 1 we may encounter phase transitions as soon as either the Markov property (cf. DYSON [5]) or the condition that E is finite (cf. example c) below is dropped.

b) QUANTUM FIELDS. - Take the space $\Omega = \mathcal{D}'$ of distributions on Euclidean space R^d and $\underline{\underline{V}}$ = the relatively compact open subsets of R^d . For any open $V \subseteq R^d$ define $\underline{\underline{F}}_V$ as the σ-field generated by the maps $\omega \longrightarrow \omega(f)$

($f \in \mathfrak{D}$, supp $(f) \subseteq V$), and for any closed $A \subseteq R^d$ define $\underline{\underline{F}}_A$ as the intersection of the fields $\underline{\underline{F}}_V$ (V open, $V \subseteq A$). For $V \in \underline{\underline{V}}$ we set $\partial \underline{\underline{F}}_V = \underline{\underline{F}}_{\partial V}$ and $\hat{\underline{\underline{F}}}_V = \underline{\underline{F}}_{T-V}$.

The "free Markov field" in NELSON [10] is a probability measure on $(\Omega, \underline{\underline{F}})$ such that

$$E[I_A | \hat{\underline{\underline{F}}}_V] = E[I_A | \partial \underline{\underline{F}}_V] \qquad (A \in \underline{\underline{F}}_V) .$$

The question of phase transition arises if the free Markov field is "perturbed" by a multiplicative functional; this induces a Markovian collection $\Pi = (\pi_V)_{V \in \underline{\underline{V}}}$ of local characteristics as indicated in DOBRUSHIN-MINLOS [2] (the kernels can be constructed consistently in the sense of (1.2) at least for a countable base of $\underline{\underline{V}}$).

c) MARKOV CHAINS. - Take $\Omega = E^T$ where E is some countable state space and $T = \{0,1,2,\ldots\}$, $\underline{\underline{V}}$ = the sets $\{0,\ldots,n\}$, and for $V \in \underline{\underline{V}}$ define the "past" $\underline{\underline{F}}_V$, the "future" $\hat{\underline{\underline{F}}}_V$ and the "present" $\partial \underline{\underline{F}}_V$ as in example a) (with $r = 1$). Any Markov chain on E with transition matrix $P(.,.)$ and fixed initial distribution μ, considered as a probability measure on Ω, is a Markov field with local characteristics

$$\pi_V(\omega, \{\xi\}) = \frac{\mu(\xi(0))\, P(\xi(0),\xi(1)) \ldots P(\xi(n-1),\, \omega(n))}{\mu P^n(\omega(n))}$$

($V = \{0,\ldots,n-1\}$; $\omega, \xi \in \Omega$; $\xi(t) = \omega(t)$ for $t \geq n$). Proposition (1.7) shows that the fields $P \in C(\Pi)$ may be identified with the non-negative normalized martingales $X = (X_V)$ such that each X_V is $\partial \underline{\underline{F}}_V$-measurable, that is, of the form $X_{\{0,\ldots,n-1\}}(\omega) = h(\omega(n),n)$ for some space-time function $h : E \times \{1,2,\ldots\} \to R$. The martingale property of the process X is equivalent to the space-time harmonicity of the function h. Thus we have a phase transition as soon as $P(.,.)$ admits space-time harmonic functions other than the constants. In particular we get many examples of a Markovian phase transition in one dimension as soon as $|E| = \infty$.

3. THE MARTIN BOUNDARY OF Π

Let $\Pi = (\pi_V)_{V \in \underline{\underline{V}}}$ be a collection of local characteristics over $(\Omega, \underline{\underline{F}})$ and suppose that $\underline{\underline{V}}$ has a countable base. We fix a polish topology on Ω compatible with $\underline{\underline{F}}$, and thereby a polish topology on the set $M(\Omega)$ of all probability measures on $(\Omega, \underline{\underline{F}})$ (cf. 11 Th. 6.5). Let $C_\infty = C_\infty(\Pi)$ be the set of all limits

(3.1) $$\lim_n \pi_{V_n}(\omega_n, .)$$

where (V_n) is some countable base of $\underline{\underline{V}}$ and (ω_n) some sequence in Ω. C_∞ is complete in $M(\Omega)$, and thus a polish space whose Borel field we denote by $\underline{\underline{C}}_\infty$; as shown below, our assumption $C \neq \emptyset$ will imply $C_\infty \neq \emptyset$. Let us call $(C_\infty, \underline{\underline{C}}_\infty)$ the <u>Martin boundary</u> of Π.

(3.2) REMARK. - In many applications there is a natural topology on Ω and the kernels π_V have the Feller property, that is $\pi_V \phi$ is continuous for bounded continuous ϕ. In that case it is easy to show $C_\infty \subseteq C$. If, as in (2.1), Ω is in addition compact then we have $C_\infty \neq \emptyset$ (without a priori assumptions on C), and in particular $C \neq \emptyset$. Moreover C_∞ is a compact space.

Let (V_n) be a countable base of $\underline{\underline{V}}$ and take $P \in C$. Then we have for any $\varphi \in L^1(P)$

$$(3.3) \qquad E[\varphi|\hat{\underline{\underline{F}}}_\infty] = \lim_n E[\varphi|\hat{\underline{\underline{F}}}_{V_n}] = \lim_n \int \pi_{V_n}(.,d\omega)\varphi(\omega) \qquad P\text{-a.s.}$$

where $\hat{\underline{\underline{F}}}_\infty$ denotes the <u>tail field</u> $\bigcap_V \hat{\underline{\underline{F}}}_V = \bigcap_n \hat{\underline{\underline{F}}}_{V_n}$. Letting φ run through a suitable sequence we obtain, P-a.s., the existence of

$$(3.4) \qquad \rho(\omega) = \lim_n \pi_{V_n}(\omega,.) \varepsilon\, C_\infty$$

(cf. [11] Th. 6.6). Denoting by P_δ resp. E_δ the measure resp. the expectations corresponding to $\delta \in C_\infty$, we can combine (3.3) and (3.4) into

$$(3.5) \qquad E[\varphi|\hat{\underline{\underline{F}}}_\infty](\omega) = E_{\rho(\omega)}[\varphi] \qquad P\text{-a.s.}$$

For any bounded functions $\hat{\varphi}$, φ, $\hat{\varphi}_V$ which are, respectively, $\hat{\underline{\underline{F}}}_\infty$-, $\underline{\underline{F}}$-, $\hat{\underline{\underline{F}}}_V$-measurable we have

$$\begin{aligned} E[\hat{\varphi}E_{\rho(.)}[\varphi\hat{\varphi}_V]] &= E[\hat{\varphi}\varphi\hat{\varphi}_V] = E[\hat{\varphi}E[\varphi|\hat{\underline{\underline{F}}}_V]\hat{\varphi}_V] \\ &= E[\hat{\varphi}E_{\rho(.)}[E[\varphi|\hat{\underline{\underline{F}}}_V]\hat{\varphi}_V]] \end{aligned}$$

and this implies

$$(3.6) \qquad P_{\rho(.)} \varepsilon\, C \qquad P\text{-a.s.}$$

Since

$$E[\hat{\varphi}f(\rho(.))] = E[\hat{\varphi}E_{\rho(.)}[f(\rho(.))]]$$

for any bounded measurable function f on C_∞, we also have

$$(3.7) \qquad P_{\rho(\omega)}[\rho(.) = \rho(\omega)] = 1 \qquad P\text{-a.s.}$$

In view of (3.6) and (3.7) let us call

$$\Delta := \{\delta \in C_\infty \mid \delta \in C, \quad P_\delta[\rho(.) = \delta] = 1\}$$

the <u>essential part</u> of the boundary. It is easy to see that Δ is a Borel set in C_∞ (if Π has the Feller property then it is even a G_δ-set), and thus $(\Delta, \underline{\underline{\Delta}})$ with $\underline{\underline{\Delta}} = \underline{\underline{C}}_\infty \cap \Delta$ is again a standard Borel space. From now on let us view $\rho(.)$ as a measurable map from Ω to Δ (due to (3.6) and (3.7) we can redefine it arbitrarily on $\{\rho(.) \notin \Delta\}$). By (3.5) we have

(3.8) $$\rho^{-1}(\underline{\underline{\Delta}}) = \hat{\underline{\underline{F}}}_\infty \qquad P\text{-a.s.}$$

Defining a probability measure μ^P on Δ through

(3.9) $$\mu^P(A) = P[\rho(.) \in A] \qquad (A \in \underline{\underline{\Delta}})$$

we may use (3.5) to write

(3.10) $$E[\varphi] = E[E_{\rho(.)}[\varphi]] = \int_\Delta E_\delta[\varphi]\,\mu^P(d\delta).$$

It is easy to check that, conversely, any probability measure μ^P on Δ induces a stochastic field $P \in C$ via (3.10). This implies in particular that P is extremal in C if and only if $P = P_\delta$ for some $\delta \in \Delta$. We have thus shown that C admits an <u>integral representation</u>

(3.11) $$P(.) = \int_\Delta P_\delta(.)\,\mu^P(d\delta)$$

which is <u>coupled to the tail field</u> in the sense that μ^P is obtained from the restriction of P to $\hat{\underline{\underline{F}}}_\infty$ via $\rho(.)$. To summarize:

(3.12) THEOREM. - <u>The relations (3.9) and (3.11) establish a 1-1 correspondence between the stochastic fields in</u> $C(\Pi)$ <u>and the probability measures on the essential part</u> Δ <u>of the Martin boundary of</u> Π, <u>and in particular between</u> Δ <u>and the set of extreme points of</u> $C(\Pi)$.

As corollaries we get two results which have been obtained independently by GEORGII [7] and PRESTON [12]. The first characterizes the phases of Π by a 0-1 law on the tail field. The second says that any phase can be approximated by measures of the form $\pi_V(\omega,.)$ - in analogy to the well known fact in potential theory that extremal harmonic functions can be approximated by normalized Green functions.

(3.13) COROLLARY. - <u>A stochastic field</u> $P \in C$ <u>is an extreme point of</u> C <u>if and only if</u>

$$P[A] \in \{0,1\} \qquad (A \in \hat{\underline{\underline{F}}}_\infty).$$

PROOF. - We have seen that $P \in C$ is a phase if and only if μ^P is a one-point measure, and this is equivalent to a 0-1 law for P on $\hat{\underline{\underline{F}}}_\infty$ due to (3.8).

(3.14) COROLLARY. - <u>Any extreme point of</u> C <u>belongs to</u> C_∞.

PROOF. - Immediate from our construction of Δ .

4. SPECIAL INTEGRAL REPRESENTATIONS

Let $\Pi = (\pi_V)_{V \in \underline{\underline{V}}}$ be a collection of local characteristics and assume that $\underline{\underline{V}}$ has a countable base. In many applications the real object of interest is not so much the set $C(\Pi)$ of all stochastic fields with local characteristics Π , but rather a suitable convex subset of $C(\Pi)$. We will shortly discuss two examples.

a) LOCAL ABSOLUTE CONTINUITY. - Suppose as in (1.7) that we have an increasing family of σ-fields $(\underline{\underline{F}}_V)_{V \in \underline{\underline{V}}}$ such that $\underline{\underline{F}} = \bigvee \underline{\underline{F}}_V$. Let us fix some $P \in C(\Pi)$ and consider the convex set $C_P(\Pi)$ of all those $Q \in C(\Pi)$ which are locally absolutely continuous with respect to P in the sense of (1.5). We assume that Π admits <u>reference measures</u> in the following sense: For each $V \in \underline{\underline{V}}$ there is a σ-finite measure m_V on $\underline{\underline{F}}_V$ such that

(4.1) $$\pi_W(\omega,.) \ll m_V \quad \text{on} \quad \underline{\underline{F}}_V \qquad (\omega \in \Omega)$$

for some $W \in \underline{\underline{V}}$ with $W \subseteq V$. Since $P(.) = \int P(d\omega)\, \pi_W(\omega,.)$ we have

(4.2) $$P_V \ll m_V \quad (V \in \underline{\underline{V}}).$$

Let φ_V be a density of P_V with respect to m_V and define $A_V := \{\varphi_V = 0\}$.

(4.3) LEMMA. - <u>For any</u> $Q \in C(\Pi)$ <u>we have</u>

$$Q \in C_P(\Pi) \iff Q[A_V] = 0 \quad (V \in \underline{\underline{V}})$$

PROOF. - " $\Longrightarrow$ " is clear since $P[A_V] = 0$. Now take a set $B \in \underline{\underline{F}}_V$ with

$$P[B] = \int_B \varphi_V \, dm_V = 0.$$

Then $B \subseteq A_V$ m_V-a.s., due to (4.1) we get

$$Q[B] = \int \pi_W(.,B)\,dQ \le \int \pi_W(.,A_V)\,dQ = Q[A_V] ,$$

and this yields " $\Longleftarrow$ " .

The lemma shows

$$\begin{aligned} Q \in C_P(\Pi) &\iff \int \mu^Q(d\delta)\; P_\delta[A_V] = 0 \qquad (V \in \underline{\underline{V}}) \\ &\iff \mu^Q[\Delta - \Delta_P] = 0 \end{aligned}$$

where

$$\Delta_P := \{\delta\varepsilon\Delta \mid P_\delta[A_V] = 0 \quad (V \varepsilon \underline{\underline{V}})\}$$

is $\underline{\underline{\Delta}}$ -measurable since $\underline{\underline{V}}$ has a countable base. To summarize:

(4.4) THEOREM. - <u>The relations (3.9) and (3.11) establish a 1-1 correspondence between $C_P(\Pi)$ and the set of probability measures on Δ_P, and in particular between Δ_P and the set of extreme points of</u> $C_P(\Pi)$.

b) INVARIANCE. - Suppose that we have a group $(\theta_t)_{t\,\varepsilon T}$ of measurable bijections θ_t: $\Omega \longrightarrow \Omega$ which is compatible with Π in the sense that

(4.5) $$P\,\theta_t \;\varepsilon\; C(\Pi) \qquad (P \;\varepsilon\; C(\Pi),\quad t \;\varepsilon\; T)$$

and

(4.6) $$\underline{\underline{I}} \subseteq \underline{\underline{F}} \quad \text{mod } P \quad (P \;\varepsilon\; I)$$

where $\underline{\underline{I}}$ is the σ-field of (θ_t)-invariant sets, I the set of (θ_t)-invariant probability measures and where $P\,\theta_t$ denotes the image of P under θ_t.

(4.7) REMARK. - If for t ε T and V ε $\underline{\underline{V}}$ there is a V_t ε $\underline{\underline{V}}$ such that

(4.8) $$\hat{\underline{\underline{F}}}_{V_t} = \theta_t^{-1}(\hat{\underline{\underline{F}}}_V)$$

and

(4.9) $$\pi_V(\theta_t(\omega),.) = \pi_{V_t}(\omega,.)\,\theta_t$$

then it is easy to check (4.5). If, in addition, $\underline{\underline{F}} = \bigvee \underline{\underline{F}}_V$ as in a) and if for V, W ε $\underline{\underline{V}}$ there is a t ε T such that

(4.10) $$\theta_t^{-1}(\underline{\underline{F}}_W) \subseteq \underline{\underline{F}}_V$$

then (4.6) follows as well; cf. [7] for a proof. In the situation of example 2a) above it is natural to take $T = Z^d$ and θ_t as the shift transformation defined through $(\theta_t\,\omega)(s) = \omega\,(t+s)$. Then (4.8) and (4.10) are satisfield, and (4.9) boils down to the condition that the potential function $U = (U_V)$ is translation invariant in the sense that $U_V(\omega_V) = U_{V+t}(\omega_{V+t})\circ\theta_t \quad (V \;\varepsilon\; \underline{\underline{V}},\; t \;\varepsilon\; T,\; \omega\varepsilon\Omega)$.

We denote by $C_o = C_o(\Pi)$ the convex set $C(\Pi)$ I. Let us assume $C_o \neq \emptyset$; for a sufficient condition combine (4.7) with (3.2). For any phase P_δ the measure $P_\delta\theta_t$ is again a phase, and so it corresponds to some point $\theta_t(\delta)$. Thus (θ_t) induces a group of transformations on Δ

which we denote again by (θ_t). For each $P\varepsilon C(\Pi)$ with representing measure μ^P we may then write

$$P\theta_t[A] = P[\theta_t^{-1}(A)] = \int\mu^P(d\delta)P_\delta[\theta_t^{-1}(A)]$$

$$= \int\mu^P(d\delta)P_{\theta_t(\delta)}[A] = \int\mu^P\theta_t(d\delta)P_\delta[A] \qquad (A\varepsilon\underline{\underline{F}}).$$

Thus $\mu^P\theta_t$ is the unique representing measure for $P\theta_t$ in the sense of (3.12). In particular we have $P\varepsilon C_o$ if and only if μ^P is (θ_t)-invariant. We are now going to invoke the ergodic theorem, and so we have to be more specific about $(\theta_t)_{t\varepsilon T}$. In order to simplify the exposition, let us just consider the case where $T = Z^d$ and $\theta_t\circ\theta_s = \theta_{t+s}$ as in example 2a above; cf. (4.7). Writing $T_n = \{t\varepsilon T \mid \|t\|\leq n\}$ we can apply WIENER's version of the ergodic theorem and obtain

$$(4.11) \qquad E[\varphi\,|\,\underline{\underline{I}}] = \lim_n \frac{1}{|T_n|}\sum_{t\varepsilon T_n}\varphi\circ\theta_t \qquad P\text{-a.s.}$$

for any bounded $\underline{\underline{F}}$-measurable φ and for any $P\varepsilon I$ ([3]VIII.6.9). Now we assume $P\varepsilon C_o(\Pi)$ and use (4.6) and (3.5) to conclude

$$E[\varphi|\underline{\underline{I}}] = E[E[\varphi|\underline{\underline{I}}]|\hat{\underline{\underline{F}}}_\infty] = \lim_n E[\frac{1}{|T_n|}\sum_{t\varepsilon T_n}\varphi\circ\theta_t|\hat{\underline{\underline{F}}}_\infty]$$

$$= \lim_n \frac{1}{|T_n|}\sum_{t\varepsilon T_n} E_{\theta_t(\rho(.))}[\varphi] \qquad P\text{-a.s.}$$

This implies the existence of

$$(4.12) \qquad \mu(\delta) := \lim \frac{1}{|T_n|}\sum_{t\varepsilon T_n} P_{\theta_t(\delta)}$$

in $M(\Omega)$ for μ^P-almost all $\delta\varepsilon\Delta$. Proceeding in exact analogy to the proof of (3.12) we can now construct a polish space $(\Delta_o,\underline{\underline{\Delta}}_o)$ parametrizing a certain subset of $C_o(\Pi)$ and redefine λ as a measurable map from Δ to Δ_o such that the map $\rho_o = \lambda\circ\rho$ satisfies

$$(4.13) \qquad \rho_o^{-1}(\underline{\underline{\Delta}}_o) = \underline{\underline{I}} \quad \text{mod } P$$

$$(4.14) \qquad E[\varphi\,|\,\underline{\underline{I}}] = E_{\rho_o(.)}[\varphi] \qquad P\text{-a.s.}$$

for any $P\varepsilon C_o(\Pi)$. Writing

$$E[\varphi] = E[E[\varphi|\underline{\underline{I}}]] = E[E_{\rho_o}[\varphi]] = \int_{\Delta_o}\mu_o^P(d\delta_o)E_{\delta_o}[\varphi]$$

with

$$(4.15) \qquad \mu_o^P[A] := \mu^P[\lambda^{-1}(A)] = P[\rho_o^{-1}(A)] \quad (A\varepsilon\underline{\underline{\Delta}}_o)$$

we obtain an <u>integral representation</u>

(4.16) $$P(.) = \int_{\Delta_o} \mu_o^P (d\delta_o) P_{\delta_o}(.)$$

for $C_o(\Pi)$ which is coupled to the invariant σ-field $\underline{\underline{I}}$ via the map ρ_o .
To summarize:

(4.17) THEOREM. - (4.15) and (4.16) establish a 1-1 correspondence between stochastic fields in $C_o(\Pi)$ and probability measures on Δ , and in particular between Δ and the set of extreme points of $C_o(\Pi)$.

As corollaries we obtain two more results of GEORGII [7] resp. PRESTON [12] .

(4.18) COROLLARY. - A stochastic field $P\varepsilon C_o$ is an extreme point of C_o if and only if

$$P[A]\varepsilon\{0,1\} \qquad (A\varepsilon\underline{\underline{I}}) ,$$

that is, if and only if P is ergodic.

PROOF. - As for (3.13) with $\underline{\underline{I}}$ instead of $\hat{\underline{\underline{F}}}_\infty$.

(4.19) COROLLARY. - Any extreme point P of C_o can be represented in the form

$$P = \lim_n \frac{1}{|T_n|} \sum_{t\varepsilon T_n} \pi_{V_n}(\omega,.)\theta_t$$

for P-almost all ω and for any countable base (V_n) of $\underline{\underline{V}}$.

PROOF (GEORGII [7]). - If $P\varepsilon C_o$ is extremal and φ $\underline{\underline{F}}$-measurable and bounded then

$$\begin{aligned} E[\varphi] &= E[\varphi|\underline{\underline{I}}] = E[E[\varphi|\underline{\underline{I}}]|\hat{\underline{\underline{F}}}_\infty] \\ &= \lim_n E[\frac{1}{|T_n|}\sum_{t\varepsilon T_n} \varphi\circ\theta_t|\hat{\underline{\underline{F}}}_{V_n}] \\ &= \lim_n \frac{1}{|T_n|}\sum_{t\varepsilon T_n} \int\varphi d\,\pi_{V_n}(\omega,.)\theta_t \end{aligned}$$

where we use (4.18) in the first step, (4.6) in the second, and (4.11) combined with HUNT's extension of the martingale convergence theorem (cf. [9]) in the third. This implies (4.19).

P.S. The whole point of this paper was to show that DYNKIN's approach to Martin boundary theory applies very naturally to stochastic fields. In fact DYNKIN has just pointed out to me that part of the argument in two of his articles subsequent to [4] applies directly, even without the straightforward modification required by [4]; cf. Uspehi Mat. Nauk vol.26, no.4 (1971) and vol.27, no.1 (1972). C. PRESTON has taken up the above situation in chapter 10 of his "Notes on Random Fields" (to appear). In particular he clarifies in terms of tightness the existence problem mentioned in 3.2.

REFERENCES

[1] DOBRUSHIN, R. L.: Description of a random field by means of conditional probabilities and conditions of its regularity. Theor. Probability Appl. 13, 197-224 (1968).

[2] DOBRUSHIN, R. L. and MINLOS, R. A.: Construction of a one-dimensional Quantum Field via a continuous Markov Field. To appear.

[3] DUNFORD, N. and SCHWARTZ, J. T.: Linear Operators I. New York: Interscience 1958.

[4] DYNKIN, E. B.: Entrance and Exit Spaces for a Markov Process. Actes, Congrès intern. Math., 1970. Tome 2, 507-512 (1971).

[5] DYSON, F. J.: Existence of a phase-transition in a one dimensional Ising Ferromagnet. Comm. Math. Phys. 12, 91 (1969).

[6] FÖLLMER, H.: The Exit Measure of a Supermartingale. Z. Wahrscheinlichkeitstheorie verw. Geb. 21, 154-166 (1972).

[7] GEORGII, H.-O.: Two Remarks on Extremal Equilibrium States. Comm. Math. Phys. 32, 107-118 (1970).

[8] GUERRA, F., ROSEN, L., SIMON, B.: The $P(\varphi)_2$ Euclidean Quantum Field Theory as Classical Statistical Mechanics. To appear.

[9] MEYER, P. A.: Un lemme de théorie des martingales. Sém. Probabilités III. Lecture Notes Mathematics 88 (1969).

[10] NELSON, E.: The Free Markoff Field. J. Functional Analysis 12, 211-227 (1973).

[11] PARATHASARATHY, K. R.: Probability measures on metric spaces. New York-London: Academic Press 1967.

[12] PRESTON, C. J.: Specification of random fields. To appear.

[13] SIMON, B.: Positivity of the Hamiltonian Semigroup and the Construction of Euclidean Region Fields. To appear.

[14] SPITZER, F.: Random fields and interacting particle systems. Notes on lectures given at the 1971 MAA Summer Seminar, Williams College, Williamstown, Mass. Mathematical Association of America 1971.

Université de Strasbourg
Séminaire de Probabilités

1973/74

DES RESULTATS NOUVEAUX SUR LES PROCESSUS GAUSSIENS

par X. FERNIQUE

Sommaire : On précise les conditions nécessaires pour qu'un processus gaussien soit presque sûrement majoré. On généralise les conditions suffisantes. On montre que certaines conditions suffisantes sont aussi nécessaires lorsque le processus est stationnaire.

1. PRELIMINAIRES, NOTATIONS

Soient $(\Omega, \mathcal{G}, P)$ un espace d'épreuves et T un ensemble ; soit $X = X(\omega, t)$, $\omega \in \Omega$, $t \in T$ un processus gaussien centré sur T . La fonction d sur $T \times T$ définie par :

$$d(s,t) = \sqrt{E\{|X(s)-X(t)|^2\}}$$

est un écart sur T . Les propriétés de X sont étroitement liées à la géométrie définie par d sur T .

Pour tout élément t de T et tout nombre $\delta > 0$, on notera $B(t,\delta)$ la d-boule ouverte centrée en t de rayon δ ; pour toute partie S de T , on notera $N(S,\delta)$ le nombre minimal de d-boules de rayon δ recouvrant S ; $M(S,\delta)$ désignera le nombre maximal de d-boules centrées dans S de rayon δ et disjointes dans T ; on notera $B(S,\delta)$ la réunion $\bigcup_{t \in S} B(t,\delta)$.

Pour tout élément t de T , tout nombre $\delta > 0$, tout nombre $q \geq 2$, tout entier n, on notera $K(t,\delta,n,q)$ le nombre maximal de d-boules disjointes dans T de rayon $\frac{\delta}{q^n}$ et centrées dans $B(t, \frac{\delta}{q^{n-1}})$. Pour toute partie S de T, on notera $K(S,\delta,n,q)$ la borne inférieure sur $B(S,\delta)$ de $K(t,\delta,n,q)$.

L'écart d définit sur T une topologie métrisable non nécessairement séparée. On munit T de la tribu $\mathcal{C}$ associée à cette topologie.

On dit que X est presque sûrement majoré sur T si l'une des deux propriétés équivalentes [4] est vérifiée :

$$P[\sup_{t\in T} |X(t)| < \infty] = 1,$$

ou $\qquad\qquad\qquad\qquad\qquad\qquad\qquad\qquad\qquad\qquad\qquad\qquad\qquad\qquad$ (1)

$$E[\sup_{t\in T} X(t)] < \infty .$$

Deux énoncés précisent les relations entre la géométrie de T et la majoration presque sûre de X : Dudley [2] a prouvé que si la série $\sum_n \frac{1}{2^n}\sqrt{\log N(T,\frac{1}{2^n})}$ est convergente, alors la propriété (1) est vérifiée. Dans l'autre sens, Sudakov [8] a montré que si la propriété (1) est vérifiée, alors la suite $\frac{1}{2^n}\sqrt{\log M(T,\frac{1}{2^n})}$ est bornée. Dans l'un et l'autre cas, ces résultats sont basés sur l'analyse d'un éparpillement global de T ; l'introduction des nombres $K(t,\delta,n,q)$ nous permettra ici d'analyser l'éparpillement local de T. Lorsque le processus est stationnaire, nous constaterons que cet éparpillement local est déterminé par l'éparpillement global. C'est la ligne générale des résultats présentés qui ne supposeront pas connus les deux résultats rappelés.

2. ENONCES DES RESULTATS

THEOREME 2.1. (Condition suffisante de majoration presque sûre).- On suppose qu'il existe une probabilité μ sur $(T,\mathcal{C})$ et un nombre $a>0$ tels que :

$$\sup_{t \in T} \int_0^a \sqrt{\log\left[1 + \frac{1}{\mu[s : d(s,t) < u]}\right]}\, du = C < \infty .$$

On suppose de plus que le d-diamètre D de T est fini. Dans ces conditions, toute version séparable $\tilde{X}$ de X est presque sûrement majorée et on a

$$E\left\{\sup_{t \in T} \tilde{X}(t)\right\} \le 3D + 108 \sup_{t \in T} \int_0^D \sqrt{\log\left[1 + \frac{1}{\mu[s : d(s,t) < u]}\right]}\, du .$$

THEOREME 2.2. (Condition suffisante de continuité presque sûre).- <u>On suppose qu'il existe une mesure de probabilité</u> μ <u>sur</u> $(T,\mathcal{C})$ <u>telle que</u>

$$\lim_{a \to 0} \sup_{t \in T} \int_0^a \sqrt{\log\left[1 + \frac{1}{\mu[s : d(s,t) < u]}\right]}\, du = 0 .$$

Dans ces conditions, toute version séparable X de X est presque sûrement continue pour la d-topologie sur T et on a :

$$\forall \varepsilon > 0, E\left\{\sup_{\substack{d(s,t) < \varepsilon \\ (s,t) \in T \times T}} |\tilde{X}(s) - \tilde{X}(t)|\right\} \le 6\,\varepsilon + 432 \int_0^\varepsilon \sqrt{\log\left[1 + \frac{1}{\mu[s : d(s,t) < u]}\right]}\, du.$$

COROLLAIRE 2.3.- <u>On suppose qu'il existe un nombre</u> δ <u>positif et un entier</u> $q \ge 2$ <u>tels que la série</u> $\sum_n \frac{1}{q^n} \sqrt{\log N(T, \frac{\delta}{q^n})}$ <u>soit convergente, dans ces conditions, toute version séparable</u> $\tilde{X}$ <u>de</u> X <u>est presque sûrement continue pour la</u> d-<u>topologie sur</u> T .

THEOREME 2.4. (Condition nécessaire de majoration presque sûre).- <u>Supposons que</u> X <u>soit presque sûrement majorée sur</u> T ; <u>dans ces conditions, pour toute partie</u> S <u>de</u> T, <u>tout nombre</u> $\delta > 0$, <u>tout nombre</u> $q \ge 2$, <u>on a</u> :

$$\frac{\delta}{2q^2\sqrt{\pi}}\left[\sqrt{\mathrm{Ent}[\log_2 M(S,\delta)]}+\sum_{n=1}^{\infty}\frac{1}{q^n}\sqrt{\mathrm{Ent}[\log_2 K(S,\delta,n,q)]}\right]\leq E\left\{\sup_{t\in T} X(t)\right\}$$

En particulier, toutes les séries du premier membre sont convergentes.

THEOREME 2.5. (Condition nécessaire et suffisante de majoration presque sûre).- Supposons X séparable et stationnaire sur $\mathbb{R}^n$. Dans ces conditions, pour que X soit presque sûrement majorée sur toute partie bornée T de $\mathbb{R}^n$, il faut et il suffit qu'il existe un nombre $\delta > 0$ et un nombre $q \geq 2$, un voisinage borné V de l'origine dans $\mathbb{R}^n$ pour la topologie usuelle tels que la série $\sum_k \frac{1}{q^k}\sqrt{\log N(V, \frac{\delta}{q^k})}$ soit convergente.

Remarques :

2.6. Supposons $T = [0,1]$ et X stationnaire ; notons μ la mesure de Lebesgue sur $[0,1]$, alors les hypothèses des théorèmes 2.1. et 2.2. sont équivalentes à la convergence de la seule intégrale $\int_0^a \sqrt{\log \frac{1}{\mu[s : d(s,0)<u]}}\, du$ si bien que les résultats des théorèmes 2.1. et 2.2. sont identiques dans ce cas particulier à des résultats de Marcus et Jain [7]. Par contre, dans le cas non stationnaire, les résultats de Dudley [2] ou Fernique [3] s'appuyent sur des convergences d'intégrales du genre $\int_0^a \sup_{t\in T} \sqrt{\log \frac{1}{\mu[s : d(s,t)<u]}}\, du$ pour certaines mesures μ ; la nouveauté des énoncés 2.1. et 2.2. réside essentiellement dans la permutation du symbole "sup" et du symbole intégral.

2.7. Le théorème 2.5. énonce une condition de majoration presque sûre pour les processus stationnaires, on pourrait facilement en déduire d'autres conditions équivalentes en terme de représentation intégrale au sens de [4] ou en termes de convergence d'intégrales [7] .

3. CONDITIONS SUFFISANTES, DEMONSTRATIONS

3.1. Nous commençons par démontrer le théorème 2.1. dans le cas où T est un ensemble fini. Cette démonstration s'appliquerait d'ailleurs directement, avec quelques précautions, aux versions $\mathcal{G} \otimes \mathcal{C}$ - mesurables de X s'il en existe ; nous ne l'utiliserons pourtant pas dans ce cas.

Nous posons, pour tout élément t de T et tout entier positif k, $\mu(k,t) = \mu(k,t) = \mu[s : d(s,t) < \frac{D}{2^k}]$; nous notons ρ_k la fonction sur $T \times T$ définie par :

$$\rho_k(t,u) = \frac{1}{\mu(k,t)} \quad \text{si } d(t,u) \text{ est inférieur à } \frac{D}{2^k},$$

$$\rho_k(t,u) = 0 \quad \text{dans le cas contraire.}$$

Pour tout élément t de T , nous notons f_t la fonction sur $T \times T$ définie par :

$$f_t(u,v) = \sum_{k=1}^{\infty} \left[\rho_k(t,u)\rho_{k-1}(t,v) - \rho_{k-1}(t,u)\rho_k(t,v)\right]$$

Avec ces notations, on a immédiatement pour tout $t \in T$,

$$2\,X(\omega,t) = \iint_{d(u,v)\neq 0} \left[X(\omega,u) - X(\omega,v)\right] f_t(u,v)\,d\mu(u)\,d\mu(v) + U(\omega),$$

$$U(\omega) = 2\int_T X(\omega,s)\,d\mu(s).$$

Nous majorons l'intégrale double en utilisant le calcul présenté dans [4] p. 311 ; elle est inférieure à :

$$6D \iint_{d(u,v)\neq 0} \left\{\exp\left[\left(\frac{X(\omega,u)-X(\omega,v)}{2d(u,v)}\right)^2\right] - 1\right\} d\mu(u)\,d\mu(v)$$

$$+2\sqrt{2} \iint_{d(u,v)\neq 0} |d(u,v)f_t(u,v)| \sqrt{\log\left[1+\frac{1}{6D}\,|d(u,v)f_t(u,v)|\right]}\; d\mu(u)\,d\mu(v) \;;$$

la variable aléatoire U étant centrée et la covariance de $\frac{X(\omega,u)-X(\omega,v)}{d(u,v)}$ majorée par 1, on en déduit :

$$E\left\{\sup_{t\in T} X(t)\right\} \le 6D(\sqrt{2}-1)+\ldots$$

$$\ldots+\sup_{t\in T}\iint |d(u,v)f_t(u,v)|\sqrt{\log\left[1+\frac{|d(u,v)f_t(u,v)|}{6D}\right]}\,d\mu(u)d\mu(v)\ ;$$

Cette dernière intégrale se majore facilement, les termes de la série définissant f_t étant à supports disjoints ; notons la J_t, on a :

$$J_t \le 2\sum_1^\infty \mu_k(\mu_{k-1}-\mu_k)\frac{\frac{3D}{2^k}}{\mu_k\,\mu_{k-1}}\sqrt{\log\left[1+\frac{1}{6D}\frac{\frac{3D}{2^k}}{\mu_k\,\mu_{k-1}}\right]}\ ;$$

$$J_t \le 6D\sum_1^\infty \frac{1}{2^k}\sqrt{\log\left(1+\frac{1}{\mu_k}\right)^2} \le 36\int_0^D \sqrt{\log\left[1+\frac{1}{\mu[s:d(s,t)<u]}\right]}\,d\mu(u)\ .$$

Le résultat s'ensuit dans ce cas particulier.

3.2. Nous démontrons maintenant le théorème 2.1. dans le cas général à partir du cas précédent.

Notons d'abord que si l'hypothèse du théorème est vérifiée, alors on a :

$$\forall\eta>0, \forall t\in T,\ \mu\{s:d(s,t)<\eta\} > \frac{1}{\exp\frac{c^2}{\eta^2}-1}\ ,$$

si bien que le nombre maximal de boules de rayon η et disjointes dans T est fini . Soit $T(\eta)$ l'ensemble des centres d'une telle famille maximale, alors $\{B(t,2\eta), t\in T(\eta)\}$ est un recouvrement de T et on peut en déduire une partition $\{A_t, t\in T(\eta)\}$ de T telle que :

$$\forall t\in T(\eta)\ ,\ B(t,\eta)\subset A_t\subset B(t,2\eta)\ .$$

Nous notons μ_η la probabilité sur $T(\eta)$ définie par :

$$\mu_\eta = \sum_{t\in T(\eta)} \mu(A_t)\epsilon_t\ .$$

On aura alors par construction :

$$\forall t\in T(\eta),\ \mu_\eta[s : d(s,t) < u] \geq \mu[s : d(s,t) \leq \eta] \text{ si } u \leq 2\eta ,$$

$$\mu_\eta[s : d(s,t) < u] \geq \mu[s : d(s,t) < u-2\eta\ ] \qquad \text{si } u > 2\eta ,$$

et par suite :

$$\sup_{t\in T(\eta)} \int_0^D \sqrt{\log\left(1+\frac{1}{\mu_\eta[s:d(s,t)<u\ ]}\right)}\, du \leq 3 \sup_{t\in T} \int_0^D \sqrt{\log\ 1+\frac{1}{\mu[s : d(s,t) < u]}}\ du$$

L'étude réalisée en 3.1. permet donc de majorer $E\left\{\sup_{t\in T(\eta)} X(t)\right\}$. La conclusion s'ensuit en faisant tendre η vers zéro et en utilisant la séparabilité.

3.3. Démonstration du théorème 2.2.

Supposons son hypothèse vérifiée et définissons sur $T\times T$ le processus gaussien Y par :

$$Y(\omega ; t,t') = X(\omega,t) - X(\omega,t') .$$

Il définit sur $T\times T$ un écart d' et le d'-diamètre D' de $T'= \{(t,t')\in T\times T : d(t,t') < \varepsilon\}$ est inférieur à 2ε. Sur ce sous-ensemble T', notons μ' la probabilité proportionnelle à la restriction de $\mu\otimes\mu$. On a immédiatement pour tout élément (t,t') de T' :

$$\mu'\left\{(s,s') : d'(s,s';t,t')<u\right\} \geq \mu\left\{s : d(s,t)< \frac{u}{2}\right\}\mu\left\{s : d(s,t')< \frac{u}{2}\right\} .$$

On en déduit

$$\sup_{(t,t')\in T'} \int_0^{D'} \sqrt{\log\left(1+\frac{1}{\mu'\{(s,s'):d'(s,s';t,t')<u\}}\right)}\, du \leq 4 \sup_{t\in T} \int_0^{\varepsilon} \sqrt{\log\left(1+\frac{1}{\mu[s:d(s,t)<u]}\right)}\, du$$

Cette majoration permet l'application du théorème 2.1 au processus Y sur T' ; le résultat s'ensuit.

3.4. Démonstration du corollaire 2.3.

Supposons son hypothèse vérifiée et notons pour tout entier n , S_n la famille minimale des centres des boules de rayon $\frac{\delta}{q^n}$ recouvrant T . Définissons une probabilité μ sur T par :

$$\mu = \Sigma \frac{1}{2^n} \sum_{s \in S_n} \frac{1}{N(\frac{\delta}{q^n})} \epsilon_s \,.$$

On aura alors pour tout élément t de T et tout nombre entier n :

$$\frac{\delta}{q^{n+1}} < u \leq \frac{\delta}{q^n} \Rightarrow \mu \left[s : d(s,t) < u \right] \geq \frac{1}{2^{n+1}} \; \frac{1}{N(\frac{\delta}{q^{n+1}})} \; ;$$

On en déduit :

$$\int_0^{\frac{\delta}{q^n}} \sup \sqrt{\log \left(1 + \frac{1}{\mu[s : d(s,t) < u]}\right)} \, du \leq \delta(q-1) \sum_{k=n+1}^{\infty} \frac{1}{q^k} \sqrt{\log \left(1 + 2^k N(\frac{\delta}{q^k})\right)} \,.$$

La série dont le reste d'ordre n figure au second membre est convergente par hypothèse ; la conclusion s'ensuit en application du théorème 2.2.

3.5. Remarque : Les résultats 2.1., 2.2. et 2.3. sont basés sur des majorations additives de $E\{ \sup_{t \in T} \tilde{X}(t)\}$. Un schéma voisin permet d'établir des majorations multiplicatives presque sûres de $\sup_{t \in T} \hat{X}(t)$ où $\hat{X}$ est une version simple de X . On les trouvera dans mon cours à l'école de probabilité de Saint-Flour (Juillet 1974, chapitre 6, la méthode des mesures majorantes ([9])).

4. CONDITIONS NECESSAIRES, DEMONSTRATIONS

Elles seront essentiellement basées sur un lemme que l'analyse des travaux de Marcus et Shepp [6] et de Sudakov [8] sur les conditions nécessaires pour que la propriété (1) soit vérifiée m'avait permis de dégager dans une publication précédente [5] :

LEMME 4.1.- Soient X et Y deux processus gaussiens centrés séparables sur T ; on suppose

$$\forall (s,t) \in T \times T \ , \ d_Y(s,t) \leq d_X(s,t) \ .$$

On a alors :

$$E\left\{\sup_{t\in T} Y(t)\right\} \leq E\left\{\sup_{t\in T} X(t)\right\} .$$

4.2. Démonstration du lemme

Soit n un entier strictement positif, posons $T=[1,n]$. Soit de plus $\Lambda=(\lambda_1,\ldots,\lambda_n)$ un vecteur gaussien normal à valeurs dans $\mathbb{R}^T$; pour toute matrice carrée A sur $T\times T$, nous noterons X_A le vecteur gaussien $A\Lambda$ et $\Gamma_A = A^tA$ sa covariance. Si A est inversible, nous noterons G_A la matrice inverse de Γ_A et g_A la fonction sur $\mathbb{R}^T$ qui est la densité de la loi de X_A. Supposant toujours A inversible, pour tout couple (s,t) d'éléments de T différents, la probabilité $P[X_A(s)=X_A(t)]$ est nulle et nous pouvons définir p.s. une variable aléatoire σ_A par la relation :

$$\sigma_A = s \ \rightleftarrows \ X(s) = \sup_{t\in T} X(t) \ ;$$

La matrice A étant toujours inversible, nous définissons une fonction J sur

$T \times T$ par les relations :

$$\forall (s,t) \in T \times T,\ s \neq t\ ,\ J_A(s,t) = J_A(t,s) = \int \frac{dx}{dx_s dx_t} \int_{x_s = x_t = \sup_T x = u} g_A(x)\, du$$

$$J_A(s,s) = -\sum_{t \neq s} J_A(s,t) \quad .$$

Dans la suite, nous omettons l'indice A s'il n'est pas indispensable.

Le résultat du lemme dans le cas où T est fini et où X et Y ont des matrices de variance inversibles repose essentiellement sur l'étude des variations de $E[X_B(\sigma_A)]$ au voisinage de $B = A$. Remarquons d'abord que la relation :

$$\frac{\partial g}{\partial x_t} = -(Gx)_t\, g$$

montre, par une intégration partielle, l'égalité :

$$\forall (s,t) \in T \times T,\ s \neq t\ ,\ E[(GX)_t I_{\sigma = s}] = -J(s,t)\ ;$$

comme $E[(GX)_t]$ est nulle, les ensembles $\{I_{\sigma = s}\}_{s \in T}$ formant partition, on en déduit la même égalité pour $s = t$. Par transformation linéaire, on obtient :

$$E[X_B(\sigma_A)] = \sum_{s \in T} \sum_{t \in T} \sum_{k \in T} (a_{sk} - a_{tk})(b_{sk} - b_{tk}) J_A(s,t),$$

$$E[\sup_T X_A] = \sum_{s \in T} \sum_{t \in T} d_A^2(s,t) J(s,t)\ .$$

Soit alors $A = A(\alpha)$, $\alpha \in [0,1]$, un chemin continûment différentiable dans l'ensemble des matrices inversibles passant par B ; la fonction : $\alpha \to E[X_B(\sigma_{A(\alpha)})]$ étant par définition maximale en B et les intégrales $J_{A(\alpha)}(s,t)$ étant continûment différentiables ([9]), on obtient au point B :

$$\sum_{s \in T} \sum_{t \in T} d_B(s,t)[d'_B(s,t) J_B(s,t) + d_B(s,t) J'_B(s,t)] = 0,$$

et on déduit alors :

$$\frac{d}{d\alpha}\left\{E\left[\sup_T X_A\right]\right\} = \sum_{s\in T}\sum_{t\in T} d_A(s,t)d'_A(s,t)J_A(s,t).$$

Soient alors, sur un ensemble T fini, deux vecteurs gaussiens X et Y vérifiant les hypothèses du lemme ; on peut construire une diagonalisation simultanée :

$$\Gamma_X = T\,\Delta_X\,{}^tT \quad , \quad \Gamma_Y = T\,\Delta_Y\,{}^tT \quad ,$$

des variances de X et de Y par une matrice T régulière et des matrices diagonales positives Δ_X et Δ_Y. Soit ε un nombre strictement positif, nous lui associons le chemin continument différentiable dans l'ensemble des matrices inversibles défini par :

$$\forall\, \alpha \in [0,1]\ ,\ A(\alpha) = T[\alpha\sqrt{\Delta_X + \varepsilon I} + (1-\alpha)\sqrt{\Delta_Y + \varepsilon I}\ ]\ ;$$

l'hypothèse du lemme montre que pour tout couple (s,t), $d'(s,t)$ est positif sur le chemin ; la fonction $E[\sup\limits_T X_{A(\alpha)}]$ est donc croissante sur $[0,1]$; faisant tendre ε vers zéro, on en déduit le résultat du lemme dans le cas où T est fini. Le résultat dans le cas général s'obtient alors en utilisant la séparabilité.

4.3. Soit A un ensemble fini ; l'application : $f \to \sup\limits_A f$ est une application convexe de $\mathbb{R}^A$ dans $\mathbb{R}$. Sa restriction à certains sous-espaces de $\mathbb{R}^A$ est linéaire : supposons par exemple le cardinal de A compris entre 2^p et 2^{p+1}, notons A' un sous-ensemble de A de cardinal 2^p et (φ_j), $1 \leq j \leq p$, une famille de p fonctions sur A prenant uniquement les valeurs 0 et 1 et dont les restrictions à A' définissent une numération binaire de A'. Pour toute suite numérique (λ_j), $1 \leq j \leq p$, on aura alors :

$$\sup_A\left[\sum_1^p \lambda_j\varphi_j\right] = \sum_1^p (\lambda_j)^+ .$$

4.4. Soient S une partie de T , δ un nombre positif, q un nombre supérieur ou égal à 2 ; nous considérons une suite $(S_n)_{n\in\mathbb{N}}$ de parties de $B(S,\delta)$ construites par récurrence de la manière suivante :

- La partie S_0 est incluse dans S , les boules de rayon δ centrées dans S_0 sont disjointes dans T , S_0 a pour cardinal $M(S,\delta)$.

- Pour tout entier positif n , à tout élément s de S_{n-1} , on associe une famille de boules de rayon $\frac{\delta}{q^{2n}}$ disjointes dans T et centrées dans $B(s, \frac{\delta}{q^{2n-1}})$ de cardinal $K(S,\delta,2n,q)$; on note $S(n,s)$ la famille des centres de ces boules ; S_n est la réunion $\bigcup_{s\in S_{n-1}} S(n,s)$.

Remarquons que si t appartient à $S(n,s)$, la boule $B(t,\frac{\delta}{q^{2n}})$ est incluse dans $B(s, \frac{\delta}{q^{2n-2}})$; on en déduit par récurrence que les boules $B(t,\frac{\delta}{q^{2n}})$, $t\in S_n$, sont disjointes. Il en résulte aussi qu'on peut construire une application Ψ_{n-1}^n de S_n dans S_{n-1} :

$$\Psi_{n-1}^n(t) = s \rightleftarrows t\in S(n,s) \quad .$$

Nous noterons Ψ_k^n l'application composée $\Psi_k^{k+1} \circ\ldots\circ \Psi_{n-1}^n$ de S_n dans S_k.

La construction est fabriquée pour qu'on puisse évaluer l'écart de deux éléments t,t' de S_n à partir des applications Ψ_k^n . Notons d'abord que $d(t,\Psi_{n-1}^n(t))$ étant inférieur ou égal à $\frac{\delta}{q^{2n-1}}$, $d(t,\Psi_k^n(t))$ sera inférieur ou égal par l'inégalité triangulaire à $\frac{2}{3}\frac{\delta}{q^{2k}}$. Supposons alors que $\Psi_k^n(t)$ et $\Psi_k^n(t')$ soient différents ; les boules $B(t, \frac{1}{3}\frac{\delta}{q^{2k}})$ et $B(t', \frac{1}{3}\frac{\delta}{q^{2k}})$ seront respectivement incluses dans les boules disjointes $B(\Psi_k^n(t), \frac{\delta}{q^{2k}})$ et $B(\Psi_k^n(t'), \frac{\delta}{q^{2k}})$; elles seront elles-mêmes disjointes si bien que $d(t,t')$ est supérieur à $\frac{1}{3}\frac{\delta}{q^{2k}}$.

4.5. Pour tout entier positif n, nous allons construire sur S_n par récurrence un processus gaussien Y_n :

- A S_0, nous associons l'entier p_0 immédiatement inférieur à $\mathrm{Log}_2[M[S,\delta]]$ et les fonctions (φ_j^0), $1 \leq j \leq p_0$, définies sur S_0 dans l'alinéa 4.3 ; soit (λ_j^0), $1 \leq j \leq p_0$, une suite de variables aléatoires gaussiennes normales indépendantes, on pose :

$$\forall t \in S_0 \ , \ Y_0(t) = c_0 \sum_{j=1}^{p_0} \varphi_j^0(t)\lambda_j^0 \ ,$$

$$c_0 = \frac{\delta}{q^2 \sqrt{2\, p_0}} \ .$$

- Pour tout entier positif n, à tout élément s de S_{n-1}, nous associons l'entier p_n immédiatement inférieur à $\mathrm{Log}_2[K[S,\delta,2n,q]]$ et les fonctions (φ_j^s), $1 \leq j \leq p(s)$, définies sur $S(n,s)$ dans l'alinéa 4.3.; soit (λ_j^s), $1 \leq j \leq p_n$, $s \in S_{n-1}$, une suite de variables aléatoires gaussiennes normales indépendantes entre elles et indépendantes de Y_{n-1}, on pose :

$$\forall t \in S(n,s), \ Y_n(t) = Y_{n-1}(s) + c(s) \sum_{j=1}^{p_n} \varphi_j^s(t)\lambda_j^s \ ,$$

$$c_n = \frac{\delta}{q^{2n+2}\sqrt{2p_n}} \ .$$

On choisit ainsi les coefficients c_0, c_n pour pouvoir comparer Y_n et X sur S_n à partir du lemme 4.1. En effet, prenons deux éléments t et t'

de S_n et supposons que les $\Psi_j^n(t)$, $\Psi_j^n(t')$, $k \leq j \leq n$, soient différents et que k soit nul ou $\Psi_{k-1}^n(t) = \Psi_{k-1}^n(t')$; on aura alors, dans le second cas par exemple :

$$E|Y_n(t)-Y_n(t')|^2 \leq \sum_{j=k-1}^{n-1} c_n^2 \quad p(\Psi_j^n(t)) + \sum_{j=k-1}^{n-1} c_n^2 \; p(\Psi_j^n(t'))$$

La définition de c_n permet de majorer le second membre par $\frac{\delta^2}{q^{4k}} \frac{1}{q^4-1}$ lui-même majoré par $d^2(t,t')$ qui est en effet supérieur (alinéa 4.4) à $\frac{1}{9} \frac{\delta^2}{q^{4k}}$.

4.6. Nous calculons maintenant $E\left[\sup_{t\in S_n} Y_n(t)\right]$. L'indépendance des termes successifs définissant Y_n permet d'écrire :

$$E\left\{\sup_{t\in S_n} Y_n(t)\right\} = \iint \sup_{s\in S_{n-1}} \sup_{t\in S(n,s)} \left[Y_{n-1}(\omega,s)+(Y_n(t)-Y_{n-1}(s))(\omega')\right] dP(\omega)dP(\omega')$$

Ceci est supérieur à

$$\int\left[\sup_{s\in S_{n-1}} \left\{Y_{n-1}(\omega,s)+\int\left[c_n \sup_{t\in S_{(n,s)}} \sum_{j=1}^{p_n} \varphi_j^s(t)\lambda_j^s(\omega')\right] dP(\omega')\right\}\right] dP(\omega)$$

Utilisant l'alinéa 4.3., on peut minorer par :

$$\int \sup_{s\in S_{n-1}} \left\{\{Y_{n-1}(\omega,s) + c_n \; p_n \sqrt{\frac{2}{\pi}}\right\} dP(\omega) \; .$$

On a finalement :

$$E\left\{\sup_{t\in S_n} Y_n(t)\right\} \geq E\left\{\sup_{t\in S_{n-1}} Y_{n-1}(t)\right\} + \sqrt{\frac{2}{\pi}}\, c_n\, p_n \; ,$$

et en itérant :

$$E\left\{\sup_{t\in S_n} Y_n(t)\right\} \geq \frac{\delta}{q^2\sqrt{\pi}} \left[\sqrt{\mathrm{Ent}[\mathrm{Log}_2 M(S,\delta)]} + \sum_{k=1}^{n} \frac{1}{2k} \sqrt{\mathrm{Ent}\,[\mathrm{Log}_2 K(S,\delta,2k,q)]}\right]$$

4.7. Pour conclure, on utilise le lemme 4.1 et les conclusions 4.5 et 4.6 ; elles permettent de majorer les termes de rang pair des séries intervenant dans l'énoncé 2.4. par la moitié du second membre. Substituant alors à δ le nombre $\frac{\delta}{q}$, on majore les termes de rang impair et on obtient le résultat annoncé.

5. CAS PARTICULIER DES PROCESSUS STATIONNAIRES, DEMONSTRATIONS

5.1. Soit X un processus séparable et stationnaire sur $\mathbb{R}^n$, il est bien connu, et tout simple à démontrer en utilisant la compacité locale de $\mathbb{R}^n$ que pour que X soit presque sûrement majoré sur toute partie bornée T de $\mathbb{R}^n$, il faut et il suffit qu'il le soit sur un voisinage V de l'origine et on majorera alors très simplement $N(T,\delta)$ à partir de $N(V,\delta)$. Pour démontrer le théorème 2.5., il suffit donc de démontrer, tenant compte du corollaire 2.3., que si X est presque sûrement majoré sur un voisinage V de l'origine bien choisi, il existe un nombre $\delta > 0$ tel que $\sum_k \frac{1}{4^k}\sqrt{\log N(V,\frac{\delta}{4^k})}$ soit convergente. En réduisant éventuellement la dimension, on peut d'ailleurs supposer que l'ensemble $\{x : d(0,x) = 0\}$ ne contient aucun sous-espace vectoriel différent de $\{0\}$.

Puisque X est stationnaire sur $\mathbb{R}^n$, les boules $B_{\mathbb{R}^n}(t,\delta)$ définies par d sur $\mathbb{R}^n$ sont stables par translation. Ce n'est pas nécessairement le cas pour les traces $B_V(t,\delta)$ de ces boules sur une partie V de $\mathbb{R}^n$. On peut pourtant énoncer :

LEMME 5.1.- Soit X un processus stationnaire sur $\mathbb{R}^n$; on suppose que $\{x : d(0,x) = 0\}$ ne contient aucun sous-espace vectoriel différent de zéro. Dans ces conditions, il existe deux nombres $\ell > 0$, $\delta_0 > 0$ tels que pour tout nombre $\delta \leq \delta_0$, les traces sur $[-\ell, +\ell]^n$ des boules $B(t,\delta)$ centrées dans $B([-\frac{\ell}{8}, +\frac{\ell}{8}]^n, \delta_0) \cap [-\ell, +\ell]^n$ soient stables par translation.

Démonstration du lemme : L'ensemble $\{x : d(0,x) = 0\}$ est un sous-groupe additif fermé de $\mathbb{R}^n$; s'il ne contient aucun sous-espace vectoriel différent de $\{0\}$, alors $\{0\}$ y est isolé pour la topologie usuelle. Choisissons $\ell > 0$ tel que $[-2\ell, +2\ell]^n$ ne coupe $\{x : d(0,x) = 0\}$ qu'en $\{0\}$; alors l'écart d définit sur le compact $[-\ell, +\ell]^n$ une topologie séparée moins fine que la topologie usuelle et donc équivalente. Il existe donc un nombre $\delta_0 > 0$ tel que la trace de $B(0,\delta_0)$ sur $[-\ell, +\ell]^n$ soit incluse dans $[-\frac{\ell}{8}, +\frac{\ell}{8}]^n$. On vérifie facilement que le couple (ℓ, δ_0) possède les propriétés indiquées.

5.2. Nous démontrons maintenant le théorème 2.5. Choisissons un couple (ℓ, δ_0) vérifiant les conclusions du lemme 5.1. Posons $T = [-\ell, +\ell]^n$ et $S = [-\frac{\ell}{8}, +\frac{\ell}{8}]^n$. Ceci nous assure que pour tout $\delta \leq \delta_0$, les nombres $K(t,\delta,n,4)$ sont indépendants de t dans $B(S,\delta)$. Rappelons que $N(S,\delta)$ est le cardinal minimal d'une famille de boules de rayon δ recouvrant S.

Il est net que si les $B(s_i, \frac{\delta_0}{4^n})$ forment une famille maximale disjointe dans $B(t, \frac{\delta_0}{4^{n-1}})$, alors les $B(s_i, \frac{2\delta_0}{4^n})$ en vertu de la maximalité recouvrent $B(t, \frac{\delta_0}{4^{n-1}})$. On a donc les inégalités :

$$N\left[S, \frac{\delta_0}{4^{n-1}}\right] K(S,\delta_0,n,4) \geq N\left[S, \frac{2\delta_0}{4^n}\right],$$

$$N\left[S, \frac{2\delta_0}{4^n}\right] K(S,2\delta_0,n+1,4) \geq N\left[S, \frac{\delta_0}{4^n}\right] ;$$

On en déduit :

$$K(S,\delta_0,n,4)K(S,\frac{2\delta_0}{4},n,4) \geq \frac{N\left[S,\frac{\delta_0}{4^n}\right]}{N\left[S,\frac{\delta_0}{4^{n-1}}\right]} .$$

Les conclusions du théorème 2.4. appliquées à $\delta=\delta_0$ et à $\delta=\frac{\delta_0}{2}$ impliquent alors la convergence de la série $\sum_n \frac{1}{4^n}\sqrt{\log\frac{N(S,\delta_0/4^n)}{N(S,\delta_0/4^{n-1})}}$, puis par une transformation simple celle de la série $\sum_n \frac{1}{4^n}\sqrt{\log N(S,\frac{\delta_0}{4^n})}$; on en déduit immédiatement la convergence de la série $\sum_n \frac{1}{4^n}\sqrt{\log N\left[T,\frac{\delta_0}{4^n}\right]}$, d'où le résultat du théorème.

6. REMARQUES FINALES

L'alinéa 5.2 montre bien que si on peut caractériser à partir des nombres nombres N la majoration presque sûre des processus stationnaires, c'est essentiellement parce que dans ce cas, les éparpillements locaux sont stables et déterminent l'éparpillement global. Pour obtenir des caractérisations dans le cas non stationnaire, il semblerait donc utile d'analyser les variations des quantités $K(t,\delta,n,q)$ en fonction de t pour construire des parties S de T où leurs variations soient petites.

REFERENCES

[1] BELYAEV, Yu.K. Local properties of the sample functions of stationnary gaussian processes.
Th. Prob. Appl. 5 (1960), pp. 117-120.

[2] DUDLEY, R.M. The sizes of compact subsets of Hilbert space and continuity of gaussian processes.
J. Functional Analysis, 1 (1967), pp. 290-330.

[3] FERNIQUE, X. Continuité de processus gaussiens.
C.R.Acad.Sc. Paris, 258 (1964), pp. 6058-6060.

[4] FERNIQUE, X. Régularité de processus gaussiens.
Inventiones Math. 12 (1971), pp. 304-320.

[5] FERNIQUE, X. Minorations de fonctions aléatoires gaussiennes.
Colloque International du CNRS, Strasbourg (1973), à paraître.

[6] MARCUS, M.B. et SHEPP, L.A.
Continuity of gaussian processes.
Trans. Amer. Math. Soc. 151 (1970), pp. 377-392.

[7] MARCUS, M.B. et JAIN, N.C.
Sufficient conditions for the continuity of stationnary gaussian processes and applications to random series of functions.
Colloque International du CNRS, Strasbourg (1973), à paraître.

[8] SUDAKOV Gaussian processes, Cauchy measures and ϵ-entropy.
Dokl. Akad. Nauk. SSSR 185, 1 (1969).

[9] FERNIQUE, X. Régularité des trajectoires des fonctions aléatoires gaussiennes.
Ecole d'Eté, Calcul des Probabilités, St. Flour.
A paraître.

Université de Strasbourg

Séminaire de Probabilités 1973/74

ENSEMBLES ANALYTIQUES : THEOREMES DE SEPARATION ET APPLICATIONS

par C. Dellacherie

Cet exposé a pour but principal de faire connaitre aux probabilistes et autres analystes le deuxième théorème de séparation dont C.A. Rogers [22] vient de publier une démonstration lumineuse, et les belles applications de ce théorème obtenues essentiellement par l'école russe entre 1939 et 1942. Ces derniers travaux sont très peu connus à l'ouest : je pense que c'est parce qu'ils sont parus en russe pendant la guerre et qu'ils ne figurent pas dans le traité classique de Kuratowski. Pour ma part, j'en ai pris connaissance dans un article récent de Čoban [4] - traduit en anglais - et j'ai attribué un bon moment à Čoban un théorème démontré par Arsenin en 1940. Ayant eu le plaisir de faire une série de conférences à l'Université McGill de Montréal, sur l'invitation de J. Taylor et C. Herz, j'ai pu avoir en mains - grâce soit rendue à Brenda MacGibbon-Taylor - une traduction allemande [1] de 1955 (venant de RDA) d'une série d'articles d'exposition russes de 1950 parus dans la revue "Uspehi Matem. Nauk", avant que cette dernière ne soit traduite systématiquement en anglais sous le nom de "Russian Math. Surveys". Cela m'a permis, entre autres, de corriger un certain nombre de mes fantaisies historiques.

Disons, pour allècher le lecteur, que l'un des points culminants de cet exposé sera le théorème suivant (Arsenin-Kunugui-Čegolkov-Čoban) : "Soient E et F deux espaces métrisables compacts, et soit H une partie borélienne de $E \times F$ telle que la coupe $H(y)$ de H suivant tout $y \in F$ soit une réunion dénombrable de compacts de E. Alors la projection $\pi(H)$ de H sur F est borélienne et il existe une application borélienne g de $\pi(H)$ dans E telle que $g(y)$ appartienne à $H(y)$ pour tout $y \in \pi(H)$". J'ai essayé de faire un exposé assez complet sur ces questions, en étudiant notamment en détail les ensembles analytiques et boréliens à coupes compactes. Certains théorèmes me semblent nouveaux (par ex th. 16 et 26). N'ayant lu, vues mes connaissances en allemand, aucune démonstration des théorèmes tirés de [1], j'ose espérer que celles que je donne sont correctes et intéressantes. En particulier, la démonstration du théorème d'Arsenin-Kunugui-Čegolkov-Čoban (th. 19, 31 et 32) est beaucoup plus courte que celle de [1]. Enfin, j'ai profité de l'occasion pour faire un bref résumé des traits principaux de la théorie des ensembles analytiques, en utilisant pour cela une nouvelle rédaction du chapitre III du livre de Meyer [16] faite par Meyer et moi.

Je me suis aperçu, en cours de rédaction, que l'énoncé du théorème d'Arsenin est cité avec référence dans l'excellent article de synthèse [23] de Sierpinski, ainsi qu'un résultat intermédiaire dû à Kunugui, et, après rédaction, que Larman [24,25] avait publié récemment une extension de ce théorème aux ensembles analytiques "non-classiques" et des résultats satellites nouveaux. J'ai aussi appris dans Larman [24] que Kunugui avait publié, en même temps qu'Arsenin, une démonstration de ce théorème. Cela aurait été trop fastidieux de transformer ma rédaction en tenant compte de ces informations, et d'autres contenues dans l'introduction des exposés "Ensembles analytiques et temps d'arrêt" et "Jeux infinis et temps d'arrêt" de ce volume. De la rédaction qui a circulé durant l'année 1974, celle-ci ne diffère que par sa première page, les deux premières pages du paragraphe V et l'adjonction de quelques notes de bas de page.

I. GENERALITES

Je ne donnerai pratiquement pas de démonstrations dans ce paragraphe. Pour la partie "abstraite", on pourra se reporter au livre de Meyer [16].

1. Parties analytiques d'un espace pavé :

Etant donné un ensemble E, un pavage $\underline{\underline{E}}$ sur E est un ensemble de parties de E contenant la partie vide; le couple $(E,\underline{\underline{E}})$ est appelé espace pavé. Si $(E_n,\underline{\underline{E}}_n)$ est une suite d'espaces pavés, on définit l'espace pavé produit $(\prod E_n, \prod \underline{\underline{E}}_n)$, où $\prod \underline{\underline{E}}_n$ est le pavage sur $\prod E_n$ constitué par les ensembles de la forme $\prod A_n$, $A_n \in \underline{\underline{E}}_n$; le produit de deux espaces pavés $(E_1,\underline{\underline{E}}_1)$ et $(E_2,\underline{\underline{E}}_2)$ est encore noté $(E_1 \times E_2, \underline{\underline{E}}_1 \times \underline{\underline{E}}_2)$.

Si $\underline{\underline{E}}$ est un pavage, on désigne par $\underline{\underline{E}}_s$, $\underline{\underline{E}}_d$, $\underline{\underline{E}}_\sigma$, $\underline{\underline{E}}_\delta$ le plus petit pavage contenant $\underline{\underline{E}}$ et stable pour respectivement, les réunions finies, les intersections finies, les réunions dénombrables, les intersections dénombrables. On dit aussi que $\underline{\underline{E}}_s$ est le stabilisé de $\underline{\underline{E}}$ pour les réunions finies, etc, et on note $\underline{\underline{E}}_{sd}$ le pavage $(\underline{\underline{E}}_s)_d$, etc Si $\underline{\underline{E}} = \underline{\underline{E}}_s$ (resp $\underline{\underline{E}} = \underline{\underline{E}}_d$), on sait que $\underline{\underline{E}}_\delta = \underline{\underline{E}}_{\delta s}$ (resp $\underline{\underline{E}}_\sigma = \underline{\underline{E}}_{\sigma d}$).

DEFINITION 1. Soit $(E,\underline{\underline{E}})$ un espace pavé. Une partie A de E est dite $\underline{\underline{E}}$-analytique s'il existe un espace métrisable compact auxiliaire K, muni du pavage $\underline{\underline{K}}$ de ses parties compactes, et un élément B de $(\underline{\underline{E}} \times \underline{\underline{K}})_{\sigma\delta}$ tels que A soit égal à la projection de B sur E.

Une partie de E est dite $\underline{\underline{E}}$-coanalytique si son complémentaire est $\underline{\underline{E}}$-analytique et $\underline{\underline{E}}$-bianalytique si elle est à la fois $\underline{\underline{E}}$-analytique et $\underline{\underline{E}}$-coanalytique. L'ensemble des parties $\underline{\underline{E}}$-analytiques, $\underline{\underline{E}}$-coanalytiques, $\underline{\underline{E}}$-bianalytiques de E sera noté respectivement $\underline{\underline{A}}(\underline{\underline{E}})$, $\underline{\underline{CA}}(\underline{\underline{E}})$, $\underline{\underline{BA}}(\underline{\underline{E}})$.

On obtiendrait les mêmes ensembles analytiques en prenant un espace pavé compact abstrait auxiliaire, ou en prenant toujours le même espace métrisable compact auxiliaire, pourvu qu'il soit suffisamment riche (par exemple, le segment [0,1] ou l'espace produit $(\mathbb{N}\cup\{\infty\})^{\mathbb{N}}$, $\mathbb{N}\cup\{\infty\}$ étant le compactifié d'Alexandrov de l'ensemble des entiers naturels). Enfin, on obtient aussi les mêmes ensembles analytiques en appliquant l'opération A de Souslin au pavage $\underline{\underline{E}}$.

L'intérêt des ensembles analytiques est double : d'une part, leur définition est suffisamment générale pour que "l'analyticité" soit préservée par beaucoup d'opérations ensemblistes, d'autre part suffisamment restreinte pour que les ensembles analytiques aient individuellement de bonnes propriétés. Nous allons illustrer cela en énonçant les théorèmes de stabilité et le théorème de capacitabilité.

THEOREME 1. Soit $(E,\underline{\underline{E}})$ un espace pavé. On a $\underline{\underline{A}}(\underline{\underline{E}}) = \underline{\underline{A}}_\sigma(\underline{\underline{E}}) = \underline{\underline{A}}_\delta(\underline{\underline{E}})$.

On se gardera de croire que $\underline{\underline{A}}(\underline{\underline{E}})$ est stable pour le passage au complémentaire. En général, $\underline{\underline{BA}}(\underline{\underline{E}})$ (qui est une tribu) est strictement contenu dans $\underline{\underline{A}}(\underline{\underline{E}})$: lorsque $\underline{\underline{E}}$ est le pavage des parties compactes d'un espace métrisable compact E, $\underline{\underline{BA}}(\underline{\underline{E}})$ n'est autre que la tribu borélienne de E (ce n'est pas du tout évident : c'est une conséquence du premier théorème de séparation). D'autre part, en général, la tribu engendrée par $\underline{\underline{E}}$ n'est pas contenue dans $\underline{\underline{A}}(\underline{\underline{E}})$; elle est contenue si et seulement si tout élément de $\underline{\underline{E}}$ est $\underline{\underline{E}}$-bianalytique (évidemment, tout élément de $\underline{\underline{E}}$ est $\underline{\underline{E}}$-analytique).

THEOREME 2. Soient $(E_n,\underline{\underline{E}}_n)$ une suite d'espaces pavés, et, pour chaque n, soit A_n un ensemble $\underline{\underline{E}}_n$-analytique. Alors $\prod A_n$ est $\prod \underline{\underline{E}}_n$-analytique.

Voici un théorème d'image directe; nous verrons mieux, plus loin, dans un cadre topologique

THEOREME 3. Soit $(E,\underline{\underline{E}})$ un espace pavé et soit K un espace compact métrisable muni du pavage $\underline{\underline{K}}$ de ses parties compactes. La projection sur E d'un ensemble $(\underline{\underline{E}}\times\underline{\underline{K}})$-analytique est un ensemble $\underline{\underline{E}}$-analytique.

Et, pour finir, le théorème d'image réciproque et, en particulier, d'idempotence de l'opération A de Souslin

THEOREME 4. Soient $(E,\underline{\underline{E}})$ et $(F,\underline{\underline{F}})$ deux espaces pavés et f une application de E dans F. Si $f^{-1}(A)$ est $\underline{\underline{E}}$-analytique pour tout $A\in\underline{\underline{F}}$, alors $f^{-1}(A)$ est encore $\underline{\underline{E}}$-analytique pour tout $A\in\underline{\underline{A}}(\underline{\underline{F}})$. En particulier, on a $\underline{\underline{A}}(\underline{\underline{A}}(\underline{\underline{E}})) = \underline{\underline{A}}(\underline{\underline{E}})$.

Voici quelques exemples classiques d'ensembles analytiques qui ne sont pas boréliens (les ensembles analytiques étant définis ici à partir du pavage des boréliens)

1) Soit $\underline{\underline{C}}([0,1)]$ l'ensemble des fonctions continues sur [0,1], muni de la topologie de la convergence uniforme : c'est un espace polonais (i.e. homéomorphe à un espace métrique séparable complet). L'ensemble des fonctions dérivables partout sur [0,1] est une partie coanalytique, non borélienne, de cet espace (Mazurkiewicz).

2) Soit $\underline{\underline{K}}([0,1])$ l'ensemble des parties compactes de [0,1] muni de la topologie définie par la distance de Hausdorff : c'est un espace métrisable compact. L'ensemble des compacts non dénombrables est une partie analytique, non borélienne, de cet espace (Hurewicz) et l'ensemble des compacts contenus dans les rationnels de [0,1] est une partie coanalytique, non borélienne, de cet espace (Kuratowski-Marczewski).

Passons maintenant au théorème de capacitabilité

DEFINITION 2. Soit $(E,\underline{\underline{E}})$ un espace pavé. Une application I, définie sur toutes les parties de E, à valeurs dans la droite achevée $\overline{\mathbb{R}}$, est une $\underline{\underline{E}}$-capacité (de Choquet) si elle satisfait aux conditions suivantes :

a) I est monotone croissante (i.e. $A \subset B \Rightarrow I(A) \leq I(B)$)

b) I monte sur l'ensemble des parties de E : si (A_n) est une suite croissante, de limite A, alors $I(A) = \sup_n I(A_n)$

c) I descend sur $\underline{\underline{E}}_{s\delta}$: si (A_n) est une suite décroissante d'éléments de $\underline{\underline{E}}_{s\delta}$, de limite A, alors $I(A) = \inf_n I(A_n)$

Si I est une $\underline{\underline{E}}$-capacité, une partie A de E est dite I-capacitable si l'on a

$$I(A) = \sup I(B),\ B \subset A,\ B \in \underline{\underline{E}}_{s\delta}$$

THEOREME 5. Tout ensemble $\underline{\underline{E}}$-analytique est I-capacitable pour toute $\underline{\underline{E}}$-capacité I.

Supposons que $\underline{\underline{E}}$ soit une tribu et soit P une mesure de probabilité sur $(E,\underline{\underline{E}})$: la probabilité extérieure P* définie pour toute partie A par

$$P^*(A) = \inf P(B),\ B \supset A,\ B \in \underline{\underline{E}}$$

est alors une $\underline{\underline{E}}$-capacité. Il résulte du théorème précédent que tout ensemble $\underline{\underline{E}}$-analytique (et donc, tout ensemble $\underline{\underline{E}}$-coanalytique) appartient à la tribu complétée de $\underline{\underline{E}}$ pour P.

2. Parties analytiques d'un espace métrisable séparable

Soit E un espace métrisable séparable. Nous désignerons par $\underline{\underline{K}}$, $\underline{\underline{F}}$, $\underline{\underline{G}}$, $\underline{\underline{B}}$ ($\underline{\underline{K}}(E)$, $\underline{\underline{F}}(E)$, etc s'il y a risque de confusion) le pavage sur E constitué respectivement par les parties compactes, fermées, ouvertes, boréliennes de E. Tout élément de $\underline{\underline{F}}$ appartient à $\underline{\underline{G}}_\delta$ (on dit, plus communément, est un $\underline{\underline{G}}_\delta$), tout élément de $\underline{\underline{G}}$ est un $\underline{\underline{F}}_\sigma$; la tribu $\underline{\underline{B}}$ est le stabilisé de $\underline{\underline{F}}$ (ou $\underline{\underline{G}}$) pour les réunions et intersections dénombrables ($\underline{\underline{B}} = \underline{\underline{F}}_{\sigma\delta\sigma\delta\ldots} = \underline{\underline{G}}_{\delta\sigma\delta\sigma\ldots}$ transfiniment). Il résulte alors des théorèmes 1 et 4 que l'on a $\underline{\underline{A}}(\underline{\underline{F}}) = \underline{\underline{A}}(\underline{\underline{G}}) = \underline{\underline{A}}(\underline{\underline{B}})$: nous écrirons[1] simplement $\underline{\underline{A}}$, $\underline{\underline{CA}}$, $\underline{\underline{BA}}$ ($\underline{\underline{A}}(E)$, etc s'il y a risque de confusion) au lieu de $\underline{\underline{A}}(\underline{\underline{B}})$, $\underline{\underline{CA}}(\underline{\underline{B}})$, $\underline{\underline{BA}}(\underline{\underline{B}})$. Lorsque E est un espace localement compact à base dénombrable (ou, plus généralement, est métrisable et réunion dénombrable de compacts), les ensembles analytiques sont aussi les ensembles $\underline{\underline{K}}$-analytiques.

Soit maintenant F un sous-espace de l'espace métrisable séparable E. On sait que les pavages $\underline{\underline{F}}(F)$, $\underline{\underline{G}}(F)$, $\underline{\underline{B}}(F)$ sont les pavages traces sur F des pavages $\underline{\underline{F}}(E)$, $\underline{\underline{G}}(E)$, $\underline{\underline{B}}(E)$. De même, les pavages $\underline{\underline{A}}(F)$ et $\underline{\underline{CA}}(F)$ sont les pavages traces sur F des pavages $\underline{\underline{A}}(E)$ et $\underline{\underline{CA}}(E)$. Par contre, en général, le pavage $\underline{\underline{BA}}(F)$ n'est pas le pavage trace sur F du pavage $\underline{\underline{BA}}(E)$: il est en général strictement plus grand; il y a égalité si F est une partie analytique de E (ce n'est pas du tout évident : c' est une

---

1 les éléments de $\underline{\underline{A}}$ sont dits simplement analytiques, etc.

conséquence du deuxième théorème de séparation).

Nous verrons[1] que l'étude "fine" des propriétés des parties analytiques d'un espace métrisable quelconque se ramène à l'étude "très fine" des propriétés des parties analytiques d'un espace métrisable compact. L'étude "fine" des propriétés des parties analytiques d'un espace métrisable compact est plus simple, et, jusqu'ici, plus intéressante pour l'analyste. Enfin, nous verrons aussi au paragraphe VI que l'étude "fine" des ensembles $\underline{\underline{E}}$-analytiques pour un pavage abstrait $\underline{\underline{E}}$ se ramène simplement à celle des parties analytiques d'un espace métrisable séparable si tout élément de $\underline{\underline{E}}$ est $\underline{\underline{E}}$-bianalytique.

3. Parties analytiques d'un espace métrisable compact

Jusqu'ici, la notion d'ensemble analytique était relative : doublement relative dans le cas abstrait (être analytique par rapport à $\underline{\underline{E}}$ dans E), simplement relative dans le cas métrisable séparable (être analytique dans E). Les notions[2] que nous allons introduire maintenant sont intrinsèques.

DEFINITION 3. Un espace métrisable E est dit souslinien (resp cosouslinien, lusinien) s'il est homéomorphe à un sous-espace d'un espace compact métrisable, qui est analytique (resp coanalytique, borélien) dans cet espace compact métrisable.

Il est clair qu'un tel espace est séparable. Nous verrons bientôt que la propriété d'être analytique,..., ne dépend pas du plongement.

Les définitions d'espaces métrisables sousliniens et lusiniens que nous venons de donner sont équivalentes à celles de Bourbaki [2]. Notons aussi que cette terminologie est l'inverse de celle de la plupart des spécialistes pour lesquels "analytique" se rapporte à une propriété intrinsèque, et "souslinien" se rapporte à une propriété relative !

Tout espace polonais est homéomorphe à un $\underline{\underline{G}}_\delta$ d'un espace métrisable compact, et donc est lusinien. D'une manière générale, on a

THEOREME 6. Soit E un espace métrisable souslinien (resp cosouslinien, lusinien). Toute partie analytique (resp coanalytique, borélienne) de E est un sous-espace souslinien (resp cosouslinien, lusinien) de E.

Nous verrons bientôt une réciproque. Comme la plupart des théorèmes qui suivent, on démontre ce théorème en plongeant les espaces considérés dans des espaces métrisables compacts.

C'est seulement dans ce cadre que l'on a un théorème général d'images directes :

---

1 à la fin du paragraphe VI.

2 afin d'éviter des confusions, le vocabulaire introduit dans la définition 3 apparaitra très peu dans la suite.

THEOREME 7. _Soient_ E _un espace métrisable souslinien_, F _un espace métrisable séparable et_ f _une application borélienne de_ E _dans_ F. _Alors_ f(E) _est un sous-espace souslinien et une partie analytique de_ F.

En particulier, tout sous-espace souslinien d'un espace métrisable séparable est une partie analytique de cet espace. Nous allons voir maintenant le théorème de plongement pour les lusiniens et cosouslininiens : en fait, nous aurons un théorème de plongement "borélien". Nous dirons qu'une application f d'un espace topologique dans un autre est un _isomorphisme borélien_ si f est bijective et si f _et_ f^{-1} sont boréliennes.

THEOREME 8. _Soit_ E _un espace métrisable lusinien_ (_resp cosouslinien, souslinien_). _Soient_ F _un espace métrisable séparable et_ f _une application de_ E _dans_ F. _Si_ f _est un isomorphisme borélien de_ E _sur_ f(E), _alors_ f(E) _est un sous-espace lusinien_ (_resp cosouslinien_, _souslinien_) _et une partie borélienne_ (_resp coanalytique_, _analytique_) _de_ F. _En particulier, tout sous-espace lusinien_ (_resp cosouslinien_, _souslinien_) _d'un espace métrisable séparable est une partie borélienne_ (_resp coanalytique, analytique_) _de cet espace_.

DEMONSTRATION. Nous n'en donnerons que les grandes lignes. On établit d'abord un lemme, ayant son intérêt propre

Lemme. Soient $(\Omega,\underline{\underline{F}})$ un espace mesurable, E une partie de Ω munie de la tribu trace $\underline{\underline{F}}|_E$ et f une application mesurable de $(E,\underline{\underline{F}}|_E)$ dans un espace métrisable compact K'. Alors f est la restriction à E d'une application mesurable g de $(\Omega,\underline{\underline{F}})$ dans K'.

Démonstration. On démontre d'abord le lemme lorsque f ne prend qu'un nombre fini de valeurs. Puis, on passe au cas général en approchant f par des applications mesurables ne prenant qu'un nombre fini de valeurs. On utilise pour ce faire le fait que l'ensemble de convergence d'une suite de fonctions mesurables à valeurs dans un espace métrisable compact est mesurable.

On plonge alors l'espace E de l'énoncé dans un espace compact métrisable K dans lequel il est borélien (resp ...), et l'espace F dans un autre compact métrisable K'. D'après le lemme, l'application f, considérée à valeurs dans K', est la restriction à E d'une application borélienne g de K dans K'. De même, l'application inverse f' de f, considérée comme application de f(E) dans K, est la restriction à f(E) d'une application borélienne g' de K' dans K. Mais alors, la restriction de g à l'ensemble borélien $B = \{x \in K : g'(g(x)) = x\}$ de K est un isomorphisme borélien sur l'ensemble borélien $B' = \{x' \in K' : g(g'(x')) = x'\}$ de K', dont l'inverse est la restriction de g' à B'. Comme B contient E et B' contient f(E), on en déduit que f(E) est borélien (resp ...) dans B', donc dans K' - c'est donc un sous-espace lusinien (resp ...) -

et finalement dans F (pavages traces).

II. LE PREMIER THEOREME DE SEPARATION

A partir de maintenant, nous donnerons des démonstrations complètes.

THEOREME 9. Soient $E_1,\dots,E_n$ une suite finie de parties analytiques d'un espace métrisable compact F. Si on a $\bigcap E_k = \emptyset$, alors il existe une suite finie $B_1,\dots,B_n$ de boréliens de F telle que B_k contienne E_k pour $k = 1,\dots,n$ et que l'on ait $\bigcap B_k = \emptyset$.[1]

DEMONSTRATION. Le cas où l'un des E_n est vide étant trivial, nous supposerons qu'aucun des E_n n'est vide. Soient alors $F_1, \dots, F_n$ n copies de l'espace F : $\prod E_k$ est une partie analytique de $\prod F_k$. Considérons dans $\prod F_k$ l'ensemble $\underline{\underline{R}}$ des rectangles boréliens (i.e. des ensembles de la forme $\prod B_k$, $B_k \in \underline{\underline{B}}(F_k)$) qui ne rencontrent pas la diagonale de $\prod F_k$. Posons, pour toute partie A de $\prod F_k$, $I(A) = 0$ si A est contenu dans un élément de $\underline{\underline{R}}$ et $I(A) = 1$ sinon. On définit ainsi une capacité I sur $\prod F_k$, pour le pavage des parties compactes : pour établir cela, nous devons vérifier que, si (A^m) est une suite croissante de parties de $\prod F_k$ telle que $I(A^m) = 0$ pour tout m, alors $I(\bigcup A^m) = 0$ et que, si (K^m) est une suite décroissante de compacts de $\prod F_k$ telle que $I(K^m) = 1$ pour tout m, alors $I(\bigcap K^m) = 1$. Or, d'une part, si R^m est pour tout m un élément de $\underline{\underline{R}}$ qui contient A^m, alors $\liminf_m R^m$ est encore un élément de $\underline{\underline{R}}$, et il contient $\bigcup A^m$: donc $I(\bigcup A^m) = 0$. D'autre part, si π_k désigne la projection de $\prod F_k$ sur F_k, $\prod_k \pi_k(K^m)$ est le plus petit rectangle borélien contenant K^m et l'on a $\prod_k \pi_k(\bigcap_m K^m) = \bigcap_m(\prod_k \pi_k(K^m))$: il est alors clair que $I(\bigcap K^m) = 1$. Enfin, si on a $\bigcap E_k = \emptyset$, on a évidemment $I(K) = 0$ pour tout compact K contenu dans $\prod E_k$. Comme $\prod E_k$ est I-capacitable, on a aussi $I(\prod E_k) = 0$ et donc il existe un élément R de $\underline{\underline{R}}$ qui contient $\prod E_k$: il suffit alors de poser $B_k = \pi_k(R)$, $k = 1,\dots,n$.

COROLLAIRE. Soit E un espace métrisable souslinien. Une partie B de E est bianalytique si et seulement si elle est borélienne.

DEMONSTRATION. La condition suffisante est triviale. Pour démontrer la nécessité, plongeons E dans un espace métrisable compact F : si B est bianalytique dans E, B et E − B sont analytiques dans F. Comme ils sont disjoints, on peut les "séparer" par des boréliens disjoints de F, dont les traces sur E ne peuvent qu'être égales à B et à E − B.

Ce corollaire est faux si l'espace est seulement métrisable séparable, ou même cosouslinien métrisable : il peut alors exister des partie bianalytiques qui ne sont pas boréliennes. Plus précisément, Novikov [17] a prouvé l'existence dans

---

1 Ce théorème s'étend -avec la même démonstration - au cas d'un espace pavé abstrait $(E,\underline{\underline{E}})$ où $\underline{\underline{E}}$ est un pavage "semi-compact" (pour la terminologie, voir Meyer [16]).

[0,1]x[0,1] de deux coanalytiques disjoints C_1 et C_2 qu'on ne peut séparer par des boréliens disjoints : le sous-espace $E = C_1 \cup C_2$ est cosouslinien, et, dans E, C_1 et C_2 sont des bianalytiques qui ne sont pas boréliens. Par contre, la conclusion du théorème 9 reste valable si on remplace " métrisable compact " par "métrisable séparable " à condition de remplacer "boréliens" par "bianalytiques" : c'est une forme du deuxième théorème de séparation. Noter que le théorème, ainsi modifié, n'entraine pas la forme originale : il faudrait, pour cela, savoir que tout bianalytique d'un compact métrisable est borélien, et la manière la plus simple d'établir cela est de démontrer le théorème sous sa forme originale.

Une conséquence importante du premier théorème de séparation : le théorème d'isomorphisme de Souslin-Lusin

THEOREME 10. Soient E un espace métrisable souslinien et f une application borélienne de E dans un espace métrisable séparable F. Si f est injective, alors c'est un isomorphisme borélien de E sur f(E).

DEMONSTRATION. L'image directe f(B) d'un borélien B de E est une partie bianalytique du sous-espace souslinien f(E) : c'est donc un borélien.

On peut d'autre part montrer que chacun des énoncés du théorème 9, du corollaire et du théorème 10 entraine les deux autres.

Voici, comme corollaire du théorème 10, le théorème sur l'image injective d'un espace lusinien métrisable. Nous ne comprenons pas pourquoi on trouve toujours ce théorème déduit "difficilement" du théorème 10 dans la littérature classique (voir, par exemple, le traité de topologie de Kuratowski, où l'on trouve par ailleurs des théorèmes de prolongement d'isomorphismes boréliens beaucoup plus précis que celui que nous avons utilisé dans la démonstration du théorème 8.)

COROLLAIRE. Soient E un espace métrisable lusinien et f une application borélienne de E dans un espace métrisable séparable F. Si f est injective, alors f(E) est un borélien de F.

DEMONSTRATION. D'après le théorème 10, f est un isomorphisme borélien de E sur f(E), et, d'après le théorème 8, f(E) est alors un borélien de F.

Ainsi, un théorème "purement borélien" : "l'image injective d'un borélien d'un compact métrisable par une application borélienne est un borélien" trouve sa démonstration "naturelle" par un détour par la théorie des ensembles analytiques. C'est un principe assez général, auquel il faut penser (voir, par exemple, comment Preiss [20] a résolu récemment un problème sur les convexes boréliens).

Nous terminerons ce paragraphe en citant le théorème de séparation de Novikov, plus général que le théorème 9. Nous le démontrerons plus loin, quand nous étudierons le deuxième théorème de séparation. Quoique nous ne sachions pas démontrer ce théorème sans utiliser le deuxième théorème de séparation, nous le plaçons ici pour deux raisons : d'abord, il va nous permettre d'étudier les boréliens à coupes compactes, ce qui incitera peut-être le lecteur à poursuivre la lecture de l'exposé jusqu'à sa fin; ensuite, parce que je suis convaincu qu'on doit pouvoir démontrer la forme que nous donnons ci-dessous sans faire appel au **deuxième** théorème de séparation (c'est ainsi que j'en ai déjà fourni deux démonstrations - fausses - dont l'une dans [6]).

THEOREME 11. Soit (E_n) une suite (finie ou infinie) de parties analytiques d'un espace métrisable compact F. Si l'on a $\bigcap E_n = \emptyset$, alors il existe une suite (B_n) de boréliens de F telle que B_n contienne E_n pour tout n et que l'on ait $\bigcap B_n = \emptyset$.

Pour voir que ce n'est pas une simple conséquence du théorème 9, il faut penser au cas où (E_n) est une suite décroissante, dont aucun élément n'est vide. Et la démonstration du théorème 9 ne s'adapte pas au cas de suites infinies, car, dans un produit infini dénombrable, la réunion d'une suite croissante de "rectangles" n'est plus forcément un rectangle.

Le corollaire suivant, presque immédiat, nous sera bien utile par la suite

COROLLAIRE. a) Soit (E_n) une suite de parties analytiques d'un espace métrisable compact F. Si $E = \bigcap E_n$ est un borélien de F (resp est contenu dans un coanalytique C de F), alors il existe une suite (B_n) de boréliens (resp de coanalytiques) de F telle que B_n contienne E_n pour chaque n et que $\bigcap B_n$ soit égal à E (resp contenu dans C).

b) Soit (E_n) une suite de parties coanalytiques d'un espace métrisable compact F. Si $E = \bigcup E_n$ est un borélien de F (resp contient un analytique A de F), alors il existe une suite (B_n) de boréliens (resp d'analytiques) de F telle que B_n soit contenu dans E_n pour tout n et que $\bigcup B_n$ soit égal à E (resp contienne A).

DEMONSTRATION. b) se déduit de a) par passage au complémentaire, et a) du théorème 11 appliqué à la suite $(E_n - E)$ (resp$(E_n - C)$), qui a une intersection vide.

III. BORELIENS A COUPES COMPACTES

Dans tout ce paragraphe, on désigne par E (resp F) un espace métrisable compact et par x (resp y) un point générique de E (resp F). La projection de ExF sur F est notée π. On appelle coupe de la partie H de ExF selon y l'ensemble H(y) égal à la projection sur E de l'ensemble $H \cap (E \times \{y\})$; on dit que H est un graphe si la coupe H(y) est ou vide ou réduite à un point pour tout y : H est alors le graphe d'une application de $\pi(H)$ dans E.

Notre propos est de trouver des conditions suffisantes pour que la projection $\pi(H)$ d'un borélien H de ExF sur F soit borélienne. On a ainsi les résultats suivants :

(S-L) : si H est un graphe borélien, $\pi(H)$ est borélien

En effet, H est un espace lusinien, et la restriction de π à H est borélienne et injective. On conclut par le corollaire du théorème 10.

(L) plus généralement : soit H une partie borélienne de ExF. Si H(y) est dénombrable (i.e. vide, fini, ou infini dénombrable) pour tout y, alors $\pi(H)$ est borélien.

C'est un théorème de Lusin[1] , plus difficile que le précédent. Le théorème (L) admet une extension triviale : " Soit H une partie borélienne de E×F. Si l'ensemble $\{y : H(y)$ n'est pas dénombrable$\}$ est dénombrable, alors $\pi(H)$ est borélien, et aussi $\pi(H')$, pour toute partie borélienne H' de H " . Cette extension est intéressante, parce qu'elle est maximale : si E = F = [0,1] (par exemple) et si H, borélien de E×F, ne vérifie pas la propriété indiquée dans l'énoncé, il existe toujours une partie borélienne H' de H telle que $\pi(H')$ ne soit pas borélien (cf Purves [21]).

Voici maintenant le théorème d'Arsenin, qui entraine évidemment le théorème (L)

(A) : soit H une partie borélienne de ExF. Si H(y) est un $\underline{\underline{K}}_\sigma$ pour tout y, alors $\pi(H)$ est borélien.

Le théorème (A) a aussi un caractère de maximalité : si l'on remplace "$\underline{\underline{K}}_\sigma$" par le degré de complexité suivant, soit "$\underline{\underline{K}}_{\sigma\delta}$", alors $\pi(H)$ peut être n'importe quelle partie analytique de F si, par exemple E = F = [0,1].[2]

Nous allons démontrer, dans ce paragraphe, un cas particulier de (A), généralisant (S-L), qui a été établi par Novikov avant qu'Arsenin ne démontre (A)

(N) : soit H une partie borélienne de ExF. Si H(y) est compact pour tout y, alors $\pi(H)$ est borélien.

Et nous éluciderons complètement, à l'aide de ce théorème, la structure des boréliens à coupes compactes (alors que le problème analogue pour les boréliens à coupes $\underline{\underline{K}}_\sigma$ est ouvert, à ma connaissance).

---

1 L'énoncé de Lusin est beaucoup plus précis : tout borélien à coupes dénombrables est la réunion d'une suite de graphes boréliens.

2 On sait que tout analytique de [0,1] est projection d'un $\underline{\underline{G}}_\delta$ de [0,1]×[0,1].

Nous allons d'abord nous intéresser aux analytiques à coupes compactes, dont nous ferons une étude un peu éparpillée dans l'exposé. Rappelons au passage que, si $\underline{\underline{E}}$ et $\underline{\underline{F}}$ sont deux pavages stables pour les intersections finies, alors $(\underline{\underline{E}}x\underline{\underline{F}})_s$ est stable (pour les réunions et) pour les intersections finies, et que tout élément de $(\underline{\underline{E}}x\underline{\underline{F}})_{s\delta}$ est alors la limite d'une suite décroissante d'éléments de $(\underline{\underline{E}}x\underline{\underline{F}})_s$.

THEOREME 12. Soit H une partie de ExF. Les assertions suivantes sont équivalentes.

a) H est analytique et H(y) est compact pour tout y

b) H appartient à $(\underline{\underline{K}}(E)x\underline{\underline{A}}(F))_{s\delta}$

DEMONSTRATION. Il est clair que b) entraine a). Montrons que a) entraine b). Soit (U_n) une base dénombrable d'ouverts de la topologie de E et posons, pour tout n,

$$C_n = \{y : H^c(y) \text{ contient } U_n\}$$

L'ensemble C_n est le complémentaire de l'ensemble analytique $\pi(H\cap(U_n xF))$, et on a

$$H^c = \bigcup_n (U_n x C_n) \qquad H = \bigcap_n ((U_n^c xF)\cup(ExC_n^c))$$

D'où la conclusion.

Nous allons voir que le théorème est encore vrai si on remplace "analytique" par "borélien" et $\underline{\underline{A}}(F)$ par $\underline{\underline{B}}(F)$. Il nous faut, pour cela, démontrer d'abord le théorème de Novikov :

THEOREME 13. Soit H une partie borélienne de ExF. Si H(y) est compact pour tout y, alors $\pi(H)$ est borélien.

DEMONSTRATION. Reprenons la représentation de H^c de la démonstration précédente :

$$H^c = \bigcup_n (U_n x C_n),\ U_n \in \underline{\underline{G}}(E),\ C_n \in \underline{\underline{CA}}(F)$$

Le borélien H^c est alors la réunion d'une suite de coanalytiques. D'après le corollaire du théorème 11, il existe une suite (B_n) de boréliens de ExF telle que B_n soit contenu dans $U_n x C_n$ pour tout n et que $H^c = \bigcup B_n$. Posons alors, pour tout n, $A_n = \pi(B_n)$: A_n est analytique et $U_n x A_n$ est compris entre B_n et $U_n x C_n$. On a donc aussi $H^c = \bigcup(U_n x A_n)$. Par passage au complémentaire, on en déduit que H appartient à $(\underline{\underline{K}}(E)x\underline{\underline{CA}}(F))_{s\delta}$. Il résulte alors du lemme ci-dessous que $\pi(H)$ est coanalytique, et donc borélien d'après le corollaire du théorème 9.

Voici le lemme utilisé, dont la démonstration est laissée au lecteur

LEMME. Soit (H_n) une suite décroissante de parties de ExF. Si, pour tout n, la coupe $H_n(y)$ est compacte pour tout y, alors on a $\pi(\bigcap H_n) = \bigcap \pi(H_n)$.

On sait que Lebesgue, ayant omis l'hypothèse de compacité des coupes dans ce lemme, avait cru pouvoir démontrer que la projection de tout borélien est borélienne. C'est Souslin qui releva l'erreur de Lebesgue, et inaugura la théorie des ensembles analytiques.

THEOREME 14.[1] Soit H une partie de ExF. Les assertions suivantes sont équivalentes.

a) H est borélien et H(y) est compact pour tout y

b) H appartient à $(\underline{\underline{K}}(E)\times\underline{\underline{B}}(F))_{s\delta}$

DEMONSTRATION. Il est clair que b) entraine a). D'autre part, la conclusion du théorème 13 est incluse dans b) d'après le lemme. Montrons que a) entraine b). Reprenons la démonstration du théorème 12 : il suffit de montrer que, si H est borelien, les ensembles $C_n = \{y : H^c \text{ contient } U_n\}$ sont boréliens, soit encore que $C_n^c = \pi(H \cap (U_n \times F))$ est borélien pour tout n. Ce qui résulte immédiatement du th. 13 car U_n est la réunion d'une suite de compacts et π commute avec les réunions.

On a évidemment aussi élucidé la structure des coanalytiques à coupes ouvertes : ce sont les éléments de $(\underline{\underline{G}}(E)\times\underline{\underline{CA}}(F))_\sigma$, et celle des boréliens à coupes ouvertes : ce sont les éléments de $(\underline{\underline{G}}(E)\times\underline{\underline{B}}(F))_\sigma$. En particulier, la projection d'un borélien à coupes ouvertes est borélienne, résultat qui peut s'établir très simplement, sans utiliser la théorie des ensembles analytiques. Notons au passage qu'il est faux que tout analytique à coupes ouvertes soit un élément de $(\underline{\underline{G}}(E)\times\underline{\underline{A}}(F))_\sigma$. Nous verrons apparaitre, au paragraphe suivant, les complémentaires des éléments de $(\underline{\underline{G}}(E)\times\underline{\underline{A}}(F))_\sigma$ qui sont des coanalytiques à coupes compactes spéciaux, jouant un rôle important dans les problèmes de section borélienne.

Nous allons donner maintenant quelques applications intéressantes de ce qui précède à l'étude des fonctions de F dans $\underline{\underline{K}}(E)$. Nous aurons besoin pour cela d'une bonne topologie sur $\underline{\underline{K}}(E)$. On appelle topologie exponentielle (ou de Vietoris) sur $\underline{\underline{K}}(E)$ la moins fine des topologies sur $\underline{\underline{K}}(E)$ pour lesquelles un ensemble de la forme $\{K\in\underline{\underline{K}}(E) : K \text{ est inclus dans } L\}$ soit fermé (resp ouvert) si L est compact (resp ouvert) dans E. Le compact vide est isolé dans cette topologie, et une base d'ouverts sur $\underline{\underline{K}}(E) - \{\emptyset\}$ est constituée par les ensembles de la forme

$$\{K : K\subset U_0\}\cap\{K : K\cap U_1 \neq \emptyset\}\cap\ldots\cap\{K : K\cap U_n \neq \emptyset\}$$

ou $U_0, U_1, \ldots, U_n$ sont des ouverts de E; lorsque ces ouverts parcourent une base de E stable pour les réunions finies, on obtient une base dénombrable de $\underline{\underline{K}}(E) - \{\emptyset\}$. Cette topologie est métrisable compacte. De plus, elle coincide avec d'autres topologies usuelles induites par des distances. Ainsi, si d est une distance sur E compatible avec sa topologie, on définit la distance de Hausdorff entre deux compacts non vides K et L par $\delta(K,L) = \sup\ (\sup_{x\in K} d(x,L)\ ,\ \sup_{x\in L} d(x,K)\ )$, ou encore, la distance "sans nom" $\beta(K,L) = \sup_{x\in E}|d(x,L) - d(x,K)|$. Les distances ainsi définies sont en fait égales, et induisent la topologie exponentielle (ce qui n'est pas vrai pour les topologies analogues définies sur l'ensemble des fermés d'un espace polonais; pour une discussion de cette situation, voir Kuratowski [15] et Christensen [3])

1 je me suis aperçu, après rédaction, que ce théorème se trouve déjà dans Kunugui [14].

Cela dit, il existe une <u>bijection canonique</u> entre les parties H de E×F à coupes compactes et les applications γ de F dans $\underline{\underline{K}}(E)$, définie par l'égalité $\gamma(y) = H(y)$. Nous désignerons par γ_H (resp H_γ) l'application de F dans $\underline{\underline{K}}(E)$ (resp la partie de E×F à coupes compactes) ainsi associée à H (resp γ).

Si l'application γ est borélienne, l'ensemble $\gamma^{-1}(\{\emptyset\})$ est borélien. Comme il est égal au complémentaire de $\pi(H_\gamma)$ dans F, l'implication a) => b) du théorème suivant n'est nullement évidente.[1]

THEOREME 16. <u>Soit</u> H <u>une partie de</u> E×F <u>dont les coupes</u> H(y) <u>sont compactes pour tout</u> y. <u>Les assertions suivantes sont équivalentes</u>

a) H <u>est borélien</u>

b) <u>l'application</u> $\gamma = \gamma_H$ <u>est borélienne</u>

DEMONSTRATION. Montrons que b) entraine a). Posons $G = \{(x,y,K) : x \in K \text{ et } K = \gamma(y)\}$. On vérifie aisément que G est un borélien de $E \times F \times \underline{\underline{K}}(E)$, car $\{(x,K) : x \in K\}$ est fermé dans $E \times \underline{\underline{K}}(E)$ et $\{(y,K) : K = \gamma(y)\}$, qui est le graphe de γ, est borélien dans $F \times \underline{\underline{K}}(E)$. D'autre part, pour tout (x,y), la coupe G(x,y) a au plus un point : il résulte alors du théorème (S-L) que H, projection de G sur ExF, est borélien. L'implication a) => b) est évidente si H appartient à $(\underline{\underline{K}}(E) \times \underline{\underline{B}}(F))_s$: γ est alors une application borélienne étagée. D'autre part, on sait, d'après le théorème 15, que, dans le cas général, H est la limite d'une suite décroissante d'éléments de $(\underline{\underline{K}}(E) \times \underline{\underline{B}}(F))_s$. Comme une suite décroissante de compacts converge vers son intersection au sens de la topologie exponentielle, on en déduit que γ, limite de fonctions boréliennes étagées, est borélienne.

Il résulte de ce théorème que si H est un borélien à coupes compactes et si on compose l'application γ_H avec une application borélienne f de $\underline{\underline{K}}(E)$ dans lui-même, l'ensemble $H_{f \circ \gamma}$ (avec $\gamma = \gamma_H$) est un borélien de E×F.

Voici quelques exemples intéressants de fonctions f

a) f est l'application qui à K associe sa frontière

b) f est l'application qui à K associe son derivé (i.e. l'ensemble de ses points d'accumulation)

c) f est l'application qui à K associe son voisinage fermé d'ordre ε pour une distance d sur E compatible avec sa topologie.

De même, si f est une fonction borélienne de $\underline{\underline{K}}(E)$ dans un espace topologique, l'application $y \longrightarrow f(H(y))$ est borélienne : c'est le cas si f est par exemple la restriction à $\underline{\underline{K}}(E)$ d'une $\underline{\underline{K}}$-capacité (f est alors s.c.s.).

Nous verrons encore un exemple, très intéressant, au début du paragraphe suivant qui nous permettra d'affirmer que tout borélien à coupes compactes a une section par un graphe borélien.

---

1 Voir aussi l'article récent d'Ostaszewski [26].

Nous terminerons ce paragraphe en jetant un coup d'oeil sur ce qu'on peut dire de la fonction γ lorsque H est un analytique ou un coanalytique à coupes compactes. Soient donc H une partie de E×F à coupes compactes et $\gamma = \gamma_H$. On appelle <u>sous-graphe fermé</u> (resp <u>ouvert</u>) de γ l'ensemble $\{(y,K) : K \subset H(y)\}$ (resp $\{(y,K) : K \subset H(y)$ et $K \neq H(y)\}$ et <u>sur-graphe fermé</u> (resp <u>ouvert</u>) de γ l'ensemble $\{(y,K) : K \supset H(y)\}$ (resp $\{(y,K) : K \supset H(y)$ et $K \neq H(y)\}$. Contrairement au cas où γ est à valeur dans $\mathbb{R}$, il n'y a pas ici de relation de complémentarité entre sous-graphes et sur-graphes. Il est facile de voir que H est analytique si et seulement si le sous-graphe fermé de γ est analytique; alors les deux sous-graphes sont analytiques et les deux sur-graphes sont coanalytiques. De même, il est facile de voir que H est coanalytique si et seulement si le sous-graphe fermé de γ est coanalytique; mais on ne peut dire alors que le sous-graphe ouvert est coanalytique et les deux sur-graphes analytiques que si H est coanalytique "spécial". Si H est borélien, on montre facilement, à l'aide du théorème 16, que les sous-graphes et sur-graphes sont boréliens. Il serait donc naturel de dire qu'une fonction γ de F dans $\underline{\underline{K}}(E)$ est <u>analytique</u> (resp <u>coanalytique</u>) si l'ensemble H correspondant est analytique (resp coanalytique), soit encore si le sous-graphe fermé de γ est analytique (resp coanalytique), définition qui serait analogue à celle, classique, de fonction analytique (resp coanalytique) à valeur dans $\mathbb{R}$.

REMARQUE. Supposons que E soit égal à [0,1]. Les probabilistes sont alors très intéressés par les boréliens à coupes fermées pour la topologie droite (i.e. la topologie dont une base d'ouverts est constituée par les traces sur [0,1] des intervalles de la forme [u,v[). Aussi serait-il intéressant de savoir si la projection d'un borélien à coupes fermées pour la topologie droite est borélienne (les coupes sont des $\underline{\underline{G}}_\delta$ pour la topologie habituelle, mais ne sont pas en général des $\underline{\underline{K}}_\sigma$).

IV. SECTIONS PAR GRAPHES BORELIENS

Nous gardons les hypothèses, notations et conventions du paragraphe précédent.

Soit H une partie de ExF; nous dirons qu'une partie S de ExF est une <u>section</u> de H si S est inclus dans H et si on a $\pi(S) = \pi(H)$. Nous nous intéressons aux sections qui sont des graphes (nous dirons sections <u>par</u> des graphes, etc) et, plus particulierement des graphes boréliens. Il résulte immédiatement de l'axiome de choix que toute partie de ExF admet une section par un graphe, mais on n'a alors aucun contrôle sur la"mesurabilité"de ce graphe. Un théorème - très difficile - de Kondô [13] assure que tout coanalytique de ExF (et, en particulier, tout borélien) admet une section par un graphe coanalytique. Mais ce résultat n'est pas satisfaisant pour les probabilistes[1] car, sous les axiomes usuels de la théorie des ensembles, on ne peut montrer qu'un tel graphe est toujours le graphe d'une fonction universellement mesurable.[2] J'ai trouvé, dans le livre [11] d'Hoffmann-Jørgensen, un joli théorème de section, avec une démonstration simple, qui semble peu connu et qu'Hoffmann-Jørgensen a sans doute découvert tout seul.[3]

Mais ce théorème, que nous allons énoncer maintenant, se trouve dans l'article russe [1], où il est attribué à Jankov (1941) : <u>pour toute partie analytique</u> H <u>de</u> ExF, <u>il existe une section par un graphe</u> G <u>telle que l'application correspondante de</u> $\pi(G)$ <u>dans</u> E <u>soit mesurable lorsque</u> E <u>est muni de la tribu borélienne et</u> $\pi(G)$ <u>de la tribu engendrée par ses parties analytiques</u>. <u>Si</u> H <u>est borélien, on peut supposer de plus que le graphe</u> G <u>est coanalytique</u>. Une telle application est universellement mesurable puisque tout analytique est universellement mesurable.

Revenons maintenant aux sections par des graphes boréliens : étant donné le théorème (S-L), une condition nécessaire pour qu'une partie H de ExF ait une section par un graphe borélien est que $\pi(H)$ soit borélien. Par conséquent, en général, on n'a pas de telle section, même si H est borélien. Nous allons d'abord montrer que tout borélien à coupes compactes a une section par un graphe borélien. Ce sera un corollaire immédiat du théorème 16 et du théorème suivant

THEOREME 17. <u>Il existe une application borélienne</u> f <u>de</u> $\underline{\underline{K}}(E)-\{\emptyset\}$ <u>dans</u> E <u>telle que l'on ait</u> $f(K)\in K$ <u>pour tout compact non vide</u> K <u>de</u> E.

DEMONSTRATION. Lorsque E = [0,1], il suffit de poser f(K) = inf K (ou sup K). Dans le cas général, plongeons E dans le cube $[0,1]^{\mathbb{N}}$ et munissons $[0,1]^{\mathbb{N}}$ de l'ordre lexicographique : toute partie fermée non vide a alors un plus petit élément. Pour tout compact non vide K de E, prenons pour f(K) le plus petit élément de K : nous laissons au lecteur le soin de vérifier que l'application f ainsi définie est borélienne.

COROLLAIRE. <u>Soit</u> H <u>une partie borélienne de</u> ExF <u>telle que</u> H(y) <u>soit compact pour tout</u> y. <u>Alors</u> H <u>a une section par un graphe borélien</u> (<u>et, si</u> E = [0,1], <u>le "début" des probabilistes définit une telle section</u>).

---

1 Les probabilistes utilisent un théorème de section des boréliens par un graphe borélien "à un ensemble de mesure nulle près" . Voir [5].

2 Un tel graphe peut ne pas être mesurable si on admet l'axiome de constructibilité de Godel, mais est toujours mesurable si on admet l'axiome de détermination projective. Voir l'exposé "Jeux infinis et temps d'arrêt" .

3 Hoffmann-Jørgensen m'a appris qu'il avait trouvé ce théorème dans le livre russe -traduit en anglais- "Normed Rings" de Naimark. D'autre part, en 1960, Sion [27] en a donné une version, dans un cadre plus général, avec une autre démonstration.

Nous allons voir bientôt qu'un borélien de E×F a une section par un graphe borélien dès qu'il a une section par un analytique à coupes compactes. Pour démontrer cela, nous aurons besoin de la classe spéciale de coanalytiques annoncée plus haut.

DEFINITION 4. <u>Soit</u> H <u>une partie coanalytique de</u> E×F. <u>Nous dirons que</u> H <u>est</u> spéciale <u>si la projection de</u> $H \cap (U \times F)$ <u>sur</u> F <u>est coanalytique pour tout ouvert</u> U <u>de</u> E.

Comme tout ouvert est un $\underline{\underline{K}}_\sigma$ et que π commute avec les réunions, il suffit évidemment de vérifier que $\pi(H \cap (K \times F))$ est coanalytique pour tout compact K de E (mais cette condition n'est sans doute pas nécessaire).

THEOREME 18. <u>Soit</u> H <u>une partie de</u> E×F. <u>Les assertions suivantes sont équivalentes</u>

a) H <u>est coanalytique spécial</u>, <u>et</u> H(y) <u>est compact pour tout</u> y

b) H <u>appartient à</u> $(\underline{\underline{K}}(E) \times \underline{\underline{CA}}(F))_{s\delta}$

<u>En particulier, tout borélien de</u> E×F <u>à coupes compactes est coanalytique spécial</u>.

DEMONSTRATION. L'implication b) => a) résulte de la remarque suivant la définition et du lemme suivant le th. 13. Montrons que a) entraine b). Soit (U_n) une base dénombrable d'ouverts de la topologie de E et posons, pour tout n, $A_n = \{y : H^c(y) \text{ contient } U_n\}$. L'ensemble A_n est le complémentaire de $\pi(H \cap (U_n \times F))$, et donc est analytique, H étant spécial. On a $H^c = \bigcup_n (U_n \times A_n)$, d'où b) par passage au complémentaire. Enfin, un borélien à coupes compactes est spécial d'après le théorème 14 (ou 13).

Voici le théorème de section par un graphe borélien. L'implication b) => d) est due à Čegolkov [1] et Čoban [4], qui a rectifié une erreur de Čegolkov et a introduit, en précisant une définition de Čegolkov, les coanalytiques spéciaux à coupes compactes sous le nom de "coanalytiques normaux" , ce que j'ai trouvé choquant puisque c'est plutôt l'exception que la règle.

THEOREME 19. <u>Soit</u> H <u>une partie borélienne</u> (<u>ou</u>, <u>plus généralement</u>, <u>coanalytique</u>) <u>de</u> E×F. <u>Les assertions suivantes sont équivalentes</u>

a) H <u>a une section par une partie analytique</u> A <u>à coupes compactes</u>

b) H <u>a une section par une partie coanalytique</u> C <u>spéciale à coupes compactes</u>

(<u>si</u> H <u>est seulement coanalytique</u>, <u>il faut ajouter que</u> $\pi(H)$ <u>est analytique</u>)

c) H <u>a une section par une partie borélienne</u> B <u>à coupes compactes</u>

d) H <u>a une section par un graphe borélien</u>

DEMONSTRATION. Il est clair que l'on a d) => c) => a) et d) => c) => b); l'implication c) => d) résulte du corollaire du théorème 17. Nous allons montrer que a) => b) => c), ce qui achèvera la démonstration du théorème. Supposons que a) soit vérifiée. D'après le théorème 12, l'ensemble A^c a une représentation de la forme $A^c = \bigcup_n (U_n \times C_n)$, $U_n \in \underline{\underline{G}}(E)$, $C_n \in \underline{\underline{CA}}(F)$. Comme A^c contient H^c , qui est analytique, il existe, d'après le corollaire du théorème 11, une suite (D_n) de parties ... (suite page suivante) analytiques de $E\times F$ telle que D_n soit contenu dans $U_n\times C_n$ pour tout n et que $\bigcup D_n$ contienne H^c. Posons, pour tout n, $A_n = \pi(D_n)$: A_n est analytique et $U_n\times A_n$ est compris entre D_n et $U_n\times C_n$. Donc $D = \bigcup(U_n\times A_n)$ contient H^c et est contenu dans A^c. Mais alors, $C = D^c$ est un coanalytique spécial à coupes compactes et est une section de H, et $\pi(H)$, égal à $\pi(A)$ est analytique. Supposons maintenant que b) soit vérifiée. Comme $\pi(H)$ est analytique et $\pi(C)$ coanalytique, $\pi(H) = \pi(C)$ est borélien. D'après le théorème 18, C est l'intersection d'une suite (C_n) d'éléments de $(\underline{\underline{K}}(E)\times\underline{\underline{CA}}(F))_s$, que l'on peut supposer décroissante. D'autre part, quitte à remplacer chaque C_n par $C_n\cap(E\times\pi(H))$, on peut supposer que $\pi(C_n)$ est contenu dans $\pi(H)$. Nous allons d'abord construire, pour chaque n, une section de C_n par un borélien B_n à coupes compactes. L'ensemble C_n a une représentation de la forme

$$C_n = \bigcup_{i=1}^{m_n}(K_i^n\times C_i^n),\quad K_i^n\in\underline{\underline{K}}(E),\quad C_i^n\in\underline{\underline{CA}}(F)$$

et $\pi(H) = \pi(C_n)$ est égal à la réunion des C_i^n, $i = 1,\ldots,m_n$. D'après le corollaire du théorème 11, il existe des boréliens B_i^n, $i = 1,\ldots,m_n$, tels que C_i^n contienne B_i^n pour tout i et que $\pi(H)$ soit égal à la réunion des B_i^n, $i = 1,\ldots,m_n$: il suffit alors de poser $B_n = \bigcup_{i=1}^{m_n}(K_i^n\times B_i^n)$. Pour tout n, désignons maintenant par D_n la partie de $E\times F$ dont la coupe $D_n(y)$ est égale, pour tout y, à l'adhérence de $\bigcup_{m\geq n} B_m(y)$. Supposons démontré que l'ensemble D_n ainsi défini soit borélien : comme la suite (C_n) est décroissante, chaque D_n est une section de C_n par un borélien à coupes compactes et la suite (D_n) est évidemment décroissante. Il ne reste plus qu'à poser $B = \bigcap D_n$ pour obtenir une section de H par un borélien à coupes compactes. La démonstration du théorème sera donc achevée par la démonstration du lemme suivant

Lemme. Soit B un élément de $(\underline{\underline{K}}(E)\times\underline{\underline{B}}(F))_\sigma$ et soit D la partie de $E\times F$ dont la coupe D(y) est égale, pour chaque y, à l'adhérence de la coupe B(y) de B. Alors D est borélien dans $E\times F$.

Démonstration. Soit d une distance sur E compatible avec sa topologie, et, pour tout $\varepsilon > 0$, soit (U_n^ε) une base dénombrable de la topologie de E constituée par des boules ouvertes de rayon $< \varepsilon$. Posons, pour tout $\varepsilon > 0$,

$$B^\varepsilon = \bigcup_n(U_n^\varepsilon\times\pi[(U_n^\varepsilon\times F)\cap B])$$

Comme B est réunion dénombrable d'éléments de $\underline{\underline{K}}(E)\times\underline{\underline{B}}(F)$, et que π commute avec les réunions, il est facile de voir que $\pi[(U_n^\varepsilon\times F)\cap B]$ est borélien, pour tout n,ε. Donc B^ε est borélien, ainsi que D qui est égal à l'intersection des $B^{1/n}$.

V. LE DEUXIEME THEOREME DE SEPARATION

Dans tout ce paragraphe, on désigne par E un espace métrisable séparable. Nous allons d'abord énoncer plusieurs versions de ce théorème et les comparer.

Le premier, historiquement, est le deuxième principe de Lusin : si A_1 et A_2 sont des parties analytiques de E, on peut séparer $A_1 - A_2$ et $A_2 - A_1$ par deux parties coanalytiques disjointes. En fait, quitte à regarder les choses dans $E' = E - (A_1 \cap A_2)$, cet énoncé est équivalent au suivant : si A_1' et A_2' sont des parties analytiques disjointes de E', on peut les séparer par des parties coanalytiques disjointes de E'. Il résultera du théorème de Novikov (th. 20) qu'on peut remplacer "coanalytiques" par "bianalytiques" dans cet énoncé, ce qui l'améliore notablement et lui donne une forme vraiment analogue à celle du premier théorème de séparation. Mais Mokobodzki m'a indiqué une méthode très astucieuse pour dériver simplement l'énoncé amélioré de l'énoncé initial. Voici cette méthode, qui peut s'appliquer à d'autres situations. Soient A et A' deux analytiques disjoints dans E. D'après le deuxième principe, il existe deux coanalytiques disjoints C_2 et C' tels que $A \subset C_2$ et $A' \subset C'$. Posons $C_1 = A'^c$ et $A_1 = C'^c$. On peut alors reformuler ce qui précède sous la forme d'un lemme d'interpolation : si on a $A \subset C_1$, avec $A \in \underline{\underline{A}}(E)$, $C_1 \in \underline{\underline{CA}}(E)$, il existe A_1 et C_2 tels qu'on ait $A \subset C_2 \subset A_1 \subset C_1$ avec $A_1 \in \underline{\underline{A}}(E)$, $C_2 \in \underline{\underline{CA}}(E)$. On peut alors recommencer à interpoler entre A et C_2 et construire, par récurrence, une suite (A_n) d'éléments de $\underline{\underline{A}}(E)$ et une suite (C_n) d'éléments de $\underline{\underline{CA}}(E)$ telles que

$$A \subset \ldots \subset C_{n+1} \subset A_n \subset C_n \subset \ldots \subset A_1 \subset C_1$$

Mais alors $B = \bigcap_n A_n = \bigcap_n C_n$ est bianalytique et on a $A \subset B \subset C_1$, et donc A et A' sont séparés par les ensembles bianalytiques disjoints B et B^c.

L'énoncé amélioré du deuxième principe est encore équivalent au suivant (poser $A = A_1 \cup A_2$ où A_1 et A_2 sont disjoints et bianalytiques dans A) : soit A une partie analytique de E. La tribu $\underline{\underline{BA}}(A)$ est alors la tribu trace de $\underline{\underline{BA}}(E)$ sur A. Il est aussi équivalent, comme nous le verrons un peu plus loin, au théorème de réduction de Kuratowski pour deux ensembles coanalytiques.

Voici le théorème de séparation de Novikov [18] (cf théorème 11) :

THEOREME 20. Soit (E_n) une suite (finie ou infinie) de parties analytiques d'un espace métrisable séparable F. Si on a $\bigcap_n E_n = \emptyset$, alors il existe une suite (B_n) de parties bianalytiques de F telle que B_n contienne E_n pour tout n et qu'on ait $\bigcap_n B_n = \emptyset$.

Nous allons voir que cet énoncé est équivalent au suivant, que nous établirons plus loin en suivant la démonstration de C.A. Rogers [22]

THEOREME 21. Soit (A_n) une suite de parties analytiques d'un espace métrisable séparable E. Il existe alors une suite (A_n') de parties analytiques de E vérifiant les conditions suivantes

a) A'_n contient A_n pour tout n

b) on a $A'_m \cup A'_n = E$ pour tout couple m,n tel que $m \neq n$

c) on a $\bigcap_n A'_n = \bigcap_n A_n$

Par passage au complémentaire, on obtient un énoncé plus clair, appelé théorème de réduction de Kuratowski [15], dont celui-ci a sans doute éxagéré l'originalité par rapport à l'énoncé de Novikov. Il reste cependant que c'est le "bon" énoncé général.

THEOREME 22. Soit (C_n) une suites de parties coanalytiques d'un espace métrisable séparable E. Il existe alors une suite (C'_n) de parties coanalytiques de E vérifiant les conditions suivantes

a) C'_n est contenu dans C_n pour tout n

b) les C'_n sont deux à deux disjoints

c) on a $\bigcup_n C'_n = \bigcup_n C_n$

DEMONSTRATION DE L'EQUIVALENCE DES ENONCES 20, 21 ET 21 AFFAIBLI :

Nous désignerons par (21 bis) l'énoncé 21 modifié, apparemment plus faible, où **E** est supposé métrisable compact.

(20) => (21) : Soit (A_n) une suite de parties analytiques de l'espace métrisable séparable E, d'intersection A. Les ensembles $E_n = A_n - A$ forment une suite de parties analytiques de l'espace métrisable séparable $F = E - A$, d'intersection vide. Soit (B_n) une suite de parties bianalytiques de F, d'intersection vide, telle que B_n contienne E_n pour tout n. Les ensembles $A'_1 = A \cup B_1$, $A'_2 = A \cup B_2 \cup (F - B_1), \ldots$, $A'_n = A \cup B_n \cup (F - \bigcap_{m<n} B_m), \ldots$ forment alors une suite de parties analytiques de E vérifiant les conditions de l'énoncé 21.

(21 bis) => (20) : Soit (E_n) une suite de parties analytiques d'un espace métrisable séparable F, d'intersection vide. Plongeons F dans un espace métrisable compact E et, pour tout n, soit A_n une partie analytique de E telle que l'on ait $E_n = A_n \cap F$. Soit alors (A'_n) une suite de parties analytiques de E vérifiant les conditions de l'énoncé 21 et posons $B_n = A'_n \cap F$ pour tout n : B_n contient E_n et on a $\bigcap_n B_n = \emptyset$. D'autre part, B_n est analytique dans F et il ne reste plus qu'à montrer que $F - B_n$ est analytique dans F. Et cela résulte simplement du fait que les ensembles $F - B_n$, coanalytiques dans F, sont deux à deux disjoints et de réunion égale à F.

Nous passons maintenant à la démonstration de l'énoncé 21, démonstration que nous découperons par des rubriques pour en faciliter la lecture.

1. Schémas de Souslin

Nous désignerons par S l'ensemble des suites finies d'entiers naturels (y compris la suite vide $\emptyset$) et par Σ l'ensemble des suites infinies. La notation $s < t$, où s est élément de S et t est élément de S ou de Σ, signifie que t "commence" par s et en est distinct (exemple : $s = 3,1,4$ $t = 3,1,4,1,6$). Pour tout s élément de S ou de Σ, on désigne par $l(s)$ la "longueur" de la suite s et, pour tout $n \leq l(s)$, par $s|n$ la suite finie de longueur n commençant s.

Soit E un espace métrisable séparable, ou, plus généralement, $(E,\underline{\underline{E}})$ un espace pavé (rappelons que nous avons pris $\underline{\underline{E}} = \underline{\underline{B}}(E)$ dans le cas topologique). Un <u>schéma de Souslin régulier sur</u> $(E,\underline{\underline{E}}_d)$ (nous dirons, plus brièvement, un schéma de Souslin) est une application $s \to E_s$ de S dans $\underline{\underline{E}}_d \cup \{E\}$ vérifiant les conditions suivantes

a) $E_\emptyset = E$, $E_s \in \underline{\underline{E}}_d$ pour tout $s \neq \emptyset$

b) on a $E_s \supset E_t$ si on a $s < t$

On appelle <u>noyau</u> du schéma de Souslin $s \to E_s$ l'ensemble

$$A = \bigcup_{\sigma\in\Sigma} \bigcap_{s<\sigma} E_s = \bigcup_{\sigma\in\Sigma} \bigcap_n E_{\sigma|n}$$

On sait qu'un ensemble A est $\underline{\underline{E}}$-analytique si et seulement s'il est le noyau d'un schéma de Souslin. Nous n'aurons besoin pour la suite que de la condition nécessaire, qui est très facile à démontrer :

LEMME. <u>Soit</u> $(E,\underline{\underline{E}})$ <u>un espace pavé, où</u> $\underline{\underline{E}}$ <u>est stable pour les intersections finies. Tout ensemble</u> $\underline{\underline{E}}$<u>-analytique est le noyau d'un schéma de Souslin sur</u> $(E,\underline{\underline{E}})$.

DEMONSTRATION. Soit A un ensemble $\underline{\underline{E}}$-analytique. Par définition, il existe un espace métrisable compact auxiliaire K et un élément B de $(\underline{\underline{E}} \times \underline{\underline{K}})_{\sigma\delta}$ tels que A soit égal à la projection $\pi(B)$ de B sur E. L'ensemble B a une représentation de la forme $B = \bigcap_m \bigcup_n B_n^m$, où les B_n^m appartiennent à $\underline{\underline{E}} \times \underline{\underline{K}}$. En tenant compte de la distributivité entre réunion et intersection, on a alors $B = \bigcup_{\sigma\in\Sigma} (B^1_{\sigma_1} \cap B^2_{\sigma_2} \cap \ldots \cap B^k_{\sigma_k} \cap \ldots)$ où $\sigma_1, \sigma_2, \ldots, \sigma_k, \ldots$ désignent les termes successifs de la suite infinie σ. Posons, pour toute suite finie non vide s, $B_s = B^1_{s_1} \cap B^2_{s_2} \cap \ldots \cap B^{l(s)}_{s_{l(s)}}$: pour tout $\sigma \in \Sigma$, les ensembles $B_{\sigma|n}$, $n \in \mathbb{N}$, forment une suite décroissante, et ont leurs coupes compactes dans K. On a donc, en désignant par π la projection de $E \times K$ sur E,

$$A = \pi(B) = \bigcup_{\sigma\in\Sigma} \bigcap_{s<\sigma} \pi(B_s) = \bigcup_{\sigma\in\Sigma} \bigcap_n \pi(B_{\sigma|n})$$

et A est alors le noyau du schéma de Souslin $s \to \pi(B_s)$.

2. <u>L'indice de Lusin-Sierpinski</u>

Désormais, E est un espace métrisable séparable, A une partie analytique de E et $s \to A_s$ un schéma de Souslin sur E, de noyau égal à A.

Nous allons maintenant paraphraser l'article de Rogers, en le condensant, ce qui nous obligera à omettre une foule de remarques intéressantes sur l'indice pour lesquelles nous engageons vivement le lecteur à se reporter à l'article original.

Suivant le mot de Rogers, l'indice $i(.)$ sera une application de E dans l'ensemble des ordinaux <u>qui mesurera la difficulté qu'on a à prouver que</u> x <u>n'appartient pas à</u> A.

L'indice $i(x)$ sera un élément de l'ensemble I des ordinaux dénombrables si x n'appartient pas à A, et sera égal à Ω (i.e. le plus petit ordinal non dénombrable) si x appartient à A. Par ailleurs, l'indice dépendra non seulement de A, mais de la "représentation combinatoire" définissant A, ici le schéma de Souslin (A_s). En particulier, la théorie de l'indice n'est nullement triviale si A est l'ensemble vide; au contraire, on peut dire que c'est le cas "crucial" .

Voici d'abord l'interprétation graphique de la définition de l'indice, d'après R.O. Davies. Considérons le graphe suivant : les sommets sont les points de S; deux sommets s et t, dans cet ordre, sont joints par un arc si et seulement si l'on a $s<t$ et $l(t) = l(s)+1$. On obtient un arbre, que nous noterons encore S. Cela dit, fixons $x \in E$ et regardons le sous-arbre $A(x)$ de S, défini par l'ensemble de ses sommets : on a $s \in A(x)$ si et seulement si on a $x \in A_s$ (en particulier, la suite $\emptyset$ est toujours un sommet de $A(x)$, et ce peut être le seul). Les faits suivants sont clairs :

a) si x appartient à A, il existe un chemin de longueur infini dans $A(x)$ issu de $\emptyset$

b) si x n'appartient pas à A, tout chemin dans $A(x)$ issu de $\emptyset$ est de longueur finie

N'empêche que, dans le cas b), on peut avoir énormément de ramifications et l'indice va mesurer, en quelque sorte, la complexité de ces ramifications.

Nous dirons qu'un sommet d'un arbre est pendant s'il n'est extrémité initiale d'aucun arc . Ainsi , s est pendant dans $A(x)$ si et seulement si on a $x \in A_s$, mais $x \notin A_t$ pour tout $t > s$.

Définissons, pour x fixé, une suite transfinie $(A^i(x))_{i\in I}$ de sous-arbres de S (analogue à la suite transfinie des dérivés successifs d'un fermé), par leurs sommets, de la manière suivante :

$A^0(x) = A(x)$

si $A^i(x)$ est défini,

$A^{i+1}(x) = A^i(x)$ moins les sommets pendants de $A^i(x)$

si j est un ordinal de 2ème espèce, et si $A^i(x)$ est défini pour tout $i<j$,

$A^j(x) = \bigcap_{i<j} A^i(x)$

Comme S est dénombrable et que la suite transfinie $(A^i(x))$ est décroissante, celle-ci est stationnaire à partir d'un certain ordinal dénombrable $j(x)$ (que Rogers appelle l'indice de Hausdorff). Il est clair, intuitivement, que $A^{j(x)}(x)$ est vide si et seulement si x n'appartient pas à A. L'indice de Lusin-Sierpinski est alors égal à $j(x)$ si $A^{j(x)}(x)$ est vide et à Ω si $A^{j(x)}(x)$ n'est pas vide : autrement dit, on a $i(x) = \inf \{i \in I : A^i(x) = \emptyset\}$, avec la convention que $\inf \emptyset = \Omega$ dans I.

Nous allons voir les choses maintenant plus analytiquement, en regardant les chemins.

Nous allons donner une autre définition de la suite transfinie $(A^i(x))$ (équivalente à la première, c'est facile à voir); c'est celle que nous utiliserons par la suite. Nous poserons

$$A^0(x) = A(x) = \{s \in S : x \in A_s\}$$

si $A^i(x)$ est défini,

$$A^{i+1}(x) = \{s \in S : \exists t \in A^i(x) \text{ tel que } s < t\}$$

si j est un ordinal de 2ème espèce et si $A^i(x)$ est défini pour tout $i < j$,

$$A^j(x) = \bigcap_{i<j} A^i(x)$$

Il est clair que la suite transfinie ainsi déterminée est décroissante. Nous poserons

$$i(x) = \inf\{i \in I : A^i(x) = \emptyset\}^1$$

avec la convention que $\inf \emptyset = \Omega$ dans I et nous dirons que $i(x)$ est <u>l'indice de Lusin-Sierpinski du point</u> x.

PROPOSITION 1. <u>On a</u> $i(x) = \Omega$ <u>si et seulement si on a</u> $x \in A$.

DEMONSTRATION. La condition suffisante est à peu près triviale. Réciproquement, supposons que $A^i(x)$ soit non vide pour tout $i \in I$, soit encore que $A^\Omega(x) = \bigcap_{i<\Omega} A^i(x)$ soit non vide (puisque chacun des A^i contient alors au moins la suite $\emptyset$). Soit alors s un élément de $A^\Omega(x)$: je dis qu'il existe $t \in A^\Omega(x)$ tel que $s < t$. En effet, sinon, il existerait, pour tout $t > s$, un ordinal dénombrable $j(t)$ tel que t n'appartienne pas à $A^{j(t)}(x)$, et, comme l'ensemble des $t > s$ est dénombrable, il existerait un ordinal dénombrable j tel que l'on ait $t \notin A^j(x)$ pour tout $t > s$, et donc tel que s n'appartienne pas à $A^{j+1}(x)$. Il est alors clair que l'on a $x \in A$ si on a $i(x) = \Omega$.

PROPOSITION 2. <u>Si on a</u> $i(x) < \Omega$, <u>alors</u> $i(x)$ <u>est un ordinal de première espèce</u>.

DEMONSTRATION. En effet, la suite $\emptyset$ appartient alors à tous les $A^j(x)$, pour $j < i(x)$.

La proposition suivante montre en particulier que $i(x)$, pour $x \notin A$, peut prendre des valeurs à peu près arbitraires parmi les ordinaux de 1ère espèce. Cette proposition, dont l'idée, dans un cadre différent, remonte à Novikov, sera essentielle dans la démonstration du deuxième théorème de séparation : plus précisément, c'est elle qui permet d'améliorer le "deuxième principe" de Lusin dans la direction indiquée plus haut.

PROPOSITION 3. <u>Pour tout entier</u> $k \geq 1$, <u>il existe un schéma de Souslin</u> $s \to A'_s$, <u>de noyau égal à</u> A, <u>tel que l'indice</u> $i'(.)$ <u>associé soit relié à l'ancien indice</u> $i(.)$ <u>associé à</u> $s \to A_s$ <u>par la formule, vraie pour tout</u> x,

$$i'(x) = \inf(\Omega, \inf\{j \in I : j > i(x) \text{ et } j \text{ est de 2e espèce}\} + k)$$

<u>soit encore, si</u> ω <u>est le premier ordinal de</u> 2ème <u>espèce</u>,

$$i'(x) = \inf(\Omega, i(x) + \omega + k)$$

1 "$\emptyset$" désigne l'ensemble vide et non le mot vide !

DEMONSTRATION. Quelques notations : n est un entier variable; on désigne par (K) (resp (N)) la suite finie 1,1,1,...,1, de longueur $k-1$ (resp $n-1$); pour s et $s' \in S$, on note s,s' la suite finie dont les $l(s)$ premiers termes sont ceux de s et les $l(s')$ suivants ceux de s'; si on a posé $A'_s = \emptyset$ pour une suite s, il est implicitement entendu que l'on a alors $A'_{s,s'} = \emptyset$ pour tout s'. Voici alors comment on définit le schéma (A'_s) :

$$\begin{cases} A'_\emptyset = E,\ A'_1 = E,\ A'_{1,1} = E,\ \dots,\ A'_{(K)} = E \\ A'_s = \emptyset \text{ pour } s \in S \text{ de longueur} < k, \text{ contenant un terme} \neq 1 \end{cases}$$

$$A'_{(K),1} = E,\ A'_{(K),s} = A_s \text{ pour tout } s \in S$$

....

$$\begin{cases} A'_{(K),n} = E,\ A'_{(K),n,1} = E,\ A'_{(K),n,1,1} = E,\ \dots,\ A'_{(K),n,(N)} = E \\ A'_{(K),n,s} = \emptyset \text{ pour } s \in S \text{ de longueur} < n, \text{ contenant un terme} \neq 1 \\ A'_{(K),n,(N),s} = A_s \text{ pour tout } s \in S \end{cases}$$

....

Pour x fixé, désignons schématiquement par o<) l'arbre A(x); on peut alors représenter A'(x) par le dessin suivant, où $\bar{k} = (K)$ et $\bar{n} = (N)$,

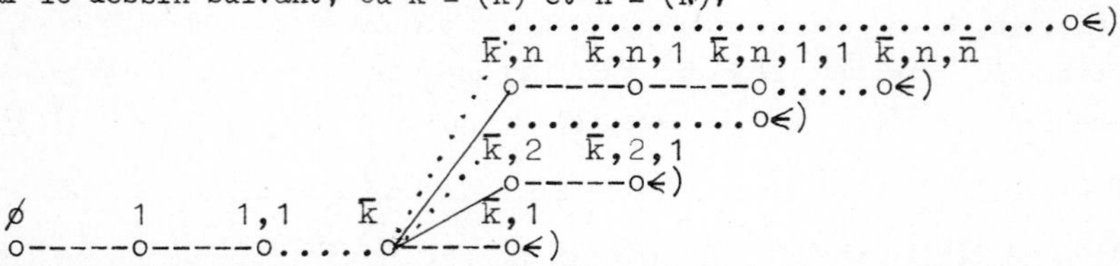

```
                                  ............................o<)
                                  k̄,n   k̄,n,1  k̄,n,1,1  k̄,n,n̄
                                  o------o------o.....o<)
                                  .............o<)
                                  k̄,2   k̄,2,1
                                  o------o<)
ø      1      1,1     k̄          k̄,1
o------o------o.....o------o<)
```

On en déduit aisément que le noyau de (A'_s) est égal à A, et que l'indice i' vérifie la formule de l'énoncé.

REMARQUE. La théorie de l'indice présentée ici permet de démontrer le deuxième théorème de séparation à l'aide des schémas de Souslin, alors que les démonstrations connues jusqu'à l'article de Rogers, utilisaient les cribles de Lusin. Le lecteur qui connait bien la théorie des ensembles analytiques, se convaincra sans doute rapidement que l'on peut aussi faire, à l'aide de cet indice, la théorie des constituants faite jusqu'ici, aussi, à l'aide des cribles de Lusin. Nous n'avons pas eu le courage de le faire ici. On pourra cependant se reporter à un exposé de Meyer et moi, dans ce volume, où l'on a traduit la démonstration de Rogers dans un langage "canonique", qui permet de retrouver ce que nous avons exposé ici et de faire aussi, d'une manière très agréable, la théorie des constituants. Voir aussi la remarque suivant la démonstration du théorème 24.

3. Comparaison des indices

On se donne maintenant un deuxième ensemble analytique B, noyau d'un schéma de Souslin (B_s) auquel on associe, pour tout $x \in E$, l'arbre $B(x)$, la suite transfinie $(B^i(x))$, etc On notera désormais i_A l'indice de Lusin-Sierpinski associé à (A_s), et i_B celui associé à (B_s).

Nous allons démontrer le théorème fondamental suivant

THEOREME 23. <u>L'ensemble</u> $\{x \in E : i_A(x) \leqq i_B(x)\}$ <u>est analytique</u>.

Voyons tout de suite l'intérêt de ce théorème : les ensembles coanalytiques $A' = \{x : i_B(x) < i_A(x)\}$ et $B' = \{x : i_A(x) < i_B(x)\}$ sont disjoints; A' contient $A - B$ et B' contient $B - A$. On a ainsi démontré le deuxième principe de Lusin.

Pour démontrer ce théorème, nous allons d'abord établir un critère pour savoir si on a $i_A(x) \leqq i_B(x)$ en $x \in E$. Nous aurons besoin pour cela d'une notion nouvelle

DEFINITION 5. <u>Une application</u> f <u>de</u> S <u>dans</u> S <u>est un</u> pliage <u>si elle satisfait aux conditions suivantes</u>

a) f <u>conserve la longueur</u> : <u>on a</u> $l(f(s)) = l(s)$ <u>pour tout</u> $s \in S$

b) f <u>est compatible avec la structure d'ordre</u> : <u>on a</u> $f(s) < f(t)$ <u>pour tout couple</u> (s,t) <u>tel que</u> $s < t$.

La notion de pliage est une bonne notion d'homomorphisme de l'arbre S. La condition b) s'écrit encore : pour tout s,t, on a l'implication $(s|n = t|n) \Rightarrow (f(s)|n = f(t)|n)$ pour tout $n \leqq \inf(l(s), l(t))$.

REMARQUE. Le mot <u>pliage</u> est l'une de mes contributions personnelles à la théorie de l'indice, l'arbre S m'évoquant irrésistiblement les baleines d'un parapluie.

THEOREME 24. <u>Soit</u> x <u>un élément de</u> E. <u>On a</u> $i_A(x) \leqq i_B(x)$ <u>si et seulement s'il existe un pliage</u> f <u>tel que</u> $f(s)$ <u>appartienne à</u> $B(x)$ <u>pour tout</u> $s \in A(x)$.

DEMONSTRATION. La condition suffisante est à peu près triviale. Nous allons établir la condition nécessaire. Nous affinerons d'abord un peu la définition de l'indice. Pour tout $s \in S$, nous poserons

$$i_A(s;x) = \inf \{i \in I : s \notin A^i(x)\}$$

(avec toujours la convention que $\inf \emptyset = \Omega$). On a évidemment $i_A(x) = i_A(\emptyset;x)$ et $s \in A(x)$ si et seulement si $i_A(s;x) \geqq 1$. Il est clair, d'autre part, que $i_A(s;x)$ est, pour tout s, un ordinal dénombrable de 1ère espèce s'il n'est pas égal à Ω (cf la proposition 2). On définit de même $i_B(s;x)$ pour tout $s \in S$. Si l'on a $i_B(x) = \Omega$, il existe, d'après la proposition 1, une suite infinie σ telle que $\sigma|n$ appartienne à $B(x)$ pour tout n : il suffit alors de poser $f(s) = \sigma|l(s)$. Supposons maintenant que l'on ait $i_A(x) \leqq i_B(x) < \Omega$. Nous allons construire, par récurrence sur la longueur des suites, un pliage f tel que l'on ait $i_A(s;x) \leqq i_B(f(s);x)$ pour tout $s \in S$, ce qui achèvera la démonstration de la nécessité. On doit évidemment poser $f(\emptyset) = \emptyset$. Supposons construit f(s) pour les suites s de longueur $\leqq n$, de sorte que l'on ait $i_A(s;x) \leqq i_B(f(s);x)$. Soient s' une suite de longueur n+1 et $s = s'|n$. Tout revient à montrer qu'il existe t', de longueur n+1, telle que l'on ait $t'|n = f(s)$ et $i_A(s';x) \leqq i_B(t';x)$. Or, $i = i_A(s';x)$ étant un ordinal dénombrable de 1ère espèce, la suite s' appartient à $A^{i-1}(x)$, et donc s appartient à $A^i(x)$. Comme on a $i_A(s;x) \leqq i_B(f(s);x)$, f(s) appartient à $B^i(x)$ et donc il existe $t' > f(s)$ appartenant à $B^{i-1}(x)$: a fortiori, il existe un tel t' de longueur n+1.

REMARQUE. En prenant les notations familières aux probabilistes, désignons par Ω l'ensemble $\mathbb{N}^{\mathbb{N}}$(qu'on ne confondra pas avec un ordinal !), par X_n les applications coordonnées, par $(\underline{\underline{F}}_n)$ la famille croissante de tribus associée. Il y a alors une bijection canonique d'une part entre les sous-arbres de S et les temps d'arrêt de $(\underline{\underline{F}}_n)$ et d'autre part entre les pliages et les applications f de Ω dans Ω telles que $T \circ f$ soit un t.d'a. (= temps d'arrêt) pour tout t.d'a. T. Le théorème 24 peut alors s'interpréter ainsi : étant donnés deux t.d'a. S et T, il existe toujours un pliage f tel que l'on ait $S \circ f \leqq T$ ou $T \circ f \leqq S$. C'est ce point de vue qui est développé dans l'exposé de Meyer et moi évoqué plus haut.

DEMONSTRATION DU THEOREME 23. Munissons S de la topologie discrète : il est facile de voir que l'ensemble F des pliages est un fermé de l'espace polonais S^S. D'après le théorème 24, on a l'équivalence logique

$$i_A(x) \leqq i_B(x) \iff \exists f \in F \ \forall s \in S \ (x \in A_s \Rightarrow x \in B_{f(s)})$$

ce qui signifie que l'ensemble $\{x \in E : i_A(x) \leqq i_B(x)\}$ est la projection sur E de

$$H = \{(x,f) \in E \times S^S : f \in F \text{ et } \forall s \in S \ x \notin A_s \text{ ou } x \in B_{f(s)}\}$$

Comme H est l'intersection, dénombrable, de l'ensemble $\{(x,f) : f \in F\}$ et des ensembles

$$H_s = \{(x,f) \in E \times S^S : x \notin A_s \text{ ou } x \in B_{f(s)}\}$$

il suffit de montrer que chacun des H_s est borélien. Ce qui résulte du fait que l'indicatrice d'un H_s est séparément borélienne en x et continue en f.

La démonstration que nous venons de donner est un peu plus simple que celle de Rogers, qui construit un schéma de Souslin, de noyau égal à $\{x : i_A(x) \leqq i_B(x)\}$.

Nous terminons ce paragraphe par la démonstration du théorème 21, que nous allons reformuler pour simplifier la lecture, et celle d'une dernière version du deuxième théorème de séparation, qui, quoique plus faible que celle du théorème 21, nous sera très utile par la suite.

4. Le deuxième théorème de séparation

THEOREME. Soit (A_n) une suite de parties analytiques de E. Il existe une suite (A'_n) de parties analytiques de E vérifiant les conditions suivantes

a) A'_n contient A_n pour tout n

b) on a $A'_m \cup A'_n = E$ pour tout couple m,n tel que $m \neq n$

c) on a $\bigcap_n A'_n = \bigcap_n A_n$

DEMONSTRATION. D'après la proposition 3, il existe, pour chaque n, un schéma de Souslin, de noyau A_n, tel que l'indice i_n associé prenne comme valeurs Ω sur A_n et un ordinal de 1ère espèce sur A_n^c, variable, mais toujours égal au n-ième successeur d'un ordinal de 2ème espèce. On a alors, pour tout couple m,n tel que $m \neq n$,

$$\{x : i_m(x) \leqq i_n(x) < \Omega\} = \{x : i_m(x) < i_n(x) < \Omega\}$$

Cela dit, posons, pour tout entier n,

$$A'_n = \{x \in E : \exists m \neq n \;\; i_m(x) \leqq i_n(x)\}$$

Les ensembles A'_n sont analytiques d'après le théorème 23, et A'_n contient A_n pour tout n. Vérifions la condition b) : si x n'appartient pas à A'_n, alors on a $i_n(x) < i_m(x)$ pour tout $m \neq n$ et donc x appartient à A'_m pour tout $m \neq n$. Vérifions enfin la condition c) : si x n'appartient pas à $\bigcap_n A_n$, l'ensemble

$$\{i \in I : \exists m \;\; i = i_m(x)\} = \{i \in I : \exists m \;\; i = i_m(x) \text{ et } i_m(x) < \Omega\}$$

n'est pas vide et admet donc un plus petit élément $i_{n_o}(x)$. Mais alors, x n'appartient pas à A'_{n_o} et donc à $\bigcap_n A'_n$.

Le théorème suivant, dont on comparera l'énoncé à celui du théorème 21, ne me semble pas classique. Il permet cependant, comme nous verrons par la suite, de simplifier notablement les démonstrations des théorèmes "sur les coupes" faisant intervenir le deuxième théorème de séparation.

THEOREME 25. Soit $(A_n)_{n \leqq k}$ une suite finie de parties analytiques de E. Il existe une suite finie $(A'_n)_{n \leqq k}$ de parties analytiques de E vérifiant les conditions suivantes

a) A'_n contient A_n pour tout $n \leqq k$

b) on a $\bigcup_{n \leqq k} A'_n = E$

c) on a $A'_m \cap A'_n = A_m \cap A_n$ pour tout couple m,n ($\leqq k$) tel que $m \neq n$.

DEMONSTRATION. La notation i_n gardant la signification qu'elle avait dans la démonstration précédente, posons cette fois, pour tout $n \leqq k$,

$$A'_n = \{x \in E : \forall m \neq n \;\; i_m(x) \leqq i_n(x)\}$$

Les ensembles A'_n sont analytiques d'après le théorème 23, et A'_n contient A_n pour tout n. Vérifions la condition b) : si x n'appartient pas à $\bigcup A_n$, l'ensemble $\{i \in I : \exists m \;\; i = i_m(x)\}$ est fini, non vide et admet donc un plus grand élément $i_{n_o}(x)$. Mais alors, x appartient à A'_{n_o}. Vérifions la condition c) : si x n'appartient pas à $A_m \cap A_n$, avec $m \neq n$, on a $i_m(x) < \Omega$ ou $i_n(x) < \Omega$ et donc $i_m(x) \neq i_n(x)$. Par conséquent, x n'appartient pas à $A'_m \cap A'_n$.

REMARQUES. a) Pour une suite réduite à deux éléments, les énoncés 21 et 25 sont identiques. Par ailleurs, il est assez facile de voir que l'énoncé 21 entraine l'énoncé 25.

b) Je ne pense pas que l'énoncé 25 soit valide, en toute généralité, pour les suites infinies. Il l'est pour une suite infinie (A_n) décroissante (prendre $A'_1 = E$ et $A'_n = A_n$ pour $n > 1$), mais l'énoncé est alors trivial, ce qui n'est pas le cas de l'énoncé 21 !

VI. QUELQUES APPLICATIONS DU DEUXIEME THEOREME DE SEPARATION

Nous reprenons désormais, sauf mention du contraire, les notations et conventions des paragraphes III et IV. En particulier, E et F sont des espaces métrisables compacts.

Soit A une partie de $E \times F$. Nous dirons qu'une partie B de $E \times F$ est une extension de A si B contient A et si on a $A(y) = B(y)$ pour tout $y \in \pi(A)$. L'extension B de A sera dite complète si on a $\pi(B) = F$.

Voici l'application du théorème 25 qui va nous simplifier beaucoup la vie

THEOREME 26. Toute partie analytique A de $E \times F$, telle que $A(y)$ soit compact pour tout y, a une extension complète analytique B telle que $B(y)$ soit compact pour tout y.

DEMONSTRATION. Nous aurons besoin, ici et plus loin, du petit lemme classique suivant

Lemme : Soit H une partie analytique de $E \times F$. La partie L de $E \times F$ définie par $L(y) = \overline{H(y)}$ pour tout y, est encore analytique.

Démonstration. Nous recopions la démonstration d'un lemme antérieur. Soit d une distance sur E compatible avec sa topologie, et, pour tout $\varepsilon > 0$, soit (U_n^ε) une base dénombrable de la topologie de E constituée par des boules ouvertes de rayon $< \varepsilon$. Posons, pour tout $\varepsilon > 0$, $H^\varepsilon = \bigcup_n (U_n^\varepsilon \times \pi[(U_n^\varepsilon \times F) \cap H])$. Il est clair que H^ε est analytique, et $L = \bigcap_n H^{1/n}$ est aussi analytique.

Passons à la démonstration du théorème. D'après le théorème 12 (dont la démonstration, très simple, ne fait intervenir en aucune manière un théorème de séparation), l'ensemble A appartient à $(\underline{\underline{K}}(E) \times \underline{\underline{A}}(F))_{s\delta}$. Il est donc l'intersection d'une suite (A^n) d'éléments de $(\underline{\underline{K}}(E) \times \underline{\underline{A}}(F))_s$, que l'on peut supposer décroissante. Supposons construit, pour chaque n, une extension complète B^n de A^n en un analytique à coupes compactes. Posons alors, pour tout n, $C^n = \bigcup_{m \geq n} B^n$: les C^n sont analytiques et forment une suite décroissante. Comme (A^n) est décroissante et que les B^n sont des extensions des A^n, $C^n \cap (E \times \pi(A^n))$ est égal à A^n pour tout n : ainsi, C^n est une extension, complète et analytique, de A^n, et aussi D^n défini par $D^n(y) = \overline{C^n(y)}$ pour tout y. Comme chaque D^n est analytique à coupes compactes et que les D^n forment une suite décroissante, il ne reste plus qu'à poser $B = \bigcap_n D^n$. Nous sommes donc ramené à démontrer le théorème lorsque A appartient à $(\underline{\underline{K}}(E) \times \underline{\underline{A}}(F))_s$; A a alors une représentation de la forme $A = \bigcup_{n=1}^{k} (K_n \times A_n)$, $K_n \in \underline{\underline{K}}(E)$, $A_n \in \underline{\underline{A}}(F)$. Considérons alors une suite $A'_1, \dots, A'_k$ d'éléments de $\underline{\underline{A}}(F)$ associée à la suite $A_1, \dots, A_n$ par le théorème 25. L'ensemble $B = \bigcup_{n=1}^{k} (K_n \times A'_n)$ est alors une extension complète de A appartenant à $(\underline{\underline{K}}(E) \times \underline{\underline{A}}(F))_s$.

REMARQUE. D'après le théorème 13, il est clair qu'un borélien à coupes compactes a une extension complète en un borélien à coupes compactes. Par contre, il n'est pas vrai, en général, qu'un analytique à coupes compactes a une extension complète en un borélien à coupes compactes, même s'il est de la forme $(\{x_1\} \times A_1) \cup (\{x_2\} \times A_2)$, $x_1, x_2 \in E$ et $A_1, A_2 \in \underline{\underline{A}}(F)$. Cependant, <u>tout graphe analytique a une extension complète en un graphe borélien</u>. En effet, si G est un graphe analytique, l'application g de $\pi(G)$ dans E définie par G est borélienne d'après le premier théorème de séparation, et admet donc une extension borélienne h de F dans E (cf le lemme de la démonstration du théorème 8) : le graphe de h est alors une extension complète borélienne de G. J'étais tout fier d'avoir trouvé cela il y a deux ans (cf [7]), mais ce résultat est consigné dans l'article russe [1], sous le nom de Glivenko, avec, cependant, une démonstration plus compliquée.

Le théorème suivant est dû à Kunugui [14]. Il est plus fort que le théorème 13 de Novikov, moins fort que le théorème 31 d'Arsenin (la date de publication est aussi intermédiaire !). Mais je pense que Kunugui a travaillé indépendamment des deux autres.

THEOREME 27. <u>Soit</u> B <u>une partie borélienne de</u> E×F. <u>L'ensemble</u>

$$C = \{y : B(y) \text{ est compact, non vide}\}$$

<u>est coanalytique dans</u> F.

DEMONSTRATION. Soit H la partie de E×F définie par $H(y) = \overline{B(y)}$ pour tout y : H est analytique à coupes compactes. D'après le théorème 26, H a une extension analytique complète L, à coupes compactes, et C est égal au complémentaire de l'ensemble $\pi(L - B)$.

COROLLAIRE. <u>Soit</u> B <u>une partie borélienne de</u> E×F. <u>Si</u> B(y) <u>est compact pour tout</u> y, <u>alors</u> $\pi(B)$ <u>est borélien dans</u> F.

REMARQUE. Il est clair, suivant la démonstration du théorème 27, qu'une partie borélienne B de E×F dont la projection $\pi(B)$, analytique, n'est pas borélienne, ne peut avoir une extension complète borélienne, ou, même, analytique. Elle en a par contre trivialement une si $\pi(B)$ est borélien.

Le théorème suivant, dû à Lusin, est, historiquement, le premier du genre : c'est pour démontrer ce théorème que, je crois, Lusin a "inventé" le deuxième principe.

THEOREME 28. Soit B une partie borélienne de E×F. L'ensemble

$$C = \{y : B(y) \text{ a un point et un seul}\}$$

est coanalytique dans F.

DEMONSTRATION. D'après le théorème 27, il suffit de montrer que l'ensemble

$$D = \{y : B(y) \text{ a au plus un point}\}$$

est coanalytique. Et cela résulte de l'égalité suivante

$$D^c = \bigcup_{(m,n)\in L} [\pi(B\cap(U_m\times F))\cap \pi(B\cap(U_n\times F))]$$

où (U_n) est une base dénombrable d'ouverts de la topologie de E et L est l'ensemble des couples (m,n) tels que $U_m \cap U_n = \emptyset$.

COROLLAIRE. Soit B un graphe borélien. Alors $\pi(B)$ est borélien dans F.

Arrivé ici, je voudrais faire une remarque importante, mais que j'omettrai plus loin, dans des situations analogues : les énoncés 26, 27, 28 et leurs corollaires sont encore vrais lorsque F est seulement métrisable séparable, à condition de remplacer "borélien dans F" par "bianalytique dans F" (on peut aussi remplacer "borélien de E × F" par "bianalytique de E × F" et obtenir ainsi des énoncés plus généraux). Cela résulte facilement du théorème 3 et du fait que le deuxième théorème de séparation, contrairement au premier, ne nécessite pas d'hypothèse de compacité. Mais, de même que le théorème 21, apparemment affaibli avec l'hypothèse "E métrisable compact", entraine facilement les théorèmes 20 et 21 avec l'hypothèse "E métrisable séparable", de même on peut récupérer ici facilement les énoncés élargis avec ceux que nous avons donnés. Mais les corollaires élargis résultent alors du deuxième théorème de séparation.

Traitons, à titre d'exemple, le dernier corollaire cité, qui, sous sa forme étroite, avait été appelé "théorème (S-L)" :

THEOREME. Soient E un espace métrisable compact et F un espace métrisable séparable. Si G est un graphe bianalytique de E×F, alors $\pi(G)$ est bianalytique dans F et la restriction de π à G est un isomorphisme bianalytique de G sur $\pi(G)$.

DEMONSTRATION. Plongeons F dans un espace métrisable compact F'. Considérons d'abord le cas particulier où G est borélien : il existe alors un borélien B de E×F' tel que $G = B\cap(E\times F)$. L'ensemble $\pi(G)$ est alors la trace sur F de l'ensemble

$$\{y'\in F' : B(y') \text{ a un point et un seul}\}$$

Il est donc coanalytique dans F d'après le théorème 28, et finalement bianalytique d'après le théorème 3. Pour le cas général, où G est bianalytique dans E×F, il nous faudra remonter jusqu'au théorème 26. Il existe alors une partie analytique A de E×F' et une partie coanalytique C de $E\times F'$ telles que $G = A\cap(E\times F) = C\cap(E\times F)$. Soient H la partie analytique de $E\times F'$ définie par $H(y') = \overline{A(y')}$ pour tout $y'\in F'$ et L une extension analytique complète de H dans $E\times F'$. La projection D de $L-C$ sur F' est analytique dans F' et $\pi(G) = F-D$ est coanalytique dans F. Finalement, d'après le théorème 3, $\pi(G)$ est bianalytique dans F. Démontrons enfin que la restriction de à G est un isomorphisme bianalytique de G sur $\pi(G)$, i.e. une bijection bimesurable entre les espaces mesurables $(G,\underline{\underline{BA}}(G))$ et $(\pi(G),\underline{\underline{BA}}(\pi(G)))$. Si U est bianalytique dans G, il est bianalytique dans $E\times F$ et donc $\pi(U)$ est bianalytique dans F (U étant un graphe) et finalement dans $\pi(G)$. Réciproquement, si V est bianalytique dans $\pi(G)$, il l'est dans F et donc $G\cap(E\times V)$ est bianalytique dans G.

Inversement, de même que le théorème 20 entrainait l'énoncé le plus général du deuxième théorème de séparation, de même l'énoncé précédent entraine le théorème 28 :

COROLLAIRE. <u>Soient</u> E <u>un espace métrisable compact et</u> F <u>un espace métrisable séparable</u>. <u>Si</u> B <u>est une partie bianalytique de</u> $E\times F$, <u>l'ensemble</u>

$$C = \{y : B(y) \text{ a un point et un seul}\}$$

<u>est coanalytique dans</u> F.

DEMONSTRATION. Soit $F' = \{y : B(y) \text{ a au plus un point}\}$: on démontre facilement, comme plus haut, que F' est coanalytique dans F. D'autre part, d'après le théorème précédent, C est bianalytique dans F'. Finalement, C est coanalytique dans F.

Nous terminerons par une extension naturelle de la remarque précédente : on peut non seulement supposer que E et F, dans le paragraphe précédent, et F (pas E) dans celui-ci sont seulement métrisables séparables, mais encore qu'ils sont dépourvus de topologie et <u>munis d'un pavage formé d'ensembles bianalytiques</u>. Cela résultera simplement des deux propositions suivantes.

PROPOSITION 4. <u>Soient</u> $(E,\underline{\underline{E}})$ <u>un espace pavé et</u> (A_n) <u>une suite d'ensembles</u> $\underline{\underline{E}}$<u>-analytiques</u>. <u>Il existe un sous-pavage dénombrable</u> $\underline{\underline{E}}'$ <u>de</u> $\underline{\underline{E}}$ <u>tel que les</u> A_n <u>soient</u> $\underline{\underline{E}}'$<u>-analytiques</u>.

DEMONSTRATION. Immédiate à partir de la définition 1.

Le principe de la démonstration de la seconde proposition est dû, je pense, à Szpilrajn-Marczewski

PROPOSITION 5. <u>Soit</u> $(E,\underline{\underline{E}})$ <u>un espace pavé, où</u> $\underline{\underline{E}}$ <u>est dénombrable, tel que tout élément de</u> $\underline{\underline{E}}$ <u>soit</u> $\underline{\underline{E}}$<u>-bianalytique</u>. <u>Il existe alors une application</u> f <u>de</u> E <u>dans</u> [0,1] <u>induisant un isomorphisme entre la tribu</u> $\underline{\underline{T}}(\underline{\underline{E}})$ <u>engendrée par</u> $\underline{\underline{E}}$ <u>et la tribu borélienne</u> $\underline{\underline{B}}(f(E))$ <u>du sous-espace métrisable séparable</u> f(E) <u>de</u> [0,1], <u>et, plus généralement, induisant un isomorphisme entre</u> $\underline{\underline{A}}(\underline{\underline{E}})$ <u>et</u> $\underline{\underline{A}}(f(E))$ <u>et entre</u> $\underline{\underline{BA}}(\underline{\underline{E}})$ <u>et</u> $\underline{\underline{BA}}(f(E))$.

DEMONSTRATION. Comme le complémentaire de tout élément de $\underline{\underline{E}}$ est $\underline{\underline{E}}$-analytique, il résulte du théorème 4 que les ensembles $\underline{\underline{E}}$-analytiques (resp $\underline{\underline{E}}$-bianalytiques) et les ensembles $\underline{\underline{T}}(\underline{\underline{E}})$-analytiques (resp $\underline{\underline{T}}(\underline{\underline{E}})$-bianalytiques) coïncident. Il est alors clair que f définit un isomorphisme entre $\underline{\underline{A}}(\underline{\underline{E}})$ (resp $\underline{\underline{BA}}(\underline{\underline{E}})$) et $\underline{\underline{A}}(f(E))$ (resp $\underline{\underline{BA}}(f(E))$) si elle définit un isomorphisme entre $\underline{\underline{T}}(\underline{\underline{E}})$ et $\underline{\underline{B}}(f(E))$. Cela dit, soit (E_n) une énumération de $\underline{\underline{E}}$ et posons, pour tout $x \in E$, $f(x) = \sum_n 3^{-n} 1_{E_n}(x)$. L'application f ainsi définie est évidemment mesurable pour les tribus $\underline{\underline{T}}(\underline{\underline{E}}), \underline{\underline{B}}(f(E))$ et il est facile de voir que $\underline{\underline{T}}(E)$ est l'image réciproque de $\underline{\underline{B}}(f(E))$ par f. On en déduit aisément que f induit un isomorphisme entre $\underline{\underline{T}}(\underline{\underline{E}})$ et $\underline{\underline{B}}(f(E))$: en effet, deux éléments x et x' de E appartiennent au même atome de la tribu $\underline{\underline{T}}(\underline{\underline{E}})$ (i.e. $1_A(x) = 1_A(x')$ pour tout $A \in \underline{\underline{T}}(\underline{\underline{E}})$) si et seulement si on a $f(x) = f(x')$.

Démontrons maintenant, par exemple, le théorème suivant : "si $(E,\underline{\underline{E}})$ est un espace pavé tel que $\underline{\underline{E}} \subset \underline{\underline{BA}}(\underline{\underline{E}})$, et si A_1 et A_2 sont deux ensembles $\underline{\underline{E}}$-analytiques disjoints, on peut séparer A_1 et A_2 par des ensembles $\underline{\underline{E}}$-bianalytiques disjoints ". D'abord, comme on a $\underline{\underline{E}} \subset \underline{\underline{BA}}(\underline{\underline{E}}) \subset \underline{\underline{A}}(\underline{\underline{E}})$, on peut, quitte à remplacer $\underline{\underline{E}}$ par $\underline{\underline{BA}}(\underline{\underline{E}})$, supposer que $\underline{\underline{E}}$ est une tribu. D'après la proposition 4, il existe alors une sous-tribu <u>séparable</u> $\underline{\underline{E}}'$ de $\underline{\underline{E}}$ telle que A_1 et A_2 soient $\underline{\underline{E}}'$-analytiques; d'après la proposition 5, $(E,\underline{\underline{E}}')$ est alors "isomorphe " à un espace métrisable séparable, muni de sa tribu borélienne. On peut donc séparer A_1 et A_2 par des ensembles $\underline{\underline{E}}'$-bianalytiques disjoints, lesquels sont a fortiori $\underline{\underline{E}}$-bianalytiques.

VII. BORELIENS A COUPES $\underline{\underline{K}}_\sigma$

Nous allons démontrer dans ce paragraphe le théorème d'Arsenin, dont l'énoncé général est le suivant : <u>soit</u> B <u>une partie borélienne de</u> E×F. <u>L'ensemble</u> $C = \{y : B(y)$ est un $\underline{\underline{K}}_\sigma$ non vide$\}$ <u>est coanalytique dans</u> F.

La démonstration se fera en deux étapes "indépendantes" , comme celle du théorème 28. Plus précisément, on démontrera les deux lemmes suivants :

a) l'ensemble $C_1 = \{y : B(y)$ est un $\underline{\underline{K}}_\sigma$, éventuellement vide$\}$ est coanalytique

b) l'ensemble C est contenu dans un ensemble coanalytique C_2 contenu dans $\pi(B)$

On pourra conclure alors, grâce à l'égalité $C = C_1 \cap C_2$.

Comme dans la démonstration du théorème 28, l'étape b) sera la seule à faire intervenir un théorème de séparation (le deuxième). Mais alors que, précédemment, l'étape a) était relativement simple, ce n'est plus le cas ici. La raison n'est pas mystérieuse : il est aisé d'écrire "utilement" qu'un ensemble est compact ou ouvert, difficile d'écrire qu'il est un $\underline{\underline{K}}_\sigma$ ou un $\underline{\underline{G}}_\delta$. Nous verrons que l'idée essentielle à mettre en jeu est la propriété de Baire.

Pour l'étape a), Arsenin met en jeu la propriété de Baire par l'intermédiaire du théorème - difficile - suivant, dû à Hurewicz [12] :

THEOREME. a) Soit H un espace métrisable cosouslinien. Alors H n'est pas homéomorphe à un G_δ d'un espace métrisable compact (i.e. n'est pas polonais) si et seulement s'il contient un parfait homéomorphe à l'ensemble des rationnels de $[0,1]$.

b) Soit H un espace métrisable souslinien. Alors H n'est pas homéomorphe à un K_σ d'un espace métrisable compact (i.e. n'est pas un K_σ) si et seulement s'il contient un parfait homéomorphe à l'ensemble des irrationnels de $[0,1]$.

En fait, nous n'utiliserons pas le théorème d'Hurewicz. Je le cite parce que c'est encore un exemple de beau théorème "oublié" (il n'est ni dans Hahn [9], ni dans Kuratowski [15], qui cite cependant l'article [12] pour une des conséquences de ce théorème; il se trouve cité en partie et en appendice dans Hausdorff [10]). C'est ainsi que Preiss [19] a retrouvé une partie de a) ("... contient un G_δ ..." au lieu de "...contient un parfait...") puis que Saint-Raymond [?] a retrouvé a)(le fait qu'un espace métrisable, dénombrable et dense en soi, soit homéomorphe à l'ensemble des rationnels est un vieux résultat de Sierpinski).

Ceci dit, avant de rentrer dans le vif du sujet, il nous faut savoir qu'un borélien de E×F est projection d'un G_δ de E×F×G, où G est un espace métrisable compact auxiliaire. Comme çà ne coûte pas beaucoup plus cher, nous allons reprendre la définition -ô combien classique- suivante des ensembles analytiques

THEOREME 29. Un espace métrisable S est souslinien si et seulement s'il existe une application continue f de $\mathbb{N}^{\mathbb{N}}(=\Sigma)$ sur S.

DEMONSTRATION. Comme $\mathbb{N}^{\mathbb{N}}$ est polonais, la condition suffisante résulte immédiatement du théorème 7. Passons à la condition nécessaire. Plongeons S dans un compact métrisable K. Par définition, il existe un compact métrisable L et un élément H de $K_{\sigma\delta}(K\times L)$ tel que S soit la projection de H sur K. H a une représentation de la forme $H = \bigcap_m \bigcup_n H_n^m$, $H_n^m \in \mathcal{K}(K\times L)$ et, quitte, pour chaque m, à "concasser" les H_n^m, on peut supposer que le diamètre de H_n^m, $n\in\mathbb{N}$, est $\leq 1/m$ pour une distance sur K×L compatible avec sa topologie. On en déduit (cf un lemme plus haut) que S est le noyau d'un schéma de Souslin $s\dashrightarrow K_s$ sur $(K,\mathcal{K})$ où $\bigcap_n K_{\sigma|n}$ est soit vide, soit réduit à un point pour tout $\sigma\in\Sigma$. Il ne reste plus qu'à poser $f(\sigma)$ = l'unique point de $\bigcap_n K_{\sigma|n}$ s'il existe, et $f(\sigma) = x_o$ sinon, où x_o est un point choisi dans S.

COROLLAIRE. Soit S une partie analytique d'un compact métrisable K. Il existe un compact métrisable auxiliaire L et un élément P de $G_\delta(K\times L)$ tels que S soit égal à la projection de P sur K.

DEMONSTRATION. Prendre $L = (\mathbb{N}\cup\{\infty\})^{\mathbb{N}}$ et P = le graphe de f.

La propriété de Baire interviendra dans les deux étapes. Voici comment elle interviendra dans l'étape a)

PROPOSITION 6. Soient P un espace polonais, S un espace souslinien métrisable et f une application continue de P sur S. Alors S est un $\underline{\underline{K}}_\sigma$ si et seulement si, pour tout fermé non vide Q de P, il existe un ouvert U non vide de Q tel que f(U) soit relativement compact dans S.

DEMONSTRATION. Soient $\underline{\underline{V}}$ l'ensemble des ouverts V de P tels que f(V) soit contenu dans un $\underline{\underline{K}}_\sigma$ de S et W la réunion des éléments de $\underline{\underline{V}}$: W est aussi la réunion des éléments de $\underline{\underline{V}}$ appartenant à une base dénombrable, et donc est le plus grand élément de $\underline{\underline{V}}$. Si S n'est pas un $\underline{\underline{K}}_\sigma$, Q = P − W est un fermé non vide, et il résulte de la maximalité de W que f(U) ne peut être relativement compact dans S, pour tout ouvert U non vide de Q. Réciproquement, supposons que S soit un $\underline{\underline{K}}_\sigma$, $S = \bigcup_n K_n$, K_n compact et soit Q un fermé non vide de P. Désignons par g la restriction de f à Q : $Q = \bigcup_n g^{-1}(K_n)$. Comme Q est un espace de Baire, l'un des fermés $g^{-1}(K_n)$ est d'intérieur non vide, et il existe donc un ouvert non vide U de Q tel que f(U) soit relativement compact dans S.

Nous aurons aussi besoin du résultat suivant, dû essentiellement à Effros [ ]

THEOREME 30. Soient L un espace métrisable compact et P un sous-espace polonais (resp souslinien) de L. Le sous-espace $\underline{\underline{F}}(P)$ de $\underline{\underline{K}}(L)$ constitué par les compacts K de L tels que $\overline{K\cap P} = K$ est polonais (resp souslinien).

DEMONSTRATION. Soient (U_n) une base dénombrable d'ouverts de la topologie de L. On a les équivalences logiques suivantes :

$$K \in \underline{\underline{F}}(P) \iff K \subset \overline{K\cap P} \iff \forall n \;\; U_n\cap K = \emptyset \text{ ou } U_n \cap P \cap K \neq \emptyset$$
$$\iff \forall n \;\; U_n\cap K = \emptyset \text{ ou } \exists t\in L \;\; t\in U_n \text{ et } t\in P \text{ et } t\in K$$

Il résulte alors aisément de la troisième (resp quatrième) proposition logique que $\underline{\underline{F}}(P)$ est un $\underline{\underline{G}}_\delta$ de $\underline{\underline{K}}(L)$ (resp un analytique) si P est ouvert (resp analytique) dans L. Si P est un $\underline{\underline{G}}_\delta$ de L, soit $P = \bigcap_n V_n$, V_n ouvert, il résulte du théorème de Baire que $K\cap P$ est dense dans K si et seulement si $K\cap V_n$ est dense dans K pour tout n. Donc $\underline{\underline{F}}(P)$ est alors l'intersection des $\underline{\underline{F}}(V_n)$: $\underline{\underline{F}}(P)$ est un $\underline{\underline{G}}_\delta$ de $\underline{\underline{K}}(E)$.

REMARQUE. Il existe une bijection canonique entre les fermés de P et les compacts K de L tels que $\overline{K\cap P} = K$. On peut donc identifier $\underline{\underline{F}}(P)$ à l'ensemble des fermés de P, qui se trouve ainsi muni d'une bonne topologie. Cette topologie dépend du plongement de P dans le compact métrisable L, mais on peut montrer que la tribu borélienne sur $\underline{\underline{F}}(P)$ engendrée par cette topologie ne dépend pas du plongement. Pour plus de détails, voir Christensen [3].

THEOREME 31. <u>Soit</u> B <u>une partie borélienne de</u> E×F. <u>L'ensemble</u>

$$C = \{y : B(y) \text{ est un } \underline{\underline{K}}_\sigma \text{ non vide}\}$$

<u>est coanalytique dans</u> F.

DEMONSTRATION. Soient G un espace métrisable compact auxiliaire, H un $\underline{\underline{G}}_\delta$ de E×F×G de projection sur E×F égale à B et (V_n) une base dénombrable d'ouverts de la topologie de H. Nous noterons f la projection de E×F×G sur E×F et π la projection de E×F×G et de E×F sur F. Pour tout y, H(y) est un $\underline{\underline{G}}_\delta$ de E×G, B(y) est l'image de H(y) par f et les $V_n(y)$ forment une base dénombrable d'ouverts de la topologie de H(y). Nous ferons l'abus de langage consistant à identifier une partie A de E×F×G (resp E×F) contenue dans E×{y}×G (resp (E×{y}) avec sa coupe A(y) qui est une partie de E×G (resp E).

<u>Lemme</u>. L'ensemble $C^1 = \{y : B(y) \text{ est un } \underline{\underline{K}}_\sigma\}$ est coanalytique dans F.

<u>Démonstration</u>. D'après la proposition 6, y n'appartient pas à C^1 si et seulement s'il existe un fermé non vide de H, soit $K \cap H$, $K \in \underline{\underline{K}}(E{\times}F{\times}G)$ tel que $\overline{K \cap H} = K$, contenu dans E×{y}×G, tel que, pour tout n, la relation $V_n \cap K \neq \emptyset$ entraine que l'adhérence de $f(V_n \cap K)$ dans E ne soit pas contenue dans B(y). Soit d une distance sur E compatible avec sa topologie. En reprenant les notations du théorème 30 (avec L = E×F×G et P = H), on a donc l'équivalence logique suivante

$$\begin{aligned} y \notin C^1 \iff & \exists K \in \underline{\underline{K}}(E{\times}F{\times}G)\ K \neq \emptyset \text{ et } K \in \underline{\underline{F}}(H) \text{ et } K \subset E{\times}\{y\}{\times}G \text{ et } \forall n\ [\ V_n \cap K = \emptyset \text{ ou} \\ & \exists x' \in E\ (x',y) \notin B \text{ et } \forall m\ \exists (x,z) \in E{\times}G\ d(x,x') < 1/m \text{ et } (x,y) \in B \text{ et} \\ & (x,y,z) \in V_n \cap K\ ] \end{aligned}$$

Le lecteur qui connait bien le calcul symbolique de Kuratowski-Tarski concluera aisément que le complémentaire de C^1 est analytique. En effet $\{(y,K) : K \neq \emptyset$ et $K \in \underline{\underline{F}}(H)$ et $K \subset E{\times}\{y\}{\times}G\}$ est un $\underline{\underline{G}}_\delta$ de $F{\times}\underline{\underline{K}}(E{\times}F{\times}G)$ d'après le théorème 30; pour n fixé, $\{K : V_n \cap K = \emptyset\}$ n'est même pas analytique, en général, mais $\{K : K \in \underline{\underline{F}}(H) \text{ et } V_n \cap K = \emptyset\}$ est un $\underline{\underline{G}}_\delta$ d'après le théorème 30, puisqu'il est égal à $\{K : K \in \underline{\underline{F}}(H) \text{ et } K \subset \overline{(H - V_n)}\}$ (adhérence dans E×F×G); $\{(x',y) : (x',y) \notin B\}$ est borélien; pour m fixé, $\{(x,x') : d(x,x') < 1/m\}$ est ouvert; $\{(x,y) : (x,y) \in B\}$ est borélien ; $\{(x,y,z) : (x,y,z) \in V_n\}$ est un $\underline{\underline{G}}_\delta$, puisque V_n est ouvert dans H; enfin, $\{(x,y,z,K) : (x,y,z) \in K\}$ est compact.

<u>Lemme</u>. L'ensemble $C^2 = \{y : \exists n\ f(V_n)(y) \neq \emptyset \text{ et } \overline{f(V_n)(y)} \subset B(y)\}$ est coanalytique dans F.

<u>Démonstration</u>. Pour n fixé, posons $A_n = f(V_n)$: A_n est analytique dans E×F. Soient alors D_n la partie analytique de E×F définie par $D_n(y) = \overline{A_n(y)}$ pour tout y, et E_n une extension analytique complète de D_n dans E×F (cf théorème 26). L'ensemble $C_n = \{y : E_n(y) \subset B(y)\}$, complémentaire de $\pi(E_n - B)$, est coanalytique dans F, et aussi C^2 qui est la réunion des C_n.

Pour achever la démonstration du théorème, il ne reste plus qu'à montrer que, si B(y) est un $\underline{\underline{K}}_\sigma$ non vide, il existe un entier n tel que $f(V_n)(y)$ soit non vide et que $\overline{f(V_n)(y)}$ soit contenu dans $B(y)$. Ceci résulte immédiatement de la propriété de Baire : $H(y)$ est un espace polonais et les $V_n(y)$ forment une base de la topologie de $H(y)$.

COROLLAIRE. <u>Soit</u> B <u>une partie borélienne de</u> E×F. <u>Si</u> B(y) <u>est un</u> $\underline{\underline{K}}_\sigma$ <u>pour tout</u> y, <u>alors</u> $\pi(B)$ <u>est borélien dans</u> F. <u>De plus, l'ensemble</u> L <u>défini par</u> $L(y) = \overline{B(y)}$ <u>pour tout</u> y <u>est borélien dans</u> E×F.

DEMONSTRATION. La première partie résulte[1] immédiatement du théorème 31 et du premier théorème de séparation (corollaire du théorème 9). La démonstration de la seconde partie est semblable à celle de deux lemmes vus plus haut. Soit d une distance sur E compatible avec sa topologie et, pour tout entier m, soit (U_n^m) une base dénombrable de la topologie de E constituée par des boules ouvertes de rayon < 1/m. Posons, pour tout m, $L^m = \bigcup_n (U_n^m \times \pi[(U_n^m \times F) \cap B])$. Comme $(U_n^m \times F) \cap B$ est un borélien à coupes $\underline{\underline{K}}_\sigma$, sa projection sur F est borélienne. Donc L^m est borélien, ainsi que $L = \bigcap_m L^m$.

Voici maintenant le théorème de section de Čegolkov-Čoban

THEOREME 32. <u>Soit</u> B <u>une partie borélienne de</u> E×F. <u>Si</u> B(y) <u>est un</u> $\underline{\underline{K}}_\sigma$ <u>pour tout</u> y, <u>alors</u> B <u>a une section par un graphe borélien</u>.

DEMONSTRATION. Nous reprenons les notations de la démonstration du théorème 31, et plus particulièrement, celles du deuxième lemme. Les ensembles C_n sont coanalytiques dans F et leur réunion est égale à $\pi(B)$, qui est borélien d'après le corollaire. Il existe alors une suite (B_n) de boréliens de F telle que l'on ait $B_n \subset C_n$ pour tout n et que $\pi(B)$ soit égal à la réunion des B_n (cf le corollaire du théor. 11) On peut évidemment supposer les B_n disjoints. Posons alors $D = \bigcup_n [(E \times B_n) \cap D_n]$: D est une section de B par un analytique à coupes compactes, et on conclut par le théorème 19.

Du corollaire du théorème 31, on déduit immédiatement l'énoncé "incomplet" du théorème (L) du début du paragraphe III : un borélien de E×F à coupes dénombrables (i.e. vides, finies ou infinies dénombrables) a une projection borélienne sur F. Nous allons démontrer un théorème plus général, dû à Mle Braun

THEOREME 33. <u>Soit</u> B <u>une partie borélienne de</u> E×F. <u>L'ensemble</u>

$$C = \{y : B(y) \text{ est dénombrable, non vide}\}$$

<u>est coanalytique dans</u> F.

DEMONSTRATION. Toujours en deux étapes. L'étape b) est déjà faite : C est contenu dans $\{y : B(y) \text{ est un } \underline{\underline{K}}_\sigma \text{ non vide}\}$, qui est coanalytique d'après le théorème 31. L'étape a) résulte du théorème suivant, dû à Mazurkiewicz-Sierpinski.

---

1 elle résulte même du deuxième lemme de la démonstration du théorème 31, qui est indépendant, et plus facile (modulo le 2ème théorème de séparation) que le premier.

THEOREME 34. <u>Soit</u> A <u>une partie analytique de</u> E×F. <u>L'ensemble</u>

$$D = \{y : A(y) \text{ n'est pas dénombrable}\}$$

<u>est analytique dans</u> F.

DEMONSTRATION. Nous établirons d'abord un critère pour qu'un ensemble analytique soit dénombrable. Son énoncé et sa démonstration (que nous omettrons) est en tout point analogue à ceux de la proposition 6 : il suffit de remplacer "compact" par "fini".

<u>Lemme</u>. Soient P un espace polonais, S un espace souslinien métrisable et f une application continue de P sur S. Alors S est dénombrable si et seulement si, pour tout fermé non vide Q de P, il existe un ouvert U non vide de Q tel que f(U) soit fini.

Nous reprenons maintenant les notations du début de la démonstration du théorème 31 : G est un compact métrisable, H un $\underline{\underline{G}}_\delta$ de E×F×G de projection sur E×F égale à A, (V_n) une base dénombrable de H. En symboles logiques, on a

$$y \in D \iff \exists K \in \underline{\underline{K}}(E\times F\times G)\ K \neq \emptyset \text{ et } K \in \underline{\underline{F}}(H) \text{ et } K \subset E\times\{y\}\times G \text{ et } \forall n\ [\ V_n \cap K = \emptyset \text{ ou }$$
$$\exists ((x_m),(z_m)) \in (E\times G)^{\mathbb{N}}\ \forall (p,q)\ p = q \text{ ou } x_p \neq x_q \text{ et } \forall m\ (x_m,y,z_m) \in V_n \cap K\ ]$$

Comme $E^{\mathbb{N}}$ est métrisable compact et que les éléments (x_m) de $E^{\mathbb{N}}$ tels que $x_p \neq x_q$ pour tout $p \neq q$ forment un $\underline{\underline{G}}_\delta$, on en déduit aisément que D est analytique.

REMARQUE. De même l'ensemble {y : A(y) a au moins 2 points} est analytique (cf la démonstration du théorème 28) etc. Par contre l'ensemble {y : A(y) n'est pas compact (resp un $\underline{\underline{K}}_\sigma$)} n'est pas, en général, analytique, ni coanalytique, si A n'est pas borélien. En effet, soit G un graphe coanalytique de E×F (avec E = F = [0,1]) tel que $\pi(G)$ ne soit ni analytique, ni coanalytique (cela existe d'après le théorème de Kondô). Alors on a $\pi(G) = \{y : A(y)$ n'est pas compact$\}$ si $A = G^c$, et $\pi(G) = \{y : A(y)$ n'est pas un $\underline{\underline{K}}_\sigma\}$ si $A = \{(x,y) : \forall r$ rationnel, $x+r$ et $x-r \notin G(y)\}$.

B I B L I O G R A P H I E

[1] <u>Arsenin</u> (W.J.), <u>Liapunov</u> (A.A.) et <u>Čegolkov</u> (E.A.) : Arbeiten zur deskriptiven Mengenlehre, Mathematische Forschungsberichte, VEB Deutscher Verlag der Wissenshaften, Berlin 1955 (traduction allemande d'articles parus dans Uspehi Matem. Nauk, tom. V, fasc. 5 (39), Moscou 1950)

[2] <u>Bourbaki</u> (N.) : Eléments de mathématiques. Topologie générale, chapitre 9, 2ème édition, Hermann, Paris 1958

[3] <u>Christensen</u> (J.P.R) : Borel structures (Notes in Math. n°10 , North Holland Company, 1974)

[4] <u>Čoban</u> (M.M.) : On B-measurable sections (Soviet Math. Doklady, 13, 1972, p 1473-1477)

[5] <u>Dellacherie</u> (C.) : Capacités et processus stochastiques, Ergebn. der Math. vol 67 Springer, Berlin Heidelberg New York 1972

[6] : Ensembles analytiques. Capacités. Mesures de Hausdorff, Lect. Notes in Math. n°295, Springer, Berlin Heidelberg New York 1972

[7] : Une démonstration du théorème de Souslin-Lusin (Sém. de Probabilités VII, Lect. Notes in Math. n°321, Springer, Berlin Heidelberg 1973)

[8] Effros (E.G.) : Convergence of closed subsets in a topological space (Proc. Amer. Math. Soc. 16, 1965, p 929-931)

[9] Hahn (H.) : Reelle Funktionnen (le Teil), Akademische Verlagsgesellschaft, Leipzig 1932

[10] Hausdorff (F.) : Mengenlehre (3eme édition, Veit, Berlin 1935) ou Set theory (Chelsea Pub. Comp., New York 1962)

[11] Hoffmann-Jørgensen (J.) : The theory of analytic sets (Aarhus Universitet Mathematik Inst., Various Publications Series n°10, 1970)

[12] Hurewicz (W.) : Relativ perfekte Teile von Punktmengen und Mengen (A) (Fund. Math. 12 (1928), p 78-109)

[13] Kondô (M.) : Sur l'uniformisation des complémentaires d'analytiques et les ensembles projectifs de 2e. classe (Japan J. Math 15 (1938), p 197-230)

[14] Kunugui (K.) : Contributions à la théorie des ensembles boréliens et analytiques III (J. Fac. Sci. Hokkaido Imperial Univ. 8, 1939/40, p 79-108)

[15] Kuratowski (C.) : Topologie, volumes I et II (PWN, Polish Scientific Publishers, Warszawa 1958 et 1961)

[16] Meyer (P.A.) : Probabilités et Potentiel (Hermann, Paris 1966) ou Probability and Potentials (Blaisdell, Boston 1966)

[17] Novikov (P.S.) : La séparabilité des ensembles CA (en russe) (Izvestiya Akad. Nauk SSSR, Ser. mat., 1937, p 253-264)

[18] : Généralisation du 2e théorème de séparation (en russe) (Doklady Akad. Nauk SSSR 4 (1934) p 8-11)

[19] Preiss (D.) : Metric spaces in which Prohorov's theorem is not valid (Z. fur Wahrschein. 27, 1973, p 109-116)

[20] : The convex generation of convex Borel sets in Banach spaces (Mathematika, 20, 1973, p 1-3)

[21] Purves (R.) : Bimeasurable functions (Fund. Math. 58, 1966, p 149-)

[22] Rogers (C.A.) : Lusin's second theorem of separation (J. London Math. Soc. 6 1973, p 491-503)

[23] Sierpinski (W.) : Les ensembles projectifs et analytiques (Mémorial des Sciences Mathématiques, fasc. CXII, Gauthier-Villars, Paris 1950)

[24] Larman (D.G.) : Projecting and uniformising Borel sets with $\underline{\underline{K}}_\sigma$- sections I (Mathematika 19, 1972, p 231-244)

[25] : Projecting and ... II (Mathematika 20, 1973, p 233-246)

[26] Ostaszewski (A.J.) : Families of compact sets and their universals (Mathematika 21, 1974, p 116-127)

[27] Sion (M.) : On uniformization of sets in topological spaces (Trans. Amer. Math. Soc. 96, 1960, p 237-246)

Université de Strasbourg
Séminaire de Probabilités 1973/74

ENSEMBLES ANALYTIQUES ET TEMPS D'ARRÊT

par C.Dellacherie et P.A.Meyer

Nous reprenons dans cet exposé, à l'intention des lecteurs probabilistes (qui doivent bien, après tout, former la majorité des lecteurs d'un séminaire de probabilités)l'essentiel de la démonstration du second théorème de séparation des ensembles analytiques. Celle-ci en effet, dans la rédaction de C.A. ROGERS, et dans l'exposé de DELLACHERIE figurant dans ce volume, se présente sous une forme peu suggestive pour les probabilistes, alors que l'on peut tout interpréter comme une analyse de la structure des temps d'arrêt sur l'espace mesurable $\Omega=\mathbb{N}^{\mathbb{N}}$. Non seulement alors le langage devient plus parlant, mais les détails mêmes de la démonstration prennent un sens nouveau. Soulignons tout de même qu'il ne s'agit que d'un exercice de traduction : si l'admirable démonstration de ROGERS se laisse ainsi exprimer dans un langage où elle semble couler toute seule, c'est parce qu'elle est extrêmement naturelle et profonde.

La forme que nous donnons ici à la démonstration de C.A.ROGERS suggère des relations avec la logique (fonctions récursives, hiérarchie de KLEENE) , évidentes par exemple à la lecture de H.ROGERS [4],[1] mais que notre ignorance nous interdit de développer. Il existe aussi des liens avec la théorie des jeux - qui elle même n'est pas sans rapport avec la logique ; en effet, BLACKWELL [1] a donné avant ROGERS une démonstration du second théorème de séparation (sous la forme relative à un couple d'ensembles, non à une suite infinie), assez proche au fond de celle de ROGERS, mais faisant appel à un résultat difficile de théorie des jeux lors de l'étape cruciale correspondant à notre lemme 6 ci-dessous.

1. L'ESPACE DES TEMPS D'ARRÊT

Nous désignons par Ω à la fois le premier ordinal non dénombrable, et l'ensemble $\mathbb{N}^{\mathbb{N}}$ - il n'y a évidemment aucun risque de confusion. Contrairement aux conventions habituelles, $\mathbb{N}=\{1,2...\}$ ne contient pas 0. Les applications coordonnées sur Ω sont notées X_n, la tribu borélienne de Ω s'appelle $\underline{\underline{F}}$, la tribu engendrée par $X_1,...X_n$ s'appelle $\underline{\underline{F}}_n$. On note θ_k l'opérateur de translation par k ($X_n(\theta_k\omega)=X_{n+k}(\omega)$).

On note Ω_n l'ensemble $\mathbb{N}^{\{1,..,n\}}$ des suites finies de longueur n, y compris $\Omega_0=\{\emptyset\}$. On pose $\mathfrak{S}=\bigcup_n \Omega_n$. La projection naturelle de Ω

1 Encore plus frappant : J.R.SHOENFIELD [5], p. 179-185.

sur Ω_n est notée $\omega \mapsto \omega|n$, et de même pour $m \geq n$ la projection de Ω_m sur Ω_n est notée $s \mapsto s|n$. Si $s \in \Omega_n$, $t \in \Omega_m$ ou $t \in \Omega$, la relation $s=t|n$ s'écrit $s \dashv t$ (" t commence par s").

Rappelons la définition traditionnelle des temps d'arrêt en probabilités :

DEFINITION 1. *Une fonction* T *sur* Ω, *à valeurs dans* $\overline{\mathbb{N}}=\mathbb{N}\cup\{+\infty\}$, *est un temps d'arrêt si, pour tout* n, *l'ensemble* $\{T \leq n\}$ *appartient à* $\underline{\underline{F}}_n$.

On note $\underline{\underline{T}}$ *l'ensemble des temps d'arrêt.*

Avec la définition que nous prenons, 0 n'est pas un temps d'arrêt. La tribu $\underline{\underline{F}}_n$ est engendrée ici par une partition dénombrable : une fonction est $\underline{\underline{F}}_n$-mesurable si et seulement si elle est constante sur les atomes de $\underline{\underline{F}}_n$, ce qui donne la caractérisation suivante : T est un temps d'arrêt si et seulement si

(1) $T(\omega) \leq n$ et $\omega|n=\omega'|n \Rightarrow T(\omega') \leq n$ (ou : $\Leftrightarrow T(\omega') \leq n$)

qui équivaut à

(2) $T(\omega)>n$ et $\omega|n=\omega'|n \Rightarrow T(\omega')>n$

et aussi à

(3) $T(\omega) \leq n$ et $\omega|n=\omega'|n \Rightarrow T(\omega')=T(\omega)$.

Il résulte aussitôt de (3) que la fonction $\omega \mapsto T(\omega)\wedge(n+1)$ ne dépend que de $\omega|n$, et plus généralement que $T\wedge k$ ne dépend que de $\omega|n$ pour $k \leq n+1$. *Nous désignerons par* $T^{[n]}$ *l'unique fonction sur* Ω_n *telle que* $T(\omega)\wedge(n+1)= T^{[n]}(\omega|n)$ *pour tout* ω .

LEMME 1. *L'ensemble* $\underline{\underline{T}}$ *des temps d'arrêt est compact métrisable pour la topologie de la convergence simple sur* Ω ($\overline{\mathbb{N}}$ *étant muni de sa topologie compacte usuelle*) *et l'application* $(T,\omega) \mapsto T(\omega)$ *est continue sur* $\underline{\underline{T}}\times\Omega$. $\underline{\underline{T}}$ *est* 0-*dimensionnel* ("éparpillé" au sens de BOURBAKI).

DEMONSTRATION. $\underline{\underline{T}}$ est fermé dans $\overline{\mathbb{N}}^{\Omega}$ d'après (1), donc compact. D'autre part, pour $s \in \Omega_n$, la fonction $T \mapsto T^{[n]}(s)$ est continue sur $\underline{\underline{T}}$, et ces fonctions en infinité dénombrable séparent $\underline{\underline{T}}$ puisque $T(\omega)=\lim_n T^{[n]}(\omega|n)$. Donc $\underline{\underline{T}}$ est métrisable.

On vérifie aussitôt que les ensembles $\{(T,\omega) : T(\omega) \leq n\}$, $\{(T,\omega) : T(\omega)>n\}$ sont fermés, d'où la seconde assertion.

Enfin, le fait que les fonctions continues sur $\underline{\underline{T}}$ à valeurs dans $\overline{\mathbb{N}}$ séparent les points entraîne que les ouverts fermés forment une base de la topologie de $\underline{\underline{T}}$.

Soit E un ensemble muni d'un pavage $\underline{\underline{E}}$ stable pour $(\cup f, \cap f)$, contenant $\emptyset$ et E tout entier, et soit $\underline{\underline{M}}$ la classe monotone engendrée par $\underline{\underline{E}}$. Dans les cas usuels, E sera métrique séparable, et $\underline{\underline{E}}$ sera constitué par les fermés de E. Ce cas particulier suggère la terminologie suivante :

DEFINITION 2. Une application $x \mapsto T_x$ de E dans $\underline{\underline{T}}$ est dite semi-continue supérieurement ($\underline{\underline{E}}$-s.c.s., ou s.c.s.) si pour tout $\omega \in \Omega$ et tout n l'ensemble $\{ x : T_x(\omega) \geq n \}$ appartient à $\underline{\underline{E}}$. Elle est dite $\underline{\underline{E}}$-mesurable si ces ensembles appartiennant à $\underline{\underline{M}}$.

Une fonction $\underline{\underline{E}}$-s.c.s. est $\underline{\underline{E}}$-mesurable ; si $\underline{\underline{G}}$ est la tribu engendrée par $\underline{\underline{E}}$, une fonction $\underline{\underline{E}}$-mesurable est mesurable au sens usuel de $(E,\underline{\underline{G}})$ dans $(\underline{\underline{T}},\underline{\underline{B}}(\underline{\underline{T}}))$. En effet, la tribu borélienne sur $\underline{\underline{T}}$ est engendrée par les fonctions $T \mapsto T(\omega)$ $(\omega \in \Omega)$, donc il suffit de vérifier que les fonctions $x \mapsto T_x(\omega)$ sont $\underline{\underline{G}}$-mesurables, ce qui est évident.

Lorsque E est un espace métrisable séparable éparpillé au sens de Bourbaki, $\underline{\underline{E}}$ étant le pavage des fermés ouverts de E, qui est une algèbre de Boole et une base de la topologie de E, toute fonction $\underline{\underline{E}}$-s.c.s. $x \mapsto T_x$ de E dans $\underline{\underline{T}}$ est même continue . En effet, les ensembles $\{ x : T_x(\omega) \geq n \}$, donc par différence $\{ x : T_x(\omega) = n \}$, sont ouverts et fermés dans E, et $x \mapsto T_x(\omega)$ est continue à valeurs dans $\mathbb{N}$ pour tout $\omega \in \Omega$. La topologie sur $\underline{\underline{T}}$ étant celle de la convergence simple, $x \mapsto T_x$ est continue.

Chaque fois que l'on rencontrera dans la suite les mots s.c.s. ou mesurable sans mention d'un pavage, il sera sous-entendu qu'ils sont relatifs au pavage des fermés d'un espace métrisable séparable.

Nous donnons un exemple fondamental d'application s.c.s. :

DEFINITION 3. Soit (A_s) un schéma de Souslin sur $\underline{\underline{E}}$, c'est à dire une application de $\mathfrak{S}$ dans $\underline{\underline{E}}$ telle que $A_\emptyset = E$, et $A_t \subset A_s$ pour $s \dashv t$. On appelle application associée à (A_s) l'application de E dans $\underline{\underline{T}}$ qui fait correspondre à $x \in E$ le temps d'arrêt

(4) $\qquad A_x(\omega) = \inf \{ n : x \notin A_{\omega|n} \}$

L'ensemble $\{x : A_x(\omega) \geq n\}$ est $A_{\omega|n-1}$ pour tout $n \geq 1$, donc l'application $x \mapsto A_x$ est $\underline{\underline{E}}$-s.c.s.. Inversement, toute application $\underline{\underline{E}}$-s.c.s. de E dans $\underline{\underline{T}}$ détermine un schéma de Souslin par la formule $A_s = \{x : A_x^{[n]}(s) > n\}$ pour $s \in \Omega_n$. On définit ainsi un couple de bijections naturelles, réciproques l'une de l'autre, entre les schémas de Souslin sur $\underline{\underline{E}}$ et les applications $\underline{\underline{E}}$-s.c.s. de E dans $\underline{\underline{T}}$. Si E est éparpillé, $\underline{\underline{E}}$ le pavage des fermés ouverts de E, on associe par ce procédé à tout schéma de Souslin sur $\underline{\underline{E}}$ une application continue de E dans $\underline{\underline{T}}$. (Tout schéma de

En particulier, on peut écrire explicitement le schéma de Souslin (I_s), dit universel, associé à l'application identique de $\underline{\underline{T}}$: si $s \in \mathfrak{S}$ est de longueur n, on a

$$I_s = \{ T : T^{[n]}(s) > n \}$$

A quoi correspond maintenant le <u>noyau</u> A du schéma de Souslin (A_s), c'est à dire l'ensemble

$$A = \bigcup_{\omega} \bigcap_{s \dashv \omega} A_s \quad ?$$

On a $x \in A$ si et seulement s'il existe un $\omega \in \Omega$ tel que $A_x(\omega)=+\infty$. Autrement dit, A <u>est l'image réciproque</u>, par $x \longmapsto A_x$, <u>de l'ensemble</u> $\wp$ <u>des temps d'arrêt non finis</u>. Cet ensemble jouera un rôle fondamental dans la suite. Noter qu'il est analytique dans $\underline{\underline{T}}$, en tant que noyau du schéma de Souslin (I_s), ou que projection sur $\underline{\underline{T}}$ du fermé $\{(T,\omega):T(\omega)=+\infty\}$.

2. THÉORIE DE L'INDICE

DEFINITION 4. <u>Soit</u> T <u>un temps d'arrêt</u>. <u>On désigne par</u> T^* <u>l'application de</u> Ω <u>dans</u> $\overline{\mathbb{N}}$ <u>définie par</u>

(5) $\quad T^*(\omega)>n \iff \exists\omega',\ \omega'|n=\omega|n$ <u>et</u> $T(\omega')>n+1 \quad (n\geqq 1)$

(Si ω n'appartient à aucun des ensembles $\{T^*>n\}$, $n\geqq 1$, on pose $T^*(\omega)=1$).

LEMME 2. a) T^* <u>est un temps d'arrêt</u>, <u>et</u> $T^*\leqq T\leqq T^*+1$ (T^* <u>est le plus petit temps d'arrêt</u> $\geqq T-1$). <u>On a</u> $(T+1)^*=T$.

b) <u>La relation</u> $S\leqq T$ <u>entraîne</u> $S^*\leqq T^*$.

c) <u>Pour tout couple</u> (S,T) <u>de temps d'arrêt</u>, <u>notons</u> $S \perp T$ <u>le temps d'arrêt</u> U <u>défini par</u>

(6) $\quad U(\omega)=S(\omega)+T(\theta_{S(\omega)}\omega)$ <u>si</u> $S(\omega)<+\infty$, $U(\omega)=+\infty$ <u>si</u> $S(\omega)=+\infty$

<u>Alors</u> $(S\perp T)^* = S\perp T^*$, <u>sauf si</u> $T\equiv 1$ ($(S+1)^* = S$, <u>non</u> $S+1$).

d) <u>Avec les notations de la définition</u> 2, <u>si</u> $x \mapsto T_x$ <u>est</u> $\underline{\underline{E}}$-<u>mesurable</u>, <u>il en est de même de</u> $x \mapsto T_x^*$. <u>En particulier</u>, <u>l'application</u> $T \mapsto T^*$ <u>de</u> $\underline{\underline{T}}$ <u>dans</u> $\underline{\underline{T}}$ <u>est borélienne</u>.

DEMONSTRATION. Nous commençons par les calculs immédiats : $1^*=1$, puis $n^*=n-1$ si $n>1$. D'autre part

$$(T+1)^*(\omega)>n \iff \exists\omega',\ \omega'|n=\omega|n,\ T(\omega')+1>n+1 \iff T(\omega)>n$$

donc $(T+1)^*=T$. La relation $T^*(\omega)>n$ entraîne dans (5) $T(\omega')>n+1$, donc $T(\omega')>n$, donc $T(\omega)>n$, de sorte que $T^*\leqq T$. La relation $T(\omega)>n+1$ entraîne dans (5) $T^*(\omega)>n$, donc $T\leqq T^*+1$. Si $S\leqq T$, la relation $S^*(\omega)>n$ entraîne $T^*(\omega)>n$, donc $S^*\leqq T^*$.

Montrons que T^* est un temps d'arrêt : supposons $T^*(\omega)>n$, $\omega|n=\mu|n$, et comparons à (5) : nous avons aussi $\omega'|n=\mu|n$, donc $T^*(\mu)>n$. On conclut d'après (2). Noter que cela n'exige pas que T soit un temps d'arrêt !

Soit S l'enveloppe inférieure[1] de tous les temps d'arrêt $\geqq T-1$: <u>c'est le plus petit</u> temps d'arrêt $\geqq T-1$. Comme T^* est un temps d'arrêt

1 Il est évident sur (2) que l'enveloppe supérieure ou inférieure d'une famille quelconque de temps d'arrêt est un temps d'arrêt.

$\geqq T-1$, on a $S\leqq T^*$. Comme $T-1\leq S$, on a $T\leqq S+1$, donc $T^*\leq (S+1)^*=S$, et l'égalité.

Démontrons c). Prouvons d'abord que $U=S\perp T$ est un temps d'arrêt, c'est à dire que

$U(\omega)>n \ , \ \omega|n=\omega'|n \Rightarrow U(\omega')>n$

Il n'y a rien à vérifier si $S(\omega)>n$. Si $S(\omega)=k\leq n$, on a d'abord $S(\omega')=k$, $\theta_k\omega|n-k=\theta_k\omega'|n-k$. $T(\theta_k\omega)>n-k$ entraîne $T(\theta_k\omega')>n-k$, d'où $U(\omega')>n$.

Ensuite, supposons $T\not\equiv 1$. Alors la relation (5) est vraie aussi pour $n=0$. Montrons que $U^*(\omega)>n \Leftrightarrow S(\omega)+T^*(\theta_{S(\omega)}(\omega))>n$. Tout d'abord, il n'y a rien à vérifier si $S(\omega)>n$, car $U\geqq S+1$, donc $U^*\geqq S$. Supposons donc $S(\omega)=k\leq n$. La première condition équivaut à

$\exists\omega' : \omega'|n=\omega|n \ , \ U(\omega')=S(\omega')+T(\theta_{S(\omega')}\omega')> n+1$

Mais comme $\omega'|n=\omega|n$, $S(\omega')=k$, et $U(\omega')=k+T(\theta_k\omega')$, et la condition s'écrit

$\exists\mu : \mu|n-k \ = \theta_k\omega|n-k \ , \ T(\mu)>n+1-k$

ou encore $T^*(\theta_k\omega)> n-k$, le résultat cherché (noter que la valeur $k=n$ est permise, il nous a fallu avoir (5) aussi pour $n=0$).

Démontrons enfin d). Il s'agit de démontrer que pour tout $n\geqq 1$ et tout $s\in\Omega_n$, l'ensemble $\{ x : T_x^{*[n]}(s)>n\}$ appartient à $\underline{\underline{M}}$. Or c'est la réunion, sur les $t\in\Omega_{n+1}$ tels que $s\dashv t$, des ensembles $\{ x : T_x^{[n+1]}(t) >n+1 \}$, et $\underline{\underline{M}}$ est stable par réunion dénombrable. La dernière phrase s'obtient en prenant pour $x\longmapsto T_x$ l'application identique de $\underline{\underline{T}}$.

Nous définissons maintenant une notion auxiliaire, dont la motivation apparaîtra plus tard :

DEFINITION 5. <u>Un</u> pliage <u>est une famille</u> $f=(f_n)_{n\geqq 0}$ <u>d'applications</u> $f_n : \Omega_n\rightarrow\Omega_n$ <u>telles que pour tout</u> n

(7) $\quad\forall s\in\Omega_{n+1} \ , \ f_n(s|n)=f_{n+1}(s)|n$

On peut aussi considérer f comme une application unique de Ω dans Ω telle que $\omega|n=\omega'|n \Rightarrow f(\omega)|n = f(\omega')|n$ pour tout n . Nous appellerons C l'ensemble des pliages (ceux-ci s'appelant aussi Codages) ; C est fermé dans l'espace polonais $\prod_n \Omega_n^{\Omega_n}$, et l'application $(\omega,f)\longmapsto f(\omega)$ de $\Omega\times C$ dans Ω est continue.

LEMME 3. <u>Si</u> f <u>est un pliage</u>, <u>et</u> T <u>est un temps d'arrêt</u>, $T\circ f$ <u>est un temps d'arrêt</u>, <u>et on a</u> $(T\circ f)^* \leqq T^*\circ f$.

DEMONSTRATION. Supposons que $T\circ f(\omega)>n$, $\omega'|n=\omega|n$; alors $f(\omega)|n = f(\omega')|n$, donc $T\circ f(\omega')>n$, et $T\circ f$ est bien un temps d'arrêt. Posons $S=T\circ f$; $S^*(\omega)>n$ entraîne l'existence d'un ω' tel que $S(\omega')>n+1$, $\omega'|n=\omega|n$, donc $T(f(\omega'))>n+1$, $f(\omega)|n=f(\omega')|n$, et finalement $T^*(f(\omega))>n$, et il en résulte que $S^*\leqq T^*\circ f$.

On arrive maintenant à la définition cruciale. L'indice que nous définissons ici est lié à celui de l'autre exposé par la relation $j(T)+1=i(T)$.

DEFINITION 6. <u>Pour tout temps d'arrêt</u> T, <u>on définit par récurrence transfinie les temps d'arrêt</u> T^{α} <u>suivants</u>

(8) $T^0=T$; $T^{\alpha+1}=(T^{\alpha})^*$; <u>si</u> α <u>est de seconde espèce</u>, $T^{\alpha}=\inf_{\beta<\alpha} T^{\beta}$

<u>On appelle alors</u> indice de T, <u>et on note</u> $j(T)$, <u>le plus petit ordinal</u> α <u>tel que</u> $T^{\alpha}\equiv 1$, <u>ou le premier ordinal non dénombrable</u> Ω <u>s'il n'en existe pas</u>.

LEMME 4. a) <u>L'indice de</u> T <u>est dénombrable si et seulement si</u> T <u>est fini</u>.

b) <u>Si</u> S <u>et</u> T <u>sont deux temps d'arrêt finis, et</u> $U=S\perp T$ (lemme 2, c)), <u>on a</u> $j(U)=j(S)+1+j(T)$ [1].

c) <u>Avec les notations de la définition</u> 2, <u>supposons que</u> $x\longmapsto T_x$ <u>soit mesurable</u>. <u>Alors</u> $\{x : j(T_x)>\alpha\}$ <u>appartient à</u> $\underline{\underline{M}}$ <u>pour tout ordinal dénombrable</u> α. <u>En particulier</u>, $\{T : j(T)>\alpha\}$ <u>est borélien dans</u> $\underline{\underline{T}}$.[2]

DEMONSTRATION. a) Si $T(\omega)=+\infty$, on a $T^*(\omega)=+\infty$, donc $T^{\alpha}(\omega)=+\infty$ pour tout α dénombrable, et $j(T)=\Omega$. Si T est partout fini, remarquons que les fonctions $T^{\alpha[n]}$ sur Ω_n forment une famille décroissante de fonctions à valeurs entières sur un ensemble dénombrable . Il existe donc un ordinal α_n tel que $(T^{\alpha_n})^{[n]}=(T^{\alpha_n+1})^{[n]}$ sur Ω_n . Posons $\alpha=\sup_n \alpha_n$, $R=T^{\alpha}$; nous avons $R^*=R$, et R est partout fini. Montrons que cela entraîne $R\equiv 1$, ce qui établira a).

Supposons en effet qu'il existe un ω tel que $R(\omega)>1$. Comme $R=R^*$

$R^*(\omega)>1 \Rightarrow \exists\omega_1$, $\omega_1|1=\omega|1$, $R(\omega_1)>2$

$R^*(\omega_1)>1 \Rightarrow \exists\omega_2$, $\omega_2|2=\omega_1|2$, $R(\omega_2)>3$

$R^*(\omega_2)>1 \Rightarrow \ldots$

Si μ est l'élément de Ω tel que $\mu|n=\omega_n|n$ pour tout n, on a $R(\mu)>n$ pour tout n, et R n'est pas fini.

L'assertion b) résulte aussitôt du lemme 2, c).

Passons à c). On vérifie aussitôt, par récurrence transfinie, que $x\longmapsto T_x^{\alpha}$ est $\underline{\underline{E}}$-mesurable. L'ensemble $\{x : j(T_x)>\alpha\}$ s'écrit aussi $\{x : T_x^{\alpha}\not\equiv 1\}$, c'est aussi la réunion sur tous les $s\in\Omega_1$ des ensembles $\{x : T_x^{\alpha[1]}(s)>1\}$, qui appartiennent à $\underline{\underline{M}}$ d'après la définition des applications $\underline{\underline{E}}$-mesurables.

---

1 En posant $\iota(T)=j(T)$ si $j(T)$ est infini, $j(T)+1$ si $j(T)$ est fini, on a de plus jolies formules : $\iota(n)=n$ au lieu de $n-1$, et ci-dessus $\iota(U)=\iota(S)+\iota(T)$.

2 Les ensembles disjoints $\{T:j(T)=\alpha\}=(\cap_{\beta<\alpha}\{T:j(T)>\beta\})\setminus\{T:j(T)>\alpha\}$ sont boréliens, et leur réunion est $\wp^c$. On les appelle les <u>constituants</u> de $\wp^c$.

LEMME 5. Pour tout ordinal dénombrable α , il existe un temps d'arrêt d'indice α .

DEMONSTRATION . On a $j(1)=0$. Si T est d'indice α , $T+1$ est d'indice $\alpha+1$. Soit α un ordinal de seconde espèce, rangeons en une suite β_n tous les ordinaux $<\alpha$, et supposons que pour tout n il existe un temps d'arrêt T_n d'indice β_n ; définissons

$$T(\omega) = T_n(\theta_1\omega) \text{ si } \omega|1=n$$

Alors T est un temps d'arrêt, et $T^*(\omega)=T_n^*(\theta_1\omega)$ si $\omega|1=n$. Il en résulte aussitôt que l'indice de T est α.

Bien que l'énoncé suivant s'appelle "lemme", c'est la clef de tout l'exposé.

LEMME 6. Soient S et T deux temps d'arrêt. Alors $j(S)\leqq j(T)$ si et seulement s'il existe un pliage f tel que $S\leqq T\circ f$.

DEMONSTRATION. La relation $S\leqq T\circ f$ entraîne $j(S)\leqq j(T)$ d'après le lemme 2, b) et le lemme 3. C'est la réciproque qui est intéressante.
Si $j(T)=\Omega$, il existe ω_o avec $T(\omega_o)=+\infty$ (lemme 4, a)), et le pliage cherché est tout simplement donné par $f(\omega)=\omega_o$. Nous pouvons donc supposer $j(T)<\Omega$, ou encore S et T partout finis. Avant d'aborder la démonstration proprement dite , nous étudions une notion auxiliaire.

Pour tout $s\in\Omega_n$, tout $\omega\in\Omega$, notons $s.\omega$ l'élément de Ω défini par

$$X_k(s.\omega) = X_k(s) \text{ si } k\leqq n \quad , \quad X_k(s.\omega)=X_{k-n}(\omega) \text{ si } k>n$$

(on rappelle que les X_k sont les coordonnées sur Ω). Posons

$$T_s(\omega) = 1\vee(T(s.\omega)-n)$$

Je dis que T_s est un temps d'arrêt. D'abord on a $s.\omega|n = s$, de sorte que si $T^{[n]}(s)\leqq n$ on a $T(s.\omega)\leqq n$, et $T_s\equiv1$. Supposons donc $T^{[n]}(s)>n$. Alors $T(s.\omega)>n$ pour tout ω, et $T_s(\omega)$ vaut simplement $T(s.\omega)-n$. La relation $T_s(\omega)>k$, $\omega'|k=\omega|k$ entraîne alors $T(s.\omega)>n+k$, $s.\omega'|n+k=s.\omega|n+k$, donc $T(s.\omega')=T_s(\omega')+n>n+k$, et T_s est bien un temps d'arrêt.

Montrons ensuite que $(T_s)^*=(T^*)_s$: pour tout $p\geqq1$

$$\begin{aligned}(T_s)^*(\omega)>p &\iff \exists\omega',\ \omega'|p=\omega|p \text{ et } T_s(\omega')>p+1\\ &\iff \exists\omega',\ \omega'|p=\omega|p \text{ et } T(s.\omega')>n+p+1\\ &\iff \exists w',\ w'|n+p=s.\omega|n+p \text{ et } T(w')>n+p+1\end{aligned}$$

(on passe de w' à ω' par la formule $w'=s.\omega'$)

$$\begin{aligned}&\iff T^*(s.\omega)>n+p\\ &\iff (T^*)_s(\omega)>p\end{aligned}$$

Désormais, nous écrirons simplement T_s^* . La notation T_s^α se comprend alors bien pour tout ordinal α.

Soient $s\in\Omega_n$, $s'\in\Omega_{n+1}$ tel que $s'|n=s$. Le résultat technique qui nous est nécessaire consiste à montrer que si $T_{s'}\neq 1$

(9) $\qquad j(T_s) \geqq j(T_{s'})+1$

A cet effet, posons $a=X_{n+1}(s')$ et, pour tout $\omega\in\Omega$, soit $\overline{\omega}=a.\omega$ (de sorte que $s'.\omega = s.\overline{\omega}$). Je dis d'abord que

(9a) $\quad T_{s'}\neq 1 \Rightarrow T_{s'}>1$ identiquement $\Rightarrow T_s(\overline{\omega})>1$ pour tout ω

En effet, soit un w tel que $T_{s'}(w)>1$. Alors $T(s'.w)>n+2$, et $T(w')>n+1$ pour tout w' tel que $w'|n+1 = s'.w|n+1=s'$. En particulier, on a $s.\overline{\omega}|n+1 = s'$, donc $T(s.\overline{\omega})>n+1$ et $T_s(\overline{\omega})>1$.

Ensuite, si $T^*_{s'}\neq 1$ (hypothèse plus forte que $T_{s'}\neq 1$) on a

(9b) $\qquad T^*_s(\overline{\omega}) = 1+T^*_{s'}(\omega)$

En effet, on a pour tout $p>0$

$$T^*_s(\overline{\omega})>p \iff \exists\overline{w},\ \overline{w}|p=\overline{\omega}|p \text{ et } T^*_s(\overline{w})>p+1$$

comme $p>0$, $\overline{w}$ commence par a, et on peut poser $\overline{w}=a.w$, de sorte que $\overline{w}|p=\overline{\omega}|p \iff w|p-1=\omega|p-1$. D'autre part $T^*_s(\overline{w})>p+1 \iff T(s.\overline{w})>n+p+1$ $\iff T(s'.w)>n+1+p \iff T_s(w)>p-1$. Ainsi

$$T^*_s(\overline{\omega})>p \iff \exists w : w|p-1=\omega|p-1 \text{ et } T_{s'}(w)>p \iff T^*_{s'}(\omega)>p-1$$

pour $p>1$ cela résulte de (5), et pour $p=1$ du fait que l'équivalence (5) vaut aussi pour $n=0$ du fait que $T^*_{s'}\neq 1$.

De (9b) nous déduisons que, pour tout $\alpha<j(T_{s'})$, et tout ω

(9c) $\qquad T^\alpha_s(\overline{\omega})= 1+T^\alpha_{s'}(\omega)$

Si $j(T_{s'})=\beta$ est de première espèce, posons $R=T^{\beta-1}$. Nous avons $R_{s'}\neq 1$, donc il existe ω tel que $R_{s'}(\omega)\geqq 2$, et la formule ci-dessus entraîne que $R_s(\overline{\omega})\geqq 3$, donc $R^*_s(\overline{\omega})\geqq 2$, $T^\beta_s\neq 1$, et $j(T_s)\geqq\beta+1$. Si β est de seconde espèce, la formule (9c) vaut pour tous les $\alpha<\beta$, et le passage à la limite montre que $T^\beta_s(\overline{\omega})\geqq 2$ pour tout ω, de sorte qu'ici aussi $j(T_s)\geqq\beta+1$.

Nous passons à la démonstration proprement dite. Nous construisons par récurrence des applications $f_n : \Omega_n \to \Omega_n$ telles que $f_{n+1}(t)|n=f_n(t|n)$ pour $t\in\Omega_{n+1}$, et que

(10) $\qquad j(S_s) \leqq j(T_{f_n(s)})$ pour $s\in\Omega_n$

La première étape de la récurrence est immédiate : $f_0(\emptyset)=\emptyset$ satisfait bien à $j(S_\emptyset)=j(S)\leqq j(T)=j(T_\emptyset)$. Supposons la construction faite au rang n , soient $s\in\Omega_n$, $t=f_n(s)$, $s'\in\Omega_{n+1}$ tel que $s'|n=s$; le problème consiste à trouver $t'\in\Omega_{n+1}$ tel que $t'|n=t$, $j(S_{s'})\leqq j(T_{t'})$, car on pourra alors poser $f_{n+1}(s')=t'$. Si $j(S_{s'})=0$, n'importe quel t' tel que $t'|n=t$ convient. Si $j(S_{s'})=\alpha>0$, $S_{s'}\neq 1$, et (9) nous dit que $j(S_s)\geqq\alpha+1$. D'après l'hypothèse de récurrence, $j(T_t)\geqq\alpha+1$, donc il existe ω tel que $T_t^{\alpha+1}(\omega)>1$, on prend $t'=(t\cdot\omega)|n+1$, et on a $j(T_{t'})\geqq\alpha$.

Voici la principale conséquence du lemme 6. En particulier, elle entraîne à nouveau le fait (assez trivial, nous l'avons vu) que l'ensemble ρ des temps d'arrêt non finis est analytique : prendre S_0 non fini, alors $\rho=\{ T : j(S_0) \leqq j(T) \}$.

LEMME 7. <u>L'ensemble des</u> $(S,T)\in\underline{\underline{T}}\times\underline{\underline{T}}$ <u>tels que</u> $j(S)\leqq j(T)$ <u>est analytique</u>.
DEMONSTRATION. L'ensemble A des $(U,V)\in\underline{\underline{T}}\times\underline{\underline{T}}$ tels que $U\leqq V$ est fermé. L'ensemble B des triples $(S,T,f)\in\underline{\underline{T}}\times\underline{\underline{T}}\times C$ tels que $S\leqq T\circ f$ est l'image réciproque de **A** par $(S,T,f)\mapsto(S,T\circ f)$, il est fermé. Enfin, l'ensemble cherché est la projection de B sur $\underline{\underline{T}}\times\underline{\underline{T}}$.

3. THÉORÈMES DE SÉPARATION

Nous commençons par redonner, de manière rapide, la démonstration de ROGERS qui figure dans l'exposé précédent, afin d'illustrer la manière dont le langage des temps d'arrêt simplifie les raisonnements.

THEOREME 1. <u>Soit</u> (A_n) <u>une suite d'ensembles analytiques dans</u> E <u>métrisable séparable</u>. <u>Il existe alors des ensembles analytiques</u> A'_n <u>tels que</u>

(11) $\qquad A_n\subset A'_n \quad , \quad \bigcap_n A_n=\bigcap_n A'_n \quad , \quad A'_n\cup A'_m = E$ <u>si</u> $n\neq m$.

DEMONSTRATION. Représentons chaque A_n comme noyau d'un schéma de Souslin (A^n_s), et soit $(A^n_\bullet)$ l'application borélienne correspondante de E dans $\underline{\underline{T}}$ (4). Pour tout n, soit L_n un temps d'arrêt d'indice $\gamma+n$, où γ est un ordinal de seconde espèce. Posons $B^n_x = A^n_x \perp L_n$, $j_n(x)=j(B^n_x)$.

Il est facile de voir que l'application $T\longmapsto T\perp L_n$ de $\underline{\underline{T}}$ dans $\underline{\underline{T}}$ est borélienne, de sorte que $x\longmapsto B_x^n$ est borélienne, de même que $x\longmapsto(B_x^n,B_x^m)$ pour tout couple (n,m). D'après le lemme 7, l'ensemble

$$\{\ x\ :\ j_n(x)\leqq j_m(x)\ \}$$

est analytique dans E. D'autre part,

si $x\in A_n$, A_x^n est non fini, B_x^n est non fini, $j_n(x)=\Omega$

si $x\notin A_n$, $j_n(x)$ est un ordinal dénombrable de la forme $\rho+n$, où ρ est de seconde espèce. On a donc $j_n(x)\neq j_m(x)$ pour tout $m\neq n$, que $j_m(x)$ soit égal à Ω ou dénombrable (car alors $j_m(x)=\rho'+m$, ρ' de 2e espèce).

Les ensembles analytiques cherchés sont alors donnés par

$$A'_n = \{\ x\ :\ \exists m\neq n\ ,\ j_m(x)\leqq j_n(x)\ \}$$

Pour les détails, voir l'exposé précédent.

ENSEMBLES COANALYTIQUES NON ANALYTIQUES

Il existe des exemples simples d'ensembles coanalytiques non boréliens, construits par la méthode des " ensembles universels" - mais ils sont relativement artificiels. Il existe aussi des exemples naturels : l'ensemble des compacts dénombrables de [0,1], l'ensemble des fonctions continues partout dérivables sur [0,1] - mais il n'est pas facile de prouver qu'ils ne sont pas boréliens. Le fait que tout ensemble analytique dans E métrisable séparable soit image réciproque de $\mathfrak{P}$ par une application s.c.s. de E dans $\underline{\underline{T}}$ va nous donner immédiatement le théorème suivant . Nous avons déjà dit que $\mathfrak{P}$ est analytique.

THEOREME 2. <u>L'ensemble coanalytique $\mathfrak{P}^c$ n'est pas analytique</u>.

DEMONSTRATION. Supposons que $\mathfrak{P}^c$ soit analytique. Il existe alors une application s.c.s. f de $\underline{\underline{T}}$ dans $\underline{\underline{T}}$, telle que $x\in\mathfrak{P}^c \Longleftrightarrow f(x)\in\mathfrak{P}$. Posons alors $g(x)=f(x)\wedge x$; c'est une fonction s.c.s. finie sur $\mathfrak{P}$ puisque f(x) est fini si $x\in\mathfrak{P}$, et sur $\mathfrak{P}^c$ puisque x est alors fini. Pour tout ω, la fonction $x\longmapsto g_x(\omega)$ est s.c.s. à valeurs finies sur le compact $\underline{\underline{T}}$, elle est donc bornée , et le temps d'arrêt

$$T(\omega)\ =\ \sup_x\ g_x(\omega)$$

est fini. Posons x=T+1 . Comme $x>T\geqq g(x)=f(x)\wedge x$ en tout point de Ω, nous avons $f(x)\wedge x = f(x)$, donc $f(x)\leqq T$. C'est absurde, car T est fini, x aussi, donc f(x) n'est pas fini, et $f(x)\leqq T$ est impossible.

LE PREMIER THEOREME DE SEPARATION

Grâce au théorème 2, et à une admirable astuce que nous avons trouvée dans le livre de KURATOWSKI, nous allons obtenir le théorème suivant

THEOREME 3. <u>Sur tout ensemble analytique</u> A <u>de</u> $\underline{\underline{T}}$, <u>disjoint de</u> ρ, <u>l'indice est borné par un ordinal dénombrable</u>.

DEMONSTRATION. Supposons le contraire. Alors

$$\rho^c = \{ S : \exists T \in A \ , \ j(S) \leq j(T) \}$$

Donc ρ^c est projection sur $\underline{\underline{T}}$ de l'ensemble

$$\{(S,T) : T \in A\} \cap \{(S,T) : j(S) \leq j(T)\}$$

analytique d'après le lemme 7. ρ^c est alors analytique, contrairement au théorème 2 .

Voici le premier théorème de séparation. Nous l'énonçons dans un espace métrisable compact, mais l'extension à deux <u>sousliniens</u> d'un espace métrisable séparable est immédiate par plongement.

THEOREME 4. <u>Soient</u> A <u>et</u> B <u>deux ensembles analytiques disjoints dans</u> E <u>métrique compact</u>. A <u>et</u> B <u>sont alors séparables par deux ensembles boréliens disjoints</u>.

DEMONSTRATION. Il nous suffit évidemment de construire un borélien contenant A et disjoint de B . Désignons par H une application borélienne de E dans $\underline{\underline{T}}$, telle que $B=H^{-1}(\rho)$. D'après le th. 3, l'indice est borné par un ordinal dénombrable α sur l'ensemble analytique H(A) disjoint de ρ , et l'ensemble borélien cherché est (lemme 4, c)) $\{ x : j(H_x) \leq \alpha \}$.

REMARQUE. Soit (B_s) un schéma de Souslin sur E, formé d'ensembles boréliens , et soit $x \mapsto T_x$ l'application correspondante de E dans $\underline{\underline{T}}$. Si le noyau B de (B_s) est borélien, l'indice $j(T_x)$ est borné sur B^c par un ordinal dénombrable α. Inversement, si cette propriété a lieu, $B = \{ x : j(T_x) > \alpha \}$ est borélien. On a donc un critère pour que le noyau d'un schéma de Souslin borélien soit borélien. Nous ne donnerons pas les détails, mais on peut utiliser cela pour montrer que l'image de $\mathbb{N}^{\mathbb{N}}$ par une application borélienne injective est borélienne.

LE THEOREME DE NOVIKOV (ESPACES COMPACTS)

Nous démontrons une variante du théorème 3 :

THEOREME 5. <u>Soit</u> A <u>une partie analytique de</u> $\underline{\underline{T}}^{\mathbb{N}}$ <u>possédant la propriété suivante</u>

(12) <u>Pour tout</u> $(T_n)_{n \in \mathbb{N}} \in A$, <u>il existe</u> n <u>tel que</u> T_n <u>soit fini</u>.

<u>Alors il existe un ordinal dénombrable</u> α <u>tel que</u>

(13) <u>Pour tout</u> $(T_n)_{n \in \mathbb{N}} \in A$, $\inf_n j(T_n) \leq \alpha$.

DEMONSTRATION. Supposons le contraire. Alors

$$\rho^c = \{ S : \exists (T_n) \in A \ , \ \forall n \ j(S) \leq j(T_n) \}$$

Comme dans la démonstration du théorème 3, P^c serait alors projection de
$$\{(S,(T_n)) : (T_n)\in A \ , \ \forall n \quad j(S) \leqq j(T_n) \ \}$$
et serait donc analytique, contrairement au théorème 2.

On en tire une démonstration d'une forme du théorème de NOVIKOV, qui entraîne le théorème 4, mais dont on ne peut déduire le théorème 1 (il faudrait pour cela la forme générale de l'exposé précédent, où E est métrisable séparable, et les B_n sont <u>bianalytiques</u>).

THEOREME 6. <u>Soient</u> A_n <u>des ensembles analytiques dans</u> E <u>métrisable compact, tels que</u> $\bigcap_n A_n = \emptyset$. <u>Il existe alors des boréliens</u> B_n <u>tels que</u> $A_n \subset B_n$ <u>pour tout</u> n, $\bigcap_n B_n = \emptyset$.

DEMONSTRATION. Pour tout n soit $x \mapsto T^n_x$ une application borélienne de E dans $\underline{\underline{T}}$, telle que $A_n = \{x : T^n_x \in P\}$. Comme $\bigcap_n A_n = \emptyset$, l'un au moins des T^n_x est fini, quel que soit le point $x\in E$. D'après le théorème 5,[1] il existe un ordinal α bornant $\inf_n j(T^n_x)$ uniformément en x. Les boréliens cherchés sont alors (lemme 4, c))
$$B_n = \{ \ x : j(T^n_x) \geqq \alpha+1 \ \} \ .$$

FORME ABSTRAITE DU RESULTAT PRECEDENT

On sait qu'il existe une forme du premier théorème de séparation relative aux ensembles analytiques par rapport à un pavage <u>compact</u> $\underline{\underline{E}}$. Il est naturel de se demander si l'énoncé du th.6 reste valable dans ces conditions, les boréliens étant remplacés par des éléments du stabilisé de $\underline{\underline{E}}$ pour les réunions et les intersections dénombrables. Nous supposerons ici $\underline{\underline{E}}$ stable pour $(\cup f, \cap f)$, ce qui ne restreint pas la généralité ; le stabilisé est alors la classe monotone $\underline{\underline{M}}$ engendrée par $\underline{\underline{E}}$, et nous utilisons les notions introduites dans la définition 2.

Soient A_n des ensembles $\underline{\underline{E}}$-analytiques , $x \mapsto T^n_x$ les applications $\underline{\underline{E}}$-s.c.s. correspondantes. Supposons que $\bigcap_n A_n = \emptyset$, et montrons qu'il existe un ordinal α majorant $\inf_n j(T^n_x)$ pour tout x . Ce point étant établi, la démonstration du th.6 restera valable sans aucun changement.

Comme dans le th.5, supposons qu'il n'existe pas de tel α. Alors nous aurons en revenant au lemme 6 (et non au lemme 7 cette fois)
$$P^c = \{ \ T : \exists \ x\in E, \ \exists (f^n) \in C^{\mathbb{N}}, \ T \leqq \inf_n T^n_x \circ f^n \ \}$$
et nous pourrons en déduire l'analyticité de P^c – la contradiction cherchée – si l'ensemble suivant, dont la projection sur $\underline{\underline{T}}$ est P^c
$$\{(x,T,(f^n)) \ : \ T \leqq \inf_n T^n_x \circ f^n \ \}$$

---

1 Appliqué à l'image de E par une application borélienne. Ici intervient la compacité – ou plus généralement le caractère souslinien – de E.

est $\underline{\underline{E}}\times\underline{\underline{B}}(\underline{\underline{T}})\times\underline{\underline{B}}(C^{\mathbb{N}})$-analytique . En effet, sa projection sur $\underline{\underline{T}}\times C^{\mathbb{N}}$ sera alors analytique d'après le th.III. 9 du livre " probabilités et potentiel", et sa projection sur $\underline{\underline{T}}$ le sera alors d'après des théorèmes classiques, $\underline{\underline{T}}\times C^{\mathbb{N}}$ étant polonais. Or cet ensemble s'écrit

$$\bigcap_n \bigcap_m \bigcap_{s\in\Omega_m} \{(x,T,(f^i)) \ : \ T^{[m]}(s) \leqq T_x^{[m]}(f_m^n(s)) \}$$

On se ramène à vérifier que pour $s\in\Omega_m$ fixe, en omettant l'indice n

$$\{(x,T,f) \ : \ T^{[m]}(s) \leqq T_x^{[m]}(f_m(s))\}$$

appartient à$(\underline{\underline{E}}\times\underline{\underline{B}}(\underline{\underline{T}})\times\underline{\underline{B}}(C))_\sigma$. Or c'est la réunion, pour tous les $k\leqq m+1$, les $t\in\Omega_m$, des ensembles

$$\{x \ : \ k\leqq T_x^{[m]}(t)\}\times\{T \ : \ T^{[m]}(s)=k\}\times\{f \ : \ f_m(s)=t\}$$

et le premier facteur du produit appartient à $\underline{\underline{E}}$, d'après la définition des applications $\underline{\underline{E}}$-s.c.s.. Nous avons donc prouvé une forme un peu plus générale du théorème 6 :

THEOREME 6'. <u>Soit</u> $\underline{\underline{E}}$ <u>un pavage compact</u> , <u>et soit</u> $\underline{\underline{M}}$ <u>le stabilisé de</u> $\underline{\underline{E}}$ <u>pour les réunions et intersections dénombrables</u>. <u>Pour toute suite</u> (A_n) <u>d'ensembles</u> $\underline{\underline{E}}$-<u>analytiques d'intersection vide</u>, <u>il existe une suite</u> (B_n) <u>d'éléments de</u> $\underline{\underline{M}}$ <u>tels que</u> $A_n\subset B_n$ <u>pour tout</u> n , $\bigcap_n B_n = \emptyset$.

4. UNE REMARQUE SUR LA CAPACITABILITE

La première démonstration d'un théorème de capacitabilité "abstrait" a été celle de CHOQUET [2], écrite dans le langage des schémas de Souslin. Nous allons récrire cette démonstration dans le langage des temps d'arrêt.

Etant donnés deux éléments ω et ω' de Ω, nous écrirons $\omega'\leqq\omega$ pour exprimer que $X_i(\omega')\leqq X_i(\omega)$ pour tout i. Ω se trouve ainsi ordonné, et pour tout ω l'ensemble $\{\omega':\omega'\leqq\omega\}$ est compact. Nous allons associer à tout temps d'arrêt un temps d'arrêt <u>croissant</u>, de la manière suivante

DEFINITION 7. <u>Soit</u> T <u>un temps d'arrêt</u>. <u>On pose</u>

(14) $$\hat{T}(\omega) = \sup_{\omega'\leqq\omega} T(\omega')$$

LEMME 8. a) $\hat{T}$ <u>est un temps d'arrêt</u>, <u>et</u> $T\leqq\hat{T}$.

b) <u>Si</u> T <u>est fini</u>, $\hat{T}$ <u>est fini</u>.

c) <u>Si</u> T <u>est fini</u>, <u>on a</u> $(\hat{T})^\alpha=(T^\alpha)\hat{}$ <u>pour tout</u> α <u>dénombrable</u>. <u>En particulier</u>, T <u>et</u> $\hat{T}$ <u>ont même indice</u>.

d) <u>Avec les notations de la déf</u>.2, <u>si</u> $x\mapsto T_x$ <u>est</u> $\underline{\underline{E}}$-<u>s.c.s., il en est de même de</u> $x\mapsto\hat{T}_x$ (<u>en particulier</u>, $T\mapsto\hat{T}$ <u>est borélienne</u>).

DEMONSTRATION. a) Il est clair que $T\leqq\hat{T}$. Supposons que l'on ait $\hat{T}(\omega)>n$, $\omega'|n=\omega|n$. Alors il existe $\mu\leqq\omega$ telle que $T(\omega)>n$. Définissons μ' par $X_k(\mu')=X_k(\mu)$ $(k\leqq n)$, $X_k(\mu')=X_k(\omega')$ $(k\geqq n)$. Alors $\mu'|n=\mu|n$, donc $T(\mu')>n$, et $\mu'\leqq\omega'$, donc $\hat{T}(\omega')>n$. $\hat{T}$ est bien un temps d'arrêt.

b) Un temps d'arrêt est une fonction continue sur Ω : si T est fini sur Ω, il est borné sur le compact $\{\omega' : \omega'\leqq\omega\}$, donc $\hat{T}$ est fini.

c) Soit $n>0$. On a (en définissant de manière évidente la relation $\leqq$ sur Ω_n)

$$(\hat{T})^*(\omega)>n \iff \exists\omega',\ \omega'|n=\omega|n\ ,\ \hat{T}(\omega')>n+1 \iff \exists\omega',\ \omega'|n=\omega|n\ ,\exists\omega''\leqq\omega',$$
$$T(\omega'')>n+1 \iff \exists\omega'',\ \omega''|n\leqq\omega|n,\ T(\omega'')>n+1\ .$$

$$(T^*)\hat{}(\omega)>n \iff \exists\omega_1\ ,\ \omega_1\leqq\omega,\ T^*(\omega_1)>n \iff \exists\omega_1\ ,\omega_1\leqq\omega,\exists\omega_2\ ,\omega_2\,|n=\omega_1|n\ ,$$
$$T(\omega_2)>n+1 \iff \exists\omega_2\ ,\ \omega_2\,|n\leqq\omega|n\ ,\ T(\omega_2)>n+1.$$

Par conséquent, $(\hat{T})^*=(T^*)\hat{}$. Pour vérifier par récurrence transfinie l'assertion relative à T^α, il suffit de vérifier que si des T_n finis tendent en décroissant vers T, alors $\hat{T}_n$ tend vers $\hat{T}$. C'est le lemme de Dini ! Les fonctions continues T_n-T tendent vers 0 en décroissant, elles convergent uniformément vers 0 sur le compact $\{\omega':\omega'\leqq\omega\}$, autrement dit il existe un n tel que $T_n=T$ sur ce compact.

Pour conclure quant à l'indice, on remarque que $\hat{T}\equiv 1 \iff T\equiv 1$.

d) Soit $s\in\Omega_n$. L'ensemble $\{x : \hat{T}_x^{[n]}(s)>n\}$ est la réunion, pour les $s'\in\Omega_n$, $s'\leqq s$, des ensembles $\{ x : T_x^{[n]}(s')>n \}$. Ces ensembles étant en nombre fini et appartenant à $\underline{\underline{E}}$, il en est de même de leur réunion, donc $x\mapsto\hat{T}_x$ est $\underline{\underline{E}}$-s.c.s..

La conclusion de tout ceci est le fait que les temps d'arrêt <u>croissants</u> peuvent remplacer les temps d'arrêt dans toute la théorie des paragraphes 1 à 3. Cela ne semble pas apporter de simplifications notables, sauf pour la démonstration suivante.

LE THEOREME DE CAPACITABILITE

Soit I une capacité relative au pavage $\underline{\underline{E}}$ (I " descend" sur les suites décroissantes d'éléments de $\underline{\underline{E}}$), et soit A un ensemble $\underline{\underline{E}}$-analytique de capacité $>a$. Représentons A comme $\{ x : T_x\in\mathcal{P}\}$, où l'application $\underline{\underline{E}}$-s.c.s. $x\mapsto T_x$ prend ses valeurs dans l'ensemble des temps d'arrêt croissants. Posons pour tout $s\in\Omega_i$

$$A_s = \{ x : \exists\omega\ ,\ \omega|i\leqq s\ ,\ T_x(\omega)=+\infty \} \subset \{ x : T_x^{[i]}(s)>i \}= B_s$$

L'inclusion tient au fait que les temps d'arrêt T_x sont croissants. On a $A=\bigcup_n A_n$ (on identifie l'entier n à la suite de longueur 1 correspondante), la suite A_n est croissante, donc il existe n_1 tel que $I(A_{n_1})>a$. On a $A_{n_1}=\bigcup_n A_{n_1 n}$, donc il existe n_2 tel que $I(A_{n_1 n_2})>a$, et par récurrence on construit ainsi une suite $\omega=n_1n_2\dots$ telle que $I(A_{\omega|n})>a$ pour tout n. A fortiori $I(B_{\omega|n})>a$. Comme les $B_{\omega|n}$ appartiennent à $\underline{\underline{E}}$, et la capacité descend sur $\underline{\underline{E}}$, l'ensemble

(15) $B=\bigcap_n B_{\omega|n} = \{ x : T_x(\omega)=+\infty \}$ (qui appartient à $\underline{\underline{E}}_\delta$)

a une capacité $\geq a$. C'est le théorème de CHOQUET.

La même démonstration donne le théorème de SION : soit $\underline{\underline{C}}$ une <u>capacitance</u>, c'est à dire un ensemble de sous-ensembles de E (dits <u>gros</u>) tel que

$$A\in\underline{\underline{C}}\ ,\ A\subset B \Rightarrow B\in\underline{\underline{C}}\quad ,\ A_n\uparrow A,\ A\in\underline{\underline{C}} \Rightarrow \exists n\ ,\ A_n\in\underline{\underline{C}}$$

Le raisonnement précédent s'applique à la fonction d'ensemble I(A) valant 1 si $A\in\underline{\underline{C}}$, 0 sinon, et montre que " tout gros ensemble $\underline{\underline{E}}$-analytique contient l'intersection d'une suite décroissante de gros éléments de $\underline{\underline{E}}$ ".

Une variante à peine plus compliquée donne le théorème plus raffiné sur les <u>capacitances scissipares</u>. Rappelons ([3]p.23) que la capacitance $\underline{\underline{C}}$ est dite <u>scissipare</u> (ou dichotomique) si

(16) <u>Pour tout $A\in\underline{A}(\underline{\underline{E}})\cap\underline{\underline{C}}$, il existe deux éléments disjoints U_0 et U_1 de $\underline{\underline{E}}$ tels que $A\cap U_0$ et $A\cap U_1$ appartiennent à $\underline{\underline{C}}$.</u>

L'axiome de choix nous autorise à noter $\Phi_0(A),\Phi_1(A)$ deux tels ensembles. Soit $\Theta=\{0,1\}^{\mathbb{N}}$. Le théorème II.28 de [3], p.41, s'énonce ainsi

THEOREME 7. <u>Supposons que $\underline{\underline{C}}$ soit scissipare, et que $A\in\underline{A}(\underline{\underline{E}})$ appartienne à $\underline{\underline{C}}$. Il existe alors $B\in\underline{\underline{E}}_\delta$, contenu dans A , tel que B soit réunion d'une famille $(K_\theta)_{\theta\in\Theta}$ d'ensembles disjoints, dont chacun est intersection d'une suite décroissante d'éléments de $\underline{\underline{E}}\cap\underline{\underline{C}}$.</u>

Autrement dit, A porte non seulement un bébé normalement constitué (15), mais une infinité <u>non dénombrable</u> d'iceux (et dont la réunion est un bébé).

DEMONSTRATION. Nous représentons A comme dans la démonstration précédente : $A = \{ x : T_x\in\mathcal{P} \}$, où chaque T_x est croissant. Nous définissons A_s et B_s comme précédemment. Nous construisons par récurrence, pour toute suite <u>dyadique</u> u de longueur p , un ensemble $K_u\in\underline{\underline{E}}$ et un entier n_p de telle sorte que

a) Les ensembles K_u, $u\in\{0,1\}^{\{1,\dots,p\}}$ soient disjoints

b) la relation $u\dashv v$ entraîne $K_v\subset K_u$

c) Les ensembles $A_{n_1\dots n_p}\cap K_u$ appartiennent à $\underline{\underline{C}}$

Nous commençons la récurrence en posant $K_0=\Phi_0(A)$, $K_1=\Phi_1(A)$. Si la construction a été faite au rang p, nous la faisons au rang p+1 de la manière suivante. Les suites dyadiques u de longueur p sont en nombre fini, et les ensembles $A_{n_1\dots n_p}\cap K_u$ appartiennent tous à $\underline{\underline{C}}\cap\underline{A}(E)$.

Du fait que les T_x sont croissants, il existe un entier n tels que les ensembles $A_{n_1 \ldots n_p n} \cap K_u$ appartiennent tous à $\underline{\underline{C}} \cap \underline{\underline{A}}(\underline{\underline{E}})$, et nous prenons $n_{p+1}=n$. Puis nous posons

$$K_{u.o} = K_u \cap \Phi_o(A_{n_1 \ldots n_{p+1}} \cap K_u),\ K_{u.1} = K_u \cap \Phi_1(A_{n_1 \ldots n_{p+1}} \cap K_u)$$

La vérification des hypothèses de récurrence est immédiate. Posons enfin, pour toute suite dyadique infinie K_θ

$$K_\theta = \bigcap_p (B_{n_1 \ldots n_p} \cap K_{\theta|p})$$

Les K_θ sont bien disjoints, et appartiennent à $\underline{\underline{E}}_\delta$. Comme $A_{n_1 \ldots n_p} \subset B_{n_1 \ldots n_p}$, K_θ est l'intersection d'une suite décroissante d'éléments de $\underline{\underline{E}} \cap \underline{\underline{C}}$. Comme $\bigcap_n B_{n_1 \ldots n_p} \subset A$, on a $K_\theta \subset A$. Enfin, soit $B = \bigcup_\theta K_\theta$; désignons par Θ_p l'ensemble des suites dyadiques finies de longueur p . Comme les K_u , $u \in \Theta_p$, sont disjoints, on vérifie aussitôt que

$$B = \bigcap_p \bigcup_{u \in \Theta_p} B_{n_1 \ldots n_p} \cap K_u$$

et B appartient bien à $\underline{\underline{E}}_\delta$.

5. ENSEMBLES COANALYTIQUES NON SÉPARABLES

La théorie de l'indice nous a fourni un exemple naturel d'ensemble coanalytique non analytique. Nous allons montrer maintenant comment elle permet de construire deux ensembles coanalytiques disjoints, non séparables par des boréliens disjoints.

THEOREME 8. Dans le compact $I = \underline{\underline{T}} \times \underline{\underline{T}}$, les ensembles coanalytiques disjoints

(17) $H_1 = \{(S,T) : j(S) < j(T)\}$, $H_2 = \{(S,T) : j(S) > j(T)\}$ (cf. lemme 7)

ne sont pas séparables par des boréliens disjoints.

DEMONSTRATION. Nous allons supposer qu'il existe un borélien H contenant H_1 et disjoint de H_2 , et en déduire une contradiction.

Soit $\overline{\Omega}$ le compact $\overline{\mathbb{N}}^{\mathbb{N}}$. Montrons que tout borélien de $\overline{\Omega}$ est image réciproque de H par une application continue f de $\overline{\Omega}$ dans $I = \underline{\underline{T}} \times \underline{\underline{T}}$. En effet, soit D borélien dans $\overline{\Omega}$. $\overline{\Omega}$ est éparpillé, donc D^c est analytique par rapport au pavage $\underline{\underline{E}}$ formé par les ouverts fermés de $\overline{\Omega}$, et il existe une application $\underline{\underline{E}}$-s.c.s. - donc continue - $x \mapsto S_x$ de $\overline{\Omega}$ dans $\underline{\underline{T}}$ telle que $D^c = \{x : S_x \in \mathcal{P}\}$. D'après le th. 3, $j(S_x)$ est borné sur D par un ordinal dénombrable α . Soit T un temps d'arrêt d'indice $\alpha+1$, et soit $f(x) = (S_x, T) \in I$. La coupe $\{ S : (S,T) \in H\}$ contenant tous les temps d'arrêt d'indice $\leqq\alpha$, et n'en contenant aucun d'indice $>\alpha+1$ (en particulier, aucun élément de ρ), on a $D=f^{-1}(H)$. Il peut être intéressant de noter ici qu'on n'utilise pas le fait que H est disjoint de H_2 , mais seulement de $\rho\times\rho^c\subset H_2$.

Pour qui connaît la théorie des classes de Baire , le théorème est établi : tout borélien de $\overline{\Omega}$ a une classe au plus égale à celle de H, ce qui est absurde. Pour la commodité du lecteur, nous allons traduire dans notre langage actuel l'argument d'"ensembles universels" qui est, en fait, la substance du raisonnement par les classes de Baire.

Nous remarquons que l'espace métrisable compact éparpillé I est homéomorphe à un fermé de l'ensemble de Cantor $\{0,1\}^{\mathbb{N}}$, donc de $\overline{\Omega}$. Considérons donc H comme sous-ensemble (borélien) de $\overline{\Omega}$. Notons aussi $\underline{\underline{C}}$ l'espace polonais des applications continues de $\overline{\Omega}$ dans $\overline{\Omega}$, muni de la topologie de la convergence uniforme (pour une métrique convenable sur $\overline{\Omega}$). L'application $(f,x)\mapsto f(x)$ de $\underline{\underline{C}}\times\overline{\Omega}$ dans $\overline{\Omega}$ étant continue, H étant borélien dans $\overline{\Omega}$, l'ensemble $L=\{(f,x)\in\underline{\underline{C}}\times\overline{\Omega} : f(x)\in H\}$ est borélien. La coupe de L par f étant $f^{-1}(H)$, tous les boréliens de $\overline{\Omega}$ figurent parmi les coupes de L par les $f\in\underline{\underline{C}}$. Comme $\underline{\underline{C}}$ est polonais, il est classique qu'il existe une application borélienne de Ω - donc de $\overline{\Omega}$ - sur $\underline{\underline{C}}$. Désignant par g une telle surjection de $\overline{\Omega}$, soit pour $(u,v)\in\overline{\Omega}\times\overline{\Omega}$ $m(u,v) = I_L(g(u),v)$; c'est une indicatrice borélienne, et toutes les indicatrices d'ensembles boréliens de $\overline{\Omega}$ figurent parmi les fonctions $m(u,.)$. Or ceci est absurde : l'indicatrice $1-m(v,v)$ est borélienne, et il n'existe aucun u tel que $1-m(v,v)\equiv m(u,v)$.

REMARQUE. Pour qui connaît la classification de Baire, le raisonnement précédent a une autre conséquence : tout borélien de $\overline{\Omega}$ étant image réciproque de l'un des ensembles $U_\alpha = \{S : j(S)<\alpha\}$ par une application continue, les U_α ont des ordres arbitrairement élevés dans la hiérarchie de Baire. Il serait intéressant d'étudier directement la classe de Baire de U_α.

BIBLIOGRAPHIE (voir aussi l'exposé précédent)

[1]. D. BLACKWELL. Infinite games and analytic sets. Proc. Nat. Acad. Sc. 58, 1967, p. 1836-1837.

[2]. G.CHOQUET. Forme abstraite du théorème de capacitabilité. Ann. Inst. Fourier,Grenoble , 9, 1959, p.83-89.

[3]. C.DELLACHERIE. Capacités et processus stochastiques. Ergebn. der Math. n°67, Springer 1972.

[4]. H.ROGERS. Theory of recursive functions and effective computability. Mc Graw Hill 1967.

[5]. J.R. SHOENFIELD. Mathematical logic. Addison-Wesley 1967.

JEUX INFINIS AVEC INFORMATION COMPLETE ET TEMPS D'ARRET [1]

par C. Dellacherie

Cet exposé est postérieur à l'exposé "Ensembles analytiques et temps d'arrêt" de Meyer et moi de ce volume, exposé que nous désignerons par [*] dans toute la suite. Il en est aussi, en quelque sorte, la continuation logique, mais il en est suffisamment indépendant pour être abordé sans avoir pris connaissance de [*]. Par ailleurs, on retrouvera des résultats de [*] comme cas particuliers de ceux établis ici.

Les jeux dont il s'agit ici sont ceux introduits par Gale et Stewart dans [5]. Nous nous contenterons d'examiner ici les jeux "canoniques" qui peuvent être brièvement décrits de la manière suivante . On se donne deux joueurs I et II et une partition de $\mathbb{N}^{\mathbb{N}}$ en deux ensembles J(I) et J(II). Le jeu se joue ainsi : I choisit un entier n(1), puis II choisit un entier n(2), puis I choisit un entier n(3), puis II choisit un entier n(4) ... A la "fin" (I et II choisissent chacun leur tour un entier une infinité de fois), I et II ont construit une suite infinie d'entiers ω et on dit que I (resp II) a gagné si ω appartient à J(I) (resp J(II)). On dit que le jeu, défini par J(I) et J(II) est déterminé si l'un des deux joueurs a une stratégie qui lui permet de gagner quelle que soit la défense de son adversaire (tout le monde voit ce qu'est intuitivement une stratégie ; nous donnerons des définitions précises plus loin). Le problème auquel nous nous intéressons ici est de savoir si un jeu donné est déterminé. Gale et Stewart [5] ont établi que le jeu est déterminé si J(I) est ouvert ou fermé, $\mathbb{N}$ étant muni de la topologie discrète et $\mathbb{N}^{\mathbb{N}}$ de la topologie produit. Nous donnerons plus loin une liste des résultats connus en ce qui concerne la détermination des jeux. Mais, disons tout de suite qu'un des grands problèmes ouverts est de savoir si le jeu est déterminé lorsque J(I) est un borélien quelconque.

Blackwell [1] a montré que le théorème de Gale et Stewart entraîne facilement le deuxième théorème de séparation des ensembles analytiques. C'est alors que la théorie des jeux infinis, que Steinhaus et Mycielski [9] avait déjà popularisée

---

1 je tiens à remercier le logicien Makkai, de l'Université de Montréal, qui m'a initié à ces jeux et fourni les éléments bibliographiques de 1953 à 1972.

parmi les logiciens, a commencé à les intéresser prodigieusement. Grossièrement parlant, le théorème de Gale et Stewart permet de faire une théorie de l'indice pour les ensembles analytiques (théorie à laquelle est consacrée une grande partie de [*]) et les logiciens (notamment D. Martin, Addison et Moschovakis) ont montré – si j'y ai compris quelquechose, étant donnée mon ignorance en logique – que l'hypothèse que certains jeux appartenant à certaines classes d'ensembles projectifs[1] soient déterminés entraine l'existence d'une théorie de l'indice pour d'autres classes d'ensembles projectifs, se situant dans un niveau plus élevé que les ensembles analytiques dans la hiérarchie des ensembles projectifs : d'où, des théorèmes de séparation, réduction, uniformisation ...

Notre but ici est bien plus modeste. Nous allons montrer d'une part que le langage des temps d'arrêt permet de donner une forme très suggestive au problème de la détermination des jeux boréliens et d'autre part qu'une théorie de l'indice bien choisie permet de démontrer le théorème de Gale et Stewart. Cette théorie de l'indice, qui reprend des idées de [*], est aussi écrite dans le langage des temps d'arrêt.

I. PRELIMINAIRES

Notations

Nous indiquons ici, en style télégraphique, les notations adoptées en ce qui concerne les suites finies ou infinies d'entiers, afin que le lecteur puisse s'y reporter facilement au gré des besoins.

1 $\mathbb{N} = \{1,2,\ldots\}$ ne contient pas 0. Si, pour certains indices parcourant les entiers, la valeur 0 est permise, cela sera indiqué expréssément.

$S_0 = \{\phi\}$ ensemble ayant pour unique élément la suite vide ϕ, de longueur 0

$S_n = \mathbb{N}^n$ ensemble des suites finies d'entiers de longueur n

$S = \Sigma S_n$ ensemble des suites finies d'entiers, ϕ comprise

s ou t = élément générique de S, sauf mention du contraire

$\Omega = \mathbb{N}^{\mathbb{N}}$ ensemble des suites infinies d'entiers, muni de la topologie habituelle

ω ou w = élément générique de Ω, sauf mention du contraire

$|s|$ = longueur de la suite s

$s(n)$ ou $\omega(n)$ = n-ième terme de la suite s ou ω

$s|n$ ou $\omega|n$ = restriction de s (si $|s| \geqq n$) ou ω à $\{1,\ldots,n\}$; on pose $s|0 = \omega|0 = \phi$

$s \dashv t$ ou $s \dashv \omega$ si et seulement si $s = t|n$ ou $s = \omega|n$ avec $n = |s|$

$s.t$ ou $s.\omega$ = suite obtenue en "ajoutant" t ou ω "à la droite" de s

---

1 Que le lecteur qui ne connait rien aux ensembles projectifs ne soit pas effrayé ! nous ne sommes guère mieux loti que lui. Disons, pour fixer les idées, que les sous-ensembles projectifs de $\mathbb{N}^{\mathbb{N}}$ sont les éléments de la plus petite classe de parties de $\mathbb{N}^{\mathbb{N}}$ contenant les ouverts et stable pour le passage au complémentaire et pour les images directes par les applications continues de $\mathbb{N}^{\mathbb{N}}$ dans $\mathbb{N}^{\mathbb{N}}$.

Temps d'arrêt

2 DEFINITION. Une application T de Ω^d dans $\{0\}\cup\mathbb{N}\cup\{\infty\}$ est un temps d'arrêt (à d variables) si elle satisfait à la propriété suivante : $\forall\omega_1\ldots\forall\omega_d$ $\forall w_1\ldots\forall w_d$ $\forall n \geq 0$

$$\omega_1|n = w_1|n \ \ldots\ \omega_d|n = w_d|n \text{ et } T(\omega_1,\ldots,\omega_d) > n \Rightarrow T(w_1,\ldots,w_d) > n$$

Un temps d'arrêt T est soit $\equiv 0$, soit partout > 0, et est toujours continu ("∞" étant le point de compactification habituel de $\mathbb{N}$) . Le temps d'arrêt T est dit prévisible si $(T-1)^+$ est un temps d'arrêt. Par conséquent, une application T de Ω^d dans $\mathbb{N}\cup\{\infty\}$ est un temps d'arrêt prévisible si et seulement si on a : $\forall\omega_1\ldots$ $\forall w_1\ldots$ $\forall n$ $\omega_1|n-1 = w_1|n-1 \ldots$ et $T(\omega_1,\ldots) > n \Rightarrow T(w_1,\ldots) > n$

3 Par la suite, nous aurons surtout affaire à des temps d'arrêt à une, deux ou trois variables pris individuellement et à l'ensemble des temps d'arrêt à une variable (appelés plus simplement temps d'arrêt ou t.d'a.). Nous rappelons ici quelques résultats sur l'ensemble $\underline{\underline{T}}$ des t.d'a. établis dans [*]. On munit $\underline{\underline{T}}$ de la topologie de la convergence simple sur Ω : $\underline{\underline{T}}$ est alors métrisable compact (cf lemme 1 de [*]) et l'application $(T,\omega) \to T(\omega)$ est continue sur $\underline{\underline{T}}\times\Omega$. On désigne par $\underline{\underline{P}}$ l'ensemble des t.d'a. T qui "ont un pôle" , i.e. pour lesquels existe un ω tel que $T(\omega) = \infty$. Comme $\underline{\underline{P}}$ est la projection sur $\underline{\underline{T}}$ de $\{(T,\omega) : T(\omega) = \infty\}$, qui est fermé dans $\underline{\underline{T}}\times\Omega$, $\underline{\underline{P}}$ est analytique dans Ω, et on peut montrer qu'il n'est pas borélien (cf théorème 2 de [*]; c'est, à mon avis, l'exemple le plus simple d'analytique non borélien). Le complémentaire $\underline{\underline{P}}^c$ de $\underline{\underline{P}}$ est l'ensemble des temps d'arrêt finis : il est coanalytique, non borélien.

Stratégies

4 DEFINITION. On appelle stratégie (ou codage, ou pliage) une application f de S dans S vérifiant les propriétés suivantes

a) $\forall s$ $|f(s)| = |s|$

b) $s \dashv t \Rightarrow f(s) \dashv f(t)$

La stratégie f est dite prévisible si elle vérifie de plus la propriété

c) $s,t \in S_n$ et $s|n-1 = t|n-1 \Rightarrow f(s) = f(t)$

Les lettres f et g désigneront toujours une stratégie. Si f est prévisible, nous désignerons par $\underline{f}$ l'application de S dans S définie de la manière suivante : si s appartient à S_{n-1}, $\underline{f}(s)$ est l'élément de S_n tel que l'on ait $f(t) = \underline{f}(s)$ pour tout $t \in S_n$ tel que $s \dashv t$. Elle vérifie les propriétés

a') $\forall s$ $|\underline{f}(s)| = |s|+1$

b') $s \dashv t \Rightarrow \underline{f}(s) \dashv \underline{f}(t)$

Réciproquement, il est clair qu'une application $\underline{f}$ de S dans S vérifiant ces propriétés provient d'une unique stratégie prévisible f.

5 Une stratégie f définit une application, notée encore f, de Ω dans Ω de la manière suivante : $f(\omega)$ est l'unique w tel que $f(\omega|0) \dashv f(\omega|1) \dashv \ldots \dashv f(\omega|n) \dashv \ldots \dashv w$, ou encore tel que $w|n = f(\omega|n)$ pour tout n. Il est facile de voir que, si f est une

stratégie et T un t.d'a., alors $T \circ f$ est un t.d'a., prévisible si f est prévisible. Réciproquement,[1] on vérifie sans peine qu'une fonction h de Ω dans Ω telle que $T \circ h$ soit un t.d'a. (prévisible) pour tout t.d'a. T est l'extension à Ω d'une stratégie (prévisible) unique.

II. JEUX INFINIS

Définitions

Nous allons d'abord introduire les jeux sous la forme que nous utiliserons par la suite. Nous retrouverons au n°11 la définition de l'introduction.

6 On se donne un sous-ensemble J de $\Omega \times \Omega$: J est un _jeu_. Une _partie jouée_ (nous ajouterons toujours "jouée" pour ne pas confondre avec un sous-ensemble) est un point (ω, w) de $\Omega \times \Omega$. On dit que le _joueur_ I (resp II) _a gagné la partie jouée_ si (ω, w) appartient à J (resp J^c). D'une manière plus imagée, I et II choisissent au n-ième coup de la partie un entier, $\omega(n)$ pour I et $w(n)$ pour II ; J (resp J^c) est l'ensemble des parties jouées gagnées par I (resp II). Nous avons décrit ici une partie jouée, ce qui n'a pas grand intérêt. Ce qui est intéressant, c'est de voir jouer une partie, et, en particulier de voir si I ou II peut choisir judicieusement son entier à chaque coup pour gagner "à la fin". Bien entendu, au n-ième coup, les joueurs I et II n'ont pour information que la connaissance de J (ils ont lu la règle) et des coups précédemment joués; on convient aussi que le joueur I joue avant le joueur II. D'où

7 DEFINITION. _On appelle_ partie jouée lorsque I adopte la stratégie _prévisible_ f et II la stratégie g _l'unique point_ (ω, w) _de_ $\Omega \times \Omega$ _satisfaisant à_

$$\omega = f(w) \qquad\qquad w = g(\omega)$$

Ce couple (ω, w) _sera désigné par_ $[f,g]$.

On peut donner la forme explicite de ce couple en regardant jouer I et II, le caractère prévisible de f traduisant le fait que I joue avant II. Au début I, ne connaissant que ϕ, décide de former $s_1 = \underline{f}(\phi)$ et II lui répond en formant $t_1 = g(s_1)$; puis I forme $s_2 = \underline{f}(t_1) \vdash s_1$ et II forme $t_2 = g(s_2) \vdash t_1$ ... Finalement I construit des suites $s_n \in S_n$ et II des suite $t_n \in S_n$ telles que $s_1 \dashv s_2 \dashv \ldots$ et $t_1 \dashv t_2 \dashv \ldots$ et $[f,g]$ est l'unique partie jouée (ω, w) telle que $s_n = \omega|n$ et $t_n = w|n$ pour tout n.

8 Identifions chaque ω à l'application constante de Ω dans lui-même valant ω. On associe alors à chaque ω la stratégie prévisible h_ω telle que $h_\omega(s) = \omega|n$ pour tout $s \in S_n$. Il est clair que l'on a $[h_\omega, g] = (\omega, g(\omega))$ pour toute stratégie g et de même $[f, h_w] = (f(w), w)$ pour toute stratégie prévisible f. En particulier, on a $[h_\omega, h_w] = (\omega, w)$ pour tout ω et tout w. Aussi désignerons nous la stratégie h_ω tout simplement par ω, pour tout ω.

9 On dit que I _a une stratégie gagnante_ f si f est prévisible et si $[f,g]$ appartient à J pour toute stratégie g, et que II _a une stratégie gagnante_ g si $[f,g]$ appartient

1 Ce résultat ne sera pas utilisé.

à J^c pour toute stratégie prévisible f.

PROPOSITION. a) *Une stratégie prévisible* f *est gagnante pour* I *si et seulement si* $(f(w),w)$ *appartient à* J *pour tout* w.

b) *Une stratégie* g *est gagnante pour* II *si et seulement si* $(\omega,g(\omega))$ *appartient à* J^c *pour tout* ω.

DEMONSTRATION. C'est à peu près trivial. Démontrons par exemple a). La condition est évidemment nécessaire. Réciproquement, donnons nous g ; alors $[f,g] = (\omega,w)$ avec $\omega = f(w)$ et donc $[f,g]$ appartient à J.

10 On dit que I (resp II) *part gagnant* si I (resp II) a une stratégie gagnante. On a donc, d'après la proposition précédente,

$$\text{I part gagnant} \iff \exists f \text{ prévisible } \forall w \ (f(w),w) \in J$$

$$\text{II part gagnant} \iff \exists g \text{ quelconque } \forall \omega \ (\omega,g(\omega)) \in J^c$$

I et II n'ont pas tout à fait un rôle symétrique pour deux raisons : d'abord J n'est pas en général symétrique par rapport à la diagonale de $\Omega \times \Omega$; ensuite I joue toujours avant II. On pourrait éviter cette seconde raison en prenant pour définition

$$\text{I part presque gagnant} \iff \exists f \text{ quelconque } \forall w \ (f(w),w) \in J$$

$$\text{II part presque gagnant} \iff \exists g \text{ quelconque } \forall \omega \ (\omega,g(\omega)) \in J^c$$

Mais alors, on a deux inconvénients : on ne peut pas définir le crochet $[f,g]$ pour deux stratégies quelconques, et I et II peuvent partir presque gagnants à la fois. C'est pourquoi nous adopterons la première définition comme objet principal d'étude, mais il nous arrivera de parler la seconde en remarque.

11 La méthode indiquée en introduction pour définir un jeu est sans doute plus naturelle. On se donne alors un sous-ensemble J^* de Ω (le jeu) et I et II choisissent alternativement les entiers u(1), u(2), ... ; I (resp II) a gagné si la suite infinie u définie ainsi appartient à J^* (resp J^{*c}). Il n'est pas difficile de ramener un jeu de ce type à un du type du n°6, et vice versa, à l'aide de l'homéomorphisme $(\omega,w) \to \omega * w$ de $\Omega \times \Omega$ dans Ω défini par $(\omega * w)(2n-1) = \omega(n)$ et $(\omega * w)(2n) = w(n)$. On notera, au passage, que si T est un t.d'a., alors $(\omega,w) \to T(\omega * w)$ est un temps d'arrêt à deux variables (il y a là-dessous une notion de stratégie à plusieurs variables). Il n'est pas bien difficile non plus de définir les stratégies, les stratégies gagnantes etc directement pour ce type de jeu. Mais, à notre avis, ces notions sont plus claires dans la première présentation. En particulier, il est bien agréable de pouvoir définir le crochet $[f,g]$ par les deux équations simples $\omega = f(w)$ et $w = g(\omega)$.

12 Le jeu J est dit *déterminé* si I ou II part gagnant (le "ou" est évidemment exclusif). Désignons par F l'ensemble des stratégies prévisibles et par G l'ensemble de toutes les stratégies. Comme on a

$$\text{I part gagnant} \iff \exists f \in F \ \forall g \in G \ [f,g] \in J$$

$$\text{II ne part pas gagnant} \iff \forall g \in G \ \exists f \in F \ [f,g] \in J$$

on voit que dire qu'un jeu est déterminé, c'est dire qu'on peut permuter un $\exists$ avec un $\forall$, ou encore, c'est dire qu'un théorème de "minimax" est vérifié (en l'occurrence, c'est celui de Von Neumann pour un jeu infini. Voir Gale et Stewart [5]). Il est assez facile d'exhiber, à l'aide de l'axiome de choix, un jeu qui ne soit pas déterminé (le premier exemple est dû à Gale et Stewart). En voici un, essentiellement dû à Aanderaa (cf Fenstad [3]), qui repose "seulement" sur l'existence d'un ultrafiltre non trivial $\underline{\underline{U}}$ sur $\mathbb{N}$. Définissons, pour tout entier k, un t.d'a. T_k par $T_k(u) = \inf\{n : u(1)+u(2)+\ldots+u(n) > k\}$ et, pour tout $(\omega,w) \in \Omega \times \Omega$, posons

$$U(\omega,w) = \{k : T_k(\omega * w) \text{ est impair}\}$$

Le jeu J de Aanderaa est alors donné par $J = \{(\omega,w) : U(\omega,w) \in \underline{\underline{U}}\}$ où $\underline{\underline{U}}$ est un ultrafiltre non trivial sur $\mathbb{N}$. Démontrons, par exemple, que II ne part pas gagnant (le jeu étant essentiellement symétrique, on aurait une démonstration analogue pour I). Soit $h(\omega,w) = (\omega',w')$ l'application de $\Omega \times \Omega$ dans lui-même définie par : $\omega'(1) = \omega(1)+w(1)$, $\omega'(n) = w(n)$ pour $n > 1$; $w'(n) = \omega(n+1)$ pour tout n. On a évidemment $T_k(\omega',w') = (T_k(\omega,w) - 1) \vee 1$ pour tout k, et donc $(\omega,w) \in J$ si et seulement si $(\omega',w') \in J^c$ puisque $\underline{\underline{U}}$ est un ultrafiltre non trivial. Par ailleurs, il est facile de voir que, pour une stratégie g fixée, il existe ω et ω° tels que l'on ait $(\omega^\circ, g(\omega^\circ)) = h(\omega, g(\omega))$, et donc g ne peut être gagnante.

13 Comme I et II ne jouent pas tout à fait des rôles symétriques, il peut arriver qu'un jeu J soit déterminé alors que le jeu J^c ne l'est pas (cf Gale et Stewart [5]). Cela ne nous arrivera pas par la suite pour les raisons que nous allons exposées maintenant. Soient $\underline{\underline{X}}$ une classe de parties de $\Omega \times \Omega$ et $\underline{\underline{X}}' = \{A : A^c \in \underline{\underline{X}}\}$. Supposons $\underline{\underline{X}}$ et $\underline{\underline{X}}'$ stables pour la symétrie par rapport à la diagonale de $\Omega \times \Omega$ et pour les images réciproques par les applications de la forme $(\omega,w) \to (s.\omega, t.w)$ (par exemple, $\underline{\underline{X}}$ est une classe de Baire, ou une classe projective). Alors, si tout jeu appartenant à $\underline{\underline{X}}$ est déterminé, tout jeu appartenant à $\underline{\underline{X}}'$ l'est aussi. Vérifions cela. Posons, pour tout n

$$J_n = \{(\omega,w) : (n.\omega,w) \in J\}$$

où l'on a identifié n à la suite de longueur 1 valant n. D'après les hypothèses faites, le symétrique de J_n^c par rapport à la diagonale appartient à $\underline{\underline{X}}$ et est donc un jeu déterminé pour tout n. On est alors dans l'un des deux cas exclusifs suivants

$$\text{ou} \quad \exists n \quad \exists f_n \in G \quad \forall w \quad (f_n(w),w) \in J_n \quad (1)$$

$$\text{ou} \quad \forall n \quad \exists g_n \in F \quad \forall \omega \quad (\omega, g_n(\omega)) \in J_n^c \quad (2)$$

On rappelle que F désigne l'ensemble des stratégies prévisibles et G celui de toutes les stratégies. Si on est dans le cas (1), on choisit un n et une f_n vérifiant les conditions indiquées, et I part gagnant dans le jeu J avec la stratégie prévisible f définie par $\qquad \forall s \quad \underline{f}(s) = n.f_n(s)$

Si on est dans le cas (2), on choisit pour tout n une g_n vérifiant les conditions indiquées, et II part gagnant dans le jeu J avec la stratégie g définie par

$$\forall n \quad \forall t \quad g(n.t) = \underline{g}_n(t)$$

Un coup d'oeil sur les résultats connus

14 On dit qu'un jeu J est ouvert, fermé, $\mathbf{G}_\delta$, ... , borélien, ... si J est un sous-ensemble ouvert, fermé, $\mathbf{G}_\delta$, ... , borélien, ... de $\Omega\times\Omega$. En ce qui concerne la détermination de ces jeux, on a les résultats suivants :

1) Tout jeu ouvert ou fermé est déterminé (Gale et Stewart [5], théorie des jeux, 1953) [la mention "théorie des jeux" indique les techniques utilisées]

2) Tout jeu $\mathbf{G}_\delta$ ou $\mathbf{F}_\sigma$ est déterminé (Wolfe [11], théorie des jeux, 1955)

3) Tout jeu $\mathbf{G}_{\delta\sigma}$ ou $\mathbf{F}_{\sigma\delta}$ est déterminé (Morton Davis [2], théorie des jeux, 1964)

4) Tout jeu $\mathbf{G}_{\delta\sigma\delta}$ ou $\mathbf{F}_{\sigma\delta\sigma}$ est déterminé (Paris [10], logique, 1972)

5) On ne sait pas si tout jeu borélien est déterminé, mais Friedman [4], 1971, a prouvé qu'on ne pouvait démontrer la détermination des jeux $\mathbf{G}_{\delta\sigma\delta\sigma}$ ou $\mathbf{F}_{\sigma\delta\sigma\delta}$ sans sortir de "l'analyse" (i.e., grossièrement parlant, sans faire intervenir des quantificateurs portant sur des variables décrivant l'ensemble des parties de Ω). Les démonstrations de 1), 2), 3) appartiennent à l'analyse; celle de 4) ne lui appartient pas, semble-t-il. L'article de Friedman m'est à peu près inaccessible, vues mes connaissances en logique, mais sa philosophie doit être quelquechose comme : il est possible qu'un jour on arrive à démontrer la détermination des jeux boréliens, mais la démonstration sera forcément très singulière et devra faire appel à toute la puissance des axiomes usuels de la théorie des ensembles (axiomatique de Zermelo-Fraenkel; en abrégé, ZF, et ZFC avec l'axiome de choix).

6) On ne peut pas démontrer dans ZFC que tout jeu analytique est déterminé (remarque de Mycielski [9], 1964, à partir d'un résultat de Morton Davis [2] et d'un théorème de Goedel-Novikov)

7) Si on suppose l'existence de "grands cardinaux" (par exemple, de cardinaux mesurables de Ulam), on peut montrer que tout jeu analytique ou coanalytique est déterminé (Donald Martin [6], 1970). Inversement, la détermination de certains jeux projectifs entraine l'existence d'un modèle de ZFC dans lequel existent des cardinaux mesurables (Solovay, cité dans Moschovakis [7]).

8) L'axiome "tout jeu est déterminé" a été proposé par Steinhaus et étudié par Mycielski [9], 1964. Il est incompatible avec l'axiome de choix (cf n°12), mais il entraine l'axiome de "choix dépendant" et des tas de résultats mirifiques : toutes les parties de $\mathbb{R}$ sont universellement mesurables et ont la propriété de Baire, etc. Un coup d'oeil (la seule chose à ma portée !) sur les travaux actuels des logiciens semble indiquer que le bon axiome serait "tout jeu projectif est déterminé" (en abrégé, PD) (cf Moschovakis [7], 1973 et [8], 1974). On ne sait pas si PD est compatible avec ZFC. Il n'est pas compatible avec l'axiome de constructibilité de Goedel, mais il donne des résultats plus "normaux" que ce dernier : les ensembles projectifs sont universellement mesurables, et même capacitables pour toute capacité alternée d'ordre ∞ de Choquet; dans la hiérarchie des projectifs, on obtient des théorèmes de séparation, réduction, uniformisation avec une alternance reproduisant celle dans les premiers niveaux de la hiérarchie, pour lesquels ZFC est suffisant.

Jeux analytiques

Nous allons montrer ici que le langage des temps d'arrêt permet de présenter d'une manière suggestive le problème de la détermination d'un jeu analytique.

15 Soient $s_1, s_2, \ldots, s_d$ d suites finies de même longueur. On appelle ilot d'indice $s_1, s_2, \ldots, s_d$ le sous-ensemble $\{(\omega_1, \omega_2, \ldots, \omega_d) : s_1 \dashv \omega_1,\ s_2 \dashv \omega_2, \ldots,\ s_d \dashv \omega_d\}$ de Ω^d. Les ilôts sont ouverts et fermés et forment une base dénombrable de la topologie de Ω^d.

LEMME. Soit H un fermé de Ω^d. Il existe un temps d'arrêt T à d variables tel que

$$H = \{(\omega_1, \ldots, \omega_d) : T(\omega_1, \ldots, \omega_d) = \infty\}$$

DEMONSTRATION. L'ensemble H^c est la réunion d'une suite d'ilôts (I_k). Pour chaque ilot I_k, définissons un temps d'arrêt T_k à d variables en posant

$$T_k(\omega_1, \ldots, \omega_d) = \inf \{n : w_1|n = \omega_1|n, \ldots, w_d|n = \omega_d|n \Rightarrow (w_1, \ldots, w_d) \in I_k\}$$

où, comme d'habitude, on a posé $\inf \emptyset = \infty$. Il est clair que T_k vaut ∞ sur I_k^c et est fini, constant, sur I_k. Le temps d'arrêt $T = \inf_k T_k$ satisfait alors à la condition de l'énoncé.

16 Donnons nous maintenant un jeu analytique J, i.e. une partie analytique J de $\Omega \times \Omega$. Il existe alors un fermé H de $(\Omega \times \Omega) \times \Omega$ tel que J soit la projection de H sur $\Omega \times \Omega$. D'après le lemme, il existe donc un temps d'arrêt à trois variables $T(\omega, w, u)$ tel que

$$(\omega, w) \in J \iff \exists u\ \ T(\omega, w, u) = \infty$$

Maintenant, J et T étant fixés, on peut considérer que T est une application de $\Omega \times \Omega$ dans l'ensemble $\underline{\underline{T}}$ des t.d'a. (à une variable), à savoir l'application

$$(\omega, w) \to (\ u \to T(\omega, w, u)\ )$$

application que nous noterons $T(.,.)$ ou $T_{.,.}$ suivant notre humeur. Et l'on a

$$(\omega, w) \in J \iff T_{\omega, w} \in \underline{\underline{P}}$$

où $\underline{\underline{P}}$ est l'ensemble des t.d'a. ayant un pôle (cf n°3). Le lecteur connaissant [*] remarquera que l'application $T(.,.)$ de $\Omega \times \Omega$ dans $\underline{\underline{T}}$ est continue et que l'équivalence logique ci-dessus n'est autre que l'écriture d'un schéma de Souslin – particulier – dans le langage des temps d'arrêt (cf [*] définition 3). En fin de compte, I (resp II) part gagnant dans le jeu J si et seulement s'il existe une stratégie f prévisible (resp g quelconque) telle que $T_{f(w), w}$ (resp $T_{\omega, g(\omega)}$) appartienne à $\underline{\underline{P}}$ (resp $\underline{\underline{P}}^c$) pour tout w (resp ω).

17 [Cet alinéa s'adresse au lecteur connaissant [*]]. Soit j(.) la fonction indice définie sur $\underline{\underline{T}}$. On a $j(T_{\omega, w}) = \underline{\Omega}$ (premier ordinal non dénombrable) si et seulement si (ω, w) appartient à J. Que gagne-t-on si J est borélien ? Eh bien, alors, l'image de J^c par $T(.,.)$ est analytique dans $\underline{\underline{T}}$, contenue dans $\underline{\underline{P}}^c$. Il existe donc, d'après le théorème 3 de [*], un ordinal dénombrable ε tel que l'on ait $j(T_{\omega, w}) \leq \varepsilon$ si et seulement si (ω, w) appartient à J^c. L'application $j(T(.,.))$ est alors à valeurs dans $[0, \varepsilon] \cup \{\underline{\Omega}\}$, et, en particulier, ne prend au plus qu'une infinité dénombrable de valeurs. C'est, à notre avis, par le biais de cette application $j(T(.,.))$ qu'on

peut espérer attaquer le problème des jeux boréliens dans le langage des temps d'arrêt, peut-être en arrivant à définir une notion de temps d'arrêt à deux variables à valeurs dans les ordinaux. Si J est fermé, on peut choisir T de sorte qu'il ne dépende pas de u. L'application $T(.,.)$ est alors à valeurs dans les t.d'a. constants, et, si la fonction $j(.)$ est choisie judicieusement, on a $j(T_{\omega,w}) = T_{\omega,w}$ en identifiant l'application constante $T_{\omega,w}$ avec sa valeur et ∞ avec $\underline{\Omega}$. C'est ce cas particulier que nous allons étudier maintenant.

III. LE THEOREME DE GALE ET STEWART

Nous allons démontrer ici que tout jeu fermé J est déterminé. D'après 15, il existe un temps d'arrêt à deux variables $T(\omega,w)$ tel que $J = \{(\omega,w) : T(\omega,w) = \infty\}$. Nous devons donc montrer, qu'étant donné un temps d'arrêt à deux variables T, soit il existe une stratégie prévisible f telle que $T(f(w),w) = \infty$ pour tout w, soit il existe une stratégie g telle que $T(\omega,g(\omega)) < \infty$ pour tout ω.

Nous ne regarderons plus désormais que le temps d'arrêt $T(\omega,w)$ donné une fois pour toutes.

18 DEFINITION. <u>Soit</u> $U(\omega,w)$ <u>un temps d'arrêt à deux variables</u>. <u>On appelle</u> dérivé <u>de</u> U <u>le temps d'arrêt à deux variables</u> $U^*(\omega,w)$ <u>défini par</u>

- $U^*(\omega,w) > 0 \iff \exists\omega' \ \forall w' \ U(\omega',w') > 1$
- $U^*(\omega,w) > n \iff U^*(\omega,w) > n-1$ et $\exists\omega' \ \forall w' \ (\omega'|n = \omega|n)$ et $(w'|n = w|n \Rightarrow U(\omega',w') > n+1)$

<u>Autrement dit</u>, <u>on a</u>

$$U^*(\omega,w) = \inf\{k \geq 0 : \forall\omega' \ (\omega'|k = \omega|k) \Rightarrow (\exists w' \ w'|k = w|k \text{ et } U(\omega',w') \leq k+1)\}$$

<u>où</u>, <u>comme d'habitude</u>, $\inf \emptyset = \infty$.

Il est clair que l'on a $U^* \leq U$, $(U+n)^* = U+n-1$, et $U^* \leq V^*$ si on a $U \leq V$.

19 La notion de dérivé nous permet de définir la suite transfinie des dérivés successifs du temps d'arrêt $T(\omega,w)$ de la manière suivante

- $T^0 = T$; $T^1 = T^*$
- $T^{\alpha+1} = (T^\alpha)^*$
- $T^\beta = \inf_{\alpha<\beta} T^\alpha$ si β est un ordinal limite

(on notera au passage que l'enveloppe supérieure ou inférieure d'une famille quelconque de temps d'arrêt est encore un temps d'arrêt)

La suite transfinie (T^α) est décroissante ; donc, pour tout n, les ensembles $\{(\omega,w) : T^\alpha(\omega,w) \geq n\}$ forment une suite transfinie décroissante de fermés de l'espace polonais $\Omega\times\Omega$. D'après un théorème bien connu[1], une telle suite est stationnaire à partir d'un certain ordinal dénombrable. On en conclut l'existence d'un plus petit ordinal dénombrable $i = i(T)$ tel que l'on ait $T^i = T^{i+1} = \dots$: $i(T)$ est appelé <u>l'indice de Hausdorff de</u> T. On associe à T un autre ordinal $j(T)$, appelé <u>l'indice</u>

1 On peut aussi établir directement - ce n'est pas bien difficile - que l'enveloppe inférieure (resp supérieure) d'une famille quelconque de temps d'arrêt est égale à celle d'une sous-famille dénombrable, et en déduire le théorème "bien connu".

de Sierpinski-Lusin de T, défini de la manière suivante : $j(T) = i(T)$ si $T^{i(T)} \equiv 0$ et $j(T) = \Omega$ sinon, où Ω désigne le premier ordinal non dénombrable. Autrement dit, si I désigne l'ensemble des ordinaux dénombrables, on a [1]

$$j(T) = \inf \{\alpha \in I : T^{\alpha} \equiv 0\} \quad \text{avec } \inf \emptyset = \Omega$$

20 THEOREME. Il existe une stratégie prévisible f telle que l'on ait $T(f(w),w) = \infty$ pour tout w si et seulement si l'indice de Sierpinski-Lusin $j(T)$ est égal à Ω.

DEMONSTRATION. Pour démontrer que la condition est nécessaire, il suffit de montrer que si f est une stratégie prévisible telle que $T(f(w),w) = \infty$ pour tout w, alors on a aussi $T^{\alpha}(f(w),w) = \infty$ pour tout w et tout ordinal α. Et, pour cela, il suffit de montrer que l'on a $T^*(f(w),w) = \infty$ pour tout w. Fixons w et raisonnons par récurrence. On a $T^*(f(w),w) > 0$ car on a $T(f(w),w') > 0$ pour tout w' : en effet, on a $T(f(w'),w') = \infty$, et, comme f est prévisible, on a $f(w)|1 = f(w')|1$ pour tout w' et donc $T(f(w),w') > 1$ pour tout w'. Supposons démontré que l'on a $T^*(f(w),w) > n-1$ et soit w' tel que $w'|n = w|n$. Alors $T(f(w),w')$ est $> n+1$ car $T(f(w'),w') = \infty$ et $f(w')|n+1 = f(w)|n+1$ puisque f est prévisible et donc on a $T^*(f(w),w) > n$. Il est alors clair que l'on a $T^*(f(w),w) = \infty$ pour tout w. Démontrons que la condition est suffisante. Soit $i(T)$ l'index d'Hausdorff de T et posons $U = T^{i(T)}$. Nous allons montrer, en utilisant le fait que $U = U^* > 0$, qu'il existe une stratégie prévisible f telle que $U(f(w),w) = \infty$ pour tout w ; comme on a $U \leq T$, on aura aussi $T(f(w),w) = \infty$ pour tout w. En fait, c'est $\underline{f}$ que nous allons définir. Comme $U^*(.,w) > 0$, il existe un ω_1 tel que $U(\omega_1,w') > 1$ pour tout w' : nous poserons $\underline{f}(\emptyset) = \omega_1|1$. Puisque $U = U^*$, on a $U^*(\omega_1,w) > 1$ et donc il existe un ω_2 avec $\omega_2|1 = \omega_1|1$ tel que $U(\omega_2,w') > 2$ pour tout w' tel que $w'|1 = w|1$: nous poserons $\underline{f}(w|1) = \omega_2|2$ etc Par récurrence, on construit ainsi une suite (ω_n) telle que $\omega_{n+1}|n = \omega_n|n$ et $U(\omega_n,w') > n$ pour tout w' tel que $w'|n-1 = w|n-1$. Il ne reste plus qu'à prendre pour $f(w)$ la suite infinie ω telle que $\omega|n = \omega_n|n$ pour tout n.

REMARQUES. a) Si T ne dépend pas de w, on peut considérer que T est un temps d'arrêt à une variable. La démonstration montre alors que $j(T) = \Omega$ si et seulement si T a un pôle et on retrouve la théorie de l'indice faite dans [*].

b) Supposons que, dans la définition 18, on remplace $\exists\omega'\ \forall w'$ par $\forall w'\ \exists\omega'$. On définit ainsi une notion de dérivé U' plus faible (on a $U^* \leq U' \leq U$) et U' est encore un temps d'arrêt. Si $j'(T)$ est l'indice de Sierpinski-Lusin de T pour cette notion de dérivé, il n'est pas difficile de voir qu'on a $j'(T) = \Omega$ si et seulement s'il existe une stratégie f, non nécessairement prévisible, telle que $T(f(w),w) = \infty$ pour tout w. C'est l'indice qui correspond à la notion de "presque" gagnant du n°10. Par ailleurs, U' a une interprétation en terme de "réduite". Pour w fixé, désignons par $U^{o}(.,w)$ le plus petit temps d'arrêt à une variable $\geq U(.,w) - 1$: alors U' est le plus grand temps d'arrêt à deux variables tel que $U'(.,w) \leq U^{o}(.,w)$ pour tout w.

1 Comme tout temps d'arrêt non $\equiv 0$ est ≥ 1, il est clair que $j(T)$, s'il n'est pas égal à Ω, est toujours un ordinal de première espèce.

21 Avant d'étudier le cas où l'indice $j(T)$ est un ordinal dénombrable, nous allons introduire une opération sur les temps d'arrêt qui interviendra dans cette étude. Si U est un temps d'arrêt à deux variables et si s et t sont deux suites finies de longueur n, nous poserons, pour tout (ω,w),

$$U_{s,t}(\omega,w) = [U(s.\omega,t.w)-n]^+$$

On vérifie aisément qu'on définit ainsi un temps d'arrêt à deux variables $U_{s,t}$, pour tout $s,t \in S_n$, et que l'on a, si u et v sont deux suites finies de même longueur, $(U_{s,t})_{u,v} = U_{s.u,t.v}$. Il n'est pas bien difficile non plus de voir que l'opération ainsi définie commute avec la dérivation : on a $(U_{s,t})^* = (U^*)_{s,t}$ et donc on a $(U_{s,t})^\alpha = (U^\alpha)_{s,t}$ pour tout ordinal α. D'où les notations $U^*_{s,t}$ et $U^\alpha_{s,t}$.

22 THEOREME. <u>Il existe une stratégie</u> g <u>telle que l'on ait</u> $T(\omega,g(\omega))<\infty$ <u>pour tout</u> ω <u>si et seulement si l'indice de Sierpinski-Lusin</u> $j(T)$ <u>est</u> $<\Omega$.

DEMONSTRATION. La condition est évidemment nécessaire d'après le théorème précédent. Nous allons démontrer qu'elle est suffisante en construisant une stratégie g par récurrence sur la longueur de la suite s. On doit évidemment poser $g(\phi) = \phi$. Supposons $g(s)$ construit pour tout $s \in S_n$ de sorte qu'on ait l'inégalité

$$j(T_{s,g(s)}) \leq j(T_{s|n-1,g(s|n-1)})$$

avec égalité possible seulement si les deux membres sont égaux à 0 (i.e. si le temps d'arrêt $T_{s|n-1,g(s|n-1)}$ est $\equiv 0$). Soit maintenant s' une suite de longueur $n+1$ et posons $s = s'|n$ et $p = s'(n+1)$; nous identifierons les entiers avec les suites de longueur 1. Si $T_{s,g(s)}$ est $\equiv 0$, on pose $g(s') = g(s).q$ où q est un entier quelconque ; si $T_{s,g(s)}$ n'est pas $\equiv 0$, son indice $j = j(T_{s,g(s)}) \leq j(T)$ est un ordinal de première espèce (cf note de la page précédente) qui a un prédécesseur $j-1$ et $T^{j-1}_{s,g(s)}$ est $\equiv 1$. Il existe donc un plus petit ordinal dénombrable $\alpha \leq j-1$ tel que l'on ait $\inf_w T^\alpha_{s,g(s)}(p.\omega,w) = 1$ pour tout ω, et il existe alors un entier q tel que l'on ait, pour tout (ω,w),

$$T^\alpha_{s,g(s)}(p.\omega,q.w) = 1$$

On pose alors $g(s') = g(s).q$. D'après l'inégalité précédente, on a $j(T_{s',g(s')}) \leq \alpha$ et donc $< j(T_{s,g(s)})$ et l'hypothèse de récurrence est vérifiée. On construit ainsi par récurrence une stratégie g et il reste à vérifier que l'on a $T(\omega,g(\omega))<\infty$ pour tout ω. Fixons ω et faisons décrire à s les $\omega|n$ quand n décrit les entiers. Alors l'indice $j(T_{s,g(s)})$ est strictement décroissant, jusqu'au moment où il atteint sa limite, et ceci quand on arrive au premier entier m tel que $j(T_{\omega|m,g(\omega|m)}) = 0$. Mais alors on a $T_{\omega|m,g(\omega|m)} \equiv 0$ et donc $T(\omega|m.\omega',g(\omega|m).w') = m$ pour tout (ω',w') : ainsi $T(\omega,g(\omega)) = m < \infty$.

On obtient, comme corollaire des deux théorèmes précédents, le théorème de Gale et Stewart, dans le langage des temps d'arrêt

23 THEOREME. <u>Soit</u> $T(\omega,w)$ <u>un temps d'arrêt à deux variables</u>. <u>Ou bien il existe une stratégie prévisible</u> f <u>telle que</u> $T(f(w),w)=\infty$ <u>pour tout</u> w ; <u>ou bien il existe une stratégie</u> g <u>telle que</u> $T(\omega,g(\omega))<\infty$ <u>pour tout</u> ω.

REMARQUE. Si on veut un résultat plus "symétrique", il faut utiliser l'indice j' défini au b) de la remarque du n°20 (auquel la démonstration du n°22 est applicable). Il existe alors f quelconque telle que ... si $j'(T)=\underline{\Omega}$ et g quelconque telle que ... si $j'(T)<\underline{\Omega}$, f et g pouvant exister simultanément si $j'(T)=\underline{\Omega}$. D'autre part, de l'existence de f ou g quelconques, pour tout temps d'arrêt, on déduit aisément l'existence de f prévisible ou g quelconque, ou encore de f quelconque ou g prévisible, pour tout temps d'arrêt, à l'aide d'un argument analogue à celui du n°13 : le temps d'arrêt T étant donné, on considère les temps d'arrêt U_n et V_n définis pour tout n par $U_n(\omega,w) = T(n.\omega,w)$ et $V_n(\omega,w) = T(\omega,n.w)$ pour tout (ω,w) etc

Intuitivement, l'indice j(T) mesure la difficulté que le joueur II a à "borner" le temps d'arrêt T en jouant contre I. Nous allons préciser cette idée, en termes de stratégies, dans les numéros qui suivent.

Nous allons d'abord regarder le cas particulier des temps d'arrêt à une variable, identifiés aux temps d'arrêt à deux variables ne dépendant pas de la seconde variable. On retrouve alors l'idée de Blackwell [1], dans le langage des temps d'arrêt, avec une démonstration très simple grâce à une opération élémentaire sur les temps d'arrêt bien connue des probabilistes. C'est aussi le lemme 6 de [*].

24 THEOREME. Soient U et V deux temps d'arrêt à une variable. Alors

(1) ou bien il existe une stratégie g telle que l'on ait $U \leqq V\circ g$, auquel cas on a $j(U) \leqq j(V)$

(2) ou bien il existe une stratégie f telle que l'on ait $V < U\circ f$, auquel cas on a $j(V) < j(U)$, et la stratégie f peut être choisie prévisible.

DEMONSTRATION. On est évidemment dans le cas (1), et pas dans le cas (2), si V n'est pas fini : on prend alors pour g une stratégie constante ω_o telle que $V(\omega_o)=\infty$. Supposons donc V fini et posons, pour tout (ω,w),

$$T(\omega,w) = U(\omega) \text{ si } U(\omega) \leqq V(w)$$
$$= +\infty \text{ si } U(\omega) > V(w)$$

On définit ainsi un temps d'arrêt à deux variables T, et, d'après 23, on est dans l'un des cas exclusifs suivant

(1) il existe g telle que $T(\omega,g(\omega))<\infty$, i.e. $U(\omega)\leqq V(g(\omega))$, pour tout ω

(2) il existe f prévisible telle que $T(f(w),w)=\infty$, i.e. $U(f(w))>V(w)$ pour tout w

Il ne reste plus qu'à vérifier les inégalités sur les indices. On vérifie d'abord que pour tout temps d'arrêt à une variable W et toute stratégie h, on a $(W\circ h)^* \leqq (W^*)\circ h$, et donc $j(W\circ h) \leqq j(W)$. D'où les inégalités sur les indices de U et V, compte tenu de l'implication $V<U\circ f \Rightarrow j(V)<\underline{\Omega}$ et $V+1\leqq U\circ f$.

Nous passons au cas général. L'énoncé sera un peu plus complexe : il fera intervenir des stratégies à deux variables ; la démonstration nettement plus complexe : il faudra en particulier réinvestir la démonstration de 22. Afin de ne pas trop compliquer la situation, nous laisserons tomber les problèmes de prévisibilité.

Voici la définition des stratégies à deux variables, que nous appellerons codages pour changer.

25 DEFINITION. Une application h de $\Omega\times\Omega$ dans Ω est un codage si elle satisfait à la condition suivante

$$\forall n\ \forall\omega\ \forall\omega'\ \forall w\ \forall w'\quad (\omega|n=\omega'|n \text{ et } w|n=w'|n) \Rightarrow h(\omega,w)|n = h(\omega',w')|n$$

Bien entendu, on peut aussi voir un codage h comme une application de $\bigcup_{n\geq 0}(S_n\times S_n)$ dans S telle que

a) $|h(s,t)| = |s| = |t|$

b) $s\dashv s'$ et $t\dashv t' \Rightarrow h(s,t)\dashv h(s',t')$ (si $|s|=|t|$ et $|s'|=|t'|$)

et c'est cette définition que nous adopterons dans les constructions de codage.

Nous nous contenterons d'esquisser la démonstration du lemme suivant

26 LEMME. Soient T un temps d'arrêt à deux variables et h un codage. Posons

$${}^hT(\omega,w) = T(h(\omega,w),w) \qquad T^h(\omega,w) = T(\omega,h(\omega,w))$$

pour tout (ω,w). Les fonctions ${}^hT$ et T^h ainsi définies sont des temps d'arrêt et on a

$$j({}^hT) \leqq j(T) \leqq j(T^h)$$

DEMONSTRATION. Il est clair que ${}^hT$ et T^h sont des temps d'arrêt à deux variables. Pour démontrer l'inégalité sur les indices, il suffit de montrer que l'on a $({}^hT)^* \leqq {}^h(T^*)$ et $(T^*)^h \leqq (T^h)^*$. Nous laissons les détails au lecteur : intuitivement le joueur I a réduit ses possibilités de jeu dans le jeu ${}^hT$; de même pour le joueur II dans le jeu T^h.

Nous donnons maintenant la généralisation de 24 , en deux énoncés, ce qui rendra les démonstrations plus claires, mais nous imposera des redites

27 THEOREME. Soient U et V deux temps d'arrêt à deux variables. On a $j(U) \leqq j(V)$ si et seulement s'il existe deux codages f et g tels que l'on ait $U^f \leqq {}^gV$, i.e.

$$U(\omega,f(\omega,w)) \leqq V(g(\omega,w),w)$$

pour tout (ω,w).

DEMONSTRATION. La condition est suffisante d'après le lemme précédent. Pour démontrer qu'elle est nécessaire, nous allons construire des codages f et g vérifiant la condition suivante

$$(\circ)\quad \forall n\geqq 0\ \forall s,t\in S_n \qquad j(U_{s,f(s,t)}) \leqq j(V_{g(s,t),t}) \qquad \text{(cf 21)}$$

Comme, pour tout $n\geq 0$, on a l'équivalence

$$U(\omega,f(\omega,w)) > n \iff j(U_{\omega|n,f(\omega,w)|n}) > 0$$

on aura bien $U(\omega,f(\omega,w)) \leqq V(g(\omega,w),w)$ pour tout (ω,w) si f et g vérifient $(\circ)$. Nous allons construire f et g par récurrence sur la longueur des suites s et t. On doit évidemment poser $f(\emptyset,\emptyset) = g(\emptyset,\emptyset) = \emptyset$. Supposons f et g construits pour tout $s,t\in S_n$ et soient $s',t'\in S_{n+1}$. Nous poserons

$$s=s'|n\ ,\ t=t'|n \qquad p=s'(n+1)\ ,\ q=t'(n+1)\ [1]$$

et nous identifierons les entiers aux suites finies de longueur 1.

[1] q ne joue pas de rôle explicite dans la construction ; voir la remarque suivant 28

a) Supposons que $j(V_{g(s,t),t}) = \underline{\Omega}$. Alors, d'après 20, il existe une stratégie prévisible h telle que l'on ait $V_{g(s,t),t}(h(w),w) = \infty$ pour tout w. Nous poserons alors $g(s',t') = g(s,t).\underline{h}(\phi)$, ce qui assure que l'on a encore $j(V_{g(s',t'),t'}) = \underline{\Omega}$. En effet, si h' est la stratégie prévisible définie par l'équation

$$\underline{h}(\phi).h'(u) = h(q.u) \text{ pour tout } u \in S$$

on a $V_{g(s',t'),t'}(h'(w),w) = \infty$ pour tout w et on conclut par 20. On peut alors poser, par exemple, $f(s',t') = f(s,t).1$. La condition (°) est alors vérifiée pour s' et t'.

b) Supposons que $j(V_{g(s,t),t}) < \underline{\Omega}$. On a alors aussi $j(U_{s,f(s,t)}) < \underline{\Omega}$.

b.1) si on a $j(U_{s,f(s,t)}) = 0$, on peut poser $f(s',t') = f(s,t).1$ et de même $g(s',t') = g(s,t).1$. La condition (°) est alors vérifiée pour s' et t'.

b.2) sinon, $j(U_{s,f(s,t)})$ est un ordinal de première espèce j_o ayant un prédécesseur $j_o - 1$. Il existe alors un plus petit ordinal dénombrable $\alpha \leqq j_o - 1$ tel que l'on ait

$$\inf_w U^{\alpha}_{s,f(s,t)}(p.\omega,w) = 1$$

pour tout ω , et un entier v tel que l'on ait

$$U^{\alpha}_{s,f(s,t)}(p.\omega,v.w) = 1$$

pour tout (ω,w). Nous poserons alors $f(s',t') = f(s,t).v$. L'indice j_1 de $U_{s',f(s',t')}$ est alors un ordinal de première espèce $\leqq \alpha$ et donc $< j_o$. Si $j_1 = 0$, nous poserons $g(s',t') = g(s,t).1$: (°) sera alors vérifiée pour s' et t'. Si j_1 n'est pas nul, il a un prédecesseur $j_1 - 1$. Comme on a $j_1 < j_o \leqq j(V_{g(s,t),t})$, le temps d'arrêt $V^{j_1}_{g(s,t),t}$ est > 0 : il existe donc un ω tel que l'on ait

$$V^{j_1 - 1}_{g(s,t),t}(\omega,w) > 1$$

pour tout w. Nous poserons alors $g(s',t') = g(s,t).\omega(1)$. L'indice de $V_{g(s',t'),t'}$ est alors $\geqq j_1$, qui est l'indice de $U_{s',f(s',t')}$: la condition (°) est vérifiée pour s' et t'.

28 THEOREME. <u>Soient</u> U <u>et</u> V <u>deux temps d'arrêt à deux variables</u>. <u>On a</u> $j(U) < j(V)$ <u>si et seulement s'il existe deux codages</u> f <u>et</u> g <u>tels que l'on ait</u> $U^f < {}^gV$, <u>i.e.</u>

$$U(\omega,f(\omega,w)) < V(g(\omega,w),w)$$

<u>pour tout</u> (ω,w).

DEMONSTRATION. Montrons d'abord que la condition est suffisante. D'après 25, de l'inégalité $U(\omega,f(\omega,w)) + 1 \leqq V(g(\omega,w),w)$ pour tout (ω,w) on déduit l'inégalité $j(U) < j(V)$ si on a $j(U^f) < \underline{\Omega}$. Montrons donc que l'on a $j(U^f) < \underline{\Omega}$ en raisonnant par l'absurde. Si $j(U^f) = \underline{\Omega}$, il existe d'après 20 une stratégie (prévisible) h telle que l'on ait $U(h(w),f(h(w),w)) = \infty$ pour tout w : on a alors $U(\omega,f(\omega,w)) = \infty$ pour $\omega = h(w)$, ce qui est impossible.

Pour démontrer que la condition est nécessaire, nous allons construire des codages f et g vérifiant les conditions suivantes

(°) $\forall n \geqq 0 \quad \forall s,t \in S_n \qquad j(U_{s,f(s,t)}) \leqq j(V_{g(s,t),t})$ avec égalité seulement si $j(V_{g(s,t),t}) = 0$

(°°) $\forall n > 0 \quad \forall s,t \in S_n \quad j(U_{s,f(s,t)}) \leqq j(U_{s|n-1,f(s,t)|n-1})$ avec égalité seulement si $j(U_{s|n-1,f(s,t)|n-1}) = 0$

Il résultera alors de (°°) que $U(\omega,f(\omega,w))$ est fini pour tout (ω,w) (cf la fin de la démonstration de 22), puis de (°) que l'on a $U(\omega,f(\omega,w)) < V(g(\omega,w),w)$ pour tout (ω,w) (cf le début de la démonstration de 27).

La démonstration de 28 reprend alors maintenant celle de 27 au b). On suppose f, g construits pour tout $s,t \in S_n$; on prend $s', t' \in S_{n+1}$ et on pose

$$s = s'|n \ , \ t = t'|n \qquad p = s'(n+1) \ , \ q = t'(n+1)$$

L'indice j_o de $U_{s,f(s,t)}$ est $< \underline{\Omega}$. Si $j_o = 0$, on pose $f(s',t') = f(s,t).1$ et $g(s',t') = g(s,t).1$: les conditions (°) et (°°) sont alors vérifiées pour s' et t'. Si j_o est > 0 , c'est un ordinal de première espèce ayant un prédecesseur $j_o - 1$. Il existe alors un plus petit ordinal dénombrable $\alpha \leqq j_o - 1$ tel que l'on ait

$$\inf_w U^{\alpha}_{s,f(s,t)}(p.\omega,w) = 1$$

pour tout ω et un entier v tel que l'on ait

$$U^{\alpha}_{s,f(s,t)}(p.\omega,v.w) = 1$$

pour tout (ω,w). Nous poserons alors $f(s',t') = f(s,t).v$: l'indice j_1 de $U_{s',f(s',t')}$ est un ordinal de première espèce $\leqq \alpha$ et donc $< j_o$. Ainsi la condition (°°) est vérifiée pour s' et t'. D'autre part, on a $j_1 < j_o < j(V_{g(s,t),t})$ et donc le temps d'arrêt $V^{j_o}_{g(s,t),t}$ est > 0 , et il existe un ω tel qu'on ait

$$V^{j_o - 1}_{g(s,t),t}(\omega,w) > 1$$

pour tout w . Nous poserons alors $g(s',t') = g(s,t).\omega(1)$. L'indice de $V_{g(s',t'),t'}$ est alors $> j_1$, qui est l'indice de $U_{s',f(s',t')}$: la condition (°) est vérifiée pour s' et t' .

REMARQUE. Dans les constructions de 27 et 28, $f(s',t')$ et $g(s',t')$ ne dépendent pas de $q = t'(n+1)$; de même, dans 28, $g(s',t')$ ne dépend pas de $p = s'(n+1)$. Cela correspond à des propriétés de prévisibilité .

Il y aurait encore bien des choses à dire sur l'indice, mais c'est la rentrée scolaire, et je n'ai plus le temps de jouer.

B I B L I O G R A P H I E

[1] BLACKWELL (D.) : Infinite games and analytic sets (Proc. N.A.S. 58 (1967) p 1836-1837)

[2] DAVIS (M.) : Infinite games of perfect information (Advances in game theory, Annals of Math. Studies 52 (1964) p 85-101)

[3] FENSTAD (J.E.) : The axiom of determinateness (J.E. Fenstad ed., Proc. second Scandin. logic symposium, North-Holland, p 41-61)

[4] FRIEDMAN (H.) : Higher set theory and mathematical practice (Annals of Math. Logic, 2 (1971) p 325-357)

[5] GALE (D.), STEWART (F.M.) : Infinite games with perfect information (Contributions to game theory, Vol II, Annals of Math. Studies 28 (1953) p 245-266)

[6] MARTIN (D.) : Measurable cardinals and analytic games (Fund. Math. 66 (1970) p 287-291)

[7] MOSCHOVAKIS (Y.N.) : Analytical definability in a playful universe (Logic, Methodology and Philosophy of Science IV, P. Suppes et al., eds., North-Holland Pub. Co. 1973)

[8] : New methods and results in descriptive set theory (talk given at the Vancouver I.C.M. , to appear)

[9] MYCIELSKI (J.) : Of the axiom of determinateness (Fund. Math. 53 (1964) p 205-224)

[10] PARIS (J.B.) : ZF $\vdash \Sigma_4^0$ Determinateness (J. Symbolic Logic 37 (1972) p 661-667)

[11] WOLFE (P.) : The strict determinateness of certain infinite games (Pacific J. Math. 5 (1955) p 841-847)

Les articles [9], [3], [7] et [8] (par ordre chronologique) sont des articles de synthèse, et contiennent en particulier une abondante bibliographie sur le sujet.

UNE REMARQUE SUR LES ESPACES SOUSLINIENS DE BOURBAKI

par C. Dellacherie

Rappelons que, selon Bourbaki, un espace topologique séparé E est dit <u>souslinien</u> (resp <u>lusinien</u>) s'il existe un espace polonais P et une application continue (resp continue et injective) f de P sur E.

Il est clair qu'une topologie est une topologie lusinienne si et seulement si elle est séparée et s'il existe une topologie plus fine à la fois lusinienne et métrisable. Nous allons voir qu'il en est de même pour une topologie souslinienne. Comme une topologie séparée moins fine qu'une topologie souslinienne est évidemment souslinienne, il nous reste à démontrer :

THEOREME. <u>Soit</u> E <u>un espace souslinien</u>. <u>Il existe sur</u> E <u>une topologie plus fine à la fois souslinienne et métrisable</u>.

Avant de passer à la démonstration, nous dirons quelques mots sur la topologie d'Effros. Soit P un espace polonais, que nous plongeons comme sous-espace topologique d'une espace <u>métrique</u> compact Q, muni de la distance d. On peut alors identifier l'ensemble $\underline{\underline{F}}(P)$ des fermés de P au sous-ensemble de l'ensemble $\underline{\underline{K}}(Q)$ des compacts de Q constitué par les compacts K tels que $K\cap P$ soit dense dans K.
Si $\underline{\underline{K}}(Q)$ est muni de la distance de Hausdorff associée à d ($\underline{\underline{K}}(Q)$ est alors métrique compact), on a le résultat suivant, dû à Effros

PROPOSITION. $\underline{\underline{F}}(P)$ <u>est un</u> $\underline{\underline{G}}_\delta$ (= <u>intersection dénombrable d'ouverts</u>) <u>de</u> $\underline{\underline{K}}(Q)$.

DEMONSTRATION. Je reprends la démonstration donnée dans un autre exposé de ce volume. Soit (U_n) une base dénombrable d'ouverts de la topologie de Q, et soit (V_n) une suite d'ouverts de Q telle que $P = \bigcap_n V_n$ (on sait qu'un espace polonais plongé dans un espace métrisable compact est une $\underline{\underline{G}}_\delta$ de cet espace). Il résulte du théorème de Baire que, pour $K \in \underline{\underline{K}}(Q)$, $K\cap P$ est dense dans K si et seulement si $K\cap V_n$ est dense dans K pour tout n. On a donc l'équivalence logique

$$K \in \underline{\underline{F}}(P) \iff \forall n \quad K \subset \overline{K\cap V_n} \iff \forall m\ \forall n \quad K\cap U_m = \emptyset \text{ ou } K\cap V_n \cap U_m \neq \emptyset$$

On en déduit aisément que $\underline{\underline{F}}(P)$ est un $\underline{\underline{G}}_\delta$ de $\underline{\underline{K}}(Q)$.

Comme tout $\underline{\underline{G}}_\delta$ d'un espace métrisable compact est un espace polonais pour la topologie induite, on a

COROLLAIRE. $\underline{\underline{F}}(P)$, <u>muni de la topologie induite par</u> $\underline{\underline{K}}(Q)$, <u>est un espace polonais</u>.

REMARQUES. a) La restriction de d à P <u>n</u>'est <u>pas</u> en général une distance pour laquelle P soit complet; de même la restriction à $\underline{\underline{F}}(P)$ de la distance de Hausdorff associée à d <u>n</u>'est <u>pas</u> en général une distance pour laquelle $\underline{\underline{F}}(P)$ soit complet.
b) La topologie définie sur $\underline{\underline{F}}(P)$ ne dépend que de la topologie de Q (et non de d). Elle dépend du plongement du polonais P dans un espace métrisable compact; mais la tribu borélienne de cette topologie ne dépend pas du plongement . Autrement dit, $\underline{\underline{F}}(P)$ n'a pas de structure topologique intrinsèque, mais a une structure mesurable intrinsèque, appelée <u>structure d'Effros</u>. Pour plus de détails, voir les travaux de Christensen, et, en particulier, son livre "Topology and Borel structure" , North Holland Mathematics Studies 10, North Holland Company 1974.

DEMONSTRATION DU THEOREME. Soient P un espace polonais et f une application continue de P sur l'espace souslinien E. On peut alors identifier tout point x de E au fermé $f^{-1}(\{x\})$ de P et donc E à un sous-ensemble E' de $\underline{\underline{F}}(P)$. Plongeons P dans un espace métrique compact Q, muni de la distance d et munissons $\underline{\underline{F}}(P)$ de la topologie définie plus haut : pour la topologie induite, E' est métrisable. Comme d est compatible avec la topologie de P et que f est continue, il est clair que l'application canonique de E' dans E est continue. Il ne reste plus qu'à montrer que E' est un sous-espace souslinien de $\underline{\underline{F}}(P)$. Soit (U_n) une base dénombrable d'ouverts de la topologie de P. Comme P est régulier et E séparé, il est facile de voir qu'un fermé F de P n'appartient pas à E' si et seulement s'il existe des entiers m,n tels que $U_m \cap F \neq \emptyset$, $U_n \cap F \neq \emptyset$ et $f(\overline{U}_m \cap F) \cap f(\overline{U}_n \cap F) = \emptyset$. Autrement dit, on a l'équivalence logique

$$F \in E' \Longleftrightarrow \forall m\, \forall n\, \exists x \in P\, \exists y \in P \quad U_m \cap F = \emptyset \text{ ou } U_n \cap F = \emptyset \text{ ou } [x \in \overline{U}_m \cap F \text{ et } y \in \overline{U}_n \cap F \text{ et } f(x) = f(y)]$$

Le lecteur qui connait bien le calcul symbolique de Kuratowski-Tarski en déduira immédiatement que E' est souslinien dans $\underline{\underline{F}}(P)$. Le lecteur ignorant n'aura pas de mal à voir que, pour m et n fixés, l'ensemble des x,y,F vérifiant la proposition logique écrite à droite des quantificateurs est fermé dans $P \times P \times \underline{\underline{F}}(P)$, donc polonais, et donc que la projection de cet ensemble sur $\underline{\underline{F}}(P)$ est souslinien dans $\underline{\underline{F}}(P)$: E', égal à l'intersection de ces projections lorsque m et n décrivent les entiers, est aussi souslinien dans $\underline{\underline{F}}(P)$.

REMARQUE. Il y a quelques années, j'avais posé le problème suivant (toujours non résolu, à ma connaissance) : est ce que tout espace souslinien est plongeable dans un espace lusinien ? La réponse est trivialement oui si l'espace est métrisable (plongement dans un compact métrisable). Hoffmann-Jørgensen m'a appris récemment qu'une solution positive à ce problème aurait des conséquences intéressantes.
Le théorème que nous venons de démontrer, quoique plus faible que le résultat désiré, ne m'en semble pas bien loin.

Université de Strasbourg
Séminaire de Probabilités 1973/74

MESURE DE FÖLLMER EN THEORIE DES QUASIMARTINGALES

par C. STRICKER

Grâce à un théorème de PARTHASARATHY [1], FÖLLMER [2] a démontré qu'à toute quasimartingale $X = (X_t)_{t \geq 0}$ définie sur un "bon" espace probabilisé $(\Omega, \mathcal{F}, P)$ muni d'une famille de sous-tribus $(\mathcal{F}_t)_{t \geq 0}$ correspond une mesure signée P^X sur les ensembles prévisibles de $\Omega \times [0,+\infty]$ telle que $P^X[A \times]t,+\infty]] = E[X_t . A]$ pour tout $t \geq 0$ et tout $A \in \mathcal{F}_t$.

L'objet de cet exposé est de donner une démonstration de ce résultat fondée sur la convergence vague de mesures et sur le critère de Prokhorov.

I. EXISTENCE DE MODIFICATIONS CONTINUES A DROITE DES QUASIMARTINGALES.

Considérons un espace probabilisé $(\Omega, \mathcal{F}, P)$. On ne suppose pas que la tribu $\mathcal{F}$ est complète.

1.1. DEFINITION. Soit $X = (X_t)_{t \in [0,+\infty]}$ un processus stochastique adapté à une famille de tribus $(\mathcal{F}_t)_{t \geq 0}$, croissante et continue à droite, qui engendre $\mathcal{F}$, tel que X_t soit intégrable pour tout t . On dit que X est une quasimartingale si :

$\operatorname{Var} X = \sup \sum_{i=0}^{n-1} E|X_{t_i} - E[X_{t_{i+1}} | \mathcal{F}_{t_i}]|$ est fini, le sup étant pris sur l'ensemble des suites finies :

$$0 = t_0 < t_1 < \ldots < t_n = +\infty .$$

Si nous posons $X_\infty = 0$, nous retrouvons la définition de FÖLLMER [2] .
Dans la suite de l'exposé (X_t) désignera toujours une quasimartingale.
OREY [3] a démontré que ces processus avaient des propriétés analogues à celles des surmartingales.

1.2. LEMME. - Soit I un sous-ensemble dénombrable de $\mathbb{R}^+$. Alors pour tout $\lambda \geq 0$, on a :

$$\lambda P[\sup_{i \in I} X_i \geq \lambda] \leq \operatorname{Var} X + E|X_\infty|$$

$$\lambda P[\inf_{i \in I} X_i \leq -\lambda] \leq \operatorname{Var} X + E|X_\infty|$$

1.3. LEMME. - Soit I un sous-ensemble dénombrable de $\mathbb{R}^+$. Si $a < b$ alors l'espérance du nombre de montées de $(X_i)_{i \in I}$ sur l'intervalle $[a,b]$ est majorée par $\dfrac{\operatorname{Var} X + E|X_\infty|}{b-a}$.

1.4. LEMME. - Soit $(t_n)_{n \in \mathbb{N}}$ une suite décroissante de nombres réels positifs. Alors la famille $(X_{t_n})_{n \in \mathbb{N}}$ est uniformément intégrable.

Ces trois lemmes ont permis à FÖLLMER de démontrer le théorème suivant qui contrairement aux régularisations habituelles ne suppose pas la complétion des tribus $\mathcal{F}$ ou $\mathcal{F}_t$.

1.5. THEOREME. - Il existe une version continue à droite de la quasimartingale X si et seulement si pour tout t_0 , $\lim_{t \downarrow t_0} E|X_t - X_{t_0}| = 0$.

Démonstration. * Le lemme 1.4 montre que l'existence d'une version continue à droite entraîne la continuité à droite dans L^1 .

* Démontrons la réciproque. Soit $H_{t,a,b}$ l'ensemble des $\omega \in \Omega$ tels que la fonction $X_r(\omega)(0 \leq r \leq t$, r rationnel) soit non bornée ou traverse une infinité de fois l'intervalle $[a,b]$. $H_{t,a,b}$ appartient à $\mathcal{F}_t$. Posons alors : $X_t^0(\omega) = \lim_{r \downarrow t} X_r(\omega)$ (r rationnel) pour $\omega \notin H_t$ et ∞ pour $\omega \in H_t$ où

$$H_t = \bigcap_{s>t} \bigcup_{\substack{a<b \\ a,b \text{ rationnels}}} H_{s,a,b}$$

est un élément de $\mathcal{F}_t$. Comme H_t croît avec t , le processus X_t^0 a des trajectoires continues à droite dans $[0,+\infty[$, des limites à gauche avant d'atteindre ∞ et est adapté à $\mathcal{F}_t$. De plus, les lemmes 1.2 et 1.3 montrent que $P(H_t) = 0$. Puisque X_t est continu à droite dans L^1, $P[X_t^0 \neq X_t] = 0$ pour tout t .

1.6. <u>Remarques</u>. a) Comme nous n'avons pas supposé que les tribus $\mathcal{F}_t$ sont complètes, nous ne pouvons pas obtenir une modification continue à droite et ayant des limites à gauche en tout point t . En effet prenons : $\Omega = [0,1]$, $\mathcal{F}$ tribu borélienne sur Ω , P mesure de Lebesgue, $B_i = [0,\frac{1}{2^i}]$.

Posons : $\mathcal{F}_t$ tribu engendrée par $B_1,\ldots,B_n$ si $\frac{n-1}{n} \leq t < \frac{n}{n+1}$

$$\mathcal{F}_t = \mathcal{F} \text{ si } t \geq 1 .$$

$$X_t(\omega) = 0 \text{ si } \omega \notin B_n \text{ et } \frac{n-1}{n} \leq t < \frac{n}{n+1}$$

$$X_t(\omega) = (-1)^n \text{ si } \omega \in B_n \text{ et } \frac{n-1}{n} \leq t < \frac{n}{n+1}$$

Ce processus est continu à droite ; de plus sa variation est finie. Cependant si X_t^0 est une modification de X_t, $X_t^0 = X_t$ sur B_n si $\frac{n-1}{n} \leq t < \frac{n}{n+1}$. On ne peut donc pas éliminer la trajectoire $t \to X_t(0)$ qui n'a pas de limite à gauche en $t = 1$.

b) L'énoncé de FÖLLMER [2] comporte une légère erreur. Contrairement aux surmartingales, il ne suffit pas de supposer que $t \to E(X_t)$ est continue à droite. En effet prenons $\Omega = [-\frac{1}{2}, \frac{1}{2}]$, P la mesure de Lebesgue et $\mathcal{F}_t = \mathcal{F}$ = tribu borélienne sur Ω. Posons :

$$X_t = 0 \quad \text{si} \quad t \leq 1$$

$$\left.\begin{array}{l} X_t(\omega) = 1 \quad \text{si} \quad \omega \geq 0 \\ X_t(\omega) = -1 \quad \text{si} \quad \omega < 0 \end{array}\right\} \text{pour} \quad t > 1$$

On vérifie facilement que X_t est une quasimartingale et que $E(X_t) = 0$ pour $t \geq 0$. Mais il n'existe pas de modification continue à droite.

II. CONSTRUCTION DE LA MESURE DE FÖLLMER POUR DES QUASIMARTINGALES ELEMENTAIRES.

2.1. DEFINITION. - La tribu prévisible $\mathcal{P}$ est la tribu sur $\overline{\mathbb{R}^+} \times \Omega$ engendrée par les rectangles $]u,v] \times A$ où $A \in \mathcal{F}_u$.

Remarquons que les tribus $\mathcal{F}_u$ ne sont pas complètes contrairement aux définitions classiques. Dans ce paragraphe $\overline{\Omega}$ désigne $\overline{\mathbb{R}^+} \times \Omega$.

2.2. Quasimartingales élémentaires :

Soient $0 < a \leq \infty$ et Y une variable aléatoire intégrable. Posons :

$$X_t = 0 \quad \text{pour} \quad t < a$$

$$X_t = E[Y \mid \mathcal{F}_t] \quad \text{pour} \quad a \leq t \leq \infty .$$

Ce processus est évidemment une quasimartingale.

2.3. Mesure associée à X :

Soit $\mu(]u,v] \times A) = E[(X_u - X_v).A]$ pour $A \in \mathcal{F}_u$ et $0 \leq u < v \leq \infty$

$\mu(\{0\} \times A) = 0$ pour $A \in \mathcal{F}_0$.

On obtient ainsi une mesure sur l'algèbre $\mathcal{G}$ engendrée par les rectangles $]u,v] \times A$ $(A \in \mathcal{F}_u)$, qui admet pour extension à $\mathcal{P}$ la mesure, que nous noterons encore μ , définie par :

si (Z_t) est un processus prévisible positif , $\mu(Z) = -E(Z_a.Y)$.

2.4. LEMME. - <u>Soit</u> $|\mu|(\overline{\Omega}) = \sup \sum_i |\mu(\overline{C_i})|$, <u>le sup étant pris sur l'ensemble des partitions finies de</u> Ω <u>dans</u> $\mathcal{G}$. <u>Alors</u>

$$|\mu|(\overline{\Omega}) = E|E[Y|\mathcal{F}_{a-}]| .$$

<u>Démonstration</u>. - posons $\overline{C_i} \cap \{a\} \times \Omega = \{a\} \times A_i$. Nécessairement $A_i \in \mathcal{F}_{a-}$. D'où

$$\sum_i |\mu(\overline{C_i})| = \sum_i |E[E[Y|\mathcal{F}_{a-}].A_i]|$$

$$\leq E|E[Y|\mathcal{F}_{a-}]| .$$

Réciproquement : soit $u < a$. Considérons la partition

$$\overline{C_1} =]u,a] \times \{E[Y|\mathcal{F}_u] > 0\}$$

$$\overline{C_2} =]u,a] \times \{E[Y|\mathcal{F}_u] \leq 0\}$$

$$\overline{C_3} = \text{complémentaire de } \overline{C_1} \cup \overline{C_2}$$

$$|\mu(\overline{C_1})| + |\mu(\overline{C_2})| + |\mu(\overline{C_3})| = E|E[Y|\mathcal{F}_u]|$$

En faisant tendre u vers a , on obtient :

$$|\mu|(\overline{\Omega}) \geq E|E[Y|\mathcal{F}_{a-}]|$$

Nous avons ainsi établi la proposition suivante :

2.5. PROPOSITION. - Soit (X_t) une quasimartingale élémentaire. Il existe une mesure unique μ^X sur la tribu prévisible $\mathcal{P}$ telle que

$$E[(X_t - X_\infty).A] = \mu^X(]t,+\infty] \times A) \quad \text{pour} \quad t \geq 0 \quad \text{et} \quad A \in \mathcal{F}_t .$$

De plus $|\mu^X|(\overline{\Omega}) = E\,|\,E[Y|\mathcal{F}_{a_-}]|$

On étend aisément cette proposition à une somme finie de quasimartingales élémentaires : si $X^1,\ldots,X^n$ sont des quasimartingales élémentaires et $\mu^{X_1},\ldots,\mu^{X_n}$ les mesures associées, on pose $\mu^{X^1+\ldots+X^n} = \mu^{X^1} + \mu^{X^2} + \ldots + \mu^{X^n}$ et on vérifie que si $X^1+\ldots+X^n = X'^1+\ldots+X'^P$, alors $\mu^{X^1+\ldots+X^n} = \mu^{X'^1+\ldots+X'^P}$

Nous aimerions maintenant étendre cette proposition à des quasimartingales quelconques en approchant celles-ci par des sommes finies de quasimartingales élémentaires. Afin de pouvoir utiliser le critère de convergence étroite de Prokhorov, nous allons définir une "bonne" topologie sur $\overline{\Omega}$.

III. LA TRIBU PREVISIBLE $\mathcal{P}$ EST UNE "BONNE" TRIBU.

3.1. Notations. - nous allons maintenant préciser l'ensemble Ω et les tribus $\mathcal{F}_t$. Soit (E,d) un espace métrique compact. Ω sera l'ensemble des applications continues à droite de $\mathbb{R}^+$ dans E . Y_t désignera la coordonnée d'indice t sur Ω la tribu engendrée par les Y_t est noté $\mathcal{F}$, celle qui est engendrée par les $Y_t (t \leq s)$ est notée $\mathcal{F}_s^0$ et $\mathcal{F}_t = \bigcap_{s>t} \mathcal{F}_s^0$.

3.2. Définition d'une topologie sur $\overline{\mathbb{R}^+} \times \Omega$. Application à $\mathcal{P}$.

Considérons le système suivant de voisinages sur $\overline{\mathbb{R}^+} \times \Omega$.

$$V(0,\omega) = [0,u[\times \Omega \qquad u \in \overline{\mathbb{R}^+}$$

$$V(t,\omega) =]u,v] \times \{\omega' \in \Omega,\ d(\omega(t_1),\omega'(t_1)) < \varepsilon_1,\dots,d(\omega(t_n),\omega'(t_n)) < t_n\}$$

où $0 \leq u < t < v$ et $t_1,\dots,t_n$ une suite de rationnels positifs strictement inférieurs à u .

$$V(\infty,\omega) =]u,+\infty] \times \{\omega' \in \Omega, d(\omega'(t_1)) < \varepsilon_1,\dots,d(\omega(t_n),\omega'(t_n) < \varepsilon_n\}$$

les $t_1,\dots t_n$ étant choisis comme avant.

LEMME 1. - Ce système de voisinages définit une topologie à base dénombrable non séparée sur $\overline{\mathbb{R}^+} \times \Omega$. De plus $\mathcal{P}$ est la tribu borélienne de $\overline{\mathbb{R}^+} \times \Omega$ muni de cette topologie.

Considérons la relation d'équivalence sur $\overline{\mathbb{R}^+} \times \Omega$ définie par les atomes de $\mathcal{P}$:

$(r,\omega) \sim (r',\omega')$ si et seulement si $r = r'$ et $\omega_{|[0,r[} = \omega'_{|[0,r[}$

(restriction de ω à $[0,r[$) .

LEMME 2. - $\dfrac{\overline{\mathbb{R}^+} \times \Omega}{\sim}$ muni de la topologie quotient est un espace métrique à base dénombrable.

Démonstration. - Remarquons d'abord que $\dfrac{\overline{\mathbb{R}^+} \times \Omega}{\sim}$ muni de la topologie quotient est un espace séparé et à base dénombrable. Si on munit $\overline{\mathbb{R}^+} \times \Omega$ de la topologie produit,(la topologie de Ω étant celle induite par $E^{\mathbb{Q}+}$), la projection canonique $p : \overline{\mathbb{R}^+} \times \Omega \to \dfrac{\overline{\mathbb{R}^+} \times \Omega}{\sim}$ est continue. En particulier si on remplace dans la construction précédente Ω par $E^{\mathbb{Q}+}$, il en résulte que $\dfrac{\overline{\mathbb{R}^+} \times E^{\mathbb{Q}+}}{\sim}$ est un compact métrisable et en plongeant $\dfrac{\overline{\mathbb{R}^+} \times \Omega}{\sim}$ dans $\dfrac{\overline{\mathbb{R}^+} \times E^{\mathbb{Q}+}}{\sim}$, nous en concluons que $\dfrac{\overline{\mathbb{R}^+} \times \Omega}{\sim}$ est métrisable.

Nous désignerons $\dfrac{\overline{\mathbb{R}^+} \times \Omega}{\sim}$ par $\overline{\Omega}$.

3.3. Régularité des mesures sur $(\bar{\Omega},\mathcal{P})$

LEMME 1. - Ω plongé dans le compact métrisable $E^{\mathbb{Q}+}$ est universellement mesurable et la tribu $\mathcal{F}$ est la tribu borélienne dans ce plongement. Toute mesure bornée sur $(\Omega,\mathcal{F})$ est alors intérieurement régulière .

Ce lemme est démontré dans MEYER [4]

LEMME 2. - Soit Γ un compact de Ω muni de la topologie précédente. Alors :

i) L'ensemble $\tilde{\Gamma}_r = \{\omega \in \Omega \ , \ \exists\ \omega' \in \Gamma \ , \ \omega_{|[0,r[} = \omega'_{|[0,r[}\}$ appartient à $\mathcal{F}_{r-}$

ii) $\bar{\Gamma}_r = \{r\} \times \tilde{\Gamma}_r$ est un compact de $\bar{\Omega}$.

Démonstration. -

i) $\mathcal{F}_{r-}$ est la tribu borélienne sur Ω si Ω est muni de la topologie dont les ouverts sont des réunions d'ensemble du type $\{Y_{t_1} \in \underset{\sim}{0}_1,\dots,Y_{t_n} \in 0_n\}$ où $t_1 < t_2 < \dots < t_n < r$ et $0_1,\dots,0_n$ ouverts de E . Comme Γ_r est fermé dans cette topologie, il appartient à $\mathcal{F}_{r-}$.

ii) est évident.

IV. THEOREME DE FÖLLMER.

4.1. Approximation dyadique de X :

Soit X une quasimartingale continue à droite. Posons :

$$\text{Si } \ 0 \le k < n\,2^n \ : \quad Z_t^{n,k} = \begin{cases} 0 & \text{si } \ t < k/2^n \\ E[X_{\frac{k+1}{2^n}} - X_{\frac{k}{2^n}} \mid \mathcal{F}_t] & \text{si } \ t \ge \frac{k}{2^n} \end{cases}$$

$$\text{Si } k = n\,2^n \qquad Z_t^{n,k} = \begin{cases} 0 & \text{si } t < n \\ E[X_\infty - X_n | \mathcal{F}_t] & \text{si } t \geq n . \end{cases}$$

Soient $X_t^n = \sum_{k=0}^{n\,2^n} Z_t^{n,k}$ et μ_n la mesure associée à X_t^n .

En vertu du lemme 2.4. nous avons :

$$|\mu_n|(\bar{\Omega}) = \sum_{k=0}^{n2^n-1} E|E[X_{\frac{k+1}{2^n}} - X_{\frac{k}{2^n}} | \mathcal{F}_{\frac{k}{2^n}-}]| + E|E[X_\infty - X_n | \mathcal{F}_{n-}]|$$

4.2. LEMME. - <u>la suite</u> $|\mu_n|(\bar{\Omega})$ <u>croît vers</u> Var X .

<u>Démonstration</u>. - Soient $a < b < c$. On a :

$$E|E[X_a - X_c | \mathcal{F}_{a-}]| \leq E|E[X_a - X_b | \mathcal{F}_{a-}]| + E|E[X_b - X_c | \mathcal{F}_{a-}]|$$

Or d'après l'inégalité de convexité des espérances conditionnelles :

$$E|E[X_b - X_c | \mathcal{F}_{a-}] \leq E|E[X_b - X_c | \mathcal{F}_{b-}]|$$

d'où :

$$E|E[X_a - X_b | \mathcal{F}_{a-}]| \leq E|E[X_a - X_b | \mathcal{F}_{a-}]| + E|E[X_b - X_c | \mathcal{F}_{b-}]|$$

Ceci montre la croissance de $|\mu_n|(\bar{\Omega})$.

D'autre part, soit $0 = t_o < t_1 < \ldots < t_p = +\infty$ une subdivision de $[0,\infty]$.

Prenons n assez grand pour que $\frac{1}{2^n} < \mathrm{Min}(t_{i+1} - t_i)$.

Appelons r_k^n le premier rationnel dyadique après t_k . Alors :

$$\sum_{k=0}^{p-1} E|E[X_{r_{k+1}^n} - X_{r_k^n} | \mathcal{F}_{t_k}]| \leq |\mu_n|(\bar{\Omega}) \leq \lim_{n\to\infty} |\mu_n|(\bar{\Omega})$$

Comme X_t est continu à droite,

$$\sum_{k=0}^{p-1} E|E[X_{t_{k+1}} - X_{t_k} | \mathfrak{F}_{t_k}]| = \lim_{n\to\infty} \sum_{k=0}^{p-1} E|E[X_{r^n_{k+1}} - X_{r^n_k} | \mathfrak{F}_{t_k}]| \le \lim_{n\to\infty} |\mu_n|(\bar{\Omega})$$

D'autre part, il est clair que $|\mu_n|(\bar{\Omega}) \le \text{Var } X$. Donc $\text{Var } X = \lim_{n\to\infty} |\mu_n|(\bar{\Omega})$

4.3. <u>Convergence de la suite</u> μ_n <u>vers une mesure</u> μ .

Fixons $\epsilon > 0$. Soit n_o tel que $|\mu_{n_o}|(\bar{\Omega}) \ge \text{Var } X - \epsilon$.

D'après le lemme 1 de 3.3. les mesures sur Ω sont intérieurement régulières. Donc il existe un compact Γ^k de Ω tel que :

$$E|E[X_{\frac{k}{2^{n_o}}} - X_{\frac{k+1}{2^{n_o}}} | \mathfrak{F}_{\frac{k}{2^{n_o}}}]| \le E|E[X_{\frac{k}{2^{n_o}}} - X_{\frac{k+1}{2^{n_o}}} | \mathfrak{F}_{\frac{k}{2^{n_o}}}].\Gamma^k| + \frac{\epsilon}{n_o 2^{n_o} + 1}$$

D'après le lemme 2 de 3.3. il en résulte que si $\bar{\Gamma} = \bigcup_{0\le k\le n_o 2^{n_o}} \bar{\Gamma}^k_{k.2^{-n_o}}$ on a $|\mu_{n_o}|(\bar{\Gamma}) \ge \text{Var } X - 2\epsilon$.

Le théorème de Prokhorov entraîne que la suite $(\mu_n)_{n\in\mathbb{N}}$ est étroitement relativement compacte. On peut donc en extraire une sous-suite étroitement convergente vers une mesure μ (en réalité le théorème suivant nous montrera que la suite $(\mu_n)_{n\in\mathbb{N}}$ toute entière converge vers μ) .

4.5. <u>Théorème de FÖLLMER</u> : il existe une mesure μ sur la tribu prévisible $\mathcal{P}$ telle que :

$$(4.6) \quad E[(X_t - X_\infty).A] = \mu(]t,+\infty] \times A) \qquad \forall\, t \ge 0, \quad \forall\, A \in \mathfrak{F}_t .$$

<u>Démonstration</u>. - On a $\mu_n(]t,+\infty] \times A) = E[(X^n_t - X^n_\infty).A]$

$$= E[(X_{\frac{k+1}{2^n}} - X_\infty).A]$$

si $\frac{k}{2^n} \leq t < \frac{k+1}{2^n}$ et $A \in \mathcal{F}_t$. $(k < n2^n)$.

En vertu de la continuité à droite dans L^1 de $(X_t)_{t\geq 0}$

$\lim\limits_{n\to\infty} E[(X_t^n - X_\infty^n).A] = E[(X_t - X_\infty).A]$.

Or $\mu_n(]t,+\infty] \times A)$ tend vers $\mu\ (]t,+\infty] \times A)$ si la frontière du borélien n'est pas chargée par $|\mu|$. Prenons :

$A_{\omega_o}^{\epsilon,r} = \{\omega'\in\Omega\ ,\ d(\omega_o(r),\omega'(r)) \leq \epsilon\}$ où $r \in \mathbb{Q}^+$ et $r < t$.

La frontière de $]t,+\infty] \times A_{\omega_o}^{\epsilon,r}$ est :

$$\{t\} \times A_{\omega_o}^{\epsilon,r} \cup\ ]t,+\infty] \times \{\omega'\in\Omega : d(\omega_o(r),\omega'(r)) = \epsilon\}$$

Il existe alors un sous-ensemble $D \subset \mathbb{R}^2$ partout dense tel que $|\mu|$ ne charge pas la frontière de $]t,+\infty] \times A_{\omega_o}^{\epsilon,r}$ pour $(t,\epsilon) \in D$. Dans ce cas, on a :

$$E[(X_t - X_\infty).A_{\omega_o}^{\epsilon,r}] = \mu(]t,+\infty] \times A_{\omega_o}^{\epsilon,r})$$

Pour obtenir 4.6 il suffit d'utiliser la continuité à droite dans L^1 et de remarquer que les deux membres sont des mesures sur $\mathcal{F}_t$.

4.7. COROLLAIRE. - <u>Pour tout temps d'arrêt</u> T <u>et tout</u> $A \in \mathcal{F}_T$ <u>on a</u> :

$$\mu(]T,+\infty] \times A) = E[(X_T - X_\infty).A]$$

Le corollaire est démontré dans FÖLLMER .

En utilisant la décomposition de Jordan d'une mesure signée, FÖLLMER [2] a démontré que toute quasimartingale continue à droite est la différence de deux surmartingales positives, ce qui permet de ramener l'étude des quasimartingales à des mesures positives.

4.8. THEOREME. - Une surmartingale positive est de la classe D si et seulement si la mesure associée ne charge pas les ensembles évanescents.

Le théorème, dû lui aussi à FÖLLMER [2], montre qu'on ne peut pas étendre le théorème 4.5 à des tribus quelconques. Il explique en particulier pourquoi nous n'avons pas complété les tribus $\mathcal{F}_t$ lors des régularisation de I .

L'article de FÖLLMER [2] comporte un grand nombre d'applications de 4.5 .

REFERENCES

[1] PARTHASARATHY, K.R. Probability measures on metric spaces, New York - London : Academie Press (1967)

[2] FÖLLMER, H. On the representation of semi-martingales. The Annals of Probability, Vol 1, n° 4 580 - 589 (1973)

[3] OREY, S. F - processes. Proc. Fifth Berkeley Symp. Math. Statis. Prob. 2 Univ. California Press 301 - 313 (1965 - 66)

[4] MEYER, P.A. Le retournement du temps d'après CHUNG et WALSH. Séminaire de Prob. de Strasbourg V, Lecture Notes in Math. vol. 191, Springer. (1971)

Université de Strasbourg
Séminaire de Probabilités 1973/74

UNE CARACTERISATION DES QUASIMARTINGALES

par C. STRICKER

Titchmarsh a montré dans [1] qu'une fonction f nulle en dehors de $[a,b]$ est à variation bornée si et seulement si

$$\int_a^b |f(x+h) - f(x)|dx = O(h) .$$

Orey s'est alors posé la question suivante dans [2] : que peut-on dire des processus $(X_t)_{t\geq 0}$ continus à droite tels que

$$\int_0^\infty E|E[X_{t+h} - X_t|\mathfrak{F}_t]|dt = O(h) .$$

Nous allons répondre à cette question dans l'exposé qui suit.

1. Définition d'une quasimartingale.

Soit $(\Omega,\mathfrak{F},P)$ un espace probabilisé muni d'une suite croissante de tribus $(\mathfrak{F}_t)$ continues à droite. Un processus stochastique $(X_t)_{t\geq 0}$ adapté à la famille $\mathfrak{F}_t$ est une quasimartingale si $\mathrm{Var}\, X = \sup \sum_{i=0}^{n-1} E|X_{t_i} - E[X_{t_{i+1}}|\mathfrak{F}_{t_i}]|$ est fini, le sup étant pris sur l'ensemble des suites finies :
$0 = t_0 < t_1 <\ldots< t_n < \infty$.

Nous allons maintenant préciser dans le théorème suivant les analogies entre les quasimartingales et les fonctions à variation bornée.

2. THEOREME. <u>Soit $(X_t)_{t\geq 0}$ un processus stochastique adapté à la famille $(\mathfrak{F}_t)_{t\geq 0}$ et continu à droite dans L^1. Alors</u>

i) la fonction : $t \rightarrow E|E[X_{t+h} - X_t|\mathfrak{F}_t]|$ est continue à droite ;

ii) $(X_t)_{t\geq 0}$ est une quasimartingale si et seulement si

$$\int_0^\infty E|E[X_{t+h} - X_t|\mathcal{F}_t]|dt = O(h) ;$$

iii) $(X_t)_{t\geq 0}$ est une martingale si et seulement si

$$\int_0^\infty E|E[X_{t+h} - X_t|\mathcal{F}_t]|dt = o(h) .$$

De plus, dans les cas ii) et iii) $\mathrm{Var}\, X = \lim_{h\to 0} \int_0^\infty \frac{E|E[X_{t+h} - X_t|\mathcal{F}_t]|}{h} dt$.

<u>Démonstration</u> : i) résulte immédiatement de la continuité à droite dans L^1 de (X_t).

ii) si X est une quasimartingale, montrons que

$$\int_0^\infty \frac{E|E[X_{t+h} - X_t|\mathcal{F}_t]|}{h} dt \leq \mathrm{Var}\, X .$$

Pour calculer l'intégrale du membre de gauche utilisons une somme de Riemann associée aux intervalles de longueur $\frac{h}{m}$

$$\sum_{k=0}^{\infty} \frac{1}{m} E|E[X_{\frac{kh}{m}+h} - X_{\frac{kh}{m}}|\mathcal{F}_{\frac{kh}{m}}]|$$

$$\leq \sum_{k=0}^{\infty} E|E[X_{\frac{(k+1)h}{m}} - X_{\frac{kh}{m}}|\mathcal{F}_{\frac{kh}{m}}]| \leq \mathrm{Var}\, X .$$

En faisant tendre m vers l'infini on obtient le sens direct de ii). Réciproquement : soit $(X_t)_{t\geq 0}$ un processus continu à droite dans L^1 vérifiant : $\int_0^\infty E|E[X_{t+h} - X_t|\mathcal{F}_t]|dt = O(h)$. Etant donnés $t_0 = 0 < t_1 <\ldots< t_n < \infty$ et $Z_k \in \mathcal{F}_{t_k}$, définissons f et g de la manière suivante :

$$f(t) = E[Z_k . X_t] \quad \text{si} \quad t \in [t_k, t_{k+2}[\ , \ k \text{ pair}$$

$$g(t) = E[Z_k . X_t] \quad \text{si} \quad t \in [t_k, t_{k+2}[\ , \ k \text{ impair} .$$

Pour ε assez petit, on a l'inégalité suivante :

$$\liminf_{h\to 0}\Big[\sum_{k \text{ pair}} \int_{t_k}^{t_{k+1}+2\varepsilon} \frac{|f(t+h)-f(t)|}{h}dt + \sum_{k \text{ impair}} \int_{t_k}^{t_{k+1}+2\varepsilon} \frac{|g(t+h)-g(t)|}{h}dt\Big]$$

$$\leq \liminf_{h\to 0}\Big[\int_0^\infty \frac{E|E[X_{t+h} - X_t|\mathcal{F}_t]|}{h}dt + \sum_k \int_{t_k}^{t_k+2\varepsilon} \frac{E|E[X_{t+h} - X_t|\mathcal{F}_t]|}{h}dt\Big] .$$

Cette limite inférieure est finie par hypothèse. Appelons-la M_ε . Posons :

$$\Phi_p(x) = p\int_x^{x+\frac{1}{p}} f(t)dt = p\int_0^{\frac{1}{p}} f(x+t)dt$$

$$\Psi_p(x) = p\int_x^{x+\frac{1}{p}} g(t)dt = p\int_0^{\frac{1}{p}} g(x+t)dt .$$

Soit (x_k,x'_k) un couple de points de l'intervalle $[t_k,t_{k+1} + \varepsilon[$. On a les inégalités suivantes :

$$\sum_{k \text{ pair}} |\Phi_p(x_k)-\Phi_p(x'_k)| + \sum_{k \text{ impair}} |\Psi_p(x_k)-\Psi_p(x'_k)|$$

$$= \sum_{k \text{ pair}} \Big|\int_{x_k}^{x'_k} \Phi'_p(x)dx\Big| + \sum_{k \text{ impair}} \Big|\int_{x_k}^{x'_k} \Psi'_p(x)dx\Big|$$

$$\leq \sum_{k \text{ pair}} \int_{x_k}^{x'_k} |\Phi'_p(x)|dx + \sum_{k \text{ impair}} \int_{x_k}^{x'_k} |\Psi'_p(x)|dx$$

$$\leq \liminf_{h\to 0}\Big[\sum_{k \text{ pair}} \int_{t_k}^{t_{k+1}+\varepsilon} \frac{|\Phi_p(x+h)-\Phi_p(x)|}{h}dx + \sum_{k \text{ impair}} \int_{t_k}^{t_{k+1}+\varepsilon} \frac{|\Psi_p(x+h)-\Psi_p(x)|}{h}dx\Big]$$

$\leq M_\varepsilon$ dès que $\frac{1}{p} < \varepsilon$.

Mais $\lim_{p\to\infty} \Phi_p(x) = f(x)$ et $\lim_{p\to\infty} \Psi_p(x) = g(x)$ presque partout pour la mesure de Lebesgue.

Grâce à la continuité à droite dans L^1 de (X_t) , il en résulte que

$$\sum_k |E[Z_k(X_{t_{k+1}} - X_{t_k})]| \leq M_\varepsilon .$$

D'où, en prenant :

$$Z_k = 1 \quad \text{si} \quad E[X_{t_{k+1}} - X_{t_k} | \mathcal{F}_{t_k}] \geq 0$$

$$Z_k = -1 \quad \text{si} \quad E[X_{t_{k+1}} - X_{t_k} | \mathcal{F}_{t_k}] < 0$$

nous obtenons :

(1) $$\sum_k E|E[X_{t_{k+1}} - X_{t_k} | \mathcal{F}_{t_k}]| \leq M_\varepsilon \ .$$

Par conséquent, (X_t) est une quasimartingale. Nous allons améliorer ce résultat et démontrer iii) grâce aux deux lemmes suivants :

LEMME. <u>Si</u> (X_t) <u>est une quasimartingale continue à droite dans</u> L^1 <u>alors</u> $\lim_{\varepsilon \to 0} V_a^{a+\varepsilon}(X) = 0$ <u>où</u> $V_a^{a+\varepsilon}(X) = \sup \sum_k E|E[X_{t_{k+1}} - X_{t_k} | \mathcal{F}_{t_k}]|$ <u>le sup étant pris sur l'ensemble des subdivisions</u> $t_0 = a < t_1 < \ldots < t_n = a+\varepsilon$.

<u>Démonstration</u> : En vertu de la continuité à droite dans L^1 , pour tout $\eta > 0$, il existe $\alpha > 0$ tel que $E|X_t - X_a| < \frac{\eta}{2}$ si $0 < t-a < \alpha$.

Il existe aussi une subdivision : $t_0 = a < t_1 < \ldots < t_n = a+1$ telle que $t_1 - a < \alpha$ et $\sum_{k=0}^{n-1} E|E[X_{t_{k+1}} - X_{t_k} | \mathcal{F}_{t_k}]| \geq V_a^{a+1}(X) - \frac{\eta}{2}$. Comme $E|X_{t_1} - X_a| < \frac{\eta}{2}$, on a :

$$\sum_{k=1}^{n-1} E|E[X_{t_{k+1}} - X_{t_k} | \mathcal{F}_{t_k}] \geq V_a^{a+1}(X) - \eta \ .$$

Puisque $V_a^{a+1} = V_a^{t_1} + V_{t_1}^{a+1}$, nous obtenons pour tout $t < t_1$ l'inégalité $V_a^t < \eta$. Donc $\lim_{\varepsilon \to 0} V_a^{a+\varepsilon} X = 0$.

LEMME 2. <u>Si</u> (X_t) <u>est une quasimartingale continue à droite dans</u> L^1 ,

$$\lim_{\varepsilon \to 0} \left(\sup_{h > 0} \int_a^{a+\varepsilon} \frac{E|E[X_{t+h} - X_t | \mathcal{F}_t]|}{h} dt \right) = 0 \ .$$

Pour démontrer ce lemme, il suffit d'utiliser le lemme 1 et la majoration démontrée au début de ii) :

$$\int_a^{a+\varepsilon} \frac{E|E[X_{t+h} - X_t|\mathcal{F}_t]|}{h} dt \leq V_a^{a+\varepsilon}(X) .$$

Le lemme 2 entraîne que :

$$\lim_{\varepsilon\to 0} (\sup_{h>0} \sum_{k=1}^{n} \int_{t_k}^{t_k+2\varepsilon} \frac{E|E[X_{t+h} - X_t|\mathcal{F}_t]|}{h}) = 0 .$$

Par conséquent, l'inégalité (1) : $\sum_{k=1}^{n} E|E[X_{t_{k+1}} - X_{t_k}|\mathcal{F}_{t_k}]| \leq M_\varepsilon$ peut être remplacée par

$$\sum_{k=1}^{n} E|E[X_{t_{k+1}} - X_{t_k}|\mathcal{F}_{t_k}]| \leq \liminf_{h\to 0} \int_0^{\infty} \frac{E|E[X_{t+h} - X_t|\mathcal{F}_t]|}{h} dt .$$

Il en résulte que :

$$\text{Var } X \leq \liminf_{h\to 0} \int_0^{\infty} \frac{E|E[X_{t+h} - X_t|\mathcal{F}_t]|}{h} dt$$

et d'après la majoration démontrée au début de ii) :

$$\text{Var } X \geq \limsup_{h\to 0} \int_0^{\infty} \frac{E|E[X_{t+h} - X_t|\mathcal{F}_t]|}{h} dt .$$

D'où :

$$\text{Var } X = \lim_{h\to 0} \int_0^{\infty} \frac{E|E[X_{t+h} - X_t|\mathcal{F}_t]|}{h} dt .$$

REFERENCES

[1] TITCHMARSH, E. E. The Theory of functions. London, Oxford, University Press, 1939 (2d ed.).

[2] OREY, S. F - processes . Proc. 5th Berkeley Symposium on Math. Stat. and Prob. University of California, 1965-66, vol. II , part. 1 , 301 - 313 .

Université de Strasbourg
Séminaire de Probabilités 1973/74

PRIMITIVE D'UNE MESURE SUR LES COMPACTS D'UN ESPACE METRIQUE

par M. EMERY

0. INTRODUCTION.

Soit (E,d) un espace métrique localement compact, dénombrable à l'infini. La formule

$$d'(K_1,K_2) = \inf(d(x,y),(x,y) \in K_1 \times K_2)$$

ne définit pas une distance sur l'ensemble $\mathcal{K}$ des compacts de E ; en revanche, la formule

$$D(K_1,K_2) = \sup\Big(\sup_{x \in K_1} d'(x,K_2), \sup_{y \in K_2} d'(y,K_1)\Big)$$

munit $\mathcal{K}$ d'une structure d'espace métrique localement compact ($D(K,\emptyset)$ n'a pas été défini : $\emptyset$ est isolé dans $\mathcal{K}$) telle que, si $K \in \mathcal{K}, CK = \{L \in \mathcal{K}, L \subset K\}$ est un compact de $\mathcal{K}$.

A. REVUZ a donné dans [1] une caractérisation des mesures de Radon positives sur $\mathcal{K}$ à l'aide de leurs "primitives", dans un contexte beaucoup plus général que celui-ci. Ici, il est possible de parvenir plus simplement au même résultat, en montrant en particulier que les ensemble CK engendrent la tribu borélienne de $\mathcal{K}$.

Si m est une mesure de Radon positive sur $\mathcal{K}$, définissons sa "primitive" F (par analogie avec les primitives de mesures sur $\mathbb{R}$) comme étant l'application de $\mathcal{K}$ dans $\mathbb{R}_+$

$$F(K) = m(CK) .$$

Sous quelles conditions une application F de $\mathcal{K}$ dans $\mathbb{R}_+$ est-elle la primitive d' (au moins) une mesure sur $\mathcal{K}$? F détermine-t-elle alors m ?

1. LES CONDITIONS NECESSAIRES.

Comme dans le cas des mesures réelles, ces conditions sont de deux ordres : une condition de croissance, une condition de continuité à droite (les "intervalles" CK sont fermés à droite) .

La condition de croissance :

Si $K_o, L_1, \ldots, L_n$ sont des compacts de E $(n \geq 0)$, la partie

$$S = S(K_o; L_1, \ldots, L_n) = CK_o \setminus \bigcup_{i=1}^{n} CK_i$$

de $\mathcal{K}$ peut encore se mettre sous la forme (dite réduite) $S(K_o; K_1, \ldots K_p)$ où chaque K_i est inclus dans K_o et où les K_j $(j>0)$ sont deux à deux sans relation d'inclusion (il suffit de remplacer L_i par $L_i' = L_i \cap K_o$, puis de supprimer les L_i' inclus dans un L_j' pour $j \neq i$) . Cette écriture de S est unique (à permutation des indices non nuls près) [1] puisque $K_o = \bigcup_{K \in S} K$ et que les $K_i (i>0)$ sont les seuls compacts K de E tels que

. $K \subset K_o$

. $K \notin S$

. $\forall L \in \mathcal{K}$, $K \subsetneq L \subset K_o \Rightarrow K \in S$.

1

Sauf pour $S = S(K_o; K_o) = S(L;L) = S(\emptyset;\emptyset) = \emptyset$.
Par convention sa forme réduite sera $S(\emptyset;\emptyset)$.
Remarquer que $S(K_o) = CK_o$; $S(\emptyset) = \{\emptyset\} \neq \emptyset$.

La classe des parties S de $\mathcal{K}$ est notée $\mathcal{S}$. Comme les CK sont des compacts de $\mathcal{K}$, $\mathcal{S}$ est incluse dans la tribu borélienne $\mathcal{B}(\mathcal{K})$ de $\mathcal{K}$.

Donnons-nous maintenant une mesure positive sur $(\mathcal{K},\mathcal{B}(\mathcal{K}))$.

Si $S = S(K_o;K_1,\dots K_n)$ est écrit sous forme réduite, la formule de Poincaré permet d'écrire, en utilisant $\bigcap_{i\in I} CK_i = C(\bigcap_{i\in I} K_i)$, que

$$(*) \qquad m(S) = \sum_{j\subset[1,n]} (-1)^{|J|} F(\bigcap_{j\in j\cup\{o\}} K_j)$$

où F est la primitive de m .

Si l'on appelle "accroissement de F sur S " (noté $\Delta F(S)$) le deuxième membre de (*) , une condition nécessaire pour qu'une fonction F soit une primitive est que

$$\forall S \in \mathcal{S} , \Delta F(S) \geq 0 .$$

Remarquons que l'expression de ΔF peut être aussi bien calculée à partir d'une forme non réduite de S . En introduisant par exemple L dans la détermination, avec $L\cap K_o \subset K_1 \cap K_o$, on augmente $\Delta F(S)$ de la quantité

$$\sum_{J\subset[2,n]} (-1)^{|J|}[F(K_1\cap L\cap \bigcap_{J\cup\{o\}} K_j) - F(L\cap \bigcap_{J\cup\{o\}} K_j)] = 0 .$$

<u>La condition de continuité à droite</u>.

Si F est la primitive d'une mesure m sur $\mathcal{K}$, pour toute suite décroissante de compacts $(K_n, n \in \mathbb{N})$, les ensembles CK_n décroissent vers $C(\bigcap_n K_n)$, et $F(K_n)$ vers $F(\bigcap_n K_n)$.

Remarquons que cette continuité à droite s'exprime également avec la topologie de $\mathcal{K}$. En effet, si $(K_n, n \in \mathbb{N})$ est une suite décroissante de compacts d'intersection K , $\lim_n K_n = K$.

<u>Démonstration</u>. - Pour $x \in K$, $d'(x,K_n) = 0$, et

$$D(K,K_n) = \sup_{x \in K_n} d'(x,K)$$

Soit alors $\varepsilon > 0$; la suite de compacts

$$K_n \cap \{ x \in E \ , \ d'(x,K) \geq \varepsilon \}$$

est vide à partir d'un certain rang, et, pour n assez grand,

$$\sup_{x \in K_n} d'(x,K) < \varepsilon \quad . \qquad \text{C.Q.F.D.}$$

2. <u>CES CONDITIONS SONT SUFFISANTES</u>.

Soit F une application de $\mathcal{K}$ dans $\mathbb{R}_+$ vérifiant les deux conditions ci-dessus :

$$\forall\, S \in \mathcal{S} \ , \ \Delta F(S) \geq 0$$

$$K_n \downarrow K \Rightarrow F(K_n) \downarrow F(K) \ .$$

Ce paragraphe établit qu'alors il existe une - et une seule - mesure sur $\mathcal{K}$ de primitive F .

a) <u>Cas où</u> E <u>est compact</u>.

<u>Alors la classe</u> $\mathcal{S}$ <u>est une semi-algèbre de Boole</u> (voir [2]) .

En effet ,

. $\mathcal{K} = C\,E \in \mathcal{S}$; $\emptyset \in \mathcal{S}$;

. Stabilité par intersection finie :

$$S(K_o;K_1,\ldots,K_n) \cap S(L_o,L_1,\ldots,L_p) = S(K_o \cap L_o;\, K_1,\ldots,K_n,L_1,\ldots,L_p)$$

. Si $S \in \mathcal{S}$, $S^c = \mathcal{K} - S$ est union finie disjointe d'éléments de $\mathcal{S}$:

Soit $S(K_o,K_1,\dots,K_n)$ la forme réduite de S .

Alors S^c est l'union disjointe de $(CK_o)^c$ et des

$$CK_i \setminus \bigcup_{\ell=1}^{i-1} CK_\ell \ (i = 1,\dots,n) .$$

Mais

$$(CK_o)^c = S(E;K_o)$$

$$CK_i \setminus \bigcup_{\ell=1}^{i=1} CK_\ell = S(K_i;K_1,\dots,K_{i-1})$$

Si l'on pose, pour $S \in \mathcal{S}$, $m(S) = \Delta F(S)$, il suffit d'établir que m est σ-additive ou $\mathcal{S}$ pour affirmer l'existence et l'unicité du prolongement de m à $\sigma(\mathcal{S})$ (voir [2]) .

Additivité deux à deux de m .

Soient, écrits sous forme réduite :

$$S = S(K_o,K_1,\dots,K_m) ,$$

$$S' = S(K;L,M_i,\dots,M_n),$$

et

$$S'' = S(M_o;M_{n+1},\dots,M_p)$$

tels que $S = S' \cup S''$ avec $S' \cap S'' = \emptyset$.

Alors K_o est élément de S' par exemple, et $K_o \subset K$ d'où $K_o = K$. L'élément M_o de S'' est inclus dans K sans appartenir à S' : il est inclus,par exemple, dans L . Mais

$$\left.\begin{array}{l} M_o \subset L \subset K \\ M_o \in S \\ K \in S \end{array}\right\} \Rightarrow L \in S \ (\text{"convexité" de } S)$$

d'où $L \in S''$ et $M_o = L$. On peut donc écrire

$$S = S(K;M_1,\dots,M_p) .$$

De plus, $\forall_i \in [1,n], \exists j \in [n+1,\dots,p] \quad M_i \cap L \subset M_j$,

car sinon $M_i \cap L$ serait dans S'' , donc dans S , et, par convexité, M_i serait également dans S , donc dans S'' , donc inclus dans L , ce qui est impossible.

D'où

$$S' = S(K;L,M_1,\dots,M_p)$$

$$S'' = S(L;M_1,\dots,M_p)$$

Sous ces trois nouvelles formes, l'additivité

$$\Delta F(S) = \Delta F(S') + \Delta F(S'')$$

se vérifie immédiatement.

<u>Additivité finie de</u> m .

Soit $S = \bigcup_{i=1}^{n} S_i$, $S_i \cap S_j = \emptyset$ pour $i \neq j$.

Parmi les plus grands éléments K_o^i des S_i , il en existe au moins un, par exemple K_o^1 , qui n'en contient aucun autre; le même raisonnement que ci-dessus fournit $S - S_1 \in \mathcal{S}$, d'où , par récurrence, l'additivité finie.

Remarquons que l'on sait déjà, à ce stade, que m se prolonge en une mesure simplement additive sur l'algèbre de Boole engendrée par $\mathcal{S}$. La croissance de m sur cette algèbre sera utilisée pour démontrer la σ - additivité .

σ - Additivité de m .

LEMME. - *Soient* $S \in \mathcal{S}$; $\epsilon > 0$. *Il existe alors* $S' \in \mathcal{S}$, *tel que* $S \subset \overset{\circ}{S}$ *et* $\Delta F(S') - \Delta F(S) < \epsilon$.

Démonstration. - La forme réduite de S étant $S(K_o;\ldots,K_n)$, il existe $\partial > 0$ tel que pour tout compact K ,

$$K \supset K_o \,;\, D(K,K_o) \leq \partial \Rightarrow F(K) - F(K_o) < \epsilon \; .$$

Soit alors $L = \{ x \in E \,,\, d'(x,K_o) \leq \partial \}$, et posons

$$S' = S(L;K_1,\ldots,K_n) \; .$$

On a bien $\Delta F(S') - \Delta F(S) < \epsilon$, et, pour tout $K \in S$, soient $x_i (i = 1,\ldots,n)$ des éléments respectifs de $K \setminus K_i$.

Posons
$$\rho_1 = \frac{1}{2} \inf\,(d'(x_i,K_i),\; i = 1,\ldots,n) > 0 \,,$$

$$\rho = \inf\,(\rho_1,\partial) \; .$$

Si $K' \in \mathcal{K}$ avec $D(K,K') < \rho$,

. $d'(x_i,K') \leq D(K,K') \leq \rho < d'(x_i,K_i)$,
d'où $K' \not\subset K_i$;

. $D(K_o,K' \cup K_o) < \rho \leq \partial$,
d'où $K' \subset L$,

et $K' \in S'$, ce qui établit $S \subset \overset{\circ}{S'}$. C.Q.F.D.

Soit alors $S = \bigcup_{i=1}^{\infty} S_i$, $S_i \cap S_j = \emptyset$ pour $i \neq j$, la forme réduite de S étant $S(K_o,K_1,\ldots,K_n)$, et soit $\epsilon > 0$.

Le lemme appliqué à $CK_i (1 \leq i \leq n)$ fournit des compacts $L_i \supset K_i$ tels que $m(S - S(K_o, L_1, \dots, L_n)) < n\,\varepsilon$, et que S contienne l'adhérence de $S(K_o; L_1, \dots, L_n)$.

En appliquant maintenant le lemme à chacun des couples $(S_i, \frac{\varepsilon}{2^i})$, on obtient des éléments S'_i dont les intérieurs recouvrent le compact adh$(S(K_o; L_1, \dots L_n))$. Donc il existe $P \in \mathbb{N}$ tel que

$$S(K_o; L_1, \dots L_n) \subset \bigcup_{i=1}^{P} S'_i \ ,$$

et
$$m\Big(\bigcup_{i=1}^{P} S'_i\Big) \geq m(S(K_o; L_1, \dots L_n)) \geq m(S) - n\,\varepsilon \ .$$

On peut alors écrire :

$$m\Big(\bigcup_{i=1}^{P} S_i\Big) = \sum_{i=1}^{P} m(S_i) \geq \sum_{i=1}^{P} (S'_i) - \frac{\varepsilon}{2^i})$$

$$\geq m\Big(\bigcup_{i=1}^{P} S'_i\Big) - \varepsilon \geq m(S) - (n+1)\,\varepsilon \ ,$$

ce qui établit la σ-additivité de m sur $\mathcal{S}$.

Toute application F de $\mathcal{K}$ dans $\mathbb{R}_+$ vérifiant les deux conditions de croissance et de continuité à droite est donc la primitive d'une mesure et une seule sur $\sigma(\mathcal{S})$.

Avant d'établir que $\mathcal{S}$ engendre la tribu borélienne de $\mathcal{K}$, montrons que le résultat obtenu subsiste lorsque E n'est pas compact.

b) Cas général.

Soit $(K_n)_{n \geq 0}$ une suite croissante de compacts qui recouvre E . En appliquant le cas a) à chacun des espaces $\mathcal{K}_n = CK_n$, on peut, à partir de F , définir une suite compatible de mesures m_n sur $\mathcal{K}_n$ (la restriction à K_n de m_{n+1} est m_n) . Il reste alors à poser, pour $A \in \sigma(\mathcal{S})$,

$$m(A) = \lim_n \uparrow m_n(A \cap K_n) \ ,$$

pour obtenir une mesure simplement additive sur $\sigma(\mathcal{S})$ (la vérification est immédiate).

En fait, m est σ-additive, car si $A_p \uparrow A$, avec $A_p \in \sigma(\mathcal{S})$, $A \in \sigma(\mathcal{S})$,

$$\begin{aligned}
\lim_p \uparrow m(A_p) &= \lim_p \uparrow \lim_n \uparrow m_n(A_p \cap K_n) \\
&= \lim_n \uparrow \lim_p \uparrow m_n(A_p \cap K_n) \\
&= \lim_n \uparrow m_n(A \cap K_n) \quad (\sigma\text{-additivité de } m_n) \\
&= m(A)
\end{aligned}$$

c) <u>La mesure</u> m <u>est une mesure borélienne.</u>

Pour $r > 0$, $x \in E$, $K \in \mathcal{K}$, on notera

$$b(x,r) = \{y \in E \, , \, d(x,y) < r\}$$

$$B(K,r) = \{L \in \mathcal{K} \, , \, D(K,L) < r\} \ .$$

LEMME. - <u>Tout point</u> $K \in \mathcal{K}$ <u>admet une base de voisinages</u> (dans $\mathcal{K}$) <u>formée d'ensembles</u> $S \in \mathcal{S}$.

<u>Démonstration</u>. - Soient $K \in \mathcal{K}$, $\varepsilon > 0$. Il existe un compact L contenant K tel que $D(K,L) < \varepsilon$ et que K soit inclus dans L° (Recouvrir K par des boules ouvertes relativement compactes de rayon plus petit que ε).

Quand x décrit K, les boules $b(x,2\varepsilon)$ forment un recouvrement de L, d'où l'on extrait un sous-recouvrement fini : les boules de centre $x_1,\dots,x_n$.

Posons alors

$$S = \{K' \in \mathcal{K} ,\ K' \subset L ,\ K' \cap b(x_i, 2\varepsilon) \neq \emptyset \quad \forall_i = 1,\dots,n\}$$

$$= CL - \bigcup_{i=1}^{n} C(L \cap b^c(x_i, 2\varepsilon)) \in \mathcal{S} .$$

Les x_i étant choisis dans K , K est élément de S .

Soit $K' \in S$.

$$\forall\, x \in K ,\ d'(x,K') < 4\varepsilon ,$$

$$\forall\, x \in K',\ d'(x,K) \leq \varepsilon ,$$

d'où $K' \in B(K, 4\varepsilon)$, c'est-à dire

$$S \subset B(K, 4\varepsilon) .$$

D'autre part, soit K' tel que $D(K,K') < D(K,L)$.

$$\forall\, x \in K' \ d'(x,K) < D(K,L) \quad \text{d'où} \quad K' \subset L$$

$$\forall\, i \in [1,\dots,n]\ d'(x_i,K') < \varepsilon , \ \text{d'où} \ K \cap b(x_i, 2\varepsilon) \neq \emptyset .$$

On en déduit $K' \in S$, et, en définitive ,

$$K \in B(K, D(K,L)) \subset \overset{\circ}{S} \subset S \subset B(K, 4\varepsilon) ,$$

ce qui démontre le lemme. C.Q.F.D.

Considérons maintenant un compact $\mathcal{L}$ de l'espace $\mathcal{K}$; soit $n > 0$. Pour tout $K \in \mathcal{L}$, le lemme permet de construire $S \in \mathcal{S}$ tel que

$$K \in \overset{\circ}{S} \subset S \subset B\,(K, \tfrac{1}{n}) .$$

Lorsque K décrit $\mathcal{L}$, les $\overset{\circ}{S}$ ainsi construits recouvrent $\mathcal{L}$, et un nombre fini d'entre eux $(\overset{\circ}{S}_1,\dots,\overset{\circ}{S}_{p_n})$ également. Si U_n est l'union des S_i ,

$$\mathcal{L} \subset U_n \in \sigma(\mathbb{S})$$

$$\sup_{K \in U_n} D'(K,\mathcal{L}) < \frac{1}{n}$$

Le compact $\mathcal{L}$ est donc l'intersection des U_n , et il est élément de la tribu $\sigma(\mathbb{S})$, qui coïncide alors avec la tribu borélienne $\mathcal{B}(\mathcal{K})$ de $\mathcal{K}$.

Ceci achève de démontrer le

THEOREME (A. REVUZ) :

La formule $m(CK) = F(K)$ $\forall K \in \mathcal{K}$ établit une bijection entre les mesures positives sur $\mathcal{K}$ qui sont finies sur les compacts et les applications de $\mathcal{K}$ dans $\mathbb{R}_+$ telles que

. $\forall S \in \mathbb{S}, \Delta F(S) \geq 0$

et continues à droite.

En outre, si m et F sont en correspondance, pour tout $S \in \mathbb{S}$, on a l'égalité $m(S) = \Delta F(S)$.

3. EXEMPLES ET APPLICATIONS.

a) Soit μ une mesure sur E .

Alors μ est également la primitive d'une mesure μ' sur $\mathcal{K}$, telle que

$$\mu'(\{K \in \mathcal{K} , \text{card } K \neq 1\}) = 0 ,$$

et qui s'identifie de façon évidente à μ sur l'ensemble des compacts ponctuels.

b) Si F est la primitive d'une mesure m , et si φ est une application de $\mathbb{R}_+$ dans $\mathbb{R}_+$ absolument croissante (i.e. continue à droite en 0 , C^∞ sur $]0,+\infty[$, et $\varphi^{(n)} \geq 0$) , alors $\varphi \circ F$ est encore une primitive (Démonstration laissée au lecteur) .

c) Par exemple, en notant λ la mesure de Lebesgue sur $\mathbb{R}^n$, l'application

$$K \longrightarrow e^{\lambda(K)}$$

est la primitive d'une mesure m sur l'espace des compacts de $\mathbb{R}^d$, invariante sous le groupe des déplacements (faire opérer ce groupe sur les compacts !) . Cette mesure peut être rapprochée de la mesure de comptage sur $\mathcal{P}(E)$, où E est un ensemble fini, qui est telle que, pour $K \in \mathcal{P}(E)$,

$$m(\{K' \in \mathcal{P}(E) \ , \ K' \subset K\}) = 2^{\lambda(K)}$$

où λ est la mesure de comptage sur E .

REFERENCES

[1] A. REVUZ Fonctions croissantes et mesures sur les espaces topologiques ordonnés (Ann. Inst. Fourier, Grenoble, 6 - 1955-56)

[2] J. NEVEU Bases mathématiques du calcul des probabilités (Masson, 1970) .

Relèvement borélien compatible avec une classe d'ensembles négligeables. Application à la désintégration des mesures

par Gabriel MOKOBODZKI

Notations, Définitions :

Soient $(X,\mathcal{B})$ un espace mesurable, $\mathcal{N} \subset \mathcal{B}$ une partie héréditaire [1] σ-stable de $\mathcal{B}$, $B(X)$ l'espace vectoriel des fonctions numériques $\mathcal{B}$-mesurables bornées.

On dira que $\mathcal{N}$ est une classe d'ensembles négligeables. On dira qu'une propriété est vraie $\mathcal{N}$-presque-partout sur X si elle a lieu sauf sur un sous-ensemble A de X qui appartient à $\mathcal{N}$. Dans ce qui suit on supposera que $X \notin \mathcal{N}$.

Définition : Soit $H \subset B(X)$ un sous-espace vectoriel réticulé contenant les fonctions constantes, on dira qu'une application linéaire ρ de H dans $B(X)$ est un relèvement compatible avec $\mathcal{N}$ si les conditions suivantes sont vérifiées

a) $\rho(f) = f$ $\mathcal{N}$-presque partout $\forall f \in H$

b) $(f \geq 0$ $\mathcal{N}$-presque partout$) \Longrightarrow (\rho(f) \geq 0)$ $\forall f \in H$

c) $\rho(1) = 1$

d) $\rho(\sup(f,g)) = \sup(\rho(f), \rho(g))$ $\forall f, g \in H$

La condition d) implique évidemment la condition b).

En admettant l'hypothèse du continu, nous pouvons énoncer le

Théorème 1 : Soit $(X,\mathcal{B})$ un espace mesurable, $\mathcal{B}$ ayant la puissance du continu, et soit $\mathcal{N} \subset \mathcal{B}$ une classe d'ensembles négligeables. Il existe un relèvement ρ de $B(X)$ dans $B(X)$ compatible avec $\mathcal{N}$.

Remarquons au passage que si $\mathcal{B}$ est engendrée par une famille (A_α) ayant la puissance du continu, alors $\mathcal{B}$ a la puissance du continu.

La démonstration du théorème 1 s'appuiera sur plusieurs lemmes.

Lemme 2 : Soit H un sous-espace réticulé de $B(X)$, $1 \in H$, et ρ un relèvement de H compatible avec $\mathcal{N}$.

Le relèvement ρ se prolonge par continuité en un relèvement $\bar{\rho}$ de $\bar{H}$ dans $B(X)$ compatible avec $\mathcal{N}$.

---

[1] i.e. tout élément de $\mathcal{B}$ contenu dans un élément de $\mathcal{N}$ appartient à $\mathcal{N}$.

Démonstration : Soit $f \in \bar{H}$, $f \geqslant 0$ $\mathcal{N}$-presque partout. et soit $(f_n) \subset H$, $\|f - f_n\| \leq 2^{-n}$; on a $\bar{\rho}(f) = \lim_{n \to \infty} \rho(f_n) = \lim_{n \to \infty} \rho(f_n + 2^{-n})$,

pour tout n , $f_n + 2^{-n} \geqslant f \geqslant 0$ $\mathcal{N}$-presque partout, par suite $\rho(f_n + 2^{-n}) \geqslant 0$ et $\bar{\rho}(f) \geqslant 0$.

Soient maintenant $f, g \in \bar{H}$, $(f_n), (g_n) \subset H$, avec $\|f_n - f\| \leq 2^{-n}$, $\|g_n - g\| \leq 2^{-n}$. De ces inégalités on tire

$\|\sup f, g - \sup f_n, g_n\| \leq 2^{-n}$, par suite

$$\bar{\rho}(\sup, f, g) = \lim_{n \to \infty} \rho(\sup f_n, g_n)$$
$$= \lim_{n \to \infty} \sup(\rho(f_n), \rho(g_n))$$
$$= \sup(\bar{\rho}(f), \bar{\rho}(g)).$$

Lemme 3 : Soient $H \subset B(X)$ un sous-espace réticulé fermé, de type séparable, $1 \in H$, ρ un relèvement de H compatible avec $\mathcal{N}$.
Pour tout $A \in \mathcal{B}$, il existe un relèvement $\tilde{\rho}$ compatible avec $\mathcal{N}$ de l'espace vectoriel, réticulé $\tilde{H}$ engendré par H et 1_A , avec $\tilde{\rho} = \rho$ sur H .

Démonstration : On remarque tout d'abord que $\tilde{H}$ est égal à l'ensemble des fonctions de la forme

$1_A . f + 1_{\complement A} . g$, ou $f, g \in H$; 1_A , $1_{\complement A}$ sont les fonctions indicatrices de A et $\complement A$ respectivement .

Posons alors $h_1 = \sup\{\rho(f) \; ; \; 0 \leq f \leq 1_A \; \mathcal{N}\text{-presque partout} \; , \; f \in H\}$
$h_2 = \inf\{\rho(f) \; ; \; f \geqslant 1_A \; \mathcal{N}\text{-presque partout}, \; f \in H\}$.

L'espace H étant séparable, h_1 et h_2 sont $\mathcal{B}$-mesurables, les fonctions h_1 et h_2 sont à valeurs 0 ou 1, et $h_1 \leq 1_A \leq h_2$ $\mathcal{N}$-presque partout, $h_1 \leq h_2$ partout.

Posons $A_1 = \{h_1 = 1\}$, $A_2 = \{h_2 = 1\}$ puis
$A' = (A \cup A_1) \cap A_2$, on a $A + A' \in \mathcal{N}$.

L'opérateur $\tilde{\rho}$ défini sur $\tilde{H}$ par

$\tilde{\rho}(1_A . f + 1_{\complement A} . g) = 1_{A'} . \rho(f) + 1_{\complement A'} \rho(g)$ répond aux conditions cherchées.

Démonstration du théorème 1.

Soit $[0,\Omega[$ l'ensemble des ordinaux de seconde classe et soit $\alpha \longrightarrow A_\alpha$ une surjection de $[0,\Omega[$ sur $\mathcal{B}$. Pour tout $\alpha < \Omega$, désignons par H_α l'espace vectoriel réiculé engendré par 1 et la famille (1_{A_β}), $\beta < \alpha$. D'après le lemme 3, on peut construire par récurrence transfinie une famille $(\rho_\alpha)_{\alpha < \Omega}$ ou ρ_α est un relèvement de H_α compatible avec $\mathcal{N}$, la famille (ρ_α) vérifiant la condition de récurrence. $\rho_\alpha|_{H_\beta} = \rho_\beta$ si $\beta < \alpha$.
Posons $H = \cup H_\alpha$, $\rho = \lim \rho_\alpha$, l'application linéaire ρ est un relèvement de H, et comme $\bar{H} = B(X)$, le prolongement par continuité $\bar{\rho}$ de H à $B(X)$ répond aux conditions cherchées.

Remarques:

1) Disons qu'une fonction numérique f est $\mathcal{N}$-presque borélienne s'il existe $g \in B(X)$; $A \in \mathcal{N}$ tels que $(f \neq g) \subset A$.
On peut alors définir des relèvements boréliens sur l'espace des fonctions $\mathcal{N}$-presque boréliennes.

2) Supposons que l'on ait un relèvement ρ compatible avec $\mathcal{N}$ défini sur un sous-espace séparable réticulé $H \subset B(X)$, tel que $1 \in H$. Il existe alors un relèvement $\bar{\rho}$ de $B(X)$ compatible avec $\mathcal{N}$ tel que $\bar{\rho}|_H = \rho$.

Extension :

On suppose maintenant que X est un espace compact, que $\mathcal{B}$ est la tribu borélienne de X. On se donne une classe $\mathcal{N}$ d'ensembles négligeables vérifiant les conditions suivantes.

a) $\mathcal{N}$ ne contient aucun ouvert non vide.

b) Pour tout $A \in \mathcal{B}$, il existe un plus petit fermé $\tilde{A}$ de X tel que $A \setminus \tilde{A} \in \mathcal{N}$.

Exemples : 1) Si μ est une mesure ≥ 0 sur X de support X tout entier, on prend pour $\mathcal{N}$ la classe des ensembles μ-négligeables.

2) Pour une famille $(\mu_\alpha) \subset \mathcal{M}^+(X)$ telle que $\overline{\cup S_{\mu_\alpha}} = X$, on prend pour $\mathcal{N}$ la classe des ensembles μ_α-négligeables pour tout α.

3) La famille des ensembles maigres de X vérifie les conditions a et b.

La condition a) assure que l'application identique de $\mathcal{C}(X)$ dans $B(X)$ est un relèvement compatible avec $\mathcal{N}$.

Soit H un sous-espace réticulé de $B(X)$, $H \supset \mathcal{E}(X)$. On dira qu'un relèvement ρ de H , compatible avec $\mathcal{N}$, est un relèvement fort si $\rho(f) = f \quad \forall f \in \mathcal{E}(X)$.

Soit $\mathcal{B}_o$ une sous-tribu de $\mathcal{B}$, $B_o(X)$ l'espace des fonctions numériques $\mathcal{B}_o$-mesurables-bornées.

Théorème 4 : Si la sous-tribu $\mathcal{B}_o$ est de puissance inférieure à la puissance du continu il existe un relèvement fort compatible avec $\mathcal{N}$ de l'espace vectoriel rétidulé H_o engendré par $\mathcal{E}(X)$ et $B_o(X)$.

Démonstration : Comme précédemment on remplace $B_o(X)$ par un sous-espace dense plus maniable $B'_o(X)$:

$$B'_o(X) = \left\{ f = \sum_{i=1}^{n} \lambda_i \; 1_{A_i} \; , \; A_i \in \mathcal{B}_o \right\} .$$

Cet espace est celui des fonctions étagées construit sur $\mathcal{B}_o$. L'espace vectoriel réticulé engendré par $B'_o(X)$ et $\mathcal{E}(X)$ est composé de fonctions g de la forme

$g = \sum_{i=1}^{n} 1_{A_i} f_i$ ou $(A_i)_{i \leq n}$ est une partition finie de X , $A_i \in \mathcal{B}_o$ et $f_i \in \mathcal{E}(X)$ pour tout $i \leq n$.

Soit $P = (A_n)$ une suite d'éléments de $\mathcal{B}_o$, soit H l'espace vectoriel réticulé engendré par $\mathcal{E}(X)$ et la suite (1_{A_n}) et soit ρ un relèvement fort de H .

Nous aurons besoin des lemmes suivants.

Lemme 4. 1 : Pour tout $A \in \mathcal{B}$, la fonction numérique $t_A = \inf \left\{ \rho(g) \; ; \; g \in H \; , \; g \geq 1_A \; \mathcal{N}\text{-presque partout} \right\}$ est mesurable, t_A prend les valeurs 0 ou 1 , et $(A \setminus \{ t_A = 1 \}) \in \mathcal{N}$.

Démonstration du lemme 4. 1 : On peut supposer que la suite (A_n) ci-sessus est stable par réunion finie et passage au complémentaire de sorte que tout élément $g \in H$ s'écrit sous la forme :

$g = \sum_{k=1}^{p} 1_{A_k} \cdot f_k$ où $P_\alpha = (A_k)_{k \leq p}$ est une partition finie de X ,

$P_\alpha \subset P$, et $f_k \in \mathcal{E}(X)$.

Pour une fonction g comme ci-dessus, la relation $g \geq 1_A \mathcal{N}$-presque partout équivaut à $f_k \geq 1$ $\mathcal{N}$-presque partout sur $A \cap A_k$, k=1, 2,..., p . et par conséquent $\{ f_k \geq 1 \} \supset \widehat{A \cap A_k}$.

Si l'on associe à la partition $P_\alpha = (A_k)$ la fonction

$t_\alpha = \sum_{k=1}^{p} \rho(1_{A_k}) \cdot 1_{\widetilde{A \cap A_k}}$ on voit que l'on aura $t_\alpha \geq 1_A$ $\mathcal{N}$-presque partout et comme ρ est un relèvement fort,

$$\rho(g) = \sum_{k=1}^{p} \rho(1_{A_k}) \cdot f_k \geq t_\alpha \quad \text{partout et finalement } \rho(g) \geq t_\alpha \geq t_A .$$

On en déduit que $t_A = \inf t_\alpha$ où α parcourt la famille des partitions finies de X qui sont contenues dans $P = (A_n)$, de sorte que t_A est mesurable, $(A \setminus \{t_A = 1\}) \in \mathcal{N}$; la fonction t_A ne prend que les valeurs 0 ou 1 parce que H est réticulé et $1 \in H$.

On remarquera que pour $g \in H$, la relation $g \geq 0$ $\mathcal{N}$-presque partout sur A implique que $\rho(g) \geq 0$ partout sur $A \cap \{t_A = 1\}$.

Lemme 4.2 : Pour tout $A \in \mathcal{B}$, il existe un relèvement fort compatible avec $\mathcal{N}$ de l'espace vectoriel réticulé engendré par H et 1_A qui prolonge ρ.

Démonstration du lemme 4.2 : Considérons les fonctions

$t_A = \inf \{ \rho(g) \mid g \in H ; g \geq 1_A \ \mathcal{N}\text{-presque partout} \}$. et

$\ell_A = \sup \{ \rho(g) \mid g \in H ; g \leq 1_A \ \mathcal{N}\text{-presque partout} \}$.

D'après le lemme précédent on a

$\ell_A \leq 1_A \leq t_A$ $\mathcal{N}$-presque partout et ℓ_A, t_A sont mesurables, à valeurs 0 ou 1 .

Posons alors $A' = (A \cup \{\ell_A = 1\}) \cap \{t_A = 1\}$.

L'espace vectoriel réticulé H_1 engendré par H et 1_A se compose de fonctions g de la forme

$g = 1_A \cdot f + 1_{\complement A} \cdot h$ où f , g $\in$ H

L'application ρ_1 définie sur H_1 par

$\rho_1(g) = 1_{A'} \cdot \rho(f) + 1_{\complement A'} \cdot \rho(h)$ est alors un relèvement fort de H_1, compatible avec $\mathcal{N}$, qui prolonge ρ .

Démonstration du théorème 4 : à l'aide des deux lemmes précédents on reprend sans difficulté la démonstration du théorème 1.

Application à la désintégration des mesures.

Soit X un espace compact, μ une mesure ≥ 0 sur X de support X. On suppose que la topologie de X est engendrée par une famille (ω_α) d'ouverts dont la puissance est inférieure à celle du continu. Dans ces conditions, la tribu de Baire $\mathcal{B}_o$ de X, engendrée par les ouverts qui sont des K_σ, est aussi de puissance inférieure à celle du continu et l'on sait que tout élément de $L^\infty(X,\mu)$ possède un représentant $\mathcal{B}_o$-mesurable.

Théorème 5 : Il existe un relèvement ρ de $L^\infty(X,\mu)$ dans $B(X)$ vérifiant les conditions

a) pour tout $f \in L^\infty(X,\mu)$, $\rho(f) \in B(X)$ et $\rho(f) \in f$

b) pour tout $g \in \mathcal{C}(X)$, $\rho(g) = g$

c) $\rho(\sup f, g) = \sup(\rho(f), \rho(g))$

Rappelons comment l'on passe des relèvements aux désintégrations :

Soit Y un espace compact, ν une mesure ≥ 0 sur X, φ une application de Y sur X telle que $\mu = \varphi(\nu)$.

Pour tout $h \in \mathcal{C}(Y)$, la mesure $\varphi(h.\nu)$ peut se mettre sous la forme $\varphi(h.\nu) = p(h).\mu$ où $p(h) \in L^\infty(X,\mu)$.
Soit alors ρ un relèvement fort de $L^\infty(X,\mu)$, compatible avec la classe des ensembles μ-négligeables et posons, pour $h \in \mathcal{C}(Y)$ $K(h) = \rho(p(h))$; pour $x \in X$, l'application $h \mapsto K(h)(x)$ définit une mesure σ_x sur Y, $\sigma_x \in \mathcal{M}^1(Y)$, σ_x portée par $\varphi^{-1}(x)$, et l'on a

$$\nu = \int \sigma_x \, d\mu(x) .$$

On The Construction of Kernels

by

R. K. Getoor*

1. Introduction

In a number of recent papers (see, for example, [1], [2], [4], [5] and [7]) the authors found it necessary to regularize certain Radon-Nikodym type densities by means of kernels. This is straightforward if the underlying space is nice enough. However, when the underlying space is somewhat more complicated certain difficulties arise. Therefore it seems as though it might be worthwhile to formulate explicitly general conditions under which such a construction is possible. The main results are Propositions 4.1 and 4.5 in Section 4. In Section 5 these results are applied to the construction of densities for continuous additive functionals of Markov processes. In Section 6, following Mokobodzki [8], we apply these results to the disintegration of measures and the existence of regular conditional probabilities. Only in Section 5 is an acquaintance with the theory of Markov processes assumed. Section 6 assumes no such acquaintance and is independent of Section 5.

This paper is purely expository and contains no new results. All of the results described here are classical and are well known.

* This research was supported in part by the National Science Foundation NSF Grant 41707X.

2. Notation and Definitions.

Let $(E, \mathcal{E})$ be a measurable space and let $\underline{\underline{E}}$ denote the Banach space of bounded real valued $\mathcal{E}$ measurable functions on E under the supremum norm. Let $\mathfrak{n} \subset \mathcal{E}$ be closed under countable unions and be hereditary in the sense that if $N \in \mathfrak{n}$ and $B \subset N$, $B \in \mathcal{E}$, then $B \in \mathfrak{n}$. In addition we assume that $E \notin \mathfrak{n}$. The sets in $\mathfrak{n}$ are called "negligible" and a property $p(x)$ depending on $x \in E$ is said to hold almost everywhere $(\mathfrak{n})$, abbreviated a.e. $(\mathfrak{n})$, if the set of x for which $p(x)$ does not hold is contained in $\mathfrak{n}$. When no confusion is possible we shall write simply a.e. rather than a.e. $(\mathfrak{n})$.

A measure will mean a positive finite measure unless explicitly stated otherwise. If $(E, \mathcal{E})$ is a measurable space and μ a measure on $(E, \mathcal{E})$, then $\mathcal{E}^{\mu}$ denotes the completion of $\mathcal{E}$ with respect to μ and $\mathcal{E}^{*} = \bigcap_{\mu} \mathcal{E}^{\mu}$ is the σ-algebra of universally measurable sets over $\mathcal{E}$. Here the intersection is over all measures μ on $(E, \mathcal{E})$. A measure μ on $(E, \mathcal{E})$ has a unique extension to $(E, \mathcal{E}^{*})$ which we again denote by μ. Of course, $\underline{\underline{E}}^{*}$ then denotes the Banach space of bounded real valued $\mathcal{E}^{*}$ measurable functions.

In a topological space a Borel set is an element of the smallest σ-algebra containing the open sets and a universally measurable set is one that is universally measurable over the Borel sets.

A topological space Ω is said to be a U-space provided it is homeomorphic to a universally measurable subspace of a compact metric space $\hat{\Omega}$. We shall always identify Ω with a universally measurable subspace of $\hat{\Omega}$ when Ω is a U-space. A topological space Ω is a Lusin space provided it is homeomorphic to a Borel subspace of a compact metric space $\hat{\Omega}$. This definition differs from the one given in [3], but it follows readily from the results in [3] that it is an equivalent definition. Again we shall always identify a Lusin space Ω with a Borel subspace of $\hat{\Omega}$. Clearly every Lusin space is a U-space. It follows from the Choquet capacitability theorem that if Ω is a Souslin subspace or the complement of a Souslin subspace of a compact metric space $\hat{\Omega}$, then Ω is a U-space. We refer the reader to [3] for the definition of a Souslin space.

Let Ω be a universally measurable subspace of a compact metric space $\hat{\Omega}$. Then $\mathfrak{F}$ (resp. $\hat{\mathfrak{F}}$) denotes the σ-algebra of Borel subsets of Ω (resp. $\hat{\Omega}$), and $\mathfrak{F}^*$ (resp. $\hat{\mathfrak{F}}^*$) denotes the σ-algebra of universally measurable sets over $(\Omega, \mathfrak{F})$ (resp. $(\hat{\Omega}, \hat{\mathfrak{F}})$). By hypothesis $\Omega \in \hat{\mathfrak{F}}^*$. It is easy to see that $A \in \mathfrak{F}$ if and only if there exists $\hat{A} \in \hat{\mathfrak{F}}$ such that $A = \hat{A} \cap \Omega$, that is, $\mathfrak{F} = \hat{\mathfrak{F}}_\Omega$ where $\hat{\mathfrak{F}}_\Omega$ is the trace of $\hat{\mathfrak{F}}$ on Ω defined by

$$(2.1) \qquad \hat{\mathfrak{F}}_\Omega = \{A \subset \Omega\colon A = \Omega \cap \hat{A} \text{ for some } \hat{A} \in \hat{\mathfrak{F}}\}\ .$$

For emphasis we repeat that, in general, Ω is <u>not</u> an element of $\hat{\mathfrak{F}}$. It follows from this that a real valued function, f, on Ω is Borel, i.e. $\mathfrak{F}$-measurable, if and only if there exists a real function $\hat{f}$ on $\hat{\Omega}$ that is Borel, i.e. $\hat{\mathfrak{F}}$-measurable, such that $f = \hat{f}|_\Omega$. It follows immediately from these facts that $\mathfrak{F}^* = \hat{\mathfrak{F}}^*_\Omega$, but since $\Omega \in \hat{\mathfrak{F}}^*$ we have that $A \in \mathfrak{F}^*$ if and only if $A \subset \Omega$ and $A \in \hat{\mathfrak{F}}^*$.

Let $\underline{\underline{F}}$ (resp. $\underline{\underline{F}}^*$) denote the space of bounded $\mathfrak{F}$ (resp. $\mathfrak{F}^*$) measurable functions on Ω . If $\underline{\underline{V}}$ is a vector subspace of $\underline{\underline{F}}^*$, then a map $T\colon \underline{\underline{V}} \to \underline{\underline{E}}$ is almost linear and almost positive on $\underline{\underline{V}}$ provided

(2.2) $$T(\alpha f + \beta g) = \alpha Tf + \beta Tg \quad \text{a.e.}$$

for $f, g \in \underline{\underline{V}}$ and real α, β ;

(2.3) $$f \in \underline{\underline{V}}, \quad f \geq 0 \quad \text{implies} \quad Tf \geq 0 \quad \text{a.e.} \; .$$

Recall that a.e. means except on a subset of η . If $1 \in \underline{\underline{V}}$ it is straightforward to check that

(2.4) $$|Tf| \leq \|f\| \, T1 \quad \text{a.e.}$$

for all $f \in \underline{\underline{V}}$.

Finally if $(Y, \mathcal{G})$ is a measurable space, a kernel K from $(E, \mathcal{E})$ to $(Y, \mathcal{G})$ is a function $K(x, A)$ defined for $x \in E$ and $A \in \mathcal{G}$ such that $x \to K(x, A)$ is $\mathcal{E}$ measurable for each $A \in \mathcal{G}$, and $A \to K(x, A)$ is a measure on $\mathcal{G}$ for each $x \in E$. The kernel K is bounded if $\sup\{K(x, Y)\colon x \in E\} < \infty$. If K is a bounded kernel from $(E, \mathcal{E})$ to $(Y, \mathcal{G})$, then

$$f \to Kf = K(\cdot, f) = \int K(\cdot, dy)\, f(y) \tag{2.5}$$

defines a bounded, positive, linear map from $\underline{\underline{A}}$ to $\underline{\underline{E}}$ such that if $(f_n) \subset \underline{\underline{A}}$ with $0 \le f_n \uparrow f \in \underline{\underline{A}}$, then $Kf_n \uparrow Kf$. Moreover, it is immediate that any such map from $\underline{\underline{A}}$ to $\underline{\underline{E}}$ is given by a bounded kernel K as in (2.5).

3. The Compact Metric Case.

In this section we assume that Ω is a compact metric space and $\mathfrak{F}$ is the σ-algebra of Borel subsets of Ω. Let $\underline{\underline{C}} = \underline{\underline{C}}(\Omega)$ denote the space of real valued continuous functions on Ω. Let $(E, \mathcal{E})$ and $\mathfrak{n}$ be as in Section 2.

(3.1) Proposition. *Let* $T\colon \underline{\underline{C}} \to \underline{\underline{E}}$ *be almost linear and almost positive. Then there exists a bounded kernel,* K, *from* $(E, \mathcal{E})$ *to* $(\Omega, \mathfrak{F})$ *such that* $Tf = Kf$ a.e. *for each* $f \in \underline{\underline{C}}$.

Proof. Let $\underline{\underline{H}} \subset \underline{\underline{C}}$ be a countable vector space over the rationals $\underline{\underline{Q}}$ which contains 1 and is dense in $\underline{\underline{C}}$. Let $\underline{\underline{H}}^+ = \{h \in \underline{\underline{H}}\colon h \geq 0\}$ and let $M = \|T1\|$. Define $t(x, h) = Th(x)$ for $h \in \underline{\underline{H}}$. If $\alpha, \beta \in \underline{\underline{Q}}$ and $f, g \in \underline{\underline{H}}$, let

$$N(\alpha, \beta, f, g) = \{x\colon t(x, \alpha f + \beta g) \neq \alpha t(x, f) + \beta t(x, g)\} .$$

For $h \in \underline{\underline{H}}$ and $h^+ \in \underline{\underline{H}}^+$ let

$$N(h) = \{x\colon |t(x, h)| > M\|h\|\};\ N(h^+) = \{x\colon t(x, h^+) < 0\} .$$

It is immediate from (2.2), (2.3), and (2.4) that each of the above sets is in $\mathfrak{n}$. Let N be the union over all $\alpha, \beta \in \underline{\underline{Q}}$, $f, g, h \in \underline{\underline{H}}$, and $h^+ \in \underline{\underline{H}}^+$ of the sets $N(\alpha, \beta, f, g)$, $N(h)$, and $N(h^+)$. Then $N \in \mathfrak{n}$

and we define

$$k(x, h) = t(x, h) \quad \text{for} \quad x \notin N, \ h \in \underline{\underline{H}}$$
$$= 0 \qquad\qquad \text{for} \quad x \in N, \ h \in \underline{\underline{H}} \ .$$

Then for each $x \in E$, $h \to k(x, h)$ is a positive, rational linear functional on $\underline{\underline{H}}$ that is bounded by M. In addition $Th = k(\cdot, h)$ a.e. for each $h \in \underline{\underline{H}}$, and $x \to k(x, h)$ is in $\underline{\underline{E}}$ for each $h \in H$. Since $\underline{\underline{H}}$ is dense in $\underline{\underline{C}}$ (in the uniform norm) one can extend $h \to k(x, h)$ by continuity to $\underline{\underline{C}}$ for each x. Denoting this extension by $k(x, f)$ again, it is clear that for each $x \in E$, $f \to k(x, f)$ is a positive linear functional on $\underline{\underline{C}}$ that is bounded by M such that $Tf = k(\cdot, f)$ a.e. and $x \to k(x, f)$ is in $\underline{\underline{E}}$ for each $f \in \underline{\underline{C}}$. Consequently for each $x \in E$, there exists a measure $K(x, \cdot)$ on $\mathfrak{F}$ such that $k(x, f) = \int K(x, dy)f(y)$ for each $f \in \underline{\underline{C}}$. Since $x \to Kf(x) = k(x, f)$ is $\mathcal{E}$ measurable for each $f \in \underline{\underline{C}}$, it follows from the monotone class theorem that K is a kernel from $(E, \mathcal{E})$ to $(\Omega, \mathfrak{F})$. Clearly K is bounded since $K(x, \Omega) = k(x, 1) \leq M$ for all x. This completes the proof of (3.1).

The following corollary is, perhaps, of more importance than (3.1) itself. The assumptions on $(\Omega, \mathfrak{F})$ in the first sentence of this section are still in force and, as in Section 2, $\underline{\underline{F}}$ denotes the bounded $\mathfrak{F}$ measurable functions on Ω.

(3.2) Corollary. Let $T: \underline{\underline{F}} \to \underline{\underline{E}}$ be almost linear and almost positive and satisfy

(3.3) if $(f_n) \subset \underline{\underline{F}}$ and $0 \le f_n \uparrow f \in \underline{\underline{F}}$, then

$Tf_n \uparrow Tf$ a.e. .

Then there exists a bounded kernel K from $(E, \mathcal{E})$ to $(\Omega, \mathfrak{F})$ such that $Tf = Kf$ a.e. for each $f \in \underline{\underline{F}}$.

Proof. If we restrict T to $\underline{\underline{C}}$, then using (3.1) we can find a bounded kernel K from $(E, \mathcal{E})$ to $(\Omega, \mathfrak{F})$ such that $Tf = Kf$ a.e. for all $f \in \underline{\underline{C}}$. But if $\underline{\underline{V}}$ denotes set of $f \in \underline{\underline{F}}$ for which $Tf = Kf$ a.e., then $\underline{\underline{V}}$ is a vector space containing $\underline{\underline{C}}$ and by (3.3) has the property that if $(f_n) \in \underline{\underline{V}}$ and $0 \le f_n \uparrow f$ with f bounded, then $f \in \underline{\underline{V}}$. Consequently $\underline{\underline{V}} = \underline{\underline{F}}$.

(3.4) Remark. In (3.1) and (3.2) the proof shows that $K(x, \Omega) \le \|T1\|$ for all $x \in E$.

4. The General Case.

This section contains two extensions of Corollary 3.2; the first when Ω is a Lusin space and the second when Ω is s U-space. If Ω is Lusin Corollary 3.2 remains true as stated, but if Ω is a U-space we need to make an additional assumption. The result for Lusin spacesis contained in Proposition 4.1 and that for U-spaces in Proposition 4.5. The notation is the same as in the previous sections. In particular $\underline{\underline{F}}$ denotes the bounded Borel (i.e. $\mathfrak{F}$ measurable) functions on Ω, while $(E, \mathcal{E})$, $\underline{\underline{E}}$, and η have the same meanings as in Sections 2 and 3.

(4.1) Proposition. *Let Ω be a Lusin space and let $T: \underline{\underline{F}} \to \underline{\underline{E}}$ be almost linear and almost positive and satisfy (3.3). Then there exists a bounded kernel K from $(E, \mathcal{E})$ to $(\Omega, \mathfrak{F})$ such that $Tf = Kf$ a.e. for each $f \in \underline{\underline{F}}$.*

Proof. Let $\hat{\Omega}$ be a compact metric space in which Ω is a Borel set. Let $\hat{\mathfrak{F}}$ be the σ-algebra of Borel subsets of $\hat{\Omega}$ and $\hat{\underline{\underline{F}}}$ the bounded Borel functions on $\hat{\Omega}$. Then $f \in \underline{\underline{F}}$ if and only if $\hat{f} \in \hat{\underline{\underline{F}}}$ where $\hat{f} = f$ on Ω and $\hat{f} = 0$ on $\hat{\Omega} - \Omega$. Define $\hat{T}: \hat{\underline{\underline{F}}} \to \underline{\underline{E}}$ by

$$\hat{T}\hat{f} = T(\hat{f}|_{\Omega}) . \tag{4.2}$$

Since $\hat{f} \to \hat{f}|_{\Omega}$ is positive, linear, and preserves pointwise limits, it is clear that $\hat{T}$ satisfies the assumptions of Corollary 3.2 relative to $\hat{\Omega}$. Thus there exists a kernel $\hat{K}$ from $(E, \mathcal{E})$ to $(\hat{\Omega}, \hat{\mathfrak{F}})$ such that $\hat{T}\hat{f} = \hat{K}\hat{f}$ a.e. for all $\hat{f} \in \hat{\underline{\underline{F}}}$. But we may identify $\underline{\underline{F}}$ with those elements of $\hat{\underline{\underline{F}}}$ which vanish off Ω. Consequently $Tf = \hat{K}f$ a.e. for all $f \in \underline{\underline{F}}$. If $\hat{f} = 1_{\hat{\Omega}-\Omega}$, then a.e.

$$\hat{K}(\cdot, \hat{\Omega} - \Omega) = \hat{T}(1_{\hat{\Omega}-\Omega}) = T(0) = 0 .$$

Thus $N = \{x: \hat{K}(x, \hat{\Omega} - \Omega) \neq 0\}$ is in $\mathfrak{n}$. If we define $K(x, \cdot) = \hat{K}(x, \cdot)$ for $x \notin N$ and $K(x, \cdot) = 0$ for $x \in N$, then K is a kernel from $(E, \mathcal{E})$ to $(\Omega, \mathfrak{F})$ such that $Tf = Kf$ a.e. for all $f \in \underline{\underline{F}}$, proving (4.1).

In order to treat U-spaces we need to assume that $\mathfrak{n}$ has a special form. We assume that there exists a family M of measures on $(E, \mathcal{E})$ such that

$$(4.3) \qquad \mathfrak{n} = \{B \in \mathcal{E}: m(B) = 0 \text{ for all } m \in M\} .$$

There is considerable leeway in the choice of M for a given $\mathfrak{n}$. For example, if $M = (m_i)$ is countable we may replace M by the single measure

$$m = \sum_i 2^{-i}(m_i(E))^{-1} m_i$$

without changing $\mathfrak{n}$. For $\mathfrak{n}$ of the form (4.3) we define

(4.4) $$\mathfrak{n}^* = \{B \in \mathcal{E}^* : m(B) = 0 \quad \text{for all} \quad m \in M\} .$$

(4.5) Proposition. *Let* Ω *be a U-space and let* $\mathfrak{n}$ *be as above. Let* $T: \underline{\underline{F}} \to \underline{\underline{E}}$ *be almost linear and almost positive and satisfy* (3.3). *Then there exists a bounded kernel* K *from* $(E, \mathcal{E}^*)$ *to* $(\Omega, \mathfrak{F})$ *such that* $Tf = Kf$ *a.e.* $(\mathfrak{n}^*)$ *for each* $f \in \underline{\underline{F}}$. *If, in addition,* M *consists of a single measure,* K *may be chosen to be a kernel from* $(E, \mathcal{E})$ *to* $(\Omega, \mathfrak{F})$. *In this case* $Tf = Kf$ *a.e.* $(\mathfrak{n})$ *for each* $f \in \underline{\underline{F}}$.

Proof. Recall from Section 2 that if $\hat{f} \in \hat{\underline{\underline{F}}}$ then $\hat{f}|_\Omega \in \underline{\underline{F}}$. If $\hat{f} \in \hat{\underline{\underline{F}}}$ define $\hat{T}\hat{f} = T(\hat{f}|_\Omega)$. As in the proof of (4.1), $\hat{T}$ satisfies the hypotheses of Corollary 3.2 relative to $\hat{\Omega}$. Consequently there exists a bounded kernel $\hat{K}$ from $(E, \mathcal{E})$ to $(\hat{\Omega}, \hat{\mathfrak{F}})$ such that $\hat{T}\hat{f} = \hat{K}\hat{f}$ a.e. $(\mathfrak{n})$ for all $\hat{f} \in \hat{\underline{\underline{F}}}$. As usual the unique extension of each $\hat{K}(x, \cdot)$ to $\hat{\mathfrak{F}}^*$ is again denoted by $\hat{K}(x, \cdot)$. It is immediate that $x \to \hat{K}(x, \hat{f})$ is $\mathcal{E}^*$ measurable for each $\hat{f} \in \hat{\underline{\underline{F}}}^*$. (Given $\hat{f} \in \hat{\underline{\underline{F}}}^*$ and μ a measure on $\mathcal{E}$, choose $\hat{f}_1, \hat{f}_2 \in \hat{\underline{\underline{F}}}$ with $\hat{f}_1 \le \hat{f} \le \hat{f}_2$ and $\nu(\hat{f}_1) = \nu(\hat{f}_2)$ where $\nu(\cdot) = \int \mu(dx)\, \hat{K}(x, \cdot)$ is a measure on $\hat{\mathfrak{F}}$.) If $f \in \underline{\underline{F}}$, then $\hat{f} = f$ on Ω and $\hat{f} = 0$ on $\hat{\Omega} - \Omega$ is in $\hat{\underline{\underline{F}}}^*$ and so $\hat{K}f = \hat{K}\hat{f}$ exists and is in $\underline{\underline{E}}^*$. We claim that $Tf = \hat{K}f$ a.e. $(\mathfrak{n}^*)$.

To this end fix $m \in M$. Then $\nu(\hat{f}) = m(\hat{T}\hat{f})$ defines a measure on $\hat{\underline{\underline{F}}}$ that agrees with $\hat{f} \to \int m(dx)\, \hat{K}(x, \hat{f})$ on $\hat{\underline{\underline{F}}}$. Consequently the unique extension of ν to $\hat{\underline{\underline{F}}}^*$ is given by $\nu(\cdot) = \int m(dx)\, \hat{K}(x, \cdot)$. Given $f \in \underline{\underline{F}}$ let $\hat{f} = f$ on Ω and $\hat{f} = 0$ on $\hat{\Omega} - \Omega$. Then $\hat{f} \in \hat{\underline{\underline{F}}}^*$ and so there exist $\hat{f}_1, \hat{f}_2 \in \hat{\underline{\underline{F}}}$ with $\hat{f}_1 \le \hat{f} \le \hat{f}_2$ and $\nu(\hat{f}_1) = \nu(\hat{f}_2)$. Since $f_1 = \hat{f}_1|_\Omega$ and $f_2 = \hat{f}_2|_\Omega$ are in $\underline{\underline{F}}$ and satisfy $f_1 \le f \le f_2$ it follows that $Tf_1 \le Tf \le Tf_2$ a.e. $(\mathfrak{n})$. But by definition $\hat{T}\hat{f}_i = Tf_i$, while $\hat{T}\hat{f}_i = \hat{K}\hat{f}_i$ a.e. $(\mathfrak{n})$ by construction of $\hat{K}$, $i = 1, 2$. Finally $\hat{K}\hat{f}_1 \le \hat{K}\hat{f} \le \hat{K}\hat{f}_2$ and by the definition of ν, $\hat{K}\hat{f}_1 = \hat{K}\hat{f}_2$ a.e. (m). Combining these facts with $\hat{K}\hat{f} = \hat{K}f$ we see that $Tf = \hat{K}f$ a.e. (m). Since $\{Tf \ne \hat{K}f\} \in \mathcal{E}^*$ and $m \in M$ is arbitrary, $Tf = \hat{K}f$ a.e. $(\mathfrak{n}^*)$ for each $f \in \underline{\underline{F}}$. Consequently a.e. $(\mathfrak{n}^*)$ one has $\hat{K}1_{\hat{\Omega}} = \hat{T}1_{\hat{\Omega}} = T1_\Omega = \hat{K}1_\Omega$, or

$$N^* = \{x: \hat{K}(x, \hat{\Omega}) \ne K(x, \Omega)\} \in \mathfrak{n}^* . \tag{4.6}$$

Thus if we define $K(x, \cdot) = \hat{K}(x, \cdot)$ for $x \notin N^*$ and $K(x, \cdot) = 0$ for $x \in N^*$, then K is a kernel from $(E, \mathcal{E}^*)$ to $(\Omega, \mathcal{F})$ and $Tf = Kf$ a.e. $(\mathfrak{n}^*)$ for all $f \in \underline{\underline{F}}$. This establishes the first assertion in (4.5).

If M consists of a single measure m, then there exists $N \in \mathcal{E}$ such that $N^* \subset N$ and $m(N) = m(N^*) = 0$ where N^* is defined in (4.6). In this case if we define $K(x, \cdot) = \hat{K}(x, \cdot)$ for $x \notin N$ and $K(x, \cdot) = 0$ for $x \in N$, then $K(x, \cdot)$ is a measure on $(\Omega, \mathcal{F})$ for each x, and $\{x: \hat{K}(x, \cdot) \ne K(x, \cdot)\} = N$. If $f \in \underline{\underline{F}}$ then there exists $\hat{f}$ in $\hat{\underline{\underline{F}}}$

such that $\hat{f}|_{\Omega} = f$. If $x \notin N$, $K(x, \cdot) = \hat{K}(x, \cdot)$ is carried by Ω and so $K(x, f) = \hat{K}(x, \hat{f})$, while if $x \in N$, $K(x, f) = 0$. Since $\hat{K}\hat{f} \in \underline{\underline{E}}$ and $N \in \mathfrak{n} \subset \mathcal{E}$, it follows that Kf is in $\underline{\underline{E}}$. That is, K is a kernel from $(E, \mathcal{E})$ to $(\Omega, \mathcal{F})$ Clearly $Kf = Tf$ a.e. $(\mathfrak{n})$ in this case. This completes the proof of (4.5).

Remarks. In certain applications one would like to construct a kernel K from $(E, \mathcal{E})$ to $(\Omega, \mathcal{F})$ rather than from $(E, \mathcal{E}^*)$, for general families M. I have not succeeded in doing this, and to the best of my knowledge it remains an open question. Also of interest is whether or not Proposition 4.1 is valid as stated when Ω is a U-space. In the actual applications that I have in mind (see the next section) Ω is the complement in $\hat{\Omega}$ of a Souslin subspace of $\hat{\Omega}$, but I do not see how to make use of this added information.

5. Continuous Additive Functionals.

Let E be a Lusin space and $\mathcal{E}$ the Borel sets of E. Let $(P_t)_{t\geq 0}$ be a semigroup of Markov kernels from $(E, \mathcal{E}^*)$ to $(E, \mathcal{E})$ that satisfies the hypotheses of the right, that is, HD1 and HD2 of [9]. Let

$$X = (\Omega, \mathcal{F}^0, \mathcal{F}^0_t, X_t, P^\mu, \ldots)$$

be the canonical right continuous realization of (P_t). We refer the reader to [9] for the basic properties of "right" processes. It is known (see [6] p. 235) that there exists a compact metric space $\hat{\Omega}$ containing Ω such that $\hat{\Omega} - \Omega$ is Souslin and $\mathcal{F}^0$ is the σ-algebra of Borel subsets of Ω. In particular $(\Omega, \mathcal{F}^0)$ is a U-space. However, Ω is <u>not</u> a Lusin space in general.

Let $\mathcal{A}_+$ denote the collection of <u>continuous</u>, adapted additive functionals A such that $E^x(A_t) < \infty$ for all $x \in E$ and $t < \infty$. Let $\mathcal{A}^1_+$ be those elements of $\mathcal{A}_+$ having bounded one-potentials, and set $\mathcal{A} = \mathcal{A}_+ - \mathcal{A}_+$ and $\mathcal{A}^1 = \mathcal{A}^1_+ - \mathcal{A}^1_+$. For simplicity we shall deal with $\mathcal{A}^1$ but one could just as well consider $\mathcal{A}$. We shall need the following result of Benveniste and Jacod [2]. If $A, B \in \mathcal{A}^1_+$ and $A << B$, then $A = f * B$ where $f \geq 0$ is $\mathcal{E}^1$ measurable. Here $\mathcal{E}^1$ is the smallest σ-algebra on E relative to which all α-excessive functions, $\alpha \geq 0$, are measurable, and $f * B$ is the functional

$$(f * B)_t = \int_0^t f(X_s)\, dB_s .$$

Clearly f is determined up to a set of B potential zero, that is, a set $\Gamma \in \mathcal{E}^1$ with $U_B^1(x, \Gamma) = 0$ for all $x \in E$. If $\mathcal{E}^n$ is the σ-algebra of nearly Borel subsets of E, then $\mathcal{E} \subset \mathcal{E}^1 \subset \mathcal{E}^n \subset \mathcal{E}^*$ and $(\mathcal{E}^1)^* = \mathcal{E}^*$.

Let $(W, \mathcal{G})$ be a U-space and suppose that we are given a map from $\underline{\underline{G}}$ to $\mathcal{a}^1$, $g \to A(g)$ satisfying

(5.1) $$g \geq 0 \text{ implies } A(g) \in \mathcal{a}_+^1 ;$$

(5.2) $$A(\alpha g + \beta h) = \alpha A(g) + \beta A(h) \quad \text{for } g, h \in \underline{\underline{G}}$$ and α, β real;

(5.3) Given $(g_n) \in \underline{\underline{G}}$ with $0 \leq g_n \uparrow g \in \underline{\underline{G}}$ then $U_{A(g_n)}^1 f \uparrow U_{A(g)}^1 f$ for all $f \in \underline{\underline{E}}^+$.

In the usual applications $(W, \mathcal{G})$ is either $(\Omega, \mathcal{F}^0)$ or $(E, \mathcal{E})$. Let $A = A(1) \in \mathcal{a}_+^1$ and let $\mathfrak{n}$ consist of all $\Gamma \in \mathcal{E}^1$ of A-potential zero. Then relative to the measurable space $(E, \mathcal{E}^1)$, $\mathfrak{n}$ is a collection of negligible sets of the form (4.3). It follows readily from (5.1) and (5.2) that for each $g \in \underline{\underline{G}}^+$, $A(g)$ is absolutely continuous with respect to A, and hence $A(g) = (Tg) * A$ where $Tg \geq 0$ is $\mathcal{E}^1$ measurable and one may suppose that $|Tg| \leq \|g\|$, $T1 = 1$. If $g \in \underline{\underline{G}}$ and we set $Tg = T(g^+) - T(g^-)$, then again $A(g) = (Tg) * A$. It is immediate that $T: \underline{\underline{G}} \to \underline{\underline{E}}^1$ is almost linear and almost positive relative to $\mathfrak{n}$. Finally it follows from (5.3) that T satisfies condition (3.3).

If $(W, \mathcal{G})$ is Lusin, then by (4.1) there exists a kernel, N, from $(E, \mathcal{E}^1)$ to $(W, \mathcal{G})$ that is bounded by one such that

$$A(g) = N(\cdot, g) * A \quad \text{for all} \quad g \in \underline{\underline{G}}\,. \tag{5.4}$$

If one only knows that $(W, \mathcal{G})$ is a U-space, then by (4.5) there exists a kernel N from $(E, \mathcal{E}^*)$ to $(W, \mathcal{G})$ such that (5.4) holds. If, however, all of the measures $U^1_A(x, \cdot)$ are absolutely continuous with respect to a single measure m, for example if X posseses a reference measure, then even when $(W, \mathcal{G})$ is only a U-space there exists a kernel N from $(E, \mathcal{E}^1)$ to $(W, \mathcal{G})$ such that (5.4) holds.

Of course, if (P_t) is Borel, then $\mathcal{E}^1$ may be replaced by $\mathcal{E}$ in all of the above statements.

6. Disintegration of Measures and Regular Conditional Probabilities.

Let $(\Omega, \mathfrak{F})$ be a U-space and $(E, \mathcal{E})$ a measurable space. We fix a measure ν on $(\Omega, \mathfrak{F})$ and a measurable map $\varphi: \Omega \to E$. Let $\mu = \varphi(\nu)$ be the image of ν under φ. Thus μ is a measure on $(E, \mathcal{E})$ and

$$(6.1) \qquad \int g d\mu = \int (g \circ \varphi) \, d\nu$$

for all $g \in \underline{\underline{E}}$. If $f \in \underline{\underline{F}}$, $f\nu$ denotes the signed measure $A \to \int_A f d\nu$ on $(\Omega, \mathfrak{F})$. Let $\mu^f = \varphi(f\nu)$. Then μ^f is a signed measure on $(E, \mathcal{E})$, and clearly $\mu^f << \mu$. For each $f \in \underline{\underline{F}}$, let Tf be a density for μ^f with respect μ. We may assume that $Tf \in \underline{\underline{E}}$ for each $f \in \underline{\underline{F}}$ and that $T1 = 1$. If $\mathfrak{n} = \{B \in \mathcal{E}: \mu(B) = 0\}$, then it is evident that $T: \underline{\underline{F}} \to \underline{\underline{E}}$ is almost linear and almost positive relative to $\mathfrak{n}$ and that it satisfies condition (3.3). Consequently there exists a kernel K from $(E, \mathcal{E})$ to $(\Omega, \mathfrak{F})$, bounded by 1, such that $\mu^f = (Kf)\mu$ for all $f \in \underline{\underline{F}}$. Since $K1 = 1$ a.e., by replacing $K(x, \cdot)$ by unit mass at a fixed point ω_0 if x is not in $\{x: K(x, \Omega) = 1\}$, we may assume that $K(x, \Omega) = 1$ for all x in E. Combining this with $\mu^f = \varphi(f\nu)$ and (6.1) we find

$$(6.2) \qquad \int K(x, f) \, h(x) \, \mu(dx) = \mu^f(h) = \int (h \circ \varphi) \, f \, d\nu$$

for all $f \in \underline{\underline{F}}$ and $h \in \underline{\underline{E}}$. When $h = 1$ this becomes

$$(6.3) \qquad \nu(\cdot) = \int K(x, \cdot)\, \mu(dx) .$$

In order to obtain the existence of regular conditional probabilities we specialize (6.3) as follows. Let $\mathcal{G}$ be a sub-σ-algebra of $\mathcal{F}$. Take $(E, \mathcal{E}) = (\Omega, \mathcal{G})$ and φ the identity map from $(\Omega, \mathcal{F})$ to $(\Omega, \mathcal{G})$. Then $\mu = \varphi(\nu)$ is just the restriction of ν to $\mathcal{G}$ and K is a kernel from $(\Omega, \mathcal{G})$ to $(\Omega, \mathcal{F})$. This means that $\omega \to K(\omega, \Lambda)$ is $\mathcal{G}$ measurable for each $\Lambda \in \mathcal{F}$, while (6.2) states that

$$\int K(\omega, \Lambda)\, h(\omega)\, \nu(d\omega) = \int_{\Lambda} h(\omega)\, \nu(d\omega)$$

for all $\Lambda \in \mathcal{F}$ and $h \in \underline{\underline{G}}$. Consequently $K(\omega, \cdot)$ is a regular conditional probability on $(\Omega, \mathcal{F}, \nu)$ given $\mathcal{G}$.

Let us return to the general situation of (6.2) and (6.3). If we assume a bit more about $(E, \mathcal{E})$, then we can obtain more information about the kernel K. Let $\Delta = \{(x, y): x = y\}$ be the diagonal in $E \times E$ and assume that

$$(6.4) \qquad \Delta \in \mathcal{E} \otimes \mathcal{E}$$

where $\mathcal{E} \otimes \mathcal{E}$ is the usual product σ-algebra on $E \times E$. Now it follows from (6.2) that if $F(x, \omega)$ is a bounded $\mathcal{E} \otimes \mathfrak{F}$ measurable function on $E \times \Omega$, then

$$(6.5) \qquad \int \mu(dx) \int F(x, \omega)\, K(x, d\omega) = \int F[\varphi(\omega), \omega]\, \nu(d\omega) .$$

Under assumption (6.4), $F(x, \omega) = 1_\Delta(x, \varphi(\omega))$ is $\mathcal{E} \otimes \mathfrak{F}$ measurable, and with this F, (6.5) becomes

$$(6.6) \qquad \int K(x, \varphi^{-1}(x))\, \mu(dx) = \nu(1) = \int K(x, 1)\, \mu(dx) ,$$

where $\varphi^{-1}(x) = \{\omega\colon \varphi(\omega) = x\}$. Since $K(x, \varphi^{-1}(x)) = \int F(x, \omega)\, K(x, d\omega)$, it is clear that $x \to K(x, \varphi^{-1}(x))$ is $\mathcal{E}$ measurable, and it follows from (6.6) that $K(x, \cdot)$ is carried by $\varphi^{-1}(x)$ a.e. . Of course, by setting $K(x, \cdot) = 0$ on the set of x for which $K(x, \cdot)$ is not carried by $\varphi^{-1}(x)$ we obtain a kernel that is carried by $\varphi^{-1}(x)$ for all x. But this destroys the fact that $K(x, \cdot)$ is a probability for each x.

We close this section by indicating conditions under which one can choose a kernel K satisfying (6.2) and such that for all x in E both $K(x, \Omega) = 1$ and $K(x, \cdot)$ is carried by $\varphi^{-1}(x)$. We assume that E is a separable metric space and $\mathcal{E}$ the σ-algebra of Borel subsets of E. This guarantees that (6.4) holds. We assume that Ω is a Polish space and that $\varphi\colon \Omega \to E$ is a continuous surjection with the property that $\varphi(A) \in \mathcal{E}$ whenever A is closed in Ω. (If Ω is σ-compact (Polish), then every continuous surjection of Ω on E has this property.) Under these assumptions there exists a Borel cross section for φ (see Ch. IX, Sec. 6.8 of [3′]). That is, there exists a Borel set $\Omega_0 \subset \Omega$ such that φ restricted to Ω_0 is a bijection of Ω_0 on E. Let $\psi = (\varphi|_{\Omega_0})^{-1}$ so that ψ is a bijection of E on Ω_0. But ψ is Borel from E to Ω_0, because if $A \subset \Omega_0$, $A \in \mathfrak{F}$, then $\psi^{-1}(A) = \varphi(A) \in \mathcal{E}$ since φ is a continuous bijection of the Lusin space Ω_0 on E (see Ch. IX, Sec. 6.7 of [3]).

Armed with these facts it is easy to construct the desired kernel under the above assumptions. Let K be a kernel from $(E, \mathcal{E})$ to $(\Omega, \mathfrak{F})$ satisfying (6.2) with $K(x, \Omega) = 1$ for all x and with $K(x, \cdot)$ carried by $\varphi^{-1}(x)$ a.e.. Let Γ be the set of those x such that $K(x, \cdot)$ is not carried by $\varphi^{-1}(x)$. Then $\Gamma \in \mathcal{E}$ and $\mu(\Gamma) = 0$. Defining $N(x, \cdot) = K(x, \cdot)$ for $x \notin \Gamma$ and $N(x, \cdot)$ to be unit mass at $\psi(x)$ for $x \in \Gamma$, it is evident that N is a kernel from $(E, \mathcal{E})$ to $(\Omega, \mathfrak{F})$ with the desired properties.

References

1. J. Azema, Le retournement du temps II. To appear.

2. A. Benveniste et J. Jacod, Systèmes de Lévy des processus de Markov. Invent. Math. 21 (1973), 183-198.

3. N. Bourbaki, General Topology, Part 2. Hermann (1966). Paris.

4. R. K. Getoor and M. J. Sharpe, Last exit decompositions and distributions. Indiana Univ. Math. Journ. 23 (1963), 377-404.

5. B. Maisonneuve, Lévy exit systems. To appear in Ann. Prob.

6. P. A. Meyer, Le retournement du temps, d'apres Chung et Walsh. Strasbourg Sem. V. Lecture Notes in Math. 191. Springer (1971). Berlin.

7. P. A. Meyer, Ensembles aleatoires Markoviens homogenes II. To appear in Strasbourg Sem. VIII.

8. G. Mokobodzki, Relèvement Borélien compatible avec une classe d'ensembles négligeables. Application à la désintégration des mesures. Unpublished.

9. J. B. Walsh et P. A. Meyer, Quelques applications des résolvantes de Ray. Invent. Math. 14 (1971), 143-166.

Université de Strasbourg
Séminaire de Probabilités 1973/74

UNE REMARQUE SUR LA CONSTRUCTION DE NOYAUX

par P.A.Meyer

Nous présentons ici une réponse - insuffisante - à une question posée par GETOOR à la fin de la section 4 de son exposé "on the construction of kernels" dans ce volume.

Voici nos notations : E et F sont deux espaces compacts métrisables ; H est un noyau sous-markovien de E dans F, borélien ; γ est une capacité de CHOQUET sur E (descendant sur les compacts); A est une partie analytique de F, "intérieurement négligeable" au sens suivant

(1) pour tout compact $M\subset A$, la fonction $H(I_M)$ est γ-négligeable

Nous allons montrer qu'alors

PROPOSITION. L'ensemble $J=\{x\in E : H(x,A)>0\}$ est analytique γ-négligeable.

Voici comment ce résultat permet de répondre à la question de GETOOR. Tout d'abord, J est contenu dans un borélien B, γ-négligeable. En effet, la fonction d'ensemble

$$\overline{\gamma}(U) = \inf \gamma(V) \quad V \text{ borélien contenant } U$$

est une capacité de CHOQUET, coïncidant avec γ sur les boréliens. J est analytique, intérieurement $\overline{\gamma}$-négligeable, donc $\overline{\gamma}(J)=0$, et il existe bien un tel borélien B. Si l'on remplace la mesure $H(x,dy)$ par 0 sur B, on obtient un nouveau noyau borélien, qui ne diffère de H que sur un ensemble γ-négligeable, et dont les mesures sont portées par le complémentaire d'analytique $\Omega=F\setminus A$. Seulement, la classe d'ensembles négligeables considérée est très spéciale.

DEMONSTRATION. Nous noterons S l'ensemble des mesures de masse ≤ 1 sur F, compact métrisable pour la topologie étroite, et nous considérerons H comme une application de E dans S. Nous noterons π la projection de $E\times S$ sur E . Le graphe de H dans $E\times S$ - que nous noterons encore H pour éviter la multiplication de lettres inutiles - est alors borélien dans $E\times S$.

1) Montrons que J est analytique. Soit $\underline{\underline{P}}(A)$ l'ensemble des lois de probabilités sur F portées par A ; J est l'image directe de $\underline{\underline{P}}(A) \times \{(s,t) : s>0, t\geq 0, s+t\leq 1 \} \times S$ par l'application $(\lambda,s,t,\mu)\mapsto s\lambda+t\mu$, et il est classique que $\underline{\underline{P}}(A)$ est analytique (Bourbaki, Intégr. chap. IX , §5, cor.2 de la prop.10). D'où l'analyticité.

2) Supposons que J ne soit pas γ-négligeable. Alors l'ensemble analytique $(J\times S)\cap H$ n'est pas négligeable pour la capacité sur $E\times S$

$$\Gamma(U) = \gamma(\pi(U))$$

Donc $(J\times S)\cap H$ contient un compact L non Γ-négligeable (th. de CHOQUET). Le compact $K=\pi(L)$ n'est pas γ-négligeable, et le graphe de $H|_K$ est L, qui est compact : donc l'application H est continue sur K .

3) Posons alors, cette fois pour $U \subset F$

$$\theta(U) = \int_0^1 \gamma(K\cap\{x : H^*(x,U)>a\})da = \int_0^1 \gamma(K\cap\{\ldots\geqq a\})da$$

où $H^*(x,U)$ est la mesure extérieure de U pour $H(x,.)$. Du fait que H est continue sur K, on déduit sans peine que θ est une capacité de CHOQUET . Si l'on prend U=A, on a

$$0<\gamma(K) = \lim_{a\to 0} \gamma(K\cap\{x : H(x,A)>a\}$$

donc $\theta(A)>0$. D'après le théorème de CHOQUET, il existe donc un compact $M\subset A$ tel que $\theta(M)>0$, et cela contredit l'hypothèse (1).

REMARQUE. Le théorème ne s'applique pas à une classe d'ensembles négligeables telle que celle des ensembles semi-polaires - qui ne sont en général pas les ensembles négligeables pour une capacité descendant sur les compacts. Mai il y a plus : la compacité de E est effectivement utilisée dans la démonstration, les ensembles "analytiques" qui y figurent devant être $\underline{\underline{K}}$-analytiques pour satisfaire aux hypothèses du théorème de CHOQUET. On peut affaiblir l'hypothèse de compacité de E en supposant un peu plus sur γ : la <u>continuité à droite</u>. Alors les ensembles <u>sousliniens</u> sont capacitables, et E peut être supposé souslinien. Mais l'énoncé obtenu, relatif à la construction d'un noyau entre E souslinien et $\Omega=F\setminus A$ cosouslinien, n'est pas satisfaisant. Il est clair que le bon théorème est encore à découvrir.

Université de Strasbourg
Séminaire de Probabilités 1974/75

GENERATION D'UNE FAMILLE DE TRIBUS PAR UN PROCESSUS CROISSANT

par P.A. MEYER et YEN Kia-An

Soit $(\Omega,\underline{\underline{F}})$ un espace mesurable, muni d'une filtration (une famille croissante de tribus) $(\underline{\underline{F}}_t)_{t\geq 0}$. Nous conviendrons que $\underline{\underline{F}}_{0-}$ est la tribu dégénérée $\{\emptyset,\Omega\}$. Rappelons que la tribu optionnelle $\underline{\underline{O}}$ sur $\mathbb{R}_+\times\Omega$ est engendrée par les processus adaptés à $(\underline{\underline{F}}_t)$, à trajectoires càdlàg.[1] , la tribu prévisible $\underline{\underline{P}}$ engendrée par les processus adaptés à $(\underline{\underline{F}}_{t-})$, à trajectoires continues à gauche sur $]0,\infty[$.

Notre but dans cette note est de démontrer le théorème suivant et (sous une condition supplémentaire) le théorème analogue pour la tribu optionnelle.

THEOREME 1. 1) <u>La tribu prévisible</u> $\underline{\underline{P}}$ <u>est séparable si et seulement si, pour chaque</u> t, $\underline{\underline{F}}_{t-}$ <u>est séparable</u>.

2) <u>Supposons</u> $\underline{\underline{P}}$ <u>séparable</u>. <u>Alors il existe un processus croissant</u> (A_t) <u>continu à droite</u> (<u>ou continu à gauche</u>) <u>engendrant la tribu</u> $\underline{\underline{P}}$ <u>sur</u> $\mathbb{R}_+\times\Omega$. (A_t) <u>est strictement croissant, et on a</u> $\underline{\underline{F}}_{T-}=\underline{\underline{T}}(A_T)$ <u>pour tout temps d'arrêt</u> T . <u>Il existe aussi un processus strictement croissant</u> continu (B_t) <u>tel que l'on ait pour tout</u> t $\underline{\underline{F}}_{t-}=\underline{\underline{T}}(B_s,\ s\leq t)$.

DEMONSTRATION. 1) La tribu prévisible est engendrée par les ensembles de la forme $[r,\infty[\times H$ (ou $]r,\infty[\times H$) où r est rationnel et H appartient à $\underline{\underline{F}}_{r-}$; il en résulte aisément que si chaque $\underline{\underline{F}}_{r-}$ est séparable, $\underline{\underline{P}}$ est séparable. Inversement, une v.a. Z est $\underline{\underline{F}}_{t-}$-mesurable si et seulement s'il existe un processus prévisible (Z_s) tel que $Z=Z_t$, de sorte que si $\underline{\underline{P}}$ est séparable, $\underline{\underline{F}}_{t-}$ l'est pour tout t.

1 " <u>c</u>ontinues <u>à</u> <u>d</u>roite et pourvues de <u>l</u>imites <u>à</u> <u>g</u>auche".

Passons à 2). Choisissons un système générateur de $\underline{\underline{P}}$ de la forme $J_n =]r_n,\infty[\times H_n$ (les r_n ne sont pas nécessairement distincts), et posons

$$A_t(\omega) = \sum_n 3^{-n} I_{J_n}(t,\omega)$$

C'est un processus croissant continu à gauche et adapté, tel que $A_0=0$, et il est bien connu, d'après l'unicité du développement en base 3, que tous les ensembles J_n appartiennent à la tribu engendrée par A - donc A engendre la tribu prévisible. Noter que ce processus est purement discontinu, mais qu'il est continu hors de l'ensemble dénombrable constitué par les points r_n. Il est d'autre part <u>strictement</u> croissant : en effet, soient $\omega\in\Omega$, et s,t deux instants tels que $s<t$; (s,ω) et (t,ω) appartiennent à deux atomes différents de $\underline{\underline{P}}$, donc on a $A_s(\omega)\neq A_t(\omega)$, ou encore $A_s(\omega)<A_t(\omega)$ puisque A est croissant.

Posons $A_\infty = \lim_{t\to\infty} A_t$; on a aussi $A_\infty = \sum_n 3^{-n} I_{H_n}$, et la tribu engendrée sur $\overline{\mathbb{R}}_+\times\Omega$ par le processus $(A_t)_{t\leqq+\infty}$ est aussi engendrée par les ensembles $]r_n,\infty]\times H_n$: c'est la tribu prévisible sur $\overline{\mathbb{R}}_+\times\Omega$.

Soit alors T un temps d'arrêt ; montrons que $\underline{\underline{F}}_{T-}$ est engendrée par la seule v.a. A_T. Soit Z une v.a. $\underline{\underline{F}}_{T-}$-mesurable. Il est bien connu qu'il existe un processus prévisible $(Z_t)_{t\leqq\infty}$ tel que $Z=Z_T$. D'après un théorème classique de Doob, le fait que la tribu prévisible sur $\overline{\mathbb{R}}_+\times\Omega$ soit engendrée par $(A_t)_{t\leqq\infty}$ entraîne l'existence d'une fonction borélienne φ sur $\mathbb{R}$ telle que $Z_s(\omega)=\varphi(A_s(\omega))$ pour tout (s,ω). On a alors $Z=Z_T=\varphi(A_T)$.

Pour obtenir un processus croissant continu (B_t) satisfaisant à l'énoncé, il suffit de poser $B_t=\int_0^t A_s ds$, de sorte que $A_.$ est la dérivée à gauche de $B_.$ (cette fois, on a $\underline{\underline{F}}_{T-} = \underline{\underline{T}}(B_{s\wedge T},\ s\geqq 0)$, mais B_T n'engendre plus la tribu à elle toute seule).

Enfin, en utilisant des générateurs de la forme $[r_n,\infty[\times H_n$, on aboutirait à un processus croissant (A_t), prévisible et continu à droite, engendrant la tribu prévisible.

Nous passons maintenant au résultat analogue pour la tribu optionnelle. Plus précisément, nous énonçons d'abord le résultat analogue à la partie 2) du théorème 1, en réservant pour un troisième énoncé un critère de séparabilité de la tribu optionnelle, valable sur les espaces de Blackwell.

THEOREME 2. Supposons que la tribu optionnelle $\underline{\underline{O}}$ soit séparable. Alors il existe un processus croissant continu à droite (A_t) engendrant la tribu $\underline{\underline{O}}$. Ce processus est strictement croissant, et pour tout temps d'arrêt T on a $\underline{\underline{F}}_T=\underline{\underline{T}}(A_T)$. On peut supposer de plus que le processus croissant (A_{t-}) - avec la convention $A_{0-}=0$ - engendre $\underline{\underline{P}}$, et que l'on a donc aussi $\underline{\underline{F}}_{T-}=\underline{\underline{T}}(A_{T-})$ pour tout temps d'arrêt T.

DEMONSTRATION. La tribu optionnelle est engendrée par les intervalles stochastiques $[\![T,\infty[\![$, où T est un temps d'arrêt (voir dans ce volume l'exposé de Dellacherie-Meyer "un nouveau théorème de section et de projection"). Soit (G_k) un système générateur dénombrable de la tribu $\underline{\underline{O}}$. Pour tout k, soit (T_{km}) une suite de temps d'arrêt de $(\underline{\underline{F}}_t)$ telle que G_k appartienne à la tribu engendrée par les T_{km} ; alors les intervalles stochastiques $[\![T_{km},\infty[\![$ engendrent $\underline{\underline{O}}$. Rangeons les T_{km} en une suite unique (T_n), et posons comme dans la démonstration du théorème 1

$$J_n=[\![T_n,\infty[\![\quad , \quad A_t(\omega) = \sum_n 3^{-n} I_{J_n}(t,\omega)$$

processus croissant continu à droite. On vérifie alors les propriétés de (A_t) comme dans la démonstration précédente.

Si la tribu optionnelle est séparable, chaque tribu $\underline{\underline{F}}_t$ l'est aussi, donc encore chaque tribu $\underline{\underline{F}}_{t-}$, et finalement la tribu $\underline{\underline{P}}$. On peut alors supposer que la suite (T_n) contient suffisamment de temps d'arrêt pour que les intervalles $]\!]T_n,\infty[\![$ engendrent $\underline{\underline{P}}$. Alors le processus (A_{t-}) engendre $\underline{\underline{P}}$.

THEOREME 3. <u>Supposons que</u> $(\Omega,\underline{\underline{F}})$ <u>soit un espace de Blackwell, et que</u> $(\underline{\underline{F}}_t)$ <u>soit la filtration naturelle d'un processus</u> (X_t), <u>à valeurs dans un espace métrisable séparable</u> E, <u>et à trajectoires càdlàg. Alors la tribu optionnelle</u> $\underline{\underline{O}}$ <u>est séparable, et tout processus mesurable et adapté à</u> $(\underline{\underline{F}}_t)$ <u>est optionnel. De plus, la tribu</u> $\underline{\underline{O}}$ <u>est engendrée par la tribu</u> $\underline{\underline{P}}$ <u>et le processus</u> (X_t).

DEMONSTRATION. Nous supposons que $\underline{\underline{F}}_t=\underline{\underline{T}}(X_s,\ s\leq t)$. Considérons sur $\mathbb{R}_+\times\Omega$ les tribus suivantes

1) $\underline{\underline{M}} = \underline{\underline{B}}(\mathbb{R}_+)\times\underline{\underline{F}}$, qui est une tribu de Blackwell.

2) $\underline{\underline{D}}$, engendrée par la tribu prévisible $\underline{\underline{P}}$ et par le processus càdlàg. (X_t) ; comme on peut plonger E dans le cube $[0,1]^{\mathbb{N}}$, les tribus $\underline{\underline{F}}_{t-}$ sont séparables, $\underline{\underline{P}}$ est séparable (th.1), donc $\underline{\underline{D}}$ l'est aussi.

3) $\underline{\underline{O}}$, la tribu optionnelle.

4) $\underline{\underline{A}}$, engendrée par les processus mesurables et adaptés à $(\underline{\underline{F}}_t)$ (ce qui est une condition moins forte que la progressivité).

On a évidemment $\underline{\underline{D}} \subset \underline{\underline{O}} \subset \underline{\underline{A}} \subset \underline{\underline{M}}$. Le théorème sera établi si nous prouvons que $\underline{\underline{D}}=\underline{\underline{O}}=\underline{\underline{A}}$, puisque $\underline{\underline{D}}$ est séparable. Mais il nous suffit d'établir pour cela, d'après le théorème de Blackwell, que toute fonction $\underline{\underline{A}}$-mesurable est constante sur les atomes de $\underline{\underline{D}}$.

Soient (s,w) et $(\overline{s},\overline{w})$ deux éléments de $\mathbb{R}_+\times\Omega$ qui appartiennent au même atome de $\underline{\underline{D}}$. Tout d'abord, $\underline{\underline{D}}$ contient $\underline{\underline{P}}$, et l'application $(t,\omega) \mapsto t$ est prévisible, donc $s=\overline{s}$ et nous pouvons noter (s,w), $(s,\overline{w})$ les deux points. Ensuite, les ensembles $[s,\infty[\times H$, $H\in\underline{\underline{F}}_{s-}$ appartiennent à $\underline{\underline{P}}$, et il en résulte que w et $\overline{w}$ appartiennent au même atome de $\underline{\underline{F}}_{s-}$. Enfin, (X_t) est $\underline{\underline{D}}$-mesurable, donc $X_s(w)=X_s(\overline{w})$, et comme $\underline{\underline{F}}_s$ est engendrée par $\underline{\underline{F}}_{s-}$ et X_s , w et $\overline{w}$ appartiennent au même atome de

$\underline{\underline{F}}_s$. Mais alors on a $Z_s(w)=Z_s(\overline{w})$ pour tout processus adapté (Z_t), donc pour tout processus $\underline{\underline{A}}$-mesurable.

REMARQUES. 1) Si $(\Omega,\underline{\underline{F}})$ est un espace de Blackwell, il est <u>équivalent</u> de dire que la famille de tribus $(\underline{\underline{F}}_t)$ est la filtration naturelle d' un processus càdlàg., ou que la tribu optionnelle correspondante est séparable : cela résulte aussitôt des théorèmes 2 et 3, puisque tout processus croissant continu à droite est càdlàg.

2) Un argument proche de la démonstration précédente, mais plus simple, montre que si $(\Omega,\underline{\underline{F}})$ est un espace de Blackwell, et si $(\underline{\underline{F}}_t)$ est une filtration dont la tribu prévisible $\underline{\underline{P}}$ est séparable, alors tout processus mesurable adapté à la famille $(\underline{\underline{F}}_{t-})$ est prévisible.

3) Soit Ω l'ensemble de toutes les applications càdlàg. de $\mathbb{R}_+$ dans l'espace métrisable séparable E, muni de ses applications coordonnées X_t, et de la filtration $(\underline{\underline{F}}_t)$ correspondante. Dellacherie a montré alors, par un raisonnement très simple qui n'utilise pas le théorème de Blackwell, mais seulement les propriétés des opérateurs d'arrêt, que la tribu $\underline{\underline{O}}$ est séparable, et que tout processus mesurable adapté est optionnel. Sa démonstration figurera dans la nouvelle édition du livre " probabilités et potentiel".

MULTIPLICATIVE EXCESSIVE MEASURES AND DUALITY BETWEEN EQUATIONS OF BOLTZMANN AND OF BRANCHING PROCESSES

by Masao NAGASAWA [1]

Duality between Boltzmann's equations (corresponding Markov processes) and so-called S-equations of branching Markov processes (branching Markov processes) was discovered by H.Tanaka[11,12], Y.Takahashi[10] and the author(unpublished). This will be explained in the following sections. To make the duality to be realistic, existence of a special class of excessive measures of branching Markov processes will be discussed in the later sections.

I. Boltzmann's equation

Suppose we are observing the distribution of speed of a gas molecule. The speed is assumed to stay constant until collision occurs. Suppose after some time interval of the exponential distribution, two particles with speeds a_1 and a_2 collide and the speed of the first particle will be distributed in db with a probability distribution $\bar{\pi}_2(a_1,a_2;db)$ depending on a_1 and a_2. Then, if the initial distribution of speed of each particle is f(da), the speed distribution $u_t(da)$ at t satisfies

$$u_t = e^{-t}f + \int_0^t ds\, e^{-(t-s)} \iint u_s(da_1)u_s(da_2)\bar{\pi}_2(a_1,a_2;\cdot).$$

This is the so-called Boltzmann's equation of gas in a simple form. McKean[3,4,5] discussed probabilistic aspects of the equation and gave a model as a temporally inhomogeneous Markov processes(with non-constant transition mechanism in his terminology).

Let's generalize the equation allowing; (a) the speed before collision not to be constant but varrying as a right continuous

1 The paper was prepared during the author's stay in Erlangen in 73/74 under the support of Deutche Forschungsgemeinschaft. This is gratefully acknowledged here.

Markov process $\bar{x}_t$ on a state space S with a collision time of the distribution $\exp(-c_t)$ where c_t is the Kac's additive functional of a non-negative function c, and (b) n-particle collision (n = 2,3,$\cdots$) with a distribution $\bar{\pi}_n(a_1,a_2,\cdots,a_n;db)$. Let $\bar{q}_n(a_1,\cdots,a_n)$ be a weight of n-collision and $\bar{P}^0_t$ be the transition probability of the Markov process, then a generalized Boltzmann's equation is

$$(1)\quad u_t = f\bar{P}^0_t + \int_0^t ds \sum_{n=2}^{\infty} \int_{S^n} \prod_{j=1}^{n} u_s(da_j)\bar{q}_n(\underline{\underline{a}}) \int_S \bar{\pi}_n(\underline{\underline{a}},dc)P^0_{t-s}(c,\cdot),$$

where $\underline{\underline{a}} = (a_1,\cdots,a_n)$.
This equation was treated by H.Tanaka[11,12] and T.Ueno[13,14]. Tanaka constructed a Markov process on a large state space $\underline{\underline{S}} = \bigcup_{n=1}^{\infty} S^n$ such that: Let H_t be the transition probability of the Markov process and $\hat{f}$ be the measure on $\underline{\underline{S}}$ whose restriction on S^n is the n-fold product of f. Then the solution of (1) is given by

$$u_t(B) = \int_{\underline{\underline{S}}} \hat{f}(d\underline{\underline{a}})H_t(\underline{\underline{a}},B), \quad B \subset S.$$

Moreover he characterized the Markov process in terms of the following convolution property: Let $\underline{\underline{\phi}} = (\phi_1,\phi_2,\cdots)$ and $\underline{\underline{\psi}} = (\psi_1,\psi_2,\cdots)$ be defined on $\underline{\underline{S}}$ where ϕ_n is the restriction of $\underline{\underline{\phi}}$ on S^n. Define a convolution $\underline{\underline{\phi}}*\underline{\underline{\psi}}$ by

$$(\underline{\underline{\phi}}*\underline{\underline{\psi}})_n = \text{sym.} \sum_{\substack{i+j=n \\ i,j\geq 1}} \phi_i(a_1,\cdots,a_i)\psi_j(a_{i+1},\cdots,a_n).$$

Then the transition probability satisfies

$$H_t(\underline{\underline{\phi}}*\underline{\underline{\psi}}) = (H_t\underline{\underline{\phi}})*(H_t\underline{\underline{\psi}}).$$

Let's call it Tanaka's collision property. He also proved that if we put

$$P^f(t,a,B) = \int_{\underline{\underline{S}}} \hat{f}(d\underline{\underline{b}})H_t(a\cdot\underline{\underline{b}},B), \quad a\in S,\ B\subset S,^1$$

then it is a temporally inhomogeneous transition probability of McKean's non-constant transition mechanism, i.e.

$$P^f(t+s,a,B) = \int P^f(t,a,db)P^{u_t}(s,b,B),$$

$$u_t(B) = \int f(da)P^f(t,a,B).$$

2. Duality between Boltzmann's and S-equations

To have the duality, we need assumptions on existence of density functions with respect to a finite(or σ-finite) measure $\mu(da)$ on S.

Assumption.

(A.1) There exists a density function $\bar{\pi}_n(a_1,\cdots,a_n;b)$ with respect to μ such that

$$\bar{\pi}_n(a_1,\cdots,a_n;db) = \bar{\pi}_n(a_1,\cdots,a_n;b)\mu(db).$$

Set

$$q_n'(b) = \int_{S^n} \hat{\mu}(d\underline{\underline{a}})\bar{q}_n(\underline{\underline{a}})\bar{\pi}_n(\underline{\underline{a}},b)$$

and

$$c(b) = \sum_{n=2}^{\infty} q_n'(b) < \infty.$$

(A.2) There exists a transition density function $P_t^0(a,b)$ with respect to μ, and

$$P_t^0(a,db) = P_t^0(a,b)\mu(db), \text{ and}$$

$$\bar{P}_t^0(a,db) = \mu(db)P_t^0(b,a)$$

are transition probabilities of $\exp(-c_t)$ -subprocesses of right continuous Markov processes in duality with respect to μ.

Put

$$q_n(b) = q_n'(b)/c(b), \quad \text{if } c(b) > 0,$$
$$= 0, \quad \text{if } c(b) = 0.$$

---

1 $\underline{\underline{a}}\cdot\underline{\underline{b}} = (a_1,\cdots,a_n,b_1,\cdots,b_m)$ when $\underline{\underline{a}}=(a_1,\cdots,a_n)$ and $\underline{\underline{b}}=(b_1,\cdots,b_m)$.

$$\pi_n(b,d\underline{\underline{a}}) = \bar{q}_n(\underline{\underline{a}})\bar{\pi}_n(\underline{\underline{a}},b)\hat{\mu}(d\underline{\underline{a}})/q_n'(b), \qquad \text{if } q_n'(b)>0,$$

$$= \text{any probability measure on } S^n, \text{ if } q_n'(b)=0,$$

where $\underline{\underline{a}} = (a_1,\cdots a_n) \in S^n$.

Then we can write the Boltzmann's equation (1) in terms of density functions, i.e. if $f(da) = f(a)\mu(da)$ $(\|f\| \le 1)$, then $u_t(da)$ has a density function $u_t(a)$ with respect to μ, and it satisfies

$$u_t(a) = P_t^0 f(a) + \int_0^t ds\, P_s^0\{c \sum_{n=2}^{\infty} q_n \int_{S^n} \pi_n(\cdot,d\underline{\underline{b}})\hat{u}(\underline{\underline{b}})\}(a),$$ [1]

Clearly this is the so-called S-equation for a branching Markov process determined by $\{P_t^0, q_n, \pi_n\}$, $q_0 = q_1 = 0$ in the present case (cf. [2,8]), and the solution $u_t(a)$ of the S-equation is given in terms of the branching Markov process $(X_t, P_{\underline{\underline{a}}}, \underline{\underline{a}} \in \underline{\underline{S}}^\partial)$ on $\underline{\underline{S}}^\partial = \bigcup_{n=0}^{\infty} S^n$, $S^0 = \{\partial\}$, an extra point;

$$u_t(a) = E_a[\hat{f}(X_t)], \quad a \in S,$$

(cf. [2,8]).

PROPOSITION 1. *There exists a transition density $T_t(\underline{\underline{a}},\underline{\underline{b}})$ of the branching Markov process with respect to $\hat{\mu}$, and it satisfies the branching property in density form:*

$$T_t(\nu_1 * \nu_2, \cdot) = T_t(\nu_1,\cdot) * T_t(\nu_2,\cdot).$$ [2]

PROOF. Put

$$T_t^0(\underline{\underline{a}},\underline{\underline{b}}) = \prod_{i=1}^m P_t^0(a_i,b_i), \text{ when } \underline{\underline{a}} \text{ and } \underline{\underline{b}} \text{ are in } S^m,$$

and define

$$T_t^n(\underline{\underline{a}},\underline{\underline{b}}) = E_{\underline{\underline{a}}}[\, T_{t-\tau}^{n-1}(X_\tau,\underline{\underline{b}})], \quad n \geqq 1,$$

where τ is the first branching time of the process X_t.

---

1 $\hat{u}(\underline{\underline{b}}) = \prod_{j=1}^n u(b_j)$, when $\underline{\underline{b}} = (b_1,\cdots,b_n)$

2 $\int_{\underline{\underline{S}}^\partial} \nu_1 * \nu_2(d\underline{\underline{a}})F(\underline{\underline{a}}) = \int_{\underline{\underline{S}}^\partial}\int_{\underline{\underline{S}}^\partial} \nu_1(d\underline{\underline{a}}_1)\nu_2(d\underline{\underline{a}}_2)F(\underline{\underline{a}}_1 \cdot \underline{\underline{a}}_2)$.

Then

$$T_t(\underline{\underline{a}},\underline{\underline{b}}) = \sum_{n=0}^{\infty} T_t^n(\underline{\underline{a}},\underline{\underline{b}})$$

provides a desired transition density. For the branching property refer to ([8], where the property is proved not in the density form).

Put

$$H_t(\underline{\underline{a}},d\underline{\underline{b}}) = \hat{\mu}(d\underline{\underline{b}})T_t(\underline{\underline{b}},\underline{\underline{a}}).$$

Then if $\hat{\mu}$ is an excessive measure for T_t, H_t is a transition probability.

PROPOSITION 2. H_t satisfies Tanaka's collision property.

PROOF. Because of the branching property of $T_t(\underline{\underline{a}},\underline{\underline{b}})$

$$H_t(\phi*\psi)(\underline{\underline{a}}) = \int\phi*\psi\hat{\mu}(d\underline{\underline{b}})T_t(\underline{\underline{b}},\underline{\underline{a}}) = \int(\phi\hat{\mu})*(\psi\hat{\mu})(d\underline{\underline{b}})T_t(\underline{\underline{b}},\underline{\underline{a}})$$

$$= (\phi\hat{\mu}T_t)*(\psi\hat{\mu}T_t)(\underline{\underline{a}}) = H_t\phi*H_t\psi(\underline{\underline{a}}).$$ [1]

3. Excessive measures

This is a preparatory remark on excessive measures of Markov processes. Let T_t be the transition probability of a right continuous Markov process on a locally compact Hausdorf space with a countable open base.

PROPOSITION 3. Let μ be a measure which is finite on every compact sets. Then the following statements are equivalent

(i) μ is an excessive measure for the Markov process,

(ii) $\mu T_t f \leq \mu f$ for every $f \in C_k^+$,

(iii) $\mu(\alpha G_\alpha f) \leq \mu f$ for every $\alpha > 0$ and $f \in C_k^+$,

(iv) $\mu A u \leq 0$ for every u in $\{G_\alpha f;\ \alpha > 0,\ f \in C_k^+\}$,

where C_k^+ is the space of non-negative continuous functions with compact supports, G_α is the resolvent of T_t, and A is the generator of T_t.

PROOF. Clearly (i) $\leftrightarrow$ (ii) $\rightarrow$ (iii). (iii) $\rightarrow$ (ii) is proved in Nagasawa-Sato ([6] lemma 3.3). Since $AG_\alpha f = \alpha G_\alpha f - f$, (iii) $\leftrightarrow$ (iv) is clear.

---

[1] When $q_0 \neq 0$, this convolution property must be modified as we see in the later section.

4. Multiplicative excessive measures of CGW

In the theory of branching Markov processes the state space is $\underline{\underline{S}}^{\partial} = \bigcup_{n=0}^{\infty} S^n$. However, since ∂ is a trap, there is no excessive measure on $\underline{\underline{S}}^{\partial}$ in general. Therefore we exclude ∂ and consider the process on $\underline{\underline{S}} = \bigcup_{n=1}^{\infty} S^n$.

Let us call an excessive measure of the form $\hat{\mu}$ to be <u>multiplicative</u>. We will first prove the existence of m-excessive measures for continuous parameter Galton-Watson processes (abbreviated as CGW). We don't assume $q_0 = 0$ in this section ($q_0 = 0$ for the dual of collision processes). The existence of the unique invariant measure for CGW is proved in Harris([1] , p.111) under the assumption $q_0 > 0$, but the invariant measure is not multiplicative except when $q_0 = q_2 = 1/2$.

The CGW process is a Markov chain on $Z^+=\{0,1,2,\cdots\}$ satisfying

(i) $P_n[t < \tau\,] = \exp(-nct)$,

(ii) $P_n[\,X_\tau = m\,] = q_{m-n+1}$, $P_0[\,X_t = 0\,] = 1$,

where c is a non-negative constant, τ is the first jumping time, and $q_n \geqq 0$, $\sum_{n=0}^{\infty} q_n = 1$ ($q_1 = 0$).

As mentioned above we exclude $\{0\}$ from the state space in the following. Since the generator of the transition semi-group of the CGW process is

$$Af(n) = cn\{\sum_{m=n-1}^{\infty} q_{m-n+1}f_m - f_n\}, \quad n = 1,2,\cdots,$$

and since $\hat{\mu}$ is excessive if and only if $\hat{\mu}Af \leqq 0$, we have

LEMMA 1. <u>Take</u> $\mu > 0$. $\hat{\mu} = \{\mu^n;\ n = 1,2,\cdots\}$ <u>is m-excessive measure for</u> CGW <u>process if and only if</u>

$$(2) \quad \sum_{k=0}^{m} (m+1-k)q_k\mu^{-k} - m\mu^{-1} \leqq 0, \quad \text{for } m = 1,2,3,\cdots.$$

PROOF. For $g = G_\alpha f$, $f \in C_k^+$, we have

$$0 \geqq \sum_{n=1}^{\infty} \mu^n Ag(n) = \sum_{n=1}^{\infty} \mu^n cn\{\sum_{m=n-1}^{\infty} q_{m-n+1}g_m - g_n\}$$

$$= c \sum_{m=1}^{\infty} \{ \sum_{n=1}^{m+1} nq_{m-n+1}\mu^n - m\mu^n \} g_m .$$

Since we can find $f \in C_k^+$ such that $g_m > 0$ for $m = 1,2,3,\cdots$, we have

$$\sum_{n=1}^{m+1} nq_{m-n+1}\mu^m - m\mu^n \leq 0,$$

multiplying μ^{-m-1} and putting $m-n+1 = k$,

$$\sum_{k=0}^{m} (m+1-k) q_k \mu^{-k} - m\mu^{-1} \leq 0.$$

LEMMA 2. $\hat{\mu}$ _is_ m-_excessive measure if and only if_

(a) $$2q_0 \leq \mu^{-1}$$

(b) $$h(\mu^{-1}) \leq \mu^{-1},$$

where $h(u) = \sum_{n=o}^{\infty} q_n u^n$ _is the probability generating function of_ q_n.

REMARK. The lemma implies $q \leq \mu^{-1} \leq r$, where q and r are non-negative roots of $h(u) - u = 0$.

PROOF OF LEMMA 2. If $\hat{\mu}$ is excessive, Lemma 1 implies, putting $m=1$,

$$2q_0 \leq \mu^{-1},$$

and

$$\sum_{k=0}^{\infty} a_k^m q_k \mu^{-k} - m\mu^{-1}/(m+1) \leq 0,$$

where

$$a_k^m = 1 - k/(m+1), \quad k \leq m,$$
$$= 0, \quad k > m.$$

Since a_k^m increases to 1 when m tends to infinity, we have

$$h(\mu^{-1}) - \mu^{-1} \leq 0.$$

Conversely, suppose (a) and (b) are satisfied. Then (2) follows by induction; assuming (2) for $m \geq 1$,

$$\sum_{k=0}^{m+1} (m+2-k)q_k\mu^{-k} - (m+1)\mu^{-1}$$

$$= \sum_{k=0}^{m} (m+1-k)q_k\mu^{-k} + \sum_{k=0}^{m+1} q_k\mu^{-k} - m\mu^{-1} - \mu^{-1}$$

$$\leq \sum_{k=0}^{m+1} q_k\mu^{-k} - \mu^{-1} \leq h(\mu^{-1}) - \mu^{-1} \leq 0.$$

THEOREM 1. M-excessive measures for a CGW process exist

(i) if critical ($h'(1) = 1$) when and only when $q_0 = q_2 = 1/2$ and $\mu = 1$,

(ii) if supercritical ($h'(1) > 1$) when and only when $q_0 \leq 1/2$ and $1 \leq \mu \leq 1/2q_0$,

(iii) if subcritical ($h'(1) < 1$) when and only when $1/2 \leq q_0 \leq r/2$ and $1/r \leq \mu \leq 1/2q_0$,

where $0 \leq q \leq r$ are two roots of $h(u) - u = 0$.

PROOF. (i) When the process is critical, $q = r = 1$. Therefore we have $\mu = 1$ by (b) of lemma 2. Suppose $2q_0 < 1$, then $\Sigma_{n=2}^{\infty} q_n > 1/2$, and

$$\Sigma_{n=2}^{\infty} nq_n \geq 2\Sigma_{n=2}^{\infty} q_n > 2\cdot(1/2) = 1,$$

which contradicts to $h'(1) = \Sigma_{n=2}^{\infty} nq_n = 1$. Thus we have $2q_0 = 1$ by (a) of lemma 2. Because $2q_0 = 1$, we have

$$\Sigma_{n=2}^{\infty} nq_n \geq 2\Sigma_{n=2}^{\infty} q_n = 1.$$

However, since the equality must be held, we have $q_3 = q_4 = \cdots = 0$. Hence, $q_0 = q_2 = 1/2$.

(ii) When $0 \leq u \leq 1$, we have

$$h(u) - u \leq q_0 + (1-q_0)u^2 - u. \tag{3}$$

If the process is supercritical, $0 \leq q < r = 1$. By lemma 2 and the remark, we have $2q_0 \leq 1$. Then by (3)

$$h(2q_0) - 2q_0 \leq -q_0(1-2q_0)^2 \leq 0.$$

This implies $q \leq 2q_0$ and hence $2q_0 \leq \mu^{-1} \leq 1$.

(iii) When subcritical, $q = 1 < r$. Let us prove $1 \leqq 2q_0$. Suppose $2q_0 < 1$, then by (3) $h(2q_0) - 2q_0 < 0$. This meens the existence of a root q such that $q < 2q_0 < 1$, contradicting to subcriticality. If $1 \leqq 2q_0 \leqq r$, then $2q_0 \leqq \mu^{-1} \leqq r$ provides $\hat{\mu}$, completing the proof.

From the theorem we find an interesting fact. For example, let us suppose $q_0 + q_3 = 1$ $(q_3 \neq 0)$. Then there is no m-excessive measure if $1/2 < q_0 < (1+\sqrt{5})/4$. When $q_0 + q_2 = 1$ $(q_0 \neq 0)$, there is at least one m-excessive measure. When $q_0 = 0$ (this is the case if the CGW process is the dual of collision processes) the CGW process is supercritical and $\mu \geqq 1$ provides m-excessive measure(cf.[9]).

It is quite natural to have the following question: If $q_0 \neq 0$ and if m-excessive measure $\hat{\mu}$ exists, what is the $\hat{\mu}$-dual markov process? Let's prove that even in this case, the dual process has a property similar to Tanaka's collision property. Let H_t be the dual transition probability with respect to $\hat{\mu}$ defined by

$$H_t(n,m) = \mu^m T_t(m,n)\mu^{-n}, \quad n,m \geqq 1$$

$$H_t(0,0) = 1, \quad H_t(0,m) = 0, \; m \geqq 1,$$

where $T_t(n,m)$ is the transition probability of the CGW process. Defining a convolution $f*g$ of $f = (f_1,f_2,\cdots)$ and $g = (g_1,g_2,\cdots)$ by

$$(f*g)(n) = f_n + f_{n-1}g_1 + \cdots + f_1 g_{n-1} + g_n, \quad n \geqq 1,$$

we have

PROPOSITION 4. <u>For</u> $n = 1,2,3,\cdots$

(4) $H_t(f*g)(n) = (H_t f * H_t g)(n) + H_t f(n) H_t^0 g(0) + H_t^0 f(0) H_t g(n)$,

<u>where</u> $H_t^0(0,m) = \mu^m T_t(m,0)$.

REMARK. When $q_0 = 0$, $T_t(m,0) = 0$. Therefore (4) reduces to Tanaka's collision property

PROOF OF PROPOSITION. Let $n \geqq 1$. By the definition of H_t

$$H_t(f*g)(n) = \Sigma_{m=0}^{\infty}(f\hat{\mu}*g\hat{\mu})(m)T_t(m,n)\mu^{-n},$$

where a term for $m=0$ is formally added because $T_t(0,n) = 0$, then by the branching property of T_t,

$$= \Sigma_{\substack{n_1+n_2=n \\ n_1,n_2\geqq 0}} (f\hat{\mu}T_t)(n_1)(g\hat{\mu}T_t)(n_2)\mu^{-n} .$$

Because

$$f\hat{\mu}T_t(n) = H_tf(n)\mu^n, \quad n \geqq 1,$$

$$= H_t^0f(0), \quad n = 0,$$

we get (4).

REMARK. Since the generator B of the $\hat{\mu}$-dual Markov process of the CGW process is given by

$$Bf(m) = c\{\Sigma_{n=1}^{m+1} n\mu^{n-m}q_{m+1-n}f_n - mf_m\}, \quad m \geqq 1,$$

we have

PROPOSITION 5. <u>The necessary and sufficient condition for $\hat{\lambda}$ to be</u> m-<u>excessive measure for the</u> $\hat{\mu}$-<u>dual of the CGW process is</u>

$$\mu q \leqq \lambda \leqq \mu r.$$

PROOF. Because

$$\Sigma_{m=1}^{\infty} \lambda^m Bf(m) = c\ \Sigma_{n=1}^{\infty} nf_n\lambda^n\{\Sigma_{k=0}^{\infty}(\lambda/\mu)^{k-1}q_k - 1\},$$

$\hat{\lambda}$ is m-excessive measure if and only if

$$\Sigma_{k=0}^{\infty}q_k(\lambda/\mu)^k - \lambda/\mu \leqq 0,$$

thus we have

$$q \leqq \lambda/\mu \leqq r.$$

5. General cases

Let us extend the result in the previoûs section to wider cass of branching Markov processes. Let S be a state space of one particle as usual. Given a right continuous Markov process on S with a transition probability P_t, bounded non-negative measurable function c, $q_n \geqq 0$ with $\Sigma q_n(x) = 1$, and probability kernels $\pi_n(x,d\underline{y})$ defined on $S\times S^n$, $n = 0,1,2,\cdots$, we can construct a branching Markov process $(X_t, P_{\underline{a}})$ on $\underline{S}^\partial$ (cf. [2,8]).

Let $\underline{P}_t$ and $\underline{P}_t^0$ be direct products of P_t and the transition probability P_t^0 of $\exp(-c_t)$-subprocess, respectively. Then the transition probability $\underline{T}_t$ of the branching Markov process satisfies for $\underline{x} = (x_1,x_2,\cdots,x_n)$ and for a symmetric bounded measurable function $F = (F_n)$ on $\underline{S}^\partial$,

$$(5)\quad \underline{T}_t F(\underline{x}) = \underline{P}_t^0 F(\underline{x}) + \int_0^t dr \int_{S^n} \underline{P}_r^0(\underline{x},d\underline{y})\Phi(\underline{y},\underline{T}_{t-r}F),$$

where

$$\Phi(\underline{y},F) = \sum_{k=1}^n c(y_k) \sum_{m=1}^\infty q_m(y_k) \int_{S^m} \pi_m(y_k,d\underline{z}) F(y_1,\cdots,y_{k-1},\underline{z},y_{k+1},\cdots,y_n).$$

This is verified through construction of the process(cf. [2,8]). Therefore we have

$$(\underline{T}_t F(\underline{x}) - F(\underline{x}))/t = (\underline{P}_t^0 F(\underline{x}) - F(\underline{x}))/t + 1/t\cdot\int_0^t dr \int_{S^n} \underline{P}_r^0(\underline{x},d\underline{y})\Phi(\underline{y},\underline{T}_{t-r}F).$$

The second term is bounded by the uniform norm of F, because $\underline{P}_r^0(\underline{x},d\underline{y})\Sigma_{k=1}^n c(y_k)$ is a probability measure on S^n, and the rest part of the integrand on S^n is bounded by

$$\|F\| \sum_{m=0}^\infty q_m(y_k) \int_{S^m} \pi_m(y_k,d\underline{z}) \leq \|F\| \sum_{m=0}^\infty q_m(y_k) = \|F\|,$$

and it converges to $\Phi(\underline{x},F)$, $(t\downarrow 0)$. Therefore if F belongs to the domain of the weak generator $\underline{G}^0$ of $\underline{P}_t^0$, then so does to the domain of the weak generator $\underline{A}$ of $\underline{T}_t$, and vice versa. Therefore we have $D(\underline{A}) = D(\underline{G}^0)$ and $\underline{A}f = \underline{G}^0 F + \Phi(\cdot,F)$. Thus we have

PROPOSITION 6. Let $\underline{\underline{G}}$ be the weak generator of $\underline{\underline{P}}_t$, then $D(\underline{\underline{A}}) = D(\underline{\underline{G}}^0) \subset D(\underline{\underline{G}})$ and for symmetric $F \in D(\underline{\underline{A}})$ and $\underline{\underline{x}}$ in S^n

$$\underline{\underline{A}}F(\underline{\underline{x}}) = \underline{\underline{G}}F(\underline{\underline{x}}) + \Psi(\underline{\underline{x}},F)$$

where $\Psi(\underline{\underline{x}},F) = \Phi(\underline{\underline{x}},F) - \Sigma_{k=1}^{n} c(x_k)F(\underline{\underline{x}})$.

We assume in the following that there is a P_t-invariant measure dx on S.

Assumption B. (i) There exists a density function $\pi_n(x,\underline{\underline{z}})$ with respect to $\widehat{d\underline{\underline{z}}}$;

$$\pi_n(x,d\underline{\underline{z}}) = \pi_n(x,\underline{\underline{z}})\, \widehat{d\underline{\underline{z}}} :$$

(ii) $$\underline{q}_0 = \int_S q_0(x)\,dx < \infty,$$

$$\underline{q}_k = \sup_{\underline{\underline{z}} \in S^k} \int_S dx q_k(x)\pi_k(x,\underline{\underline{z}}) < \infty, \quad k = 1,2,3,\cdots.$$

(iii) $$c(x) \equiv 1.$$

Put

$$\underline{h}(u) = \sum_{k=0}^{\infty} \underline{q}_k u^k.$$

THEOREM 2. If there are non-negative solutions $0 \leq \eta_1 \leq \eta_2$ (at most two) of $\underline{h}(u) - u = 0$, then $\widehat{\mu d\underline{\underline{x}}}$ (μ is a positive constant) is m-excessive measure for the branching Markov process determined by $\{P_t, c=1, q_n, \pi_n\}$, when

$$\eta_1 \leq 2\underline{q}_0 \leq \eta_2$$

and

$$1/\eta_2 \leq \mu \leq 1/2\underline{q}_0.$$

PROOF. Because μdx is an invariant measure of P_t,

$$\int \widehat{\mu d\underline{\underline{x}}}\, \underline{\underline{G}}F = 0$$

for non-negative $F \in D(\underline{\underline{G}})$. Therefore $\widehat{\mu d\underline{\underline{x}}}$ is excessive for $\underline{\underline{T}}_t$ if and only if

$$\int \widehat{\mu d\underline{\underline{x}}}\, \Psi(\underline{\underline{x}},F) \leq 0.$$

This is equivalent to

$$\sum_{k=0}^{m} (m+1-k) \sup_{\underline{\underline{z}} \in S^k} \int \mu dx\, q_k(x)\pi_k(x,\underline{\underline{z}})/\mu^k - m \leqq 0, \quad m = 1,2,3,\cdots.$$

Therefore we get the theorem by the same arguments as in the case of CGW processes.

EXAMPLE 1. When $q_0 = 0$, $\underline{h}(u) = u$ has two solutions $u=0$ and $\eta > 0$, where η is the solution of

$$\Sigma_{n=2}^{\infty} \underline{q}_n u^{n-1} = 1.$$

If q_n is constant, then $\underline{q}_n = q_n$ and $\eta = 1$. Thus $\mu \geqq 1$ gives an m-excessive measure $\widehat{\mu d\underline{\underline{x}}}$. Therefore the duality described in §2 and §3 is justified in this case.

EXAMPLE 2. When dx is P_t-invariant probability measure, q_n = constant, and $\pi_n(x,\underline{\underline{z}}) \equiv 1$, $n=1,2,\cdots$, then $\underline{h}(u) = h(u) = \Sigma q_n u^n$. Therefore we can state the same conclusion as for CGW processes.

EXAMPLE 3. (due to K.Uchiyama) Take n-dimensional Brownian motion. The Lebesgue measure dx is the invariant measure for the motion. Assume $\{q_n, \pi_n\}$ satisfy that q_0 is bounded by 1 and belongs to L^1, and

$$q_k(x) = a_k(1-q_0(x)), \quad \Sigma_{k=2}^{\infty} a_k = 1, \; a_k \geqq 0;$$

$$\pi_k(x,\underline{\underline{z}}) = p_k(x-z_1)\times\cdots\times p_k(x-z_k), \text{ for } \underline{\underline{z}} = (z_1,\cdots,z_k),$$

where p_k is a probability density function which belongs to L^k. Then a sufficient condition for existence of m-excessive measure $\widehat{\mu dx}$ is

$$2\underline{q}_0 \leqq 1/\mu, \quad a_0 + \sum_{k=2}^{\infty} a_k \| p_k \|^k (1/\mu)^k \leqq 1/\mu.$$

where $\| p_k \|$ is L^k norm. This follows from

$$\sup_{\underline{\underline{z}}} \int q_k(x)\, dx\, \pi_k(x,\underline{\underline{z}}) \leqq a_k \| p_k \|^k.$$

For example, take 1-dimensional Brownian motion and

$$q_0(x) = \exp(-ax^2), \quad q_2(x) = 1 - q_0(x),$$

$$\pi_2(x,\underline{\underline{z}}) = (2\pi b)^{-1/2} \exp\{-1/2b\cdot((x-z_1)^2+(x-z_2)^2)\}.$$

Then $q_0 = \sqrt{\pi/a}$, $q_2 \leq 1/2\sqrt{\pi b}$, and a sufficient condition for $\widehat{\mu dx}$ to be excessive is given by

$$2\sqrt{\pi/a} \leq 1/\mu \leq \sqrt{\pi b} + \sqrt{\pi b - 2\pi\sqrt{b/a}}$$

i,e, $ab \geq 4$.

APPENDIX. When $q_2 = 1$, the resolvent of the CGW process is

$$G(n,m) = 1/m, \quad 1 \leq n \leq m,$$
$$=0, \quad \text{otherwise}.$$

In the case, $\mu \geq 1$ gives an m-excessive measure $\hat{\mu}$. Let's find which initial distribution ν gives $\hat{\mu}$ as a potential such that $\nu G = \hat{\mu}$. If $\nu G = \hat{\mu}$, we have

$$\Sigma_{n=1}^{m} \nu_n = m\mu^m,$$

and

$$\nu_n = n\mu^n - (n-1)\mu^{n-1}, \quad n = 1,2,3,\cdots,$$

is the one we need. Let's take this initial distribution . Then the reversed process of the CGW process from an L-time (cf.[7]) is a collision process with the $\hat{\mu}$-dual transition probability.

Since the resolvent of the $\hat{\mu}$-dual process is given by

$$\bar{G}(n,m) = \mu^{m-n}/n, \quad 1 \leq m \leq n,$$
$$= 0, \quad \text{otherwise},$$

and since $0 \leq \lambda \leq \mu$ gives m-excessive measure $\hat{\lambda}$ for the $\hat{\mu}$-dual, the initial distribution ν which gives $\hat{\lambda}$ as a potential ($\nu\bar{G}=\hat{\lambda}$) is given by

$$\nu_m = m\lambda^m(1 - \lambda/\mu).$$

As a special case if we take $\mu = 1$ then $\nu_n = 1$ $(n \geq 1)$ gives $\nu\bar{G}(m) = 1$ $(m \geq 1)$, but $\hat{1}$ is not a potential for the $\hat{1}$-dual process. The author does not know when m-excessive measure is given as a potential in general.

REFERENCES

[1] T.E.Harris, The theory of branching processes.(1963) Springer.

[2] N.Ikeda - M.Nagasawa - S.Watanabe, Branching Markov processes I,II,III, Journal of Mth. Kyoto Univ. Vol.8 (1968) 233-278, 365-410, vol. 9 (1969) 95-160.

[3] H.P.McKean, A class of Markov processes associated with nonlinear parabolic equations, Proc. Nat. Acad. Sci. vol. 56 (1966) 1907-1911.

[4] ----------, Speed of approach to equilibrium for Kac's caricature of a Maxwellian gas, Archive for rational mechanics and analysis. vol. 21 (1966) 343-367.

[5] ----------, An exponential formula for solving Boltzmann's equation for a Maxwellian gas, J. of Combinatorial theory. vol. 2 (1967) 358-382.

[6] M.Nagasawa - K.Sato, Some theorems on time change and killing of Markov processes, Kōdai Math. Sem. Rep. vol. 15 (1963) 195-219.

[7] M.Nagasawa, Time reversions of Markov processes, Nagoya Math. Journal. vol.24 (1964) 177-204.

[8] ----------, Branching property of Markov processes, Lecture notes in Mathematics, vol 258, Séminaire de Probabilités de Strasbourg VI, Springer 1972,177-197.

[9] ----------, Multiplicative excessive measures of branching processes, Proc. Japan Acad. vol. 49 (1973) 497-499.

[10] Y.Takahashi, Markov semi-groups with simple interaction I,II. Proc. Japan Acad. vol. 47 (1971) Suppl. II, 974-978, 1019-1024.

[11] H.Tanaka, Propagation of chaos for certain purely discontinuous Markov processes with interactions, J. Fac. Sci. Univ. Tokyo, vol. 17 (1970) 259-272.

[12] --------, Purely discontinuous Markov processes with non-linear generators and their propagation of chaos, Teor. Ber. prim. vol. 15 (1970) 599-621.

[13] T.Ueno, A class of Markov processes with interactions I,II, Proc Japan Acad. vol.45 (1969) 641-646, 995-1000.

[14] ------, A class of Markov processes with non-linear bounded generators, Japanese J. of Math. vol. 38 (1969) 19-38.

Mathematisches Institut
Universität Erlange-Nürnberg,
D-852 Erlangen
Bismarckstrasse 1 1/2,
and
Department of Applied Physics
Tokyo Institute of Technology
Oh-okayama, Meguro, Tokyo.

Université de Strasbourg
Séminaire de Probabilités 1973/74

SURLOIS D'ENTREE

par Michel WEIL

1. INTRODUCTION.-

D'habitude on construit un processus markovien de fonction de transition (P_t) à partir d'une loi d'entrée $(\lambda_t)_{t\geq 0}$. Nous voulons suivant T. LEVIATAN [2], faire une chose semblable mais à partir d'une surloi d'entrée $(\mu_s)_{s\geq 0}$ c'est-à-dire une famille de mesures finies telle que

$$\mu_{s+t} \geq \mu_s P_t \qquad s \geq 0 , t \geq 0 .$$

Naturellement on ne retrouve pas les processus markoviens classiques mais les processus de HELMS [1] , processus auxquels on injecte de la masse au fur et à mesure, et dont l'évolution est markovienne.

2. THEOREME DE T. LEVIATAN.

L'espace des états des processus est un espace localement compact à base dénombrable E , muni de sa tribu borélienne $\mathcal{E}$. A E nous adjoindrons deux points :

- le point delta : ∂ qui sera soit un point isolé si E est compact, soit le point à l'infini dans le cas contraire.
- le point atled : 6 , point isolé différent de ∂.

Nous poserons

$$\tilde{E} = E \cup \{6\} \cup \{\partial\}$$

$$E_\partial = E \cup \{\partial\} ,$$

et les tribus boréliennes correspondantes seront notées $\tilde{\mathcal{E}}$, $\mathcal{E}_\partial$.

Sur E nous nous donnons un semi-groupe sous markovien $(P_t)_{t\geq 0}$, rendu markovien au moyen du point ∂ et de la manière usuelle.

Introduisons les définitions :

SURLOI D'ENTREE.- C'est une famille $(\mu_t)_{t\geq 0}$ de mesures finies sur E_∂ et telle que

$$\mu_{s+t} \geq \mu_s P_t \qquad s \geq 0 , t \geq 0 .$$

PROCESSUS A CREATION ET ANNIHILATION (ou de HELMS).- C'est un processus stochastique $(Y_t , \mathcal{G}_t , t \geq 0)$ sur un espace de mesure σ-finie $(\tilde{\Omega} , \mathcal{G}, \tilde{P})$, à valeurs dans $\tilde{E}$ et tel que

1 a) ∂ est un point cimetière :

$$Y_t(\omega) = \partial \Rightarrow Y_s(\omega) = \partial \text{ pour } s \geq t\,,\ \omega \in \tilde{\Omega}\,.$$

1 b) δ est un point de maternité :

$$Y_t(\omega) = \delta \Rightarrow Y_s(\omega) = \delta \text{ pour } s \leq t\,,\ \omega \in \tilde{\Omega}\,.$$

2) L'évolution des processus est (P_t)-markovienne : pour toute fonction $\tilde{\mathcal{E}}$-borélienne, nulle sur $\{\delta\}$ on a

$$\tilde{E}[f \circ Y_{s+t} \mid \mathcal{G}_t] = P_s f \circ Y_t \qquad \tilde{P}\text{ - p.s. sur } \{Y_t \in E_\partial\}\,.$$

Remarquons que si l'on a un tel processus alors forcément la famille de mesures sur $\mathcal{E}_\partial$: $A \to \mu_s(A) = \tilde{P}\{Y_s \in A\}$, $s \geq 0$, est une surloi d'entrée. En effet

$$\mu_{s+t}(\cdot) = \tilde{P}\{Y_{s+t} \in \cdot\} \geq \tilde{P}\{Y_s \in E_\partial\,,\ Y_{s+t} \in \cdot\}$$

$$= \int_{\{Y_s \in E_\partial\}} \tilde{P}\{Y_{s+t} \in \cdot \mid Y_s \in E_\partial\}\, d\tilde{P}$$

$$= \mu_s P_t(\cdot)\,.$$

Inversement on a le très beau théorème de T. LEVIATAN :

THEOREME.- *Soient* $(P_t)_{t\geq 0}$ *un semi-groupe sous markovien sur* E *et* $(\mu_t)_{t\geq 0}$ *une surloi d'entrée pour* (P_t) . *Alors il existe un processus à création et à annihilation* $(X_t, \mathcal{F}^\circ_t, t \geq 0)$ *sur un espace de mesure* σ-*finie* $(\Omega, \mathcal{F}^\circ, \tilde{P})$ *dont la fonction de transition est* $(P_t)_{t\geq 0}$ *et tel que*

$$\tilde{E}[f \circ X_t] = \mu_t f$$

pour toute fonction borélienne sur $\tilde{E}$, *nulle sur* $\{\delta\}$.

DEMONSTRATION.- La démonstration de T. Léviatan consiste en gros à suivre la preuve classique de construction de processus de Markov. Elle introduit un système projectif un peu plus compliqué et qui probabilistiquement, s'interprête très bien.

On désignera par $\mathfrak{J}$ l'ensemble de suites :

$$\mathfrak{J} = \{(t_1, \dots, t_n) : 0 < t_1 < \dots < t_n < \infty\,,\ n \geq 1\,,\ t_i \in \mathbb{R}_+\,,\ 1 \leq i \leq n\}\,.$$

Notations : si $\tau = (t_1, \dots, t_n) \in \mathfrak{J}$ on posera $\tau_k = (t_k, \dots, t_n)$. On notera $\tilde{E}^\tau$ (resp. $\tilde{\mathcal{E}}^\tau$) l'espace produit $\tilde{E}_1 \times \dots \times \tilde{E}_n$ (resp. la tribu produit).

On commencera par munir $(\tilde{E}^\tau, \tilde{\mathcal{E}}^\tau)$ d'une certaine mesure P_τ et l'on vérifiera ensuite que le système de mesure $(P_\tau)_{\tau \in \mathfrak{J}}$ est projectif .

Pour notre propos il y a quatre sortes de rectangles privilégiés dans $\tilde{\mathcal{E}}^\tau$:

1) Les rectangles qui " vivent " ou qui " ont vécu " , i.e. de la forme

$$A_1 \times \dots \times A_n \qquad A_i \in \mathcal{E}_\partial \qquad 1 \le i \le n \ .$$

Ils seront crées suivant la loi μ_{t_1} et évoluront ensuite suivant (P_t) , d'où leurs mesures :

(1) $$P_\tau(A_1 \times \dots \times A_n) = \int_{A_1} \dots \int_{A_n} \mu_{t_1}(dy_1)\, P_{t_2-t_1}(y_1, dy_2) \dots P_{t_n-t_{n-1}}(y_{n-1}, dy_n) \ .$$

2) Les rectangles qui ne " vivent " qu'à partir de l'instant t_k i.e.:

$$\{6\}_1 \times \dots \times \{6\}_{k-1} \times A_k \times \dots \times A_n \qquad \text{où } A_i \in \mathcal{E}_\partial \quad \text{si } k \le i \le n \ .$$

La mesure de ces rectangles, vaudra $P_{\tau_k}\{A_k \times \dots \times A_n\}$ moins, " ce " qui aura vécu avant t_k :

(2) $$P_\tau\left\{\{6\}_1 \times \dots \times \{6\}_{k-1} \times A_k \times \dots \times A_n\right\} = P_{\tau_k}\{A_k \times \dots \times A_n\} - P_{\tau_{k-1}}\{E_\partial \times A_k \times \dots \times A_n\}$$

3) Les rectangles qui " n'ont pas encore vécu " . Pour des raisons analogues à celles de (2) on leur attribuera la valeur :

(3) $$P_\tau\left\{\{6\}_1 \times \dots \times \{6\}_n\right\} = \lim_{t \uparrow \infty} \mu_t(E_\partial) - \mu_{t_n}\{E_\partial\} \ .$$

(Cette limite existe vu la propriété des surlois) .

4) Enfin il existe des rectangles " aberrants " , où l'on vit avant de naître , et leur mesure sera très simple :

(4) $$P_\tau\{ \dots A_k \times \{6\} \times \dots \} = 0 \qquad \text{où } A_k \in \mathcal{E}_\partial \text{ pour un } k \ .$$

On vérifie grâce aux propriétés des surlois d'entrée que P_τ est une fonction positive sur ces rectangles . D'autre part cette fonction s'étend facilement à tous les rectangles élémentaires de $\widetilde{E}^\tau$, elle est σ - additive .

(5) Par le théorème de prolongement de Carathéodory P_τ s'étendra, alors, en une mesure σ-additive sur la tribu $\widetilde{\mathcal{E}}^\tau$.

Il faut alors vérifier que le système $(\widetilde{E}^\tau, \widetilde{\mathcal{E}}^\tau, P_\tau)_{\tau \in \mathfrak{J}}$ est projectif. Soit donc $\tau = (t_1, t_2, \dots, t_n) \in \mathfrak{J}$ et $(A_1 \times \dots \times A_n)$ un rectangle de $\widetilde{E}^\tau$. Supposons $A_j = \widetilde{E}$ (où j est un entier fixé) et vérifions que le rectangle obtenu en supprimant A_j a même mesure que le rectangle original. Trois cas sont à considérer suivant que A_j est au début, au milieu, ou à la fin ; et dans chacun de ces cas il suffit d'envisager les quatre sortes de rectangles vus plus haut .

<u>cas a</u> : $j = 1$, $A_1 = \widetilde{E}$.

Si $A_i \subset E_\partial$, $i \ge 2$, on a en utilisant (2) , et en notant $\tau_2 = (t_2, \dots, t_n)$:

$$P_\tau\{\widetilde{E}\times A_2\times\ldots\times A_n\} = P_\tau\{E_\partial\times A_2\times\ldots\times A_n\} + P_\tau\Big\{\{\delta\}\times A_2\times\ldots\times A_n\Big\}$$

$$= P_\tau\{E_\partial\times A_2\times\ldots\times A_n\} + P_{\tau_2}\{A_2\times\ldots\times A_n\} - P_\tau\{E_\partial\times A_2\times\ldots\times A_n\}$$

$$= P_{\tau_2}\{A_2\times\ldots\times A_n\}\ .$$

S'il existe un $i \geq 2$ tel que $A_i = \{\partial\}$ on aboutit à la même conclusion en utilisant les équations (3) et (4) .

<u>cas b</u> : $1 < j < n$: c'est soit le cas classique de la construction des processus de Markov , soit un cas tout à fait trivial .

<u>cas c</u> : $j = n$, $A_n = \widetilde{E}$.

Alors ou bien $A_{n-1} \subset E_\partial$ et le résultat est évident : soit grâce aux équations (2) , (3) et (4) , soit de la manière classique grâce à la propriété de semi-groupe de (P_t) ,

ou bien $A_{n-1} = \{\delta\}$ et dans ce cas :

$$P_\tau\Big\{A_1\times\ldots\times\{\delta\}\times\widetilde{E}\Big\} = P_\tau\Big\{A_1\times\ldots\times\{\delta\}\times E_\partial\Big\} + P_\tau\Big\{A_1\times\ldots\times\{\delta\}\times\{\delta\}\Big\}\ .$$

Deux choses peuvent se produire : ou tous les A_i valent $\{\delta\}$, $1 \leq i \leq n-1$ et par (2) et (3) on aura

$$P_\tau\Big\{A_1\times\ldots\times\{\delta\}\times\widetilde{E}\Big\} = P_{\tau_n}\{E_\partial\} - P_{\tau_{n-1}}\{E_\partial\times E_\partial\} + \lim_{t\uparrow\infty}\mu_t(E_\partial) - \mu_{t_n}(E_\partial)$$

$$= \mu_{t_n}(E_\partial) - \mu_{t_{n-1}}(E_\partial) + \lim_{t\uparrow\infty}\mu_t(E_\partial) - \mu_{t_n}(E_\partial)$$

$$= P_{(t_1,\ldots,t_{n-1})}\Big\{A_1\times\ldots\times\{\delta\}\Big\}\ ;$$

ou bien il y a un $i < n-1$ tel que $A_i \subset E_\partial$ et alors

$$P_\tau\Big\{A_1\times\ldots\times\{\delta\}\times\widetilde{E}\Big\} = 0 = P_{(t_1,\ldots,t_{n-1})}\Big\{A_1\times\ldots\times A_i\times\ldots\times\{\delta\}\Big\}\ .$$

Ceci prouve que le système $(\widetilde{E}^\tau , \widetilde{\mathcal{E}}^\tau , P_\tau , \tau \in \mathfrak{J})$ est projectif . Il reste à montrer que la limite projective des mesures (P_τ) existe et a les bonnes propriétés .

EXISTENCE DE LA LIMITE PROJECTIVE.- Si l'on suppose que

(6) $\lim_{t\uparrow\infty}\mu_t(E_\partial) < \infty$, alors les P_τ sont des mesures finies sur un compact et l'existence de la limite mesure projective sur $\widetilde{E}^{\mathbb{R}_+}$, notée $\widetilde{P}$, est bien connue .

Lorsque l'hypothèse (6) n'est pas vérifiée , on procède ainsi : soit $c \geq 0$ et $(\mu_t^c)_{t\geq 0}$ la nouvelle surloi d'entrée

$$\mu_t^c = \begin{cases} \mu_c & \text{si } t \leq c \\ \mu_c P_{t-c} & \text{si } t > c \end{cases}\ .$$

(Elle correspond à une création de masse seulement jusqu'à l'instant c) .

Cette surloi vérifie précisément (6) : en effet

$$\lim_{t\uparrow\infty} \mu_t^c(E_\partial) = \lim_{t\uparrow\infty} \mu_c \, P_{t-c}(E_\partial) \le \mu_c(E_\partial) < \infty \, .$$

Notons alors par P_τ^c les mesures introduites en (5) et corresdant à la surloi d'entrée (μ_t^c) . La limite projective $\lim_{\overleftarrow{\tau}} P_\tau^c = \tilde{P}^c$ existe sur $\Omega_1 = \tilde{E}^{\mathbb{R}_+}$. Or

PROPOSITION 1.- <u>Les mesures</u> $\tilde{P}^c$ <u>sont des fonctions croissantes de</u> c .

PREUVE de la proposition : C'est d'abord vrai pour les mesures de la surloi (μ_t^c) : si $t > 0$ et $0 < c_1 < c_2$ on a

$$t \le c_1 \qquad \mu_t^{c_1} = \mu_t = \mu_t^{c_2}$$

$$c_1 < t \le c_2 \quad \mu_t^{c_1} = \mu_{c_1} P_{t-c_1} \le \mu_t = \mu_t^{c_2}$$

$$c_2 < t \qquad \mu_t^{c_1} = \mu_{c_1} P_{t-c_1} = \mu_{c_1} P_{c_2-c_1} P_{t-c_2} \le \mu_{c_2} P_{t-c_2} = \mu_t^{c_2} \, .$$

C'est ensuite vrai pour les mesures P_τ^c : cela résulte de ce qui précède immédiatement et des équations de construction (1), (2), (3) et (4) .

Vérifions le par exemple sur l'équation (2) . Avec les notations de (2) et en remplaçant μ par μ^c on a

$$P_\tau^c\{\partial \times \dots \times \partial \times A_k \times \dots \times A_n\} = P_{\tau_k}^c\{A_k \times \dots \times A_n\} - P_{\tau_{k-1}}^c\{E_\partial \times A_k \times \dots \times A_n\} \, .$$

Un simple calcul, utilisant (1) , montre que le $2^{è}$ membre vaut

$$\int_{A_k} \dots \int_{A_n} \left(\mu_{t_k}^c - \mu_{t_{k-1}}^c P_{t_k - t_{k-1}}\right)(dy_k) P_{t_{k+1}-t_k}(y_k, dy_{k+1}) \dots P_{t_n - t_{n-1}}(y_{n-1}, dy_n)$$

qui est une fonction croissante de c d'après le lemme :

LEMME.- <u>Pour</u> s <u>et</u> t <u>fixés</u> , $s \le t$, <u>la mesure positive sur</u> $(E_\partial , \mathcal{E}_\partial)$

$$\nu^c \equiv \mu_t^c - \mu_s^c P_{t-s}$$

<u>est une fonction croissante de</u> c .

PREUVE du lemme.- D'abord remarquons que

$$(7) \qquad \nu^c \equiv \mu_t^c - \mu_s^c P_{t-s} = \begin{cases} 0 & \text{si } c < s \le t \\ \mu_c P_{t-c} - \mu_s P_{t-s} & \text{si } s \le c < t \\ \mu_t - \mu_s P_{t-s} & \text{si } s \le t \le c \end{cases}$$

Soit alors $c_1 < c_2$ et montrons le lemme d'après les positions de c_1, c_2, s , t sur la droite réelle .

1) Lorsque $c_1 \le s \le t$ la mesure ν^{c_1} est nulle donc automatiquement $\nu^{c_1} \le \nu^{c_2}$.

2) Pour $s \le t \le c_1 < c_2$ les deux mesures ν^{c_1} et ν^{c_2} sont égales .

3) Si $s \le c_1 < c_2 \le t$ on a $\mu_{c_1} \le \mu_{c_2}$, puis $\mu_{c_1} P_{t-c_2} \le \mu_{c_2} P_{t-c_2}$, d'où $\mu_{c_1} P_{t-c_2} P_{c_2-c_1} \le \mu_{c_2} P_{t-c_2}$ puisque $P_{c_2-c_1}$ est markovien , donc

$$\mu_{c_1} P_{t-c_1} \le \mu_{c_2} P_{t-c_2} . \tag{8}$$

Or par l'équation (7) :

$$\nu^{c_1} = \mu_{c_1} P_{t-c_1} - \mu_s P_{t-s} \quad \text{et} \quad \nu^{c_2} = \mu_{c_2} P_{t-c_2} - \mu_s P_{t-s} .$$

Cela prouve, grâce à (8), que $\nu^{c_1} \le \nu^{c_2}$.

4) Enfin si $s \le c_1 \le t \le c_2$ on a , par l'équation (7)

$$\nu^{c_2} = \mu_t - \mu_s P_{t-s}$$
$$\nu^{c_1} = \mu_c P_{t-c_1} - \mu_s P_{t-s}$$

et la propriété caractéristique des surlois (μ_s) entraîne la conclusion .

De ce qui précède on conclut facilement la preuve de la proposition 1 .

Par conséquent la mesure

$$\tilde{P} = \lim_{c \uparrow \infty} \tilde{P}^c$$

est bien définie sur $\Omega_1 = \tilde{E}^{\mathbb{R}_+}$, et on vérifie facilement que c'est effectivement la limite projective du système $(P_\tau , \tilde{E}^\tau , \tilde{\mathcal{E}}^\tau , \tau \in \mathfrak{J})$.

Enfin l'on pose

$\Omega = \{\omega \in \Omega_1 : \omega(t) = \partial \Rightarrow \omega(s) = \partial \ s \ge t$ et $\omega(r) = 6 \Rightarrow \omega(h) = 6 \ h \le r\}$

X_t = application coordonnée d'indice t de Ω

$\mathcal{F}^\circ_t = \mathfrak{T}(X_s , s \le t)$

$\mathcal{F}^\circ = \mathfrak{T}(X_s , s \ge 0)$

et il reste à prouver les propriétés annoncées :

<u>La mesure $\tilde{P}$ restreinte à Ω est σ-finie</u> : En effet, notons $[6]$ la trajectoire $s \mapsto \{6\}$; on a d'une part

$$\Omega = \bigcup_{i \in \mathbb{N}} \{X_i \in E_\partial\} \cup [6]$$

et d'autre part

$$\tilde{P}\{X_i \in E_\partial\} = \mu_i(E_\partial) < \infty$$

$$\tilde{P}\{[6]\} = \lim_{c\uparrow\infty} \tilde{P}^c\{[6]\} \le \lim_{c\uparrow\infty} \lim_{i\uparrow\infty} \tilde{P}^c\{X_i = 6\}$$

$$\le \lim_{c\uparrow\infty} \lim_{n\uparrow\infty} \left\{ \lim_{t\uparrow\infty} \mu^c_t(E_\partial) - \mu^c_n(E_\partial)\right\} = 0 .$$

Quant à la propriété de Markov elle résulte directement de la construction en (1), de la mesure $\tilde{P}$.

Ceci termine la preuve du théorème de T. Léviatan .

3. RELATIONS AVEC LES TRAVAUX DE HELMS .

Dans [1] Helms s'était donné un semi-groupe (P_t) markovien sur $E_\partial \times \mathcal{E}_\partial$ et une mesure de création $\Phi_x(ds,dy)$ sur $\mathcal{B}_+ \otimes \mathcal{E}_\partial$ (où $\mathcal{B}_+$ est la tribu borélienne sur $\mathbb{R}_+$) telle que

1) l'application $x \to \Phi_x$ de E dans $\mathbb{R}_+$ est $\mathcal{E}_\partial$ - mesurable .

2) si $A \in \mathcal{E}_\partial$ alors $\Phi_x([0,t[\times A) < \infty$ pour tout $t > 0$.

3) $\Phi_x(\{0\} \times A) = 0$.

La deuxième condition est pour éviter une explosion prématurée et $\Phi_x(ds,dy)$ représente la masse créée , à partir de $x \in E$, dans le temps ds au volume dy .

Posons avec Helms :

$$\mu_t^x(A) \equiv P_t(x,A) + \int_0^t \int_{E_\partial} P_{t-s}(y,A)\, \Phi_x(ds,dy) \qquad A \in \mathcal{E}_\partial$$

(la notation μ_t^x n'a pas de relation avec la notation μ_t^c du § précédent) . Alors il est facile de voir que

1) $\{\mu_t^\cdot(\cdot)\}_t$ est un semi-groupe sur-markovien sur $E_\partial \times \mathcal{E}_\partial$.

2) pour x fixé $(\mu_t^x)_{t\geq 0}$ est une surloi d'entrée pour le semi-groupe $(P_t)_{t\geq 0}$. En effet d'une part les mesures sont finies :

$$\mu_t^x(E_\partial) = P_t(x, E_\partial) + \Phi_x(]0,t[\times E_\partial) < \infty \quad ,$$

et d'autre part, si f est une fonction borélienne bornée sur E_∂ , on a

$$\mu_t^x f = P_t f^x + \int_0^t \int_{E_\partial} P_{t-r} f(y)\, \Phi_x(dr,dy)$$

d'où

$$\mu_s^x P_{t-s}(\cdot) = P_s P_{t-s}(x,\cdot) + \int_0^s \int_{E_\partial} P_{s-r} P_{t-s}(y,\cdot)\, \Phi_x(dr,dy)$$

$$\leq P_t(x,\cdot) + \int_0^t \int_{E_\partial} P_{t-r}(y,\cdot)\, \Phi_x(ds,dy)$$

$$= \mu_t^x(\cdot) \quad .$$

Le théorème de T. LEVIATAN entraîne alors l'existence d'une famille de processus créateurs et annihilateurs associés à (P_t) et à la création Φ .

BIBLIOGRAPHIE

[1] L.L. HELMS (1967) . Markov processes with creation of mass. Z. Wahrscheinlichkeitstheorie und Verw. Gebiete 7, 225-234 .

[2] T. LEVIATAN (1973) . On Markov processes with random starting time. The annals of Probability 1973 vol 1 n° 2 , 223-230 .

Université de Strasbourg

Séminaire de Probabilités 1973/74

CORRECTION A " Intégrales stochastiques par rapport ..."

par C. Dellacherie

J. Zàbczyk m'a signalé que la démonstration parue dans l'exposé "Intégrales stochastiques par rapport aux processus de Wiener et de Poisson" du volume VIII était trop courte pour être honnête. On y démontre en effet que toute martingale bornée orthogonale au processus de Wiener (ou de Poisson compensé) est nulle et on en déduit un peu rapidement qu'il en est de même pour toute L^2-martingale : ce n'est pas parce que les martingales bornées sont denses que l'on peut affirmer cela .

J'apporte ici les corrections nécessaires pour le processus de Wiener; je laisse au lecteur le soin de trouver celles pour le processus de Poisson.

D'abord, il est facile de voir que toute martingale(sous-entendu de carré intégrable et nulle à l'origine) continue orthogonale au processus de Wiener (B_t) est nulle : en effet, par arrêt à l'instant où la valeur absolue de la martingale dépasse le niveau n, on se ramène au cas d'une martingale bornée. Il ne nous reste plus alors qu'à démontrer que toute martingale (par rapport à la famille de tribu naturelle $(\underline{\underline{B}}_t)$ de (B_t)) est continue. Cela résulte aussitôt du fait que (B_t) est un processus de Hunt à trajectoires continues. Mais on peut en donner une démonstration élémentaire à l'aide de la théorie de l'orthogonalité. En effet, tout revient à démontrer que tout temps d'arrêt de $(\underline{\underline{B}}_t)$ est prévisible.

- supposons qu'il existe un t.d'a. totalement inaccessible T tel que $P\{T<\infty\}>0$. Soient $A_t = 1_{\{T\leq t\}}$ et $\hat{A}_t$ le processus croissant prévisible engendrant le même potantiel : comme T est totalement inaccessible, $(\hat{A}_t)$ est continu, et $(A_t-\hat{A}_t)$ est une martingale compensée de saut, n'ayant qu'un seul saut égal à 1 à l'instant T, là où T est fini. Comme compensée de saut, $(A_t-\hat{A}_t)$ est orthogonale à (B_t), et, par arrêt à un temps constant suffisamment grand, on obtient une martingale bornée non nulle orthogonale à (B_t), ce qui est impossible.
- supposons que la famille $(\underline{\underline{B}}_t)$ ait un temps de discontinuité. Il existe alors un temps d'arrêt prévisible T tel que la tribu $\underline{\underline{B}}_T$ ne soit pas égale à $\underline{\underline{B}}_{T-}$ (cf Capacités et processus stochastiques III.T51). Soit alors Z une v.a. bornée $\underline{\underline{B}}_T$-mesurable, mais non $\underline{\underline{B}}_{T-}$-mesurable : $M_t = (Z-E[Z|\underline{\underline{B}}_{T-}]).1_{\{T\leq t\}}$ est alors une martingale bornée non nulle, compensée de saut et donc orthogonale à (B_t). D'où une contradiction.

Université de Strasbourg
Séminaire de Probabilités 1973/74

UNE PROPRIETE DES ENSEMBLES SEMI-POLAIRES

par C. Dellacherie

Soit (P_t) un semi-groupe fortement markovien vérifiant l'hypothèse de continuité absolue et soit $(\Omega, \underline{\underline{F}}, (\underline{\underline{F}}_t), (X_t), \ldots)$ sa réalisation canonique. Nous entendrons ici par changement de temps un changement de temps par rapport à une fonctionnelle additive strictement croissante.

On sait que beaucoup de notions sont invariantes par changement de temps : fonctions excessives, topologie fine, opérateurs de balayage, ensembles polaires, ensembles semi-polaires, etc D'autres notions ne sont pas invariantes : fonctions surmédianes, potentiels de fonction, ensembles de potentiel nul.

Nous allons démontrer ici le résultat suivant

THEOREME. *Soit* B *un ensemble presque-borélien de potentiel nul pour* (P_t). *Si* B *est de potentiel nul pour tout semi-groupe obtenu par changement de temps à partir de* (P_t), *alors* B *est semi-polaire*.

DEMONSTRATION. En effet, si B n'est pas semi-polaire, il contient un finement parfait K qui n'est pas semi-polaire (cf Dellacherie "Ensembles aléatoires II" Volume III du séminaire, Lecture Notes n°88), et K est alors le support fin d'une fonctionnelle additive continue (A_t) (cf Azéma " Une remarque sur les temps de retour. Trois applications" Volume VI du séminaire, Lecture Notes n°258). Mais alors K, et a fortiori B, n'est pas de potentiel nul pour le semi-groupe obtenu à l'aide du changement de temps défini par la fonctionnelle additive $(A_t + t)$.

La démonstration est courte, mais fait appel à deux résultats difficiles. Cependant, il serait illusoire d'en chercher une élémentaire car on peut déduire aisément les deux résultats difficiles de l'énoncé du théorème.

HOMOGENEOUS EXTENSIONS OF RANDOM MEASURES

by M. J. Sharpe

1. Introduction. Let S denote a terminal time for a Markov process X. In questions concerning the decomposition of the process in terms of the subprocess (X, S), one encounters problems of the following type: being given some sort of functional of (X, S) which possesses some homogeneity relative to the shift operator, find a means of extending that functional to one which is homogeneous for the entire process. For examples, one may consult [4] and [7]. The same sort of problem arises in a different framework in [1].

One of the main results of this paper, Theorem 4, was proved in [4]. A complete discussion of Theorems 1 and 3 may be found in [8].

We suppose that the Markov process $X = (\Omega, \mathfrak{F}, \mathfrak{F}_t, X_t, \theta_t, P^x)$ takes values in a separable metric space E. The family $(\mathfrak{F}_t)$ is defined by the usual completion procedure. It is assumed that X is right continuous and Markov relative to $(\mathfrak{F}_t)$, and that the family $(\mathfrak{F}_t)$ is right continuous. These conditions are certainly satisfied under the "hypothèses droites" of Meyer, as extended by Getoor [5].

2. <u>Projections and Shifts</u>. We denote by $\mathfrak{n}$ the family of evanescent processes: $Z \in \mathfrak{n}$ if and only if $E^{\mu}[\sup_t |Z_t|] = 0$ for all probabilities μ on $(E, \mathcal{E})$. We write $Z = W$ in case $\{Z \neq W\} \in \mathfrak{n}$. Let $\mathfrak{m}$ denote the measurable processes: $\mathfrak{m} = (\mathcal{B}^+ \times \mathfrak{F}) \vee \mathfrak{n}$, where $\mathcal{B}^+$ is the Borel σ-field on $\mathbb{R}^+ = [0, \infty)$.

We define a semigroup $(\Theta_t)_{t \geq 0}$ of operators on $\mathfrak{m}$ by setting $(\Theta_t Z)(s, \omega) = Z(s-t, \theta_t \omega) 1_{[t,\infty)}(s)$. If Z is adapted, so is $\Theta_t Z$. If $Z \in \mathfrak{n}$, $\Theta_t Z \in \mathfrak{n}$ also.

Let $\mathfrak{w}$(resp. $\mathcal{P}$) denote the σ-field of processes generated by $\mathfrak{n}$ and the family of adapted processes whose trajectories are a.s. right-continuous with left limits (resp. left continuous). These will be the appropriate classes of well measurable (resp. previsible) processes for the special theory of projections which is developed here. It is clear that if $Z \in \mathfrak{w}$ (resp. $\mathcal{P}$) then $\Theta_t Z \in \mathfrak{w}$ (resp. $\mathcal{P}$). It is not a difficult matter to prove, following ideas from [2], that special versions of the well measurable and previsible projections can be defined in such a way as to commute with the operators Θ_t. More precisely,

<u>Theorem 1</u>. There exist mappings $Z \to {}^1Z$ and $Z \to {}^3Z$ of $b\mathfrak{m}$ onto $b\mathfrak{w}$ and $b\mathcal{P}$ respectively such that

(i) For each initial law μ, ${}^1Z$(resp. ${}^3Z$) is the well measurable (resp. previsible) projection of Z relative to $(\Omega, \mathfrak{F}^{\mu}_t, P^{\mu})$: that is

$$E^{\mu}(Z_T;\ T<\infty) = E^{\mu}({}^1Z_T;\ T<\infty)\ (\text{resp. } E^{\mu}({}^3Z_T;\ T<\infty))$$

for all $(\mathcal{F}_t^{\mu})$ stopping times T (resp. previsible $(\mathcal{F}_t^{\mu})$ stopping times T).

(ii) $\Theta_t({}^1Z) = {}^1(\Theta_t Z)$ (resp. $\Theta_t({}^3Z) = {}^3(\Theta_t Z)$), for all $t \geq 0$.

A measurable process Z is called homogeneous on $[0, \infty)$ (resp. $(0, \infty)$) in case for all $t \geq 0$, $Z_u(\theta_t \omega) = Z_{u+t}(\omega)$ for all $u \geq 0$ (resp. $u > 0$) a.s. . This definition is equivalent to requiring that for all $t \geq 0$,

$$1_{[t,\infty)} \cdot \Theta_t Z = 1_{[t,\infty)} \cdot Z\ (\text{resp. } 1_{(t,\infty)} \cdot \Theta_t Z = 1_{(t,\infty)} \cdot Z)\ .$$

By Theorem 1, if Z is homogeneous and bounded (or positive) then ${}^1Z$ and ${}^3Z$ are also homogeneous.

The most elementary problem of homogeneous extension can now be treated. Let S denote a perfect terminal time for X. We call a measurable process Z, which vanishes on $[S, \infty)$, homogeneous on $[0, S)$ (resp. $(0, S)$) in case $1_{[t,S)} \cdot \Theta_t Z = 1_{[t,S)} \cdot Z$ (resp. $1_{(t,S)} \cdot \Theta_t Z = 1_{(t,S)} \cdot Z$) for all $t \geq 0$. That is to say that for all $t \geq 0$, $Z_u(\theta_t \omega) = Z_{u+t}(\omega)$ for all $u \in [0, S(\omega) - t)$ (resp. $u \in (0, S(\omega) - t)$) a.s.. An obvious example is $Z_t = f \circ X_t 1_{[0,S)}(t)$ $(f \in \mathcal{E})$, which is homogeneous on $[0, S)$.

Theorem 1 shows that if Z is homogeneous on $[0, S)$ (resp. $(0, S)$) then so is ${}^1Z$.

We let $S_t = t + S \circ \theta_t$, noting that $1_{[S_t]} = \Theta_t 1_{[S]}$. Taking account of perfection of S we see that for all $u \geq 0$, $t \geq 0$ and $\omega \in \Omega$, $S_{t+u}(\omega) = S_u(\omega)$ if $S_u(\omega) > u + t$. This means that for all ω, if $0 \leq t \leq u$ then either $(t, S_t(\omega)) \cap (u, S_u(\omega))$ is empty, or $S_t(\omega) = S_u(\omega)$. We define M to be the random set whose ω-section is the closure in $(0, \infty)$ of $\{S_t(\omega) : t > 0\} \cap (0, \infty)$. The complement in $(0, \infty)$ of this ω-section is $\bigcup (t, S_t(\omega))$, where the union may be taken over $\mathbb{Q}$, the positive rationals. It is easy to see that the indicator of M is homogeneous on $(0, \infty)$, and it belongs to $\mathfrak{W}$. We let M^c denote the complement of M in $(0, \infty)$.

We shall say that a measurable process Z is perfectly homogeneous on $(0, S)$ in case $Z_t(\omega) = 0$ whenever $t \geq S(\omega)$ and for all ω, for all $t \geq 0$ and $u > 0$,

$$Z_{t+u}(\omega) = Z_u(\theta_t \omega) \quad \text{whenever} \quad t + u < S(\omega) .$$

One knows [6] that if Z is homogeneous on $(0, S)$ and Z is a.s. right continuous, there exists a perfect Z' which is indistinguishable from Z.

<u>Theorem 2</u>. Let Z be perfectly homogeneous on $(0, S)$. There exists a unique process $\overline{Z}$ which is perfectly homogeneous on $(0, \infty)$, vanishes on $M \cup \{0\}$, and is such that $1_{(0,S)} \cdot \overline{Z} = 1_{(0,S)} \cdot Z$. Moreover, if Z is bounded or positive and ${}^1Z$ can be chosen to be perfectly homogeneous on $(0, S)$ then ${}^1(\overline{Z}) = ({}^1Z)^-$.

<u>Proof</u>. For uniqueness, it will suffice to show that if W is homogeneous on $(0, \infty)$ and W vanishes on both $(0, S)$ and M then $W = 0$. However, we know that $M^c = \bigcup_{t \in \mathbb{Q}} (t, S_t)$, so $1_{(0,S)} \cdot W = 0$ implies $0 = \Theta_t(1_{(0,S)} \cdot W) = 1_{(t,S_t)} \cdot \Theta_t W = 1_{(t,S_t)} \cdot W$ and consequently $W = 0$. To show existence, we may suppose $Z \geq 0$ and that Z vanishes on $(0, S)^c$. We define $\overline{Z}_s(\omega) = \sup\{(\Theta_t Z)(s, \omega) : t \in \mathbb{Q}\}$. Obviously $\overline{Z} \in \mathfrak{m}$ and $\overline{Z}$ vanishes on $M \cup \{0\}$. From the definition of perfect homogeneity on $(0, S)$, we have, for all $t, u \geq 0$,

$$\Theta_u(1_{(t,S)} \cdot \Theta_t Z) = \Theta_u(1_{(t,S)} \cdot Z) ,$$

from which we obtain

$$1_{(t+u,S_u)} \cdot \Theta_{t+u} Z = 1_{(t+u,S_u)} \cdot \Theta_u Z .$$

From the remarks preceding the definition of M we may conclude that

$\Theta_{t+u}Z$ and $\Theta_u Z$ are identical on $(t+u, S_u) = (u, S_u) \cap (t+u, S_{t+u})$. Since $\Theta_u Z$ vanishes off (u, S_u) it follows that $\overline{Z} = \Theta_u Z$ on (u, S_u) for all real $u \geq 0$. The homogeneity of M shows that $\Theta_t \overline{Z}$ vanishes off $(t, \infty) \cap M^c = \cup \{(u, S_u): u \geq t\}$ and so $\Theta_t \overline{Z} = \Theta_{t+u} Z$ on $\Theta_t(u, S_u) = (u+t, S_{u+t})$. Hence $\Theta_t \overline{Z} = 1_{(t,\infty)} \cdot \overline{Z}$.

Since M is well measurable, ${}^1(\overline{Z})$ may be assumed to vanish identically on M. In order to show that ${}^1(\overline{Z}) = ({}^1Z)^-$ it is sufficient, because of the uniqueness result, to show them equal on (0, S). Since (0, S) is well measurable, we have

$$1_{(0,S)}{}^1(\overline{Z}) = {}^1(1_{(0,S)} \cdot \overline{Z}) = {}^1Z = 1_{(0,S)} \cdot ({}^1Z)^- ,$$

completing the proof.

3. Random Measures.

A random measure $\varkappa$ is defined to be a positive kernel from $(\mathbb{R}^+, \mathcal{B}^+)$ to $(\Omega, \mathcal{F})$ satisfying

(i) $\omega \to \varkappa(\omega, B) \in \mathcal{F}$ for all $B \in \mathcal{B}^+$

(3.1) (ii) $B \to \varkappa(\omega, B)$ is a positive measure on $(\mathbb{R}^+, \mathcal{B}^+)$

(iii) There exists a strictly positive previsible process Y such that

$$E^x \int_0^\infty Y_t(\cdot)\varkappa(\cdot, dt) < \infty \quad \text{for all} \quad x \in E .$$

We denote by $\mathfrak{m}^*$ the class of all random measures, and by $\mathfrak{m}_0^*$ the subclass of those which do not charge $\{0\}$. For any $Z \in \mathfrak{m}_+$, $Z * \varkappa$ is defined by

$$(Z * \varkappa)(\omega, B) = \int_0^\infty 1_B(t) Z_t(\omega)\varkappa(\omega, dt) .$$

If Z is bounded or previsible then $Z * \varkappa \in \mathfrak{m}^*$ if $\varkappa \in \mathfrak{m}^*$. We denote by $\mathfrak{w}^*$ (resp. $\mathfrak{P}^*$) the class of random measures $\varkappa$ such that for some strictly positive previsible Y, $(t, \omega) \to Y * \varkappa(\omega, [0, t])$ belongs to $\mathfrak{w}$ (resp. $\mathfrak{P}$) and $E^x(Y * \varkappa(\cdot, [0, \infty))) < \infty$ for all $x \in E$. We set $\mathfrak{w}_0^* = \mathfrak{w}^* \cap \mathfrak{m}_0^*$ and $\mathfrak{P}_0^* = \mathfrak{P}^* \cap \mathfrak{m}_0^*$.

One defines a semigroup $\hat{\Theta}_t$ of operators on $\mathfrak{m}^*$ by $(\hat{\Theta}_t \varkappa)(\omega, B) = \varkappa(\theta_t \omega, B - t)$, where it is supposed that $\varkappa(\omega, \cdot)$ is extended to a measure on $\mathbb{R}$ which doesn't charge $(-\infty, 0)$. It is easy to see that $\hat{\Theta}_t$ preserves $\mathfrak{m}_0^*$, $\mathfrak{w}^*$, $\mathfrak{P}^*$, $\mathfrak{w}_0^*$ and $\mathfrak{P}_0^*$. One has the identity

(3.2) $$\hat{\Theta}_t(Z * \varkappa) = \Theta_t Z * \hat{\Theta}_t \varkappa \quad .$$

(3.3) <u>Definition</u>. Let S be a perfect terminal time and let $\varkappa \in \mathfrak{m}^*$. We say that $\varkappa$ is homogeneous on $[0, S)$ (resp. $(0, S)$) if a.s.

(i) $\varkappa(\omega, \cdot)$ doesn't charge $[0, S(\omega))^c$ (resp. $(0, S(\omega))^c$)

(ii) for all $t \geq 0$

$$1_{[t,S)} * \hat{\Theta}_t \varkappa = 1_{[t,S)} * \varkappa$$

$$(\text{resp. } 1_{(t,s)} * \hat{\Theta}_t \varkappa = 1_{(t,S)} * \varkappa)$$

We say that $\varkappa$ is perfectly homogeneous on $[0, S)$ or $(0, S)$ if (i) and (ii) are identities in ω and t.

The simplest case arises when $\varkappa(\omega, dt) = dA_t(\omega)$ where A is a finite increasing process with $A_0 = 0$. One may check then that $\varkappa$ is homogeneous on $(0, S)$ if and only if A is a not necessarily adapted additive functional of (X, S). In the case where A_0 is not necessarily zero, one obtains that $\varkappa$ is homogeneous on $[0, S)$ if and only if A is a left additive functional of (X, S) in the sense of Azéma.

The same sort of method used in proving Theorem 1 can be applied to give the following dual result.

<u>Theorem 3</u>. There exist mappings $\varkappa \to \varkappa^1$ and $\varkappa \to \varkappa^3$ of $\mathfrak{m}^*$ onto $\mathfrak{w}^*$ and $\mathfrak{p}^*$ respectively such that

(i) For each initial measure μ, $\varkappa^1$ (resp. $\varkappa^3$) is the dual well measurable (resp. previsible) projection of $\varkappa$ relative to $(\Omega, \mathcal{F}_t^\mu, P^\mu)$: that is,

$$E^\mu \int_0^\infty Z_t(\cdot)\varkappa(\cdot, dt) = E^\mu \int_0^\infty Z_t(\cdot)\varkappa^1(\cdot, dt)$$

for all $Z \in \mathfrak{w}_+$ (resp. $\mathfrak{p}_+$).

(ii) $\hat{\Theta}_t(\varkappa^i) = (\hat{\Theta}_t\varkappa)^i$ if $t \geq 0$, $(i = 1, 3)$.

One obtains, in particular, that if $\varkappa$ is homogeneous on $[0, S)$ (resp. $(0, S)$) then so is $\varkappa^1$. If S is previsible, the same is true for $\varkappa^3$.

The result which is dual to Theorem 2, and is perhaps more interesting is

<u>Theorem 4</u>. Let $\varkappa \in \mathfrak{m}_0^*$ be perfectly homogeneous on $(0, S)$. There exists a unique $\bar{\varkappa} \in \mathfrak{m}_0^*$ which is homogeneous on $(0, \infty)$ and carried by M^c such that $\varkappa = 1_{(0,S)} * \bar{\varkappa}$. If $\varkappa^1$ may be chosen to be perfectly homogeneous on $(0, S)$, then $(\varkappa^1)^- = (\bar{\varkappa})^1$. In particular, if $\varkappa \in \mathfrak{w}_0^*$ then $\bar{\varkappa} \in \mathfrak{w}_0^*$.

<u>Proof</u>. Suppose γ and $\nu \in \mathfrak{m}_0^*$ are homogeneous on $(0, \infty)$ and are both carried by M^c. If $1_{(0,S)} * \gamma = 1_{(0,S)} * \nu$ then for all $t \geq 0$, $\hat{\Theta}_t\left(1_{(0,S)} * \gamma\right) = \hat{\Theta}_t\left(1_{(0,S)} * \nu\right)$ so $1_{(t,S_t)} * \gamma = 1_{(t,S_t)} * \nu$. Since $M^c = \bigcup_{t \in \mathbb{Q}} (t, S_t)$ it follows that $\gamma = \nu$. This proves uniqueness of $\bar{\varkappa}$.

We define $\bar{\varkappa}$ by

$$\bar{\varkappa}(\omega, \cdot) = \bigvee_{t \in \mathbb{Q}} \hat{\Theta}_t \varkappa(\omega, \cdot)$$

where $\vee$ means supremum in the sense of measures. Properties (i) and (ii) of (3.1) are then satisfied by $\bar{\varkappa}$. Leaving aside (iii) for the moment, we observe, as in the proof of Theorem 2, that we have (identically)

$$\hat{\Theta}_t\left(1_{(u,S)} * \varkappa\right) = \hat{\Theta}_t(1_{(u,S)} * \hat{\Theta}_u \varkappa)$$

hence, using (3.2)

$$1_{(u+t,S_t)} * \hat{\Theta}_t \varkappa = 1_{(t+u,S_t)} * \hat{\Theta}_{t+u} \varkappa .$$

From this fact we obtain that $\hat{\Theta}_{t+u} \varkappa(\omega, \cdot)$ and $\hat{\Theta}_t \varkappa(\omega, \cdot)$ are identical on $(t+u, S_t(\omega)) = (t, S_t(\omega)) \cap (t+u, S_{t+u}(\omega))$. Consequently we have $\bar{\varkappa}(\omega, \cdot) = \hat{\Theta}_t \varkappa(\omega, \cdot)$ on $(t, S_t(\omega))$ for all $t \geq 0$. Since $\bar{\varkappa}$ is carried by M^c, the homogeneity of $\bar{\varkappa}$ is evident. We turn now to proving that condition (iii) of (3.1) is satisfied by $\bar{\varkappa}$. Let $Y \in \mathcal{P}_+$ be strictly positive and satisfy $E^x \int_0^\infty Y_t(\cdot)\varkappa(\cdot, dt) < \infty$ for all $x \in E$. We set $A_t(\omega) = \int_0^t Y_s(\omega)\varkappa^3(\omega, ds)$. We have $E^x A_\infty < \infty$ for all $x \in E$, and A is previsible. But

$$E^x \int_0^\infty Y_t e^{-A_t} \varkappa(dt) = E^x \int_0^\infty e^{-A_t} dA_t \leq 1 ,$$

showing that we may assume that $E^x \int_0^\infty Y_t(\omega)\varkappa(\cdot, dt) \leq 1$ for all $x \in E$. Let $\{r_n\}$ be an enumeration of $\mathbb{Q}$, and define $Z_t = 1_M + \sum_{n=1}^\infty 2^{-n} 1_{(r_n, S_{r_n})} \cdot \Theta_{r_n} Y$. Obviously, $Z \in \mathcal{P}_+$ is strictly positive, and

$$\begin{aligned} E^x \int_0^\infty Z_t(\cdot)\bar{\varkappa}(\cdot, dt) &\leq \sum 2^{-n} E^x \int_0^\infty \left(\Theta_{r_n} Y\right)_t \hat{\Theta}_{r_n} \varkappa(\cdot, dt) \\ &\leq \sum 2^{-n} E^x \left[\hat{\Theta}_{r_n} (Y * \varkappa)(\cdot, \mathbb{R}^+)\right] \\ &\leq \sum 2^{-n} E^x E^{X(r_n)} [(Y * \varkappa)(\cdot, \mathbb{R}^+)] \\ &\leq 1 . \end{aligned}$$

To complete the proof we must show that $(\bar{\varkappa})^1 = (\varkappa^1)^-$. In view of uniqueness, it is sufficient to show that their restriction to $(0, S)$

are equal. This holds since $(0, S) \in \mathfrak{W}$ implies that

$$1_{(0,S)} * (\bar{\varkappa})^1 = (1_{(0,S)} * \bar{\varkappa})^1 = \varkappa^1 = 1_{(0,S)} * (\varkappa^1)^- .$$

Remark. The requirement in (3.1)(iii) that Y be previsible may be weakened to the condition that $Y \in \mathfrak{W}$ if one is interested only in well measurable projections. For sufficient conditions under which perfect versions of a homogeneous random measure exist, the reader should consult [9].

4. The Previsible Case.

If S is not previsible, the results of Theorems 2 and 4 are not valid for previsible projections. After a slight modification of the notion of projection, though, we can obtain essentially the same results.

Suppose Λ is a measurable set in $\mathbb{R}^+ \times \Omega$ which satisfies the condition

$$\{{}^3 1_\Lambda > 0\} \supset \Lambda \text{ up to evanescence.} \tag{4.1}$$

Let $\mathfrak{M}_\Lambda$, $\mathfrak{P}_\Lambda$ and $\mathfrak{W}_\Lambda$ denote the traces of $\mathfrak{M}$, $\mathfrak{P}$ and $\mathfrak{W}$ on Λ. We interpret $Y \in \mathfrak{P}_\Lambda$, for example, to mean that $Y = Z \cdot 1_\Lambda$ where $Z \in \mathfrak{P}$.

Similarly, $\mathcal{P}^*_\Lambda$ denotes the class of random measures of the form $1_\Lambda * \varkappa$, $\varkappa \in \mathcal{P}^*$, etc. We define, for $Z \in b\mathfrak{m}_\Lambda$ the previsible projection of Z on Λ by

$$ {}^3_\Lambda Z = (1_\Lambda / {}^3 1_\Lambda) \cdot {}^3 Z $$

and the dual previsible projection of $\varkappa \in \mathfrak{m}^*_\Lambda$ by

$$ \varkappa^3_\Lambda = (1_\Lambda / {}^3 1_\Lambda) * \varkappa^3 $$

In each case we set $0/0 = 0$. The following assertions are then routine, making use of (4.1):

(4.2) <u>Proposition</u>.

(a) For $Z \in b\mathfrak{m}_\Lambda$, ${}^3_\Lambda Z$ is the unique member of $\mathcal{P}_\Lambda$ with the property that for every initial measure μ , $E^\mu\{{}^3_\Lambda Z(T);\ T < \infty\} = E^\mu\{Z(T);\ T < \infty\}$ for every previsible stopping time T.

(b) For $\varkappa \in \mathfrak{m}^*_\Lambda$, $\varkappa^3_\Lambda$ is the unique member of $\mathcal{P}^*_\Lambda$ satisfying

$$ E^\mu \int_0^\infty W_t\, \varkappa^3_\Lambda(dt) = E^\mu \int_0^\infty W_t \varkappa(dt) $$

for all $W \in (\mathcal{P}_\Lambda)_+$ and every initial measure μ .

The cases of interest here are those in which $\Lambda = (0, S)$ and $\Lambda = M^c$.

(4.3) Lemma. The sets $(0, S)$ and M^c both satisfy the condition (4.1).

Proof. We have ${}^3 1_{(0,S)} = 1_{(0,S]} - {}^3 1_{[S]}$, so

$\{{}^3 1_{(0,S)} = 0\} = [0] \cup (S, \infty) \cup \{1_{(0,S]} = {}^3 1_{[S]}\}$. Since $\{{}^3 1_{[S]} > 0\} \subset \cup [T_n]$ where $\{T_n\}$ is a sequence of previsible stopping times which englobe the accessible part of S, the set $\{1_{(0,S]} = {}^3 1_{[S]}\} = \cup [R_n]$, where $\{R_n\}$ is a sequence of previsible stopping times. For all n,

$P^\mu\{R_n < \infty\} = P^\mu\{R_n \le S, {}^3 1_{[S]}(R_n) = 1\} = P^\mu\{R_n \le S, R_n = S < \infty\} =$

$= P^\mu\{R_n = S < \infty\}$, hence $P^\mu\{R_n < S\} = 0$. It follows that $\{1_{(0,S]} = {}^3 1_{[S]}\} \subset [S, \infty)$, and this shows that $(0, S)$ satisfies (4.1). We know, on the other hand, that $M^c = \cup \{(t, S_t) : t \in \mathbb{Q}\}$ and each (t, S_t) satisfies (4.1) by the above argument. Then $\{{}^3 1_{M^c} > 0\} \supset \{{}^3 1_{(t,S_t)} > 0\} \supset (t, S_t)$ for all $t \in \mathbb{Q}$, and so M^c satisfies (4.1).

Remark. The ideas above permit one to explain the difference between the previsible AF, A, generated by a natural potential u of (X, S) and the "natural" AF, B, generated by that potential. The Meyer decomposition gives the existence of the previsible AF A, which may charge S. The procedure explained in [3] determines a natural AF, B, of (X, S) which does not change S. It is not hard to check that A must be carried by $\{{}^3 1_{(0,S)} > 0\}$ and that $B = (1_{(0,S)} / {}^3 1_{(0,S)}) * A$.

We shall give only the dual projection version of the extension theorem, the projection version being entirely analogous.

<u>Theorem 5</u>. Let $\varkappa$ be a random measure which is homogeneous on $(0, S)$. Then $\gamma = \varkappa^3_{(0,S)}$ is homogeneous on $(0, S)$. If perfect versions of $\varkappa$ and γ can be found, then $\bar{\gamma} = (\bar{\varkappa})^3_{M^c}$. In particular, if $\varkappa \in \mathcal{P}^*_{(0,S)}$ then $\bar{\varkappa} \in \mathcal{P}^*_{M^c}$.

<u>Proof</u>. We start by showing that for all $t \geq 0$,

$$ {}^3 1_{(t,S_t)} \cdot 1_{(0,S)} = {}^3 1_{(t,S)} \cdot 1_{(0,S)} . $$

For each μ and for each previsible stopping time T,

$$ E^\mu[{}^3 1_{(t,S_t)}(T) ; {}^3 1_{(0,S)}(T) > 0] = E^\mu[1_{(t,S_t)}(T) ; {}^3 1_{(0,S)}(T) > 0] $$

$$ = E^\mu[1_{(t,S)}(T) ; {}^3 1_{(0,S)}(T) > 0] $$

since $S_t = S$ on $\{T > t\}$. This last expression is equal to

$$E^{\mu}\left[{}^{3}1_{(t,S)}(T);\ {}^{3}1_{(0,S)}(T) > 0\right]$$

and so ${}^{3}1_{(t,S_t)} = {}^{3}1_{(t,S)}$ on $\{{}^{3}1_{(0,S)} > 0\}$, hence on $(0,S)$, by (4.3). We then have

$$1_{(t,S)} \cdot \Theta_t\left[1_{(0,S)}/{}^{3}1_{(0,S)}\right] = 1_{(t,S)} \cdot 1_{(t,S_t)}/\Theta_t\left({}^{3}1_{(0,S)}\right)$$

$$= 1_{(t,S)} \cdot 1_{(t,S_t)}/{}^{3}1_{(t,S_t)}$$

$$= 1_{(t,S)} \cdot 1_{(0,S)}/{}^{3}1_{(0,S)} \ .$$

That is, $1_{(0,S)}/{}^{3}1_{(0,S)}$ is homogeneous on $(0, S)$. Observe now that if $\varkappa$ is any random measure carried by $(0, S)$ then $\hat{\Theta}_t\varkappa(\omega, \{S(\omega)\}) = \varkappa(\theta_t\omega, \{S(\omega) - t\})$. If $S(\omega) > t$, this last term equals $\varkappa(\theta_t\omega, \{S(\theta_t\omega)\}) = 0$. Thus, if $\varkappa$ is homogeneous on $(0, S)$, $1_{(t,S]} * \hat{\Theta}_t\varkappa = 1_{(t,S]} * \varkappa$ for all $t \geq 0$. Since $(t, S] \in \mathcal{P}$, we have $1_{(t,S]} * (\hat{\Theta}_t\varkappa)^3 = 1_{(t,S]} * \varkappa^3$, and from Theorem 3, one concludes that

$$1_{(t,S]} * \hat{\Theta}_t(\varkappa^3) = 1_{(t,S]} * \varkappa^3 \ .$$

Since $\{{}^{3}1_{(t,S)} > 0\} \subset (t, S]$, we have then

$$1_{(t,S)} \cdot \left[1_{(0,S)}/{}^{3}1_{(0,S)}\right] * \hat{\Theta}_t(\varkappa^3) = 1_{(t,S)} \cdot \left[1_{(0,S)}/{}^{3}1_{(0,S)}\right] * \varkappa^3$$

and hence, in view of the homogeneity of $1_{(0,S)}/{}^{3}1_{(0,S)}$ on $(0, S)$, and formula (3.2), we obtain

$$1_{(t,S)} * \hat{\Theta}_t \gamma = 1_{(t,S)} * \gamma .$$

We show next that ${}^{3}1_{M^c} = {}^{3}1_{(0,S)}$ on $(0, S)$. We have $1_{(0,S)} \cdot 1_{M^c} = 1_{(0,S)}$, so ${}^{3}\left(1_{(0,S]}\, 1_{M^c}\right) = {}^{3}1_{(0,S)}$. But $(0, S] \in \mathcal{P}$, and we obtain therefore $1_{(0,S]}\, {}^{3}1_{M^c} = {}^{3}1_{(0,S)}$, from which the above assertion is obvious. Since M^c is homogeneous on $(0, \infty)$, $1_{M^c}/{}^{3}1_{M^c}$ is homogeneous on $(0, \infty)$, using Theorem 1. By construction, $\bar{\varkappa}$ is homogeneous on $(0, \infty)$ and it is carried by M^c. Thus $(\bar{\varkappa})^3$ is homogeneous on $(0, \infty)$, thanks to Theorem 3. Since $\bar{\varkappa}$ is carried by the previsible set $\{{}^{3}1_{M^c} > 0\}$, the same is true of $(\bar{\varkappa})^3$. We now see that $(\bar{\varkappa})^3_{M^c} = \left(1_{M^c}/{}^{3}1_{M^c}\right) * (\bar{\varkappa})^3$ is homogeneous on $(0, \infty)$, and it is carried by M^c. In order to show that $\bar{\gamma} = (\bar{\varkappa})^3_{M^c}$, it will suffice to show that their restrictions to $(0, S)$ are equal. See the proof of Theorem 4.

We have

$$1_{(0,S]} * (\bar{\varkappa})^3_{M^c} = \left[1_{(0,S]} \cdot 1_{M^c} / {}^3 1_{M^c}\right] * \bar{\varkappa}^3$$

$$= \left(1_{M^c} / {}^3 1_{M^c}\right) * \left(1_{(0,S]} * \varkappa^-\right)^3$$

$$= \left(1_{M^c} / {}^3 1_{M^c}\right) * \varkappa^3 .$$

Since $\varkappa^3$ is carried by $\{{}^3 1_{(0,S)} > 0\} \subset (0, S]$ we have

$$1_{(0,S)} * (\bar{\varkappa})^3_{M^c} = \left(1_{(0,S)} \cdot 1_{M^c} / {}^3 1_{M^c}\right) * \varkappa^3$$

$$= \left(1_{(0,S)} / {}^3 1_{(0,S)}\right) * \varkappa^3$$

$$= \gamma = 1_{(0,S)} * \bar{\gamma} ,$$

completing the proof.

REFERENCES

1. J. Azéma and P.A. Meyer Une nouvelle représentation du type de Skorohod. Sém. de Probabilités de Strasbourg VIII, Springer Lecture Notes 381, 1974.

2. A. Benveniste and J. Jacod . Projection des fonctionelles additives et représentation des potentiels d'un processus de Markov. C.R. Acad. Sc. Paris, t. 276, 1365-1368 (1973).

3. R. Blumenthal and R.K. Getoor. Markov Processes and Potential Theory. Academic Press, 1968.

4. R.K. Getoor and M.J. Sharpe. Balayage and multiplicative functionals. Z. Wahrs. ver. Geb. 28, 139-164, 1974.

5. R.K. Getoor. Lecture notes on Markov processes: Ray processes and right processes. To appear.

6. P.A. Meyer. Quelques autres applications de la méthode de Walsh. Sém. de Probab. de Strasbourg VI. Springer Lecture Notes 258, 1972.

7. P.A. Meyer. Ensembles aléatoires Markoviens homogènes, I et II. Sém. de Probab. de Strasbourg VIII. Springer Lecture Notes 381, 1974.

8. M.J. Sharpe. Lecture Notes on Additive Functionals. To appear.

9. J.B. Walsh. The perfection of multiplicative functionals. Sém. de Probab. de Strasbourg VI. Springer Lecture Notes 258, 1972.

Université de Strasbourg
Séminaire de Probabilités 1973/74

SKOROKHOD STOPPING IN DISCRETE TIME

by David HEATH[1]

I. Introduction. This note presents a more general version, for discrete-time processes, of a construction presented in [1] which generalized the construction presented by Skorokhod in [3] for stopping Brownian motion to achieve a given distribution. Many of the ideas presented here are due to Mokobodzki -- in particular the integral representation of one excessive measure in terms of another (3) is simply the version for measures of the theorem of Mokobodzki presented in [1].

II. Statement Of The Theorem. We use basically the same notation as Watanabe [4]. Let N be a sub-Markov kernel on the measurable space $(E, \mathcal{E})$ and let $(\Omega, \mathcal{F}, X_k, \mathcal{F}_k, P_x, x \in E)$ be a realization of the Markov chain on E with transition kernel N. We shall suppose that on this space there is also a random variable S with distribution uniform on [0,1] independent of $(X_k, k \geq 0)$ and measurable with respect to each $\mathcal{F}_k$. Let $G = \sum_{n \geq 0} N^n$ be the potential associated with N; we suppose that G1 is bounded. We then have the following:

THEOREM. Suppose μ_0 and μ_1 are (sub-) probability measures on $(E, \mathcal{E})$ with $\mu_0 G \geq \mu_1 G$. There is then an increasing collection $(A(s), s \in [0,1])$ of sets in $\mathcal{E}$ such that if T is defined by $T = \inf \{k \geq 0 : X_k \in A(S)\}$, then for every $B \in \mathcal{E}$,

$P^{\mu_0}(X_T \in B) = \mu_1(B)$.

REMARK. It is easy to show that if there is any stopping time T satisfying the condition stated for the (sub-) probability measures μ_0 and μ_1, then $\mu_0 G \geq \mu_1 G$.

---

[1] Visiting Strasbourg for 1973-74; supported by C.N.R.S. and N.S.F.

III. <u>Proof Of The Theorem</u>. For $t \in [0,1]$ let $\bar{t}=1-t$ and define: $\nu_t = (\mu_1 - \bar{t}\mu_0)G$, $\sigma_t = \nu_t L_E$, and $\beta_t = \sigma_t - \nu_t$. Clearly β_t is a (positive) measure; since $\nu_t \leq \bar{t}\mu_0 G$ and $\sigma_t \leq \mu_1 G \leq \mu_0 G$, β_t is absolutely continuous with respect to $\mu_0 G$.

Let $A^o(t) = \left\{x \in E : \dfrac{d\beta_t}{d\mu_0 G} = 0\right\}$ where any version of the Radon-Nikodym derivative is used; $A^o(t)$ is then unique up to $\mu_0 G$-equivalence. Moreover we have $\sigma_t L_{A^o(t)} = \sigma_t$; this follows from the easy-to-prove result for measures corresponding to Corollary 6 of Mokobodzki [2].

We wish to show now that $(A^o(s), s \in [0,1])$ is "almost increasing": since for $s<t$, $\sigma_s + (t-s)\mu_0 G$ is excessive and dominates $\nu_s + (t-s)\mu_0 G = \nu_t$ we clearly have $\sigma_s + (t-s)\mu_0 G \geq \sigma_t$ which implies $\sigma_s - \nu_s \geq \sigma_t - \nu_t$, so (β_s) is a decreasing family. Thus if $s<t$, $\mu_0 G(A^o(s) \setminus A^o(t))=0$. We thus obtain that for $s<t$, $\sigma_s L_{A^o(t)} = \sigma_s$.

Since $\nu_t = \nu_s + (t-s)\mu_0 G$, we obtain $\sigma_t \leq \sigma_s + (t-s)\mu_0 G$ and applying $L_{A^o(t)}$ gives $\sigma_t \leq \sigma_s + (t-s)\mu_0 G L_{A^o(t)}$ which implies:

$$(1) \qquad \frac{\sigma_t - \sigma_s}{t-s} \leq \mu_0 G L_{A^o(t)} .$$

In the other direction, $\sigma_t \geq \nu_t = \nu_s + (t-s)\mu_0 G$ which, on $A^o(s)$, is equal to $\sigma_s + (t-s)\mu_0 G$, so, by the additivity of $L_{A^o(s)}$ on excessive measures (see Watanabe [4]) we obtain $\sigma_t \geq \sigma_t L_{A^o(s)} \geq \sigma_s L_{A^o(s)} + (t-s)\mu_0 G L_{A^o(s)} = \sigma_s + (t-s)\mu_0 G L_{A^o(s)}$, which implies

$$(2) \qquad \mu_0 G L_{A^o(s)} \leq \frac{\sigma_t - \sigma_s}{t-s} .$$

Combining (1) and (2) we conclude:

$$\sigma_1 - \sigma_0 = \int_0^1 \mu_0 G L_{A^o(s)} \, ds.$$

We now modify the collection $(A^o(s), s \in [0,1])$ to make it monotone: Let $\mathbb{Q}$ be the set of rationals in $[0,1]$; for $s \in [0,1]$ define

$$A(s) = \bigcap_{\substack{r \geq s \\ r \in \mathbb{Q}}} A^{o}(r).$$

Clearly $(A(s), s \in [0,1])$ is increasing, and $\mu_0 G(A^{o}(r) \setminus A(r)) = 0$ for every rational r, so $\mu_0 GL_{A(r)} = \mu_0 GL_{A^{o}(r)}$ for each $r \in \mathbb{Q}$. Since any two positive monotone functions on [0,1] which agree on $\mathbb{Q}$ have the same integral on [0,1], we obtain:

$$(3) \qquad \mu_1 G = \int_0^1 \mu_0 GL_{A(s)}\, ds.$$

Now let T be defined as in the statement of the theorem; clearly the distribution of X_T (when the process is started according to μ_0) is given by $\int_0^1 \mu_0 H_{A(s)}\, ds$; we wish to show that this measure is μ_1.

Clearly the potential of this measure is $(\int_0^1 \mu_0 H_{A(s)} ds)G = \int_0^1 \mu_0 H_{A(s)} G\, ds$ = (see (2.12) of [4]) $\int_0^1 \mu_0 GK_{A(s)}\, ds$ = (by Theorem 1 of [4]) $\int_0^1 \mu_0 GL_{A(s)}\, ds$, which, according to (3) is the potential of μ_1. Applying (I-N) we obtain the desired conclusion.

REFERENCES

[1] D. HEATH, Skorokhod stopping via potential theory, Séminaire VIII*, vol. 381 (1974).

[2] G. MOKOBODZKI, Densité relative de deux potentiels comparables, Séminaire IV*, vol. 124 (1970).

[3] A. V. SKOROKHOD, Studies in the theory of random processes, Addison-Wesley (1965).

[4] T. WATANABE, On balayées of excessive measures and functions with respect to resolvents, Séminaire V*, vol. 191 (1971).

* refers to Séminaire de Probabilités, Université de Strasbourg, Lecture notes in Math., Springer.

Université de Strasbourg
Séminaire de Probabilités 1973/74

ENSEMBLES ALEATOIRES MARKOVIENS HOMOGENES.
MISE AU POINT ET COMPLEMENTS

par B.MAISONNEUVE et P.A.MEYER

Nous avons publié dans le volume VIII du Séminaire un ensemble de cinq exposés contenant : une version des "last exit decompositions" de GETOOR-SHARPE ; une forme un peu plus précise (mais plus compliquée) des "systèmes régénératifs" de MAISONNEUVE ; enfin, des applications diverses. Notre intention était de présenter une première vue d'ensemble d'un sujet important , qui venait tout juste de"cristalliser" . Une année est passée depuis lors , et nous avons découvert dans notre texte des imperfections graves : des erreurs d'abord, qui ont causé bien des tracas à un groupe de Stanford University, composé en particulier de Miss JACOBS, de MM.BALKEMA et HOROWITZ, à qui nous adressons nos excuses et nos remerciements - en particulier à J.HOROWITZ pour la liste de corrections qu'il nous a aimablement communiquée. Ces fautes, qui nous ont valu les vifs reproches de K.L.CHUNG, sont rectifiées dans une première partie, intitulée <u>Erratum</u>.

Mais l'imperfection la plus grave de notre texte était certainement sa complication, justifiée à nos yeux par la nécessité de prouver que les processus d'incursion sont de vrais processus droits, auxquels s'applique la théorie des systèmes de LEVY. Or GETOOR (dans un remarquable ensemble de notes) a bien débarrassé la théorie des processus droits de ses aspects pénibles, et d'autre part la seconde partie de cet exposé, intitulée <u>le comportement de dernière sortie</u> (et qui résume deux articles de MAISONNEUVE) remplace les systèmes de LEVY par une méthode directe plus simple.

Si nous récrivions notre texte maintenant, il serait donc beaucoup plus lisible - mais le courage nous manque, et nous ne somme d'ailleurs pas certains que cela en vaudrait la peine.

ERRATUM

Les numéros de page renvoient au volume VIII du séminaire.

<u>P.213, ligne 1</u>.

Lois sur Ω, non sur E.

<u>P.213, ligne 20 et suivantes</u>.

La condition 2) est insuffisante. Plus exactement, la phrase "D est un temps d'arrêt algébrique" ne s'énonce pas comme il est dit, mais sous la forme

$\forall\omega\ \forall\omega'\ \forall t\quad (t>D(\omega),\ k_t\omega=k_t\omega') \Rightarrow (D(k_t\omega)=D(k_t\omega'))$

qui signifie que si ω et ω' coïncident sur $[0,t[$, $M(\omega)\cap]0,t[$ et $M(\omega')\cap]0,t[$ ont le même début. En appliquant cela à $\theta_r\omega$ et $\theta_r\omega'$ $(r<t)$, on voit que $M(\omega)\cap]0,t[\ = M(\omega')\cap]0,t[$.

Comme dans ces exposés l'accent est mis sur l'ensemble aléatoire homogène M plutôt que sur le temps d'arrêt D, il serait plus naturel de prendre cette dernière propriété comme axiome.

La condition 1) ($D\geqq\zeta \Rightarrow D=+\infty$) signifie que M est l'adhérence (dans $]0,\infty[$) de $M\cap]0,\zeta[$; comme on s'intéresse uniquement à ce qui se passe avant ζ , il s'agit en fait d'une convention, et on aurait sans doute tout aussi bien pu prendre la convention opposée 1') $D\leqq\zeta$.

La forme trop faible de 2) indiquée dans le texte ne permet pas non plus de démontrer, p.216 ligne 13, que Ω_i est <u>stable par meurtre</u>.

<u>P.213, note (1)</u>.

Cette condition doit être renforcée ainsi : pour toute loi μ, $E^\mu[\varphi|X_0]=E^{X_0}[\varphi]$ P^μ-p.s.. Il suffit de vérifier cela lorsque μ est une masse unité ε_x , et c'est évident lorsque x n'est pas un point de branchement, i.e. lorsque $P^x\{X_0=x\}=1$. Soit B le noyau $B(x,f)=E^x[f\circ X_0]$ sur E ; on a $E^\mu[f\circ X_0 g\circ X_0]=E^\mu[f\circ X_0 Bg\circ X_0]$, donc (classes monotones) pour toute f borélienne bornée sur E×E $E^\mu[f(X_0,X_0)]=\int\mu B(dx)B(x,dy)f(x,y)$. Prenant pour f l'indicatrice du complémentaire de la diagonale, on voit que pour μB-presque tout x, $B(x,dy)=\varepsilon_x(dy)$, i.e. x est un point de non-branchement. Ainsi, la propriété ci-dessus équivaut à

1) $P^\mu = P^{\mu B}$ 2) pour tout x, B(x,.) est portée par les points de non branchement.

<u>P.216, formule (3.9) et p.218, formule (3.12)</u>.

Il y a incompatibilité entre ces deux formules. Si l'on définit comme (3.9)

$\overline{E}=\{(r,x,w)\ :\ D(\omega)=+\infty\ ,\ r=\zeta(\omega)\ \text{ou}\ r=+\infty\}$

et comme (3.12)

$$\overline{X}_0(r,\omega) = \begin{cases}(r,X_r(\omega),\ k_r(\omega)) & \text{si } r>0\\ (D(\omega),X_D(\omega),k_D(\omega)) & \text{si } r=0\end{cases}$$

- le texte porte R au lieu de D dans cette dernière expression , ainsi que dans (3.11) : c'est un lapsus pour $R_0 = D$ - alors on n'a pas $\overline{X}_0(r,\omega)\in\overline{E}$ si $r>0$, $D(\omega)=+\infty$, et $r>\zeta(\omega)$: en effet, $\overline{X}_0(r,\omega)$ vaut alors (r,∂,ω), et on n'a ni $r=\zeta(\omega)$, ni $r=+\infty$.

Après plusieurs tentatives, il nous semble que la bonne solution de cette difficulté consiste en une modification de $\overline{E}$

(3.9 corrigé) : $\overline{E}=\{(r,x,\omega) : x\in E,\ D(\omega)=+\infty,\ r=\zeta(\omega)<\infty\}$

$\cup\{(r,\partial,\omega) : D(\omega)=+\infty,\ r\geqq\zeta(\omega)\}$

Cette modification simplifiera aussi la discussion des points de branchement. Vérifions qu'elle est compatible avec (3.12). Si $(r,\omega)\in\overline{\Omega}$ nous avons $r\leqq D(\omega)$. Supposons d'abord $r>0$. Si $r<\zeta(\omega)$ nous avons $\zeta(k_r\omega)=r<\infty$, $D(k_r\omega)=+\infty$ - en effet, $D(k_r\omega)$ ne saurait être $<r$, car cela entraînerait $D(\omega)=D(k_r\omega)<r$, contrairement à $r\leqq D(\omega)$; donc $D(k_r\omega)\geqq r=\zeta(k_r\omega)$, donc $D(k_r\omega)=+\infty$ - et alors $\overline{X}_0(r,\omega)=(r,X_r(\omega),k_r(\omega))$ est un point de $\overline{E}$ du premier type. Ensuite si $r=0$, $\overline{X}_0(r,\omega)=(D(\omega),X_D(\omega),k_D\omega)$; si $D(\omega)=+\infty$, cela vaut (∞,∂,ω), point de $\overline{E}$ du second type. Si $D(\omega)<\infty$, alors $D(\omega)<\zeta(\omega)$, $D(\omega)=\zeta(k_D\omega)$, et nous avons un point de $\overline{E}$ du premier type.

On retrouve cette discussion p.219, ligne 9, où il s'agit de vérifier que si $(r,x,w)\in\overline{E}$, alors pour tout ω on a $(r,w/r/\omega)\in\overline{\Omega}$. Si (r,x,w) est du second type, on a $w/r/\omega=w$, et comme $D(w)=+\infty$ on a bien $(r,w)\in\overline{\Omega}$. Si (r,x,w) est du premier type, la vérification que $r\leqq D(w/r/\omega)$ résulte de ce que D est un "temps d'arrêt algébrique" (voir plus haut).

On la retrouve encore p.223, ligne 3, etc dans la discussion des points de branchement. Soit donc $(r,x,w)\in\overline{E}$. Il n'y a rien à changer dans la discussion des points de branchement du premier type :

(r,x,w) : $x\neq\partial$, $r<\infty$ et soit x est un point de branchement pour (X_t)
soit $r=0$, $w=[\partial]$ et $P^x\{R=0\}<1$.

D'autre part, aucun point $(r,\partial,w)\in\overline{E}$ de second type n'est un point de branchement : en effet la mesure correspondante sur $\overline{\Omega}$ est l'image de P^∂ par $\omega\mapsto(r,w/r/\omega)=(r,w)$, c'est donc $\varepsilon_{r,w}$ et on a $\overline{X}_0(r,w)=(r,X_r(w),k_rw)=(r,\partial,w)$. La modification de $\overline{E}$ a donc fait disparaître une classe de points de branchement inutiles.

Enfin, au bas de la page 225, la vérification du fait que $\overline{E}$ est un complémentaire d'analytique doit être légèrement modifiée.

P.220, ligne 9 (formule (3.19)).

Pour tout $r>t$, $\varphi(r,.)$ est $\underline{\underline{F}}^o_r$-mesurable (au lieu de $\underline{\underline{F}}^o_{r+}$: cela n'empêche pas la famille d'être continue à droite, ni $\overline{X}_t$ d'être $\underline{\underline{F}}^\times_t$- mesurable).

P.221, ligne 5, démonstration du théorème principal.

Modifier d'abord la ligne 5 : on laisse au lecteur le cas trivial où $x=\partial$, et on suppose que $x\neq\partial$, de sorte que $D(w)=+\infty$, $r=\zeta(w)<\infty$.

L'erreur se trouve deux lignes après (3.22) : l'ensemble $\{S(r,.)<t\}$ n'est pas $\underline{\underline{F}}^{o}_{t+}$-mesurable comme il est dit. Nous allons rectifier cela en supposant que x n'est pas un point de branchement (si x en était un , on se ramènerait au cas précédant par un conditionnement, grâce à la rectification de la note (1), p.213).

Nous démontrons (3.21) sans passer par (3.22). Pour tout $t<r$, l'ensemble $\{S<t\}$ est $\underline{\underline{F}}^{X}_{t}$-mesurable, donc l'ensemble $\{S(r,.)<t\}$ est $\underline{\underline{F}}^{o}_{r}$-mesurable (rectification précédente), et il en est de même de $\{S(r,.)<r\}$. De même la v.a. $S(r,.)I_{\{S(r,.)<r\}}$ est $\underline{\underline{F}}^{o}_{r}$-mesurable. Comme $P^{r,x,w}$ est l'image de P^{x} par $\omega\mapsto(r,w/r/\omega)$ et que $P^{x}\{X_0=x\}=1$, on a pour presque tout ω $X_t(\omega)=X_t(w)$ pour tout $t<r$, $X_r(\omega)=x$, et la tribu $\underline{\underline{F}}^{o}_{r}$ est dégénérée. Si $\{S(r,.)<r\}$ a une probabilité nulle (3.21) se réduit à 0=0 ; si la probabilité est 1, $S(r,.)$ est p.s. égale à une constante $r'<r$, et la vérification se poursuit normalement à partir de la ligne 14.

On retrouve des corrections ligne 14 du bas : supprimer "il est bon de rappeler..." . Ensuite, on a vu plus haut que $\{S(r,.)<r\}$ a une probabilité 0 ou 1. Si c'est 1, (3.20) se réduit à 0=0. Supposons que ce soit 0 ; alors $S(r,w/r/\omega)\geqq r$ pour presque tout ω. Au lieu de définir U comme dans le texte, on prend

$$(3.25)\qquad U(\omega) = (S(r,w/r/\omega)-r)^{+}$$

et la vérification se poursuit comme dans le volume VIII.

P.227 (première de l'exposé IV).

Il faut modifier en fonction des changements précédents les toutes premières lignes de l'exposé : la définition de $\overline{E}$, et il ne reste plus que l'ensemble $\overline{B}_2$ de points de branchement.

P.241 ligne 7.

Il n'est pas exact que l'on ait $\hat{D}(r,\omega)=D(\omega)$. Mais on a beaucoup plus simple. Il s'agit d'interpréter $\varphi_p(x)=\frac{1}{p}E^{\cdot}[e^{-pD}]$ comme $\hat{\varphi}_p(0,x)$, où $\hat{\varphi}_p$ est une fonction p-excessive du processus $(R_t,X_{D_t})=\hat{X}_t$. Or introduisons le temps terminal

$$\delta(r,\omega) = \inf \{ t : \hat{X}^{1}_{t-}(\omega)=0 \} = \begin{cases} D(\omega) & \text{si } r=0 \\ r & \text{si } r>0 \end{cases}$$

Alors $\hat{\varphi}_p=\hat{E}^{\cdot}[\frac{1}{p}e^{-p\delta}]$ est p-excessive, et vaut $\varphi_p(x)I_{\{r=0\}}+\frac{1}{p}e^{-pr}I_{\{r>0\}}$.

Université de Strasbourg
Séminaire de Probabilités 1974/75

LE COMPORTEMENT DE DERNIERE SORTIE

par Bernard MAISONNEUVE

Le comportement d'un processus fortement markovien (X_t) à la sortie d'un ensemble aléatoire homogène M (en général, l'ensemble des visites de (X_t) dans un borélien) a fait l'objet de nombreuses études. Citons les articles de MOTOO [12], DYNKIN , [3] et [4], PITTENGER et SHIH [13], GETOOR et SHARPE [5], MAISONNEUVE et MEYER [10], ainsi qu'un article à paraître de KAROUI et REINHARD. Les notations ici seront celles de [10], que nous désignerons aussi par EAMH (ensembles aléatoires markoviens homogènes, exposés 1 à 5).

Le centre de la question semble résider dans le calcul de la projection duale bien-mesurable de mesures aléatoires du type

(1) $$dA_t^f = \sum_{g>0, g\in M^{\rightarrow}} f\circ\theta_g \; \varepsilon_g(dt)$$

où $M^{\rightarrow}$ désigne l'ensemble des extrémités gauches des intervalles contigus à M, et f est une fonction positive sur Ω.

Dans EAMH le calcul de la projection bien-mesurable de dA_t^f résulte de la théorie du système de LEVY appliquée au processus d'incursion : $M^{\rightarrow}$ est un ensemble de sauts de ce processus. Cette méthode a l'avantage de dépouiller le problème de son aspect analytique, et en particulier d'éviter complètement l'usage de la transformation de Laplace, grâce à l'interprétation probabiliste des opérations effectuées. Toutefois, pour appliquer la version moderne de la théorie du système de LEVY due à BENVENISTE et JACOD, il nous avait fallu supposer que (X_t) satisfaisait aux hypothèses droites, et démontrer - au prix d'un travail considérable - qu'il en était de même du processus d'incursion.

Dans un article à paraître ([8]), nous établissons ce résultat central de projection sans utiliser le processus d'incursion, ni le système de LEVY. La démonstration se réduit pour l'essentiel à une application du théorème de continuité absolue de MOTOO. La simplicité provient de ce que les instants de $M^{\rightarrow}$ ne peuvent s'accumuler par la droite, ce qui est généralement faux pour les instants de sauts d'un processus de Markov.

A l'intention des auditeurs du séminaire, et aussi des puristes de la langue anglaise, nous résumons ci-dessous les résultats de [8], ainsi que ceux d'un autre article à paraître ([9]), où l'on établit la propriété de Markov forte du processus $(t-L_t, X_{L_t})$, L_t désignant

$\sup\{ s\leq t : s\in\overline{M} \}$. Ce résultat de renouvellement est même démontré pour des systèmes régénératifs plus généraux que les processus fortement markoviens.

I. PROCESSUS DE MARKOV

Soit $(\Omega,\underline{\underline{F}},\underline{\underline{F}}_t,X_t,\theta_t,P^\mu)$ la réalisation continue à droite canonique d'un semi-groupe (P_t) sur E satisfaisant aux hypothèses droites . Les tribus des ensembles universellement mesurables dans E et Ω sont notées $\underline{\underline{E}}^*$ et $\underline{\underline{F}}^*$ respectivement.

Soit M un ensemble aléatoire dans $]0,\infty[\times\Omega$, que nous supposons homogène ($\theta_t^{-1}(M) = (M-t)\cap]0,\infty[$) et progressivement mesurable pour toutes les familles complétées $(\underline{\underline{F}}_t^\mu)$. On note

(2) $R = \inf\{ s>0 : s\in M \}$ (aussi noté D dans EAMH)

qui est un temps terminal parfait exact, et

(3) $F = \{ x\in E : P^x\{R=0\} = 1 \}$

Nous exigeons de plus que R soit une fonction <u>universellement mesurable</u> sur Ω, hypothèse anodine (cf. la fin de EAMH.1). Par comparaison avec les hypothèses de EAMH, p.213 , nous n'exigeons rien pour l'instant quant à la durée de vie, et nous n'exigeons pas que R soit un temps d'arrêt algébrique - hypothèse dont on peut montrer qu'elle ne restreint pas la généralité, mais seulement au prix de beaucoup d'efforts (fin de EAMH.1).

Soit $M^{\rightarrow}$ l'ensemble des extrémités gauches d'intervalles contigus à $\overline{M}$. Voici le résultat principal de projection

THEOREME 1. <u>Il existe une mes.aléatoire bien-mesurable homogène</u> dB_t, <u>dont le noyau 1-potentiel est propre</u>, <u>et un noyau de transition</u> $\hat{P}$ <u>de</u> $(E,\underline{\underline{E}}^*)$ <u>dans</u> $(\Omega,\underline{\underline{F}}^*)$, <u>tels que pour toute fonction</u> f <u>positive</u>, <u>bornée et</u> $\underline{\underline{F}}^*$-<u>mesurable sur</u> Ω <u>la projection duale bien-mesurable de la mesure aléatoire</u>

(4) $$\sum_{0<g\in M^{\rightarrow}} f\circ\theta_g\ \varepsilon_g(dt)$$

<u>soit la mesure</u> $\hat{E}^{X_t}[f]dB_t$ [1] . <u>On peut supposer de plus</u> (nous le ferons par la suite) <u>que l'on a</u> $\hat{P}^x=P^x$ <u>pour tout</u> $x\notin F$, <u>et que</u> $\hat{P}^x\{R=0\}=0$, $\hat{E}^x[1-e^{-R}]\leq 1$ <u>pour tout</u> $x\in E$.

---

1 Comme dans EAMH, nous notons $\hat{E}^x$ les intégrales par rapport à $\hat{P}^x$.

Dans [8], le couple $((B_t),\hat{P}^\bullet)$ est appelé <u>système de sortie</u> du processus (X_t) relativement à l'ensemble M.

<u>Esquissons la démonstration de ce théorème</u>. L'ensemble $M^{\rightarrow}$ peut s'écrire $M_b^{\rightarrow}\cup M_\pi^{\rightarrow}$, où

(5) $$M_b^{\rightarrow}=M^{\rightarrow}\cap\{\ t\ :\ X_t\notin F\ \},\ M_\pi^{\rightarrow}=M^{\rightarrow}\cap\{\ t\ :\ X_t\in F\ \}$$

D'après la proposition 2 de EAMH.2, p.192 (voir aussi [8] pour une nouvelle démonstration), l'ensemble $M_b^{\rightarrow}$ est bien-mesurable, tandis que $M_\pi^{\rightarrow}$ ne contient aucun graphe de temps d'arrêt. La projection duale bien-mesurable de la mesure aléatoire $\sum_{0<g\in M_b^{\rightarrow}} f\circ\theta_g\ \varepsilon_g(dt)$ est alors, d'après la propriété de Markov forte , la mesure aléatoire

$$\sum_{0<g\in M_b^{\rightarrow}} E^{X_g}[f]\ \varepsilon_g(dt)$$

(écrire $M_b^{\rightarrow}$ comme une réunion dénombrable de graphes disjoints de temps d'arrêt : EAMH, p.192). Pour traiter la mesure aléatoire $\sum_{0<g\in M_\pi^{\rightarrow}} f\circ\theta_g\ \varepsilon_g(dt)$, regardons la fonction

$$v^f = E^\bullet[\ \sum_{0<g\in M_\pi^{\rightarrow}} e^{-g}(f(1-e^{-R}))\circ\theta_g\ ]$$

On vérifie que $v^f\leqq \|f\|_\infty$, et que v^f est un 1-potentiel régulier - la régularité provenant de ce que $M_\pi^{\rightarrow}$ ne contient aucun graphe de temps d'arrêt - donc le 1-potentiel d'une fonctionnelle additive continue A^f. On montre facilement que A^f est portée par F, et absolument continue par rapport à la fonctionnelle $A=A^1$. D'après un théorème de MOTOO, étendu sans hypothèse (L) par MOKOBODZKI et GETOOR (voir EAMH.2 p. 199), il existe une densité Nf de A^f par rapport à A. Par un argument classique (voir l'exposé de GETOOR contenu dans ce volume, Ω étant universellement mesurable dans un compact métrisable), on peut "recoller" les densités Nf en un noyau sousmarkovien N de $(E,\underline{\underline{E}}^*)$ dans $(\Omega,\underline{\underline{F}}^*)$. Pour établir le théorème, il ne reste plus qu'à poser

(6) $$dB_t = dA_t + \sum_{0<g\in M_b^{\rightarrow}} \varepsilon_g(dt)$$
$$\hat{E}^x[f] = E^x[f] \text{ si } x\notin F\ ,\ \hat{E}^x[f]=N(x,f/1-e^{-R}) \text{ si } x\in F$$

La fonctionnelle A_t a un 1-potentiel borné par construction. Soit u la fonction $E^\bullet[1-e^{-R}]$, qui est strictement positive sur F^c ; nous avons

$$E^{\bullet}[\sum_{0<g\in \vec{M}_b} e^{-g}(1-e^{-R})\circ\theta_g] \leqq 1$$

donc, en appliquant la propriété de Markov forte

$$E^{\bullet}[\sum_{0<g\in \vec{M}_b} e^{-g}u\circ X_g] \leqq 1$$

La fonction v égale à u sur F^c, à 1 sur F est partout >0, et on a $E^{\bullet}[\int_0^{\infty} e^{-s}v\circ X_s dB_s] \leqq 2$ (même $\leqq 1$, si on regarde bien). On en déduit bien que la mesure aléatoire dB_t a un noyau 1-potentiel propre, et le théorème est établi.

REMARQUES. La partie importante de l'énoncé concerne la sommation sur $\vec{M}_{\pi}$ - et malheureusement, c'est l'autre partie qui nous a obligés à parler de " mesures aléatoires homogènes bien-mesurables " au lieu de " fonctionnelles additives".

Nous ne reviendrons pas sur la propriété de Markov des mesures $\hat{P}^x$ relativement au semi-groupe (P_t), pour dB-presque tout x. Il n'y a pas lieu de modifier à cet égard l'exposition de EAMH.4 à partir de la proposition 1, p.234-237. Nous allons plutôt utiliser le théorème 1 pour établir divers résultats liés aux décompositions de dernière sortie, et en particulier pour retrouver (sans transformation de Laplace) les résultats de GETOOR-SHARPE.

Posons d'abord

(7) $\quad Q_t(x,h) = E^x[h\circ X_t \, I_{\{R>t\}}] \qquad (t\geqq 0)$

Ces noyaux forment le semi-groupe "tué à R" .

(8) $\quad \hat{Q}_t(x,h) = \hat{E}^x[h\circ X_t \, I_{\{R>t\}}] \qquad (t\geqq 0)$

Ces noyaux sont portés par F^c et les mesures $\hat{Q}_t(x,.)$ constituent, pour dB-presque tout x (on peut supposer, d'ailleurs, que cela a lieu pour tout x, mais c'est sans importance pour nous), une loi d'entrée pour le semi-groupe (Q_t), non bornée si $x\in F$.

(9) $\quad L_t = \sup \{ s\leqq t \ : s\in\overline{M} \} \qquad (t\geqq 0)$

(10) $\quad dB_t^o = dB_t + I_{\{R>0\}}\varepsilon_0(dt)$

Enfin, rappelons que la famille complétée $\underline{\underline{F}}_t^{\mu}$ satisfait, pour toute loi initiale μ, aux conditions habituelles de la théorie générale des processus. Nous désignerons par $\check{\underline{\underline{F}}}_t^{\mu}$ la tribu $\underline{\underline{F}}_{L_t}^{\mu}$, constituée des $A\in\underline{\underline{F}}^{\mu}$ tels que I_A puisse s'écrire Z_{L_t} pour au moins un processus bien-mesurable Z (de la famille $(\underline{\underline{F}}_t^{\mu})$). Comme d'habitude on écrira $\check{\underline{\underline{F}}}_t=\bigcap_{\mu}\check{\underline{\underline{F}}}_t^{\mu}$.

On retrouve alors les résultats de GETOOR-SHARPE :

PROPOSITION 1. <u>Soient</u> Z <u>un processus bien-mesurable</u> (<u>de</u> ($\underline{\underline{F}}_t^\mu$)) <u>positif</u>, F,g,h <u>des fonctions universellement mesurables positives</u> $\mathbb{R}_+\times\Omega$, $\mathbb{R}_+\times E$ <u>et</u> E <u>respectivement</u>. <u>On a alors les relations suivantes</u>

(11) $E^\mu[\sum_{s\in M^\to} Z_s(\omega)F(s,\theta_s\omega)] = E^\mu[\int_{[0,\infty[} Z_s(\omega)dB_s^o(\omega)\int F(s,w)\hat{P}^{X_s(\omega)}(dw)]$

<u>Ici on considère que</u> $0\in M^\to$ si $R>0$.

(12) $E^\mu[Z_{L_t} g(t-L_t,X_{L_t})h\circ X_t\, I_{\{L_t<t\}}]$

$= E^\mu[\int_{[0,t[} Z_s g(t-s,X_s)\hat{Q}_{t-s}(X_s,h)\; dB_s^o\;]$

(13) $P_t(x,h) = Q_t(x,h)+E^x[h\circ X_t I_M(t)]+E^x[\int_{]0,t]}\hat{Q}_{t-s}(X_s,h)dB_s]$ $(t>0)$

(<u>décomposition de dernière sortie</u>).

(14) $E^\mu[h\circ X_t|\check{\underline{\underline{F}}}_t^\mu] = q_{t-L_t}(X_{L_t},h)$ P^μ-<u>p.s.</u>, <u>où</u>

(15) $q_u(x,h) = \hat{Q}_u(x,h)/\hat{Q}_u(x,1)$ <u>si</u> $u>0$, $= h(x)$ <u>si</u> $u=0$.

(11) se démontre par un argument de classes monotones. (12) se déduit de (11) en prenant

$F(s,\omega) = g(t-s,X_0(\omega))h\circ X_{t-s}(\omega)I_{\{0<t-s<R\}}(\omega)$

(13) se déduit de (12) en prenant Z=1, g=1. (14) résulte de (13) en y prenant successivement $g(u,x)=q_u(x,h)$ et h=1, puis g=1, h ayant le même sens dans les deux formules, selon l'argument de GETOOR-SHARPE [5].

Soit maintenant T un temps d'arrêt de la famille ($\check{\underline{\underline{F}}}_t^\mu$)[1]; on définit L_T, $\check{\underline{\underline{F}}}_T^\mu$ de la manière naturelle, et on obtient par approximation dyadique de T

THEOREME 2. <u>Pour tout temps d'arrêt de la famille</u> ($\check{\underline{\underline{F}}}_t^\mu$) <u>on a</u>

(16) $\hat{Q}_{T-L_T}(X_{L_t},1) \;>\; 0$ P^μ-<u>p.s. sur</u> $\{L_T<T<\infty\}$

(17) $E^\mu[h\circ X_T|\check{\underline{\underline{F}}}_T] = q_{T-L_T}(X_{L_T},h)$ P^μ-<u>p.s. sur</u> $\{T<\infty\}$

De ce théorème nous allons dériver la propriété de Markov du processus $\check{X}_t=(t-L_t,X_{L_t})$[2] comme nous l'avions fait dans le chapitre IX de [7].

---

1 Cette famille est croissante.

2 Ce processus est noté $\overline{X}_t$ dans [7], chap.IX, et L_t y est noté G_t .

Les améliorations par rapport à [7] sont ici les suivantes : nous savons établir la propriété de Markov forte de $(\check{X}_t)$, et écrire une fonction de transition $(\check{P}_t)$ qui est un vrai semi-groupe (comme on le voit par un calcul simple, à partir de la forme explicite de q_u).

Posons $\hat{E}=\mathbb{R}_+\times E$, $\hat{E}_\Delta= \hat{E}\cup\{(+\infty,\partial)\}$. Définissons le noyau K de $\hat{E}$ dans $\hat{E}_\Delta$ par la formule

(18) $$K((u,x),g) = q_u(x, E^{\cdot}[g(R,X_R)])$$

THEOREME 3. Pour $t\geqq 0$, définissons les noyaux $\check{P}_t$ sur $\hat{E}$ en posant, si f est positive sur $\hat{E}$

(19) $$\check{P}_t((u,x),f) = f(a+t,x)K((u,x),(]t,\infty[\times E)\cup\{(+\infty,\partial)\}) + K((u,x),\check{f}_t)$$

où $\check{f}_t$ est définie sur $\hat{E}_\Delta$ par

(20) $$\check{f}_t(r,y) = E^y[f\circ\check{X}_{t-r}] \text{ si } r\leqq t \text{ , } 0 \text{ si } r>t \text{ .}$$

Alors $(\check{P}_t)$ est un semi-groupe sur $\hat{E}$, et pour toute mesure P^μ le processus $(\check{X}_t)$ est fortement markovien par rapport à la famille $(\check{\underline{F}}_t)$, avec $(\check{P}_t)$ comme semi-groupe de transition.

Rappelons que le processus tué au temps R,

$$Y_t=X_t \text{ si } t<R, \ \partial \text{ si } t\geqq R$$

admet (Q_t) comme semi-groupe de transition. Si au lieu du temps de première entrée de M on considère le temps de dernière sortie de M

(21) $$L = \sup \{ s : s\in M \}$$

alors , d'après un résultat de MEYER, SMYTHE et WALSH [11], le processus $(X_{L+t})_{t>0}$ est encore un processus de Markov, de fonction de transition (Q_t^φ), où φ est la fonction $P^{\cdot}\{R=\infty\}$, invariante pour (Q_t). Nous avons montré dans EAMH.2, p.211, que cela résulte facilement - et sans discrétisation - du théorème 1 et de la propriété de Markov des mesures $\hat{P}^x$. On trouvera dans [8] l'extension de ce résultat à la première excursion de longueur > a :

THEOREME 4. Soit L^a le début de la première excursion de (X_t) de longueur > a. Posons $\varphi_t= P^{\cdot}\{R\geqq a-t\}$ pour $0<t<a$ et

(22) $$Q_s^t(x,h) = \frac{1}{\varphi_s(x)} Q_{t-s}(x,h\varphi_t) \qquad (\tfrac{0}{0}=0)$$

Alors pour toute loi P^μ le processus $(X_{L^a+t})_{0<t<a}$ est un processus de Markov non homogène, de fonction de transition $(Q_s^t)_{0<s\leqq t<a}$

REMARQUE. Pour $t \geqq a$, le processus(X_{L^a+t}) admet (P_t) comme fonction de transition, car L^a+a est un temps d'arrêt.

On trouvera enfin dans [8] des considérations sur le temps local, et le point de vue des excursions changées de temps.

II. SYSTEMES REGENERATIFS QUELCONQUES

Une grande partie des résultats précédents peuvent être étendus aux systèmes régénératifs sous des hypothèses que nous allons préciser.

Nous appellerons <u>système régénératif</u> un terme $(\Omega, \underline{\underline{F}}, \underline{\underline{F}}_t, X_t, \Theta_t, P^\mu ; M)$, où la première partie des notations est familière en théorie des processus de Markov. à ceci près que les mesures P^μ ne sont plus construites à partir d'un semi-groupe (P_t), et où M est un <u>fermé droit</u> aléatoire, universellement progressif, homogène dans $]0,\infty[$.

Pour tout temps d'arrêt T de $(\underline{\underline{F}}_t)$ dont le graphe passe dans M, on exige la propriété de Markov, ou de régénération

(23) $\quad E^\mu[f\circ\Theta_T | \underline{\underline{F}}_T] = E^{X_T}[f] \quad$ p.s. sur $\{T<\infty\}$ [1]

Les axiomes de [7] ou [10] (EAMH p.213) reviennent à supposer que l'on y considère un ensemble de régénération fermé droit <u>minimal</u>.

Nous conservons les notations relatives à M : $M^{\rightarrow}, M^{\rightarrow}_b$, $M^{\rightarrow}_\pi$ (formule (5)), L_t(fle.(9)), R (fle.(2)), F (fle.(3)). Dans l'article [9] nous montrons que <u>si</u> M <u>est fermé, et si l'ensemble</u> $\{t : X_t \in F\}$ <u>est bien-mesurable</u>, les propriétés de $M^{\rightarrow}_b$ et $M^{\rightarrow}_\pi$ utilisées plus haut subsistent, et <u>l'énoncé du théorème 1 reste vrai</u> sans modification.

La démonstration de [9] repose sur le caractère fortement markovien du processus $\hat{X}_t = (R, X_R)\circ\Theta_t$ (EAMH.3, p.220). Mais ce processus ne satisfait pas nécessairement aux hypothèses droites (?), et on ne peut donc utiliser les résultats de projection classiques sur les fonctionnelles additives : il faut un résultat récent de BENVENISTE et JACOD [2]. A part ces difficultés, la démonstration est analogue à celle du théorème 1. En fait, [9] ne contient pas le théorème 1 dans toute sa force, mais pour des fonctions f du type $g(R, X_R)$: pour atteindre

---

1 Comme dans EAMH.3, p.213, il faut supposer que (23) a lieu aussi pour T=0, ou convenir que M contient 0.

le cas général, il faudrait utiliser le processus d'incursion tout entier, et le lemme 1 de EAMH.4, p.236.

REMARQUE. On aimerait traiter les systèmes régénératifs <u>sans avoir à prendre de réalisations</u> compliquées des processus $(\hat{X}_t)$ ou $(\bar{X}_t)$. Il faudrait pour cela disposer de versions mieux adaptées des résultats de [2] et du théorème de MOTOO.

Nous étudions aussi dans [9] la propriété de Markov forte du processus $(\check{X}_t)$, qui n'a plus lieu en tous les temps d'arrêt. Dans [6], JACOD donne des résultats analogues, en supposant M fermé droit minimal, par une méthode qui semble moins directe, puisqu'elle repose sur la théorie du temps local selon [7], mais qui semble exiger un peu moins de limites à gauche sur le processus (X_t).

REFERENCES

[1]. A.BENVENISTE et J.JACOD (1973). Systèmes de Lévy des Processus de Markov. Invent. Math. 21, 183-198.

[2]. A.BENVENISTE ET J.JACOD (1973). Projection des fonctionnelles additives et représentation des potentiels d'un processus de Markov. C.R.A.S. Paris, série A, t.276, p.1365.

[3]. E.B.DYNKIN (1968). On extensions of a Markov process. Theory of probability 13, p.672-676.

[4]. E.B.DYNKIN (1971). Wanderings of a Markov process. Theory of probability 16, p.401-428.

[5]. R.K.GETOOR et M.J.SHARPE (1973). Last exit decompositions and distributions. Indiana Univ. Math. J., 23, p.

[6]. J.JACOD (1974). Systémes régénératifs et prócessus semi-markoviens.

[7]. B.MAISONNEUVE (1974). Systèmes régénératifs. Société Math. de France, Astérisque n°15.

[8]. B.MAISONNEUVE. Exit systems. A paraître dans Annals of Prob.

[9]. B.MAISONNEUVE. Exit results for semi-regenerative processes. A paraître.

[10]. B.MAISONNEUVE et P.A.MEYER (1974). Ensembles aléatoires markoviens homogènes, Séminaire de Strasbourg VIII, Lecture Notes in M. (Springer) vol.381, p.172-261.

[11]. P.A.MEYER, R.T.SMYTHE et J.B.WALSH (1972). Birth and Death of Markov processes. 6th Berkeley Symp.,III, p.295-306.

[12]. M.MOTOO (1967). Application of additive functionals to the boundary problem of Markov processes. 5th Berkeley Symp., II.2, p.

[13]. A.O.PITTENGER et C.T.SHIH. Coterminal families and the strong Markov property. Trans. Amer. Math. Soc.,182, 1973, p.1-42.

Université de Strasbourg
Séminaire de Probabilités 1974/75

SUR LA DEMONSTRATION DE PREVISIBILITE DE CHUNG ET WALSH

par P.A. MEYER

Dans leur article [1], CHUNG et WALSH donnent une démonstration très améliorée du fait que, pour un processus de HUNT (X_t), tout temps d'arrêt T tel que $X_T=X_{T-}$ p.s. est prévisible. L'étape cruciale de la démonstration consiste à prouver que toutes les martingales sont continues à l'instant T, ou, plus généralement, continues en tous les points de continuité du processus. Nous allons donner ici une autre démonstration de ce fait, inspirée par la leur, mais reposant sur la formule magique de DAWSON qui donne une construction explicite de toutes les martingales à la fois. Au lieu de travailler sur un processus de HUNT, nous considérerons un processus de RAY, car la présence de points de branchement donne du piquant à la situation.

NOTATIONS. E est un espace métrique compact, $\partial \in E$ est le cimetière, (U_p) est une résolvante de RAY sur E telle que $pU_p1=1$, $\varepsilon_\partial U_p = \varepsilon_\partial/p$ (caractère absorbant du point ∂) ; (P_t) est le semi-groupe de RAY (continu à droite) associé à (U_p). Ω est l'ensemble de toutes les applications ω de $[0,\infty[$ dans E qui 1) sont continues à droite avec limites à gauche sur $]0,\infty[$, 2) admettent une limite à droite en 0, 3) admettent une durée de vie $\zeta(\omega)\leqq+\infty$. Comme d'habitude, on note $X_t(\omega)$ la valeur $\omega(t)$ pour $t>0$, $X_{t-}(\omega)$ la limite à gauche, mais contrairement à l'habitude nous noterons $X_0(\omega)$ la limite à droite $\omega(0+)$, et $X_{0-}(\omega)$ la valeur $\omega(0)$. Il ne faut pas prendre cela à la légère, car c'est la principale contribution de cet article !

Nous désignons par $\underline{\underline{F}}^o_t$, $\underline{\underline{F}}^o$ les tribus non complétées usuelles[1]. Pour toute loi μ sur E, il existe une (unique) loi P^μ sur Ω pour

1. $\underline{\underline{F}}^o_0 = \underline{\underline{T}}(X_{0-},X_0)$.

laquelle les variables aléatoires X_{0-}, X_t $(t>0)$ forment un processus de Markov admettant (P_t) comme semi-groupe de transition, et la loi de X_{0-} est μ. On a $X_{0-}=X_0$ P^{μ}-p.s. si et seulement si μ ne charge pas l'ensemble B des points de branchement. L'opérateur de translation Θ_t est défini par

(1) $$X_s(\Theta_t\omega) = X_{s+t}(\omega) \quad , \; X_{0-}(\Theta_t\omega)=X_t(\omega)$$

de sorte que Θ_0 n'est pas l'identité, mais applique Ω sur l'ensemble des trajectoires continues à droite en 0. Si c est $\underline{\underline{F}}^{\circ}$-mesurable bornée sur Ω, on a

(2) $$E^{\mu}[c\circ\Theta_0] = E^{\mu P_0}[c] \; .$$

Le résultat suivant est une variante d'un lemme bien connu de DYNKIN. Ici k_t désigne l'opérateur de meurtre (on convient que $X_{0-}(k_t\omega)=X_{0-}(\omega)$ pour tout t).

LEMME 1. <u>Soit</u> $g(\omega,t,\omega')$ <u>une fonction bornée sur</u> $\Omega\times\mathbb{R}_+\times\Omega$, <u>mesurable par rapport à</u> $\underline{\underline{F}}^{\circ}\times\underline{\underline{B}}\times\underline{\underline{F}}^{\circ}$. <u>Soit</u> $G(\omega,t,x)=E^x[g(\omega,t,\Theta_0.)]$. <u>Alors pour tout temps d'arrêt</u> T <u>de la famille complétée</u> $(\underline{\underline{F}}_t^{\mu})$ <u>on a</u>

(3) $$E^{\mu}[g(k_T\omega,T,\Theta_T\omega)\,|\,\underline{\underline{F}}_T^{\mu}] = G(k_T\omega,T(\omega),X_T(\omega)) \text{ p.s.}$$

(les deux côtés sont nuls par convention sur $\{T=\infty\}$)

DEMONSTRATION. D'après le théorème des classes monotones, il suffit de traiter le cas où $g(\omega,t,\omega')=a(\omega)b(t)c(\omega')$. Soit $c'=c\circ\Theta_0$, qui ne dépend plus de X_{0-} . Le lemme se réduit à l'égalité $E^{\mu}[c\circ\Theta_T|\underline{\underline{F}}_T^{\mu}] = E^{X_T}[c\circ\Theta_0]$, ou encore à $E^{\mu}[c'\circ\Theta_T|\underline{\underline{F}}_T^{\mu}]=E^{X_T}[c']$, ce qui est juste la propriété de Markov forte ordinaire du processus (continu à droite) $(X_t)_{t\geq 0}$.

Soient $\omega,\omega' \in \Omega$, $t\in\mathbb{R}_+$. Nous définissons $\omega/t/\omega' \in \Omega$ par la formule

(4) $$\text{si } t\leq\zeta(\omega) \; , \; X_s(\omega/t/\omega') = X_s(\omega) \text{ pour } s<t \text{ (y compris } s=0-)$$
$$= X_{s-t}(\omega') \text{ pour } s\geq t$$

$$\text{si } t>\zeta(\omega), \; \omega/t/\omega' = \omega$$

Nous avons maintenant la <u>règle de DAWSON</u>. Etant donnée une fonction $\underline{\underline{F}}^{o}$-mesurable bornée γ sur Ω, nous voulons calculer la martingale $E^{\mu}[\gamma|\underline{\underline{F}}^{\mu}_{t}]$, et à cet effet nous posons successivement

$$(4) \qquad g(\omega,t,\omega') = \gamma(\omega/t/\omega')$$

$$(5) \qquad G(\omega,t,x) = E^{x}[g(\omega,t,\Theta_0.)]$$

$$(6) \qquad \Gamma^{+}_{t}(\omega) = G(k_t\omega,t,X_t(\omega))$$

LEMME 2. *Pour toute loi* μ, *le processus* (Γ^{+}_{t}) *est une version*, P^{μ}-*p.s. continue à droite*, *de la martingale* $E^{\mu}[\gamma|\underline{\underline{F}}^{\mu}_{t}]$.

DEMONSTRATION. Comme (P_t) est un semi-groupe borélien et γ est $\underline{\underline{F}}^{o}$-mesurable, il est très facile de vérifier que (Γ^{+}_{t}) est un processus bien-mesurable. D'autre part, on a identiquement $\omega=k_t\omega/t/\Theta_t\omega$ pour tout t, et le lemme 1 entraîne alors que $E^{\mu}[\gamma|\underline{\underline{F}}^{\mu}_{T}]=\Gamma^{+}_{T}$ pour tout T. La famille $(\underline{\underline{F}}^{\mu}_{t})$ satisfaisant aux conditions habituelles, il existe une seule version bien-mesurable de la martingale satisfaisant au théorème d'arrêt, c'est la version continue à droite.

Tout ce qui précède est, en fait, bien connu. Maintenant commencent les remarques nouvelles, mais presque triviales. Désignons par $\underline{\underline{F}}^{\mu}_{0-}$ la tribu engendrée par X_{0-} et les ensembles P^{μ}-négligeables

LEMME 3. *Avec les notations du lemme* 1, *supposons que* T *soit prévisible. Alors*

$$(7) \qquad E^{\mu}[g(k_T\omega,T(\omega),\Theta_T\omega) \mid \underline{\underline{F}}^{\mu}_{T-}] = G(k_T\omega,\ T(\omega),\ X_{T-}(\omega)) \ \underline{\text{p.s.}}\ .$$

DEMONSTRATION . On utilise le théorème des classes monotones comme pour le lemme 1, et la formule se réduit alors à

$$(8) \qquad E^{\mu}[c\circ\Theta_T \mid \underline{\underline{F}}^{\mu}_{T-}] = E^{X_{T-}}[c\circ\Theta_0]$$

Ceci ne fait qu'exprimer la propriété de Markov "modérée" du processus (X_{t-}), mise en évidence par WALSH dans le cas des processus de RAY. Mais c'est aussi très facile à démontrer directement. Posons C(x) =

$E^x[c\circ\Theta_0]$; d'après la propriété de Markov forte usuelle, le côté gauche de (8) vaut $E^\mu[C\circ X_T|\underline{\underline{F}}^\mu_{T-}]$. Le côté droit vaut $P_0(X_{T-},C)$, et sous cette forme, l'égalité est connue (voir [3], théorème 4, mais on pourrait souligner que ce résultat vient de [2], théorème 7.1 , ce qui n'a pas été dit bien clairement dans [3]).

On obtient alors la forme prévisible de la règle de DAWSON. Pour la comparer au lemme 2, il est bon de remarquer que la martingale $E[\gamma|\underline{\underline{F}}^\mu_t]$ (version continue à droite) est la projection bien-mesurable du processus constant égal à γ.

LEMME 4. <u>Avec les notations du lemme</u> 2, <u>la projection prévisible du processus constant égal à</u> γ <u>est le processus</u> .

(9) $$\Gamma^-_t(\omega) = G(k_t\omega,t,X_{t-}(\omega))$$

DEMONSTRATION. Découle du lemme 3 comme le lemme 2 du lemme 1.

Seulement, la projection prévisible de la martingale continue à droite (Γ^+_t) est aussi - c'est un résultat classique - indistinguable du processus (Γ^+_{t-}) de ses limites à gauche. Donc les processus (Γ^+_{t-}) et (Γ^-_t) sont indistinguables.

Et maintenant, regardons les côtés droits de (6) et de (9) : là où $X_t(\omega)=X_{t-}(\omega)$, i.e. en tout instant de continuité de la trajectoire, on a $\Gamma^+_t=\Gamma^-_t$, donc $\Gamma^+_t=\Gamma^+_{t-}$, et l'on voit bien que les martingales sont continues (à indistinguabilité près) aux points de continuité des trajectoires.

BIBLIOGRAPHIE

[1]. CHUNG (K.L.) et WALSH (J.B.). Meyer's theorem on predictability. Z.f.W-theorie, 29, 1974, 253-256.

[2]. DOOB (J.L.). Compactification of the discrete state space of a Markov chain. Z.f.W-theorie, 10, 1966, p.236-251.

[3]. MEYER (P.A.) et WALSH (J.B.). Quelques applications des résolvantes de Ray. Invent. Math. 14, 1971, p.143-166.

Université de Strasbourg
Séminaire de Probabilités 1973/74

PROCESSUS DE REFLEXION DANS R^n

par Nicole EL KAROUI

Le texte qui suit est celui d'un exposé fait à Strasbourg durant l'année 1972/73, à propos d'un travail effectué durant l'année 1971. Il n'est donc pas surprenant qu'il ne tienne pas compte des résultats plus récents obtenus dans le domaine étudié, mais que je tâcherai de signaler en cours de route.

D'autre part, j'ai suivi de près la présentation faite dans le Séminaire de Probabilités IV (n° 124) sur les diffusions à coefficients continus. J'y renverrai donc très fréquemment.

I. INTRODUCTION.

Nous nous proposons d'étudier une famille de processus de Markov felleriens, conservatifs, à trajectoires continues (diffusions) à valeurs dans un domaine $\overline{G}$ de R^d .

Pour simplifier l'exposé, nous nous limiterons à considérer le domaine suivant : $\overline{G} = \{x^1 \geq 0\}$ si $x = \{x^1, x^2, \dots, x^n\}$. On notera alors $G = \{x^1 > 0\}$ et $\partial G = \{x^1 = 0\}$.

Parler d'étude est ambitieux : en fait, nous résoudrons essentiellement des problèmes de construction et d'unicité.

Avant d'aller plus loin, nous considérons un exemple simple de tels processus, ce qui nous permettra de donner une justification intuitive à l'introduction d'un certain nombre de conditions, sans revenir à une étude directe générale.

I.A. UN EXEMPLE, LE BROWNIEN REFLECHI.

a) Soit $(\Omega,\mathcal{F}^\circ_t,\theta_t,\beta_t,P^x)$ le mouvement brownien canonique à valeurs dans R^d. Nous notons $(\beta^1_t,\beta^2_t,\ldots,\beta^d_t)$ les composantes de β_t et X_t le processus de composantes $(|\beta^1_t|,\beta^2_t,\ldots,\beta^d_t)$.

$\mathcal{F}^\circ_t$ désigne la tribu $\sigma(X_s;s\leq t)$ et $\mathcal{F}_t$ les tribus complétées de la manière habituelle.

Le semi-groupe du brownien est invariant par symétrie par rapport à l'hyperplan $\{x^1 = 0\}$. Un théorème de Dynkin prouve alors que le processus $\mathcal{X} = (\Omega,X_t,\mathcal{F}_t,\theta_t,P^x,x\in\overline{G})$ est un processus de diffusion conservatif à valeurs dans $\overline{G}$.

b) Influence de la réflexion : le temps local.

Pour toutes les lois P^x, $x\in\overline{G}$, $|\beta^1_t|$ est une sous-martingale des tribus $\mathcal{G}_t$ et des tribus $\mathcal{F}_t$. Il existe donc une fonctionnelle additive continue (f.a.c.) A_t telle que $M^1_t = |\beta^1_t| - A_t$ soit une $\mathcal{F}_t$-martingale. La f.a. A ne charge que ∂G : en effet, désignons par σ le temps d'entrée dans ∂G. $\forall\, x\in\overline{G}$, $\beta^1_{t\wedge\sigma} = |\beta^1_{t\wedge\sigma}| = M^1_{t\wedge\sigma}+A^1_{t\wedge\sigma}$ est une P^x-martingale. Par suite $A^1_{t\wedge\sigma}$ est aussi une P^x- martingale, qui est donc nécessairement nulle, puisque $A^1_{t\wedge\sigma}$ est une f.a. continue.

On peut montrer qu'il existe une version de A qui est $\mathcal{F}^\circ_t$-mesurable. C'est cette version que nous considérons par la suite et que nous appellerons temps local.

c) La formule d'ITO.

Le processus $(M^1_t,\beta^2_t,\ldots,\beta^d_t)$ est un mouvement brownien d-dimensionnel. En effet, M^1_t ne dépend manifestement que de β^1_t. Par suite les processus $M^1_t,\beta^2_t,\ldots,\beta^d_t$ sont indépendants et les martingales $M^1_t,\beta^1_t,\ldots,\beta^d_t$ deux à deux orthogonales.

Il reste à étudier le processus croissant associé à M^1_t.

Pour toute loi P^x, $(x\in\overline{G})$, nous avons que :

$$|\beta_t^1|^2 = |\beta_0^1|^2 + 2\int_0^t |\beta_s^1|\ dM_s^1 + dA_s + \langle M^1,M^1\rangle_t$$

$$= |\beta_0^1|^2 + 2\int_0^t |\beta_s^1|\ dM_s^1 + \langle M^1,M^1\rangle_t\ ,$$

car A ne charge que l'ensemble $\{|\beta_t^1| = 0\}$.

D'autre part, $\beta_t^{12} = 2\int_0^t \beta_s^1\, d\beta_s^1 + (\beta_0^1)^2 + t$.

L'unicité du processus croissant associé à une martingale permet de conclure que $\langle M^1,M^1\rangle_t = t$.

Mais alors, on déduit aisément de la formule d'Ito, que si f est une fonction de $C_b^2(R^d)$,

$$f(X_t) - f(X_0) - \int_0^t \Delta f(X_s)ds - \int_0^t \frac{\partial f}{\partial x^1}(X_s)dA_s$$

est une P^x-martingale pour tout x de $\overline{G}$.

C'est à cette propriété de martingale que nous allons nous attacher dans toute la suite.

I.B. DEFINITION D'UN PROCESSUS DE REFLEXION.

Plus généralement, on peut montrer qu'une vaste classe de processus de diffusion à valeurs dans $\overline{G}$ satisfait à une relation de type martingale comme ci-dessus, où l'opérateur Δ est remplacé par une opérateur elliptique L , et l'opérateur $\frac{\partial}{\partial x^1}$ par un opérateur "frontière" Γ du type $\frac{\partial}{\partial x^1} + \mathcal{K}$ où $\mathcal{K}$ est un opérateur elliptique sur l'hyperplan $\partial G = \{x^1 = 0\}$.

Ceci a été démontré par Ventcell' puis Bony, Courrège et Priouret de manière analytique, sous des hypothèses assez restrictives.

Nous en avons donné une démonstration probabiliste récemment, à partir des techniques de balayage.

DEFINITION I.B.1. <u>Nous appelons processus de réflexion rapide à valeurs dans</u> $\overline{G}$, <u>associé à</u> (L,Γ) , <u>un processus de diffusion conservatif dans</u> $\overline{G}$, $\mathcal{X} = (\Omega^\circ,\mathcal{F}_t^\circ,X_t,\theta_t,P^x,x\in\overline{G})$ <u>pour lequel il existe une fonctionnelle additive continue</u> A , $\mathcal{F}_t^\circ$<u>-mesurable, de support</u> ∂G , <u>telle que</u>

<u>pour toute</u> f <u>de</u> $C_b^2(\overline{G})$,

$$E_x[f(X_t)] = f(x) + \int_0^t E_x[Lf(X_s)]ds + E_x \int_0^t \Gamma f(X_s)dA_s \ .$$

REMARQUE. Cette définition présente évidemment le gros inconvénient de ne pas s'exprimer uniquement en terme de semi-groupe du processus, mais nous verrons que c'est la plus opérative, du moins dans notre cadre.

La construction de ces processus a fait l'objet de nombreux travaux : le point de vue analytique, associé à des opérateurs très réguliers a été étudié par Sato-UENO puis Bony, Courrège et Priouret.

Ikéda puis Watanabe ont résolu, eux, des systèmes d'équations stochastiques.

Stoock et Varadhan ont aussi abordé ce problème, généralisant l'approche utilisée pour les diffusions sans condition frontière. Leur article a été le point de départ de ce travail : lorsque la condition frontière est de la forme $\frac{\partial}{\partial x^1}$, ils ont montré que si L était continu, strictement elliptique, il y avait un et un seul processus de réflexion rapide associé à L et Γ .

Nous nous proposons de généraliser leur étude au cadre $\Gamma = \frac{\partial}{\partial x^1} + \tilde{\Lambda}$, en insistant particulièrement sur les équations différentielles stochastiques satisfaites par le processus X_t .

I.C. <u>NOTATIONS ET HYPOTHESES</u>.

La forme explicite de l'opérateur elliptique L sera :

$$Lf(x) = \tfrac{1}{2} \sum_{i,j=1}^{d} a_{i,j}(x)\, D^2_{i,j}f(x) + \sum_{j=1}^{d} b_j(x)\, D^j f(x) \ .$$

Celle de $\tilde{\Lambda}$ sera $\tilde{\Lambda}f(x) = \frac{1}{2} \sum_{i,j=2}^{d} \alpha_{i,j}(x)\, D^2_{i,j}f(x) + \sum_{j=2}^{d} \gamma_j(x)\, D^j f(x)$. La matrice des $a_{i,j}(x)$ est désignée par $a(x)$, celle des $\alpha_{i,j}(x)$ par $\alpha(x)$. Le terme $b(x)$ désigne le vecteur $(b_j(x))$, le terme $\gamma(x)$, le vecteur $(1,\gamma_2(x),\dots,\gamma_d(x))$, le terme $\tilde{\gamma}(x)$, le vecteur $(\gamma_2(x),\dots,\gamma_d(x))$. Nous supposerons toujours que tous ces coefficients sont boréliens bornés.

L'espace canonique est l'espace Ω° des applications continues de R^+ dans $\overline{G}$, dont les coordonnées sont désignées par $X_t(\omega) = \omega(t)$. Comme toujours les tribus $\mathcal{F}_t^\circ$ sont les tribus $\sigma(X_s; s \le t)$.

Si P est une loi de probabilité sur Ω°, nous noterons $\mathcal{F}_t$ tribu $\mathcal{F}_t^\circ$ complétée à l'aide des ensembles P-négligeables de $\mathcal{F}_\infty^\circ$, et $\mathcal{F}_t^+$, la famille des tribus $\mathcal{F}_t$ rendue continue à droite.

DEFINITION I.C.1. <u>Nous dirons qu'une loi</u> P <u>sur</u> Ω° <u>est une solution au problème des martingales partant de</u> x <u>à l'instant</u> 0 (x - PBM) <u>s'il existe un processus croissant continu</u> $\mathcal{F}_t^\circ$<u>-mesurable</u> A_t, <u>ne chargeant que</u> ∂G <u>tel que</u> :

1) $P(X_0 = x) = 1$

2) <u>pour toute</u> f <u>de</u> $C_b^2(\overline{G})$

(2) $$C_t^f = f(X_t) - f(X_0) - \int_0^t Lf(X_s)dx - \int_0^t \Gamma f(X_s)dA_s$$

<u>est une P-martingale</u>.

REMARQUE. L'image sur l'espace canonique d'un processus de réflexion rapide associé à (L,Γ) est pour tout x de $\overline{G}$, une solution du x - PBM.

Nous nous proposons de montrer que réciproquement l'existence et l'unicité des solutions des x - PBM pour tout x de $\overline{G}$, sont équivalentes à celles des processus de réflexion rapide associé à $(L,\Gamma.)$, puis de décrire des situations dans lesquelles nous savons vérifier ces propriétés.

Dans un premier temps, nous donnons des formes équivalentes de la condition (2), qui nous permettrons de montrer que X_t est nécessairement solution d'un système d'équations stochastiques, dont la résolution nous permettra de répondre en partie au second point annoncé.

II. LE PROBLEME DES MARTINGALES.

II.A. FORMES EQUIVALENTES.

Le théorème que nous allons énoncer est l'équivalent du théorème 1 de [5] (p. 242), pour les diffusions.

THEOREME 1. *Soit* P *une solution du* x-PBM . *Les propositions suivantes sont équivalentes* :

1) *pour toute fonction* f *de* $C_b^2(\overline{G})$

$$C_t^f = f(X_t) - f(X_0) - \int_0^t Lf(X_s)ds - \int_0^t \Gamma f(X_s)dA_s$$

est une P-*martingale* ;

2) *pour toute fonction* f *de* $C^2(\overline{G})$, C_t^f *est une* P-*martingale locale* ;

3) *notons* N_t *le processus* $X_t - X_0 - \int_0^t b(X_s)ds - \int_0^t \gamma(X_s)dA_s$.
D'autre part, si $\theta \in R^d$, $\theta = (\theta_1,\ldots,\theta_d)$, *nous notons* $\widetilde{\theta} = (\theta_2,\ldots,\theta_d)$.
Pour tout θ *de* R^d , $<\theta,N_t>$ *est une* P-*martingale de processus croissant*
$A_t^\theta = \int_0^t <\theta,a(X_s)\theta> ds + \int_0^t <\widetilde{\theta},\alpha(X_s)\widetilde{\theta}> dA_s$;

4) *pour tout* θ *de* R^d , $X_t^\theta = \exp[<\theta,N_t> - \frac{1}{2} A_t^\theta]$ *est une* P-*martingale*.

REMARQUE. Nous noterons avec des primes, les énoncés dans lesquels martingale est remplacé par martingale locale.

Démonstration : La preuve des équivalences suivantes est analogue à celle donnée dans [5] (p. 243).

1) $\Leftrightarrow$ 2) $\Leftrightarrow$ 3') $\Leftrightarrow$ 4') .

Remarquons que le caractère borné de a et α entraîne que si $<\theta,N_t>$ est une martingale locale de processus croissant A_t^θ , $<\theta,N_t>$ est en réalité une vraie martingale.

Il reste à montrer que X_t^θ est une vraie martingale.

Nous aurons besoin pour le faire, comme dans le cas de R^d , d'une majoration fondamentale qui entraîne en particulier qu'on a une probabilité petite d'être en dehors d'une compact suffisamment gros.

II.B. UNE MAJORATION FONDAMENTALE.

THEOREME 2. Soit M_t la martingale vectorielle définie au théorème 1.

$$P(\sup_{s\leq t} \|M_s\| > c) \leq 2d \exp - \frac{c^2}{2d^2K(t+h(c))} + \exp - \frac{(h(c)-1-K''t)^2}{2K't.}$$

où $h(c)$ est une fonction positive convenablement choisie, qui tend vers $+\infty$, si c tend vers $+\infty$ et où les constantes K , K' , K'' ne dépendent que des bornes de a , α , b , γ .

Cette majoration repose sur le théorème 2 de [5] (p. 247), que nous rappelons pour plus de clarté.

LEMME 3. Soit Y une martingale vectorielle d-dimensionnelle, dont les processus croissants B^i des composantes sont majorées par une constante k . Alors

$$P(\sup_{s} \|Y_s\| > c) \leq 2d \exp - \frac{c^2}{2Kd^2} .$$

Démonstration du théorème 2 : Nous désignerons par $M_t^* = \sup_{s\leq t} \|M_s\|$. La difficulté pour établir cette majoration provient de ce que le processus croissant associé à M_t n'est pas borné.

On considère alors les deux expressions suivantes :

$$P(A_t\leq h(c), M_t^* > c) \quad \text{et} \quad P(A_t > h(c), M_t^* > c) \leq P(A_t > h(c)) .$$

* Pour majorer la première, on adapte la démonstration du lemme 3 (cf. [5], p. 247), en remarquant que sur $A_t \leq h(c)$, les processus croissants des composantes de M sont majorés par $K(t+ A_t) \leq K(t+ h(c))$.

$$P(A_t\leq h(c), M_t^* > c) \leq 2d \exp - \frac{c^2}{2Kd^2(t+h(c))} .$$

** On cherche à majorer exponentiellement $P(A_t > h(c))$.

Soit $\Phi(x) = 1.e^{-x^1}$, $\Gamma\Phi \equiv 1$ sur ∂G et $\frac{\partial\Phi}{\partial x_j} \equiv 0$, $\forall\, j \geq 2$.

$$\Phi(X_t) = \Phi(X_0) + \int_0^t L\Phi(X_s)dx + A_t + C_t^\Phi ,$$

où C_t^Φ est une martingale de processus croissant

$$\int_0^t < \text{grad}\,\Phi \;,\quad a\,\text{grad}\,\Phi > ds + \int_0^t < \widetilde{\text{grad}}\,\Phi \;,\; \alpha\,\widetilde{\text{grad}}\,\Phi > dA_s$$

d'après la formule d'Ito et la condition 3) du théorème 1.

Or $\widetilde{\text{grad}}\,\Phi \equiv 0$.

Par suite C_t^Φ est une martingale dont le processus croissant est borné sur $[0,t]$.

$$P(A_t > h(c)) = P(-C_t^\Phi > h(c) - \Phi(X_t) + \Phi(X_0) + \int_0^t L\Phi(X_s)ds)$$

$$\leq P[-C_t^\Phi > h(c) - (1+K''t)]$$

où K'' est un majorant de $|L\Phi|$.

Si $h(c) > 1 + K''t$, et si K' est un majorant de $|< \text{grad}\,\Phi, a\,\text{grad}\,\Phi >|$.

$$P(A_t > h(c)) \leq \exp - \frac{[h(c) - (1+K''t)]^2}{2K't} .$$

COROLLAIRE 4. $X_t^\theta = \exp[< \theta, M_t > - \frac{A_t^\theta}{2}]$ <u>est une vraie martingale</u>.

<u>Démonstration</u> : $E[(X_t^\theta)^2] \leq E(\exp 2 < \theta, M_t >) \leq E(\exp 2|\theta| M_t^*)$. Il suffit donc de montrer que pour tout $\theta > 0$, $E(\exp \theta\, M_t^*) < +\infty$. Remarquant que $\int_{M_t^* \geq c} \exp \theta\, M_t^*\, dP = e^{\theta c}\, P(M_t^* \geq c) + \theta \int_c^{+\infty} e^{\theta u}\, P(M^* \geq u)du$, on choisit h de la forme $h(c) = c^\alpha$ $(\frac{1}{2} < \alpha < 1)$ et on vérifie facilement que le membre de droite est fini.

REMARQUE. On montre de même que $E(\exp \theta\, A_t) < +\infty$.

II.C. LE PROBLEME DES SOUS-MARTINGALES.

Dans un certain nombre de situations, en particulier pour les résultats obtenus à l'aide de convergence des mesures de probabilité, il est intéressant d'avoir une caractérisation des solutions des x- PBM , ne faisant pas intervenir le temps local.

C'est le point de vue qu'on utilisé Stroock et Varadhan, dans leur étude, le résultat est fort et long à démontrer. Son seul inconvénient est d'exiger Γ continu.

THEOREME 5. Supposons que les coefficients de I soient continus bornés. Les deux propositions suivantes sont équivalentes :

a) P est solution du x- PBM ;

b) pour toute f de $C_b^2(\overline{G})$ satisfaisant à $\Gamma f \geq 0$ sur ∂G , $H_t^f = f(X_t) - f(X_0) - \int_0^t Lf(X_s)ds$ est une P-sous-martingale.

Nous ne démontrerons pas ce théorème. La démonstration peut se te retrouver en généralisant les résultats de [7] .

II.D. PROPRIETES DU PROCESSUS CROISSANT.

Nous nous proposons de donner la forme explicite du processus croissant, et d'en déduire ensuite certaines propriétés de mesurabilité et d'additivité.

THEOREME 6. Soit P une solution du x- PBM .

a) $\int_0^t 1_{\partial G}(X_s)a_{11}(X_s)ds = 0 \quad P\text{-}p.s.$

b) Notons $G_\varepsilon = \{x \in \overline{G} \ ; \ 0 \leq x^1 < \varepsilon\}$.

$A_t^\varepsilon = \frac{1}{2\varepsilon}\int_0^t 1_{G_\varepsilon}(X_s)a_{11}(X_s)ds - \int_0^t 1_{\partial G}(X_s)b^1(X_s)ds$ converge dans L^2 vers A_t .

Il existe une sous-suite ε_n telle que $A_t^{\varepsilon_n}$ converge p.s. uniformément sur $[0,T]$.

REMARQUE. La propriété a) justifie le nom de rapide donné au processus de réflexion. Elle montre bien que nous sommes loin d'avoir décrit tous les processus à valeurs dans $\overline{G}$.

En effet, même pour le brownien réfléchi, il suffit de faire le changement de temps associé à $t+A_t$ pour construire un processus qui séjourne sur ∂G . C'est pour simplifier l'exposé que nous avons abordé ce point de vue.

Toutefois, l'étude faite jusqu'à maintenant se généralise facilement à condition de poser un problème de martingales différent.

Démonstration du théorème 6 :

a) Soit $\Phi(x) = 1-e^{-x_1}$.

D'après le théorème 1, $\Phi(X_t) = \Phi(X_0)+C_t^\Phi+\int_0^t L\Phi(X_s)ds+A_t$

$= \Phi(X_0)+C_t^\Phi+V_t$,

où C_t^Φ a pour p.c. $\int_0^t < \text{grad}\,\Phi\ ,\ a\ \text{grad}\,\Phi > ds$.

On se propose de montrer que ce p.c ne charge pas ∂G .

Comme Φ est positive ou nulle, on peut calculer par Ito,

$$\Phi(X_t)^{2+r} = \Phi(X_0)^{2+r}+(2+r)\int_0^t \Phi(X_s)^{1+r}(dC_t^\Phi+dV_s)$$

$$+\frac{(2+r)(1+r)}{2}\int_0^t [L\Phi(X_s)]^2 d< C_s^\Phi,C_s^\Phi> .$$

Regardons la limite de cette expression lorsque r tend vers zéro. Il est facile de voir que chacun des termes converge dans L^2 et qu'à la limite, on obtient :

$$\Phi(X_t)^2 = \Phi(X_0)^2+2\int_0^t \Phi(X_s)[dC_s^\Phi+dV_s]+\int_0^t 1_{\{\Phi(X_s)\neq 0\}} d< C_s^\Phi,C_s^\Phi> ,$$

ce qui entraîne que $\int_0^t 1_{\{\Phi(X_s)\neq 0\}} d< C_s^\Phi,C_s^\Phi> = < C^\Phi,C^\Phi_\cdot>_t$, soit encore $\int_0^t 1_{\partial G}(X_s) < \text{grad}\,\Phi\ ,\ a\ \text{grad}\,\Phi > ds = 0$, P-p.s. sur ∂G grad $\Phi \equiv 1$ donc

$$\int_0^t 1_{\partial G}(X_s)a_{11}(X_s)ds = 0 .$$

b) Considérons les fonctions $\Phi^\varepsilon(x) = \frac{1}{2\varepsilon} x^2 + \frac{\varepsilon}{2}$ si $0 \leq x < \varepsilon$.

$= x$ si $x \geq \varepsilon$.

Φ^ε est de classe C_b^2 sauf au point $x = \varepsilon$, où sa dérivée seconde admet une discontinuité du premier ordre.

On peut vérifier que la formule d'Ito est néanmoins valable. Mais alors

$$\Phi^\varepsilon(X_t) = \Phi^\varepsilon(X_0) + \int_0^t 1_{\{X_s^1 \geq \varepsilon\}}(dM_s^1 + b^1(X_s)ds)$$

$$+ \int_0^t 1_{\{X_s^1 < \varepsilon\}}\left(\frac{X_s^1}{\varepsilon}\right)(dM_s^1 + b^1(X_s)ds)$$

$$+ \frac{1}{2\varepsilon}\int_0^t 1_{G_\varepsilon}(X_s)a_{11}(X_s)ds + \int_0^t \Phi'^\varepsilon(X_s)dA_s \; .$$

M_t^1 représente la martingale $X_t^1 - X_0^1 - \int_0^t b^1(X_s)ds - A_t$, de processus croissant $\int_0^t a_{11}(X_s)ds$.

$\Phi'^\varepsilon(0) = 0$ donc le terme $\int_0^t \Phi'^\varepsilon(X_s)dA_s$ est identiquement nul. Lorsque ε tend vers zéro, la martingale $M_t^1 - \int_0^t 1_{\{X_s^1 \geq \varepsilon\}}dM_s^1$ a un processus croissant égal à $\int_0^t 1_{\{X_s^1 < \varepsilon\}}a_{11}(X_s)ds$, qui tend vers vers $\int_0^t 1_{\partial G}(X_s)a_{11}(X_s)ds = 0$.

Par suite $\int_0^t 1_{\{X_s^1 \geq \varepsilon\}}dM_s^1$ converge dans L^2 vers M_t^1 et on peut extraire une sous-suite qui converge p.s. uniformément vers M_t^1 . On montre de même que la martingale $\int_0^t 1_{\{X_s^1 < \varepsilon\}}\left(\frac{X_s^1}{\varepsilon}\right)dM_s^1$, dont le processus croissant est majoré par $\int_0^t 1_{\{0 < X_s^1 < \varepsilon\}}a_{11}(X_s)ds$ converge dans L^2 vers zéro, et qu'on peut extraire une sous-suite qui converge p.s. uniformément.

$\int_0^t 1_{\{X_s^1 \geq \varepsilon\}}b^1(X_s)ds$ converge p.s. et dans L^2 vers $\int_0^t 1_{\{X_s^1 > 0\}}b^1(X_s)ds$. De même, $\int_0^t 1_{\{0 < X_s^1 < \varepsilon\}}\left(\frac{X_s^1}{\varepsilon}\right)b^1(X_s)ds$ converge p.s. et dans L^2 vers zéro. $\Phi^\varepsilon(X_t)$ converge p.s. et dans L^2 vers X_t^1 .

Par suite, $\frac{1}{2\varepsilon}\int_0^t 1_{G_\varepsilon}(X_s)a_{11}(X_s)ds$ converge dans L^2 vers un processus croissant B_t . Il existe aussi une sous-suite qui converge p.s. uniformément sur $[0,T]$ vers B_t . B_t satisfait à l'équation

$$X_t^1 = X_0^1 + M_t^1 + \int_0^t 1_{\{X_s^1 > 0\}} b^1(X_s)ds + B_t .$$

C'est-à-dire que $A_t = B_t - \int_0^t 1_{\{X_s^1 = 0\}} b^1(X_s)ds$.

$$\text{Soit } A_t + \int_0^t 1_{\{X_s^1 = 0\}} b^1(X_s)ds = \lim_{\varepsilon_n \to 0} \frac{1}{2\varepsilon_n} \int_0^t 1_{G_{\varepsilon_n}}(X_s) a_{11}(X_s)ds .$$

REMARQUES. a) La démonstration est valable même si on a des martingales par rapport à des tribus plus grosses que $\mathcal{F}_t^{\circ}$. Elle permet alors de prouver qu'on peut toujours choisir une version $\mathcal{F}_t^{\circ}$-mesurable de A , et que cette version détermine alors une fonctionnelle additive, en ce sens que si θ_t désigne les opérateurs de translation sur Ω° ,

$$A_{t+s} - A_t = A_s \circ \theta_t \qquad \text{P-p.s.}$$

b) Supposons a_{11} minoré. Alors $\int_0^t 1_{\partial G}(X_s)ds = 0$ P-p.s. et $A_t = \lim \frac{1}{2\varepsilon} \int_0^t 1_{G^{\varepsilon}}(X_s) a_{11}(X_s)ds$. La forme explicite de A_t est alors tout à fait analogue à celle d'un temps local de brownien.

III. LE PROBLEME DES MARTINGALES ET LES EQUATIONS STOCHASTIQUES.

On y arrive enfin. Pour aller plus loin, nous sommes amenés à supposer a_{11} minoré. Enonçons tout de suite le théorème.

III.A. LE SYSTEME STOCHASTIQUE.

THEOREME 7. Les deux propositions suivantes sont équivalentes si a_{11} est minoré.

1) Il existe une solution P au x - PBM .

2) Il existe a) un espace de probabilité $(\hat{\Omega},\hat{\mathcal{G}}_t,\hat{P})$ complet

b) un processus croissant continu $\hat{A}_t$ localement intégrable.

c) Un $\hat{P}$-mouvement brownien issu de 0 d-dimensionnel $\hat{\beta}_t = (\hat{\beta}_t^i)$.

d) Un $\hat{P}$-mouvement brownien issu de 0 (d-1)-dimensionnel indépendant du précédent $\hat{\hat{\beta}}_t$, tels que le système suivant ait au moins une solution $\hat{Z}_t$, $\hat{P}$-p.s. continue à valeurs dans $\overline{G}$:

$$\text{i) } \hat{Z}_0 = x$$

$$\text{ii) } \int_0^t 1_{\partial G}(\hat{Z}_s)d\hat{A}_s = \hat{A}_t$$

$$\text{iii) } \hat{Z}_t = x + \int_0^t \sigma(\hat{Z}_s)d\hat{\beta}_s + \int_0^t b(\hat{Z}_s)ds + \int_0^t \gamma(\hat{Z}_s)d\hat{A}_s + \int_0^t \tilde{\sigma}(\tilde{Z}_s)d\hat{\hat{\beta}}_{\hat{A}_s}$$

où σ est une racine carrée de a $(\sigma\sigma^* = a)$

et $\tilde{\sigma}$ est une racine carrée de α $(\tilde{\sigma}\tilde{\sigma}^* = \alpha)$

REMARQUE. Nous verrons au cours de la démonstration de $1 \Rightarrow 2$ que X_t lui-même est solution de ce système stochastique.

Ce théorème est une conséquence de la proposition suivante [6].

PROPOSITION 8. Soit $(\Omega,\mathcal{G}_t,P)$ un espace de probabilité et Y_t une martingale vectorielle d-dimensionnelle, continue, telle que $Y_0 = 0$, et pour tout θ de R^d , $< \theta,Y_t >$ a un processus croissant absolument continu par rapport à un même p.c. C_t . On note $d(s)$ la matrice des densités $d_{ij}(s)$ c'est-à-dire

$$< Y^i, Y^j >_s = \int_0^t d_{ij}(s) dC_s \ .$$

Soit d'autre part $(\Omega^\circ, \overline{\beta}_t, \mathcal{F}_t^\circ, W)$ le mouvement brownien canonique. Définissons $\hat{\Omega} = \Omega \times \Omega^\circ$, $\hat{\mathcal{G}}_t^\circ = \mathcal{G}_t \otimes \mathcal{F}_t^\circ$, $\hat{P} = P \otimes W$, $\hat{\mathcal{G}}_t$ la complétée de $\mathcal{G}_t$ pour P . Si $\delta(s)$ désigne une racine carrée de $d(s)$, il existe une martingale vectorielle $\hat{N}_t$, dont les composantes, orthogonales entre elles, ont pour processus croissant $\hat{C}_t(\omega,\omega') = C_t(\omega)$, telle que

$$\hat{Y}_t(\omega,\omega') = Y_t(\omega) = \int_0^t \hat{\delta}(s)(\omega) d\hat{N}_s(\omega,\omega') \ .$$

La martingale $\hat{N}_t$ est obtenue de la manière suivante : soit δ_1 l'unique matrice telle que $\delta\delta_1 = Id$ où Id est la matrice identité sur l'image de d . On note $Id^\perp$ l'identité sur l'orthogonal de l'image de d .

Alors $\hat{N}_t(\omega,\omega') = \int_0^t \delta_1(s,\omega) dY_s(\omega) + \int_0^t Id^\perp(s,\omega) d\overline{\beta}_{C_s(\omega)}(\omega')$.

Démonstration du théorème 7 :

a) 1) $\Rightarrow$ 2). Pour ne pas trop alourdir l'écriture nous ne préciserons pas que nous aggrandissons l'espace.

Soit $M_t = X_t - X_0 - \int_0^t b(X_s) ds - \int_0^t \gamma(X_s) dA_s$ et définissons

$$Y_t^1 = \int_0^t 1_G(X_s) dM_s \ , \quad Y_t^2 = \int_0^t 1_{\partial G}(X_s) dM_s \ .$$

Nous appliquons la proposition 8 aux martingales Y^1 et Y^2 .

i) $< \theta, Y^1 >_t$ a pour processus croissant $\int_0^t 1_G(X_s) < \theta, a(X_s)\theta > ds$ qui est égal à $\int_0^t < \theta, a(X_s)\theta > ds$ puisque a_{11} étant minoré, $\int_0^t 1_{\partial G}(X_s) ds = 0$.

Soit σ une racine carrée de a . Il existe un mouvement brownien d-dimensionnel tel que $Y_t^1 = \int_0^t \sigma(X_s) d\hat{\beta}_s$ où $\hat{\beta}$ est défini par :

$$\hat{\beta}_t = \int_0^t 1_G(X_s)\sigma_1(X_s) dM_s + \int_0^t I_{a^\perp}(X_s) d\hat{\beta}_s \ .$$

ii) Y_t^2 est une martingale (d-1)-dimensionnelle.

En effet, si M^1 désigne la première composante de M_t , $\int_0^t 1_{\partial G}(X_s)dM_s^1$ a pour processus croissant $\int_0^t 1_{\partial G}(X_s)a_{11}(X_s)ds = 0$. D'autre part, pour tout $\tilde{\theta}$ de R^{d-1} , $<\tilde{\theta},Y^2>_t$ a pour processus croissant

$$\int_0^t 1_{\partial G}(X_s) <\tilde{\theta},a(X_s)\tilde{\theta}> ds + \int_0^t <\tilde{\theta},\alpha\tilde{\theta}> dA_s .$$

Mais le séjour sur le bord est nul, donc $<\tilde{\theta},Y_t^2>$ a pour processus croissant $\int_0^t <\tilde{\theta},\alpha(X_s)\tilde{\theta}> dA_s$.

D'après la proposition 8, si $\tilde{\sigma}$ est une racine carrée de α ,

il existe une martingale $\hat{N}_t$ dont les composantes satisfont à $<\hat{N}^d,\hat{N}^i>_t = \delta_{i,j}A_t$ qui est définie par

$$\hat{N}_t = \int_0^t 1_{\partial G}(X_s)\tilde{\sigma}_1(X_s)d\tilde{M}_s + \int_0^t Id^{\perp}(X_s)d\bar{\bar{\beta}}_{A_s}$$

et qui est telle que $Y_2(t) = \int_0^t \tilde{\sigma}(X_s)d\hat{N}_s$.

X_t s'écrit donc sous la forme

$$X_t = X_0 + \int_0^t b(X_s)ds + \int_0^t \gamma(X_s)dA_s + \int_0^t \sigma(X_s)d\hat{\beta}_s + \int_0^t \tilde{\sigma}(X_s)d\hat{N}_s .$$

Il reste à vérifier que $\hat{\beta}_t$ et $\hat{N}_t$ sont orthogonales. Or $\int_0^t 1_G(X_s)dM_s$ est orthogonale à $\int_0^t 1_{\partial G}(X_s)dM_s$. Les browniens $\bar{\beta}_t$ et $\bar{\bar{\beta}}_t$ sont indépendants et indépendants de $\mathfrak{F}^o$, d'où le résultat.

La martingale (2d-1)-dimensionnelle $(\hat{\beta}_t,\hat{N}_t)$ a ses composantes orthogonales. Soit $\tau(t)$ l'inverse de A_t et $\tilde{\beta}_t = \hat{N}_{\tau(t)}$.

D'après un théorème de Knight (Séminaire de Probabilités V, p. 191), le processus $(\hat{\beta}_t,\tilde{\beta}_t)$ est un mouvement brownien (2d-1)-dimensionnel, ce qui entraîne $\hat{\beta}_t$ et $\tilde{\beta}_t$ sont indépendants.

Réciproque : Soit $\hat{Z}_t$ une solution du système stochastique et P la loi image de $(\hat{Z}_t,\hat{P})$ sur l'espace canonique.

La seule difficulté réside dans la définition de l'image de $\hat{A}$. On peut montrer qu'on a la même forme explicite de $\hat{A}_t$ que celle définie au théorème 6, ne dépendant que de $\hat{Z}_s$. Le reste s'en déduit aisément.

III.B. DEFINITIONS RELATIVES AUX SOLUTIONS DU SYSTEME STOCHASTIQUE.

Nous redonnons ici des définitions introduites par Yamada-Watanabe et Watanabe dans [8] et [9] .

DEFINITIONS. On appelle solution un terme $Z = (\hat{\Omega},\hat{\mathcal{G}}_t,\hat{P},\hat{Z}_t,\hat{A}_t,\hat{\beta}_t,\hat{\hat{\beta}}_t)$ où les différents éléments ont les propriétés énoncées au théorème 7.

On dit qu'il y a unicité trajectorielle, si Z^1 et Z^2 étant deux solutions définies sur un même espace de probabilité, $\hat{\beta}^1 \equiv \hat{\beta}^2$, $\hat{\hat{\beta}}^1_{A^1_t} \equiv \hat{\hat{\beta}}^2_{A^2_t}$ implique $Z^1 \equiv Z^2$, $A^1 \equiv A^2$.

On dit qu'on a unicité en loi si les lois induites sur l'espace canonique sont les mêmes.

On a alors le théorème suivant qui est une simple extension de [9].

THEOREME 9. L'unicité trajectorielle entraîne l'unicité en loi.

Pour montrer qu'on obtient un processus de Markov fort, il faudrait étudier le problème des martingales avec départ aléatoire.

Cela se fait sensiblement de la même façon que dans le cas des diffusions. On a alors le théorème suivant (cf. [9]).

THEOREME 10. L'unicité en loi est équivalente à celle des solutions au PBM . Si pour toute loi μ il y a unicité et existence de la solution de loi initiale μ , le processus $\mathcal{X} = (\Omega^o,\mathcal{F}^o_t,X_t,\theta_t,P_x)$ est un processus de Markov fort dont le semi-groupe est universellement mesurable.

IV. SITUATIONS D'EXISTENCE ET D'UNICITE.

Pour montrer l'existence et l'unicité des solutions du système stochastique, nous sommes amenés à faire des hypothèses sur la régularité des coefficients, mais non sur la stricte ellipticité des opérateurs.

Les résultats qui suivent sont dus essentiellement à Watanabe dans [8] .

THEOREME 11. Supposons les coefficients de σ , $\tilde{\sigma}$, b et γ lipschitziens bornés. Le système stochastique admet alors une et une seule solution au sens de l'unicité en loi.

REMARQUE. On pourrait affaiblir les hypothèses de régularité sur b et γ en établissant une formule de Comeron-Martin à l'aide de la majoration fondamentale.

Démonstration : a) On commence par supposer $a_{11} = 1$ et $b_1 = 0$.

X_t^1 est alors solution de l'équation.

$$X_t^1 = X_0^1 + \beta_t^1 + A_t \ .$$

Cette équation admet une solution, définie par

$$A_t = \sup_{s\leq t} \ [\sup(-(X_0^1 + \beta_t^1),0)] \ .$$

A_t est un processus croissant continu, qui ne croît manifestement que lorsque $X_0^1 + \beta_t^1 + A_t = 0$.

On a donc bien construit une solution de cette équation, qui n'admet qu'une seule solution.

En effet, si X_t^1 et Y_t^1 sont deux solutions positives et A_t^1 , A_t^2 les processus croissant associés, on a

$$X_t^1 - Y_c^1 = A_t^1 - A_t^2$$

ce qui entraîne que

$$(X_t^1 - Y_t^1)^2 = 2\int_0^t (A_s^1 - A_s^2)(dA_s^1 - dA_s^2) = 2\int_0^t (X_s^1 - Y_s^1)(dA_s^1 - dA_s^2)$$

$$= -2\int_0^t (Y_s^1\, dA_s^1 + X_s^1\, dA_s^2) ,$$

car A^1 ne charge que $\{X^1 = 0\}$ et A^2 que $\{Y^1 = 0\}$.

On a donc P-p.s. $(X_t^1 - Y_t^1)^2 \leq 0$, ce qui implique que les deux processus continus X_t^1 et Y_t^1 sont indistinguables.

Remarquons que le problème des martingales associé à X_t^1 était le problème associé à l'opérateur Δ sur R^+ et $\frac{d}{dx_1}$ en zéro. Nous avons vu en introduction que le brownien réfléchi était solution de ce problème. Comme il y a unicité trajectorielle, il y a unicité en loi et la loi de X_t^1 est celle d'un module de brownien issu de X_0^1 à l'instant 0 .

b) Notons H l'espace des processus de norme $\{\ \}$ finie, où $\{Z\}_t^2 = E\int_0^t Z_{\tau(s)}^2\, ds < +\infty$, $\tau(s)$ étant l'inverse du processus $t+A_t$.
On peut définir alors, l'opérateur S défini sur H par :

$$S(Z)(t) = x + \int_0^t \sigma(Z_s)\, d\beta_s + \int_0^t b(Z_s)\, ds + \int_0^t \gamma(Z_s)\, dA_s + \int_0^t \tilde{\sigma}(Z_s)\, d\tilde{\beta}_{A_s} .$$

On a manifestement, pour tout temps d'arrêt τ borné,

$$E\|S(Z^1)(\tau) - S(Z^2)(t)\|^2 \leq K[E\int_0^\tau \|\sigma(Z_s^1) - \sigma(Z_s^2)\|^2 ds + E\int_0^\tau \|b(Z_s^1) - b(Z_s^2)\|^2 ds$$

$$+ E\int_0^\tau \|\gamma(Z_s^1) - \gamma(Z_s^2)\|^2 ds + E\int_0^t \|\tilde{\sigma}(Z_s^1) - \tilde{\sigma}(Z_s^2)\|^2 dA_s$$

soit encore

$$E\|S(Z^1(\tau)) - S(Z^2(t))\|^2 \leq K\, E\int_0^\tau \|Z_s^1 - Z_s^2\|^2 ds + dA_s .$$

$\tau(t)$ est un temps d'arrêt borné, par suite pour tout t ,

$$E\|S(Z^1)(\tau(t)) - S(Z^2)(\tau(t))\|^2 \leq K\, E\int_0^t \|Z_{\tau(s)}^1 - Z_{\tau(s)}^2\|^2 ds .$$

S est bien un opérateur à valeurs dans H qui sera contractant à partir d'un certain moment.

En effet,

$$\|S^n(Z^1)(\tau(t)) - S^n(Z^2)(\tau(t)\|^2 \leq K^n \frac{(t-t_0)^{n-1}}{(n+1)!} E \int_0^t \|Z^1_{\tau(s)} - Z^2_{\tau(s)}\|^2 ds .$$

S^{n_0} pour n_0 assez grand est donc un opérateur de contraction, qui admet un point fixe, $\bar{\xi}_t$. Si on a deux processus tels que $\{\xi^1 - \xi^2\}^2_t = 0$, les processus $S(\xi^1)_t$ et $S(\xi^2_t)$ sont définis et continus et presque sûrement égaux. Par suite $\xi_t = S(\bar{\xi}_t)$ est encore un point fixe pour S^{n_0}, qui est un processus continu. On a manifestement

$$\{\xi(t) - S(\xi)_t\}^2 = \{S^{k_{n_0}}(\xi_t) - S^{k_{n_0}+1}(\xi)_t\}^2 \leq \frac{K^{k_{n_0}}}{(k_{n_0})!} \{\xi(t) - S(\xi)_t\}^2 .$$

Ce qui entraîne que pour la norme $\{\ \}$ $\xi(t) = S(\xi(t))$.

La continuité entraîne que les processus $\xi(\tau(t))$ et $S(\xi(\tau(t))$ sont indistinguables, mais comme $\tau(t)$ est strictement croissant et tend vers $+\infty$, donc $\xi(t) = S(\xi(t))$.

Si nous avons deux solutions au système, elles sont nécessairement p.s. égales pour la norme $\{\ \}$, et les mêmes remarques que ci-dessus prouvent qu'elles sont égales.

c) Supposons maintenant a_{11} minoré et $b_1 \equiv 0$.

On se ramène par changement de temps inverse de $\int_0^t a_{11}(X_s)ds$ à la situation précédente et réciproquement.

Si b_1 n'est pas nul et a_{11} minoré, d'après la formule de Cameron-Martin $R_t = \exp - \int_0^t \frac{b_1}{a_{11}}(X_s)\, dX^1_s - \frac{1}{2}\int_0^t \frac{b_1^2}{a_{11}}(X_s)ds$, est une P-martingale, et pour la loi $R_t . P$, $\beta^1_t + \int_0^t b_1(X_s)ds$ est un mouvement brownien, et réciproquement, en introduisant "formellement" R_t^{-1}. D'où encore l'existence et l'unicité. Remarquons que ce type de démonstration nous permet de supposer b_1 seulement borélien.

Il est sûr qu'il existe d'autres situations d'existence et d'unicité des solutions au problème des martingales. S. Nakao et T. Shiga ont prouvé ces résultats dans le cas où les opérateurs L et Λ sont strictement elliptiques à coefficients continus.

Pour répondre au problème posé initialement, c'est-à-dire de construire des processus de réflexion rapide, il reste à montrer qu'on peut choisir une version commune des processus croissants A_t^x , associés au x-PBM , ce qui se fait sans trop de mal à l'aide des techniques markoviennes.

Il y aurait beaucoup de choses à dire encore : entre autres que le semi-groupe envoie C_0 dans C_0 , et surtout que l'on sait travailler sur un domaine fermé de R^d , en localisant puis en recollant les processus obtenus.

BIBLIOGRAPHIE

[1] BONY, COURREGE et PRIOURET — Semi-groupe de Feller sur une variété à bord compacte. Annales de l'Inst. Fourier, tome XVIII, Fasc. 2, 1969.

[2] IKEDA — On the construction of two-dimensional diffusion processes. Mem. of College of Sc., Univ. of Kyoto, Série A, Vol. XXXIII, Math. n° 3, 1961.

[3] PRIOURET — Processus de Markov sur une variété à bord compacte. Ann. Inst. Henri Poincaré, vol. IV, n° 3, 1968, p. 193-253.

[4] SATO-UENO — Multidimensional diffusion process and the Markov process on the boundary. J. Math. Kyoto Univ., t. 14, 1965, p. 529-605.

[5] SEMINAIRE de PROBABILITES IV — Lecture Notes in Math., 1970, n° 124, Diffusions à coefficients continus.

[6] SEMINAIRE de PROBABILITES VII — Springer Verlag, n° 321. Processus de diffusion dans R^n.

[7] STROOCK et VARADHAN — Diffusion Processes with boundary condition.

[8] S. WATANABE — On stochastic differential equations for Multidimensional Diffusion processes with boundary condition. J. of Math. of Kyoto Univ., vol. 11, n° 1 et n° 3, 1971.

[9] YAMADA et WATANABE — On the uniqueness of solutions of stochastic differential equations. J. of Math. of Kyoto Univ., fin 1970, et vol. 11, n° 3, 1971.

Université de Strasbourg
Séminaire de Probabilités 1974/75

UNE REMARQUE SUR LES PROCESSUS DE MARKOV

par P.A. Meyer

Considérons, sur un espace d'états E, un semi-groupe droit que nous supposerons borélien pour simplifier (compte tenu de l'existence des compactifications de Ray, ce n'est pas une grosse restriction). Considérons en la réalisation continue à droite canonique, avec les notations habituelles Ω, X_t, $\underline{\underline{F}}^o$,... et rappelons comment, par l'astuce magique de Dawson, on calcule pour toute loi P^μ la projection optionnelle (Y_t) d'un processus borné $\underline{\underline{B}}(\mathbb{R}_+)\times\underline{\underline{F}}^o$-mesurable (Z_t) par rapport à la famille (continue à droite) $(\underline{\underline{F}}_t^\mu)$. On forme successivement

$$\begin{aligned} h(\omega,t,\omega') &= Z_t(\omega/t/\omega') \quad (h(\omega/t/\omega')=h(k_t\omega/t/\omega')) \\ H(\omega,t,x\ ) &= E^x[h(\omega/t/.)] = H(k_t\omega,t,x) \\ Y_t(\omega) &= H(\omega,t,X_t(\omega)) = H(k_t\omega,t,X_t(\omega)) \end{aligned}$$

Cette projection ne dépend pas de μ, et elle est optionnelle par rapport à la famille $(\underline{\underline{F}}_t^o)$.
En particulier, si (Z_t) est optionnel par rapport à la famille $(\underline{\underline{F}}_{t+}^o)$, (Z_t) et (Y_t) sont P^μ-indistinguables, et (Z_t) est donc P^μ-indistinguable d'un processus optionnel par rapport à la famille $(\underline{\underline{F}}_t^o)$, indépendant de μ.

Soit alors T un temps d'arrêt large, i.e. un temps d'arrêt de la famille $(\underline{\underline{F}}_{t+}^o)$; appliquons le résultat précédent au processus (Z_t), indicatrice de $[[T]]$, et soit A l'ensemble $\{(t,\omega) : Y_t(\omega)=1\}$. Alors A est strictement optionnel, indistinguable de $[[T]]$ pour toute loi P^μ. D'après le théorème de section contenu dans ce volume, il existe pour toute loi μ un temps d'arrêt S_μ de la famille $(\underline{\underline{F}}_t^o)$, qui est une section complète de A (le graphe de S_μ passe dans A, et $P^\mu\{S_\mu<\infty\} = P^\mu(\text{proj}_\Omega A)$. Alors $T=S_\mu$ P^μ-p.s., et on voit que l'on <u>pourrait</u> se passer des temps d'arrêt larges en théorie des processus de Markov. Si l'on y réfléchit, c'est une manière d'interpréter la loi de tout ou rien.

Université de Strasbourg
Séminaire de Probabilités 1974/75

RETOUR AUX RETOURNEMENTS

par P.A.Meyer

Cet exposé se compose de deux paragraphes indépendants. Le premier a pour but d'attirer l'attention sur une difficulté dans l'exposé de l'an dernier (les travaux d'AZEMA sur le retournement du temps, séminaire VIII, p.262-287), difficulté signalée à AZEMA par SHARPE. Le second donne des indications sur une théorie du retournement non homogène, à peu près triviale.

1. REPRESENTATION DE MESURES PAR DES FONCTIONNELLES

Soit (X_t) un processus de Markov droit à valeurs dans un espace d'états E, que nous supposerons transient. Rappelons l'énoncé du théorème qui figure p.285 de l'exposé antérieur.

THEOREME. Soient α et β deux mesures bornées, β ne chargeant pas les ensembles α-négligeables et α-polaires. Il existe alors une fonctionnelle additive gauche (A_t) - essentiellement unique - telle que l'on ait pour toute f borélienne positive sur E

(1) $$<\beta,f> = E^{\alpha}[\int_{[0,\infty[} f\circ X_s \, dA_s]$$

Cet énoncé et sa démonstration sont corrects, mais à condition d'élargir un peu le sens du mot "fonctionnelle additive" : il faut permettre que l'on ait P^x-p.s. $A_{0+}=+\infty$ (donc $A_t=+\infty$ pour tout $t>0$) pour des x qui forment un ensemble H, α-négligeable et α-polaire.

Avant de prouver cela, indiquons l'exemple de SHARPE : considérons le processus de translation uniforme sur la demi-droite positive

$$E=\mathbb{R}_+ \ , \ \Omega=\mathbb{R}_+ \ , \ X_t(\omega)=\omega+t \ , \ \underline{\underline{F}}=\underline{\underline{F}}_t=\underline{\underline{B}}_u(\mathbb{R}_+), \ P^x=\varepsilon_x \ , \ \Theta_t\omega=\omega+t$$

et prenons pour α la mesure bornée $\alpha(dx)=e^{-x}dx$, pour β une mesure bornée $\beta(dx)=f(x)dx$. Alors la fonctionnelle additive est donnée par $A_t(\omega) = \int_{\omega}^{\omega+t} \frac{f(x)dx}{1-e^{-x}}$, et on peut avoir une explosion P^x-presque sûre pour x=0.

Reprenons donc rapidement la démonstration en question. Celle ci comporte la construction d'une mesure bornée λ sur $\mathbb{R}_+\times\Omega$, qui ne charge pas les ensembles P^{α}-évanescents, et qui est à la fois optionnelle et coprévisible, telle en outre que $\beta(f) = \int f(X_s(\omega))\lambda(ds,d\omega)$. C'est cette mesure qu'il s'agit de représenter.

Nous commençons par l'écrire sous la forme

$$\lambda(Z) = E^{\alpha}[\int_{[0,\infty[} Z_s d\mathring{A}_s]$$

avec un processus croissant gauche $(\mathring{A}_t)$, adapté et coprévisible. Nous faisons la remarque suivante de théorie générale des processus :

LEMME. Tout processus croissant prévisible (B_t) est somme d'une série de processus croissants prévisibles (B^n_t) tels que les v.a. B^n_∞ soient partout majorées par 1.

La démonstration est immédiate.

Appliquant alors l'argument de retournement du temps du haut de la page 281, il vient :

LEMME. Le processus croissant $(\mathring{A}_s)$ est P^{α}-indistinguable de la somme d'une série $(\mathring{A}^n_t)$ de fonctionnelles gauches (i.e., de processus croissants gauches coprévisibles, mais non nécessairement adaptés) tels que les v.a. $\mathring{A}^n_\infty$ soient majorées par 1.

Considérons alors la fonction fortement surmédiane régulière $\varphi_n = E^{\cdot}[\mathring{A}^n_\infty]$: elle est partout majorée par 1, et on peut trouver une fonctionnelle additive gauche adaptée (A^n_t) telle que $\varphi_n = E^{\cdot}[A^n_\infty]$ - c'est l'opération qu'on ne savait pas faire directement sur la fonction $\varphi = E^{\cdot}[\mathring{A}_\infty]$, qui n'était pas partout finie. (A^n_t) est la projection duale optionnelle de $(\mathring{A}^n_t)$; comme $(\mathring{A}_t)$ est adaptée, $\mathring{A}_t$ est indistinguable de la fonctionnelle

(2) $$A_t = \sum_n A^n_t$$

C'est une fonctionnelle additive adaptée. Soit G l'ensemble $\{\varphi=\infty\}$. Comme $\alpha(\varphi)=\beta(1)<\infty$, G est α-négligeable. Comme on a pour tout temps d'arrêt T $E^{\alpha}[\varphi\circ X_T] \leq E^{\alpha}[\varphi\circ X_0] = \alpha(\varphi) < \infty$, on a aussi $P^{\alpha}\{X_T \in G\}=0$, et G est α-polaire. Pour $x \notin G$ on a $E^x[A_\infty]<\infty$, donc $A_\infty < +\infty$ P^x-p.s., la série (2) converge uniformément P^x-p.s., et sa somme est continue à gauche sur $\mathbb{R}_+$. Examinons ce qui se passe si $x\in G$.

Suivant un raisonnement de DELLACHERIE (séminaire IV, p.74), nous remarquons que l'on a P^x-p.s. $X_{1/n} \notin G$, donc P^x-p.s. $A_\infty(\theta_{1/n}\omega) < \infty$, de sorte que $\{A_\infty=+\infty\}$ et $\{A_{1/n}=+\infty\}$ sont P^x-p.s. égaux. Alors $\{A_\infty=+\infty\} = \{A_{0+}=+\infty\}$ P^x-p.s., et la probabilité de ce dernier ensemble est 0 ou 1. Soit $H=\{x : A_{0+}=+\infty \; P^x\text{-p.s.}\}$; comme $H\subset G$, H est α-négligeable et α-polaire. Maintenant , de deux choses l'une

- si $x\in G\setminus H$, A_∞ est fini P^x-p.s., et le même argument de convergence uniforme que plus haut montre que $A_.$ est P^x-p.s. continue à gauche.

- Si $x \in H$, on a $A_{0+}=+\infty$ P^x-p.s., ce sont les "explosions" annoncées.

REMARQUE. Le résultat auxiliaire que nous avons utilisé (décomposition de (A_t) en les (A_t^n), de φ en les $\varphi_n \leqq 1$) est une version sans dualité des résultats suivants, connus sous les hypothèses de dualité, et pas trop faciles à établir :

- si β est une mesure qui ne charge pas les ensembles polaires, alors β est somme d'une série de mesures dont les potentiels sont bornés,

- en particulier, β est équivalente à une mesure dont le potentiel est borné.

CALCUL DE LA PARTIE PUREMENT DISCONTINUE DE (A_t)

Comment caractériser directement la partie discontinue de (A_t) ? Nous décomposons β sous la forme $\beta^c+\gamma$, où β^c ne charge pas les semi-polaires, et γ est portée par un ensemble semi-polaire C. On a le résultat suivant :

<u>la mesure qui compte les rencontres de</u> C

$$\lambda(f) = E^{\alpha}[\sum_s I_{\{X_s \in C\}}]$$

<u>est</u> σ-<u>finie</u>, γ <u>est absolument continue par rapport à</u> λ, <u>et la partie discontinue de</u> (A_t) <u>est égale à</u> $\sum_{s \leqq t} \frac{d\gamma}{d\lambda} \circ X_s$

Nous n'allons pas démontrer ce résultat, mais seulement le point curieux, que λ est σ-finie. Nous commençons, l'opérateur potentiel U étant transient, par faire un changement de temps associé à une fonction partout >0, qui le rend <u>borné</u>. L'ensemble C est resté semi-polaire, nous le représentons comme réunion d'une suite d'ensembles disjoints, <u>totalement effilés</u> pour le semi-groupe changé de temps, et il nous suffit maintenant de montrer

<u>si</u> U <u>est borné</u>, <u>si</u> C <u>est totalement effilé</u>, <u>la mesure</u> λ <u>est bornée</u>.

Par définition de l'effilement total, la fonction $E^{\cdot}[\exp(-T_C)]$ est bornée sur C par un nombre a<1. On sait qu'alors la fonction

$$E^{\cdot}[\sum_s e^{-s} I_{\{X_s \in C\}}]$$

est bornée. Il en résulte que la fonction $h=E^{\cdot}[\sum_{0 \leqq s<1} I_{\{X_s \in C\}}]$ est bornée. D'autre part, on a

$$E^{\cdot}[\sum_s I_{\{X_s \in C\}}] = h+P_1h+P_2h+\ldots$$

et comme h est bornée il suffit de prouver que $1+P_1 1+P_2 1\ldots$ est bornée. Or 1 est excessive, ceci est majoré par $1+\int_0^1 P_s 1 ds+ \int_1^2 P_s 1 ds+\ldots$

$\leqq$ U1 + 1, qui est une fonction bornée. Le résultat est établi.

2. RETOURNEMENT DU TEMPS NON HOMOGENE

Avant la découverte (par Hunt dans le cas discret, puis par Nagasawa dans le cas continu) du retournement aux temps de retour, qui transforme un processus de Markov homogène en un processus de Markov homogène, on utilisait le retournement à un temps fixe, qui préservait la propriété de Markov, mais non l'homogénéité. Le but de ce paragraphe est d'esquisser la théorie du retournement non homogène en théorie générale des processus.

Nous commençons par des remarques sur les familles croissantes de tribus indexées, <u>non par</u> $\mathbb{R}_+$, <u>mais par</u> $\mathbb{R}_-$. Soit $(H_t)_{t\leqq 0}$ une telle famille, définie sur un espace probabilisé $(\Omega,\underline{\underline{H}},P)$.

On dit qu'un processus $(X_t)_{t\leqq 0}$ est <u>prévisible</u> s'il appartient à la tribu sur $]-\infty,0]\times\Omega$ engendrée par les processus adaptés et continus à gauche, et que $(X_t)_{t<0}$ est optionnel s'il appartient à la tribu sur $]0,\infty[\times\Omega$ engendrée par les processus adaptés à trajectoires càdlàg sur $]0,\infty[$ (on peut imposer ou non une limite à gauche en 0, cela ne change rien). Ces définitions sont les mêmes que dans le cas usuel de $\mathbb{R}_+$, à la nuance près tenant à l'ensemble d'indices.

Un <u>temps d'arrêt</u>[1] sera aussi, comme d'habitude, une v.a. T à valeurs dans l'ensemble $[-\infty,0]$, telle que $\{T\leqq t\}\in\underline{\underline{H}}_t$ pour tout t. L'intervalle stochastique $[\![T,0[\![$ de $]-\infty,0[$ a pour indicatrice un processus adapté à trajectoires càdlàg., et les ensembles de cette forme engendrent la tribu optionnelle.

Soit A une partie de $]-\infty,0[\times\Omega$; on définit le début D_A de la manière habituelle, avec la convention que $\inf\emptyset = 0$, et le début de A est un temps d'arrêt. La relation $D_A(\omega)=0$ permet d'affirmer que la coupe $A(\omega)$ est vide. Mais si l'on travaille sur des parties de $]-\infty,0]\times\Omega$, avec la même convention sur $\inf\emptyset$, la relation $D_A(\omega)=0$ signifie, soit que $A(\omega)=\emptyset$, soit que $A(\omega)=\{0\}$. Pour lever cette ambiguité, on est amené à adjoindre à $\mathbb{R}_-$ un point 0+ tel que $0+>0$, et à convenir que $\inf\emptyset = 0+$, et - comme dans la théorie d'Azéma - on pose la définition suivante :

un <u>temps prévisible</u> est une v.a. T à valeurs dans $[-\infty,0]\cup\{0+\}$,

1 Ou temps optionnel.

telle que l'intervalle $[\![T,0]\!]$ soit prévisible (la coupe de cet intervalle stochastique est vide lorsque $T=0+$). On vérifie alors sans peine que la tribu prévisible est engendrée par les intervalles $[\![T,0]\!]$ où T est prévisible, et même par ceux de la forme $[\![T,0]\!]$, où il existe $r\leqq 0$, $A\in\underline{\underline{H}}_{r-}$ tels que $T=r$ sur A, $T=0+$ sur A^c.

Maintenant, on a des théorèmes de projection et de section comme dans les théories usuelles : noter simplement que, si π désigne la projection sur Ω , et A est une partie mesurable de $]-\infty,0]$ (resp. $]-\infty,0[$), on a $\pi(A)=\bigcup_n \pi(A\cap[\![-n,0]\!])$ (resp. $[\![-n,0[\![$). Nous énonçons seulement le théorème de section et de projection prévisible :

THEOREME. <u>Soit</u> A <u>une partie prévisible de</u> $]-\infty,0]\times\Omega$. <u>Il existe alors un temps prévisible</u> T (<u>que l'on peut supposer borné inférieurement</u>) <u>tel que</u>

- <u>pour tout</u> ω <u>tel que</u> $T(\omega)\neq 0+$, <u>on ait</u> $(T(\omega),\omega)\in A$
- $P\{T<0+\}\geqq P(\pi(A))-\varepsilon$

<u>Soit</u> $(X_t)_{t\leqq 0}$ <u>un processus mesurable positif ou borné</u>. <u>Il existe alors un processus prévisible</u> $(Y_t)_{t\leqq 0}$ <u>unique tel que l'on ait</u>, <u>pour tout temps prévisible</u> T (<u>ou seulement tout</u> T <u>borné inférieurement</u>)

$$E[X_T I_{\{-\infty<T<0+\}}]=E[Y_T I_{\{-\infty<T<0+\}}]\ .$$

Ces théorèmes ne sont pas nouveaux : compte tenu du fait qu'on peut se ramener à $[\![-n,0]\!]$, l'ensemble de temps $[-n,0]\cup\{0+\}$ est isomorphe à l'ensemble de temps $[0,1]\cup\{+\infty\}$, pour lequel le théorème est classique.

Le théorème optionnel présente une forme encore plus familière, puisque le bizarre point 0+ en est absent.

Restent enfin les projections duales. Soit μ une mesure bornée sur $]-\infty,0]\times\Omega$ qui ne charge pas les ensembles évanescents. Alors pour tout n, $I_{]\!]-n-1,-n]\!]}\cdot\mu$ est définie par un processus croissant c.à d. (A^n_t) nul pour $t=-n-1$, constant pour $t\geqq -n$[1]. Si μ commute avec la projection prévisible, (A^n_t) peut être choisi prévisible par rapport à la famille $\underline{\underline{H}}_{-n-1+t}$ - sans aucune complétion, mais non <u>identiquement</u> continu à droite : c'est une <u>somme</u> de processus croissants continus à droite, nuls en $-n-1$, prévisibles et bornés par 1, comme on l'a dit plus haut. Prolongeons par 0 tous ces processus à gauche de $-n-1$. Alors on voit que μ admet une "primitive" (A_t), prévisible, somme d'une série de processus croissants prévisibles continus à droite nuls au point $-\infty$ et bornés par 1. Pour tous les ω tels que $A_0(\omega)<\infty$ - donc pour presque tout ω - la série converge uniformément sur toute la

1. Si $n=0$, noter que A_0-A_{0-} représente la masse de la mesure en 0.

demi-droite, et on a donc aussi $A_{-\infty}(\omega)=0$ p.s.. En remplaçant $A_t(\omega)$ par $A_t(\omega)-A_{-\infty}(\omega)$ lorsque $A_{-\infty}(\omega)$ est fini, par 0 lorsque $A_{-\infty}(\omega)=+\infty$, on voit que l'on peut supposer que $A_{-\infty}(\omega)\equiv 0$.

RETOURNEMENT DU TEMPS (SANS OPERATEUR DE TRANSLATION)

Nous considérons maintenant un espace probabilisé $(\Omega,\underline{\underline{F}},P)$, muni d'une famille décroissante $(\underline{\underline{G}}_t)_{t\geq 0}$ de sous-tribus de $\underline{\underline{F}}$. Pour chaque t, $\underline{\underline{G}}_t$ représente le futur compté à partir de l'instant t. Nous adjoignons à l'ensemble des temps un élément supplémentaire noté 0-.

DEFINITIONS. a) La tribu cooptionnelle est engendrée sur $]0,\infty[\times\Omega$ par les processus $(X_t)_{t>0}$ adaptés à la famille $(\underline{\underline{G}}_t)$ (i.e., tels que X_t soit $\underline{\underline{G}}_t$-mesurable pour tout t), dont les trajectoires sont continues à gauche et pourvues de limites à droite sur $]0,\infty[$.

Un temps cooptionnel est une v.a. T à valeurs dans $[0,\infty]$, tel que pour tout t on ait $\{T\geq t\}\in\underline{\underline{G}}_t$.

b) La tribu coprévisible est engendrée sur $[0,\infty[\times\Omega$ par les processus $(X_t)_{t\geq 0}$, adaptés à la famille $(\underline{\underline{G}}_t)$, et dont les trajectoires sont continues à droite.

Un temps coprévisible est une v.a. T à valeurs dans $\{0-\}\cup[0,+\infty]$, telle que l'intervalle $[\![0,T]\!]$ soit coprévisible.

Cette terminologie ne présente aucun danger lorsque Ω n'est pas muni d'un opérateur de translation, puisqu'alors les notions usuelles de processus cooptionnel ou coprévisible n'existent pas. Si Ω est muni d'un opérateur de translation (θ_t), on peut poser $\underline{\underline{G}}_t=\theta_t^{-1}(\underline{\underline{G}})$, et alors tout processus cooptionnel (coprévisible) au sens d'Azéma est cooptionnel (coprévisible) par rapport à la famille $(\underline{\underline{G}}_{t-})$ $((\underline{\underline{G}}_t))$, mais non inversement. Il faudra donc distinguer soigneusement les deux notions, par exemple en parlant d'ensembles cooptionnels ou coprévisibles non homogènes, pour ceux dont il est question ici.

Maintenant, nous avons une remarque bien triviale : posons pour $t<0$ $\underline{\underline{H}}_t=\underline{\underline{G}}_{-t}$. Alors un processus (X_t) est cooptionnel (coprévisible) par rapport à la famille $(\underline{\underline{G}}_t)$ si et seulement si le processus (X_{-t}) est optionnel (prévisible) par rapport à la famille $(\underline{\underline{H}}_t)$. De même, T est un temps cooptionnel (coprévisible) si et seulement si -T est optionnel (prévisible) par rapport à $(\underline{\underline{H}}_t)$, en convenant que $-(0-)=0+$. Il en résulte aussitôt que l'on a un théorème de section et de projection cooptionnel (coprévisible), sans démonstration nouvelle.

<u>Passons aux projections duales</u>. Soit μ une mesure positive bornée sur $[0,\infty[\times\Omega$, qui ne charge pas les ensembles évanescents. Il existe un processus croissant (A_t) continu à gauche, tel que $A_0=0$, unique, tel que l'on ait

$$\mu(Z) = E[\int_{[0,\infty[} Z_s dA_s] \text{ pour tout processus mesurable } Z\geqq 0 .$$

- on pourrait utiliser aussi le processus croissant droit, avec la convention que $A_{0-}=0$, mais ce n'est pas intéressant ici . A quelle condition sur (A_t) μ commute t'elle avec la projection coprévisible ?

Définissons une mesure $\hat{\mu}$ sur $]-\infty,0]\times\Omega$ en posant, pour tout processus mesurable positif $(Y_t)_{t<0}$

$$\hat{Y}_t=Y_{-t} \quad (t\geqq 0) \text{ et } \quad \hat{\mu}(Y) = \mu(\hat{Y})$$

Alors $\hat{\mu}$ doit commuter avec la projection prévisible de la famille $(\underline{\underline{H}}_t)$. Mais on a

$$\hat{\mu}(Y) = E[\int_{]-\infty,0]} Y_s dB_s]$$

où $B_t=(A_\infty-A_{-t})I_{\{A_\infty<\infty\}}$ est un processus croissant continu à droite, nul pour $t\to-\infty$, pouvant présenter un saut en 0. Dire que $\hat{\mu}$ commute avec la projection prévisible revient à dire que (B_t) est P-indistinguable d'un processus prévisible, donc

> μ est coprévisible si et seulement si le processus croissant gauche associé (A_t) est tel que $(A_\infty-A_t)$ soit un processus P-indistinguable de coprévisible.

On peut alors bien choisir (A_t) de la manière suivante : choisissons (B_t) de la forme $\sum B_t^{cn} + \sum B_t^{dn}$, où

B_t^{cn} est un processus croissant continu, adapté à $(\underline{\underline{H}}_t)$, tel que $B_{-\infty}^{cn}=0$, $B_0^{cn} \leqq 1$,

$B_t^{dn} = \lambda_n I_{\{t\geqq\hat{L}_n\}}$, où λ_n est une constante positive, et les $\hat{L}_n$ sont des temps prévisibles à valeurs dans $]-\infty,0]\cup\{0+\}$, finis, et dont les graphes sont disjoints.

Posons alors $A_t^{cn} = B_\infty^{cn} - B_{-t}^{cn}$, $A_t^c = \sum_n A_t^{cn}$, $L_n=-\hat{L}_n$; nous pouvons choisir comme version de (A_t) :

$$A_t = A_t^c + \sum_n \lambda_n I_{\{0\leqq t\leqq L_n\}}$$

On a des considérations tout analogues pour le cas cooptionnel : on définit alors μ par le processus croissant gauche associé (A_t), tel que $A_{0+}=0$ puisque μ est une mesure sur $]0,\infty[\times\Omega$.

Mais il y a encore quelque chose d'intéressant à dire : à quelle condition la mesure μ sur $]0,\infty[\times\Omega$ est elle <u>cooptionnelle par rapport à la famille</u> $(\underline{\underline{G}}_{t-})$ ("cooptionnelle au sens large") ? Cette fois-ci, définissons μ par son processus croissant <u>droit</u> (A_t) tel que $A_0=0$, de sorte que la mesure $\hat{\mu}$ est associée au processus croissant <u>gauche</u> $B_t=A_\infty-A_{-t}$, le processus croissant droit correspondant étant naturellement (B_{t+}). Il s'agit d'écrire que (B_{t+}) est adapté à la famille $(\underline{\underline{H}}_{t+})$, et cela revient à écrire que (B_t) est prévisible par rapport à la famille $(\underline{\underline{H}}_t)$, ou encore que $(A_\infty-A_t)$ est coprévisible par rapport à la famille $(\underline{\underline{G}}_t)$.

> μ est cooptionnelle au sens large si et seulement si le processus croissant <u>droit</u> associé (A_t) est tel que $(A_\infty-A_t)$ soit un processus P-indistinguable de coprévisible par rapport à $(\underline{\underline{G}}_t)$

Cela explique le rôle joué par les fonctionnelles <u>droites</u> brutes en théorie des processus de Markov : elles définissent des mesures aléatoires cooptionnelles au sens large.

PROCESSUS CANONIQUES

Soit Ω l'ensemble des applications continues à droite (ou càdlàg.) à durée de vie de $\mathbb{R}_+$ dans E métrisable séparable ; notons X_t la coordonnée d'indice t, et posons

$$\underline{\underline{F}}^o_{st} = \underline{\underline{T}}(X_r,\ s<r\leq t)\ \ (=\underline{\underline{T}}(X_r,\ r\leq s\leq t)\ \text{par continuité à droite})$$

$$\underline{\underline{F}}^o_t = \underline{\underline{F}}^o_{0t}\ ,\quad \underline{\underline{G}}^o_t = \underline{\underline{F}}^o_{t\infty}\ ,\quad \underline{\underline{F}}^o = \underline{\underline{F}}^o_{0\infty} = \underline{\underline{G}}^o_0$$

Ω admet des opérateurs de meurtre k_t, de translation θ_t, de raccordement ./././. , et on a $\underline{\underline{G}}^o_t=\theta_t^{-1}(\underline{\underline{F}}^o)$.

La tribu coprévisible admet une caractérisation simple dans ce cas : c'est <u>la tribu engendrée sur</u> $[0,\infty[\times\Omega$ <u>par les applications</u> $(t,\omega)\mapsto t$ <u>à valeurs dans</u> $\mathbb{R}_+$, $(t,\omega)\mapsto\theta_t\omega$ <u>à valeurs dans</u> $(\Omega,\underline{\underline{F}}^o)$. Vérifions cela :

1) Le processus $(t,\omega)\mapsto t$ est continu et adapté à $(\underline{\underline{G}}^o_t)$. Pour toute fonction φ sur Ω de la forme $f_1\circ X_{t_1}\dots f_n\circ X_{t_n}$, où $f_1,\dots,f_n$ sont continues et bornées sur E, le processus $(\varphi\circ\theta_t)$ est adapté à la famille $(\underline{\underline{G}}^o_t)$ et continu à droite, donc coprévisible. La tribu engendrée par les deux applications est donc contenue dans la tribu coprévisible. Ou encore, l'application $(t,\omega)\mapsto(t,\theta_t\omega)$ de $[0,\infty[\times\Omega$ muni de la tribu coprévisible $\hat{\underline{\underline{P}}}$, dans $[0,\infty[\times\Omega$ muni de $\underline{\underline{B}}(\mathbb{R}_+)\times\underline{\underline{F}}^o$, est mesurable.

2) Pour tout ω et tout t, notons ω^t l'élément de Ω défini par

$$X_s(\omega^t)=X_0(\omega)\ \text{si}\ s<t\ ,\quad X_s(\omega^t)=X_{s-t}(\omega)\ \text{si}\ s\geq t$$

On vérifie aussitôt que $(t,\omega)\mapsto\omega^t$ est mesurable de $\underline{\underline{B}}(\mathbb{R}_+)\times\underline{\underline{F}}^o$ dans $\underline{\underline{F}}^o$.

Soit alors Z un processus coprévisible (donc mesurable). Posons

$$H(t,\omega) = Z_t(\omega^t)$$

C'est encore un processus mesurable. D'autre part, Z_t est $\underline{\underline{G}}^o_t$-mesurable, donc il existe J $\underline{\underline{F}}^o$-mesurable telle que $Z_t(\omega)= J(\Theta_t\omega)$ pour tout ω. Remplaçant ω par ω^t, comme $\Theta_t\omega^t=\omega$ il vient $J(\omega)=Z_t(\omega^t)=H(t,\omega)$, et la relation $Z_t=J\circ\Theta_t$ s'écrit alors

$$Z_t(\omega) = H(t,\Theta_t\omega)$$

le processus (Z_t) est donc mesurable par rapport à la tribu engendrée par $(t,\omega)\mapsto(t,\Theta_t\omega)$, ce que l'on voulait prouver.

On voit donc bien la relation avec la tribu coprévisible au sens d'AZEMA : celle ci est engendrée par $(t,\omega)\mapsto\Theta_t\omega$ seulement. La tribu coprévisible non homogène est donc engendrée par la tribu coprévisible homogène, et les processus déterministes.

Il semble qu'il n'y ait pas de difficultés à démontrer les théorèmes de commutation d'AZEMA pour les projections dont il est question ici, et pour des processus de Markov non homogènes.

INTERVAL PARTITIONS AND PAIR INTERACTIONS

Wilhelm von Waldenfels

Introduction.

The paper has two different objects, only the second one appears in the title. § 1, 2, 3 treat the algebraic aspect of cluster expansions. A cluster expansion is related to a hierarchy of functions, i.e., a sequence f_0, $f_1(x_1)$, $f_2(x_1, x_2)$, ... These functions may be connected in different ways. The most known example is

$$f_n(x_1, \ldots, x_n) = f_k(x_1, \ldots, x_k)\, f_{n-k}(x_{k+1}, \ldots, x_n)$$

if dist $(\{x_1, \ldots, x_k\}, \{x_{k+1}, \ldots, x_n\})$ is large. Then new functions $f[x_1, \ldots, x_n]$ which are polynomials in the old ones may be formed, with the property $f[x_1, \ldots, x_n] = 0$ if $\{x_1, \ldots, x_n\}$ may be divided into two subsets whose distance is large. This kind of condition determines $f[x_1, \ldots, x_n]$ in a unique way. This fact is of order theoretic character and is explained in § 1. In § 2 three different orderings are presented which are related to three different kinds of hierarchies in § 3.

In § 4 the results of the preceding sections are applied to the problem of cluster expansion of pair interaction. We deal with a variant of Ursell-Maier's treatment of pair interaction in statistical mechanics. The essential difference is that interval partition instead of general partitions and linear graphs instead of general graphs come in. The result is somewhat weaker than the results in statistical mechanics. I have to assume that the function $|\exp i\,\phi(t) - 1|$ is exponentially bounded.

§ 1. General algebraic considerations

We assume that P is a partially ordered set with the property that for any given $x \in P$ there exist only finitely many y with $y \leq x$. Call Δ the lower triangel of $P \times P$ i.e., the set $\{(y, x) : y, x \in P, y \leq x\}$. A convolution can be defined for real functions on Δ by

$$\varphi * \psi(y, x) = \sum_{y \leq z \leq x} \varphi(y, z)\, \psi(z, x).$$

The algebra of all real functions on Δ with convolution as product is called the incidence algebra of P. Distinguished elements are the unity $\delta(y, x)$ (Kronecker's δ) and the ζ -function $\zeta(y, x) = 1$ and its inverse the Moebius function μ. The existence of μ can be easily proved by using induction and one of the defining relations

$$\sum_{y \leq z \leq x} \mu(y,z) = \delta(y,x)$$

$$\sum_{y \leq z \leq x} \mu(z,x) = \delta(y,x).$$

Hence $\mu(x,x) = 1$ and $\mu(y,x) = -\sum_{y<z\leq x} \mu(z,x)$ for $y < x$.

If α is a function $P \to V$ where V is some real vector space, then the elements φ of the incidence algebra may be applied to α by the formula

$$\alpha * \varphi(x) = \sum_{y \leq x} \alpha(y)\,\varphi(y,x)$$

So

$$\beta = \alpha * \zeta \qquad \text{if} \quad \beta(x) = \sum_{y\leq x} \alpha(y)$$

and hence

$$\alpha = \beta * \mu$$

or

$$\alpha(x) = \sum_{y \leq x} \beta(y)\,\mu(y,x).$$

Define the vector space $V(P)$ of all formal real linear combinations of elements of P. For any $x \in P$ define in an inductive way the elements $[x] \in V(P)$ by

$$x = \sum_{y\leq x} [y]$$

Hence $[x] = x$ if x is minimal and $[x] = x - \sum_{y<x} [y]$ if x is not minimal. The considerations above show that

$$[x] = \sum_{y \leq x} \mu(y,x)\, y$$

This is another way of defining μ.

Assume now that two elements x, y in P have a lowest upper bound $x \wedge y$ and extend this operation to $V(P)$.

<u>Theorem 1:</u> The element $[x] \in V(P)$ satisfies the relation

$$[x] \wedge y = \begin{cases} [x] & \text{if} \quad x \wedge y = x \\ 0 & \text{if} \quad x \wedge y \neq x \end{cases}$$

and this relation determines $[x]$ up to a factor.

<u>Proof:</u> Consider the subset $P_x = \{z \in P : z \leq x\}$. By the function $z \mapsto z \wedge y$ the set P_x is mapped onto $Q = \{u \in P_x : u \wedge y = u\}$.

Hence

$$[x] \wedge y = \sum_{z \leq x} \mu(z,x)\,(z \wedge y)$$

$$= \sum_{u \in Q} \Big[\sum_{\{z :\, z \leq x,\ z\wedge y = u\}} \mu(z,x) \Big] u.$$

If u equals $x \wedge y$ the maximal element of Q then $\{z : z \leq x, z \wedge y = x \wedge y\} = \{z : x \wedge y \leq z \leq x\}$ and the coefficient of $x \wedge y$ vanishes if $x \wedge y \neq x$. Assume now that the coefficient of $v \in Q, v > u$ vanishes. Then the sum of $\mu(z,x)$ over the set $\{z : z \leq x, z \wedge y = u\}$ equals the sum over the set $\{z : z \leq x, z \wedge y \geq u\} = \{z : u \leq z \leq x\}$ and this sum vanishes by the definition of μ. So $[x] \wedge y = 0$ if $x \wedge y \neq x$. This part of the proof is nothing else than a special case of |1|, theorem 2.

If $x \wedge y = x$ then for $z \leq x$ one has $z \wedge y = (z \wedge x) \wedge y = z$ and hence $[x] \wedge y = [x]$.

We have still to prove the uniqueness. The relation $[x] \wedge x = [x]$ shows that $[x]$ is a linear combination of elements $z \leq x$, hence $[x] = \sum_{z \leq x} \alpha(z)\, x$. If $y < x$ then the coefficient of y in $[x] \wedge y$ is equal to $\sum_{y \leq z \leq x} \alpha(z) = 0$. Hence $\alpha(z) = \mu(z,x)\,\alpha(x)$ where $\alpha(x)$ may be chosen arbitrarily.

§ 2. Applications to three different partially ordered sets

First example: Subsets. Consider the partially ordered set of all finite subsets of $\mathbb{N}$. It is well-known (cf. |1|) that the Möbius function $\mu(S', S) = (-1)^{|S-S'|}$ for $S' \subset S$.

So

$$[\emptyset] = (\emptyset)$$
$$[1] = (1) - (\emptyset)$$
$$[12] = (12) - (1) - (2) + (\emptyset)$$

and generally

$$[S] = \sum_{S' \subset S} (-1)^{|S-S'|} S'$$

It is easily checked that

$$[S] \wedge S' = 0$$

if $S \cap S' \neq \emptyset$. This establishes by § 1, theorem 1 again a proof for the values of the Möbius function.

Second example: Partitions. The partially ordered set consists of all finite subsets $S \subset \mathbb{N}$ and of all their partitions $\pi = \{S_1, \ldots, S_k\} = S_1 \cdots S_k$ for short. Two partitions $\pi = S_1 \cdots S_k$, $\pi' = S_1' \cdots S_e'$ are in the relation $\pi' \leq \pi$ if $S_1 \cup \ldots \cup S_k = S_1' \cup \ldots \cup S_e'$ and if every set S_j, $j = 1, \ldots, k$ is a union of sets S_i'

We introduce a product in V(P) by the definition

$$\pi = S_1 \cdots S_k,\ \pi' = S_1' \cdots S_e' \longmapsto \pi\pi' = \begin{cases} 0 & \text{if } (S_1 \cup \cdots \cup S_k) \cap (S_1' \cup \cdots \cup S_e') \neq \emptyset \\ S_1 \cdots S_k S_1' \cdots S_e' & \text{otherwise.} \end{cases}$$

With this product the set of all final linear combinations of elements of P gets an associative and commutative algebra called A(P).

If $\pi = S_1 \cdots S_k$ then the partially ordered set $\{\pi' : \pi' \leq \pi\}$ is the product of the partially ordered sets $\{\pi_j : \pi_j \leq S_j\}$ for $j = 1, \ldots, k$. By proposition 5, p. 345 of |1| one gets immediately

$$[S_1 \cdots S_k] = [S_1] \cdots [S_k].$$

and by proposition 3, p. 359 of |1|

$$[S] = S - \sum_{S_1 S_2 \leq S} S_1 S_2 + 2! \sum_{S_1 S_2 S_3 \leq S} S_1 S_2 S_3 - 3! \sum_{S_1 S_2 S_3 S_4 \leq S} S_1 S_2 S_3 S_4 + \cdots$$

The last equation can be easily derived by some algebraic considerations. If $\mathcal{A}$ is an associative algebra and f and g are functions of the set of all finite subsets $S \subset \mathbb{N}$ into $\mathcal{A}$, then a convolution can be defined by

$$f \star g\,(S) = \sum_{S_1 + S_2 = S} f(S_1)\, g(S_2)$$

where $S_1 + S_2$ means disjoint union. The identity with respect to convolution is

$$\delta_\emptyset \;:\; \delta_\emptyset(S) = \begin{cases} 1 & \text{if } S = \emptyset \\ 0 & \text{if } S \neq \emptyset. \end{cases}$$

Take now for $\mathcal{A}$ the algebra $A(P)$ and define

$$\iota \;:\; \iota(S) = \begin{cases} S & \text{for } S \neq \emptyset \\ 0 & \text{for } S = 0 \end{cases}$$

and

$$\gamma \;:\; \gamma(S) = \begin{cases} [S] & \text{for } S \neq \emptyset \\ 0 & \text{for } S = \emptyset \end{cases}$$

Then by definition of $[\pi]$ one has

$$\begin{aligned} S &= \sum_{\pi \leq S} [\pi] \\ &= \sum_{k \geq 1} \sum_{S_1 \cdots S_k \leq S} [S_1] \cdots [S_k] \\ &= \sum_{k \geq 1} \frac{1}{k!} \sum_{S_1 + \cdots + S_k = S,\; S_j \neq \emptyset} [S_1] \cdots [S_k] \end{aligned}$$

So

$$\delta_\emptyset + \iota = \exp_\star \gamma$$

and

$$\gamma = \log_\star(\delta_\emptyset + \iota) = \iota - \tfrac{1}{2}\,\iota \star \iota + \tfrac{1}{3}\,\iota \star \iota \star \iota - \cdots$$

Taking on both sides the values on the set S, one gets $[S]$ and hence μ,

$$\mu(S_1 \cdots S_k ; S) = (-1)^{k-1}(k-1)! \qquad \text{if } S_1 \cdots S_k \leq S.$$

Third example: Interval partitions. Here P is the set of all finite intervals $I \subset N$ and all partitions π of intervals into subintervals. If $I = \{k, k+1, .., l\}$ then a partition $\pi = I_1 \cdots I_m$ has the elements $I_j = \{k_{j-1}, .., k_j - 1\}$ with

$$k_0 = k < k_1 < \cdots < k_{m-1} < k_m = l+1.$$

Remark that the order of the I_j in π is fixed by the order of N. If $\pi' = I_1' \cdots I_l'$ then $\pi \leq \pi'$ if $I_1 \cup \cdots \cup I_m = I_1' \cup \cdots \cup I_l'$ and any subinterval I_j, $j = 1, \ldots, m$ is a union of subintervals of π'. We define the algebra $A(P)$ of formal linear combinations of elements of P by the product

$$\pi = I_1 \cdots I_m,\ \pi' = I_1' \cdots I_l' \mapsto \pi\pi' = \begin{cases} I_1 \cdots I_m I_1' \cdots I_l' \\ \text{if } I_1' \text{ follows directly to } I_m \\ 0 \qquad \text{otherwise.} \end{cases}$$

With this definition $A(P)$ gets an associative non-commutative algebra.

As in the second example

$$[I_1 \cdots I_m] = [I_1] \cdots [I_m]$$

and one has

$$[I] = I - \sum_{I_1 I_2 \leq I} I_1 I_2 + \sum_{I_1 I_2 I_3 \leq I} I_1 I_2 I_3 - \sum_{I_1 I_2 I_3 I_4 \leq I} I_1 I_2 I_3 I_4 + \cdots$$

For the ordered set of interval partitions of $\{1, 2, \ldots, n\}$ is isomorphic to the ordered set of subsets of $\{1, 2, .., n-1\}$ with respect to inclusion.

We prove again this last formula by algebraic methods which show the connection between interval partitions and the inverse function.

If $I_1, \ldots, I_m$ are finite intervals one following the other we write $I_1 \cup \cdots \cup I_m = I_1 \circ I_2 \circ \cdots \circ I_m$. The empty interval $\emptyset$ has the property $I \circ \emptyset = \emptyset \circ I = I$. Define a convolution on the set of all functions of the finite subintervals of N to an associative algebra $\mathcal{A}$ by

$$f * g\,(I) = \sum_{I_1 \circ I_2 = I} f(I_1)\, g(I_2).$$

Take for $\mathcal{A}$ the algebra $A(P)$ and consider

$$\iota : \iota(I) = I,\ I \neq \emptyset;\ \iota(\emptyset) = 0$$

$$\gamma : \gamma(I) = [I],\ I \neq \emptyset;\ \gamma(\emptyset) = 0$$

Then by the definition of |1|

$$I = \sum_{\Pi \leq I} [\Pi]$$
$$= \sum_{k \geq 1} \sum_{I_1 \circ \cdots \circ I_k = I;\ I_j \neq \emptyset} [I_1] \cdots [I_k]$$

Hence

$$\delta_\emptyset + \iota = \delta_\emptyset + \gamma + \gamma * \gamma + \gamma * \gamma * \gamma + \cdots$$
$$= (\delta_\emptyset - \gamma)^{*(-1)} = \frac{\delta_\emptyset}{\delta_\emptyset - \gamma}$$

and

$$\gamma = \frac{\iota}{\delta_\emptyset + \iota} = \iota - \iota * \iota + \iota * \iota * \iota - \cdots$$

This yields immediately the expression for $[I]$.

§ 3. Hierarchies

We are going to apply the results of § 1 and § 2 to three examples of hierarchies correspondeing to the three examples of § 2. A hierarchy of functions is given by two sets X and Y (where Y carries usually an algebraic structure, say $Y = \mathbb{R}$ or Y is a real associative algebra) and a sequence of functions

$$f_0 = \text{const} \in Y$$
$$f_n : X^n \to Y$$

Assume furthermore a sequence of variables $x_1, x_2, \ldots$ taking values in X and define $f(\emptyset) = f_0$ and for a finite subsequence $(i_1, \ldots, i_n)$ the function $f(i_1, \ldots, i_n)$ by $f(i_1, \ldots, i_n)(x) = f_n(x_{i_1}, \ldots, x_{i_n})$ where $x = (x_1, x_2, \ldots)$ So $f(i_1, \ldots, i_n)$ is a function on $X^{\mathbb{N}}$ depending only on $x_{i_1}, \ldots, x_n$ and f appears as an application of the set of finite subsequences of $\mathbb{N}$ into the set of all functions $X^{\mathbb{N}} \to Y$. Between the elements f_n of a hierarchy different relations may hold.

<u>First example:</u> Assume the functions f_n to be symmetric and to have the property: there exists $K \subset X$ such that $f_n(x_1, \ldots, x_n) = f_{n-1}(x_1, \ldots, x_{n-1})$ if $x_n \notin K$. If $S = \{i_1, \ldots, i_n\} \subset \mathbb{N}$ is a finite set define

$$f(S) = f(i_1, \ldots, i_n).$$

Assume that $\mathcal{P}$ is the partially ordered set of all finite subsets of $\mathbb{N}$. Then f can be considered as a function of $\mathcal{P}$ to the set of all functions $X^{\mathbb{N}} \to Y$. Assume Y to be a real vector space and extend f in a linear way to $V(\mathcal{P})$.

Then

$$f[S] = \sum_{S' \subset S} (-1)^{|S-S'|} f(S')$$

has the property

$$f[S](x) = \sigma$$

if there exists $i \in S$ such that $x_i \notin K$. Call $T = \{i \in S : x_i \in K\}$. Then for any $S' \subset S$ one has $f(S')(x) = f(S' \cap T)(x)$ and thus

$$f([S])(x) = f([S] \cap T)(x)$$

As $S \cap T \neq S$ one has by theorem 1 of § 1 that $[S] \cap T = \sigma$ and so $f[S](x) = 0$

These developments may explain why the functions $f[S]$ play such an important role in the Taylor expression of a Poisson measure |5|. There one was looking for functions with the related property $f_n(x_1, \dots, x_n) = f_{n-1}(x_1, \dots, x_{n-1})$ if $x_n \to \infty$. So the functions $f[S]$ have the greatest chance of all linear combinations of f to be integrable as $f[S](x) \to 0$ if one of the x_i, $i \in S$ goes to infinity.

Second example. We are commenting the algebraic method of deriving cluster expansions in statistical mechanics as stated in Ruelle's book |2|. Assume again the functions f_n to be symmetric. So f can be considered as a function of finite subsets in $\mathbb{N}$. Assume that $Y = \mathbb{R}$ that X is a metric space and that there exists a constant $\rho \geq 0$ such that

$$f(S)(x) = f(S_1)(x)\, f(S_2)(x)$$

if $\{S_1, S_2\} = S_1 S_2$ is a partition of S such that dist $(x_{S_1}, x_{S_2}) > \rho$ with $x_S = \{x_i : i \in S\}$.

Let $\mathcal{P}$ be the set of all finite subsets $S \subset \mathbb{N}$ and all their partitions $\pi = S_1 \cdots S_k$. Extend f from all finite subsets of $\mathbb{N}$ to $A(\mathcal{P})$ as an algebra homomorphism by

$$f(\pi) = f(S_1) \cdots f(S_k) .$$

Then

$$f[S] = f(S) - 1! \sum_{S_1 S_2 \leq S} f(S_1) f(S_2)$$

$$+ 2! \sum_{S_1 S_2 S_3 \leq S} f(S_1) f(S_2) f(S_3) - + \cdots$$

has the property

$$f[S](x) = 0$$

if there exists a partition $\pi = S_1 S_2$ of S such that dist $(x_{S_1}, x_{S_2}) > \rho$. The proof is based again on the theorem 1 of § 1.

Assume a real symmetric function $\Phi : X \times X \to \mathbb{R}$ and define

$$f(\emptyset) = 1$$

$$f_n(x_1, .., x_n) = \exp - \beta \sum_{1 \le i < j \le n} \Phi(x_i, x_j) .$$

The famous theorem of Ursell and Maier |2| states

$$f[1,2,..,n](x) = \sum_{\gamma} \prod_{(i,j) \in \gamma} \left[(\exp - \beta \Phi(x_i, x_j)) - 1 \right]$$

where the sum runs over all connected graphs γ with vertices 1, 2, ..., n. So $f[1,2,..,n](x)$ vanishes if $\Phi(x,y)$ vanishes for dist $(x,y) > \rho$ and if $\{1,2,..,n\}$ can be split into two subsets S_1, S_2 such that dist $(x_{S_1}, x_{S_2}) \geq \rho$. The condition for Φ can be weakened in various ways, $\Phi(x,y) \to 0$ if dist $(x,y) \to \infty$ or $x \mapsto \Phi(x,y)$ is integrable, etc.

Third example. This example is quite similar to the preceding one, the main difference is that $X = \mathbb{R}$ and that the linear ordering of $\mathbb{R}$ is heavily utilized. The use of interval partitions has been used in the theory of pressure broadening of spectral lines |3|, |4|.

Denote the variables $t_1, t_2, \ldots$ instead of $x_1, x_2, \ldots$ and assume that Y is an associative real algebra and that the f_n are symmetric and that

$$f_n(t_1, \cdots t_n) = f_k(t_1, .., t_k) f_{n-k}(t_{k+1}, .., t_n)$$

if $t_1 \leq t_2 \leq \cdots \leq t_n$ and $t_{k+1} - t_k > \tau$ where τ is a constant ≥ 0.

Let P be the set of all finite intervals in $\mathbb{N}$ and all their interval partitions $\pi = I_1 \cdots I_m$ Extend f from all finite subintervals to an algebra homomorphism $A(P) \to Y$ by

$$f(\pi) = f(I_1) \cdots f(I_n).$$

Then

$$f[I] = f(I) - \sum_{I_1 \circ I_2 = I} f(I_1) f(I_2) + \sum_{I_1 \circ I_2 \circ I_3 = I} f(I_1) f(I_2) f(I_3) - + \cdots$$

and $f[I]$ has as in the preceding two examples the property

$$f[I](t) = 0$$

if there exists a partition $I = I_1 \circ I_2$ such that $t_1 \leq \cdots \leq t_n$; $t_{k+1} - t_k > \tau$ where k is the last element of I_1 and $k+1$ the first element of I_2.

Assume now that $Y = \mathbb{C}$

$$f(\emptyset) = 1$$
$$f_1(t_1) = 1$$
$$f_n(t_1, \dots, t_n) = \exp i \sum_{1 \leq j < k \leq n} \Phi(t_k - t_j)$$

where $\Phi(-t) = \Phi(t)$ Then a theorem similar to the theorem of Ursell and Maier of the preceding example holds.

Theorem. One has

$$f[1, \dots, n](t) = \sum_{\gamma \in \Lambda^c(1, \dots, n)} \prod_{(j,k) \in \gamma} \left[\exp i \Phi(t_j - t_k) - 1\right]$$

where Λ^c is the set of all linearly connected graphs with vertices $1, \dots, n$.

We say that a graph γ with vertices $1, 2, \dots, n$ is linearly connected if there does not exist a partition $I_1 \circ I_2 = (1, 2, \dots, n)$ into intervals I_1, I_2 such that I_1 and I_2 are not connected by γ or, in other words, if there does not exist a k, $1 \leq k < n$ such that any interval $[i, j]$, $i, j \in \gamma$ is contained either in $[1, k]$ or in $[k+1, n]$.

Proof. The proof is quite similar to that of Ursell and Maier's theorem. Write

$$
\begin{aligned}
f_n(t_1, \dots, t_n) &= f(1, \dots, n)(t) = f(I)(t) \\
&= \prod_{1 \leq j < k \leq n} \left[1 + (\exp i \Phi(t_j - t_k) - 1)\right] \\
&= \sum_{\gamma} \prod_{(j,k) \in \gamma} \left(\exp i \Phi(t_j - t_k) - 1\right) = \sum_{\gamma} \Psi(\gamma),
\end{aligned}
$$

where the sum runs over all graphs with vertices $1, 2, \dots, n$; i.e. over all sets of pairs (j, k), $j < k$.

If γ decomposes into its linear components $\gamma_1, \gamma_2, \dots, \gamma_m$ then $\Psi(\gamma) = \Psi(\gamma_1) \cdots \Psi(\gamma_m)$. To the decomposition of γ corresponds a decomposition of I into $I_1 \circ \cdots \circ I_m$ and γ_j is a linearly connected graph on I_j for $j = 1, \dots, m$. On the other hand every graph on I can be obtained by choosing a partition $I = I_1 \circ \cdots \circ I_m$ and then by choosing a linearly connected graph γ_j on I_j for every $j = 1, \dots, m$. Thus

$$f(I) = \sum_{I_1 \circ \cdots \circ I_m = I} \prod_{j=1}^{m} g(I_j)$$

with

$$g(I) = \sum_{\gamma \in \Lambda^c(I)} \Psi(\gamma).$$

As this system of equations determines the $g(I)$ in a recursive way by the $f(I)$ and as this system is formally the same as that combining I and $[I]$ one gets $f[I] = g(I)$.

§ 4. An analytical problem related with interval partitions

Throughout this section we assume a hierarchy $(f_n)_{n=0,1,2,\dots}$ of complex-valued symmetric Borel functios on $\mathbb{R}$ bounded in modulus by 1 and $f_0 = 1$. We assume translational invariance, i.e., $f_n(t_1+h,\dots,t_n+h)$ is independent of h, so $f_1(t) = \text{const} = f_1$. Define

$$(1) \quad F(T) = e^{-cT}\left(1 + \sum_{n=1}^{\infty} \frac{c^n}{n!} \int_0^T \!\!\cdots\! \int f_n(t_1,\dots,t_n)\, dt_1 \dots dt_n\right)$$

This formula has a probabilistic interpretation. If $\tau_1, \dots, \tau_N$ are the jumping points of a Poisson process on $\mathbb{R}_+$ with parameter c in the interval $[0,T]$ then

$$F(T) = E\, f_N(\tau_1, \dots, \tau_N).$$

We are interested in the Laplace transform of $F(T)$

$$(2) \quad \hat{F}(p) = \int_0^\infty e^{-pT} F(T)\, dT$$

for $\mathcal{Re}\, p > 0$.

A simple case is clearly $f_n(t_1,\dots,t_n) = f_1^n$. Then $F(T) = \exp c(f_1 - 1)T$ and

$$(1a) \quad \hat{F}(p) = \frac{1}{p - c(f_1 - 1)}.$$

As f_n is symmetric

$$\int_0^T \!\!\cdots\! \int = n! \int_{0 \le t_1 \le \dots \le t_n \le T} \!\!\cdots\! \int$$

One introduces the new variables $u_0, \dots, u_n$ by

$$(3) \quad \begin{aligned} t_1 &= u_0 \\ t_2 &= u_0 + u_1 \\ &\vdots \\ t_n &= u_0 + u_1 + \dots + u_{n-1} \\ T &= u_0 + u_1 + \dots + u_{n-1} + u_n \end{aligned}$$

and obtains

(4) $$\hat{F}(p) = \frac{1}{c+p}\left[1 + \sum_{n=1}^{\infty} c^n \int_0^{\infty}\!\!\cdots\!\int du_0 \cdots du_{n-1}\right.$$
$$\left. e^{-(c+p)(u_0+\cdots+u_{n-1})} f_n(u_0, u_0+u_1, u_0+\cdots+u_{n-1})\right].$$

We generalize and introduce a complex Borel measure ρ on $\mathbb{R}_+$ with $|\rho|(\mathbb{R}_+)<1$. Define the formal power series in the indeterminate z by

(5) $$\langle \rho, f\rangle(z) = f(\emptyset) + \sum_{n=1}^{\infty} z^n \int\cdots\int \rho(du_0)\cdots\rho(du_{n-1})$$
$$f_n(u_0, u_0+u_1, \ldots, u_0+\cdots+u_{n-1}).$$

As the f are bounded by 1 this power series converges for $|z| < \left(|\rho|(\mathbb{R}_+)\right)^{-1}$, hence in a neighborhood of the closed circle $|z| \leq 1$. Using the translational invariance of f_n and remembering the convolution defined in § 2, third example, one obtains

$$\langle \rho, f * g\rangle = \langle \rho, f\rangle\langle \rho, g\rangle$$

if g is a hierarchy similar to f.

Remind the definition of the $A(P)$- valued functions ι and γ of § 2, third example. As $f(\iota(I)) = f(I)$ and $f(\gamma(I)) = f[I]$ for $I \neq \emptyset$ one gets setting $g(I) = f[I]$ for $I \neq \emptyset$, $g(\emptyset) = 0$ the equation

(7) $$f = (\delta_\emptyset - g)^{*(-1)}$$

As $f \mapsto \langle \rho, f\rangle$ is a homomorphism with respect to convolution

(8) $$\langle \rho, f\rangle = \frac{1}{1 - \langle \rho, g\rangle}.$$

If $\langle \rho, g\rangle(z)$ converges for $z = 1$ then

(9) $$\langle \rho, f\rangle(z) = \frac{1}{1 - \langle \rho, g\rangle(z)}$$

for $|z| < 1$ and $z = 1$ For the equation $\langle \rho, f\rangle(1 - \langle \rho, g\rangle) = 1$ holds for $|z| < 1$ and $z = 1$ by Abel's lemma.

We apply this formalism to equation (4) and put

(10) $$\rho(p, du) = c\, e^{-(c+p)u}\, du$$

So

(10a) $$\hat{F}(p) = \frac{1}{c+p}\langle \rho(p), f\rangle(1).$$

Then $|\rho|(\mathbb{R}_+) = c/(c+\mathcal{R}e\, p) < 1.$

Now using translational invariance

(11) $$\int \cdots \int \rho(p,du_0)\cdots\rho(p,du_{n-1})\, g_n(u_0,\dots,u_0+\cdots+u_{n-1}) = \frac{c}{c+p} G_n(p)$$

(12) $$G_1 = g_1 = f_1$$

$$G_n(p) = \int\cdots\int \rho(p,du_1)\cdots\rho(p,du_{n-1})\, g_n(0,u_1,\dots,u_1+\cdots+u_{n-1})$$

for $n \geq 2$.

<u>Proposition 1.</u> If $\langle \rho, g\rangle(z)$ converges for $z=1$ and $\mathcal{R}e\, p > 0$

(13) $$\hat{F}(p) = \frac{1}{p - c\,(G(p)-1)}$$

where

$$G(p) = G_1 + G_2(p) + G_3(p) + \cdots$$

converges and is holomorphic in $\mathcal{R}e\, p > 0$.

Of course, formula (13) is a generalization of formula (1a). For in the simple case $f_n = f_1^n$ one has $G(p) = f_1$.

<u>Proof.</u> For any p with $\mathcal{R}e\, p > 0$ one has by (9)

$$\hat{F}(p) = \frac{1}{c+p}\,\frac{1}{1-\frac{c}{c+p}G(p)} = \frac{1}{p+c-c\,G(p)} .$$

The next lemma shows a special case in which $\langle \rho, g\rangle$ converges for $z=1$. Let us assume for the moment that ρ obeys only the general condition $|\rho|(\mathbb{R}_+)<1$.

<u>Lemma 1.</u> If there exists a constant $\tau \geq 0$ such that

$$f_n(t_1,\dots,t_n) = f_k(t_1,\dots,t_k)\, f_{n-k}(t_{k+1},\dots,t_n)$$

if $t_1 \leq t_2 \leq \cdots \leq t_n$ and $t_{k+1} - t_k > \tau$ and if $|\rho|\,[0,\tau] < \frac{1}{2}$ then $\langle \rho, g\rangle(1)$ converges.

<u>Proof.</u> By the discussions of § 3, third example, the function $g(t_1,\dots,t_n) = f[1,2,\dots,n](t)$ has the property of vanishing if $t_1 \leq \cdots \leq t_n$ and if there exists a k, $1 \leq k < n$ such that $t_{k+1} - t_k > \tau$. Hence $g(u_0, u_0+u_1,\dots u_0+\cdots+u_{n-1})$ vanishes unless $u_k \leq \tau$ for $k = 1,\dots,n-1$. On the other hand g_n consists of 2^{n-1} terms of modulus ≤ 1. Therefore

$$\int\cdots\int \rho(du_0)\cdots\rho(du_{n-1})\, g_n(u_0,\dots,u_0+\cdots+u_{n-1})$$

is bounded in modulus by $(2\,|\rho|\,[0,\tau])^{n-1}$ This proves the lemma.

<u>Theorem 1.</u> If there exists a constant $\tau \geq 0$ such that

$$f_n(t_1,\dots,t_n) = f_k(t_1,\dots,t_k)\, f_{n-k}(t_{k+1},\dots,t_n)$$

if $t_1 \leq \cdots \leq t_n$ and if $t_{k+1} - t_k > \tau$ and if $c\tau < \log 2$, then for any p with $\Re p > 0$ the equation

$$\hat{F}(p) = \frac{1}{p - c(G(p)-1)}$$

holds where $G(p)$ is holomorphic in $\Re p > 0$ and is given by

$$G = G_1 + G_2(p) + G_3(p) + \cdots$$

$$G_1 = f_1$$

$$G_2(p) = c \int_0^\infty e^{-(c+p)u}\, du \,\left(f_2(0,u) - f_1^2 \right)$$

$$G_3(p) = c^2 \iint_0^\infty e^{-(c+p)(u_1+u_2)}\, du_1\, du_2 \left[f_3(0, u_1, u_1+u_2) - f_1 f_2(0,u_2) - f_2(0,u_1) f_1 + f_1^3 \right]$$

<u>Proof.</u> After the preparations one has only to prove that $|\rho(p)|\,[0,\tau] < \frac{1}{2}$ for $\rho(p, du)$ given by (10). But this is immediate.

We treat now a more natural example. Assume a real Borel function Φ on $\mathbb{R}$ with $\Phi(t) = \Phi(-t)$ and define

$$f(\emptyset) = 1,\ f_1 = 1,\ f_n(t_1, \ldots, t_n) = \exp i \sum_{1 \leq j < k \leq n} \Phi(t_j - t_k)$$

Then, as has been pointed out in § 3, third example, one has

$$(14)\qquad g_n(t_1, \ldots, t_n) = \sum_{\gamma \in \Lambda^c(1,2,\ldots,n)} \Psi(\gamma)$$

where Λ^c is the set of all linearly connected graphs with vertices $1, 2, \ldots, n$ and

$$(15)\qquad \Psi(\gamma)(t_1, \ldots, t_n) = \prod_{(j,k) \in \gamma} \left(\exp i\, \Phi(t_j - t_k) - 1 \right)$$

In the following we identify a graph γ on an interval I with the set of intervals $\{ [j,k] \subset I : (j,k) \in \gamma \}$. Then $I = (1,2,\ldots,n)$ is linearly connected with respect to γ if there does not exist a $k, 1 \leq k < n$ such that any interval of γ is a subinterval of one of the intervals $[1,k]$ or $[k+1,n]$.

We say that a graph γ with vertices $1, \ldots, n$ has a (linear) knot $l, 1 < l < n$ if every interval $[j,k] \in \gamma$ is contained either in $[1,l]$ or in $[l,n]$. We call γ twice linearly connected of it does not contain a knot.

We define the hierarchy g° on $\mathbb{R}^+$ by

$$(16)\qquad g_n^\circ(u_1, \ldots, u_n) = g_{n+1}(0, u_1, u_1+u_2, \ldots, u_1 + \cdots + u_n)$$

of course

$$g^{\circ}(\emptyset) = g_1(\sigma) = 1.$$

Proposition 2. Define the hierarchy h on $\mathbb{R}_+$ by $h(\emptyset)=\sigma$ and $h(I)=g^{\circ}[I]$ for $I\neq\emptyset$. Then

$$h_n(u_1,\ldots,u_n) = \sum_{\gamma\in\Lambda^{cc}(0,1,\ldots,n)} \bar{\Psi}_\gamma(0,u_1,\ldots,u_1+\cdots+u_n) \tag{17}$$

where $\bar{\Psi}_\gamma$ was defined in (15) and Λ^{cc} signifies the set of all twice connected linear graphs with vertices $0,1,\ldots,n$.

Proof. Let γ be a connected graph on $0,1,\ldots,n$, let $0<\ell_1<\cdots<\ell_{k-1}<n$ be the knots of γ and γ_j be the restrictions of γ to $I_j=[\ell_{j-1},\ell_j]$ for $j=1,\ldots,k$ with $\ell_0=0$ and $\ell_k=n$. The graphs γ_j are twice connected. Any interval $[p,q]\in\gamma$ is contained in one of the γ_j. So

$$\bar{\Psi}_\gamma = \prod_{j=1}^{k}\prod_{(p,q)\in\gamma_j}\left[\exp i\,\phi(t_p-t_q)-1\right]$$

with $t_0=0,\ldots,t_n=u_1+\cdots+u_n$ The product $\prod_{(p,q)\in\gamma_j}\cdots$ depends only on the differences $t_p-t_q;\ p,q\in I_j$ hence only on $u_{\ell_{j-1}+1},\ldots,u_{\ell_j}$. As in the proof of Prop. 1 one concludes

$$g^{\circ}(1,2,\ldots,n) = \sum_{I_1\circ\cdots\circ I_k=(1,2,\ldots,n)} h(I_1)\cdots h(I_k) \tag{18}$$

and hence the proposition.

Define the formal power series

$$g^{\circ}(p,z) = 1+\sum_{n\geq 1} z^n \int\cdots\int \rho(p,du_1)\cdots\rho(p,du_n)\, g_n^{\circ}(u_1,\ldots,u_n) \tag{19}$$

If it converges for $z=1$ then

$$g^{\circ}(p,1) = G(p) \tag{20}$$

Defining in an analogous way

$$h(p,z) = \sum_{n\geq 1} z^n \int\cdots\int \rho(p,du_1)\cdots\rho(p,du_n)\, h_n(u_1,\ldots,u_n) \tag{21}$$

then by (18) one gets

$$g^{\circ}(p,z) = \frac{1}{1-h(p,z)} \tag{22}$$

and as

$$\langle \rho(p), g \rangle (z) = \frac{cz}{c+p} g^{\circ}(p,z) \tag{23}$$

one gets

$$\frac{1}{c+p} \langle \rho(p), f \rangle (z) = \frac{1-h(p,z)}{(c+p)(1-h(p,z))-cz} \tag{24}$$

<u>Theorem 2.</u> If $h(p,z)$ converges for $z=1$ to $h(p,1)=H(p)$, then

$$\hat{F}'(p) = \frac{1-H(p)}{p-(c+p)H(p)} \tag{25}$$

and $H(p)$ is holomorphis for $\mathcal{Re}\, p > 0$.

<u>Proof.</u> For $|z|<1$ one has

$$\frac{1}{c+p} \langle \rho(p), f \rangle (z) \left[(c+p)(1-h(p,z))-cz \right] = 1-h(p,z)$$

Going to the limit $z \to 1$ on both sides one gets (25) by Abel's lemma. As $\hat{F}'$ is holomorphic in $\mathcal{Re}\, p > 0$ one concludes that H(p) is holomorphic where it is finite, hence $H(p)$ is holomorphic everywhere.

In the rest of the section we discuss the convergency of $H(p)$.

We considered a graph γ on $(1,2,\dots,n)$ as set of subintervals of $(1,2,\dots,n)$ These intervals are ordered by inclusion. Denote by $\chi(\gamma)$ the maximal elements of this partial ordering. $\chi(\gamma)$ is called the <u>characteristic</u> of γ. Clearly γ is connected iff $\chi(\gamma)$ is connected and γ is twice connected iff $\chi(\gamma)$ is twice connected. Denote by $\Lambda(0,1,\dots,n)$ the set of all graphs on $(0,1,\dots,n)$.

<u>Lemma 2.</u> Be $\gamma_0 \in \Lambda(0,1,\dots,n)$ such that $\chi(\gamma_0)=\gamma_0$. Then

$$\sum_{\gamma \in \Lambda(0,1,\dots,n):\ \chi(\gamma)=\gamma_0} \bar{\Psi}_\gamma = \bar{\Psi}_{\gamma_0} \prod_{(j,k)\in\gamma_1} \exp i \bar{\Phi}_{jk} \tag{26}$$

where

$$\gamma_1 = \{ (j,k) : 0 \le j < k \le n ,\ \exists\, I \in \gamma_0 : [j,k] \subsetneqq I \}$$

and $\phi_{jk}(t) = \Phi(t_j - t_k)$.

<u>Proof.</u> Every γ with $\chi(\gamma)=\gamma_0$ contains γ_0 and a subset of γ_1. Hence

$$\sum_{\gamma:\ \chi(\gamma)=\gamma_0} \bar{\Psi}_\gamma = \bar{\Psi}_{\gamma_0} \sum_{\gamma\subset\gamma_1} \Psi_\gamma .$$

Now for any graph λ on $0,1,\dots,n$ one has

$$\sum_{\gamma\subset\lambda} \bar{\Psi}_\gamma = \prod_{(j,k)\in\lambda} \exp i \bar{\Phi}_{jk}$$

as one proves easily by induction.

Assume a graph γ on $0, 1, \ldots, n$ and $\chi(\gamma) = \{[\alpha_j, \beta_j]; j = 1, \ldots, \ell\}$. Consider the set $\{\alpha_j, \beta_j : j = 1, \ldots, k\}$ and order it with respect to the natural order, so $\{\alpha_j, \beta_j : j = 1, \ldots, k\} = \{\xi_j : j = 0, \ldots, m\}$ and $0 \leq \xi_0 < \xi_1 < \cdots < \xi_m \leq n$ and $m \leq 2(\ell - 1)$. Then

$\alpha_j = \xi_{a_j}, \beta_j = \xi_{b_j}$ and we call the graph

$$\omega(\gamma) = \{[a_1, b_1], \ldots, [a_\ell, b_\ell]\}$$

on $0, 1, \ldots, m$ the <u>reduced characteristic</u> of γ. γ is connected iff $\xi_0 = 0$ and $\xi_m = n$ and $\omega(\gamma)$ is connected. The same holds for γ being twice connected. We draw some simple reduced characteristics for a) twice connected and b) connected but not twice connected graphs.

a) 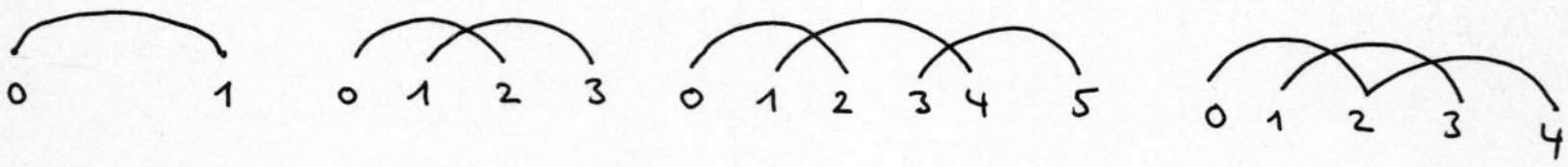 0 1 0 1 2 3 0 1 2 3 4 5 0 1 2 3 4

b) 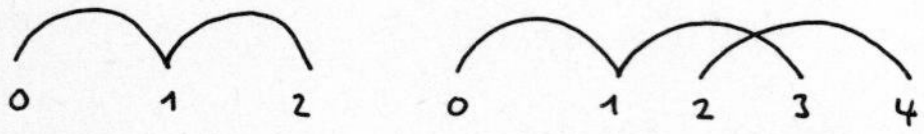 0 1 2 0 1 2 3 4

A graph which is equal to its reduced characteristic is said to be <u>reduced</u>.

<u>Lemma 3.</u> Let $\gamma_0 = \omega(\gamma_0)$ be a reduced characteristic and denote by $\Lambda(0, \ldots, n)(\gamma_0)$ the set of graphs γ with vertices $0, \ldots, n$ such that $\xi_0 = 0$ and $\xi_m = n$ and that $\omega(\gamma) = \gamma_0$. Then

$$\sum_{n \geq 1} \Big| \sum_{\gamma \in \Lambda(0, \ldots, n)(\gamma_0)} \int \cdots \int \rho(p, du_1) \cdots \rho(p, du_n) \; \Psi_\gamma(0, u_1, \ldots, u_1 + \cdots + u_n) \Big| \tag{27}$$

$$\leq \int_0^\infty \cdots \int \tilde{\rho}(p, du_1) \cdots \tilde{\rho}(p, du_m) \, \psi_{\gamma_0}(0, u_1, \ldots, u_1 + \cdots + u_m)$$

with

$$\tilde{\rho}(p, du) = c \, e^{-\mathrm{Re}\, p\, u} \, du$$

and

$$\psi_{\gamma_0} = \prod_{(i,j) \in \gamma_0} \varphi_{ij}$$

and

$$\varphi_{ij}(t) = \varphi(t_i - t_j), \quad \varphi(u) = |e^{i\Phi(u)} - 1|$$

with

$$t_0 = 0,\ t_1 = u_1, \ldots, t_n = u_1 + \cdots + u_n \ ; \ t = (t_0, t_1, \ldots, t_n).$$

Proof. Let $\gamma_0 = \{[a_1, b_1], \ldots, [a_\ell, b_\ell]\}$ with $a_1 = 0$ and $b_\ell = m$. Then the characteristic γ_1 of a graph γ with $\omega(\gamma) = \gamma_0$ can be obtained by choosing intergers $0 = \xi_0 < \xi_1 < \xi_2 < \cdots < \xi_m = n$. Then by lemma 2

$$\Big| \sum_{\gamma \in \Lambda(0,\ldots,n)(\gamma_0)\ :\ \chi(\gamma) = \gamma_1} \bar{\Psi}_\gamma \Big| \leq \psi_{\gamma_1} = \prod_{(i,j) \in \gamma_0} \varphi_{\xi_i \xi_j}$$

and

$$\Big| \sum_{\gamma \in \Lambda(0,\ldots,n)(\gamma_0)\ :\ \chi(\gamma) = \gamma_1} \int \cdots \int \rho(p, du_1) \cdots \rho(p, du_n) \ \bar{\Psi}_\gamma (0, u_1, \ldots, u_1 + \cdots + u_n) \Big|$$

$$\leq \int_0^\infty c^{n_1} \frac{v_1^{n_1 - 1}}{(n_1 - 1)!} e^{-(c + \mathcal{R}e\, p) v_1} dv_1 \cdots \int_0^\infty c^{n_m - 1} \frac{v_m^{n_m - 1}}{(n_m - 1)!} e^{-(c + \mathcal{R}e\, p) v_m} dv_m \prod_{(i,j) \in \gamma_0} \varphi(v_{i+1} + \cdots + v_j)$$

with

$$\xi_1 = n_1$$
$$\vdots$$
$$\xi_m = n_1 + \cdots + n_m$$

and

$$v_1 = u_1 + \cdots + u_{\xi_1}$$
$$\vdots$$
$$v_m = u_{\xi_{m-1}+1} + \cdots + u_{\xi_m}$$

Summing up over all values of $n_1 \geq 1, \ldots, n_m \geq 1$ one obtains the right side of (27).

Proposition 3. A sufficient condition in order that $h(p, z)$ converge for $z = 1$ is that

$$(28) \quad \sum_{m \geq 2} \sum_\gamma \int \cdots \int \tilde{\rho}(p, du_1) \cdots \tilde{\rho}(p, du_m)\, \psi_\gamma (0, u_1, \ldots, u_1 + \cdots + u_m)$$

converges where the second sum runs over all reduced twice connected graphs $\gamma = \{[a_1, b_1], \dots, [a_l, b_l]\}$ with $a_1 = 0$, $b_l = n$.

Proof. Immediate consequence of lemma 3.

It was impossible for me to prove the convergence if one assumes that $\varphi(t)$ is t-integrable. The Kirkwood-Salsburgh technique fails in this case. I was only able to prove convergence in the case

$$\varphi(t) \leq \mu e^{-\lambda t} \tag{29}$$

with $\lambda > 0$. We begin with some topological lemmata.

Lemma 4. Let $\gamma = \chi(\gamma) = \{[\alpha_1, \beta_1], \dots, [\alpha_l, \beta_l]\}$ with $\alpha_1 \leq \alpha_2 \leq \dots \leq \alpha_l$. Then

$$\alpha_1 < \alpha_2 < \dots < \alpha_l$$

and

$$\beta_1 < \beta_2 < \dots < \beta_l .$$

Proof. Assume $\alpha_{j+1} = \alpha_j$. Then $\beta_{j+1} \neq \beta_j$. Assume $\beta_j < \beta_{j+1}$. Then $[\alpha_j, \beta_j] \subsetneqq [\alpha_{j+1}, \beta_{j+1}]$ and $[\alpha_j, \beta_j]$ is not a maximal element of the partially ordered set γ. By the same kind of reasoning one excludes $\beta_{j+1} \leq \beta_j$.

Lemma 5. Be $\gamma = \chi(\gamma) = \{[\alpha_1, \beta_1], \dots, [\alpha_l, \beta_l]\}$ with $\alpha_1 < \alpha_2 < \dots < \alpha_l$ twice connected on $0, \dots, n$ and $l \geq 2$. Then $\alpha_1 < \alpha_2 < \beta_1$ and $\gamma' = \{[\alpha_2, \beta_2], \dots, [\alpha_l, \beta_l]\}$ is twice connected on $\alpha_2, \dots, n$ and $\chi(\gamma') = \gamma'$.

Proof. Assume $\alpha_2 > \beta_1$ then between β_1 and α_2 there is a gap in the graph and γ is not connected. If $\alpha_2 = \beta_1$ then α_2 is knot and γ is not twice connected. Thus $\alpha_2 < \beta_1$ Assume there is a knot in γ', say $\beta_k = \alpha_{k+1}$ for one k, $k = 2, \dots, l-1$. As $\alpha_1 < \alpha_2$ and $\beta_1 < \beta_2$ there follows that $\beta_k = \alpha_{k+1}$ is a knot for γ too. The same reasoning applies to gaps. Hence γ' is twice connected.

Theorem 3. Assume

$$\left| e^{i\phi(t)} - 1 \right| \leq \mu e^{-\lambda |t|} \tag{29}$$

and

$$\frac{\mu c}{\lambda} \left(1 + \sqrt{\frac{c}{\lambda}}\right)^2 < 1 \tag{30}$$

Then $h(p, z)$ converges for $z = 1$ and any p, $\operatorname{Re} p \geq 0$. Hence the hypotheses of theorem 2 are fulfilled.

Proof. Denote by G the set of all reduced twice connected graphs. If γ is a graph on $0, 1, \dots, n$ denote

$$A(\gamma) = \int_0^\infty \cdots \int c^n \, du_1 \cdots du_n \; \tilde{\psi}_\gamma (0, u_1, \dots, u_1 + \dots + u_n)$$

with

$$\tilde{\Psi}_\gamma (t_0, t_1, \ldots, t_n) = \prod_{(i,j)\in\gamma} \mu e^{-\lambda |t_i - t_j|}$$

It is enough to prove

$$\sum_{\gamma \in G} A(\gamma) < \infty$$

We finish the proof in several steps.

(i) If $\gamma = \{[a_1, b_1], \ldots, [a_l, b_l]\}$ is a graph on $0, 1, \ldots, n$. Then

$$A(\gamma) = c^n \lambda^{-n} \mu^l \frac{1}{q_1} \cdots \frac{1}{q_n}$$

where q_j is the number of intervals $I \in \gamma$ such that $[j-1, j] \subset I$. The proof of this statement follows right away from the definition of $A(\gamma)$.

(ii) Denote by G_l the subset of G consisting of all graphs of the form

$$\gamma = \{[a_1, b_1], \ldots, [a_l, b_l]\}$$

Then

$$\eta_l : \eta_l(\gamma) = \omega\{[a_2, b_2], \ldots, [a_l, b_l]\}$$

is a mapping from G_l into G_{l-1}

This is an immediate consequence of lemma 5.

(iii) Denote by $G_{l,m}$ the subset of G_l of all graphs of the form

$$\gamma = \{[0, m], [a_2, b_2], \ldots, [a_l, b_l]\}.$$

Then $G_{l,m} = \emptyset$ for $l < m$ and one has: G_1 consists only of the graph $\{[0,1]\}$, G_2 consists only of the graph $\{[0,2], [1,3]\}$. So of all $G_{1,m}$ only $G_{1,1}$ and of all $G_{2,m}$ only $G_{2,2}$ are non-void. Denote by $G_{l,m,m'}$ the subset of G of all graphs of the form

$$\gamma = \{[0, m], [1, m'+1], [a_3, b_3], \ldots, [a_l, b_l]\}$$

and by $G'_{l,m,m'}$ the subset of $G_{l,m,m'}$ where $m \in \{a_2, b_2, \ldots, a_l, b_l\}$ and $G''_{l,m,m'}$ the subset with $m \notin \{a_2, b_2, \ldots, a_l, b_l\}$ Then $G_{l,m,m'} = \emptyset$ for $m > m'$ and the restriction of η_l to $G'_{l,m,m'}$ is a one-to-one mapping onto $G_{l-1,m'}$ and the restriction of η_l to $G''_{l,m,m'}$ is a one-to-one mapping onto $G_{l-1,m'-1}$.

We illustrate a graph γ on $0, 1, \ldots, n$ by a scheme of three lines. Write in the top the numbers $0, 1, \ldots, n$ into the second line under each number the index a_j which is equal to that number and into the third line the numbers b_j. So, e.g., $\gamma = \{[0,2], [1,3]\}$ gets

0	1	2	3
a_1	a_2		
		b_1	b_2

Then the typical example of an element of $G'_{\ell,m,m'}$ is

(a)
$$\begin{array}{cccccccccccc}
0 & 1 & 2 & \cdots & m-1 & m & m+1 & \cdots & m' & m'+1 & \cdots \\
a_1 & a_2 & a_3 & & & a_m & a_{m+1} & a_{m+2} & & a_{m'+1} & ? & \cdots \\
 & & & & & & b_1 & & & & b_2 & \cdots
\end{array}$$

The reason for this scheme is easily explained. As $b_1 < b_2 < b_3 < \cdots$ one has $m \leq m'$ and in the interval $0, 1+m'$ no $b_j, j \geq 3$ can occur. As γ is reduced, under each number $0, 1, 2, \ldots$ there has to stay either an index a_j or an index b_j or both. As there are only b_1 and b_2 under $0, \ldots, m'+1$ the rest has to be filled up by a_j in increasing order. As $m \in \{a_2, b_2, \ldots, a_\ell, b_\ell\}$ one has a_{m+1} under m. Skipping away the interval $[0, m]$ from γ one gets

(b)
$$\begin{array}{ccccccccccc}
1 & 2 & \cdots & m-1 & m & m+1 & \cdots & m' & m'+1 & \cdots \\
a_2 & a_3 & \cdots & a_m & a_{m+1} & a_{m+2} & \cdots & a_{m'+1} & 2 & \cdots \\
 & & & & & & & & b_2 & \cdots
\end{array}$$

As reduction means only changing of numeration by one, one gets $\eta_\ell(\gamma) \in G_{\ell-1,m'}$. This application is one-to-one, as any graph $\gamma' \in G_{\ell-1,m'}$ can be written into form (a) and then a $\gamma \in G'_{\ell,m,m'}$ can be constructed for any $m \leq m'$.

A typical element of $G''_{\ell,m,m'}$ has the form

(c)
$$\begin{array}{ccccccccccc}
0 & 1 & 2 & \cdots & m-1 & m & m+1 & \cdots & m' & m'+1 & \cdots \\
a_1 & a_2 & a_3 & \cdots & a_m & & a_{m+1} & \cdots & a_{m'} & ? & \cdots \\
 & & & & & b_1 & & & & b_2 & \cdots
\end{array}$$

Skipping away the first interval one gets

(d)
$$\begin{array}{cccccccccc}
1 & 2 & \cdots & m-1 & m & m+1 & \cdots & m' & m'+1 & \cdots \\
a_2 & a_3 & \cdots & a_m & & a_{m+1} & & a_{m'} & ? & \cdots \\
 & & & & & & & & b_2 & \cdots
\end{array}$$

Reduction means here not only changing of numeration by one, but loosing one point: m
These considerations easily prove the statements of step (iii).

(iv) If $\gamma \in G'_{\ell,m,m'}$ then $A(\gamma) = \frac{\mu c}{\lambda m} A(\eta_\ell(\gamma))$ and if $\gamma \in G''_{\ell,m,m'}$ then
$$A(\gamma) = \frac{c^2 \mu}{\lambda^2 m(m-1)} A(\eta_\ell(\gamma)).$$

For the proof write the values of the q_j into the fourth line of the schemes. Then one gets for $\gamma \in G'_{\ell,m,m'}$

(a')
$$\begin{array}{cccccccccccc}
0 & 1 & 2 & \cdots & m-1 & m & m+1 & \cdots & m' & m'+1 & \cdots \\
a_1 & a_2 & a_3 & & a_m & a_{m+1} & a_{m+2} & \cdots & a_{m'+1} & ? & \cdots \\
 & & & & b_1 & & & & & b_2 & \cdots \\
 & 1 & 2 & \cdots & m-1 & m & m & \cdots & m'-1 & m' & \cdots
\end{array}$$

and taking away the first interval one gets the graph γ' :

$$(b')\qquad \begin{array}{cccccccccc} 1 & 2 & \cdots & m-1 & m & m+1 & \cdots & m' & m'+1 & \cdots \\ a_2 & a_3 & \cdots & a_m & a_{m+1} & a_{m+2} & & a_{m'+1} & ? & \cdots \\ & & & & & & & & b_2 & \cdots \\ & 1 & \cdots & m-2 & m-1 & m & \cdots & m'-1 & m' & \cdots \end{array}$$

Hence by step (i) one has

$$A(\gamma) = \frac{\mu c}{\lambda m} A(\gamma').$$

Similarly for $\gamma \in G''_{\ell, m, m'}$

$$(c')\qquad \begin{array}{ccccccccccc} 0 & 1 & 2 & \cdots & m-1 & m & m+1 & m+2 & \cdots & m' & m'+1 \;\cdots \\ a_1 & a_2 & a_3 & \cdots & a_m & & a_{m+1} & a_{m+2} & & a_{m'} & ? \;\cdots \\ & & & & & b_1 & & & & & b_2 \;\cdots \\ & 1 & 2 & \cdots & m-1 & m & m-1 & m & \cdots & m'-2 & m'-1 \;\cdots \end{array}$$

and for γ'

$$(d')\qquad \begin{array}{cccccccccc} 1 & 2 & \cdots & m-1 & m & m+1 & m+2 & \cdots & m' & m'+1 \;\cdots \\ a_2 & a_3 & \cdots & a_m & & a_{m+1} & a_{m+2} & \cdots & a_{m'} & ? \;\cdots \\ & & & & & & & & & b_2 \;\cdots \\ & 1 & \cdots & m-2 & & m-1 & m & & m'-2 & m'-1 \;\cdots \end{array}$$

Hence

$$A(\gamma) = \frac{c^2 \mu}{\lambda^2 m (m-1)} A(\gamma')$$

(v) Denote

$$c_{\ell, m} = \sum_{\gamma \in G_{\ell, m}} A(\gamma)$$

Then

$$c_{1,1} = \frac{c\mu}{\lambda} \;; \quad c_{1,m} = 0 \text{ for } m \neq 1$$

$$c_{2,2} = \frac{c^3 \mu^2}{2\lambda^3} \;; \quad c_{2,m} = 0 \text{ for } m \neq 2,$$

and generally for $\ell \geqslant 2$

$$c_{\ell, m} = \sum_{m' \geqslant m} \frac{c\mu}{m\lambda} c_{\ell-1, m'}$$

$$+ \sum_{m' \geqslant m} \frac{c^2 \mu}{\lambda^2 m (m-1)} c_{\ell-1, m'-1} .$$

For following step (iii) and (iv)

$$c_{\ell,m} = \sum_{m' \geq m} \sum_{\gamma \in G'_{\ell,m,m'}} A(\gamma) + \sum_{m' \geq m} \sum_{\gamma \in G''_{\ell,m,m'}} A(\gamma)$$

$$= \sum_{m' \geq m} \Big[\frac{c\mu}{m\lambda} \sum_{\gamma' \in G_{\ell-1,m'}} A(\gamma') + \frac{c^2\mu}{m(m-1)\lambda^2} \sum_{\gamma' \in G_{\ell-1,m'-1}} A(\gamma') \Big]$$

(vi) Define the operator T on the space of all sequences $(x_m)_{m \geq 2}$ by

$$(Tx)_m = \sum_{m' \geq m} \frac{c\mu}{m\lambda} x_{m'} + \sum_{m' \geq m-1} \frac{c^2\mu}{m(m-1)\lambda^2} x_{m'}$$

Then

(a) $$\sum_{\gamma \in G} A(\gamma) = c_{1,1} + \sum_{\ell \geq 2, m} c_{\ell,m}$$

$$= c_{1,1} + \sum_{\ell \geq 0, m} (T^{\ell} x_0)(m)$$

$$= c_{1,1} + \sum_{\ell \geq 0} \langle \mathbb{1}, T^{\ell} x_0 \rangle$$

$$= c_{1,1} + \sum_{\ell \geq 0} \langle x_0, (T^t)^{\ell} \mathbb{1} \rangle$$

where $\mathbb{1}$ is the vector $(1, 1, \ldots)$ and T^t the transposed operator and

$$(x_0)_m = \delta_{2,m} \frac{c^3\mu^2}{2\lambda^3}.$$

The adjoint T^t is given by

$$\eta_m = (T^t \xi)_m = \sum_{m' \leq m} \frac{p}{m'} \xi_{m'} + \sum_{m' \leq m+1} \frac{q}{m'(m'-1)} \xi_{m'}$$

$$\leq \sum_{m' \leq m} \frac{p}{m'} \xi_{m'} + \sum_{m' \geq 2} \frac{q}{m'(m'-1)} \xi_{m'}$$

$$= (S\xi)_m$$

with $p = \frac{c\mu}{\lambda}$, $q = \frac{c^2\mu}{\lambda^2}$, provided all $\xi_{m'}$ are $\geqslant 0$. As this is the case in (a) we have

$$\text{(a')} \qquad \sum_{\gamma \in G} A(\gamma) \leqslant c_{1,1} + \sum_{\ell \geqslant 0} \langle x_0, S^\ell \mathbb{1} \rangle .$$

As there is a one-to-one correspondence between sequences $\xi = (\xi_2, \xi_3, \dots)$ and holomorphic functions $\xi(z) = \sum \xi_m z^{m-2}$ we introduce for $0 < \alpha < 1$ the norm

$$\| \xi \|_\alpha = \sup_{0 \leqslant |z| \leqslant 1} (1 - |z|)^{1+\alpha} \, |\xi(z)| .$$

Then

$$\| \mathbb{1} \|_\alpha = 1$$

the norm of the functional x_0 is

$$\| x_0 \|_\alpha \leqslant c^3 \mu^2 \lambda^{-3} / 2$$

and the corresponding operator norm of S is

$$\| S \|_\alpha \leqslant \frac{p}{\alpha} + \frac{q}{1-\alpha} \qquad \text{with} \quad \alpha = \left(1 + \sqrt{\frac{p}{q}}\right)^{-1} .$$

Hence $\| S \|_\alpha < 1$ if $\frac{c\mu}{\lambda}\left(1 + \sqrt{\frac{c}{\lambda}}\right)^2 < 1$.
This proves the theorem.

One has

$$S\xi(z) = \sum_{m' \leqslant m} \frac{p}{m'} \xi_{m'} z^{m-2} + \frac{1}{1-z} \sum_{m' \geqslant 2} \frac{q}{m'(m'-1)} \xi_{m'}$$

$$= \frac{1}{1-z} \left[\frac{p}{z^2} \int_0^z t\, \xi(t)\, dt + q \int_0^1 (1-t)\, \xi(t)\, dt \right]$$

If

$$|\xi(z)| \leqslant (1 - |z|)^{-(1+\alpha)}$$

then

$$(1-|z|)^{1+\alpha} \, |S\xi(z)| \leqslant$$

$$\leqslant (1-|z|)^\alpha \left[\frac{p}{|z|^2} \int_0^{|z|} \frac{t\,dt}{(1-t)^{1+\alpha}} + q \int_0^1 \frac{dt}{(1-t)^\alpha} \right]$$

$$\leqslant \frac{p}{\alpha} + \frac{q}{1-\alpha}$$

after some straightforward estimates. So $\| S \|_\alpha \leq \frac{p}{\alpha} + \frac{q}{1-\alpha}$.

The right side takes its minimum for $\alpha = \left(1 + \sqrt{\frac{q}{p}}\right)^{-1}$. For this value of α

$$\| S \|_\alpha \leq \left(\sqrt{p} + \sqrt{q}\right)^2 = \frac{c\mu}{\lambda}\left(1 + \sqrt{\frac{c}{\lambda}}\right).$$

Literature

|1| Rota, G.C.
On the Foundations of Combinatorial Theory. I. Theory of Möbius Functions. Z. Wahrscheinlichkeitstheorie verw. Geb. 2, 340-368 (1964).

|2| Ruelle, D.
Statistical Mechanics, W.A. Benjamin, Amsterdam 1969.

|3| Waldenfels, W. von
An Approach to the Theory of Pressure Broadening of Spectral Lines. Probability and Information Theory II, 19-69. Ed. by M. Behara. Lecture Notes in Mathematics 296. Springer-Verlag, Heidelberg, 1973.

|4| Waldenfels, W. von
Stochastic Motion in Hilbert Space Related to a Renewal Process. Unpublished report. Available at the author. Institut für Angewandte Mathematik der Universität Heidelberg, 1972.

|5| Waldenfels, W. von
Taylor Expansion of a Poisson Measure. Séminaire de Probabilités VIII, 344-354. Lecture Notes in Mathematics 381. Springer-Verlag, Heidelberg, 1974.

February 25, 1975

Universität Heidelberg
Institut für Angewandte Mathematik
69 Heidelberg / BRD
Im Neuenheimer Feld 294

CORRECTION à
Khalili-Françon E.
Processus de Galton-Watson
Séminaire de Probabilités de Strasbourg VII
Lecture Notes in Mathematics vol. 321, p. 122 à 135 (1973)

Comme le fait remarquer E. Seneta, la seconde partie de la proposition I, p. 126, concernant les processus de Galton-Watson supracritiques ou explosifs, n'est vraie que dans le cas q=0. En conséquence:

<u>Dans un processus de Galton-Watson supracritique ou explosif avec q = 0, la loi de X_n conditionnellement à la non extinction du processus coincide avec celle d'un processus de Galton-Watson avec immigration dans lequel, si la loi de reproduction a pour fonction génératrice f(s), la loi d'immigration a pour fonction génératrice f(s)/s.</u>

Les résultats de E. Seneta [I] sur les processus avec immigration dans le cas supracritique peuvent alors s'appliquer pour démontrer la proposition 3 (cas $m < \infty$).

Pour $I \geq q > 0$, on se ramène au cas q = 0 par la transformation de Sevastyanov en considérant la fonction génératrice $(f(s(1-q)+q)-q)/1-q$ au lieu de f(s).

Bibliographie complémentaire:

[I] E. Seneta, On the supercritical Galton-Watson process with immigration, Math. Biosci. 7 (1970), 9 - 14.

[2] E. Seneta, The simple branching process with infinite mean I, J. Appl. Prob. 10 (1973), 206-212.

Vol. 309: D. H. Sattinger, Topics in Stability and Bifurcation Theory. VI, 190 pages. 1973. DM 20,–

Vol. 310: B. Iversen, Generic Local Structure of the Morphisms in Commutative Algebra. IV, 108 pages. 1973. DM 18,–

Vol. 311: Conference on Commutative Algebra. Edited by J. W. Brewer and E. A. Rutter. VII, 251 pages. 1973. DM 24,–

Vol. 312: Symposium on Ordinary Differential Equations. Edited by W. A. Harris, Jr. and Y. Sibuya. VIII, 204 pages. 1973. DM 22,–

Vol. 313: K. Jörgens and J. Weidmann, Spectral Properties of Hamiltonian Operators. III, 140 pages. 1973. DM 18,–

Vol. 314: M. Deuring, Lectures on the Theory of Algebraic Functions of One Variable. VI, 151 pages. 1973. DM 18,–

Vol. 315: K. Bichteler, Integration Theory (with Special Attention to Vector Measures). VI, 357 pages. 1973. DM 29,–

Vol. 316: Symposium on Non-Well-Posed Problems and Logarithmic Convexity. Edited by R. J. Knops. V, 176 pages. 1973. DM 20,–

Vol. 317: Séminaire Bourbaki – vol. 1971/72. Exposés 400–417. IV, 361 pages. 1973. DM 29,–

Vol. 318: Recent Advances in Topological Dynamics. Edited by A. Beck. VIII, 285 pages. 1973. DM 27,–

Vol. 319: Conference on Group Theory. Edited by R. W. Gatterdam and K. W. Weston. V, 188 pages. 1973. DM 20,–

Vol. 320: Modular Functions of One Variable I. Edited by W. Kuyk. V, 195 pages. 1973. DM 20,–

Vol. 321: Séminaire de Probabilités VII. Edité par P. A. Meyer. VI, 322 pages. 1973. DM 29,–

Vol. 322: Nonlinear Problems in the Physical Sciences and Biology. Edited by I. Stakgold, D. D. Joseph and D. H. Sattinger. VIII, 357 pages. 1973. DM 29,–

Vol. 323: J. L. Lions, Perturbations Singulières dans les Problèmes aux Limites et en Contrôle Optimal. XII, 645 pages. 1973. DM 46,–

Vol. 324: K. Kreith, Oscillation Theory. VI, 109 pages. 1973. DM 18,–

Vol. 325: C.-C. Chou, La Transformation de Fourier Complexe et L'Equation de Convolution. IX, 137 pages. 1973. DM 18,–

Vol. 326: A. Robert, Elliptic Curves. VIII, 264 pages. 1973. DM 24,–

Vol. 327: E. Matlis, One-Dimensional Cohen-Macaulay Rings. XII, 157 pages. 1973. DM 20,–

Vol. 328: J. R. Büchi and D. Siefkes, The Monadic Second Order Theory of All Countable Ordinals. VI, 217 pages. 1973. DM 22,–

Vol. 329: W. Trebels, Multipliers for (C, α)-Bounded Fourier Expansions in Banach Spaces and Approximation Theory. VII, 103 pages. 1973. DM 18,–

Vol. 330: Proceedings of the Second Japan-USSR Symposium on Probability Theory. Edited by G. Maruyama and Yu. V. Prokhorov. VI, 550 pages. 1973. DM 40,–

Vol. 331: Summer School on Topological Vector Spaces. Edited by L. Waelbroeck. VI, 226 pages. 1973. DM 22,–

Vol. 332: Séminaire Pierre Lelong (Analyse) Année 1971-1972. V, 131 pages. 1973. DM 18,–

Vol. 333: Numerische, insbesondere approximationstheoretische Behandlung von Funktionalgleichungen. Herausgegeben von R. Ansorge und W. Törnig. VI, 296 Seiten. 1973. DM 27,–

Vol. 334: F. Schweiger, The Metrical Theory of Jacobi-Perron Algorithm. V, 111 pages. 1973. DM 18,–

Vol. 335: H. Huck, R. Roitzsch, U. Simon, W. Vortisch, R. Walden, B. Wegner und W. Wendland, Beweismethoden der Differentialgeometrie im Großen. IX, 159 Seiten. 1973. DM 20,–

Vol. 336: L'Analyse Harmonique dans le Domaine Complexe. Edité par E. J. Akutowicz. VIII, 169 pages. 1973. DM 20,–

Vol. 337: Cambridge Summer School in Mathematical Logic. Edited by A. R. D. Mathias and H. Rogers. IX, 660 pages. 1973. DM 46,–

Vol: 338: J. Lindenstrauss and L. Tzafriri, Classical Banach Spaces. IX, 243 pages. 1973. DM 24,–

Vol. 339: G. Kempf, F. Knudsen, D. Mumford and B. Saint-Donat, Toroidal Embeddings I. VIII, 209 pages. 1973. DM 22,–

Vol. 340: Groupes de Monodromie en Géométrie Algébrique. (SGA 7 II). Par P. Deligne et N. Katz. X, 438 pages. 1973. DM 44,–

Vol. 341: Algebraic K-Theory I, Higher K-Theories. Edited by H. Bass. XV, 335 pages. 1973. DM 29,–

Vol. 342: Algebraic K-Theory II, "Classical" Algebraic K-Theory, and Connections with Arithmetic. Edited by H. Bass. XV, 527 pages. 1973. DM 40,–

Vol. 343: Algebraic K-Theory III, Hermitian K-Theory and Geometric Applications. Edited by H. Bass. XV, 572 pages. 1973. DM 40,–

Vol. 344: A. S. Troelstra (Editor), Metamathematical Investigation of Intuitionistic Arithmetic and Analysis. XVII, 485 pages. 1973. DM 38,–

Vol. 345: Proceedings of a Conference on Operator Theory. Edited by P. A. Fillmore. VI, 228 pages. 1973. DM 22,–

Vol. 346: Fučík et al., Spectral Analysis of Nonlinear Operators. II, 287 pages. 1973. DM 26,–

Vol. 347: J. M. Boardman and R. M. Vogt, Homotopy Invariant Algebraic Structures on Topological Spaces. X, 257 pages. 1973. DM 24,–

Vol. 348: A. M. Mathai and R. K. Saxena, Generalized Hypergeometric Functions with Applications in Statistics and Physical Sciences. VII, 314 pages. 1973. DM 26,–

Vol. 349: Modular Functions of One Variable II. Edited by W. Kuyk and P. Deligne. V, 598 pages. 1973. DM 38,–

Vol. 350: Modular Functions of One Variable III. Edited by W. Kuyk and J.-P. Serre. V, 350 pages. 1973. DM 26,–

Vol. 351: H. Tachikawa, Quasi-Frobenius Rings and Generalizations. XI, 172 pages. 1973. DM 20,–

Vol. 352: J. D. Fay, Theta Functions on Riemann Surfaces. V, 137 pages. 1973. DM 18,–

Vol. 353: Proceedings of the Conference on Orders, Group Rings and Related Topics. Organized by J. S. Hsia, M. L. Madan and T. G. Ralley. X, 224 pages. 1973. DM 22,–

Vol. 354: K. J. Devlin, Aspects of Constructibility. XII, 240 pages. 1973. DM 24,–

Vol. 355: M. Sion, A Theory of Semigroup Valued Measures. V, 140 pages. 1973. DM 18,–

Vol. 356: W. L. J. van der Kallen, Infinitesimally Central-Extensions of Chevalley Groups. VII, 147 pages. 1973. DM 18,–

Vol. 357: W. Borho, P. Gabriel und R. Rentschler, Primideale in Einhüllenden auflösbarer Lie-Algebren. V, 182 Seiten. 1973. DM 20,–

Vol. 358: F. L. Williams, Tensor Products of Principal Series Representations. VI, 132 pages. 1973. DM 18,–

Vol. 359: U. Stammbach, Homology in Group Theory. VIII, 183 pages. 1973. DM 20,–

Vol. 360: W. J. Padgett and R. L. Taylor, Laws of Large Numbers for Normed Linear Spaces and Certain Fréchet Spaces. VI, 111 pages. 1973. DM 18,–

Vol. 361: J. W. Schutz, Foundations of Special Relativity: Kinematic Axioms for Minkowski Space Time. XX, 314 pages. 1973. DM 26,–

Vol. 362: Proceedings of the Conference on Numerical Solution of Ordinary Differential Equations. Edited by D. Bettis. VIII, 490 pages. 1974. DM 34,–

Vol. 363: Conference on the Numerical Solution of Differential Equations. Edited by G. A. Watson. IX, 221 pages. 1974. DM 20,–

Vol. 364: Proceedings on Infinite Dimensional Holomorphy. Edited by T. L. Hayden and T. J. Suffridge. VII, 212 pages. 1974. DM 20,–

Vol. 365: R. P. Gilbert, Constructive Methods for Elliptic Equations. VII, 397 pages. 1974. DM 26,–

Vol. 366: R. Steinberg, Conjugacy Classes in Algebraic Groups (Notes by V. V. Deodhar). VI, 159 pages. 1974. DM 18,–

Vol. 367: K. Langmann und W. Lütkebohmert, Cousinverteilungen und Fortsetzungssätze. VI, 151 Seiten. 1974. DM 16,–

Vol. 368: R. J. Milgram, Unstable Homotopy from the Stable Point of View. V, 109 pages. 1974. DM 16,–

Vol. 369: Victoria Symposium on Nonstandard Analysis. Edited by A. Hurd and P. Loeb. XVIII, 339 pages. 1974. DM 26,–

Vol. 370: B. Mazur and W. Messing, Universal Extensions and One Dimensional Crystalline Cohomology. VII, 134 pages. 1974. DM 16,-

Vol. 371: V. Poenaru, Analyse Différentielle. V, 228 pages. 1974. DM 20,-

Vol. 372: Proceedings of the Second International Conference on the Theory of Groups 1973. Edited by M. F. Newman. VII, 740 pages. 1974. DM 48,-

Vol. 373: A. E. R. Woodcock and T. Poston, A Geometrical Study of the Elementary Catastrophes. V, 257 pages. 1974. DM 22,-

Vol. 374: S. Yamamuro, Differential Calculus in Topological Linear Spaces. IV, 179 pages. 1974. DM 18,-

Vol. 375: Topology Conference 1973. Edited by R. F. Dickman Jr. and P. Fletcher. X, 283 pages. 1974. DM 24,-

Vol. 376: D. B. Osteyee and I. J. Good, Information, Weight of Evidence, the Singularity between Probability Measures and Signal Detection. XI, 156 pages. 1974. DM 16.-

Vol. 377: A. M. Fink, Almost Periodic Differential Equations. VIII, 336 pages. 1974. DM 26,-

Vol. 378: TOPO 72 - General Topology and its Applications. Proceedings 1972. Edited by R. Alò, R. W. Heath and J. Nagata. XIV, 651 pages. 1974. DM 50,-

Vol. 379: A. Badrikian et S. Chevet, Mesures Cylindriques, Espaces de Wiener et Fonctions Aléatoires Gaussiennes. X, 383 pages. 1974. DM 32,-

Vol. 380: M. Petrich, Rings and Semigroups. VIII, 182 pages. 1974. DM 18,-

Vol. 381: Séminaire de Probabilités VIII. Edité par P. A. Meyer. IX, 354 pages. 1974. DM 32,-

Vol. 382: J. H. van Lint, Combinatorial Theory Seminar Eindhoven University of Technology. VI, 131 pages. 1974. DM 18,-

Vol. 383: Séminaire Bourbaki - vol. 1972/73. Exposés 418-435 IV, 334 pages. 1974. DM 30,-

Vol. 384: Functional Analysis and Applications, Proceedings 1972. Edited by L. Nachbin. V, 270 pages. 1974. DM 22,-

Vol. 385: J. Douglas Jr. and T. Dupont, Collocation Methods for Parabolic Equations in a Single Space Variable (Based on C^1-Piecewise-Polynomial Spaces). V, 147 pages. 1974. DM 16,-

Vol. 386: J. Tits, Buildings of Spherical Type and Finite BN-Pairs. IX, 299 pages. 1974. DM 24,-

Vol. 387: C. P. Bruter, Eléments de la Théorie des Matroïdes. V, 138 pages. 1974. DM 18,-

Vol. 388: R. L. Lipsman, Group Representations. X, 166 pages. 1974. DM 20,-

Vol. 389: M.-A. Knus et M. Ojanguren, Théorie de la Descente et Algèbres d' Azumaya. IV, 163 pages. 1974. DM 20,-

Vol. 390: P. A. Meyer, P. Priouret et F. Spitzer, Ecole d'Eté de Probabilités de Saint-Flour III - 1973. Edité par A. Badrikian et P.-L. Hennequin. VIII, 189 pages. 1974. DM 20,-

Vol. 391: J. Gray, Formal Category Theory: Adjointness for 2-Categories. XII, 282 pages. 1974. DM 24,-

Vol. 392: Géométrie Différentielle, Colloque, Santiago de Compostela, Espagne 1972. Edité par E. Vidal. VI, 225 pages. 1974. DM 20,-

Vol. 393: G. Wassermann, Stability of Unfoldings. IX, 164 pages. 1974. DM 20,-

Vol. 394: W. M. Patterson 3rd, Iterative Methods for the Solution of a Linear Operator Equation in Hilbert Space - A Survey. III, 183 pages. 1974. DM 20,-

Vol. 395: Numerische Behandlung nichtlinearer Integrodifferential- und Differentialgleichungen. Tagung 1973. Herausgegeben von R. Ansorge und W. Törnig. VII, 313 Seiten. 1974. DM 28,-

Vol. 396: K. H. Hofmann, M. Mislove and A. Stralka, The Pontryagin Duality of Compact O-Dimensional Semilattices and its Applications. XVI, 122 pages. 1974. DM 18,-

Vol. 397: T. Yamada, The Schur Subgroup of the Brauer Group. V, 159 pages. 1974. DM 18,-

Vol. 398: Théories de l'Information, Actes des Rencontres de Marseille-Luminy, 1973. Edité par J. Kampé de Fériet et C. Picard. XII, 201 pages. 1974. DM 23,-

Vol. 399: Functional Analysis and its Applications, Proceedings 1973. Edited by H. G. Garnir, K. R. Unni and J. H. Williamson. XVII, 569 pages. 1974. DM 44,-

Vol. 400: A Crash Course on Kleinian Groups - San Francisco 1974. Edited by L. Bers and I. Kra. VII, 130 pages. 1974. DM 18,-

Vol. 401: F. Atiyah, Elliptic Operators and Compact Groups. V, 93 pages. 1974. DM 18,-

Vol. 402: M. Waldschmidt, Nombres Transcendants. VIII, 277 pages. 1974. DM 25,-

Vol. 403: Combinatorial Mathematics - Proceedings 1972. Edited by D. A. Holton. VIII, 148 pages. 1974. DM 18,-

Vol. 404: Théorie du Potentiel et Analyse Harmonique. Edité par J. Faraut. V, 245 pages. 1974. DM 25,-

Vol. 405: K. Devlin and H. Johnsbråten, The Souslin Problem. VIII, 132 pages. 1974. DM 18,-

Vol. 406: Graphs and Combinatorics - Proceedings 1973. Edited by R. A. Bari and F. Harary. VIII, 355 pages. 1974. DM 30,-

Vol. 407: P. Berthelot, Cohomologie Cristalline des Schémas de Caracteristique $p > o$. VIII, 598 pages. 1974. DM 44,-

Vol. 408: J. Wermer, Potential Theory. VIII, 146 pages. 1974. DM 18,-

Vol. 409: Fonctions de Plusieurs Variables Complexes, Séminaire François Norguet 1970-1973. XIII, 612 pages. 1974. DM 47,-

Vol. 410: Séminaire Pierre Lelong (Analyse) Année 1972-1973. VI, 181 pages. 1974. DM 18,-

Vol. 411: Hypergraph Seminar. Ohio State University, 1972. Edited by C. Berge and D. Ray-Chaudhuri. IX, 287 pages. 1974. DM 28,-

Vol. 412: Classification of Algebraic Varieties and Compact Complex Manifolds. Proceedings 1974. Edited by H. Popp. V, 333 pages. 1974. DM 30,-

Vol. 413: M. Bruneau, Variation Totale d'une Fonction. XIV, 332 pages. 1974. DM 30,-

Vol. 414: T. Kambayashi, M. Miyanishi and M. Takeuchi, Unipotent Algebraic Groups. VI, 165 pages. 1974. DM 20,-

Vol. 415: Ordinary and Partial Differential Equations, Proceedings of the Conference held at Dundee, 1974. XVII, 447 pages. 1974. DM 37,-

Vol. 416: M. E. Taylor, Pseudo Differential Operators. IV, 155 pages. 1974. DM 18,-

Vol. 417: H. H. Keller, Differential Calculus in Locally Convex Spaces. XVI, 131 pages. 1974. DM 18,-

Vol. 418: Localization in Group Theory and Homotopy Theory and Related Topics Battelle Seattle 1974 Seminar. Edited by P. J. Hilton. VI, 171 pages. 1974. DM 20,-

Vol. 419: Topics in Analysis - Proceedings 1970. Edited by O. E. Lehto, I. S. Louhivaara, and R. H. Nevanlinna. XIII, 391 pages. 1974. DM 35,-

Vol. 420: Category Seminar. Proceedings, Sydney Category Theory Seminar 1972/73. Edited by G. M. Kelly. VI, 375 pages. 1974. DM 32,-

Vol. 421: V. Poénaru, Groupes Discrets. VI, 216 pages. 1974. DM 23,-

Vol. 422: J.-M. Lemaire, Algèbres Connexes et Homologie des Espaces de Lacets. XIV, 133 pages. 1974. DM 23,-

Vol. 423: S. S. Abhyankar and A. M. Sathaye, Geometric Theory of Algebraic Space Curves. XIV, 302 pages. 1974. DM 28,-

Vol. 424: L. Weiss and J. Wolfowitz, Maximum Probability Estimators and Related Topics. V, 106 pages. 1974. DM 18,-

Vol. 425: P. R. Chernoff and J. E. Marsden, Properties of Infinite Dimensional Hamiltonian Systems. IV, 160 pages. 1974. DM 20,-

Vol. 426: M. L. Silverstein, Symmetric Markov Processes. IX, 287 pages. 1974. DM 28,-

Vol. 427: H. Omori, Infinite Dimensional Lie Transformation Groups. XII, 149 pages. 1974. DM 18,-

Vol. 428: Algebraic and Geometrical Methods in Topology, Proceedings 1973. Edited by L. F. McAuley. XI, 280 pages. 1974. DM 28,-